LIBRAIRIE SCIENTIFIQUE-INDUSTRIELLE DE **L. MATHIAS** (Augustin),
QUAI MALAQUAIS, N° 15.

# TRAITÉ
# DE LA FABRICATION DU FER

ET

## DE LA FONTE,

ENVISAGÉE

## SOUS LES RAPPORTS CHIMIQUE, MÉCANIQUE ET COMMERCIAL;

### Par E. FLACHAT, A. BARRAULT et J. PETIET,

INGÉNIEURS.

Parmi les grandes industries dont la France voit chaque année croître l'importance, la fabrication du fer occupe un des premiers rangs.

Elle se rattache au sol par les éléments qu'elle y puise et qu'elle met en œuvre, aux arts par les secours qu'elle leur emprunte et qu'elle leur rend; à la société tout entière par les immenses capitaux qu'elle emploie, le nombre de bras qu'elle occupe et la grande valeur de ses produits.

Les progrès de la fabrication de la fonte et du fer ont donc une influence directe sur la prospérité territoriale, industrielle et commerciale du pays : c'est une question d'un intérêt général.

La Métallurgie suit les progrès des sciences qui en sont la base, la physique, la chimie, et la mécanique principalement; mais souvent aussi la hardiesse de ses innovations dépasse les prévisions de la science, et c'est elle alors qui l'appelle sur ses traces : dans aucun art la double action de la théorie sur la pratique, et de la pratique sur la théorie, ne présente un aspect plus varié, plus vivant et plus digne de fixer l'attention des intelligences actives.

Les efforts combinés des hommes de science et des hommes de pratique, stimulés par les besoins du pays et l'aiguillon de la concurrence, ont fait faire en ces dernières années de grands progrès à l'art.

Ces progrès en appellent et en indiquent de nouveaux dont l'accomplissement est prochain.

La nécessité d'améliorer sans cesse les procédés de la fabrication est universellement comprise, mais cette tâche est laborieuse et difficile :

Les Auteurs du *Traité de la Fabrication du Fer et de la Fonte* ont espéré que la publication de leurs travaux et de leurs observations la rendrait plus facile à ceux qui sont disposés à suivre cette voie.

Ils ont compris que ce travail, — quoique conçu dans le principal but d'offrir une appréciation à la fois théorique et pratique des méthodes expérimentées et des *découvertes récentes*, dont l'importance et l'avenir doivent appeler l'attention des fabricants, — ne pouvait être complet et réellement utile, qu'à la condition d'embrasser tous les sujets qui se rattachent à la fabrication du fer; savoir :

L'histoire de ses progrès, l'étude des propriétés de ce métal, la préparation des matières premières, la construction des machines et des outils; enfin un sérieux examen, aux points de vue géographique, politique et commercial, des conditions d'existence et d'avenir de l'industrie des forges.

Dans le but de faciliter l'étude de ces questions, l'ouvrage a été divisé en cinq sections, dont l'importance est relative à celle des sujets qui y sont traités.

La **1re Section** comprend : l'histoire des progrès de la fabrication du fer depuis les temps anciens jusqu'à nos jours, et une étude des propriétés physiques et chimiques du fer, de la fonte et de l'acier.

La **2e Section** se compose de deux divisions :

La première renferme l'étude et la préparation des combustibles végétaux et minéraux, et l'appréciation de leur valeur relative.

La seconde traite des minerais et des fondants; de leurs gisements, de leur exploitation et des moyens de reconnaître leur nature et leur composition.

La 3ᵉ Section comprend la fabrication de la fonte :

Dans la première division, on a présenté tout ce qui est relatif à la théorie des hauts fourneaux, et à la production de la fonte au charbon, au bois, au coke, à l'air chaud, etc.

Dans la seconde, on s'est occupé de ce qui concerne la construction des fourneaux, celle des soufflets, régulateurs, chaudières à flamme perdue, monte-charges, etc.

La 4ᵉ Section embrasse toute la fabrication du fer et se partage en trois divisions :

La première traite spécialement de la production du fer, c'est-à-dire de la partie chimique de la fabrication, et renferme la description de la méthode catalane, de l'affinage au bois, à la houille et aux gaz.

La seconde renferme le travail mécanique du fer, c'est-à-dire son étirage au marteau ou au laminoir, par la méthode allemande, anglaise ou mixte, et la description de tous les appareils et outils employés.

La troisième division s'occupe du choix des moteurs, de leur construction et de celle des différentes pièces de machines qui en dépendent; enfin de la disposition générale des grandes usines à fer.

La 5ᵉ Section comprend : l'appréciation des conditions de travail, dans lesquelles se trouvent placés les groupes métallurgiques de la France, par rapport aux matières premières, aux transports, à la concurrence intérieure et étrangère : on en conclut la marche à suivre dans l'amélioration des procédés, la rénovation des anciennes usines et la création des nouvelles; la nature des encouragements que l'État doit accorder à l'industrie du fer, et celle des rapports commerciaux à établir entre la France et les pays dont la concurrence nous menace.

Tel est en peu de mots le cadre du travail entrepris; un abrégé de la Table des matières peut seul en donner une idée plus exacte.

# ABRÉGÉ DE LA TABLE DES MATIÈRES.

## PREMIÈRE SECTION.
### NOTIONS PRÉLIMINAIRES.

CHAP. Iᵉʳ. — HISTOIRE ET PROGRÈS DE LA FABRICATION DU FER.

*Travail du fer chez les anciens.* — *Premiers emplois de la fonte.* — *Emploi du combustible minéral.* — *Nouvelles méthodes d'affinage et d'étirage.* — Développement de l'industrie du fer en Europe, etc. — Tableau des progrès de la fabrication.

CHAP. II. — NATURE ET PROPRIÉTÉS DU FER.

*Propriétés physiques du fer ductile.* — Texture. — Densité. — Dilatation, ténacité, etc. — Épreuves des fers et classement. *Propriétés chimiques du fer.* — Action de l'oxygène, de l'eau, etc.; résultats de sa combinaison avec le carbone, le soufre, etc., et les différents métaux.

CHAP. III. — COMBINAISONS DE FER ET DE CARBONE.

*Propriétés physiques de la fonte.* — Texture. — Couleur. — Dureté, etc. — Influence du calorique. — Ténacité. *Propriétés chimiques de la fonte.* — États du carbone dans la fonte. — Composition. — Influence de l'air, de l'eau, etc. — Dépôts tuberculeux. — Influences attribuées au soufre, au phosphore, etc., et aux métaux. *Propriétés et caractères de l'acier.* — Propriétés. — Classification. — Composition. — Effets de la trempe. — Épreuves.

## DEUXIÈME SECTION.
### MATIÈRES PREMIÈRES EMPLOYÉES A LA FABRICATION DU FER.

#### PREMIÈRE DIVISION.
#### Des combustibles.

CHAP. Iᵉʳ. — DES COMBUSTIBLES VÉGÉTAUX.

*Propriétés générales des bois.* — Classification. — Composition, etc. *Préparation des bois.* — Bois vert, desséché ou torréfié. — Charbon roux et charbon noir. — Halles à charbon. — Examen comparatif de ces combustibles, avec tableaux. — Prix de fabrication.

*De la tourbe.* — Gisements. — Propriétés. — Exploitation. — Tourbe desséchée. — Charbon, son prix, ses emplois, etc.

CHAP. II. — DES COMBUSTIBLES MINÉRAUX.

*Des lignites.* — Leur composition et leur emploi. *De la houille.* — Classement. — Qualités. — Gisements. — Fabrication du coke : meules; fours; prix de fabrication; etc. *De l'anthracite.* — Propriétés. — Composition et emplois. — Rapports entre la houille, le coke et l'anthracite.

#### DEUXIÈME DIVISION.
#### Des minerais et des fondants.

CHAP. III. — NATURE DES MINERAIS.

*Minerais oxygénés.* — Peroxyde anhydre; oxyde magnétique et peroxyde hydraté. — Gisement, propriétés et composition. *Minerais silicés.* — *Minerais carbonatés.* — Fer spathique; mine douce; fer carbonaté lithoïde. — Analyse de cinquante-cinq variétés de minerais de fer. — Répartition des minerais en France.

CHAP. IV. — ESSAIS ET PRÉPARATION DES MINERAIS.

*Essais par la voie sèche,* suivant la méthode de M. Berthier; applications. — *Essais par la voie humide.* *Préparation des minerais.* — Extraction; triage; lavage; grillage; bocardage; etc. — Prix de revient. — Épuration des eaux. *Mélange des minerais et des fondants.* — Mélange des minerais, leur fusibilité. *Emploi des fondants.* — Leur nature et leur dosage. — Analyse des laitiers.

## TROISIÈME SECTION.
### FABRICATION DE LA FONTE.

#### PREMIÈRE DIVISION.
#### Conversion des minerais en fonte.

CHAP. Iᵉʳ. — FOURNEAUX A COMBUSTIBLES VÉGÉTAUX.

*Emploi du charbon et de l'air froid.* — Forme des fourneaux. — Dimensions intérieures; etc., etc. — Travail des fourneaux : mise en feu; chargement; produits. — Consommation et produits, etc., etc.

CHAP. II. — APPLICATIONS DIVERSES.

*Emploi du charbon de bois et de l'air chaud.* — Découverte de l'air chaud, ses effets — Son action sur la combustion et la nature de la fonte. — Économie de combustible. — Des gaz carbonés.
*Emploi du bois cru.* — Action du bois cru sur la réduction du minerai, la nature des produits, etc. — Forme des fourneaux, etc.
*Emploi du bois desséché ou torréfié.* — Influence sur le travail. — Économie. — Avantages généraux.
*Emploi de la tourbe torréfiée ou carbonisée.* — Sa nature et son influence sur la marche des fourneaux.
*Emploi des scories.* — Composition; préparation et emploi. — Exemples.
*Documents généraux sur la forme et le travail des fourneaux.* — Formes et roulement de trente hauts fourneaux français et étrangers.

CHAP. III. — DES FOURNEAUX A COMBUSTIBLES MINÉRAUX.

*Emploi du coke et de l'air froid.* — Données générales. — Dimensions intérieures. — Conduite du travail, etc., etc. — Classement des fontes, etc. — Consommations et produits.

CHAP. IV. — APPLICATIONS DIVERSES.

*Emploi du coke et de l'air chaud.* — Ses effets sur la marche des fourneaux, etc. — Qualité des produits.
*Fourneaux à la houille.* — Forme, conduite et marche. — Consommations et produits. — Exemples.
*Fourneaux à l'anthracite.* — Moyens d'employer ce combustible. — Marche des fourneaux. — Nature de la Fonte.
*Produits gazeux des fourneaux.* — Composition des gaz. — Considérations relatives à la théorie des hauts fourneaux. — Combustion des gaz; quantité d'air employé; température produite. — Tableaux des effets calorifiques des gaz.

DEUXIÈME DIVISION.

**Construction des fourneaux et des appareils qui en dépendent.**

CHAP. V. — CONSTRUCTION DES HAUTS FOURNEAUX.

*Constructions extérieures.* — Formes générales. — Fondations. — Piliers. — Embrasures. — Tour. — Gueulard, etc.
*Constructions intérieures.* — La cuve. — Le ventre. — Les étalages, etc. — Dispositions générales; halles de coulée.

CHAP. VI. — DES MACHINES SOUFFLANTES.

*Des trompes.* — Description; conditions d'établissement. — Effet utile, etc.
*Des ventilateurs.* — Mode d'action. — Expériences et calculs. — Effet utile.
*Des souffleries à piston.* — Description de ces machines. — Régulateurs à volume constant; à eau, à piston flottant, à cloche. — Régulateurs de la force motrice. — Calculs relatifs aux souffleries; force motrice employée; diamètre des buses. — Calculs faits. — Disposition générale des souffleries.

CHAP. VII. — APPAREILS ACCESSOIRES DES HAUTS FOURNEAUX.

*Appareils à air chaud.* — Calculs relatifs au chauffage de l'air. — Surface de chauffe et section des tuyaux. — Vitesse de l'air, etc.
*Emploi des gaz des hauts fourneaux.* — Prise des gaz; épuration et combustion. — Chauffage des chaudières, etc.
*Appareils à monter les charges.* — Plans inclinés à chariots; à plateaux; à mouvement continu, à chariots versants. — Monte-charges à treuils; à contre-poids hydraulique; à vapeur; à chaîne sans fin. — Description de ces appareils.
*De la force motrice consommée dans la fabrication de la fonte.* — Fourneaux au charbon; au bois; à l'air chaud; au coke, etc.

CHAP. VIII. — PRIX DE FABRICATION DE LA FONTE.

*Mode d'évaluation du prix de revient.* — Matières premières. — Frais accessoires. — Frais généraux. — Indication détaillée de toutes les dépenses. — Prix de revient de quelques usines.
*Données relatives à la position des usines à fonte.* — Anciennes et nouvelles usines. — Fourneaux au charbon, au bois et au coke. — Déplacement des usines, etc. — Intervention de l'État.

QUATRIÈME SECTION.
FABRICATION DU FER.

PREMIÈRE DIVISION.

**Production du fer ductile.**

CHAP. I. — CONVERSION IMMÉDIATE DES MINERAIS EN FERS FORGÉS.

*Nature des matières employées.* — Minerais; combustibles, etc.
*Appareils employés.* — Souffleries. — Marteaux. — Foyers.
*Conduite du travail.* — Production du fer et de l'acier. — Consommations. — Prix de revient.

CHAP. II. — AFFINAGE AU CHARBON DE BOIS.

*Éléments du travail.* — Nature des fontes. — Mazéage, etc. — Combustible. — Soufflage. — Creusets, etc.
*Travail de l'affinage.* — Affinage des fontes grises, truitées et blanches. — Montage des creusets. — Conduite et résultats du travail. — Méthodes diverses. — Service des feux.

CHAP. III. — PERFECTIONNEMENTS RELATIFS AUX FEUX D'AFFINERIE.

*Feux couverts.* — Feux avec fours à réchauffer. — Feux à deux et à trois tuyères. — Chaudières à vapeur, etc.
*Affinage au charbon et à l'air chaud.* — Action de l'air chaud. — Appareils anciens et nouveaux. — Conduite du travail.
*Affinage au bois non carbonisé.* — Bois vert, torréfié ou desséché, seuls ou en mélange avec du charbon. — Consommations et produits. — Prix de revient.
*Emploi de la tourbe.* — Exemples. — Prix.

CHAP. IV. — AFFINAGE DE LA FONTE AU FOUR A RÉVERBÈRE.

*Finage de la fonte.* — Nature des fontes. — Soufflage. — Combustible. — Fineries. — Produits. — Prix de fabrication.
*Du Paddlage.* — Matières premières employées. — Travail des fours. — Action de l'eau, de la chaux, du chlore, etc. — Produits et consommations.
*Puddlage au bois et à la tourbe.* — Forme des fours. — Consommations.
*Puddlage aux gaz.* — Essais faits à Wasseralfingen et en France. — Appareils. — Produits. — Emploi général des gaz.
*Chaleur perdue des fours à puddler.* — Disposition des chaudières, carneaux, cheminées, etc. — Vapeur produite.

DEUXIÈME DIVISION.

**Traitement du fer ductile.**

CHAP. V. — FABRICATION DU FER AU MARTEAU.

*Fers au bois étirés au marteau.* — Marteaux à soulèvement et à bascule. — Des volants et de la force des moteurs, etc. — Conduite du travail : cinglage, étirage, etc. — Classement des fers; force motrice dépensée; prix de revient.
*Fers puddlés étirés au marteau.* — Foyers de chaufferie. — Produits. — Prix de revient. — Avenir de cette méthode.
*Fers corroyés au marteau.* — Chaufferies, fours. — Gros marteaux. — Marteau pilon. — Grues. — Conduite du travail : confection des paquets; arbres ronds, essieux de locomotives, etc.; déchets.

CHAP. VI. — FABRICATION DU FER AUX LAMINOIRS.

*Des appareils en général.* — Fours à réchauffer et emploi de leur chaleur perdue. — Marteau frontal. — Presse. — Laminoirs. — Cisailles, etc.
*Dégrossissage du fer.* — Laminoirs dégrossisseurs; cylindres, cannelures, etc. — Service. — Conduite du travail : choix d'une méthode. — Produits. — Force motrice dépensée. — Prix de revient.
*Du ballage.* — Ballage au laminoir ou au marteau. — Consommations. — Prix de revient.
*Finissage du fer aux laminoirs marchands.* — Cylindres à fer

archand. — Tracé des cannelures. — Service, etc. — Conduite du travail : Formation des paquets ; réchauffage, laminage, etc.; force motrice dépensée. — Consommations et produits. — Prix de revient.

*Finissage du fer aux petits laminoirs.* — Train de petits fers. — Tracé des cannelures ; service. — Conduite du travail : Paquets et billettes ; réchauffage ; laminage, etc. — Force motrice dépensée. — Prix de revient.

*Classement des fers laminés.* — Classement basé sur la nature des matières premières et le travail. — Classements suivant la texture du fer et suivant ses formes, etc.

#### CHAP. VII. — FABRICATIONS SPÉCIALES.

*Traitement de la ferraille.* — Méthodes diverses. — Affinage. — Fours à riblons. — Traitement de la ferraille en paquets, etc.; réchauffage ; étirage, etc. — Produits.

*Des fenderies.* — Fours au bois ou à la houille. — Train de fenderie ; trousses, etc. — Leur disposition. — Conduite du travail : emploi du corroyage ou des bidons ; produits.

*Fabrication du fer à guides.* — Fours à chaleur perdue et autres. — Laminoirs. — Cannelures. — Guides. — Bobines, etc. — Conduite du travail : Choix du fer ; billettes ; réchauffage et laminage ; force motrice dépensée ; produits.

*Fabrication de la tôle.* — Fours. — Marteaux. — Laminoirs, etc. — Conduite du travail : Tôles fortes corroyées, moyennes, marchandes, à fer blanc ; en fer puddlé ou affiné ; réchauffage à chaleur perdue. — Produits. — Prix de revient.

*Fabrication des rails.* — Fours ; marteaux ; laminoirs — Scies, etc. — Conduite du travail : Paquets ; couvertures, etc. — Réception des rails, leur résistance. — Prix de revient.

*Fers à rebords, cornières, etc.* — Fers à rebords ; à cornières ; à entretoises ; à T ; à ridages. — Main-courantes, etc. — Tracé des cylindres, etc.

*Des fers creux.* — Fours ; filières ; banc à étirer, etc. — Conduite du travail : Préparation et soudage des tubes ; dressage et taraudage, etc. — Force motrice. — Prix de vente.

#### TROISIÈME DIVISION.

#### Des machines employées dans les forges et de la disposition générale des usines.

#### CHAP. VIII. — DES MOTEURS.

*Moteurs hydrauliques.* — Puissance des cours d'eau. — Canaux de dérivation. — Théorie et construction des roues.

*Moteurs à vapeur.* — Propriétés de la vapeur. — Disposition des machines. — Choix du Système. — Comparaison des dépenses d'établissement et d'entretien des moteurs hydrauliques et des moteurs à vapeur dans les forges.

#### CHAP. IX. — COMMUNICATIONS DE MOUVEMENT ET APPAREILS ACCESSOIRES.

*Communications de mouvement.* — Fondations. — Engrenages. — Courroies. — Volants. — Arbres et paliers.

*Appareils accessoires.* — Pompes et réservoirs. — Treuils. — Grues. — Tours et outils, etc. — Chemins de fer intérieurs.

#### CHAP. X. — DISPOSITION DES GRANDES USINES A FER.

*Disposition intérieure des forges.* — Position et vitesse des trains. — Ensemble de communications de mouvement. — Position des appareils. — Description de quelques forges.

*Disposition générale des usines.* — Houillères et minières. — Fours à coke, etc. — Fourneaux et fonderies. — Réchauffage, laminage, etc. — Magasins et ateliers, etc. — Conclusions : Voies de communication, canaux, chemins de fer, etc.

### CINQUIÈME SECTION.

### EXAMEN STATISTIQUE ET COMMERCIAL DE LA FABRICATION DU FER.

#### CHAP. I<sup>er</sup>. — DONNÉES STATISTIQUES SUR LA FABRICATION.

*Statistique générale.* — Production du fer en France et en Angleterre. — Consommations générales. — Classement des usines par groupes métallurgiques.

*Données statistiques sur chaque groupe.* — Production. — Consommations. — Transports. — Moteurs. — Main-d'œuvre, etc. — Capital d'établissement et fonds de roulement.

*Importance de la question commerciale dans la fabrication.* — Prix de revient. — Importance relative des éléments de la fabrication. — Influence des conditions naturelles et des voies de communication.

#### CHAP. II. — ÉTUDES RELATIVES AUX MATIÈRES PREMIÈRES.

*Des minerais.* — Répartition des gîtes. — Conditions d'extraction et de préparation. — Prix des minerais en France et en Angleterre.

*Des combustibles végétaux.* — Position des forêts, etc. — Régime spécial de cette propriété. — Prix du bois.

*Des combustibles minéraux.* — Bassins houillers de France. — Qualités diverses. — Conditions de leur emploi. — De la houille en Angleterre.

#### CHAP. III. — DES VOIES DE COMMUNICATION.

*Des différents modes de transport.* — Considérations générales. — Chemins d'exploitation. — Chemins vicinaux, routes, etc. — Voies navigables. — Chemins de fer.

*Des transports dans les différents groupes.* — Mode de transport des matières premières et des produits. — Son influence sur les méthodes de fabrication. — Perfectionnements des voies de communication. — Création de nouvelles voies.

*Prix des transports en Angleterre et en France.* — Leur influence sur les prix de fabrication. — Importance de la question.

#### CHAP. IV. — DES CAPITAUX ET DE LA MAIN-D'ŒUVRE.

*Des capitaux engagés dans l'industrie du fer.* — Usage des cours d'eau ou de la vapeur. — Capitaux immobiliers. — Dépenses d'établissement. — Fonds de roulement.

*De la main-d'œuvre.* — Prix en Angleterre et en France. — Son influence sur le prix de revient. — Position des ouvriers.

#### CHAP. V. — SITUATION ACTUELLE ET AVENIR DE LA FABRICATION.

*Concurrence intérieure.* — Tendance des procédés de fabrication dans les différents groupes. — Déplacement des usines. — Nouveaux établissements. — Réduction des prix. — Développements de la fabrication.

*Concurrence étrangère.* — Prix de revient en Angleterre et en France dans les différents groupes. — Explication et durée de leurs différences. — Droits de douanes. — Intervention de l'État. — Conclusions générales.

## Conditions de la Souscription :

L'ouvrage formera un volume in-4° de plus de 1000 pages, imprimé sur très-beau papier, comprenant plus de 60 *tableaux* relatifs à la résistance du fer, à l'analyse des combustibles, des minerais, de la fonte, et aux différentes opérations de la fabrication.

Il est accompagné d'un *Atlas de 80 planches*, format in-folio, *gravées sur cuivre*, qui représentent les appareils les plus nouveaux, employés aujourd'hui en France et en Angleterre dans la fabrication de la fonte et du fer, et les plans d'ensemble des principales usines de France. Le *prix d'établissement* d'une grande partie des machines et des outils est indiqué dans la description des planches.

*Six cartes topographiques*, gravées avec soin, reproduisent la position des forêts, des houillères, des gisements de minerais, et celle de toutes les usines à fonte et à fer de France ; elles indiquent en même temps le tracé des rivières, canaux et autres voies de communication créées ou à créer, pour desservir convenablement ces groupes métallurgiques.

Prix de l'ouvrage entier, *pour les personnes qui souscrivent avant l'entière publication*, 150 francs. On paye en recevant la première partie composée d'un volume avec Atlas, 75 francs.

AUSSITÔT LA MISE EN VENTE DE LA TOTALITÉ DE L'OUVRAGE, LE PRIX EN SERA AUGMENTÉ EN RAISON DE L'AUGMENTATION DU TEXTE ET DES PLANCHES.

# TRAITÉ

### DE LA

# FABRICATION DU FER

### ET

# DE LA FONTE.

**DE L'IMPRIMERIE DE CRAPELET,**
RUE DE VAUGIRARD, 9.

# TRAITÉ

## DE LA

# FABRICATION DU FER

## ET

# DE LA FONTE,

ENVISAGÉE

## SOUS LES RAPPORTS CHIMIQUE, MÉCANIQUE ET COMMERCIAL;

Par E. FLACHAT, A. BARRAULT ET J. PETIET,

INGÉNIEURS.

## PARIS,

### LIBRAIRIE SCIENTIFIQUE-INDUSTRIELLE

#### DE L. MATHIAS (Augustin),

QUAI MALAQUAIS, 15.

1842.

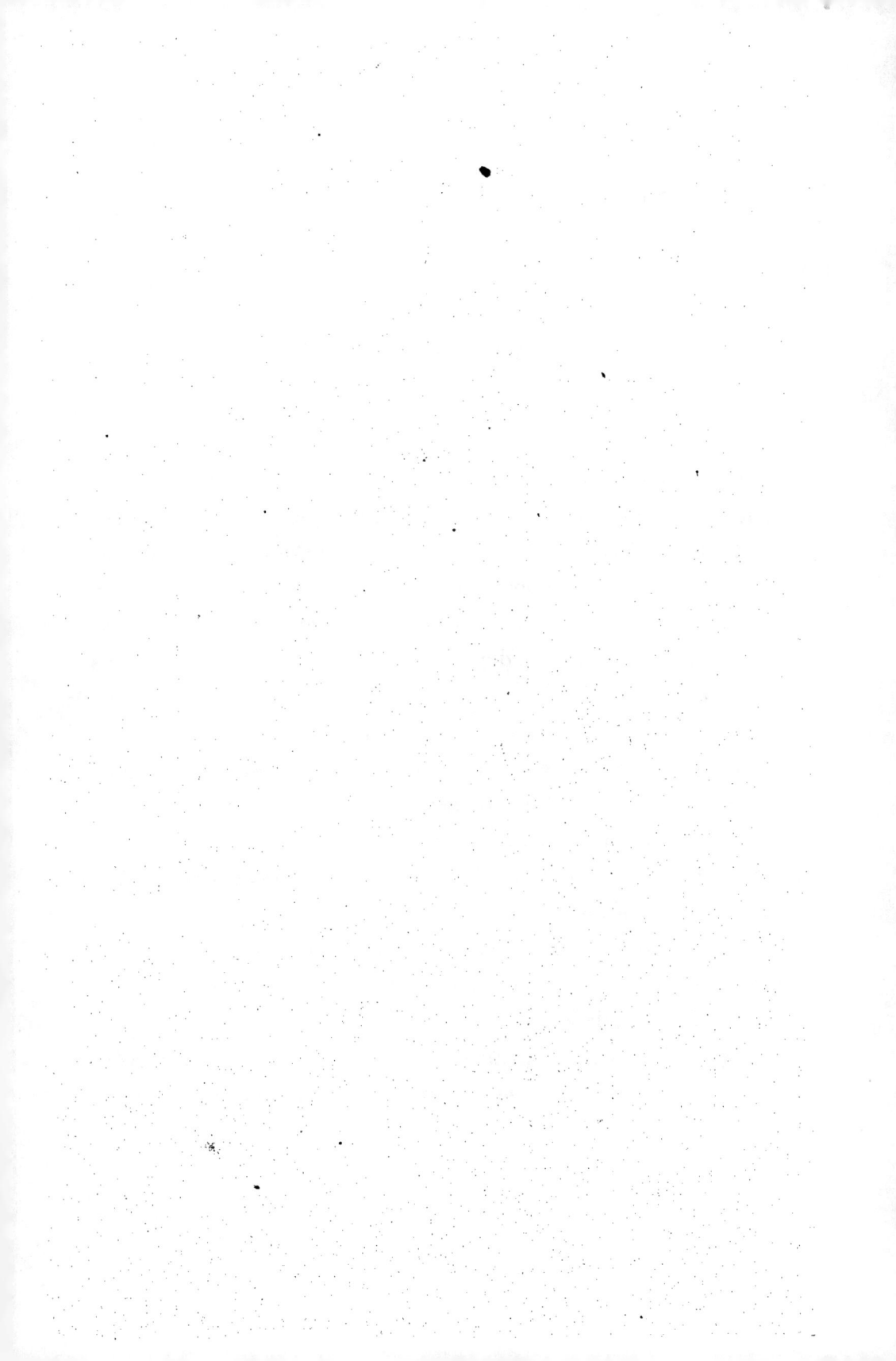

# AVANT-PROPOS.

Le Traité de la FABRICATION DE LA FONTE ET DU FER, dont nous venons de publier la dernière partie, ne nous semblait point, dès l'abord, destiné à prendre tout le développement sous lequel il se présente aujourd'hui; — le cadre en avait été tracé à l'avance, et pour en remplir consciencieusement toutes les parties, nous avons été obligés de dépasser les limites dans lesquelles nous espérions nous renfermer.

Notre travail est divisé en cinq sections :

La *première section* comprend, sous le titre de NOTIONS PRÉLIMINAIRES, un aperçu de l'histoire de la fabrication du fer, et une étude spéciale des propriétés de la fonte, du fer et de l'acier.

La *deuxième section* traite des MATIÈRES PREMIÈRES consacrées à la fabrication de la fonte et du fer.

La *troisième section* est relative à la FABRICATION DE LA FONTE, envisagée sous les différents points de vue de la construction des usines à fonte et de leur exploitation.

La *quatrième section*, principalement consacrée à la FABRICATION DU FER, présente, comme complément, une description raisonnée

*a*

de la disposition générale des usines, dans laquelle nous avons accordé une large part à l'étude des MOTEURS HYDRAULIQUES ET A VAPEUR, ainsi qu'à celle des TRANSMISSIONS DE MOUVEMENT.

Enfin, la *cinquième section*, celle qui termine ce livre, comprend un EXAMEN STATISTIQUE ET COMMERCIAL de l'industrie du fer, dans lequel nous avons présenté toutes les notions de législation industrielle nécessaires aux exploitants, exploré les ressources de notre pays en minerais et en combustibles, discuté et apprécié, au point de vue de la concurrence intérieure, les moyens et les prix de transport des différents groupes, ainsi que la valeur et l'avenir des principales méthodes de fabrication.—Nous avons terminé cette partie par un examen rapide des éléments du travail du fer en Angleterre, en Belgique et en Allemagne, éclairé par des faits et des rapprochements la question de la concurrence extérieure, et nous en avons conclu les données économiques qui doivent servir de guide au pays pour lui permettre de lutter avec succès contre les rivalités étrangères.

Tels sont, en peu de mots, les différents sujets d'étude que nous avons embrassés. Nous avons fait tous nos efforts pour être aussi complets que possible, et le développement de cet ouvrage sera pleinement justifié, si nous ne sommes pas restés au-dessous de la lourde tâche que nous avons entreprise.

Notre œuvre a pris pour point de départ les ouvrages des hommes spéciaux qui nous ont précédés dans la même carrière; elle s'est enrichie des recherches et des observations d'un grand nombre d'ingénieurs, parmi lesquels nous citerons les noms de MM. Berthier, Ebelmen, Leplay, Perdonnet, Dufrénoy, Élie de Beaumont, Bineau, Thirria, Sauvage, Drouot, etc., etc.; elle est enfin le résumé de nos travaux personnels et des communications bienveillantes de MM. Le-play, Ferry, Communeau, Vuillemin, Championnière, auxquels nous sommes heureux de pouvoir rendre ici un témoignage public de notre reconnaissance, en remerciant particulièrement M. Lorentz du concours actif et éclairé qu'il a bien voulu nous prêter dans l'élaboration de la cinquième section.

E. FLACHAT, A. BARBAULT, J. PETIET.

Paris, décembre 1845.

# TABLE DES MATIÈRES.

## PREMIÈRE SECTION.

## NOTIONS PRÉLIMINAIRES.

|  | Articles. | Pages. | Planch. |
|---|---|---|---|
| But de l'ouvrage............................................................ | 1 | 1 | » |

**CHAPITRE Iᵉʳ. — HISTOIRE ET PROGRÈS DE LA FABRICATION DU FER.**

### TRAVAIL DU FER CHEZ LES ANCIENS.

| | | | |
|---|---|---|---|
| Origines diverses.......................................................... | 3 | 2 | » |
| **Procédés employés.** — Classement des appareils. — Principes des anciennes méthodes................................................................ | 8 | 4 | » |

### PREMIERS EMPLOIS DE LA FONTE.

| | | | |
|---|---|---|---|
| Découverte................................................................. | 20 | 11 | » |
| **Appareils employés.** — Flussofen. — Hauts Fourneaux. — Principes de la nouvelle méthode. — Accroissement de la fabrication............................ | 21 | 12 | » |

### EMPLOI DU COMBUSTIBLE MINÉRAL.

| | | | |
|---|---|---|---|
| Origine................................................................... | 31 | 15 | » |
| **Nouvelles méthodes d'affinage de la fonte et d'étirage du fer.** — Appareils employés. — Principes de la méthode anglaise......................... | 34 | 17 | » |
| **Développements de l'industrie du fer.** — Progrès en Europe. — Progrès en France................................................................. | 38 | 19 | » |
| Nouveaux perfectionnements............................................... | 50 | 26 | » |

### RÉSUMÉ.

| | | | |
|---|---|---|---|
| Nᵒ 1. Tableau des progrès de la fabrication du fer........................ | 55 | 29 | » |

**CHAPITRE II. — NATURE ET PROPRIÉTÉS DU FER.**

### PROPRIÉTÉS PHYSIQUES DU FER DUCTILE.

| | | | |
|---|---|---|---|
| **Caractères généraux.** — Texture. — Dureté. — Malléabilité. — Densité; Tab. II. — Propriétés électriques; Tab. III. — Vertu magnétique. — Chaleur spécifique; Tab. IV. — Dilatation; Tab. V. — Influence du calorique sur la couleur du fer. — Soudabilité. — Fusibilité...................................... | 60 | 33 | » |
| **Ténacité du fer.** — Influences exercées par la nature du fer; — la dimension des échantillons; — le mode de préparation; — l'écrouissement; — la température; Tab. VI et VII. — Résistance à l'extension; Tab. VIII, IX, X, XI et XII. — Résistance à la traction; Tab. XIII, XIV et XV. — Résistance à l'écrasement; Tab. XVI. — Résistance à la flexion; — à la rupture par un effort transversal.. | 72 | 41 | » |
| **Épreuves des fers et classement.** — Épreuves à froid. — Épreuves à chaud. — Classification................................................... | 83 | 58 | » |

### PROPRIÉTÉS CHIMIQUES DU FER.

| | | | |
|---|---|---|---|
| Action de l'oxygène; — de l'eau et de l'air humide. — Conservation du fer........ | 93 | 60 | » |
| **Action des corps simples non-métalliques.** — Carbone. — Soufre. — Phosphore. — Chlore ................................................... | 97 | 62 | » |

1

Articles. Pages. Planch.

**Action des corps simples métalliques.** — Potassium. — Sodium. — Calcium. — Silicium. — Aluminium. — Magnésium. — Manganèse. — Étain. — Zinc. — Plomb. — Antimoine. — Arsenic. — Cuivre. — Titane et chrôme............ 101   64   »

CHAP. III. — COMBINAISONS DE FER ET DE CARBONE.

PROPRIÉTÉS PHYSIQUES DE LA FONTE.

**Caractères généraux.** — Définition. — Texture et couleur. — Dureté et aigreur. — Adoucissement. — Malléabilité. — Densité. — Perméabilité. ............... 107   66   »

**Influence du calorique sur la fonte.** — Échauffement progressif. — Chaleur. — Température de la fusion. — Retrait. — Influence d'une chaleur modérée et continue; — de la chaleur blanche et soutenue; — d'une fusion lente; — d'une fusion rapide; — d'un refroidissement lent ou rapide. .................. 115   69   »

**Ténacité de la fonte.** — Résistance à la traction; — à l'écrasement; Tab. XVII; — à la flexion et à la rupture par un effort transversal. — Forme et dimensions des pièces. — Effets de la dilatation. ................................ 117   71   »

PROPRIÉTÉS CHIMIQUES DE LA FONTE.

Nature de la fonte. — États du carbone. — Dose de carbone; Tab. XVII et XVIII. — Influence de la température sur la composition de la fonte; Tab. XIX. — Action de l'air humide; — de l'eau; — des eaux acides ou alcalines; — de l'eau de mer. ..................... 121   73   »

**Action des corps simples non-métalliques.** — Soufre. — Phosphore. — Minerais phosphoreux. .................... 135   80   »

**Action des corps simples métalliques.** — Potassium. — Sodium. — Calcium. — Silicium. — Aluminium. — Magnésium. — Manganèse. — Étain. — Zinc. — Plomb. — Antimoine. — Arsenic. — Cuivre. — Titane et chrôme............ 137   81   »

PROPRIÉTÉS ET CARACTÈRES DE L'ACIER.

**Propriétés générales.** — Couleur. — Densité. — Ténacité. — Dureté. — Soudabilité. — Trempe, etc. ...................... 143   83   »

**Classification des aciers.** — Aciers de fusion. — Acier raffiné. — Acier sauvage. — Aciers de cémentation; Tab. XX. — Aciers fondus; Tab. XXI. — Aciers damassés. .................... 144   83   »

**Influence du calorique.** — Traitement à la forge. — Fusibilité. — Ménagements à prendre. .................... 148   86   »

**De la trempe.** — Effets de la trempe. — Température convenable. — Nature des milieux. — Du recuit. .................... 149   87   »

**Épreuves de l'acier.** — Du grain et de la texture. — Du poli. — Aciers aigres ou secs. — De la trempe; — de l'élasticité. .................... 153   88   »

DEUXIÈME SECTION.

MATIÈRES EMPLOYÉES A LA FABRICATION DU FER.

PREMIÈRE DIVISION.

**DES COMBUSTIBLES.**

Combustibles employés. .................... 155   90   »

CHAP. 1er. — DES COMBUSTIBLES VÉGÉTAUX.

PROPRIÉTÉS GÉNÉRALES.

Densité; Tab. XXII. — Poids du bois cordé. — Classification. — Composition. — Résultats de la distillation. — Des cendres; — leur composition. — Pouvoir calorifique. — Pouvoir rayonnant. .................... 157   91   »

PRÉPARATION DU BOIS.

Emploi du bois vert. — Découpage et sciage. — Prix de revient. — Valeur calorifique. — Rapport du bois vert au charbon. .................... 167   96   1

Articles. Pages. Planch.

**Bois desséché.** — Préparation et valeur. — Dessiccation et prix de revient. — Des fours de dessiccation.................................................... 172 98 1

**Bois mi-carbonisé; torréfié; charbon roux; fumerons.** — Variétés; Tab. XXIII. — Préparation. — Prix de revient. — Emploi..................... 177 101 1

**Charbon roux ou bois desséché en forêts.** — Préparation. — Produit et prix de revient........................................................ 181 106 2

**Charbon noir.** — Propriétés générales. — Pouvoir calorifique. — Préparation. — Soins à prendre. — Produits. — Prix de fabrication. — Transport et conservation. — Des halles; leur prix.............................................. 189 108 3

EXAMEN COMPARATIF DES DIFFÉRENTS COMBUSTIBLES VÉGÉTAUX.

Valeur calorifique; Tab. XXIV. — Prix de revient comparatif; Tab. XXV........ 201 115 »

DE LA TOURBE.

Origine et gisements............................................... 201 120 »

**Propriétés générales.** — Classement. — Densité. — Combustion. — Composition; Tab. XXVI. — Pouvoir calorifique. — Quantité de carbone, etc. ............. 205 120 »

**Exploitation et préparation.** — Position des tourbières. — Dessiccation et prix. — Dessiccation à l'air. — Dessiccation artificielle. — Fours employés...... 209 122 2

**Charbon de tourbe.** — Propriétés générales. — Densité. — Composition; Tableau XXVII. — Pouvoir calorifique. — Fabrication en meules. — Fabrication dans des fours en enflammant la tourbe : produits et prix. — Fabrication dans des fours chauffés extérieurement : produits et prix. — Valeur calorifique et emplois.. 215 126 2

CHAP. II. — DES COMBUSTIBLES MINÉRAUX.

Classification....................................................... 224 131 »

DES LIGNITES.

Couleur. — Structure. — Gisements. — Composition; Tab. XXVIII............. 225 Ibid. »

DE LA HOUILLE.

Propriétés générales. — Classement. — Qualités. — Composition; Tab. XXIX. — Gisements et emplois.............................................. 226 135 »

DU COKE AU CHARBON DE HOUILLE.

Classement. — Propriétés. — Composition; Tab. XXX...................... 238 140 »

**Fabrication du coke.** — Distillation en vases clos. — Carbonisation en meules. — Fours découverts. — Des fours; Tab. XXXI. — Prix de construction. — Prix de fabrication. — Pertes de combustible.................................... 241 141 2 et 4

DE L'ANTHRACITE.

Propriétés générales. — Composition; Tab. XXXII. — Emploi. — La houille, le coke et l'anthracite................................................. 253 150 4

DEUXIÈME DIVISION.

**DES MINERAIS ET DES FONDANTS.**

CHAP. III. — NATURE DES MINERAIS.

Classification. — Minéraux et minerais.............................. 257 153 »

MINERAIS OXYGÉNÉS.

**Peroxyde anhydre.** — Fer oligiste. — Fer micacé. — Hématite rouge. — Oxyde compacte. — Analyses; Tab. XXXIII.............................. 260 154 »

**Oxyde magnétique.** — Gisements. — Analyses; Tab. XXXIV................ 266 156 »

**Peroxyde hydraté.** — Hématite brune. — Hydroxyde compacte. — Mine en grain. — Fer hydraté limoneux. — Gisements. — Analyses; Tab. XXXV à XXXVIII.... 268 158 »

**Minerais silicés.** — Silicates de protoxyde et de péroxyde. — Basaltes, grenats et jaspes. — Chamoisite. — Analyses; Tab. XXXIX........................ 280 165 »

MINERAIS CARBONATÉS.

**Fer spathique.**.................................................. 283 166 »

**Fer spathique décomposé.**........................................ 284 167 »

|  | Articles. | Pages. | Planch. |
|---|---|---|---|
| **Fer carbonaté lithoïde ou minerai des houillères.** — Minerai siliceux. — Minerai compacte. — Minerai chisteux. — Analyses ; Tab. XL à XLIII...... | 285 | 167 | » |

MINÉRAUX DE FER NON EXPLOITÉS.

|  | Articles. | Pages. | Planch. |
|---|---|---|---|
| **Fer natif.** — Fers sulfurés. — Phosphates de fer. — Minéraux à acide métallique... | 292 | 172 | » |
| **Répartition des minerais en France.** — Nord-est. — Nord-ouest. — Vosges. — Est. — Centre. — Ouest. — Sud-ouest. — Sud-est. — Alpes. — Sud. — Observations générales.................................. .... .................. | 297 | 173 | » |

CHAP. IV. — ESSAIS ET PRÉPARATION DES MINERAIS.

ESSAIS DES MINERAIS.

|  | Articles. | Pages. | Planch. |
|---|---|---|---|
| **Matières avec lesquelles se rencontrent les différentes espèces de minerais........** | 300 | 176 | » |
| **Essais par la voie sèche.** — Classement des minerais relativement aux fondants à employer — Cinq classes. — Applications. — Manière d'opérer les essais. — Résultats................................................... | 302 | 177 | » |
| **Essais par la voie humide.** — Manière d'opérer. — Marche à suivre pour reconnaître la présence du silicium, du calcium, du magnésium, de l'aluminium, du barium, du strontium, du fer, du manganèse, du soufre, du phosphore et de l'arsenic...................................................... | 309 | 181 | » |

PRÉPARATION DES MINERAIS.

|  | Articles. | Pages. | Planch. |
|---|---|---|---|
| **Extraction.** — Mines et minières. — Prix d'extraction........................ | 314 | 187 | » |
| **Opérations diverses.** — Triage. — Cassage. — Lavage à bras. — Macération. — Grillage. — Fours de grillage ; leur position.......................... | 316 | 191 | 5 |
| **Passage et lavage mécaniques.** — Description d'un bocard. — Prix du bocardage. | 325 | 193 | 5 |
| **Épuration des eaux de lavage.** — Volume d'eau employé. — Bassins épurateurs. — Règlements administratifs. — Méthode plus simple.................. | 330 | 195 | 5 |

MÉLANGE DES MINERAIS ET DES FONDANTS.

|  | Articles. | Pages. | Planch. |
|---|---|---|---|
| **Mélange des minerais.** — Fusibilité des minerais. — Art des mélanges........ | 339 | 200 | » |
| **Emploi des fondants.** — Nature et choix des fondants. — Applications. — Des laitiers. — Analyses des laitiers ; Tab. XLIV.............................. | 343 | 202 | » |

# TROISIÈME SECTION.

## FABRICATION DE LA FONTE.

|  | Articles. | Pages. | Planch. |
|---|---|---|---|
| **Division du sujet**.................................................... ......... | 349 | 206 | » |

### PREMIÈRE DIVISION.

#### CONVERSION DES MINERAIS EN FONTE.

|  | Articles. | Pages. | Planch. |
|---|---|---|---|
| **Notions générales.** — Hauts Fourneaux. — Parties intérieures. — Parties extérieures. — Travail des fourneaux.................................... | 350 | 206 | » |

#### CHAP. 1er. — FOURNEAUX A COMBUSTIBLES VÉGÉTAUX.

EMPLOI DU CHARBON DE BOIS ET DE L'AIR FROID.

|  | Articles. | Pages. | Planch. |
|---|---|---|---|
| **Données relatives à la forme des fourneaux.** — Du soufflage. — Du combustible. — Des minerais. — Des matières stériles. — Des produits........... | 350 | 211 | » |
| **Dimensions intérieures.** — Du ventre. — Hauteur des fourneaux ; — la cuve et la cheminée. — Les étalages ; — l'ouvrage ; — le creuset. — Les tuyères ; — la tympe ; — la dame.............................. .................... | 366 | 214 | » |

TRAVAIL DES FOURNEAUX.

|  | Articles. | Pages. | Planch. |
|---|---|---|---|
| **De la mise en feu.** — Dessiccation et chauffage. — Mise en feu. — Accidents... | 378 | 221 | » |
| **Du chargement des fourneaux.** — Volume des charges. — Charge de combustible. — Charge de minerais et de fondants. — Ordre d'introduction des matières. — Régularité du service. — Descente des charges. — Temps de séjour des matières dans le fourneau. — Exemples.................................... | 386 | 225 | » |

**Transformation des matières dans les fourneaux.** — La réduction. — Théorie de M. Leplay. — Température nécessaire. — La carburation. — Formation des laitiers et fusion............................................. 397  230  »

**Nature des produits.** — De la fonte grise. — Conditions pour l'obtenir. — De la fonte blanche et de son emploi. — Circonstances qui favorisent sa production. — Roulement régulier et irrégulier. — Des fontes de forge. — Qualités à rechercher........................................................... 401  236  »

**Blanchiment des fontes.** — Blanchiment par les mélanges; — par l'introduction de minerai dans le creuset; — par l'influence d'un courant d'air.......... 415  244  »

**De la coulée.** — Des gueuses et des saumons. — Rigoles en sable ou en fonte. — Durée de la coulée.............................................................. 419  245  »

**Des signes qui caractérisent l'allure des fourneaux.** — Allure régulière. — Allure irrégulière. — Caractères de certaines allures. — Allure froide, chaude ou sèche. — Durée d'un roulement; — arrêts; — mise hors................. 421  246  »

**Consommation et produits.** — Exemples pris à l'étranger et en France. — Influences dues à la nature de la fonte........................................ 427  250  »

CHAP. II. — APPLICATIONS DIVERSES.

EMPLOI DU CHARBON DE BOIS ET DE L'AIR CHAUD.

Découverte. — Mode d'action de l'air chaud................................. 431  255  »

**Des principaux effets de l'air chaud.** — Élévation de la température de l'ouvrage et refroidissement de la cuve. — Réduction et fusion des minerais. — Nature des combustibles. — Qualités de la fonte. — Analyses des fontes à l'air froid et à l'air chaud; Tab. XLV. — Économie de combustible; — ses causes. — Soufflage; — température de l'air. — Produits. — Formes des fourneaux. — Chargement............................................................... 434  256  »

**Usage des gaz carbonés.** — Appareil de M. Cabrol; — ses effets.......... 445  264  »

EMPLOI DU BOIS CRU.

Premiers essais........................................................... 447  265  »

**Mode d'action du bois cru.** — Transformation du bois dans les fourneaux. — Dessiccation. — Carbonisation......................................... 448  266  »

**Des principaux effets dus à l'usage du bois cru.** — Allure du fourneau. — Réduction des minerais. — Descente des charges. — Du soufflage à l'air chaud. — Qualité de la fonte. — Économie de combustible. — Produits. — Forme des fourneaux. — Principal obstacle à l'usage exclusif du bois vert.............. 452  268  »

EMPLOI DU BOIS DESSÉCHÉ OU TORRÉFIÉ.

Progrès de cette méthode. — Influence sur le travail. — Économie de combustible. — Avantages généraux. — Bois desséché en forêts...................... 464  273  »

EMPLOI DE LA TOURBE TORRÉFIÉE OU CARBONISÉE.

Qualités de la tourbe. — Préparation. — Indications générales sur la forme des fourneaux; — le soufflage, etc......................................... 472  278  »

EMPLOI DES SCORIES.

Composition. — Emploi. — Exemples........................................ 477  280

DOCUMENTS GÉNÉRAUX SUR LA FORME ET LE TRAVAIL DES FOURNEAUX AU BOIS.

Vingt-neuf exemples pris en France et à l'étranger sur des fourneaux à l'air froid et à l'air chaud............................................... 481  282  6 et 7

CHAP. III. — DES FOURNEAUX A COMBUSTIBLES MINÉRAUX.

EMPLOI DU COKE ET DE L'AIR FROID.

**Données générales.** — Du soufflage. — Des combustibles. — Des minerais..... 484  288  »

**Dimensions intérieures.** — Diamètre du ventre. — Hauteur. — Gueulard. — Des étalages et de l'ouvrage. — Le creuset. — Les tuyères; — la tympe et la dame. — Des formes en général; — leur influence............................. 489  289  »

Articles. Pages. Planch.

TRAVAIL DES FOURNEAUX AU COKE.

e la mise en feu et du chargement. — Volume des charges. — Mode de chargement. — Descente des charges. — Rapport entre la capacité des fourneaux et le produit journalier. — Limites extrèmes........................ 497  293  »

Transformation des matières. — Des minerais. — Du combustible. — Des fondants. — Des laitiers. — Caractères des laitiers. — Poids des laitiers........ 505  297  »

ature des produits. — Qualités des fontes au coke. — De la fonte grise. — De la fonte de forge. — Classement des fontes en Angleterre................. 516  302  »

onduite des fourneaux. — De l'allure. — Règlement des charges. — Travail du creuset. — Durée du roulement........................ 522  306  »

onsommations et produits. — Exemples pris en Angleterre, en Allemagne et en France.  ........................ 526  307  8

CHAP. IV. — APPLICATIONS DIVERSES.

EMPLOI DU COKE ET DE L'AIR CHAUD.

ffets de l'air chaud. — Choix des minerais. — Marche des fourneaux. — Volume et pression de l'air. — Régularité de la marche.................... 528  312  »

onsommations et produits. — Exemples pris en Angleterre, en Allemagne et en France. — Qualité des fontes, variable avec la température de l'air...... 531  313  8

EMPLOI DE LA HOUILLE.

hoix des houilles. — Houilles qui perdent le plus à la carbonisation. — Houilles grasses; — maigres; — menues..................... 534  316  »

orme des fourneaux. — Volume des appareils. — Position du ventre. — Diamètre du gueulard, etc..................... 536  318  »

ravail des fourneaux à la houille. — Transformation des matières. — Influence des gaz et des matières bitumineuses. — Marche des fourneaux. — Volume, pression et température de l'air..................... 537  319  »

onsommations et produits. — Exemples pris en Angleterre et en Écosse. — Économie résultant de l'emploi de la houille..................... 541  320  8

EMPLOI DE L'ANTHRACITE.

ualités et défauts de ce combustible; — moyens de l'employer. — Température, pression et volume de l'air. — Exemple. — Nature des fontes. — Disposition des fourneaux..................... 515  323  8

PRODUITS GAZEUX DES FOURNEAUX.

omposition des gaz. — Expériences de M. Ébelmen. — Analyses de gaz; Tab. XLVI et XLVII. — Considérations relatives à la théorie des fourneaux. — Effets calorifiques produits dans les fourneaux. — Conclusions................. 551  326  »

es gaz considérés comme combustible. — Volume des gaz. — Quantité d'air nécessaire à leur combustion. — Température de la combustion. — Pouvoir calorifique. — Résumé. — Effets calorifiques des gaz; Tab. XLVIII et XLIX.... 560  334  »

DEUXIÈME DIVISION.

CONSTRUCTION DES FOURNEAUX ET DES APPAREILS
QUI EN DÉPENDENT.

CHAP. V. — CONSTRUCTION DES HAUTS FOURNEAUX.

ormes usitées. — Principe de construction..................... 569  341  »

CONSTRUCTIONS EXTÉRIEURES.

ondations. — Piliers et embrasures. — Passages d'embrasures. — Cheminées et carneaux. — Voûtes plates et cintrées. — Tirants et boucliers. — De la tour. — Fausse chemise. — Muraillement. — Tours carrées ou rondes. — Armatures. — Gueulard et cheminée. — Murs de bataille. — Couverture. — Dessiccation des parties extérieures.  ..................... 572  342  9

CONSTRUCTIONS INTÉRIEURES.

Chemise intérieure. — Le creuset, l'ouvrage et les étalages. — La tympe. — Chauffage des parties intérieures. — Parties accessoires du creuset. — Caisse à laitiers. — Creusets puisards. — Tuyères à serpentin....................................... 583 348 9

Disposition générale des fourneaux. — Fourneaux accolés. — Ponts de service. — Emplacement des fourneaux, halles, etc. — Exemples................ 591 353 10 à 12

CHAP. VI. — DES MACHINES SOUFFLANTES.

Objet de ces machines.................................................... 596 356 »

DES TROMPES.

Description. — Conditions d'établissement. — Effet utile..................... 597 356 13

DES VENTILATEURS.

Description. — Mode d'action. — Expériences; Tab. L. — Calcul des ventilateurs. — Effet utile.......................................................... 601 358 13

DES SOUFFLERIES A PISTON.

Description. — Cylindres soufflants. — Soupapes et piston. — Vitesse du piston. — Régularité du mouvement. — Rapport entre le mouvement de la manivelle et le volume d'air engendré............................................... 609 362 16

Des régulateurs d'air. — Régulateurs à volume constant; — leur capacité; — calculs. — Régulateurs à eau; — capacité; — calculs; — observations; — niveau d'eau variable, etc. — Régulateurs à piston flottant; — poids du piston; — capacité; — conclusion. — Régulateurs à cloche; — description; — observations diverses. — Conclusions générales......................................... 613 365 13 à 15

Régulateurs de la force motrice. — Utilité de ces appareils. — Classement. — Cas où on les emploie. — Conditions d'établissement. — Exemples......... 631 375 14 et 15

Calculs relatifs aux souffleries à piston. — Volume d'air engendré par le piston. — Volume lancé par les buses. — Diamètre des buses et des tuyaux de conduite. — Cylindre soufflant. — Travail utile et force motrice; Tab. LI. — Diamètre des buses; Tab. LII............................................. 636 376 »

Distribution du vent. — Conduites d'air. — Répartition du vent. — Boîtes à vent. — Raccordement des buses. — Mesure de la pression et de la température.. 646 384 16

Dispositions générales des souffleries à piston. — Choix du moteur. — Souffleries à moteur hydraulique. — Calcul du volant. — Souffleries mues par la vapeur, avec ou sans volant. — Souffleries à deux moteurs. — Disposition d'une grande soufflerie de 500 mètres cubes................................... 653 387 17 à 21

CHAP. VII. — APPAREILS ACCESSOIRES DES HAUTS FOURNEAUX.

DES APPAREILS A AIR CHAUD.

Disposition générale...................................................... 662 393 »

Conditions d'établissement. — Conservation de la pression de l'air. — Emploi du combustible. — Surface de chauffe. — Appareils employés; — appareil Calder; — appareil Taylor; — appareil de la Haute-Marne; — appareil à gaz carbonés.................................................................. 663 Ibid. 22 à 24

Calculs relatifs au chauffage de l'air. — Surface de chauffe. — Section des tuyaux. — Vitesse de l'air. — Combustible consommé. — Application des calculs. 669 397 »

EMPLOI DES GAZ DES HAUTS FOURNEAUX.

Ancienne méthode. — Premiers essais de M. Aubertot. — Chauffage des chaudières à vapeur. — Inconvénients de ce système............................ 674 399 25

Nouvelle méthode. — Prise de gaz; — point où il faut les recueillir; — appareil employé. — Conduite et épuration des gaz; — Section des tuyaux, etc. — Combustion des gaz par l'air froid ou par l'air chaud. — Emplacement des chaudières. — Application................................................ 677 401 26

APPAREILS A MONTER LES CHARGES.

Plans inclinés. — Monte-charges à chariots; à plateau; — à mouvement continu; — à chariots versants. — Gare d'attente............................. 689 406 27 et 28

Articles. Pages. Planch.

**Élévation directe.** — Disposition générale. — Monte-charges à treuil ; — à contre-poids hydraulique ; — à vapeur ; — à chaîne sans fin. — Force motrice employée. — Service..................................................................... 696  410  29 et 30

DE LA FORCE MOTRICE CONSOMMÉE DANS LA FABRICATION DE LA FONTE.

**Emploi des combustibles végétaux.** — Fourneau au charbon et à l'air froid ; au charbon à l'air chaud ; — au bois vert. — Résumé........................ 706  415  »

**Emploi des combustibles minéraux.** — Fourneau au coke et à l'air froid ; — au coke et à l'air chaud. — Conclusions.............................. 711  417  »

CHAP. VIII. — PRIX DE FABRICATION DE LA FONTE.

MODE D'ÉVALUATION.

**Des matières premières.** — Préparations. — Transports. — Prix du charbon ; — déchet des halles. — Prix du bois sec. — Prix de la houille et du coke. — Prix du minerai ; — des laitiers et scories ; — de la castine.................... 715  418  »

**Frais accessoires.** — Service des fourneaux : direct et indirect. — Frais de machines et d'outils. — Entretien du fourneau.............................. 726  426  »

**Frais généraux.** — Entretien général. — Contributions. — Frais de régie. — Intérêts du fonds de roulement. — Intérêts et amortissement du capital. — Classement.................................................................... 731  428  »

**Prix de revient dans quelques usines.** — Ardennes. — Franche-Comté. — Champagne. — Bourgogne. — Meuse. — Angleterre. — Aveyron.............. 738  432  »

DONNÉES RELATIVES A LA POSITION DES USINES A FONTE.

Anciennes et nouvelles usines. — Fourneaux au bois desséché ; — au coke ; — à la houille................................................................... 741  435  »

**Déplacement des usines.** — Principaux motifs. — Machines à vapeur. — Substitution du bois au charbon. — Production de la fonte au coke. — Conservation des forêts. — Amélioration des voies de communication.................... 750  439  »

# QUATRIÈME SECTION.

# FABRICATION DU FER.

MÉTHODES SUIVIES.

Méthode catalane ; — allemande ; — anglaise. — Procédés mixtes : méthode champenoise ; — franc-comtoise. — Ordre adopté.............................. 756  443  »

## PREMIÈRE DIVISION.

### PRODUCTION DU FER DUCTILE.

CHAP. 1er. — CONVERSION IMMÉDIATE DES MINERAIS EN FER FORGÉ.

Stuckofen et foyers catalans............................................... 759  446  »

NATURE DES MATIÈRES PREMIÈRES.

**Des minerais.** — Qualité des minerais. — Grillage et bocardage............ 761  446  »

**Du combustible.** — Charbon végétal. — Bois desséché.................... 765  448  »

APPAREILS EMPLOYÉS.

**Des souffleries.** — Volume et pression de l'air.......................... 766  448  »

**Des marteaux.** — Marteaux à bascule. — Leur effet utile................ 767  449  »

**Des foyers.** — Description d'un foyer. — Dimensions les plus usitées ; Tab. LIII. 768  450  31

TRAVAIL DES FORGES CATALANES.

**Des ouvriers.** — Chargement du foyer. — Mine, charbon et greillade......... 770  452  »

**Conduite d'une opération.** — Division en cinq périodes. — Explication théorique.................................................................... 772  453  »

**Production de l'acier.** — Choix des minerais. — Disposition du foyer........ 775  455  »

**Martelage du fer.** — Durée du cinglage et de l'étirage.................... 776  456  »

|  | Articles. | Pages. | Planch. |
|---|---|---|---|
| **Produits et consommations.** — Analyse des scories. — Dépense de force motrice. — Prix de fabrication. — Prix d'établissement d'une forge catalane. — Conclusions............................................. | 777 | 456 | » |

CHAP. II. — AFFINAGE AU CHARBON DE BOIS.

| Définition de l'affinage................................................. | 782 | 460 | » |

ÉLÉMENTS DU TRAVAIL.

| **De la fonte.** — Nature des fontes. — Fontes blanches, truitées ou grises. — Fontes à l'air froid et à l'air chaud. — Fontes au bois. — Préparation des fontes : blanchiment; — mazéage de Styrie; — de Souabe; — du Nivernais; — au four à réverbère. — Grillage des blettes. — Observations diverses : fontes en saumons et en gueuses. | 783 | Ibid. |  |
| **Du combustible.** — Charbon de bois. — Bois vert, desséché ou torréfié....... | 795 | 465 | » |
| **De la chaux, de la silice et des scories.** — Fondants et herbue. — Scories riches ou pauvres. — Battitures. — Effets de l'eau............................ | 796 | 466 | » |
| **Du soufflage.** — Volume et pression de l'air. — Son action..............., | 799 | 467 | » |
| **Des feux d'affinerie.** — Disposition du creuset. — Montage des creusets. — Influence relative de la position des différentes pièces...... ............... | 800 | 468 | 31 |

TRAVAIL DE L'AFFINAGE.

| Fusion de la fonte. — Travail de la pièce : soulèvements et avalage de la loupe. — Affinage par attachement............................................ | 803 | 470 | » |
| **Affinage des fontes grises.** — Montage des feux (Franche-Comté). — Exemples; Tab. LIV et LV. — Conduite du travail. — Volumes d'air lancés pendant les différentes périodes de l'opération. — Résultats du travail................ | 809 | 472 | » |
| **Affinage des fontes truitées.** — Montage des feux (Champagne). — Exemples; Tab. LVI. — Conduite du travail. — Volumes d'air lancés. — Résultats du travail. | 814 | 476 | » |
| **Affinage des fontes blanches.** — Montage des feux (méthode wallonne). — Exemples; Tab. LVII et LVIII. — Conduite du travail. — Volumes d'air lancés. — Résultats de l'opération......................................... | 818 | 479 | » |
| **Méthodes diverses.** — Affinage par masse, dit Butschmiede. — Méthode demi-wallonne. — Méthode styrienne. — Affinage de Siegen. — méthodes osemunde et bergamasque............................................... | 822 | 483 | » |
| **Service des feux d'affinerie.** — Ouvriers employés. — Leurs salaires........ | 823 | 484 | » |

CHAP. III. — PERFECTIONNEMENTS RELATIFS AUX FEUX D'AFFINERIE.

FEUX D'AFFINERIE COUVERTS.

| Disposition du feu. — Cheminée d'appel. — Économie de combustible.......... | 825 | 485 | » |
| **Feux d'affinerie couverts avec fours à réchauffer.** — Combustion des gaz. — Fours à réverbère. — Température des fours. — Économie de charbon. — Réchauffage de la fonte. — Valeur calorifique des gaz brûlés. — Son équivalent en houille................................................... | 828 | 486 | 32 |
| **Feux d'affinerie à deux et trois tuyères.** — Leur emploi en Hongrie et en France............................................................. | 831 | 489 | » |

AFFINAGE AU CHARBON ET A L'AIR CHAUD.

| **Effets de l'air chaud.** — Action chimique de l'air chaud. — Sa température suivant la nature de la fonte. — Montage des feux. — Qualités du fer. — Durée de l'opération. — Économie de fonte et de combustible; Tab. LIX........... | 836 | 490 | » |
| **Des appareils à air chaud.** — Mode de chauffage. — Conditions à remplir. — Systèmes employés................................................ | 838 | 493 | 33 |

AFFINAGE AU BOIS NON CARBONISÉ.

| Effets généraux. — Emploi de l'air chaud................................ | 842 | 495 | » |
| **Bois vert en mélange.** — Applications diverses. — Consommations et produits. | 844 | Ibid. | » |
| **Bois vert seul.** — Exemples. — Consommations et produits.................. | 845 | 496 | » |
| **Bois torréfié en mélange.** — Exemples. — Résultats obtenus................ | 846 | 497 | » |
| **Bois desséché en mélange.** — Consommations et produits.... ............ | 847 | Ibid. | , |
| **Bois desséché seul.** — Consommations et produits....................... | 848 | 498 |  |

2

#### EMPLOI DE LA TOURBE.

Qualité de la tourbe. — Exemples............................................ 819    499    »
Conclusions. — Avantages des nouvelles méthodes.......................... 851    500    »

#### CHAP. IV. — DE L'AFFINAGE DE LA FONTE AU FOUR A RÉVERBÈRE.

Origine...................................................................... 855    502    »

#### FINAGE DE LA FONTE.

But de l'opération. — Feux de finerie...................................... 856   Ibid.   34
Matières premières et appareils. -- Nature des fontes. — Du combustible.—
Volume et pression du vent. — Disposition des fineries................... 857    503    »
Travail des fineries. — Conduite de l'opération. — Chargement, fusion, soulè-
vement et coulée. — Observations relatives à l'influence des scories et au règle-
ment de la charge. — Finage de la fonte liquide. — Qualité des produits. — Pro-
duits et consommations. — Force motrice dépensée. — Composition des scories.—
Service des fineries. — Prix de revient du fin-métal..................... 863    505    »

#### DU PUDDLAGE.                                      •

Matières premières. — Fontes ou fin-métal. — Qualités de la houille........ 872    509    »
Des fours à puddler. — Parties constituantes : le foyer, le cendrier, l'autel, la
sole, etc. — Revêtement des fours. — Cheminées. — Des différentes espèces de
fours : fours à une et à deux portes de travail ; — fours bouillants ; — fours à
deux soles................................................................. 875    511    35
Travail des fours à puddler. — Préparation de la sole, en sable ou en scories. — Chargement et fusion du métal. — Puddlage proprement dit. – Confection des balles. — Observations sur la durée de l'opération ; — le soufflage à l'air
chaud ; — l'emploi de l'eau et des scories. — Procédé Schafhæutl. — Produits et
consommations. — Composition des scories................................. 883    515    »
Puddlage au bois et à la tourbe. -- Emploi du bois et dimensions des
fours, etc. — Emploi de la tourbe. — Fours employés. — Consommations....... 895    521    »
Puddlage aux gaz. — Essais de Wasseralfingen. — Essais faits en France ; —
Niederbrunn ; — Hayange ; — Treveray. — Four de Treveray. — Produits, consommations, déchets, qualité des fers. — Emploi général des gaz........... 899    523   36 et 37

#### CHALEUR PERDUE DES FOURS A PUDDLER.

Forme des chaudières. — Disposition des fourneaux. — Cheminées. — Chaudières
d'Abainville et de Sionne.................................................. 908    528    38

### DEUXIÈME DIVISION.

## TRAITEMENT DU FER DUCTILE.

Méthodes suivies........................................................... 915    531    »

#### CHAP. V. — FABRICATION DU FER AU MARTEAU.

#### FERS AU BOIS ÉTIRÉS AU MARTEAU.

Des marteaux à soulèvement. — Disposition de ces appareils. — Pièces principales. — Calcul du moteur. -- Poids du volant. — Usage des marteaux........ 919    532    39
Des marteaux à bascule. — Disposition employée. — La hurasse, l'enclume et
la bague à cames. — Du moteur et du volant. — Usages. — Martinets.......... 930    538    40
Conduite du travail. — Cinglage de la loupe. — Étirage du fer. — Durée de
l'opération. — Méthodes diverses........................................... 936    541    »
Produits et consommations. — Classement des fers martelés. — Force motrice
dépensée : — avec les anciens appareils ; — avec les nouveaux. — Prix de revient
en Franche-Comté ; — en Champagne ; — en Bourgogne ; — dans les Ardennes.... 940    543    »
Fers étirés au martinet. -- Nature de ces fers. — Service et produits d'un
martinet................................................................... 946    548    »

#### FERS PUDDLÉS ÉTIRÉS AU MARTEAU.

Appareils employés. — Foyers de chaufferie............................... 949    549    34
Produits et consommations. — Prix de revient. — Avantages de la méthode
champenoise................................................................ 951    550    »

Articles. Pages. Planch.

FERS CORROYÉS AU MARTEAU.

Du corroyage........................................................ 951  552   »

Appareils employés. — Des chaufferies : fours à réchauffer ; — feux de forge ;
nombre de fours pour un marteau. — Maniement des pièces. — Des marteaux en
Angleterre : marteaux à soulèvement inférieur ; — construction et fondation ; —
force motrice. — Marteaux conduits par des courroies. — Marteau frontal. — Des
marteaux en France : marteaux à bascule ; — marteau-pilon ..............  956  553  11 à 11

Conduite du travail. — Confection des paquets. — Application aux arbres
droits ; — aux arbres à renflements ; — aux essieux coudés. — Déchets et consommations. — Résumé...................................................  969  559  13

CHAP. VI. — FABRICATION DU FER AUX LAMINOIRS.

Idée générale de cette méthode.......................................  978  566   »

DES APPAREILS EN GÉNÉRAL.

Des fours à réchauffer. — Disposition de ces fours. — Emploi de la chaleur
perdue..............................................................  981  Ibid. 36 et 38

Du marteau frontal. — Description ; — position et service..............  983  568  45

De la presse. — Description ; — position et service. — Machine à cingler rotative.  986  569  16

Des laminoirs. — Disposition générale. — Cages à pignons et à cylindres. —
Fondations ; — beffrois. — Appareils accessoires......................  989  571   »

Des cisailles. — Objet de ces machines. — Grosses cisailles ; — lames ; — gardes ;
arrêts, etc. — Cisailles à tôle. — Cisailles à petits fers. — Cisailles roulantes....  994  571  17 à 19

Plaques à redresser. — Plaques avec cisailles.......................... 1001  577  49

DÉGROSSISSAGE DU FER.

Définitions......................................................... 1003  Ibid.  »

Laminoirs dégrossisseurs. — Composition d'un train. — Description détaillée
de toutes ses parties. — Distribution d'eau. — Cannelures des cylindres, ogives et
plates. — Rapport des sections. — Service du train. — Prix des ouvriers ....... 1004  Ibid. 50 et 51

Conduite du travail. — Méthode à suivre. — Cinglage au marteau, à la presse
ou aux laminoirs. — Consommations et produits. — Force motrice consommée. —
Prix de revient .................................................... 1013  582   ·

DU BALLAGE.

Cas où on le pratique............................................... 1018  586   »

Ballage au laminoir. — Manière d'opérer. — Paquets en simple et double pile.
— Consommations et produits. — Durée de l'opération. — Force motrice dépensée. — Prix de revient.............................................. 1019  587   »

Ballage au marteau et au laminoir. — Emploi du fer n° 1 (fer brut) laminé ou martelé. — Méthode anglaise. — Consommation................. 1023  588   »

FINISSAGE DU FER AUX LAMINOIRS MARCHANDS.

Définition du finissage............................................. 1025  589   »

Train de cylindres à fer marchand. — Description détaillée du train. —
Cage des espatards. — Des cylindres ébaucheurs et finisseurs. — Tracé des
cannelures. — Rapports à adopter entre leurs sections pour les fers plats. — Nombre de cylindres nécessaire. — Nombre d'ouvriers..................... 1026  590  52 et 53

Conduite du travail. — Formation des trousses. — Réchauffage. — Charge des
fours. — Laminage. — Dressage. — Affranchissage. — Bottelage. — Force motrice
dépensée. — Prix de revient détaillé................................ 1011  598   »

FINISSAGE DU FER AUX PETITS LAMINOIRS.

Train de petits fers. — Description. — Échantillons fabriqués. — Nombre de
cylindres. — Service............................................... 1052  605  54

Conduite du travail. — Trousses et billettes. — Réchauffage et laminage. —
Dressage, affranchissage, etc. — Consommations et produits. — Force motrice
dépensée suivant le mode de fabrication. — Prix de revient............ 1058  608   »

Articles. Pages. Planch.

### CLASSEMENT DES FERS LAMINÉS.

Classement basé sur la nature des matières et le travail. — 1<sup>re</sup> division : fers provenant de fontes au coke. — 2<sup>e</sup> division : fers provenant de fontes au bois. — Tableau résumé. —Classement basé sur la texture. — Classement suivant la forme.   1063   612   »

## CHAP. VII. — FABRICATIONS SPÉCIALES.

### TRAITEMENT DE LA FERRAILLE.

**Nature de la ferraille.** — Méthodes diverses : affinage de la ferraille ; — fours à riblons.............................................................................. 1071   622   »

**Traitement de la ferraille en paquets.** — Confection des paquets ou fagots. — Boîtes de ferraille menue. — Réchauffage. — Étirage. — Produits et consommations. — Déchets.................................................. 1077   624   63

### DES FENDERIES.

**Origine des fenderies.**.................................................... 1083   626   »

**Appareils employés.** — Des fours. — Des machines. — Description d'un train de fenderie. — Des trousses de taillants. — Vitesse du train. — Anciennes fenderies. — Dispositions générales ................................................ 1084   627   57

**Conduite du travail.** — Emploi du corroyage. — Emploi des bidons. — Réchauffage à flamme perdue. — Produits et consommations. — Nature des produits.... 1092   631   »

### FABRICATION DU FER A GUIDES.

**Appareils employés.** — Des fours chauffés à la houille ou par la flamme perdue des feux d'affinerie. — Disposition des laminoirs. — Des cylindres ébaucheurs, préparateurs et finisseurs. — Sections des cannelures. — Exemple d'une série pour le fer rond de 0<sup>m</sup>,0056 de diamètre. — Des guides et de leur emploi. — Forme des guides : guides simples ou emboîtés. — Boîtes en fer ou en fonte. — Des bobines.............................................................. 1098   634   55 et 56

**Conduite du travail.** — Choix du fer. — Des billettes. — Réchauffage. — Laminage. — Produits et consommations. — Force motrice dépensée................ 1108   640   »

### FABRICATION DE LA TÔLE.

**Appareils employés.** — Nature des appareils préparateurs, suivant les produits à obtenir. — Des fours : fours dormants ; — fours à sole avec échappement par la voûte, latéral, ou par la sole. — Nombre de fours nécessaire. — Des laminoirs à tôle : cages à colonnes ou à chapeau. — Serrage et suspension des cylindres. — Résistance des cages. — Des cylindres et de leur vitesse. — Description d'un train et des appareils accessoires.......................................... 1115   643   58 et 59

**Conduite du travail.** — Qualités du fer. — Tôles fortes corroyées en fer puddlé ; — consommations et produits ; — prix de la main-d'œuvre. — Tôles fortes corroyées en fers affinés. — Tôles moyennes : en fer puddlé ; — en fer affiné. — Tôles marchandes : en fer corroyé ; — en fer affiné. — Consommations et produits. — Tôles à fer-blanc : réchauffage à la flamme perdue. — Produits. — Déchets...... 1128   649

### FABRICATION DES RAILS.

Nature du fer. — Forme des rails.................................. 1139   656   60

**Appareils employés.** — Des fours. — Des marteaux. — Des laminoirs. — Forme des cannelures ; — cylindres ébaucheurs et finisseurs. — Des rails ondulés. — Des rails creux. — Scies à rails : trois exemples. — Réchauffage des bouts de rails. — Machines à redresser. — Cassage des rails de rebut. — Transport des paquets et des rails. ............................................................ 1141   657   61 et 62

**Conduite du travail.** — Composition des paquets et leur poids. — Dimensions des fers employés. — Fabrication des couvertures. — Réchauffage et laminage : chariot à masse. — Premier dressage du rail. — Sciage du premier bout. — Refroidissement du rail. — Dressage définitif. — Sciage du second bout — Burinage des bouts de rails. —Réception : exemple d'un cahier des charges. — Épreuves des rails ; Tab. LX et LXI. — Consommations et produits. — Prix de fabrication. 1156   662   »

Articles. Pages. Planch.

### FERS A REBORDS, CORNIÈRES, ETC., ETC.

Fers à rebords : fabrication au laminoir ou au marteau. — Cornières ou fers à angles. — Fers à vitrages. — Fers à T et à coins. — Fers à ridages. — Plates-bandes ou mains-courantes. — Fers pour métiers et filatures.................. 1171 672 63

### DES FERS CREUX.

Premier emploi. — Idée générale du mode de fabrication.... .................. 1180 675 "

Appareils employés. — Marteau à plier. — Fours à souder de Whitehouse et de Marslant. — Four à chauffer. — Des filières. — Des bancs à tirer. — Machine à dresser. — Machines accessoires. — Force du moteur........................... 1183 676 64

Conduite du travail. — Préparation du fer. — Préparation des tubes. — Soudage. — Dressage et taraudage. — Poids et épaisseurs des tubes suivant leur diamètre............................................................ .... 1193 681 "

## TROISIÈME DIVISION.

## DES MACHINES EMPLOYÉES DANS LES FORGES. — DISPOSITION GÉNÉRALE DES USINES A FER.

Division du travail.. ............................. .................. 1201 686 "

### CHAPITRE Iᵉʳ. — DES MOTEURS.

Définitions................................................. 1202 *Ibid.* '

#### MOTEURS HYDRAULIQUES.

Considérations générales......................... .................. 1204 687 '

Puissance d'un cours d'eau. — Son appréciation. — Niveau des eaux. — Jaugeage des eaux. — Produit d'un canal. — Produit d'une rivière. — Deuxième méthode. — Écoulement par une vanne avec charge d'eau. — Mode de calcul; Tab. LXII, donnant les hauteurs correspondantes à diverses vitesses. — Orifice en même paroi. — Cas de contraction incomplète. — Vannes inclinées. — Orifices garnis d'ajutages. — Orifices en déversoir. — Application. — Variations de la puissance d'un cours d'eau ............................ ......... 1205 688 '

Dispositions relatives à l'emploi des cours d'eau. — Objet de ces dispositions. — Cours d'eau navigables ou flottables. — Premier cas. — Deuxième cas. — Cours d'eau non navigables. — Cours d'eau très-faibles. — Eaux de source et pluviales............................................................ 1227 697 '

Principes de construction. — Barrages en rivières. — Des pertuis. — Écluses à sas. — Des déversoirs. — Canaux de dérivation. — Prise d'eau pour un canal. — Des réservoirs d'eau. — Réservoirs alimentaires. — Coursiers de prise d'eau. — Conduites fermées; Tab. LXIII, donnant le poids des matériaux composant une conduite de fonte. — Coursiers de fuite. — Vannes de décharge. — Canaux de décharge .. ............................................. 1240 703 '

Théorie des roues hydrauliques. — Définitions. — Roues en dessous à aubes planes et à coursier droit. — Tracé des aubes. — Application. — Roues à augets et à aubes dans un coursier circulaire. — Roues à aubes dans un coursier. — Applications. — Roues à augets. — Applications. — Des turbines.............. 1275 722 '

Construction des roues hydrauliques. — Couronnes à aubes. — Couronnes à aubes courbes. — Couronnes à augets. — Des bras des roues. — Des arbres des roues; Tab. LXIV, diamètre des tourillons des roues hydrauliques. — Arbres en bois. — Arbres en fonte. — Des vannages. — Vannes ascendantes. — Vannes plongeantes. — Des coursiers. — Choix d'un système de roues............... 1302 711 65 et 66

Prix des moteurs hydrauliques. — Prix du cours d'eau. — Prix du moteur.. 1325 751 "

#### DES MOTEURS A VAPEUR.

Division du travail................................................. 1328 758 "

Propriétés de la vapeur. — État des corps. — Effets de la chaleur. — Formation des vapeurs. — Densité de la vapeur. — Chaleur absorbée par la vaporisation. — Écoulement de la vapeur; Tab. LXV, poids et vitesse de la vapeur s'échappant dans l'atmosphère à différentes pressions; Tab. LXVI, écoulement de la vapeur dans un milieu à une pression plus faible. — Condensation des vapeurs. 1329 *Ibid.* "

                                                                    Articles. Pages. Planch.

**Des chaudières à vapeur.** — Définitions. — Forme des chaudières. — Surfaces
de chauffe des chaudières. — Volume des chaudières. — Épaisseurs et poids;
Tab. LXVII. — Fourneaux des chaudières; Tab. LXVIII, dimension des foyers
en Angleterre. — De la cheminée. — De l'alimentation. — Émission de la vapeur.
— Mesure de la pression. — Appareils de sûreté...............................   1336    764    »

**Mode d'emploi de la vapeur.** — Classement des machines. — Puissance mécanique de la vapeur; Tab. LXIX, température, poids et volumes de la vapeur à
diverses pressions. — Travail sans condensation ni détente; Tab. LXX. —
Travail avec condensation sans détente; Tab. LXXI. — Travail avec détente;
Tab. LXXII. — Travail avec détente et condensation; Tab. LXXIII. — Repré-
sentation, par courbes, du travail de la vapeur suivant les divers systèmes d'emploi; Tab. LXXIV.............................................................   1356    778    »

**Calculs des machines à vapeur.** — Méthodes de calcul. — Applications. —
Calcul direct. — Usages des constructeurs. — Calcul de la puissance d'une machine. — Détente variable. — Vitesse des machines. — Entrées et sorties de vapeur; Tab. LXXV, vitesses d'écoulement dans l'air d'un mélange d'eau et de
vapeur......................................................................   1365    789    »

**Dispositions des machines à vapeur.** — Machines à balancier. — Machines
sans balancier. — Machines rotatives. — Machines à cylindre oscillant.........   1375    799    »

**Des frais d'établissement.** — Choix d'un système de machine. — Frais d'établissement. — Machines sans balancier, à haute pression. — Machines à grandes
vitesses. — Consommation des machines. — Réparations et entretien............   1381    801    »

### CHAP. IX. — COMMUNICATIONS DE MOUVEMENT, APPAREILS
### ET OUTILS.

#### COMMUNICATIONS DE MOUVEMENT.

**Définitions.** — Nature des transformations et de leurs principaux agents. — Agents
accessoires.................................................................   1393    807    »

**Des manivelles, balanciers, bielles, excentriques et bagues à cames.**
— De la manivelle. — Des bielles. — Des balanciers. — Des excentriques. — Des
bagues à cames..............................................................   1397    809    »

**Des engrenages, crémaillères, courroies et poulies.** — Des engrenages.
— Définitions. — Calculs des dents. — Tracé pratique des dents. — Engrenages
coniques. — Construction des engrenages; Tab. LXXVI, dimensions des dents et
des bras d'engrenages. — Assemblage des engrenages. — Des crémaillères. — Des
courroies; Tab. LXXVII relatif aux tensions des courroies. — Des poulies.......  1407  813  69 et 70

**Des embrayages, freins, régulateurs et volants.** — Des embrayages. —
Des freins. — Frein dynamométrique. — Des régulateurs de vitesse. — Régulateur à air comprimé. — Des volants. — Volants des marteaux. — Volants des
laminoirs. — Position des volants. — Construction des volants.................   1420    820    71

**Arbres, paliers et fondations.** — Des arbres; Tab. LXXVIII, diamètres des
tourillons en fer forgé des arbres de communication de mouvement; Tab. LXXIX,
diamètres des tourillons en fonte des arbres de communication de mouvement. — Choix de la matière. — Calage des engrenages; — des paliers;
des crapaudines; — des frottements; Tab. LXXX, frottement des tourillons en
mouvement sur leurs coussinets. — Des plaques de fondations. — Dispositions employées. — Des fondations. — Fondations en maçonnerie. — Des beffrois. — Des
beffrois en fonte...........................................................   1438    832    »

**Dispositions générales et montage des transmissions de mouvement.**
— Principes généraux. — Division des moteurs. — Répartition des appareils. —
Division des trains. — Trains réunis. — Doubles moteurs. — Résumé. — Mon-
tage des transmissions de mouvement........................................   1461    843    »

#### DES APPAREILS ACCESSOIRES EMPLOYÉS DANS LES USINES.

**Division du travail.**.......................................................   1471    849    »

**Des pompes et des réservoirs d'eau.** — Quantité d'eau nécessaire. — Système
de la pompe. — Des réservoirs. — Grands réservoirs. — Machine motrice des
pompes.....................................................................   1475   *ibid.*   »

| | Articles. | Pages. | Planch. |
|---|---|---|---|

**Outillage d'entretien.** — Tours à cylindre. — Outillage de l'atelier ........ 1480 851 72 et 73

**Outils de montage.** — Des treuils. — Des moufles. — De la chèvre. — Treuil tournant. — Des crics. — Des grues. — Grues à pivot. — Grues mobiles. — Construction des grues ........................................... 1483 853 "

**Transports dans l'intérieur des usines.** — Chemins de fer. — Pesage des matières........................................................ 1493 857 "

#### CHAP. X. — DISPOSITIONS GÉNÉRALES DES USINES.

Division du travail................................................ 1496 859 "

##### DISPOSITIONS INTÉRIEURES DES FORGES.

**Des forges à marteaux.** — Dispositions habituelles. — Cas particuliers. — Halles et bâtiments accessoires............................................ 1497 Ibid. "

**Des forges à laminoirs.** — Ateliers de puddlage. — Cisailles et fours à réchauffer. —Trains des finisseurs. — Dallage des usines. — Charpente et couvertures. — Observations générales.................................................. 1502 861 74 à 83

##### DISPOSITIONS GÉNÉRALES DES USINES.

Considérations générales............................................ 1511 867 "

**Hauts-fourneaux et laminoirs.** — Dispositions de l'usine. — Dispositions extérieures. — Voies de communication. — Administration des usines. — Description d'usines........................................... 1515 Ibid. 84 à 86

# CINQUIÈME SECTION.

## EXAMEN STATISTIQUE ET COMMERCIAL DE LA FABRICATION DU FER.

Division du travail................................................ 1531 876

#### CHAP. 1er. — DU MINERAI.

Division du travail................................................ 1533 877

##### LÉGISLATION DES MINES ET MINIÈRES ET DE SON INFLUENCE SUR LA VALEUR ET LE BON AMÉNAGEMENT DU MINERAI.

Caractère général de la législation des mines........................ 1534 878

**Loi du 21 avril 1810, ordonnances et cahiers des charges des concessions.** — Caractère de cette loi. — Classement des gîtes. — Dispositions relatives aux mines.—Clauses des ordonnances et des cahiers des charges des concessions de mines. — Quotité des redevances payées aux propriétaires du sol. — Dispositions relatives aux minières. — Articles de la loi de 1810, relatifs aux minières. — Obscurités de ces dispositions. — Principales décisions judiciaires et arrêtés, relatifs aux minières........................................................ 1535 Ibid.

**Influence de la loi de 1810 sur le bon aménagement et la valeur du minerai.** — Effets désastreux de cette loi. — Chiffres actuels de la redevance. — Quantités de minerai extrait, et redevances pour chaque département; Tab. LXXXI............................................... 1540 891

##### MOYENS A EMPLOYER POUR FAIRE BAISSER LE PRIX DU MINERAI.

Intervention du gouvernement dans la fixation des redevances. — Conversion des minières en mines. — Cas où les gîtes sont souterrains. — Cas où les gîtes sont affleurants. — Résumé............................................ 1542 901

##### DES GÎTES DE MINERAI AU POINT DE VUE GÉOGRAPHIQUE, GÉOLOGIQUE ET STATISTIQUE.

**Notions préliminaires.** — Terrains en masse et terrains stratifiés. — Révolutions du globe. — Terrains métamorphiques. — Filons. — Alluvions. — Définition des mots *terrain* et *formation*. — Classification des terrains; Tab. LXXXII. ... 1548 907

Articles. Pages. Planch.

**Description des différents groupes de minerai de fer.** — Division adoptée.
— Classification des minerais. — *Premier groupe* (du nord-est). — Caractères gé-
néraux. — Ardennes. — Meuse. — Moselle. — Nord. — Pas-de-Calais. — Oise.
— *Deuxième groupe* (du nord-ouest). — Caractères généraux. — Côtes-du-
Nord. — Eure. — Eure-et-Loir. — Ille-et-Vilaine. — Loire-Inférieure. — Manche.
— Mayenne. — Morbihan. — Orne. — Sarthe. — *Troisième groupe* (des Vosges).
— Caractères généraux. — Meurthe. — Bas-Rhin. — Moselle. — Haut-Rhin. —
Haute-Saône. — Vosges. — *Quatrième groupe* (du Jura). — Caractères géné-
raux. — Doubs. — Jura. — Côte-d'Or. — Haute-Marne. — Haut-Rhin. — Haute-
Saône. — *Cinquième groupe* (de Champagne et Bourgogne). — Caractères géné-
raux. — Aube. — Marne. — Yonne. — Côte-d'Or. — Haute-Marne. — Meuse. —
Vosges. — *Sixième groupe* (du Centre). — Caractères généraux. — Nièvre. —
Saône-et-Loire. — Allier. — Cher. — *Septième groupe* (de l'Indre et de la
Vendée). — Caractères généraux. — Indre. — Indre-et-Loire. — Loir-et-Cher.
— Deux-Sèvres. — Vienne. — Allier. — Charente. — Cher. — Loire-Inférieure.
— *Huitième groupe* (des houillères du Sud). — Caractères généraux. — Ain. —
Ardèche. — Aveyron. — Cantal. — Gard. — Loire. — Puy-de-Dôme. — *Neu-
vième groupe* (du Périgord). — Caractères généraux. — Charente. — Dordogne.
— Lot. — Lot-et-Garonne. — Tarn-et-Garonne et Tarn. — *Dixième groupe* (des
Alpes). — Caractères généraux. — Hautes et Basses-Alpes. — Isère. — Bouches-
du-Rhône. — Var. — Vaucluse. — *Onzième groupe* (des Landes). — Caractères
généraux. — Gironde. — Landes. — Lot-et-Garonne. — *Douzième groupe* (des
Pyrénées). — Caractères généraux. — Ariége. — Aude. — Hérault. — Basses-
Pyrénées. — Pyrénées-Orientales.................................................... 1555  912  87 à 92

EXTRACTION DES MINERAIS.

Du mode d'extraction............................................................ 1644  974    "
**Frais d'extraction.** — Frais d'extraction par groupes; Tab. LXXXIII. — Frais
accessoires. — Distinction entre les mines et minières. — Distinction par classes
de minerais; Tab. LXXXIV. — Distinction par mode d'exploitation; Tab. LXXXV,
LXXXVI, LXXXVII.............................................................. 1657  978    "

PRÉPARATION DU MINERAI.

Imperfection des méthodes de lavage............................................ 1662  986    "
**Avantages de la préparation sur place.** — Conditions dans lesquelles se
trouve l'industrie du lavage. — Exemples de l'économie du débourbage sur place.
— Autre inconvénient du lavage sur cours d'eau................................ 1663  987    "
**Maintien du régime des cours d'eau.** — Conditions de ce maintien. —
Vitesses de courants capables d'empêcher les dépôts et d'entraîner les fonds...... 1667  989    "
**Établissement des patouillets et lavoirs.** — Règlements relatifs à cet éta-
blissement. — Articles de la loi de 1810, relatifs aux patouillets et lavoirs....... 1670  991    "
**Curage.** — Règlements relatifs au curage en général. — Articles de la loi du 4 mai
1803, relatifs au curage. — Curage à la charge spéciale des propriétaires de pa-
touillets et lavoirs. — Établissement de bassins épuratoires.................... 1671  992    "
**Frais de préparation des minerais.** — Frais de préparation par groupes;
Tab. LXXXVIII. — Frais de lavage sur les principaux gîtes; Tab. LXXXIX. —
Statistique des lavoirs.......................................................... 1674  996    "

TRANSPORT DES MINERAIS.

Indications générales sur les transports. — Frais de transport par groupes; Tab. XC.
— Séparation des transports en deux catégories................................ 1678  999    "
**Transport du mineral en terre.** — Manière dont s'effectue ce transport. —
Nature des chemins qui y sont affectés. — Droit d'ouverture de chemins de charroi.
— Établissement de chemins de fer de transport. — Frais de transport du minerai
en terre; Tab. XCI. — Motifs de l'élévation de ces frais. — Moyen de les
atténuer........................................................................ 1693  1001    "
**Transport du mineral lavé.** — Importance de ces transports. — Frais de
transport pour les principaux gîtes; Tab. XCII................................ 1700  1008    "

RÉSUMÉ STATISTIQUE SUR LES MINERAIS.................................... 1702  1010    "

## CHAP. II. — DES COMBUSTIBLES.

Division du travail...............................................   1703   1012   »

### DESCRIPTION DES BASSINS HOUILLERS.

Classification................................................   1704   1013   »

**Groupe du Nord.** — *Bassin de Valenciennes* (Nord). — Sa puissance. — Propriétés de ses houilles. — Essais; Tab. XCIII. — Usages. — *Bassin de Mons* (Belgique). — Puissance, qualités et usages de ses houilles. — *Bassin de Charleroi* (Belgique). — *Bassin de Hardinghen* (Pas-de-Calais)...............   1705   1015   87

**Groupe du Nord-Est.** — *Bassin de Gémonval* (Haute-Saône). — *Bassin de Norroy* (Vosges). — *Bassin de Ronchamp et Champagney* (Haute-Saône). — *Bassin de Gouhenans* (Haute-Saône). — *Bassin de Saint-Hippolyte* (Haut-Rhin). — *Lambeaux houillers du Haut-Rhin.* — *Bassin de l'Illé* (Bas-Rhin). — *Bassin de Forbach* (Moselle). — *Bassin de Sarrebruck* (grand-duché du Rhin). Sous-bassin de la Glane. — Sous-bassin de la Sarre. — Prolongement en France.   1711   1019   87

**Groupe du Centre.** — *Bassin de la Loire* (Loire). — Sa puissance. — Propriété de ses houilles. — *Sous-bassin de Saint-Étienne.* — Puissance et qualités de ses houilles. — Essais. — *Sous-bassin de Rive-de-Gier.* — Puissance, qualités et usages de ses houilles. — Essais; Tab. XCIV. — *Bassin du Creuzot et de Blanzy* (Saône-et-Loire). — Position géologique et disposition de ses couches. — Puissance et propriétés de ses houilles. — Essais; Tab. XCV. — *Bassin d'Épinac* (Saône-et-Loire). — Sa puissance. — Propriétés et essais de ses houilles. — *Bassin de Commentry, Doyet et Bezenet* (Allier). — Sa puissance. — Propriétés de ses houilles. — Essais; Tab. XCVI. — *Bassin de Brassac* (Haute-Loire et Puy-de-Dôme). — Sa puissance. — Propriétés de ses houilles. — Essais; Tab. XCVII. — *Bassin de Decize* (Nièvre). — Sa puissance. — Propriétés de ses houilles. — *Bassin de Bert* (Allier). — Propriétés et usages de ses houilles. — Essais. — *Bassin de Sainte-Foy l'Argentière* (Rhône). — *Bassin de la Chapelle-sous-Dhun* (Saône-et-Loire). — *Bassin de Fins et Noyant* (Allier). — Sa puissance. — Propriétés et usages de ses houilles. — Essais; Tab. XCVIII. — *Bassin de Saint-Éloi* (Puy-de-Dôme) — *Bassin de Terrasson* (Dordogne et Corrèze). — *Bassin d'Ahun* (Creuse). — *Bassin de Meimac* (Corrèze). — *Bassin de Langeac* (Haute-Loire). — *Bassin de Bourg-Lastic* (Puy-de-Dôme). — *Bassin de Champagnac* (Cantal); Tab. XCIX. — *Bassin d'Argentat* (Corrèze). — *Bassin de Bourganeuf* (Creuse) ........................   1727   1023   87

**Groupe du Midi.** — *Bassin d'Alais* (Ardèche et Gard). — Sa puissance. — *Bassin d'Alais proprement dit.* — Groupe de Rochebelle. — Groupe de Portes. — Sous-bassin de Saint-Ambroise. — Essais des houilles d'Alais; Tab. C. — Usages. — *Bassin d'Aubin* (Aveyron). — Propriétés et essais de ses houilles; Tab. CI. — *Bassin de Carmeaux* (Tarn). — *Bassin de Saint-Gervais* (Hérault). — Sa puissance, propriétés et essais de ses houilles. — *Bassin du Vigan* (Gard). — *Bassin de Rhodez* (Aveyron). — *Bassin de Ronjan* (Hérault). — *Bassin d'Aubenas* (Ardèche). — *Bassin de Durban et Ségure* (Aude). — Sous-bassin de Ségure. — Sous-bassin de Durban. — *Bassin de Milhau* (Aveyron)..   1772   1048   87

**Groupe de l'Ouest.** — *Bassin de Littry* (Calvados et Manche). — Sous-bassin de Littry. — Sous-bassin du Plessis. — *Bassin de la Basse-Loire* (Loire-Inférieure, Maine-et-Loire). — Sa puissance. — Essais de ses houilles; Tab. CII. — Propriétés et usages. — *Bassin de Saint-Pierre-la-Cour* (Mayenne). — *Bassin de Vouvant et Chantonnay* (Vendée et Deux-Sèvres) — Puissance et propriétés de ses houilles. — Essais ........................   1791   1057   87

### FRAIS D'EXTRACTION DE LA HOUILLE.

Prix de la houille sur le puits, dans les principaux bassins; Tab. CIII...........   1802   1061   »

### FRAIS DE TRANSPORT.

Importance de ces frais, quant à la houille. — Modes de transport de la houille. — Parcours de la houille et leurs prix pour les principaux bassins; Tab. CIV......   1803   1062   »

**Transports par routes de terre.** — Cas particulier de transport par routes. — Frais moyens de ces transports. — Nécessité d'améliorer les routes.........   1806   1065   »

3

Articles, Pages. Planch.

**Transports par chemins de fer.** — Spécification des frais de transport. — *Grandes voies de fer à voyageurs.* — Bases. — Frais de halage et d'entretien du matériel. — Frais du service des transports, d'entretien et de surveillance de la voie, et d'administration générale. — Péage. — Résumé. — *Chemins de fer mixtes.* — Détermination du produit brut minimum. — Circulation correspondante. — Chemin de fer de Saint-Étienne à Lyon : Description du chemin ; recherche des frais de halage ; frais de halage du service n° 1, de Saint-Étienne à Saint-Chamond ; résumé des frais de halage des divers services, Tab. CV ; frais complets de transport, Tab. CVI. — Chemin d'Alais à Beaucaire : Description du chemin ; recherche des frais de transport. — *Chemins de fer des houillères.* — Nature de ces chemins. — Détermination du produit brut minimum. — Circulation correspondante. — Chemin de fer de Roanne à Andrezieux : Description de ce railway ; recherche des frais de transport. — Chemin de fer du Creuzot au canal du Centre : Description de ce railway ; recherche des frais de transport. — Chemin de fer d'Épinac : Description de ce railway ; recherche des frais de transport. — Tarifs des divers chemins de fer... ............................. 1811    1067    »

**Transports par fleuves et rivières.** — Documents statistiques sur les fleuves et rivières ; dimensions des principaux fleuves et rivières et des bateaux qui les desservent ; Tab. CVII. — Quotité des droits de navigation ; Tab. CVIII. — Droits accessoires. — Base de la perception des droits. — Du jaugeage. — Spécification des frais de transport. — *Frais de transport par chevaux.* — Descente de la Saône. — Remonte de la basse Seine. — *Frais de transport par bateaux à vapeur.* — Remorquage sur le Rhône. — Navigation directe sur le Rhône. — Remorquage du Havre à Rouen. ...................................... 1838    1082    »

**Transports par canaux.** — Dimensions des canaux ; Tab. CIX. — Tarifs des canaux ; Tab. CX. — Spécification des frais de transport. — Division de ces frais en deux catégories. — Rapport entre ces deux catégories. — Influence des dimensions des canaux sur les frais de transport. — Canal du Berry : Comparaison entre les frais sur canaux à petite et grande section ; Tab. CXI. — Canal du Rhône au Rhin : Recherche des frais de transport. — Canal de Bourgogne : Recherche des frais de transport. — Canaux du Nord : Recherche des frais de transport de Mons à Paris ; résumé sur les transports de Mons à Paris ; recherche des frais de transport de Douchy à Paris.................... 1852    1092    »

**Appendice au transport par rivières et canaux.** — Moyennes des frais de transport sur les grandes lignes de navigation qui renferment des canaux, des fleuves et des rivières ; Tab. CXII.... ... ...................... 1867    1108    »

**Comparaison entre les diverses voies de transport.** — Parallèle entre les frais qui leur sont communs. — Parallèle entre les chemins de fer et les canaux.... .................. .......... .... .................... 1868    1109    »

RÉSUMÉ STATISTIQUE SUR LES HOUILLES. — Tab. CXIII................... 1873    1113    »

CONDITIONS RELATIVES A L'EMPLOI DU BOIS.

Considérations générales........................................ 1874    1116    »

**Avantages que présente l'usage du bois.** — Supériorité des produits métallurgiques. — Intérêt de la propriété foncière. — Conservation des forêts. — Intérêt météorologique. ............... ......... 1875    1117    »

**Des motifs de la crise actuelle.** — Considérations générales. — Haut prix du bois. — Faible valeur de la propriété forestière. — *Intérêt des propriétaires au défrichement.* — Définitions : futaie ; taillis ; avantages que présente la futaie ; superficie immobilière ; aménagement. — Défrichement d'un sol de bonne nature. — Défrichement d'un sol ingrat. — Conclusion. — Origine des mauvaises méthodes d'exploitation.......... ................ ..................... . 1879    1119    »

**Des mesures propres à abaisser le prix du bois.** — Considérations générales. — *Mesures qui doivent influer sur l'avenir.* — Voies de transport. — Reboisement. — Améliorations de la culture. — Améliorations des méthodes d'exploitation. — *Mesures propres à influer sur le présent.* — Servitudes de la propriété forestière. — Impôt foncier. — Frais de garde. — Droits de navigation. — Octrois. — Droits protecteurs. — Encouragements de l'État................. 1895    1121    »

**Résumé.** ................................................ ... .. 1909    1133    »

Articles. Pages. Pl. ch.

RÉPARTITION DES FORÊTS SUR LE SOL DE FRANCE.

Cause de la disparition des bois. — Dépeuplement du sol. — Portions les plus boisées. — Portions les plus dépeuplées. — Répartition des forêts suivant les divers groupes métallurgiques; Tab. CXIV. — Production en matière. . . . . . . . . . . . .  1910    1134    »

EXPLOITATION ET PRÉPARATION DES BOIS.

Adjudications — Cahier des charges des ventes de bois. — Prix du bois sur pied. — Époques favorables à l'exploitation. — Frais d'exploitation. — Frais de préparation.  1916    1136    »

TRANSPORT DU BOIS.

Importance de ces transports. — Chiffres généraux des frais de transport — Transport par rivières et canaux. — Transport par chemins de coupes. — Nature de ces voies. . . . . . . . . . . . . . . . . . . . . . . . . . . . . . . . . . . . . . . . . . . . . . . . . . . . . . . . . .  1921    1146    ›

RÉSUMÉ STATISTIQUE SUR LES BOIS.

Importations et exportations des bois communs; Tab. CXV. — Consommation des usines à fer; Tab. CXVI. . . . . . . . . . . . . . . . . . . . . . . . . . . . . . . . . . . . . . . . . . . . .  1927    1150    »

CONCLUSION. . . . . . . . . . . . . . . . . . . . . . . . . . . . . . . . . . . . . . . . . . . . . . . . . . .  1928    1153    »

CHAP. III. — DES USINES ET DES MOTEURS.

Division du travail . . . . . . . . . . . . . . . . . . . . . . . . . . . . . . . . . . . . . . . . . . . .  1929    1154    »

LÉGISLATION DES USINES ET DE LEURS MOTEURS.

Ateliers et exploitations. — Classification des usines. — Première classe. — Usines: Demandes en autorisation; enquête; ordonnance d'autorisation; construction de l'usine; activité de l'usine; changements dans l'usine; translation, chômage, déchéance. — Fabrication de charbon. — Recherche de minerais. — Exploitation de mines. — Deuxième classe. — Usines. — Exploitation de minerais d'alluvion . . . . . . . . . . . . . . . . . . . . . . . . . . . . . . . . . . . . . . . . . . . .  1931    Ibid    »

Des moteurs. — Des moteurs sur cours d'eau. — Considérations générales. — Autorisation des ouvrages sur cours d'eau. — Circulaire relative à l'instruction des demandes en autorisation. — Construction et activité des ouvrages sur cours d'eau. — Règlements d'eau. — Modèle d'ordonnances relatives aux règlements d'eau. — Chômage temporaire et déplacement. — Entretien des cours d'eau. — Modèles d'arrêtés et ordonnances relatifs à l'entretien des cours d'eau. — Réparations et amélioration des cours d'eau. — Modèle d'ordonnances relatives à la formation des commissions syndicales formées en vue des réparations et améliorations de cours d'eau. — Des machines à vapeur. — Demande en autorisation. — Enquête. — Installation. — Activité. — Ordonnance du 22 mai 1840 . . . . . . . . . . . . . . . . . . . . . . . . .  1947    1163    »

Procédure. — Compétence. — Recours. — Demandes en autorisation. — Autorisations par ordonnance royale. — Autorisations par arrêté du préfet. — Gestion de l'autorisé. — Usines de première classe. — Ouvrage sur cours d'eau. — Recherches de mines. — Exploitation de mines. — Usines de deuxième classe. . . . .  1958    1186    »

DESCRIPTION DES GROUPES D'USINES.

Classification . . . . . . . . . . . . . . . . . . . . . . . . . . . . . . . . . . . . . . . . . . . . . . . . . . . . .  1971    1201 87 à 92

Première classe d'usines. — Premier groupe; groupe de l'est. — Son importance. — Origine des matières premières. — Caractères et avenir. — Doubs. — Jura. — Meurthe. — Haut-Rhin. — Haute-Saône. — Côte-d'Or (est). — Vosges. — Haute-Marne. — Statistique. — Deuxième groupe; groupe du nord-ouest. — Son importance. — Origine des matières premières. — Caractères et avenir. — Côtes-du-Nord. — Eure. — Eure-et-Loir. — Finistère. — Ille-et-Vilaine. — Loire-Inférieure. — Loir-et-Cher. — Maine-et-Loire. — Manche. — Mayenne. — Morbihan. — Orne. — Sarthe. — Statistique. — Troisième groupe; groupe de l'Indre — Son importance. — Origine des matières premières. — Caractères et avenir. — Deux-Sèvres. — Indre. — Indre-et-Loire. — Vienne. — Haute-Vienne (Nord). — Statistique. — Quatrième groupe; groupe du Périgord. — Son importance. — Origine des matières premières. — Caractères et avenir. — Charente. — Corrèze. — Dordogne. — Lot. — Puy-de-Dôme. — Tarn-et-Garonne. — Lot-et-Garonne (Nord). — Haute-Vienne (Sud). — Statistique. — Cinquième

Artides. Pages. Handi.

groupe; groupe du sud-est. — Son importance. — Origine des matières premières. — Caractères et avenir. — Drôme. — Vaucluse. — Isère ( bassin de
l'Isère ). — Statistique. — Résumé..................................................   1972    1202    »

Deuxième classe d'usines. — Sixième groupe; groupe du nord-est. — Son
importance. — Origine des matières premières. — Caractères et avenir. — Aisne. —
Ardennes. — Moselle. — Bas-Rhin. — Meuse ( Nord ). — Nord ( Est ). — Statis-
tique. — Septième groupe; groupe de Champagne et Bourgogne. — Son importance. — Origine des matières premières. — Caractères et avenir. — Aube.
— Marne. — Yonne. — Haute-Marne. — Côte-d'Or (nord-ouest). — Meuse (Sud).
— Vosges (Ouest). — Statistique. — Huitième groupe; groupe du centre. —
Son importance. — Origine des matières premières. — Caractères et avenir. —
Allier. — Cher. — Loiret. — Nièvre. — Saône-et-Loire. — Statistique. — Neu-
vième groupe; groupe du sud-ouest. — Son importance. — Origine des matières
premières. — Caractères et avenir. — Gironde — Landes. — Basses-Pyrénées
( sud-ouest). — Lot-et-Garonne (ouest). — Statistique. – Résumé............   2036    1221    »

Troisième classe d'usines. — Dixième groupe; groupe des houillères du
nord. — Son importance. — Origine des matières premières. — Caractères et
avenir. — Pas-de-Calais. — Nord. — Oise. — Seine-et-Oise. — Seine. — Statistique. — Onzième groupe; groupe des houillères du sud. — Son importance.
— Origine des matières premières. — Caractères et avenir. — Ardèche. — Aveyron. — Gard. — Loire. — Rhône. — Isère (ouest). — Statistique. — Résumé...   2080    1236    L

Quatrième classe d'usines. — Douzième groupe; groupe des Pyrénées et de
la Corse. — Son importance. — Origine des matières premières. — Caractères
et avenir. — Ariége. — Aude. — Haute-Garonne. — Basse-Pyrénées (est). —
Hautes-Pyrénées. — Pyrénées-Orientales. — Tarn. — Corse. — Statistique. —
Résumé. .........................................................................   2103    1243    »

Résumé sur les divers groupes...........................................  2117    1246    L

STATISTIQUE GÉNÉRALE DES USINES. — Statistique des usines pour 1843. — Des
capitaux engagés dans l'industrie du fer. — Accroissement de la production indi-
gène. — Tab. CXVII, tableau de la production de la fonte et nombre des hauts-
fourneaux de 1819 à 1843. — Tab. CXVIII, tableau de la production du fer et de
l'acier, de 1819 à 1843. — Abaissement des prix des produits indigènes. — Importations et exportations. — Tab. CXIX, tableau comparatif des importations et
exportations des fers, fontes et aciers.............................   2118    1247    »

CHAP. IV. — LA CONCURRENCE ÉTRANGÈRE.

Division du travail.....................................................   2125    1255    »

PRODUCTION DU FER EN ANGLETERRE.

De la houille et des minières. — Classement. — Groupe d'Écosse. — Groupe
du nord de l'Angleterre. — Groupe central. — Groupe du pays de Galles. — Des
minerais. ..........................................................   2127    1256    »

Voies de communication. — Des canaux. — Tab. CXX, tableau des principaux
canaux navigables d'Angleterre. — Des chemins de fer......   2131    1260    »

Groupes métallurgiques. — Classement. — Groupe du sud. — Groupe du
centre. — Groupe du nord. — Groupe d'Ecosse. — Production de la Grande-
Bretagne. — Tab. CXXI, tableau de la production du fer en Angleterre. —
Tab. CXXII, tableau de l'exportation des fers anglais. — Conclusion.........   2141    1265    »

PRODUCTION DU FER EN BELGIQUE.

Origine. — Les banques..................................   2156    1274    »

Exploitations houillères. — Leur importance. — Tab. CXXIII, tableau du
nombre des mines de houille et quantités extraites. — Qualités de la houille. —
Prix de la houille............................................   2158    1276    »

Extraction des minerais. — Nature des minerais. — Leur importance. —
Tab. CXXIV, tableau de l'exploitation des minerais de fer en 1837 et 1838. — Prix.   2163    1280    »

Voies de communication. — Lignes navigables. — Tab. CXXV, tableau des
lignes navigables de Belgique..............................   2166    1283    »

**Produits des usines.** — Fabrication de la fonte. — Tab. CXXVI, tableau du nombre des hauts-fourneaux. — Fabrication du fer. — Tab. CXXVII, tableau du nombre des appareils de forges. — Position et organisation des usines. — Conclusion . . . . . . . . . . . . . . . . . . . . . . . . . . . . . . . . . . . . . . . . . . . . . . . . . . . . . . . . . 2168  1285  *

PRODUCTION DU FER DANS LES ÉTATS DU ZOLLVEREIN.

**Royaume de Prusse.** — Brandebourg. — Silésie. — Tab. CXXVIII, tableau de la production de la Silésie, en fonte et fer. — Saxe-Thuringe. — Westphalie. — District du Rhin. — Tab. CXXIX, tableau de la production de la Prusse en 1835. —Tab CXXX, tableau de la production de la Prusse en 1841 . . . . . . . . . . . . . . 2179  1293  *

**La Bavière et les autres pays du Zollverein.** — Bavière. — Royaume de Wurtemberg. — Duché de Nassau. — Royaume de Saxe. — Tableau de la production du fer du royaume de Saxe. — États de Thuringe. — Grand-duché de Baden. — Grand-duché de Hesse-Darmstadt. — Duché de Brunswick. — Électorat de Hesse. — Principautés d'Anhalt, de Hohenzollern, de Waldeck et de Hesse-Hombourg. — Production du Zollverein. — Tab. CXXXI, tableau de la production du fer dans le Zollverein . . . . . . . . . . . . . . . . . . . . . . . . . . . . . . . . . . . . . . 2189  1298  *

**Tarifs du Zollverein.** — État du Zollverein. — Des tarifs. — Importation et exportation de la fonte et du fer dans le Zollverein. — Tab. CXXXII, tableau des exportations et importations du Zollverein . . . . . . . . . . . . . . . . . . . . . . . . . 2200  1301  *

CONSERVATION DE LA MÉTALLURGIE DU FER EN FRANCE.

**Le système protecteur et la liberté commerciale.** — Parallèle entre les conditions des principaux pays métallurgiques. — Tarifs français. — Tab. CXXXIII, tableau des droits d'entrée des fers, fontes et houilles. — Appréciation de ces tarifs. — Tab. CXXXIV, tableau comparatif des fontes importées en France pendant chaque mois des années 1844, 1843 et 1842. — Tab. CXXXV, tableau de l'importation des fontes de Belgique en France (1827 à 1841). — Tab. CXXXVI, tableau des exportations et importations de fers et fontes pour 1843. — Le système protecteur. — Exemple de l'Angleterre. — Conclusion . . . . . . . . . . . . . . . . . 2207  1305

FIN DE LA TABLE DES MATIÈRES.

# TRAITÉ
# DE LA FABRICATION DU FER
## ET DE LA FONTE.

## PREMIÈRE SECTION.

### NOTIONS PRÉLIMINAIRES.

1. La sidérotechnie ou l'art de traiter les minerais de fer, pour approprier ce métal aux besoins de l'industrie, est une des branches les plus importantes de la métallurgie générale.

Son étude exige la connaissance préalable de plusieurs sciences étendues, telles que les mathématiques, la physique, la chimie, la minéralogie, la mécanique, etc., et doit comprendre la description, l'explication et l'appréciation des principaux moyens de fabrication qui sont en usage aujourd'hui.

2. Notre travail embrasse :

1°. Un exposé des propriétés physiques et chimiques du fer et de ses composés;

2°. La préparation des matières premières employées dans la fabrication, c'est-à-dire celle des combustibles, des minerais et des fondants;

3°. La production de la fonte, et la construction des appareils qui s'y rattachent;

4°. La production du fer, ses principales élaborations, et les conditions auxquelles doivent satisfaire les appareils chimiques ou mécaniques que l'on y consacre.

Afin de rendre aussi facile que possible l'étude de ces différentes questions, nous jetterons d'abord un coup d'œil général sur l'état passé et présent de la fabrication du fer; pour la rendre plus complète, nous la ferons suivre par un examen de la position commerciale de cette industrie en France.

Tel est, en peu de mots, le cadre du travail que nous avons entrepris.

# CHAPITRE PREMIER.

## HISTOIRE ET PROGRÈS DE LA PRÉPARATION DU FER.

------

### TRAVAIL DU FER CHEZ LES ANCIENS.

**3.** Le fer est d'une trop grande utilité pour tous les peuples, à quelque degré de la civilisation qu'ils appartiennent, et ses minerais sont répandus avec trop d'abondance sur la surface du globe, pour que son premier emploi ne remonte pas à la plus haute antiquité : aussi, est-il tout à fait impossible de préciser la date de cette importante découverte.

Le fer a été connu comme métal bien longtemps avant que son usage devint général : ce fait s'explique très-simplement par les difficultés de toute nature que présente le traitement de ses minerais, et par l'absence complète des connaissances scientifiques ou industrielles qui pouvaient hâter les progrès de sa fabrication. D'autres métaux, tels que l'or, le cuivre, l'argent, qui sont plus rares, mais aussi moins utiles que le fer, ont été employés bien avant lui : ils étaient assez faciles à traiter, et de simples tâtonnements pouvaient mettre des hommes intelligents sur la voie des procédés à employer pour les obtenir à l'état de pureté; de plus, l'aspect de leurs minerais était de nature à captiver l'attention des plus indifférents, et ce motif a dû puissamment concourir à leur mise en œuvre.

**4.** *Origines diverses.* — Bien que la plupart des anciennes traditions qui se rattachent à des faits d'un ordre secondaire méritent très-peu de confiance, nous croyons devoir dire un mot de celles qui se rapportent à notre sujet : la découverte du fer est attribuée par les Hébreux à Tubalcaïn (3000 ans avant J.-C.); par les Égyptiens et les Grecs à Vulcain qui n'est vraisemblablement que le même personnage désigné sous un nom différent; par les Goths, dont l'origine est étrangère à celle des peuples précédents, à Odin, le conquérant et le législateur du Nord. Moïse (1500 ans avant J.-C.) parle du fer comme d'un métal connu des Égyptiens, et il est en effet probable qu'il a été un élément indispensable au progrès des arts en Égypte, qui, à cette époque, y avaient déjà atteint un certain degré de perfection. L'absence de minerais de fer dans ce pays, fait qui paraît suffisamment constaté par le peu de succès des recherches qui ont été faites à différentes époques récentes, doit faire supposer que le fer que l'on y consommait provenait d'importations étrangères.

Les Phéniciens, qui passent pour avoir exploité les mines d'Eubée et de la Crète, furent les premiers, dit-on, qui pénétrèrent en Espagne, pays riche en minerais de toute nature, et il est probable qu'ils prirent une part active à la propagation du fer parmi les peuples avec lesquels ils étaient en relations; les Carthaginois, qui leur succédèrent dans le commerce du monde, continuèrent l'exploitation des mines d'Espagne, que les Romains venus après eux trouvèrent encore inépuisables.

Suivant Diodore, ce furent les Dactyles, habitants du mont Ida (Phrygie) qui eurent les premiers le secret de la fabrication du fer, dont l'existence leur aurait été révélée (1432 ans avant J.-C.) par l'incendie de quelques forêts placées sur des gisements de minerai.

5. D'après les différentes origines auxquelles les anciens historiens rapportent le premier emploi du fer, et le peu d'harmonie qui existe entre les dates, on doit croire que cette découverte n'est pas la propriété d'un seul peuple, chez lequel les autres nations seraient venues puiser les connaissances qu'elles ignoraient : l'isolement forcé dans lequel elles étaient plongées, par suite de la difficulté des communications, fait au contraire présumer que le fer étant une matière de première nécessité, dont la nature a répandu les éléments avec la plus grande libéralité dans presque toutes les parties du globe, chaque peuple est arrivé de lui-même à découvrir ses propriétés et à en faire usage lorsque le hasard ou plutôt ses besoins ont dirigé ses recherches de ce côté; toutefois, on peut ajouter que la civilisation et les arts ayant commencé à se développer en Orient avant de pénétrer dans les contrées occidentales, il est naturel d'attribuer le premier emploi de ce métal aux peuples de l'Orient, dont les progrès ont précédé ceux des autres.

6. Le peu de citations de l'emploi du fer que l'on rencontre dans les anciens auteurs, le peu de traces que l'on en trouve dans les ruines des monuments de leur époque, et les difficultés sans nombre que devait présenter son traitement, nous donnent la certitude que, même parmi les peuples où son existence était connue, ses usages étaient fort restreints, et bornés à la confection des outils les plus grossiers : au siége de Troie (1200 ans avant J.-C.), les armes des guerriers étaient encore en bronze, et cependant, suivant Hésiode lui-même, qui rapporte le fait, on fabriquait du fer en Crète, deux siècles auparavant ! Chez les premiers Romains, les armes étaient également en bronze, et Rome fut fondée 752 ans avant J.-C.!.... Ces faits d'ailleurs n'ont rien d'extraordinaire, s'il est vrai, comme l'affirme Hérodote, que ce n'est que 430 ans avant J.-C. que Glaucus de Chio découvrit l'art de souder le fer; tout emploi de ce métal était évi-

demment fort difficile, avant la connaissance de ce procédé. On rapporte, comme une preuve de sa rareté et de sa grande valeur, que trois siècles seulement avant l'ère chrétienne, Alexandre ne dédaigna pas un présent de quarante livres d'acier indien qui lui fut offert par Porus; et il n'y a pas lieu d'admettre ici une grande différence entre la valeur de l'acier et celle du fer, car, ainsi que nous le verrons bientôt, le second devait être plus difficile à fabriquer que le premier.

7. De la Grèce, l'usage du fer se répandit en Italie et se développa assez rapidement chez les Romains : 300 ans avant J.-C. il était employé à la confection des outils qui servaient à l'exploitation des mines, et commençait à servir à la fabrication des armes de guerre; 250 ans plus tard, les mines de l'île d'Eubée étaient déjà épuisées (Strabon).

Vers le même temps, les peuples du Nord connaissaient également les usages du fer, et sa fabrication paraît même avoir fait chez eux des progrès plus rapides que dans les autres pays. Redevables de la connaissance de cet art, soit au chef de leur race, soit à l'Espagne qui avait dû répandre au delà des Pyrénées les procédés d'exploitation qu'elle tenait des peuples voyageurs venus de l'Orient, les habitants des Gaules, de la Germanie, de la péninsule Scandinave et de la Bretagne, mis en communication fréquente les uns avec les autres par leurs excursions réciproques, développèrent à peu près simultanément la fabrication du fer; pour la plupart d'entre eux, le cuivre et par conséquent le bronze étaient des métaux rares, et leur passion pour la chasse, la guerre et les voyages fut sans doute le puissant mobile qui les détermina à rechercher le fer pour la confection de leurs outils et de leurs armes. 390 ans avant J.-C. Brennus et ses Gaulois, marchant à la conquête de l'Italie, portaient des épées en fer : vraisemblablement elles étaient fort grossières, mais le fait seul indique que déjà cette industrie avait pris une assez grande extension dans le Nord. Un peu plus tard les procédés se perfectionnèrent, et quelques pays acquirent même une certaine célébrité sous ce rapport : ainsi l'on citait, chez les Romains, le fer de la Norique, l'acier d'Espagne, et les épées des Celtibériens.

### PROCÉDÉS EMPLOYÉS.

8. Les procédés de fabrication usités chez les anciens n'ont pas été généraux comme ceux qui nous servent actuellement; ils ont au contraire varié beaucoup suivant la nature des minerais, les besoins, les ressources et le génie des peuples qui les mettaient en œuvre. Ils sont tous restés en

grande partie inconnus, et ce n'est que par des inductions malheureusement assez vagues que l'on parvient à se faire une idée de la forme des appareils et de leur genre de marche.

9. Les minerais dans lesquels la présence du fer est la plus apparente, et qui laissent dégager avec le plus de facilité les particules métalliques qu'ils renferment, ont vraisemblablement été les premiers mis en œuvre : on les traitait dans des fourneaux à parois en pierres, faiblement élevés au-dessus du sol, et placés sur le sommet des montagnes, ou dans des localités où ils étaient naturellement exposés à un courant d'air un peu actif; ils étaient alimentés avec du *bois sec* en petites bûches, dont la combustion donnait une chaleur assez intense pour liquéfier les parties les plus fusibles de la mine, qui se séparaient alors des portions plus pures et plus réfractaires : celles-ci en partie désoxydées sous l'influence de la chaleur, du charbon et des gangues, s'affinaient ensuite imparfaitement par l'action de l'air; elles se soudaient ou se collaient les unes avec les autres, et formaient, au bout d'un temps plus ou moins long, une masse de fer aciéreux, que l'on forgeait avec des marteaux à main, et que l'on débarrassait ainsi de la plus grande partie des impuretés qui y adhéraient, en lui donnant en même temps une forme appropriée à son usage ultérieur.

Cette méthode si imparfaite, dans laquelle le succès de l'opération dépendait en quelque sorte des caprices du vent, a été longtemps suivie en Espagne, sur le littoral de la Méditerranée, en Angleterre et en Écosse où l'on trouve même encore des ruines de fourneaux de ce genre.

10. D'après Mungo-Park, les nègres de l'intérieur de l'Afrique suivent un procédé semblable au précédent, à cela près que le bois sec est remplacé par du *charbon de bois* : dès les premiers âges de la fabrication, les ouvriers ont en effet dû ressentir les inconvénients d'un combustible dont les effets suivaient toutes les variations des saisons et de l'atmosphère; ils ont dû naturellement songer à le remplacer par une matière parfaitement sèche, de composition uniforme, susceptible en outre de développer une plus haute température sous un moindre volume, et le charbon substitué au bois en nature est venu remplir le but qu'ils se proposaient, en rendant leurs opérations plus faciles, et en augmentant leurs produits.

11. Malgré cette amélioration, la fabrication devait être nécessairement longue, et donner des produits de *qualité très-variable*; enfin, elle n'était évidemment praticable qu'avec des minerais d'une nature exceptionnelle, et tous ceux qui étaient difficiles à fondre devaient en être exclus, puisque l'absence d'une ventilation mécanique dans des appareils dont le tirage

naturel était très-faible, ne permettait pas de les porter à une température
élevée. Cette difficulté se résolut par l'invention et l'application des
*soufflets à bras* : ces appareils, de construction sans doute très-imparfaite,
n'en ont pas moins dû faire faire un grand progrès à l'art, en permettant
l'emploi d'une plus grande variété de minerais, et en modifiant notablement la conduite, la durée et le résultat des opérations.

Sous l'influence d'un courant d'air forcé, agissant sur du charbon d'ailleurs convenablement disposé dans le foyer par rapport à la mine, la température pouvait être poussée aussi haut que cela était nécessaire; la
réduction des substances métallifères avait lieu d'une manière continue, la
fusion venait après elle et s'opérait convenablement; enfin l'affinage des
carbures de fer qui se rendaient dans le bas de l'appareil pouvait s'effectuer
avec régularité par l'action des scories et celle du vent que l'on avait à
diriger avec méthode pour atteindre le but final de l'opération.

Tels furent les premiers progrès que firent les hommes dans l'art de traiter
les minerais de fer.

**12.** *Classement des appareils.* — Le mode de travail que nous venons
d'indiquer a été pratiqué, sans varier dans son principe, dans des fourneaux de dimensions très-variables, que l'on peut toutefois rapporter sans
erreur à deux genres bien caractérisés : les *fourneaux bas* et les *fourneaux
élevés.*

Les foyers qui ont été employés à la naissance de la fabrication, et qui se
sont conservés dans toutes les localités privilégiées sous le rapport des
minerais, en ce qu'ils étaient riches, facilement réductibles, et fusibles à
une assez basse température, se rapportent au premier genre : tels sont
ceux dont parle Agricola dans son ouvrage sur les mines, le premier travail
spécial qui ait paru sur la matière; ils avaient environ trois pieds et demi
de haut, cinq pieds de côté, et le fond avait la forme d'un creuset d'un
pied et demi de côté, sur un pied de hauteur; ils étaient alimentés avec
du charbon, soufflés à la main, et produisaient en dix à douze heures de
travail une loupe de deux à trois cents livres, que l'on forgeait au marteau.

Swedenborg, qui écrivait en 1733, cite également des fourneaux qui
avaient à peine deux pieds de haut, et que de son temps on employait encore
en Dalécarlie, pour le traitement des minerais hydratés limoneux; ils étaient
soufflés à bras, et produisaient un fer aciéreux de bonne qualité. En Upland
on employait des fourneaux du même genre, et leurs produits, connus
sous le nom de fer Osmund, jouissaient dès le xvıᵉ siècle d'une réputation
qu'Agricola n'a pas oublié de mentionner.

Enfin, nous retrouvons aujourd'hui, sous le nom de *foyers corses*, de *foyers catalans*, des appareils dont les dimensions se rapprochent beaucoup de celles que nous venons de citer : leur origine paraît remonter aux temps florissants de l'empire romain, et c'est vraisemblablement au bon usage qu'ils en faisaient, et aux excellents minerais qu'ils y traitaient, que les Celtibériens devaient alors la grande réputation de leur acier.

La conservation de cette méthode dans quelques provinces du Midi tient à peu près uniquement à la nature exceptionnelle des minerais que l'on y rencontre, et à la bonne qualité des fers qui en résultent; elle se perfectionne un peu chaque jour et se soutient ainsi sans trop de peine au milieu des nouveaux procédés.

13. Dans les contrées où la nature des minerais exigeait pour leur réduction un contact plus prolongé avec les gaz désoxydants émanés de la combustion du charbon, les opérateurs ont été naturellement amenés à exhausser les fourneaux primitifs dont nous venons de parler : leur hauteur s'est accrue peu à peu, au fur et à mesure que les minerais les plus faciles à traiter se sont épuisés, que les perfectionnements apportés à la confection des soufflets ont permis d'employer un courant d'air plus rapide et plus abondant; et ils ont fini par former un genre d'appareils bien caractérisés, que l'on peut désigner d'une manière générale sous le nom de *fourneaux élevés*.

L'usage de ces foyers s'est répandu plus rapidement que celui des précédents, parce qu'ils donnaient des produits plus assurés, et surtout parce qu'ils s'appropriaient avec assez d'avantage à toutes les variétés des minerais que l'on découvrait. Mais c'est surtout à partir de la première exploitation des mines de Styrie, au commencement du viiie siècle, que leur rôle a acquis une grande importance. Établis dans ce pays sous le nom de *stuckofen* (fourneaux à masse), ils se répandirent successivement en Allemagne, en Alsace, en Bourgogne, en Saxe, en Bohême et en Suède, où ils contribuèrent d'une manière puissante à l'extension et à la généralisation de la fabrication du fer, qui, sans leur concours, serait resté longtemps encore le privilége d'un petit nombre de localités.

14. Du temps d'Agricola (xvie siècle), la hauteur des *stuckofen* n'excédait pas 2m,00, et ils affectaient intérieurement la forme d'un cône ou d'une pyramide tronquée à quatre ou six faces, assise sur sa plus grande base; plus tard, et lorsque leur élévation eut atteint 3m,00 à 3m,75, on les composa de deux cônes tronqués, adossés par leur grande base. Le diamètre du foyer variait de 0m,80 à 1m,10; l'ouverture supérieure, ou *gueu-*

*lard*, portait 0$^m$,50 à 0$^m$,60 de largeur, et le *ventre* avait 2$^m$,50 à 2$^m$,70 de diamètre.

Le minerai et le combustible étaient chargés par le gueulard, en couches stratifiées, et la *masse* obtenue s'enlevait, après douze heures de travail, par une ouverture pratiquée dans l'embrasure alors unique des soufflets. Cette opération, accompagnée de l'évacuation complète du contenu de l'appareil, occasionnait de longs retards, et entraînait une grande dépense de combustible.

Le rendement des minerais était loin d'être satisfaisant, car pour décarburer, ou, en d'autres termes, pour affiner le carbure de fer contenu dans le creuset, l'action du vent était insuffisante, et celle d'un laitier très-riche en oxydule de fer était absolument indispensable; la création de ce laitier, et celle des matières ferreuses encore liquides qui accompagnaient toujours la masse à sa sortie, absorbaient une portion notable de la mine introduite par le gueulard. Quant aux produits de l'opération, ils étaient faibles, et surtout de nature excessivement variable; tantôt ils se trouvaient être du fer d'excellente qualité; tantôt du fer aciéreux, ou même de l'acier plus ou moins pur; tantôt enfin, dit Swedenborg, en parlant des *stuckofen* de Styrie, ils se divisaient en deux portions de nature distincte. La partie supérieure du bain métallique s'affinait complètement sous l'influence du vent et des scories avec lesquelles elle était en contact immédiat, et se convertissait en bon fer, tandis que la partie inférieure restait combinée avec une grande quantité de fer cru, et exigeait un remaniement complet dans un *foyer spécial*; on y terminait l'opération commencée dans le fourneau, en liquéfiant une ou plusieurs fois la masse sous l'influence du charbon et de l'air forcé, jusqu'à ce qu'elle eût atteint la qualité que l'on désirait obtenir.

15. C'est ici que nous rencontrons la première trace des *feux d'affinerie;* car c'est en définitive le seul nom que l'on puisse donner à ces foyers de seconde élaboration. Leurs fonctions, il est vrai, n'étaient pas exactement les mêmes que celles des appareils que nous désignons aujourd'hui sous ce nom, et leurs attributions ne sauraient même pas être clairement définies; mais on sait que, dans toute industrie, les nouveaux instruments de travail ne prennent un caractère propre et bien distinct qu'au bout d'un certain temps d'usage.

A en juger par l'ancienneté des fourneaux élevés, il est très-probable que les foyers d'épuration ont dû être employés à une époque très-reculée, et la nature des scories découvertes dans plusieurs pays habités par les anciens semble justifier cette hypothèse. Ainsi en Grèce, et notamment dans les ruines de Sparte, on a trouvé deux espèces de scories : les unes, analogues à celles de nos hauts fourneaux, qui devaient provenir de la fusion des minerais ; les autres, tout à fait semblables à celles de nos feux d'affinerie, et qui devaient être le résultat de l'épuration du métal dans un second appareil.

16. *Principe des anciennes méthodes.* — L'usage plus ou moins ancien, et plus ou moins répandu des foyers d'épuration, n'infirme en rien la généralité du principe sur lequel a reposé la fabrication pendant toute l'antiquité, et durant le moyen âge. Ce principe est celui de la *conversion directe des minerais en fer* malléable ou en acier ; le . ' *ckofen* (type des fourneaux élevés ) et le *foyer catalan* (type des fourneaux bas) en ont été les deux représentants matériels ; et malgré toutes leurs imperfections, ils sont restés, jusqu'au xvᵉ siècle, les seuls appareils consacrés au traitement des minerais de fer.

17. L'art, en lui-même, est resté presque stationnaire pendant cette longue série d'années, et le progrès ne s'est fait sentir que par la vulgarisation des procédés connus, et par un grand accroissement dans la production, résultant, d'une part, de la multiplication des usines ; de l'autre, du perfectionnement des appareils mécaniques.

Ainsi, au fur et à mesure que les emplois du fer sont devenus plus nombreux, par son application aux constructions, à la confection des outils de toute nature et à celle des armes de guerre, ce nouvel élément de la fortune publique et privée a été de plus en plus apprécié, et de nouveaux gisements de minerai ont été recherchés, découverts et exploités. Bientôt l'application du travail de l'homme ou de celui des animaux à la manutention des soufflets et des marteaux devint insuffisant, et les usines se déplacèrent pour transporter leurs ateliers sur le bord des cours d'eau, où l'établissement des roues hydrauliques leur permit de rendre leur fabrication plus active et plus soutenue.

L'art de la mise en œuvre du fer et de l'acier fit en même temps de très-grands progrès, et occupa un grand nombre de bras. Dès le xiiᵉ siècle, il était arrivé à un haut degré de perfection, et les artisans des Pays-Bas jouissaient, sous ce rapport, d'une grande réputation.

18. Nous n'avons présenté qu'un tableau bien incomplet de la marche progressive qu'a suivie l'art de travailler le fer pendant la longue période que nous venons d'embrasser ; c'est au peu de documents qui nous ont été laissés par les anciens historiens que l'on doit attribuer ces lacunes.

2

Pline, Aristote, Diodore, Plutarque parlent du fer et de l'acier; mais le petit nombre des renseignements qui sont relatifs à sa fabrication ne sert qu'à nous donner une idée du peu d'importance qu'ils y attachaient, et ne peut en aucune manière servir à constituer son histoire. Leur laconisme s'explique par le peu d'extension qu'avait pris cette industrie, et surtout par ce fait, qu'elle était alors beaucoup plus pratiquée chez les peuples qu'ils qualifiaient de barbares, que dans leur propre pays; mais on conçoit moins le silence absolu des chroniqueurs du moyen âge, qui vivaient à une époque et dans des provinces où l'exploitation du fer s'était largement répandue, et où l'on attachait une grande valeur aux produits qui en résultaient. Le peu d'intérêt que paraît leur avoir inspiré cette question serait à peine justifiable, si l'on ne tenait compte de l'oubli presque complet dans lequel étaient alors plongés la plupart des arts et toutes les sciences positives, par suite de l'absorption générale des intelligences supérieures dans les grands débats politiques et religieux qui s'agitaient en Europe.

19. Le petit poëme de Louis Bourbon, sur *l'Art des Forges*, écrit en 1523, paraît être le plus ancien ouvrage qui ait exclusivement rapport à la matière, et le sujet est traité trop superficiellement pour que l'on puisse y puiser quelques renseignements précis.

En 1546 parut le grand ouvrage d'Agricola, *De Re metallica*. C'est un traité complet sur l'exploitation des mines et la réduction des substances métallifères. L'extraction et la préparation des minerais en général, y sont exposées avec assez de détails pour donner une idée exacte des méthodes que l'on employait alors; mais il consacre à peine quelques lignes à la sidérurgie, et, suivant toutes les probabilités, il n'était même pas très au courant de l'état de la question dans toutes les parties de l'Europe.

Ce n'est qu'à partir du xviii⁰ siècle, que les hommes instruits ont commencé à s'occuper sérieusement de la préparation du fer, et c'est en France que, pour la première fois, la question fut envisagée sous son véritable point de vue. *L'Art de convertir le Fer forgé en Acier*, publié en 1722 par Réaumur, excita à juste titre l'attention générale. En 1734 parut le *Regnum subterraneum*, de Swedenborg. Le travail du fer y est présenté avec de grands développements. Quelques années plus tard vinrent les ouvrages de Bergmann et de Rinmann; depuis cette époque, la sidérurgie a excité de plus en plus l'attention et les recherches des savants, et l'art a recueilli les fruits de leurs intéressantes méditations.

## PREMIERS EMPLOIS DE LA FONTE.

**20.** *Découverte.* — La *fonte,* ou fer cru, est un composé de fer et de carbone, dont le premier usage remonte à peine au XII° ou au XIII° siècle. Les anciens ont ignoré le parti que l'on en pouvait tirer; mais son existence avait dû leur être révélée dès les premiers temps de la fabrication, puisqu'elle se formait naturellement dans la plupart de leurs fourneaux, et particulièrement dans les *stuckofen,* dont les produits n'étaient, comme nous l'avons vu, qu'un fer plus ou moins carboné, qu'il fallait généralement soumettre à une épuration pour le rendre parfaitement malléable. La fonte, qui s'écoulait pendant la sortie de la masse, était sans doute considérée comme une matière impure, dont la présence attestait l'insuccès de leur opération; ils ne connaissaient pas encore la manière de la convertir en fer, ni celle de l'employer au moulage.

Agricola ne dit pas un mot de l'une ni de l'autre de ces deux opérations; il se contente de citer la fonte comme une matière que l'on employait de son temps à la conversion du fer en acier (1). Mais on doit simplement en conclure que cet auteur ignorait ce qui se faisait alors, ou qu'il ne jugea pas à propos d'en parler plus longuement; car il paraît bien certain qu'à cette époque les qualités de la fonte avaient déjà été appréciées. Dès le XIII° siècle, elle était connue dans les Pays-Bays; et, en 1400, les usines de l'Alsace produisaient déjà des poêles en fonte.

Nous ne savons pas si les canons dont on se servit au XIV° siècle, sur le continent, étaient en fonte de fer, en bronze, ou en pièces de fer forgé assemblées par des cercles de même métal; ce qui paraît positif, c'est qu'en Angleterre les premiers canons de fonte furent coulés à Londres, en 1547, par un nommé Owen, qui avait seulement réussi quelques années auparavant à en fabriquer en bronze.

Le moulage de la fonte n'ayant pu être que la conséquence, même assez éloignée, de sa production dans les usines à fer, il est probable que, bien avant les dates que nous venons de citer, elle avait pris rang parmi les produits des forges; toutefois les appareils destinés à l'obtenir n'ont pas été nettement caractérisés avant le XV° siècle, et ce n'est qu'à partir de cette époque qu'elle a commencé à exercer une influence un peu générale sur les méthodes de fabrication du fer.

---

(1) Cette opération se pratiquait en faisant séjourner pendant assez longtemps des barres de fer dans un bain de fonte liquide.

### APPAREILS EMPLOYÉS.

**21.** Le premier appareil spécialement destiné à la production de la fonte a été le *flussofen* (fourneau de fusion). Ce genre de fourneaux paraît avoir pris naissance sur les bords du Rhin, et il est probable que, de là, il passa en Angleterre ; son usage se répandit fort lentement en Europe ; il ne fut introduit en Saxe qu'en 1550.

Dans le principe, les flussofen ont été des fourneaux presque entièrement semblables aux stuckofen, dont ils dérivaient, et ils n'en différaient matériellement que par un rétrécissement apporté au foyer. Quant à la conduite de l'opération, elle fut complétement modifiée. Les stuckofen, pour donner la nature de produits que l'on en attendait, devaient, comme nous l'avons dit, être surabondamment chargés en minerai, afin d'engendrer des laitiers très-riches ; et de plus, il était essentiel que les matières descendues dans le creuset y fussent directement exposées à l'action du vent. Du moment, au contraire, où il fallut obtenir du fer cru bien carboné, au lieu de fer plus ou moins malléable, on diminua les charges en minerai, que l'on stratifia avec plus de soin avec celles de charbon, et l'on accorda la plus grande attention à préserver le bain métallique du courant d'air, en donnant aux *tuyères* une direction convenable, et en le laissant couvert d'une couche de laitiers qui le défendaient directement.

**22.** Les avantages de ce mode de travail sont faciles à saisir. Le rendement du minerai augmenta de toute la quantité qui ne servait autrefois qu'à la formation des scories ; la consommation de charbon diminua, et l'oxyde de fer, réduit à une température convenable, carburé et fondu ensuite, put se conserver à l'état de fonte dans le creuset où ne se trouvaient plus des oxydes de fer naturels ou créés, tendant à lui enlever son carbone. La *continuité d'action* fut la conséquence immédiate de la production de la fonte ; on la faisait écouler par une ouverture ménagée à cet effet dans la face du creuset correspondante à l'embrasure de travail, en arrêtant seulement pendant quelques minutes l'action du vent. Le roulement du fourneau se prolongeait ainsi pendant plusieurs mois.

**23.** Les flussofen ne conservèrent pas pendant longtemps la *hauteur* des stuckofen. On s'aperçut que la consommation de charbon était d'autant moindre, et que l'on obtenait des produits d'autant plus liquides, que l'appareil était plus élevé, et on les construisit en conséquence. Leur élévation fut successivement portée à trois, quatre, six et sept mètres.

Les anciens soufflets de cuir, qui jusqu'alors avaient été employés au soufflage de tous les foyers, présentaient des inconvénients dont l'importance devint encore plus sensible lorsque, pour la production de la fonte, la marche des appareils dut être continue; ils furent remplacés par les *soufflets en bois*, inventés, en 1620, par un évêque de Bamberg, en Bohême. Quelques années plus tard, en 1640, les *trompes* furent inventées en Italie, et elles sont restées l'auxiliaire indispensable de toutes les forges catalanes qui peuvent disposer de grandes chutes d'eau. Ce premier pas vers le perfectionnement des machines exerça une heureuse influence sur la production des usines à fer, la régularité et l'économie de leur marche.

**24.** A partir de l'emploi des flussofen, les anciens foyers d'épuration, qui n'étaient qu'un accessoire des stuckofen, ont acquis une grande importance; leurs caractères se sont nettement formulés, et leur consécration à *l'affinage de la fonte* leur a fait donner le nom de *feux d'affinerie*, qu'ils portent encore aujourd'hui. On ne parle pas, dans l'histoire du fer, de l'invention de ces appareils, parce qu'ils se sont formés par la transformation graduelle et successive des foyers d'épuration, de même que les stuckofen sont devenus peu à peu des flussofen. Ces deux découvertes sont tout à fait corrélatives.

Les feux d'affinerie se sont propagés en Europe en même temps que les flussofen, dont ils transformaient les produits en fer malléable, ou quelquefois en acier; et bien que leurs formes, leurs dimensions et le mode de travail aient varié suivant les localités, le principe de leur application est constamment resté le même.

**25.** En augmentant la hauteur des flussofen, on leur donna un nouveau nom, celui de *hauts fourneaux*, qu'ils portent encore aujourd'hui; et leur forme intérieure subit en même temps quelques modifications, qui les rendirent plus propres au traitement des minerais réfractaires. Ainsi, à la forme circulaire du *creuset* on substitua celle d'un rectangle, comme plus commode pour son nettoyage et la coulée de la fonte. La partie supérieure du creuset, *l'ouvrage*, dans lequel s'opère la fusion du métal, fut construit en matériaux réfractaires, et prit des dimensions plus en harmonie avec la haute température que l'on voulait y obtenir. Enfin, une partie à faces inclinées, nommée *les étalages*, servit à raccorder le haut de l'ouvrage avec l'ancien *ventre*, la *cuve* n'ayant subi aucune modification dans ses formes.

On ne connaît pas au juste l'époque de la transformation dont nous nous occupons; mais il paraît que c'est aux Pays-Bas que l'on en est redevable, et qu'elle s'introduisit en Suède vers la fin du xvie siècle. Dans les commencements du xviie, les hauts fourneaux se répandirent en Saxe, dans le Hartz, le Brandebourg, et ils pénétrèrent sans doute à la même époque en France; car la bonne marche des fourneaux de l'Allier et du Périgord, au commencement du xviiie siècle, fait supposer que ce mode de travail y était installé depuis assez longtemps. Ils furent établis pour la première fois en Silésie en 1721.

**26.** *Principe de la nouvelle méthode.* — A partir de la découverte de la fonte, la sidérurgie se partagea naturellement en deux branches distinctes : la production de la fonte et la fabrication du fer. Le nouveau principe qui lui servit de base fut celui de la *conversion successive des minerais en fonte, puis en fer malléable,* et c'est encore lui qui domine nos méthodes de fabrication les plus récentes.

Ce premier pas vers la *division du travail* changea complétement la face de cette industrie, et exerça sur ses succès ultérieurs la plus large et la plus heureuse influence que nous ayons à signaler dans son histoire. Pour elle, la réaction industrielle du xvie siècle fût peut-être restée stérile sans la découverte de la fonte, et toutes les industries eussent été privées de l'élément le plus indispensable à leurs progrès, après le fer.

**27.** *Accroissement de la fabrication.* — L'adoption des hauts fourneaux et des feux d'affinerie a imprimé un grand élan à la fabrication du fer en Suède, en Angleterre, en Allemagne et en France.

En Suède, les progrès de cette industrie datent des premières années du xviie siècle, et sont dus aux ordonnances promulguées à ce sujet en 1604. Elles attirèrent dans le pays beaucoup d'ouvriers allemands, qui, en améliorant la construction des fourneaux, augmentèrent notablement leur produit et la durée, jusqu'alors très-restreinte, de leur roulement. En 1650, Louis de Gier fit venir des environs de Liége et de Namur un grand nombre d'ouvriers, qui apportèrent encore de nouveaux perfectionnements dans la forme et la conduite des fourneaux. Leur hauteur fut portée à huit ou neuf mètres, et le travail du creuset régularisé par la modification de plusieurs de ses parties. Depuis lors, la Suède n'a pas cessé d'occuper un rang élevé dans l'industrie sidérurgique. Elle le doit un peu au chiffre de sa production, mais surtout à son excellente qualité.

**28.** A en juger par la grande quantité d'objets en fonte que l'on coulait en Angleterre vers la fin du xvie siècle, les hauts fourneaux devaient s'y être largement répandus; toutefois les rapports de Dudley à cet égard paraissent excessivement exagérés. Suivant lui, il y aurait eu, en 1612, 300 hauts fourneaux au charbon de bois dans les trois royaumes, et leur produit se serait élevé annuellement à 180 000 tonnes de fonte! Il est impossible d'ajouter foi à de pareils chiffres. Ce qui paraît certain, c'est qu'en 1720 il n'y avait en Angleterre que 59 fourneaux, dont le produit annuel était de 17 350 tonnes, soit 294 tonnes par an et par fourneau. En 1788, leur nombre était réduit à 26, et la production de chacun d'eux s'élevait à 546 tonnes par an.

Ainsi, d'une part, le nombre des appareils diminua; de l'autre, les produits de chacun d'eux augmentèrent : ce second fait tient aux progrès qu'avait faits l'art, et surtout aux améliorations apportées dans le soufflage par la substitution des *souffleries à piston* aux soufflets trapézoïdaux en bois : cette invention anglaise date de 1778, et fut introduite en France et en Allemagne vers la fin du même siècle.

Quant à la diminution générale des produits, et dans une proportion aussi sensible, elle se rapporte à une cause de la plus haute importance, la rareté croissante du charbon, l'épuisement des forêts! elle fut, comme nous le verrons bientôt, l'occasion d'un progrès immense dans la métallurgie du fer.

**29.** L'Allemagne et la France arrivèrent à peu près en même temps aux améliorations de détail dont nous avons parlé au sujet des fourneaux de la Suède; le chiffre de leurs produits aussi bien que la qualité de leurs fers furent constamment en progrès, et, vers la fin du XVIIᵉ siècle, la découverte de la *cémentation de l'acier* se produisit comme une conséquence naturelle de la suppression des stuckofen, et de la rareté des foyers catalans, les seuls appareils autrefois employés à la création de cet important produit.

**30.** Il paraît à peu près certain qu'avant la découverte de l'Amérique par les Européens, ses habitants ne connaissaient pas l'usage du fer; les premières usines consacrées à sa fabrication furent établies aux États-Unis en 1730, sur le modèle de celles qui existaient alors en Angleterre, et elles se sont développées et répandues avec la rapidité qui caractérise tous les progrès de l'industrie dans ce pays.

### EMPLOI DU COMBUSTIBLE MINÉRAL.

**31.** *Origine.* — Durant les deux périodes de fabrication que nous venons d'examiner, le charbon végétal a été le seul combustible (1) employé

---

(1) Il paraît qu'on a aussi employé la tourbe, mais ce fait est évidemment exceptionnel.

au traitement du fer et à celui de tous les autre métaux ; l'épuisement des
forêts en a été la conséquence naturelle, et c'est en Angleterre que ses premiers effets se sont fait sentir, car nous avons vu les fourneaux au bois
s'éteindre les uns après les autres avec une effrayante rapidité, au moment
même où ils se multipliaient sur le continent. Dans ces circonstances
fatales, l'importation des fers étrangers, et particulièrement de ceux de la
Suède qui leur dut en grande partie le développement de sa principale
industrie, fut la seule ressource de l'Angleterre ; mais elle faisait en même
temps les plus grands efforts pour sauver ses usines d'une ruine complète,
et pour annuler les entraves de toute espèce que la nécessité de se pourvoir
à l'extérieur d'une matière aussi indispensable que le fer apportait à son
indépendance politique et à ses vues sur l'exploitation commerciale de
tous les marchés du monde.

**32.** L'idée de substituer au charbon de bois le charbon minéral
que l'on exploitait à Newcastle depuis le XIII<sup>e</sup> siècle, et qui, depuis cette
époque, avait été consacré dans la plus grande partie de l'Europe aux travaux de la maréchalerie, se présenta naturellement à l'esprit des hommes
qui avaient l'intelligence de l'avenir : dès l'année 1612, la réalisation de
cette application difficile fut tentée par Simon Sturtevant, esq., qui
obtint à cette occasion du roi Jacques un privilége de trente et un ans ; ses
essais furent sans succès, et John Ravenson, esq., qui lui succéda en
1613, ne fut pas plus heureux que lui. Ces échecs ne firent pas abandonner
la question, et en 1615 Dudley obtint encore un brevet de trente et un
ans pour la fabrication de la fonte et du fer avec la houille : ses
efforts furent couronnés par un éclatant succès, et il réussit à produire la
fonte et le fer à un prix beaucoup moins élevé que les autres propriétaires
de forges ; ces résultats ameutèrent contre lui tous les fabricants du
royaume, qui devinrent ses ennemis acharnés. Leur influence fit réduire
son brevet à quatorze ans, et leur jalousie s'exaspéra à un tel point, qu'ils
n'eurent pas honte de faire détruire par leurs ouvriers réunis les nouveaux
établissements qu'il avait créés à Pensent, dans le comté de Worcester.

La haine de ses rivaux, les troubles de la guerre civile, et le refus d'un
nouveau brevet après la Restauration, mirent fin aux entreprises de
Dudley ; ses expériences et ses découvertes restèrent pendant longtemps
dans l'oubli.

**33.** La question de la fonte au coke fut reprise en 1740, et les premières applications de la machine à vapeur arrivèrent à propos pour en
faciliter et en hâter la solution définitive. Les usines affranchies de la servi-

tude des cours d'eau, se transportèrent près des houillères et des gisements
de minerais ; la dimension des fourneaux et la puissance des machines soufflantes furent augmentées, et tandis que Dudley pouvait à peine produire
trois tonnes de fonte par semaine dans l'un de ses appareils, les nouveaux
en produisirent facilement huit à dix. Depuis lors, la fabrication de la
fonte au coke fit tous les jours de nouveaux progrès : en 1788 il existait
déjà en Angleterre et en Écosse cinquante-cinq hauts fourneaux au coke,
qui produisaient cinquante-un mille tonnes de fonte par an, soient neuf
cent quatre-vingt-sept tonnes par an et par fourneau, ou près de dix-huit
tonnes par semaine. En 1796 le travail au charbon de bois était entièrement
abandonné, et les cent vingt-un fourneaux au coke qui existaient alors
donnaient cent vingt-quatre mille huit cent soixante-dix-neuf tonnes de
fonte, soient mille trente-deux tonnes par an et par fourneau ; depuis cette
époque jusqu'à 1839, la production a décuplé et a atteint l'énorme chiffre
de un million deux cent quarante-huit mille tonnes ; quelques fourneaux
produisent jusqu'à cent quarante tonnes par semaine.

### NOUVELLES MÉTHODES D'AFFINAGE DE LA FONTE ET D'ÉTIRAGE DU FER.

**34.** Le siècle qui venait de voir se réaliser la substitution du coke au
charbon de bois dans le travail des hauts fourneaux, devait encore être le
témoin des conséquences de cette profonde révolution ; c'était, en effet,
peu pour l'Angleterre que d'obtenir la fonte avec le charbon minéral, si
elle ne réussissait pas à produire le fer malléable avec le même combustible.
Ses essais, grâce à son esprit d'entreprise, et à la profonde persévérance
avec laquelle elle s'applique à la réalisation des idées utiles, furent suivis
d'un éclatant succès, et l'adoption du procédé d'affinage de la fonte à la
houille suivit de près celle des fourneaux au coke.

Cort et Parnell ont été les inventeurs du nouveau procédé ; en 1784 et
1787, ils furent brevetés pour l'emploi des fours à réverbère, dits *pud-
dling-furnaces*. Leurs premiers pas dans cette nouvelle voie ne furent pas
heureux, mais après qu'ils eurent fait usage des *feux de finerie*, pour purifier et décarburer la fonte avant de la soumettre à l'opération du *puddlage*,
le succès fut déclaré complet, et ce procédé se répandit avec une prodigieuse rapidité. Ainsi, c'est encore à la division du travail que nous devons
le grand pas que cette découverte a fait faire à la fabrication.

Les nouveaux appareils dont nous venons de parler, les fourneaux au coke
et les fours à puddler, sont l'expression du progrès de la partie *chimique*
de la sidérurgie, et ils ont permis le traitement de quantités de matière

3

bien plus considérables qu'on ne le pouvait avec les anciennes méthodes; pour tirer parti de cette grande quantité de produits, il fallut le puissant secours de la *mécanique,* et grâce aux immenses perfectionnements que Watt venait d'apporter à la construction des machines à vapeur, son intervention fut large et féconde.

55. Jusqu'à la fin du xviie siècle, les marteaux de formes diverses avaient été le seul appareil mécanique employé à épurer le fer affiné et à lui donner une forme appropriée aux différents besoins des arts; c'est alors que commença en Lorraine l'usage des *spatards* ou cylindres unis destinés à aplatir et à allonger les barres qui avaient déjà été forgées sous le marteau; elles étaient ensuite transformées en *verges* carrées ou méplates, en les fendant dans le sens de leur longueur, au moyen de deux *taillants* circulaires placés dans des cages en fer et mus en sens inverse par des manéges ou des roues hydrauliques.

Les *laminoirs* furent en outre employés en France à la fabrication de la tôle, et même quelquefois, dit-on, à celle du fer plat; mais le plus grand emploi qui en ait jamais été fait date de la découverte de la méthode anglaise qui les consacra presque exclusivement aux nombreuses transformations qu'exige la purification de ses produits. C'est en effet par une série de transformations graduées que le nouveau procédé amène la *fonte* à l'état de fer : ainsi on la convertit d'abord en *fin métal,* puis celui-ci en *fer puddlé* brut, et ce dernier n'arrive à l'état de *fer fini* qu'après un ou plusieurs *réchauffages* au four à réverbère, qui sont suivis chacun d'un travail mécanique.

56. Entre les mains des constructeurs anglais, et avec l'aide de la machine à vapeur, les laminoirs sont devenus des appareils de la plus grande énergie, dans lesquels la rapidité du travail s'allie avec la variété des effets; le fer, entre leurs cannelures, s'épure et s'allonge, avec une promptitude merveilleuse; il en sort avec toute la variété de formes réclamée par ses emplois ultérieurs! Bien que ce puissant instrument de travail puisse suffire à lui seul à tout le travail mécanique du fer, l'usage de l'ancien appareil, le marteau, n'a pas été entièrement exclu de la fabrication; en modifiant ses formes et en augmentant son énergie, on en a fait un précieux auxiliaire des laminoirs, que l'on emploie exclusivement à donner au métal la forme sous laquelle il doit se présenter au commerce, tandis que l'on conserve au marteau les attributions qui lui conviennent le mieux, celles de préparer, d'épurer et de souder les matières que l'on veut mettre en œuvre. Le travail mécanique du fer présente donc aujourd'hui

une division analogue à celle que nous avons observée dans sa manipulation chimique.

**37.** *Principe de la méthode anglaise.* — Le principe qui sert de base à la nouvelle méthode que nous venons de signaler n'est que le développement de celui qui a pris naissance dans la seconde période de la fabrication; il consiste dans *la conversion successive des minerais en fonte, puis en une série de produits intermédiaires entre la fonte brute et le fer fini.* Cette large application de la division du travail s'est manifestée dans la partie chimique du traitement du fer par l'emploi des feux de finerie, des fours à puddler et des fours à réchauffer; dans sa partie mécanique, par celui des marteaux et des laminoirs de toute espèce; elle a été accompagnée de la substitution du combustible minéral au charbon végétal, fait de la plus haute importance, qui suffit à lui seul pour caractériser bien nettement l'époque à laquelle il s'est produit.

### DÉVELOPPEMENTS DE L'INDUSTRIE DU FER.

**38.** La substitution de la houille au bois a été la solution d'un problème de la plus haute importance pour toutes les contrées de l'Europe dans lesquelles on voit disparaître peu à peu l'ancien élément de l'industrie métallurgique; aujourd'hui déjà, les quantités de fonte et de fer que l'on pourrait fabriquer au bois seraient tout à fait insuffisantes pour alimenter le développement industriel auquel nous sommes arrivés; le fer à la houille nous est absolument indispensable, et il le sera plus encore pour les générations futures, qui, d'ici à une époque plus ou moins éloignée, seront forcément amenées à ne pas en consommer d'autre : l'avenir de la fabrication repose donc uniquement sur l'usage à peu près exclusif du charbon minéral.

**39.** L'Angleterre, placée par ses nombreux essais à la tête des progrès de la sidérurgie, fut la première à recueillir le fruit de ses belles découvertes. Riche en houille de toute espèce, en minerais de bonne qualité placés en couches stratifiées au milieu même de ses bassins carbonifères, chez elle la nature avait tout disposé pour provoquer une grande extension de la fabrication du fer et elle ne faillit pas à la mission à laquelle elle était si généreusement appelée. Munie du puissant appareil de Watt, elle dédaigna la faiblesse et l'irrégularité des cours d'eau et plaça ses établissements métallurgiques au centre même des exploitations qui pouvaient lui fournir en abondance et à bas prix les matières premières qui devaient les alimenter et s'écouler ensuite sous mille formes diverses, par les nom-

breux canaux dont elle avait sillonné son sol. C'est ainsi que se sont créées
ces immenses usines de l'Écosse, du Staffordshire et du pays de Galles, qui
n'ont leurs pareilles dans aucun pays du monde, et qui pourraient à elles
seules les alimenter presque tous; mais hâtons-nous de le dire à l'honneur
des fabricants anglais, ce n'est pas seulement aux bienfaits de la nature
qu'ils doivent cette immense prospérité industrielle, ils en sont aussi redevables à de longs et persévérants efforts, à de grands sacrifices pécuniaires,
et par-dessus tout à une intelligente et sérieuse étude de leurs ressources
et de leurs moyens d'action. Au fur et à mesure que s'élevaient leurs établissements dans les proportions les plus favorables et sur une échelle
assez vaste pour favoriser l'économie de la fabrication, rien n'était négligé pour en faciliter l'accès et réduire le prix des transports : des
routes étaient ouvertes, des canaux creusés, des chemins de fer entrepris :
par la bonne organisation du service de toutes ces voies d'arrivée et de départ, les transports des mines à l'usine, et de l'usine aux points de consommation et aux ports, étaient amenés à n'accroître que dans de faibles proportions la valeur des matières elles-mêmes; enfin un gouvernement éclairé,
pénétré des véritables intérêts du pays, et du noble désir d'accroître sa
prospérité par tous les moyens possibles, se montrait plein de sollicitude
et d'énergie pour faciliter le travail à l'intérieur, et lui créer à l'étranger
de vastes débouchés.

C'est à cet heureux concours des efforts individuels et de l'intelligente
protection de l'État, que l'Angleterre doit l'immense accroissement de sa
fabrication : ruinée et presque anéantie il y a à peine un siècle, elle est aujour-
d'hui plus de trois fois aussi forte que celle de la puissance la plus produc-
trice de l'Europe.

40. De toutes les provinces du continent, la Belgique est celle dans
laquelle la nouvelle fabrication s'est développée avec le plus de rapidité, et
a pris la plus grande extension; très-rapprochée de l'Angleterre par sa
constitution géologique, sa population industrieuse et compacte, elle a,
comme celle-ci, été pressée d'utiliser ses bassins houillers et ses abondants
gisements de minerais. Elle a adopté presque servilement tous les procédés
étrangers, s'est mise à fouiller son sol, à le couvrir d'immenses établissements, et bientôt après elle s'abandonnait sans mesure et sans relâche à la
production de la fonte et du fer !....

Malheureusement pour la Belgique, elle n'a de commun avec l'Angleterre que la possibilité de faire du fer à bon marché; son territoire est restreint, sa consommation très-limitée, et ses débouchés extérieurs se sont

annulés depuis sa séparation de la Hollande? C'est cependant depuis qu'elle a été soumise à de si fâcheuses conditions qu'elle a principalement développé son industrie métallurgique, aussi n'a-t-elle pas tardé à recueillir les fruits amers de son téméraire esprit d'entreprise et de sa fatale imprévoyance! Ses produits sont restés sans emploi, sans valeur, et la plupart de ces fourneaux élevés à grands frais, de ces ateliers autrefois si actifs, ont bien été obligés de s'éteindre, de cesser leurs travaux!

Telles sont, pour ce pays si beau, si riche, et sous tant de rapports si digne de l'intérêt général, les tristes conséquences de la fâcheuse position commerciale dans laquelle il est placé : impuissant à se relever par ses seuls efforts, il n'y a d'avenir pour lui que dans sa réunion douanière ou politique à la France, ou tout au moins dans sa complète adhésion au vaste système de douane par lequel la Prusse prépare la reconstitution de l'unité de l'Allemagne.

41. L'introduction des procédés anglais en Allemagne porte un caractère bien différent de celui que nous venons de signaler en Belgique. Initiés de bonne heure aux travaux métallurgiques, façonnés depuis longtemps à ce genre d'industrie, et riches encore en combustible végétal, ce n'est qu'avec une sage réserve que les peuples de ce pays ont accueilli les idées nouvelles qui venaient de paraître en Angleterre; leurs premiers essais en ce genre ne se firent cependant pas attendre longtemps, car dès l'année 1795 on construisit des fourneaux au coke en Silésie; leur propagation se fit avec mesure, et les usines au coke et à la houille ne s'élevèrent que peu à peu, et avec l'accroissement de la consommation du fer.

Le gouvernement prussien qui avait pris l'initiative dans l'application des fourneaux au coke, en Silésie, continua à exercer sur cette industrie une encourageante protection; des métallurgistes du premier mérite reçurent la mission spéciale de faire pénétrer dans toutes les provinces de l'empire les nouveaux procédés auxquels s'essayait l'Angleterre, et d'en surveiller l'application. Ces bienveillantes mesures, jointes à des encouragements matériels, tels que des faveurs accordées à quelques usines, sur le prix d'achat des bois de l'État, et des houilles provenant de ses exploitations, ont exercé la plus heureuse influence sur les progrès de la sidérurgie; elle a adopté les procédés étrangers, mais en les choisissant et en les appropriant par des modifications à sa position particulière; c'est ainsi qu'elle est arrivée à se développer sans désordre et sans secousses, sans regrets pour le passé, sans craintes pour l'avenir.

42. *Progrès de l'industrie du fer en France.* — A l'époque où se

répandit le premier bruit des découvertes anglaises, la fabrication du fer en France était exclusivement basée sur l'emploi du charbon de bois, et grâce à l'abondance de nos forêts et au nombre relativement peu considérable des usines, ce combustible s'obtenait à un prix très-modéré. La plupart des fabricants, disposant d'un affouage proportionné à leurs besoins, et résultant de concessions obtenues par leurs devanciers à des conditions très-favorables, cherchaient rarement à pousser leur production au delà des limites marquées par la quantité de bois dont ils disposaient légalement chaque année; ils se contentaient des bénéfices certains et assez considérables qu'ils prélevaient sans trop de peines sur leurs ventes habituelles. L'imperfection des procédés et la négligence extrême avec laquelle se réglait l'emploi du combustible en rendait d'ailleurs la consommation très-considérable, et en tenant compte de leur peu de tendance vers les entreprises exceptionnelles, on conçoit facilement qu'il leur parût impossible de fabriquer avec assez d'avantages s'il avait fallu acheter des bois à un prix plus élevé que celui de leurs concessions! Le fer, après tout, était en général de bonne qualité, et la production intérieure suffisait à peu de chose près aux besoins du pays qui comblait le déficit avec une faible importation des fers de Suède et d'Allemagne.

Ces différents motifs tendaient, comme on le voit, à conserver les forêts, à maintenir les bois à bas prix, et à élever celui du fer au fur et à mesure que la consommation s'accroissait : de pareilles conséquences étaient bien faites pour encourager les producteurs à ne pas sortir de la voie dans laquelle ils se trouvaient si à l'aise.

Ainsi, tandis qu'en Angleterre tout était trouble et désordre par suite de la disparition graduelle de l'ancien élément de la fabrication, tandis que les fourneaux s'éteignaient en cédant leur clientèle à ceux de la Suède, et que l'avenir paraissait encore bien sombre au milieu des nombreuses tentatives qui devaient enfanter la nouvelle industrie : en France, au contraire, la quiétude était profonde et l'on songeait à peine qu'il viendrait un jour où, sous l'empire des mêmes alarmes, nous nous empresserions de réclamer notre part du brillant héritage des Dudley, des Cort et Partnell.

43. On comprend aisément que dans un tel état de sécurité, nos industriels aient attaché peu d'importance aux innovations anglaises! La houille d'ailleurs, n'était pour eux qu'un charbon impur, et ils pensaient d'autant moins qu'elle pût jamais servir à faire du bon fer, que les premiers produits de la fabrication anglaise étaient effectivement de très-mauvaise qua-

lité. Tel fut pendant longtemps l'état de la question en France, car les grands événements de la Révolution, les guerres de la République, celles de l'Empire, vinrent bientôt arrêter toutes nos relations avec l'Angleterre, et certes ce n'était pas au milieu de toutes ces violentes commotions politiques que l'on pouvait attendre de nos fabricants la naturalisation des procédés étrangers; la vente des biens nationaux avait livré de nouvelles forêts à la consommation générale, les besoins de la guerre encourageaient la production et faisaient hausser les prix; enfin, le blocus continental vint exclure toute crainte de concurrence extérieure; ce fut, comme on le voit, une époque de prospérité remarquable pour toutes les usines à fer.

**44.** Si la situation politique de la France a retardé de quelques années notre initiation aux progrès de la sidérurgie, elle a du moins fortement contribué à l'accroissement de ses produits et à l'extension de nos usines. Nous ne devons pas non plus oublier que c'est au commencement de cette période que parut pour la première fois une théorie satisfaisante sur les différents états du fer : jusqu'alors le système de Stahl avait servi de base aux recherches de tous les chimistes, et c'est sous l'empire de la loi du phlogistique que Bergmann, Rinmann et d'autres avaient essayé d'expliquer la composition de la fonte, de l'acier et du fer. Grâce aux découvertes de l'illustre Lavoisier, la science de la composition et de la décomposition des corps, fit en un instant un pas immense, et l'ancien système fut réformé. Monge, Berthollet et Vandermonde se hâtèrent d'appliquer les nouvelles idées, et leur Mémoire sur les différents états métalliques du fer, publié en 1786, jeta la plus vive lumière sur cette intéressante question; il fut accueilli avec le plus grand empressement par les savants de l'Europe, qui donnèrent tous leur approbation à cette nouvelle manière d'envisager la fonte et le fer.

Cette théorie cependant a des conséquences qui sont loin de se vérifier dans la pratique de l'art, et c'est à ce fait que l'on doit les nouvelles idées émises à ce sujet en 1806 par Proust (1); Karsten, à la fois savant et praticien, conçut les mêmes doutes, et bientôt ses nombreuses expériences et ses profondes observations le mirent à même de publier sur les combinaisons du fer une théorie complète, approuvée par la science, et confirmée par l'expérience.

**45.** Lorsque vint la paix de 1815, la question des forges avait déjà commencé à changer de face; la fabrication s'était considérablement accrue

---

(1) *Journal de Physique*, t. II, 1806.

sous l'Empire, et le prix des bois que l'on n'avait jamais ménagés, avait
suivi une même proportion ascendante; les bénéfices des fabricants dimi-
nuaient donc de jour en jour, et ils commençaient à sentir qu'une réforme
devenait indispensable.

En général, les usines se trouvaient dans un état déplorable; les moteurs,
exclusivement hydrauliques, avaient peu de puissance, et n'utilisaient
qu'une faible partie de la force des cours d'eau; les machines étaient grossières, mal établies, et si l'on ajoute que la routine et l'ignorance prési-
daient presque seules au travail, on comprendra que la fabrication du fer
devait exiger deux ou trois fois plus de combustible et de force motrice
qu'il n'en faut réellement!

Malheureusement la réforme de ces abus et le perfectionnement des appareils n'occupaient alors que l'intelligence d'un petit nombre d'hommes
probes et laborieux, qui comprenaient le progrès de leur art; la plupart
perdaient leur temps en plaintes, en réclamations, et ne voyaient leur salut
que dans la prohibition des fers étrangers; cette mesure, indispensable alors
pour éviter la ruine complète de notre industrie métallurgique, n'eut cependant pas pour effet le maintien de l'ancien état de choses; la concurrence intérieure s'était éveillée, et elle se chargea d'abréger la période de
sécurité que pouvaient en attendre ceux à qui cette espérance avait fait réclamer la prohibition avec le plus d'instances.

**46.** L'usine du Creuzot est la première dans laquelle se fit l'essai de la
méthode anglaise, et, en 1819, elle était encore la seule où l'on travaillât
le fer à la houille. C'est à peu près à cette époque que commença le grand
mouvement de la transformation de nos usines, et depuis lors nos progrès
se sont effectués d'une manière normale et continue.

Les deux branches de la fabrication étrangère, la production de la fonte
au coke et celle du fer à la houille, n'ont pas été accueillies chez nous avec
le même empressement. La première se développa lentement; la seconde,
au contraire, a pris dès aujourd'hui une extension considérable. Ce fait
tient à plusieurs causes principales : 1°. la constitution géologique de notre
territoire, qui possède peu de localités privilégiées au même degré que certaines parties de l'Angleterre, dans lesquelles la houille et le minerai se
trouvent en qualités convenables réunies dans le même gisement; 2°. l'imperfection de nos voies de communication, qui ne favorisent pas la constitution de grands centres de production analogues à ceux de nos voisins;
3°. la qualité généralement inférieure des fers résultant du puddlage des
fontes au coke, et la nécessité de subir, sous ce rapport, les habitudes et

les exigences de la consommation intérieure, la seule que puissent alimenter nos usines, en raison du prix élevé de la fabrication.

Ces différents motifs ont exercé une grande influence sur l'organisation
de nos forges, et ne nous ont en général permis de recourir aux procédés
anglais qu'en les appropriant à nos besoins spéciaux, en les nationalisant,
pour ainsi dire, par d'importantes modifications. Quoi qu'il en soit, la
méthode anglaise pure a eu ses représentants en France, et quelques grandes
usines, parmi lesquelles on peut citer en première ligne Décazeville, Alais,
le Creuzot, Terre-Noire, Saint-Chamond, etc., se sont élevées en différents points pour fabriquer la fonte et le fer par l'emploi exclusif du charbon minéral, et en se servant de la vapeur comme moteur. Nous avions,
en 1840, 10 hauts fourneaux marchant au coke et au charbon de bois mélangés, et 33 (dont 25 en activité) exclusivement alimentés avec du coke
ou de la houille : leur produit était de 66 450 tonnes.

47. Le procédé de fabrication anglais qui s'applique à l'affinage de la
fonte (quelle que soit son origine) a reçu une application bien plus étendue
que la précédente. Les fers laminés provenant du puddlage de la fonte au
bois sont d'excellente qualité, et préférables, pour certains emplois, aux
fers martelés affinés au charbon. Aussi l'usage des premiers se substitue-t-il
chaque jour plus impérieusement à celui des seconds, et il en est résulté la
création d'un nombre considérable d'usines qui ont entièrement renoncé
à l'affinage au bois, pour établir leur fabrication sur cette nouvelle base.
Fourchambault, la Basse-Indre, Hayange, Montataire, Abainville, Châ-
tillon-sur-Seine et Imphy, les premiers établissements de ce genre qui aient
été créés sur une grande échelle, ont bientôt eu de nombreux imitateurs.

48. Indépendamment de la méthode catalane, qui existe encore dans
les Pyrénées; de l'ancienne méthode allemande, qui s'est conservée intacte
dans un grand nombre de localités; de la méthode anglaise pure, qui est
le partage d'un petit nombre de grands établissements, et de celle qui résulte du laminage des fers puddlés provenant de fontes au bois, dont nous
venons de parler, nous avons encore, en France, deux procédés de fabrication issus de la combinaison des éléments de l'ancienne méthode avec
ceux de la nouvelle : nous voulons parler de ceux qui sont généralement
appliqués, l'un en Franche-Comté, l'autre en Champagne.

Le procédé franc-comtois a conservé la partie chimique de l'ancienne
fabrication, c'est-à-dire l'affinage de la fonte au charbon, et s'est approprié
la partie mécanique de la fabrication anglaise, c'est-à-dire l'emploi des laminoirs avec ou sans réchauffage à la houille. Ce judicieux éclectisme a donné

naissance à une fabrication très-perfectionnée. Ses produits ont conservé la pureté des fers martelés, et ont acquis toute la régularité de formes que peut donner le laminoir. Aussi les usines de ce genre tendent-elles à se répandre dans toutes les localités où le charbon et la houille peuvent se rencontrer à des prix abordables.

La méthode champenoise a précisément fait le contraire de la précédente. Adoptant ce qu'il y a de moins bon dans la nouvelle fabrication, le puddlage, elle a conservé ce qu'il y avait de défectueux dans la vieille méthode, l'étirage du fer au marteau. Condamnée dans ses principes, cette fabrication se sauve par ses résultats. Ses fers sont généralement médiocres; mais la faiblesse du capital engagé dans ses appareils, le peu de force motrice qu'elle exige et le prix relativement peu élevé de la fonte dans la partie de la France où elle s'est fixée, lui permettent de les livrer à bas prix; et comme, en définitive, ils trouvent facilement leur emploi, leur production ne peut avoir qu'une salutaire influence sur l'industrie.

49. D'après ce qui précède, il est facile de voir qu'en aucun autre pays du monde, l'industrie des forges ne présente une variété de méthodes aussi grande que chez nous. C'est la conséquence naturelle de l'étendue de notre territoire, de l'immense variété de ses produits, de l'existence simultanée des forêts et des exploitations houillères, enfin, et surtout, c'est le résultat de notre caractère national, qui sait à la fois se montrer conservateur éclairé de l'héritage de nos pères, et novateur prudent dans tous les cas où les intérêts du pays réclament un progrès et une transformation dans l'état de la science et de l'industrie.

50. *Nouveaux perfectionnements.* — Le grand mouvement industriel dont nous venons d'esquisser les traits principaux, n'a pas pu se produire sans donner lieu à des perfectionnements importants dans chacune des branches de la fabrication; nous allons en citer quelques-uns.

La fabrication de la fonte a subi, la première, de grandes améliorations par l'accroissement du volume des fourneaux par la substitution des souffleries en fonte mues à la vapeur aux anciennes souffleries en bois, et surtout par l'introduction du soufflage à l'air chaud, imaginé en 1815 par M. Neilson, directeur de l'usine à gaz de Glascow (Écosse). Cette belle découverte réduisit la consommation du combustible, et permit de remplacer, dans les hauts fourneaux, les combustibles carbonisés (coke et charbon de bois) par les combustibles crus, la houille, le bois sec et même le bois vert. Cette dernière application, tentée en Suède dès l'année 1726, n'avait pas pu réussir, faute du puissant secours de l'air chaud.

L'affinage au charbon de bois a reçu de notables perfectionnements dont l'honneur revient en grande partie à ceux qui ont inauguré la méthode franc-comtoise : ils pratiquent aujourd'hui cette opération dans des feux couverts dont ils dirigent la flamme dans des fours à réverbère, où ils réchauffent sans aucune dépense de combustible les petits fers qu'ils passent aux laminoirs. L'application de l'air chaud aux feux d'affinerie a eu des conséquences analogues à celles que nous avons citées plus haut : elle a réduit la consommation et permis la substitution partielle ou totale du bois cru au charbon.

Le puddlage de la fonte a été considérablement amélioré : le mode de construction des fours actuels a autorisé la suppression des feux de finerie sans que la qualité du fer s'en soit ressentie ; enfin, le soufflage (1) des fours à l'air froid ou chaud vient de donner à cette opération le degré de rapidité et de perfection qui lui manquaient encore.

51. L'emploi des flammes perdues des hauts fourneaux a été la source d'une grande économie dans les consommations : cette invention toute française a reçu sa première application en 1807, par les soins de M. Aubertot, maître de forges à Vierzon, qui employa les flammes de ses fourneaux à la cuisson de la brique, de la chaux, à la cémentation de l'acier, etc. ; depuis 1830, elle s'est considérablement propagée, perfectionnée, et a été fréquemment appliquée pour le chauffage des chaudières à vapeur ; enfin, dans ces dernières années, on a pratiqué le puddlage de la fonte en Allemagne et mieux encore en France, avec les gaz des fourneaux, et c'est sans contredit la plus belle et la plus intéressante application que l'on ait faite de cette précieuse découverte. C'est elle qu'il faut considérer comme le point de départ de toutes les applications de flammes perdues, celle que nous avons citée dans les feux d'affinerie de la Comté, de même que l'utilisation de la chaleur des fours à la houille pour chauffer les chaudières des machines à vapeur qui font mouvoir les marteaux et les laminoirs des grandes usines.

Toutes les économies de charbon réalisées dans la fabrication du fer par le perfectionnement des feux d'affinerie, celui des fourneaux, et l'usage de plus en plus habituel du puddlage et du réchauffage à la houille, se sont naturellement reportées sur la production de la fonte au bois que l'on recherche toujours beaucoup ; aussi et malgré la rareté croissante de ce com-

(1) C'est à Hayange (Moselle) que le soufflage des fours à puddler paraît avoir été pratiqué pour la première fois, en 1840.

bustible, le nombre des hauts fourneaux qui l'emploient s'est-il considérablement accru dans ces quinze dernières années : en 1826, 424 hauts
fourneaux au bois fabriquaient annuellement 170 424 tonnes de fonte,
tandis qu'en 1840 il en existait 526 ( 445 en activité ) dont le produit était
de 283 731 tonnes. La production du fer s'est accrue dans des proportions
analogues, et s'est élevée de 145 408 à 226 839 tonnes.

52. La France, pour être restée longtemps stationnaire, n'en a mis,
comme on le voit, que plus d'activité à réparer le temps perdu ; en vingt
ans, elle a amélioré une grande partie de ses vieilles usines et elle en a
construit un grand nombre de nouvelles dont les dispositions bien enten-
dues ne le cèdent en rien à celles de nos voisins ; elle s'est emparée de tous
les procédés anglais, et par un grand nombre de perfectionnements elle
les a appropriés à ses ressources et à ses besoins ; enfin elle remplace chaque
jour ses anciens appareils, améliore ou change ses moteurs, et poursuit
avec persévérance ses progrès dans l'art d'employer les combustibles que
nul autre pays n'a poussé aussi loin qu'elle ! Ces résultats sont beaux et
encourageants, mais si l'on a déjà beaucoup fait, il reste peut-être encore
plus à faire, car les progrès du passé ont engagé ceux de l'avenir. Le déplacement des usines situées sur les cours d'eau trop faibles, trop irréguliers ou trop éloignés des grandes voies de communication devient à chaque
instant plus nécessaire et plus urgent ! Au fur et à mesure que cesse l'emploi du combustible végétal, dont les prix s'élèvent chaque année dans une
progression effrayante, il faut qu'elles se rapprochent des bassins houillers
ou des voies navigables qui y aboutissent ; et sous ce rapport la reconstitution de l'industrie du fer est encore peu avancée. Ce déplacement entraîne
le renouvellement complet du capital des usines, c'est-à-dire des sacrifices
pécuniaires énormes, et l'on conçoit facilement qu'au milieu de tous les
autres embarras qui les atteignent et les menacent, il leur faille un temps
assez long pour accomplir cette laborieuse transformation.

53. Enfin, il existe une autre question dans laquelle l'industrie du fer
est intéressée au plus haut degré, c'est celle des voies de communication :
jusqu'ici nous sommes restés, sous ce rapport, bien éloignés des progrès
de l'Angleterre, de la Belgique et même de l'Allemagne, et c'est sans contredit une des causes qui apportent le plus de malaise et de mécomptes dans
notre fabrication ; car c'est à elle seule que nous devons l'impossibilité
matérielle de produire le fer à aussi bon marché que nos voisins. La prospérité des forges est intimement liée à l'achèvement des routes, des canaux
et des chemins de fer ; elle restera une utopie, contre laquelle viendront

échouer tous les efforts individuels et tous les perfectionnements de l'art, tant que nous n'aurons pas accompli ce grand progrès de la civilisation moderne.

34. Telles sont aujourd'hui les principales questions qui s'élaborent et s'agitent dans le sein de l'industrie sidérurgique ; nous nous en occuperons dans le courant de notre travail suivant le degré d'intérêt que nous y attachons.

## RÉSUMÉ.

35. Nous avons essayé dans les pages qui précèdent de rendre un compte aussi exact que possible, de différents faits dont l'enchaînement constitue la marche progressive de la fabrication du fer, depuis les premiers âges du monde jusqu'à nos jours. Il résulte de cet aperçu que l'histoire générale de cette industrie en Europe peut se partager en trois périodes, dont chacune possède un caractère propre bien tranché.

La première période comprend la naissance de la fabrication, les essais de la date la plus ancienne, et les perfectionnements apportés aux appareils pendant le moyen âge ; la seconde comprend les premiers pas de la fabrication de la fonte, et l'établissement régulier de l'affinage. Enfin, la troisième renferme l'application des nouveaux combustibles et celle de la machine à vapeur. Les caractères saillants de ces trois périodes sont résumés dans le tableau suivant :

| PÉRIODE DE LA FABRICATION. | PRINCIPE DE LA FABRICATION. | APPAREILS CHIMIQUES. | APPAREILS MÉCANIQUES. | MOTEURS. | COMBUSTIBLES. | PRODUITS. | CARACTÈRES GÉNÉRAUX. |
|---|---|---|---|---|---|---|---|
| Iʳᵉ PÉRIODE... | Conversion immédiate des minerais en fer malléable. | Types : le feu catalan et le stuckofen avec chaufferies. | Le marteau simple ; les soufflets en cuir. | L'homme, le cheval ; en dernier lieu les roues hydrauliques. | Le bois cru ; puis le charbon. | Le fer et l'acier ; la fonte par accident. | Concentration du travail dans un seul appareil et dans les mains d'un seul homme. Incertitude des produits. Fabrication morcelée ; Isolement des usines et des hommes. |
| IIᵉ PÉRIODE... | Conversion successive des minerais en fonte, puis en fer. | Types : le flussofen et le feu d'affinerie. | Le gros marteau, les martinets et les soufflets à frottements. | Les roues hydrauliques. | Le charbon de bois. | La fonte et le fer. | Répartition du travail sur deux appareils chimiques. Uniformité des produits. Groupement des usines et des hommes le long des cours d'eau ; Commencement d'association et première application de la division du travail. |
| IIIᵉ PÉRIODE... | Conversion successive des minerais en fonte, puis en une série de produits intermédiaires entre la fonte et le fer. | Le haut fourneau et le feu d'affinerie perfectionnés ; les fours à puddler et à réchauffer. | Le marteau frontal et autres ; les laminoirs. Les souffleries à piston en fonte. | Les roues hydrauliques perfectionnées. La machine à vapeur. | Le bois et le charbon employés avec économie. Les combustibles minéraux. | La fonte de qualités diverses ; le fer sous toute espece de formes, et à divers degrés d'épuration. | Répartition du travail entre un grand nombre d'appareils chimiques et mécaniques. Emploi économique de tous les combustibles. Établissement des grandes usines sans assujettissement aux cours d'eau, par l'emploi de la vapeur. Immense variété de produits. Large application de la division du travail. |

36. Il ressort assez nettement de ce résumé que dans l'industrie du fer comme dans toutes les autres, le progrès ne s'est effectué que par la division du travail ; c'est à la large application de ce principe que la méthode anglaise a dû son succès, et le moyen de fabriquer plus économiquement que toutes les autres ; lui seul enfin rend possible la fabrication d'une grande quantité de produits variés ! La division du travail doit-elle s'étendre plus loin encore dans les deux branches de la sidérurgie, la fabrication de la fonte et celle du fer ? Nous ne le pensons pas, car les efforts que l'on fait aujourd'hui tendent certainement à réduire le nombre des appareils : la torréfaction du bois au gueulard, l'emploi de la houille crue, l'usage des chaleurs perdues pour chauffer l'air, les chaudières des machines, les fours à puddler et à réchauffer ; la suppression du grillage, des feux de finerie, en sont des preuves bien évidentes ! Toutefois, nous devons le dire, la production de la fonte elle-même est peut-être appelée à subir une transformation basée sur la séparation des deux opérations principales qui se passent dans les hauts fourneaux, la réduction du minerai et la fusion du métal ?....

Si l'on fait observer que ces appareils si dispendieux, si difficiles à conduire, et si peu avantageux sous le rapport de l'emploi du combustible, sont les seuls que la dernière révolution qui s'est produite dans la fabrication ait laissés subsister ; si l'on tient compte, en outre, de quelques découvertes toutes récentes sur la nature des phénomènes qui s'opèrent dans la conversion du minerai en fonte, sur les fonctions et l'emploi des gaz qui sont le résultat de la combustion, il peut être permis d'espérer avec beaucoup d'hommes avancés, que nous ne sommes pas très-éloignés du jour où la fabrication de la fonte subira dans la construction et la marche des appareils qu'elle emploie une transformation aussi profonde que celle qui s'est opérée dans la préparation du fer ductile.

37. Le principe de la division du travail qui régit aujourd'hui les nouveaux procédés de fabrication doit évidemment s'étendre à la production en général, considérée dans toute l'étendue d'un grand pays, et c'est alors seulement que la bonté et le bas prix des produits, les avantages du fabricant et du consommateur pourront être justement conciliés et convenablement assurés. Il n'y a de fabrication économique et bonne que celle qui se divise en spécialités dont le choix est basé sur l'appréciation exacte des ressources de la localité où elle veut s'établir, parce que la production peut avoir lieu sur une grande échelle, et qu'elle dispose des matières premières qui lui conviennent le mieux ; aussi est-il de la plus

grande importance que les différentes variétés de fonte et de fer qui sont employées dans les arts arrivent à être produites par des usines spéciales placées chacune sur les points les plus favorables à leur genre de travail.

Dans l'état actuel des choses, chaque usine cherche au contraire à donner à ses produits toute la variété que réclament ses clients, et il en résulte trop souvent des produits imparfaits et d'un prix élevé, dont l'introduction dans le commerce ne sert en définitive qu'à accroître les fâcheux effets de la concurrence. Cette confusion disparaîtra à mesure que ceux qui emploient la fonte et le fer deviendront plus exigeants, et que ceux qui les fabriquent mettront plus d'empressement à s'enquérir des besoins et des tendances des consommateurs; mais il est bien certain que la réalisation de ce progrès tient surtout à l'état des voies de communication. Tant qu'elles resteront imparfaites et coûteuses, le commerce n'aura pas son libre arbitre dans le choix des usines qui doivent l'alimenter, et la répartition rationnelle des différentes parties de la fabrication sur les divers points du territoire, qui en est évidemment la conséquence, restera imparfaite.

58. Sous quelque rapport qu'on envisage l'industrie du fer, la question des transports est donc en définitive toujours celle sur laquelle on retombe, et pour ainsi dire malgré soi! C'est qu'en effet son importance est telle qu'elle intervient, de toute nécessité, dans la discussion de tous les grands intérêts; et c'est sans aucun doute le plus puissant argument que l'on puisse faire valoir pour hâter l'établissement de nos voies de communication.

# CHAPITRE II.

## NATURE ET PROPRIÉTÉS DU FER.

**59.** Le fer se trouve répandu, dans la nature, à l'état d'oxyde combiné ou mêlé avec différentes substances, dont il faut le séparer pour utiliser ses propriétés. Le travail des usines a pour but la préparation du fer, généralement appelé *fer ductile*, et celle de deux combinaisons de fer et de carbone, qui sont le fer cru ou la *fonte* et l'*acier*.

Ces deux carbures de fer jouent dans les arts le rôle de véritables métaux, et sont devenus des éléments indispensables à presque tous les genres de construction. Leur importance nous fait une loi d'étudier leurs propriétés séparément, après avoir parlé de celles du fer ductile.

## PROPRIÉTÉS PHYSIQUES DU FER DUCTILE.

### CARACTÈRES GÉNÉRAUX.

**60.** La *texture* du fer est un des caractères qui servent le plus généralement à apprécier ses qualités; elle demande à être observée sur une cassure récente, provenant d'un échantillon de fer carré qui n'ait pas plus de $0^m,025$ de côté, ou d'une barre méplate de $0^m,012$ ou $0^m,015$ d'épaisseur. Sa nature, très-variable, dépend à la fois des qualités inhérentes au métal et du genre des appareils mécaniques qui ont servi à sa préparation.

Dans le commerce, on distingue les *fers à grains* et les *fers nerveux*. Une texture composée de grains fins, serrés et blancs est en général l'indice d'un fer pur, tenace et dur.

Le fer soumis à l'action des machines perd son grain avec d'autant plus de difficultés qu'il est plus dur. Si les molécules sont lâches et molles, elles s'aplatissent et se transforment en facettes sans cohésion, que l'on peut regarder comme l'indice d'une mauvaise qualité. Si sa fibre est homogène et tenace, elle s'allonge sans se désagréger, et la cassure présente un tissu nerveux, susceptible d'une grande résistance à la traction.

La faculté de prendre du nerf à l'étirage est inhérente aux fers de bonne qualité, et même aux plus durs; ceux à qui elle manque sont regardés comme les plus mauvais. La proposition inverse ne serait pas juste; car il

5

y a des fers à fibres très-allongées, mais inégales à la vérité, qui présentent
très-peu de consistance. Ce sont ceux qui renferment des substances étrangères nuisibles. La *couleur* vient alors en aide à l'observateur qui veut juger
de leur nature.

Lorsque la cassure présente un aspect d'un blanc mat, ou qu'elle est
brillante et légèrement grise, il y a probabilité en faveur de la qualité du
fer; quand les grains sont grossiers, blancs et brillants, ou que la fibre est
terne et foncée, on peut en conclure que le fer est cassant à froid ou à
chaud. Le fer mal affiné se reconnaît aux parties noires et mates; le fer
brûlé prend une teinte bleu-clair, légèrement irisée.

**61.** *Dureté.* — La dureté est une des qualités les plus précieuses du fer;
c'est aussi une de celles qui, *jointe à la ténacité,* se rencontre le moins
fréquemment. Elle s'annonce par un nerf d'un blanc très-pur dans les
petits échantillons, et par un grain fin et serré dans ceux d'un plus fort
volume. Un nerf blanc et pur, mais sans finesse, est l'indice d'une nature
tenace et un peu molle. Ces deux variétés forment ce que l'on appelle en
France les *fers forts;* ce sont ceux dont la composition est assez pure pour
représenter dignement les qualités du métal.

Le nom de *fer métis* s'applique aux fers de la même catégorie qui ne possèdent point ces qualités à un aussi haut degré; enfin on a nommé *fers
tendres* ceux qui présentent encore de la dureté, mais que leur composition impure rend susceptibles de peu de résistance.

Les fers *tenaces et durs* sont particulièrement recherchés pour la fabrication des pièces qui doivent résister à de grands frottements : tels sont
les bandages des roues de voitures ou de locomotives, les tourillons d'arbres
de machines, etc.

Les fers *tenaces et mous* se prêtent à une infinité d'usages; ils possèdent
à un plus haut degré que les autres la faculté d'être malléables et ductiles,
c'est-à-dire de pouvoir s'étendre en long, se plier et s'étirer avec beaucoup
de facilité; cette précieuse propriété les fait rechercher dans tous les cas où
le fer doit être soumis à ces puissantes épreuves.

**62.** *Malléabilité.* — Relativement aux autres métaux, le fer n'est ni le
plus malléable, ni le plus ductile; en les rangeant dans l'ordre de leur plus
grande facilité à passer au laminoir, on trouve avant lui l'or, l'argent, le
cuivre, l'étain, le platine, le plomb et le zinc, c'est-à-dire, tous les métaux
les plus répandus, et ceux qui sont quelquefois employés concurremment
avec lui.

Dans l'ordre de la plus grande facilité à passer à la filière, sa ténacité lui fait occuper un des premiers rangs; il passe immédiatement après l'or, l'argent, le platine, et précède le cuivre, le zinc, l'étain et le plomb.

**63. *Densité*.** — La pesanteur spécifique du fer a été l'objet d'un grand nombre d'expériences dont les résultats ont toujours varié avec la nature et la préparation des échantillons; le degré de pureté du métal, et le mode d'action des appareils mécaniques doivent en effet influer sur sa densité; pour des fers purs et compacts, on peut adopter le chiffre 7,780, tandis que le nombre 7,600 convient à ceux de qualité inférieure.

Sous le rapport de la densité, les métaux les plus répandus se rangent dans l'ordre suivant :

TABLEAU II. — DENSITÉ DES MÉTAUX.

| | |
|---|---|
| Eau | 1,00 |
| Platine | 20,98 |
| Or | 19,258 |
| Mercure | 13,560 |
| Plomb | 11,352 |
| Argent | 10,474 |
| Cuivre | 8,895 |
| Fer | 7,60 à 7,78 |
| Étain | 7,291 |
| Zinc | 6,900 |
| Manganèse | 6,850 |

**64. *Propriétés électriques*.** — Le fer est, comme tous les métaux, un très-bon conducteur de l'électricité. Le rang qu'il occupe dans l'échelle des propriétés électriques des corps, pouvant, en certains cas, influer sur son usage, nous croyons utile de citer ici une table dressée par Berzélius, dont l'ordre est tel que chaque corps est positif à l'égard de ceux qui le précèdent, et négatif à l'égard de ceux qui le suivent.

TABLEAU III. — PROPRIÉTÉS ÉLECTRIQUES DES CORPS.

| | | |
|---|---|---|
| Oxygène. | Or. | Fer. |
| Soufre. | Platine. | Zinc. |
| Phosphore. | Mercure. | Manganèse. |
| Arsenic. | Argent. | Aluminium. |
| Chrome. | Cuivre. | Magnésium. |
| Carbone. | Nickel. | Calcium. |
| Antimoine. | Cobalt. | Barium. |
| Titane. | Bismuth. | Sodium. |
| Silicium. | Étain. | Potassium. |
| Hydrogène. | Plomb. | |

**65.** *Vertu magnétique.* — Les corps simples les plus susceptibles d'être attirés par l'aimant, sont le fer, le nickel et le cobalt; le fer possède cette propriété au plus haut degré; mais elle peut être détruite par une haute température ou altérée par sa combinaison avec d'autres corps, et spécialement avec le soufre, l'arsenic, le phosphore et l'oxygène. Le carbone est dans le même cas que les corps précédents. Ainsi la fonte, l'acier, et principalement ce dernier, s'aimantent plus difficilement que le fer ductile, et conservent plus longtemps que lui la vertu magnétique.

**66.** *Conductibilité.* — Les métaux possèdent tous à un haut degré la faculté de transmettre la chaleur, mais ils ne la possèdent pas également; les expériences de M. Despretz ont établi le rapport qui existe entre les facultés conductrices de plusieurs métaux.

|  | Nombres proportionnels à la faculté conductrice. |
|---|---|
| Or.................................................... | 100 |
| Argent............................................... | 97,30 |
| Cuivre............................................... | 89,32 |
| *Fer*................................................ | 37,43 |
| Zinc................................................. | 36,38 |
| Étain................................................ | 30,39 |
| Plomb................................................ | 17,96 |
| Terre à brique....................................... | 1,14 |

**67.** *Chaleur spécifique.* — La quantité relative de calorique absorbée par différents corps pour élever leur température d'un même nombre de degrés, est la mesure de la capacité pour le calorique, ou de la chaleur spécifique de ces corps.

Le temps nécessaire pour porter la température d'un corps à un degré donné, varie en raison directe de sa capacité pour le calorique, et en raison inverse de sa faculté conductrice.

Laplace et Lavoisier ont fait beaucoup d'expériences sur la chaleur spécifique des corps; elles ont été répétées par un grand nombre de physiciens; nous donnons ici les nombres obtenus par MM. Petit et Dulong.

TABLEAU IV. — CHALEUR SPÉCIFIQUE DES CORPS.

| Eau................................................ | 1,0000 |
|---|---|
| Air atmosphérique................................... | 0,2669 |
| Oxygène............................................. | 0,2360 |
| Azote............................................... | 0,2750 |
| Gaz hydrogène....................................... | 3,2936 |
| Acide carbonique.................................... | 0,2210 |

Oxyde de carbone.............................. 0,2884

Plomb.......................................... 0,0293

Or............................................. 0,0298

Platine........................................ 0,0314

Étain.......................................... 0,0514

Argent......................................... 0,0557

Zinc........................................... 0,0927

Cuivre......................................... 0,0949

*Fer*........................................... 0,1100

Soufre......................................... 0,1880

La chaleur spécifique des corps ne varie pas seulement suivant la différence de leur nature; elle varie encore dans un même corps avec l'état de
la température, et les mêmes physiciens ont trouvé qu'elle augmentait avec
elle; ainsi :

La capacité moyenne du fer de 0 à 100 = 0,1098

de 0 à 200 = 0,1150

de 0 à 300 = 0,1218

de 0 à 350 = 0,1255

68. *Dilatation.* — La dilatation des métaux est une de leurs propriétés
les plus délicates; elle est considérablement modifiée par leur plus ou moins
grande pureté, et les préparations mécaniques auxquelles le métal a été
soumis avant l'expérience; de plus, elle n'est pas constante dans un même
métal, et de même que la chaleur spécifique, elle augmente dans une certaine limite avec la température.

Ces causes expliquent suffisamment les différences que l'on observe dans
les résultats d'expériences; on peut admettre en moyenne les nombres suivants, qui indiquent la dilatation linéaire de plusieurs métaux entre o
et 100° :

TABLEAU V. — DILATATION DES MÉTAUX.

Zinc........................................... 0,00204

Plomb.......................................... 0,00284

Étain.......................................... 0,00222

Cuivre jaune................................... 0,00188

Cuivre rouge................................... 0,00171

*Fer passé à la filière*........................ 0,00144

*Idem. Idem.*.................................. 0,00123

*Fer forgé.*................................... 0,00122

*Acier.*....................................... 0,00114

*Fonte.*....................................... 0,00111

D'après MM. Petit et Dulong, on a :

| DILATATION MOYENNE<br>de 0° à 100°. | | DILATATION MOYENNE<br>de 0° à 300°. | |
|---|---|---|---|
| *Fer.* ............... | 0,0018 | ........................ | 0,00146 |
| Cuivre............. | 0,00171 | ........................ | 0,00188 |
| Platine............. | 0,00884 | ........................ | 0,00918 |

On a fait peu d'expériences précises sur la loi de dilatation du fer à des
températures plus élevées, et l'on doit à Rinmann les notions que l'on possède à ce sujet. Voici le résultat de ses expériences sur le fer, la fonte et
l'acier.

| | DILATATIONS LINÉAIRES | | |
|---|---|---|---|
| | De la température de l'été<br>jusqu'à la chaleur rouge<br>ou de 25° à 525°. | De la température de l'été<br>jusqu'au blanc naissant<br>ou de 25° à 1300°. | Du rouge-brun au blanc<br>ou de<br>500° à 1500°. |
| Fer....... | 0,00714 | 0,01250 | 0,00535 |
| Acier...... | 0,01071 | 0,01785 | 0,00714 |
| Fonte...... | 0,01250 | 0,02144 | 0,00893 |

En rapprochant ces résultats de ceux que nous avons cités plus haut, et
cherchant les rapports qui existent entre les dilatations de ces métaux, aux
différentes températures observées, pour une moyenne de 100°, nous trouvons en nombres ronds, et en prenant la dilatation du fer forgé de 0° à
100° (0,00122) égale à 100.

| | RAPPORTS ENTRE LES DILATATIONS.<br>MOYENNES POUR 100°. | | | |
|---|---|---|---|---|
| | De 0° à 100°. | De 25° à 525°. | De 25° à 1300°. | De 500° à 1500°. |
| Fer....... | 100 | 117 | 80 | 44 |
| Acier...... | 93 | 175 | 114 | 58 |
| Fonte..... | 91 | 205 | 137 | 73 |

Si les expériences qui servent de base aux rapports que nous avons établis sont exactes, on peut en conclure que l'ordre de dilatation du fer, de
l'acier et de la fonte s'intervertit à partir de 100°, puisque le fer qui occupait d'abord le premier rang vient se placer après la fonte et l'acier; il paraît

en outre que pour ces métaux, la dilatation n'augmente pas avec la température à partir de 500°, et que leur dilatation est alors régie par une loi tout opposée à la première. Il est d'ailleurs évident que les expériences connues ne sont ni assez précises, ni en assez grand nombre pour que l'on puisse en déduire des conséquences rigoureuses relativement aux lois de la dilatation.

69. *Influence du calorique sur la couleur du fer.* — La couleur générale du fer observée à froid et sur une cassure récente, est le gris clair; elle se modifie rapidement sous l'influence de l'air ou par l'action des outils qui servent à le travailler; mais les changements successifs que lui fait éprouver l'application de la chaleur sont assurément les plus remarquables et les plus prononcés.

Les différentes couleurs du fer sont à

210° point de fusion de l'étain.... Jaune paille.
221°  — — — — —   Jaune foncé.
256° point de fusion du bismuth.. Cramoisi.
261° *Idem. Idem.* plomb.... Violet, pourpre et bleu foncé.

Cette dernière couleur passe ensuite au bleu clair, au vert de mer, et disparaît à 370° qui est le point de fusion du zinc (1).

Les mêmes couleurs se reproduisent de nouveau, avec une plus faible intensité, si l'on continue à élever la température; elles servent dans la pratique à reconnaître à l'œil le degré de chaleur du fer, dont il est essentiel, en beaucoup d'occasions, de pouvoir juger exactement.

A 500° le fer commence à se couvrir d'une légère couche d'oxyde; il a déjà perdu beaucoup de sa dureté, est devenu beaucoup plus impressionnable au marteau et se laisse plier sans peine; ces propriétés se développent avec l'augmentation de la température.

525° le fer passe au rouge naissant.
700°  ——    rouge sombre.
800°  ——    cerise naissant.
900°  ——    cerise.
1000°  ——    cerise clair.
1100°  ——    orange foncé.
1200°  ——    orange clair.
1300°  ——    blanc.
1400°  ——    blanc éclatant.
De 1500° à 1600° le fer passe au blanc éblouissant (2).

_____

(1) Métallurgie du fer de Karsten.
(2) Expériences de M. Pouillet.

Entre 900° et 1200° le fer de bonne qualité se laisse forger avec facilité, s'étire, se plie et se replie sur lui-même sans déchirure ni gerçure; c'est une condition indispensable pour qu'il puisse servir à la fabrication de pièces saines et solides. Les fers mal affinés et ceux qui sont impurs et brisant à chaud ne se laissent pas traiter de la même manière.

**70.** *Soudabilité du fer.* — Arrivé à 1400° ou 1500°, le fer est parfaitement mou; il a perdu toute sa consistance et paraît s'affaisser sous son propre poids, pour peu que la pièce soit forte; sa surface est ruisselante et se montre prête à entrer en fusion; c'est dans cet état qu'il acquiert une propriété qu'il ne partage qu'avec le platine, et qui le caractérise au plus haut degré, celle de pouvoir s'unir avec lui-même, en un mot, de se *souder;* de telle sorte qu'après que la compression ou le choc a réuni deux pièces élevées à cette température et placées dans des conditions convenables, elles ne forment plus qu'un seul et même corps parfaitement homogène.

La soudabilité du fer est la propriété la plus indispensable à son emploi; elle présente le seul moyen connu de le réunir en masses de formes déterminées, puisqu'il est impossible de le liquéfier pour le couler dans des moules, ainsi que cela se pratique pour la fonte, le cuivre, le plomb, etc.

Tous les fers ne possèdent pas au même degré la faculté de se souder; elle dépend essentiellement de la plus ou moins grande pureté du métal, dont la soudabilité diminue en raison directe de la quantité de matières étrangères qu'il renferme; le phosphore, parmi les corps qui souillent le plus généralement sa nature, est le seul qui fasse exception à cette règle; les fers phosphoreux sont soudables, et se traitent fort bien à chaud, mais ils sont cassants à froid.

Le forgeage et le soudage du fer entraînent toujours un certain déchet en oxyde de fer, qui augmente avec la durée de l'opération; il importe donc qu'elle soit conduite avec méthode et rapidité. Le soudage des barres de moyennes dimensions ne présente aucune difficulté; il n'en est pas de même des grosses pièces dont le chauffage exige des ouvriers très-exercés, et dont le maniement pénible ne permet pas toujours que le rapprochement des parties s'opère en temps opportun. Les barres de très-petit échantillon peuvent rarement se souder bout à bout, parce que les variations de température y sont trop brusques.

Il arrive souvent qu'en chauffant fortement le fer, on l'expose maladroitement à un fort courant d'air; il s'oxyde alors avec une prodigieuse rapidité, et se laisse emporter par le courant; les parties restantes sont toujours fortement détériorées et ont perdu toutes leurs qualités essentielles; c'est ce que l'on appelle *brûler le fer.*

**71.** *Fusibilité du fer.* — Le fer pur est tellement difficile à fondre que pendant longtemps il a été regardé comme infusible; il y a une énorme différence entre la température du blanc soudant, point auquel la fusion de l'oxyde qui entoure le métal commence à s'opérer, et le degré de chaleur qui détermine la liquation complète de la masse; on l'estime ordinairement à 130 ou 150° du pyromètre de Wedgwood (1). Les combinaisons de fer et de carbone se liquéfient à une température beaucoup plus basse et qui ne dépasse pas 1500°; nous y reviendrons quand nous traiterons de la fonte et de l'acier.

### TÉNACITÉ DU FER.

**72.** Les emplois si nombreux et si variés du fer sont tous fondés sur sa *ténacité*, c'est-à-dire sur la puissance de cohésion que les molécules opposent aux forces extérieures qui tendent à en altérer la continuité.

Le fer est le plus tenace de tous les métaux; le cuivre, le platine, l'argent, l'or, le zinc, l'étain, le plomb, se placent tous après lui dans l'ordre de leurs résistances moyennes. Sa ténacité peut être mise en jeu de différentes manières, et varie suivant le mode employé. Nous avons à considérer :

1°. La résistance à l'extension ;

2°. La résistance à la rupture par traction;

3°. La résistance à l'écrasement;

4°. La résistance à la flexion ;

5°. La résistance à la rupture par un effort transversal.

Ces diverses résistances sont elles-mêmes variables et se modifient suivant :

La nature du métal,

La dimension des échantillons,

Leur mode de préparation,

Leur degré d'écrouissement et de recuit,

La température des milieux.

**73.** *Nature du fer.* — Le *fer dur* est celui qui résiste le mieux à l'extension; mais la limite de son élasticité est très-rapprochée du point de rupture : il cède brusquement sous l'influence d'un choc ou de charges très-variables. Le *fer doux* est moins élastique; il commence à s'allonger sous

---

(1) Le 0° du pyromètre correspond à 580°,63 centigrades, et chacun de ses degrés
= 72°,82 centigrades du même thermomètre.

une moindre charge, et son extension peut aller jusqu'au cinquième de sa
longueur avant qu'il y ait rupture.

**74.** *Dimensions des échantillons.* — Les petits échantillons paraissent
être ceux dans lesquels les propriétés du fer sont les plus développées; ce
fait tient d'abord à ce qu'en général les bons fers sont les seuls qui puissent
être étirés en barres de petit calibre; puis à ce que chez ceux-ci, la nature
du métal est plus épurée et rendue plus compacte par une influence plus
prolongée et plus énergique des machines; enfin, à ce que l'enveloppe, ou
la partie écrouie, dont la résistance est toujours plus grande que celle de
l'intérieur, occupe un espace plus grand relativement à la section totale,
dans une petite barre que dans une grosse.

**75.** *Influence du mode de préparation.* — A dimensions et à qualités
égales, le fer martelé présente toujours plus de grain que le fer laminé. Le
premier tend à se comporter comme les fers durs; les propriétés du second
se rapprochent de celles que nous avons assignées aux fers doux. Le fer
passé à la filière ne peut être qu'un fer doux; il conserve ses qualités tout
en acquérant par l'écrouissement une partie de celles du fer dur : il doit
donc être et est effectivement le genre de fer le plus résistant.

**76.** *Écrouissement.* — Le fer écroui résiste mieux que le fer recuit. Les
essais de fil de fer démontrent que sa ténacité diminue de moitié après le
recuit, et qu'en outre il perd toute l'élasticité dont il était pourvu.

**77.** *Influence de la température.* — On ne sait pas si le froid exerce une
grande influence sur la résistance quand les charges arrivent d'une manière
lente et graduée; mais il est certain qu'il rend les fers très-fragiles lorsqu'ils
sont exposés à des chocs et à des vibrations multipliées. Quant aux effets
dus à l'élévation de la température, ils ont été soumis à de nombreuses
expériences par une commission chargée de faire, à l'Institut de Franklin,
un rapport (1) sur la résistance des matériaux employés dans la construction
des chaudières à vapeur; les expérimentateurs se sont proposé de rechercher
la loi suivant laquelle l'élévation de la température affecte la résistance du
fer, en exprimant le coefficient de diminution en fonction du maximum de
ténacité. Peu d'expériences suffirent pour faire constater que le fer brut
sortant des laminoirs n'atteignait son maximum de ténacité qu'à la température de 250 ou 300°, et que sa résistance augmentait d'environ 0,1517 de
sa valeur prise dans les circonstances ordinaires. C'est ainsi que la commission, après avoir essayé le fer à froid, obtint le chiffre de la plus grande

--------

(1) *Mechanic's Magazine,* 1830.

Diminutions de ténacité observées.

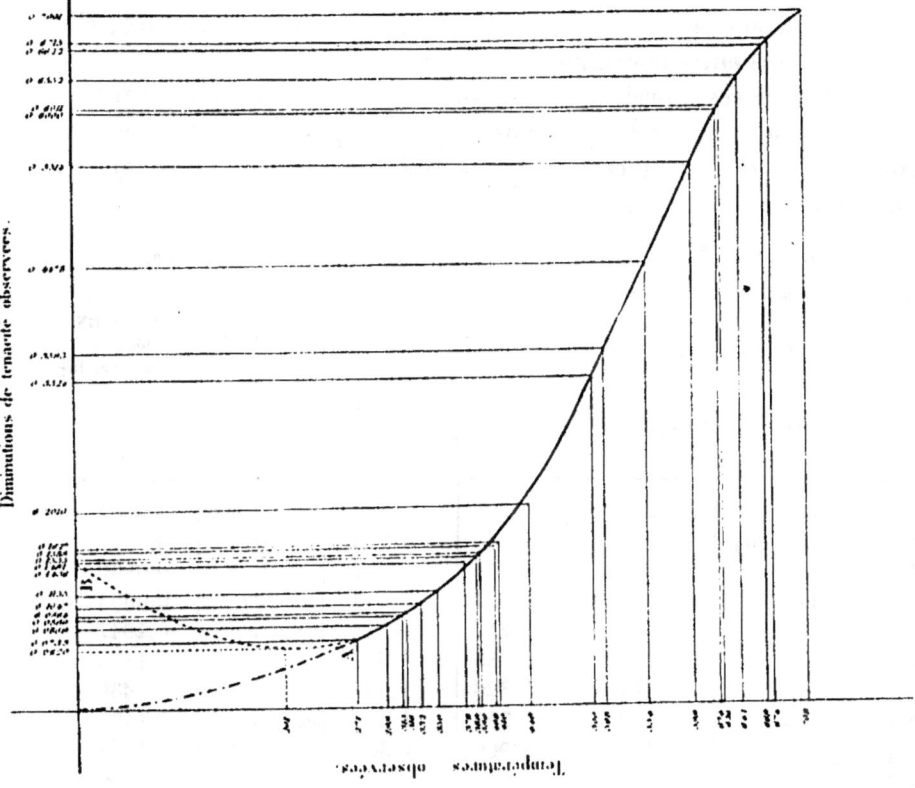

Températures observées.

ténacité ; éprouvant ensuite la barre à une température déterminée, elle obtint un rapport entre le maximum et la résistance observée.

Les résultats de ces expériences sont consignés dans le tableau suivant, et ils ont servi à tracer la courbe que nous rapportons pour faire ressortir nettement les effets de la température sur la résistance du fer entre 271° et 708° c., limites des expériences qui ont été faites.

TABLEAU VI. — EFFETS DE LA TEMPÉRATURE SUR LA RÉSISTANCE DU FER.

| No D'ORDRE. | MARQUES des BARRES. | TEMPÉRATURE OBSERVÉE. (en degrés cent.) | TÉNACITÉ OBSERVÉE. (en kil. par cent. carré.) | MAXIMUM de ténacité au point de rupture. | MÉTHODE qui a donné le MAXIMUM. | DIMINUTION de ténacité produite par la chaleur, en fonction du maximum de ténacité. |
|---|---|---|---|---|---|---|
| 1 | 224 B. | 271 | 4 108 | 4 447 | Expérience. | 0,0738 |
| 2 | Fer de Salisbury. | 299 | 4 245 | 4 245 | Dito. | 0,0869 |
| 3 | 90 | 313 | 4 054 | 4 054 | Calcul. | 0,0899 |
| 4 | 90 | 316 | 4 001 | 3 434 | Dito. | 0,0964 |
| 5 | 210 A. | 332 | 4 217 | 4 711 | Expérience. | 0,1047 |
| 6 | 150 | 350 | 4 080 | 4 623 | Dito. | 0,1155 |
| 7 | 152 | 378 | 3 826 | 4 532 | Calcul. | 0,1436 |
| 8 | 14 | 389 | 3 751 | 4 409 | Expérience. | 0,1491 |
| 9 | 150 | 390 | 4 069 | 4 807 | Calcul. | 0,1535 |
| 10 | 16 | 408 | 3 853 | 4 580 | Expérience. | 0,1589 |
| 11 | 149 | 410 | 3 850 | 4 599 | Calcul. | 0,1627 |
| 12 | 214 | 440 | 3 928 | 4 925 | Dito. | 0,2010 |
| 13 | 214 | 500 | 3 200 | 4 793 | Dito. | 0,3324 |
| 14 | 232 | 508 | 2 980 | 4 652 | Expérience. | 0,3593 |
| 15 { | 214 152 | 554 | 2 642 | 4 784 | Calcul. | 0,4478 |
| 16 | 227 | 599 | 1 940 | 4 324 | Dito. | 0,5514 |
| 17 | 227 | 624 | 1 544 | 3 865 | Dito. | 0,6000 |
| 18 | 229 | 626 | 1 800 | 4 514 | Dito. | 0,6011 |
| 19 | 227 | 642 | 1 540 | 4 224 | Dito. | 0,6352 |
| 20 | 226 | 660 | 1 497 | 4 432 | Dito. | 0,6622 |
| 21 | 226 | 674 | 1 455 | 4 432 | Dito. | 0,6715 |
| 22 | 226 | 708 | 1 329 | 4 432 | Dito. | 0,7001 |

Les expériences n'ont pas été poussées au delà de 708°, et la courbe (voir la figure ci-contre) reste indéterminée au-dessous de 271°, parce que l'on ne pouvait pas obtenir la résistance maximum sans avoir préalablement porté la température à 300°, et avoir fait supporter à la barre un poids à

peu près égal à la charge de rupture à froid; toutefois, et d'après la remarque faite plus haut, il est probable que la courbe rentrante A B est celle
qui se rapproche le plus de la vérité.

Ce qu'il y a de remarquable dans ces résultats, c'est l'inflexion que subit
la courbe à la température de 500°; mais on l'explique assez bien en observant que la fusion du fer, point auquel la résistance est absolument nulle,
n'a lieu qu'à 140 ou 150° du pyromètre, et que par conséquent les diminutions de ténacité doivent croître beaucoup moins rapidement dans les
températures très-élevées que dans les températures moyennes; de plus il
est certain que la ténacité doit varier avec les dilatations, et nous avons vu
que c'est précisément vers 500° que la loi de la dilatation change d'une manière fort notable, et que les allongements sont beaucoup moins considérables entre 500 et 1500° qu'entre 25° et 525° : les observations sur la dilatation et sur la résistance se vérifient donc les unes par les autres, et acquièrent
un nouveau titre à la confiance qu'elles peuvent inspirer isolément.

**78.** Pour déterminer approximativement la loi du décroissement de la
résistance, on a cherché à exprimer la diminution de ténacité en fonction
de la température; l'influence qu'elle exerce sur la résistance est indiquée
par les chiffres de la cinquième colonne du tableau suivant :

TABLEAU VII. — EFFETS DE LA TEMPÉRATURE SUR LA RÉSISTANCE DU FER.

| NUMÉROS de COMPARAISON. | TEMPÉRATURE OBSERVÉE. | TEMPÉRATURE OBSERVÉE moins 27°. | DIMINUTION de ténacité observée. | INFLUENCE DE LA TEMPÉRATURE sur la diminution de la ténacité. | OBSERVATIONS. |
|---|---|---|---|---|---|
| 1 | 271 | 244 | 0,0738 | 2,25 | |
| 2 | 299 | 272 | 0,0869 | 2,17 | |
| 3 | 313 | 286 | 0,0899 | 2,38 | |
| 4 | 350 | 323 | 0,1155 | 2,67 | |
| 5 | 410 | 383 | 0,1627 | 2,85 | |
| 6 | 440 | 413 | 0,2010 | 2,94 | |
| 7 | 500 | 473 | 0,3324 | 2,97 | Point d'inflexion de la courbe. |
| 8 | 554 | 527 | 0,4478 | 2,92 | |
| 9 | 599 | 572 | 0,5514 | 2,63 | |
| 10 | 624 | 597 | 0,6000 | 2,60 | |
| 11 | 669 | 642 | 0,6622 | 2,41 | |
| 12 | 708 | 681 | 0,7001 | 2,14 | |
| | | | MOYENNE..... 2,58 | | |

On a réuni dans ce tableau douze des expériences citées précédemment, et comme la plupart des essais qui ont servi à déterminer la résistance dans les cas ordinaires ont été faits à une température d'environ 27°, on a cru devoir ne considérer que le nombre de degrés résultant des chiffres de la seconde colonne diminués chacun de 27.

A l'inspection de la dernière colonne, on remarque qu'à l'exception de l'anomalie du n° 2, l'influence de la température va en croissant jusqu'à 500°, point où la ténacité est précisément un tiers · · la résistance maximum, puis, qu'elle décroît sans cesse jusqu'à 708°.

Les résultats précédents peuvent donner une idée assez nette des effets de la chaleur sur la résistance du fer à la traction ; c'est le seul but que nous nous proposions, et nous ne suivrons pas plus loin l'intéressant rapport auquel nous avons emprunté ces détails.

**79.** *Résistance à l'extension.* — La résistance à l'extension est déterminée par le poids que peut supporter une barre de fer sans qu'il y ait allongement ou altération de ses propriétés essentielles.

On entend par *élasticité du fer* la faculté qu'il a de s'allonger sous une certaine charge et de revenir à ses premières dimensions lorsque l'effort a cessé ; le poids maximum que supporte la barre, en satisfaisant aux conditions de cette épreuve, détermine la mesure et la limite de son élasticité.

On peut admettre en moyenne et d'après les expériences de M. Duleau, que le fer s'allonge de 0$^m$,0001 sous un poids de 2$^{kil}$,00 par millim. carré et qu'un allongement de 0$^m$,0003 sous une charge de 6$^{kil}$,00 est la limite ordinaire de son élasticité.

Il résulte d'expériences faites à Guérigny, par les soins de M. Bornet et sous les ordres de M. Barbé, directeur des forges de la marine, que du fer à câble de 0$^m$,045 à 0$^m$,054 de diamètre provenant des forges de Saint-Chamond et de Fourchambault s'est allongé de 0$^m$,001 sur une longueur de 0,03 ou de 0$^m$,0333, par mètre sous une charge à peu près égale à la moitié du poids de rupture, et que la moyenne des allongements au moment de la rupture a dépassé 0$^m$,20 par mètre. Ces Messieurs ont également fait une série d'expériences tendant à déterminer les allongements que le fer peut subir avant et après l'altération de son élasticité; nous les rapportons ci-après :

TABLEAU VIII. — EXPÉRIENCES (1) FAITES LE 11 JANVIER 1829, PAR 5 DEGRÉS AU-DESSOUS DE 0°, SUR UNE BARRE DE FER A CABLE DE 0^m,0495 DE DIAMÈTRE ET DE 6^m,415 DE LONGUEUR.

| NUMÉROS des ÉPREUVES. | CHARGE DE LA BARRE. | | ALLONGEMENT MESURÉ. | | DIAMÈTRE de la barre mesuré sous la charge. | ALLONGEMENT CALCULÉ POUR 10 MÈTRES. | |
|---|---|---|---|---|---|---|---|
| | Par millimètre carré. | TOTALE. | Sous la charge. | La charge étant ramenée à 0. | | Sous la charge. | La charge étant ramenée à 0. |
| | kil. | kil. | mèt. | mèt. | | mèt. | mèt. |
| 1re Épreuve ............... | 2 | 3 830 | 0,0005 | » | » | 0,00078 | 0,00000 |
| 2e dito........ ......... | 4 | 7 660 | 0,0010 | » | » | 0,00156 | 0,00000 |
| 3e dito ............. | 6 | 11 490 | 0,0018 | » | » | 0,00311 | 0,00000 |
| 4e dito.............. | 8 | 15 320 | 0,0023 | » | » | 0,00359 | 0,00000 |
| 5e dito............ | 10 | 19 150 | 0,0030 | » | » | 0,00468 | 0,00000 |
| 6e dito.............. | 12 | 22 980 | 0,0035 | » | » | 0,00516 | 0,00000 |
| 7e dito............... | 14 | 26 810 | 0,0041 | 0,0003 | » | 0,00686 | 0,00047 |
| 8e dito............... | 16 | 30 640 | 0,0055 | 0,0010 | » | 0,00858 | 0,00156 |
| 9e dito... ............. | 18 | 34 470 | 0,0111 | 0,0100 | » | 0,02200 | 0,01560 |
| 10e dito ............... | 20 | 38 300 | 0,1010 | 0,0945 | » | 0,15756 | 0,14712 |
| 11e dito............ .... | 22 | 42 130 | 0,1590 | 0,1190 | » | 0,21336 | 0,23244 |
| 12e dito............... | 24 | 45 960 | 0,2230 | 0,2144 | » | 0,31788 | 0,33400 |
| 13e dito............... | 26 | 49 790 | 0,3040 | 0,2940 | » | 0,46956 | 0,45400 |
| On ramène pour la 2e fois la tension à 49 790 kil.; on trouve alors à 11 heures 22 minutes... | » | 49 790 | 0,3095 | » | » | » | » |
| On entretient la tension sous cette charge; on trouve à 11 h. 30 minutes................ | » | 49 790 | 0,3228 | » | » | » | » |
| à 11 heures 57 minutes..... .. | » | 49 790 | 0,3285 | » | » | » | » |
| 14e Épreuve.............. | 28 | 53 600 | 0,4310 | 0,4230 | » | 0,67704 | 0,65988 |
| 15e dito..... ........... | 30 | 57 450 | 0,5730 | 0,5600 | » | 0,89388 | 0,87306 |
| 16e dito ............... | 32 | 61 280 | 0,8490 | 0,8330 | 0,0475 | 1,32184 | 1,29948 |
| 17e dito ............... | 33 | 63 000 | » | 1,0110 | 0,0460 | » | 1,62396 |

(1) Extrait des *Annales des Ponts-et-Chaussées*, 1834.

TABLEAU IX. — EXPÉRIENCES FAITES LE 18 JANVIER 1829, PAR 5 DEGRÉS AU-DESSOUS DE 0°, SUR UNE BARRE DE FER A CABLES DE 0ᵐ,57 DE DIAMÈTRE ET DE 6ᵐ,418 DE LONGUEUR.

| NUMÉROS des ÉPREUVES. | CHARGE DE LA BARRE. | | ALLONGEMENT MESURÉ. | | DIAMÈTRE de la barre mesuré sous la charge. | ALLONGEMENT CALCULÉ POUR 10 MÈTRES. | |
|---|---|---|---|---|---|---|---|
| | Par millimètre carré. | TOTALE. | Sous la charge. | La charge étant ramenée à 0. | | Sous la charge. | La charge étant ramenée à 0 |
| | kil. | kil. | mèt. | mèt. | mèt. | mèt. | mèt. |
| 1ʳᵉ Épreuve............... | 2 | 5 100 | 0,0000 | 0,0000 | » | 0,000000 | » |
| 2ᵉ dito................. | 4 | 10 200 | 0,0010 | 0,0000 | » | 0,001560 | » |
| 3ᵉ dito................. | 6 | 15 300 | 0,0010 | 0,0000 | » | 0,002000 | » |
| 4ᵉ dito...... .......... | 8 | 20 400 | » | » | » | » | » |
| 5ᵉ dito............ ..... | 10 | 25 500 | » | » | » | » | » |
| 6ᵉ dito............. | 12 | 30 600 | 0,0019 | 0,0000 | » | 0,002961 | 0,00000 |
| 7ᵉ dito ............. | 14 | 35 700 | 0,0022 | 0,0001 | » | 0,003432 | 0,00156 |
| 8ᵉ dito............. | 16 | 40 800 | 0,0081 | 0,0054 | » | 0,012636 | 0,00842 |
| 9ᵉ dito............ ........ | 18 | 45 900 | 0,0807 | 0,0752 | » | 0,125900 | 0,11731 |
| 10ᵉ dito ............ | 20 | 51 000 | 0,1255 | 0,1197 | » | 0,195780 | 0,18673 |
| 11ᵉ dito............. | 22 | 56 100 | 0,1932 | 0,1860 | » | 0,301100 | 0,29016 |
| 12ᵉ dito............. | 24 | 61 200 | 0,2622 | 0,2515 | 0,05600 | 0,409030 | 0,39686 |

On peut conclure de ces épreuves, que le gros fer commence à s'allonger sous une charge très-faible, celle de 2 à 3 kil. par mill. carré; que généralement les allongements croissent plus rapidement que les poids, surtout à partir de la moitié de la charge de rupture; enfin, que l'élasticité qui reste presque complète jusqu'au tiers du poids de rupture diminue rapidement à partir de ce point.

On remarquera que ces expériences ont été faites à une température de cinq degrés au-dessous de zéro; elle ne paraît pas avoir exercé d'influence sensible sur l'élasticité du fer.

80. Les résultats précédents s'appliquent particulièrement à des fers de grosse dimension; il est du plus grand intérêt de pouvoir les comparer à ceux que l'on a obtenus avec du fer étiré à la filière.

## TABLEAU X. — EXPÉRIENCES DE M. VICAT. (1)

| NUMÉROS DES EXPÉRIENCES. | FIL DE FER N° 17, NON RECUIT. Diamètre 0m,002681, sect. = 0m.²,0000056399. | | | FIL DE FER N° 18, NON RECUIT. Diamètre 0m,003087, sect. = 0m.²,000007315. | | | FIL DE FER N° 19, RECUIT. | | | OBSERVATIONS. |
|---|---|---|---|---|---|---|---|---|---|---|
| | Poids. | Allongement. | Différence. | Poids. | Allongement. | Différence. | Poids. | Allongement. | Différence. | |
| | kil. | mil. | mil. | kil. | mil. | mil. | kil. | mil. | mil. | |
| 1 | 20,80 | » | » | 52,00 | » | » | 29,50 | 11,00 | » | *Fil de fer n° 17, non recuit.* — Le fil était tendu horizontalement sur une longueur de 63m,82, et déjà chargé de 31kil,20 quand on a commencé à mesurer l'allongement. En visitant l'extrémité fixe du fil de fer à laquelle on avait fait un repère, on s'est aperçu que le repère s'était avancé de 3 millim.; ce mouvement est la cause des anomalies des n°s 25 et 27. L'allongement total sous un poids de 301kil,60, moins 20kil,80 ou 280kil,80, s'est donc trouvé de 170 millim., ce qui donne pour la moyenne correspondante à 10 kilog. de charge, 6mil,054 pour une longueur de 63m,82 ou 0mil,0951 pour 1m,00, ou enfin 0mil,0536 d'allongement pour 1 kil. de charge et pour 1 millim. de section. Après l'enlèvement de la charge, le fil a conservé un allongement de 19 millim. ou 0mil,29 par mètre. |
| 2 | 31,20 | 7,00 | 7,00 | 62,40 | 5,00 | 5,00 | 39,50 | 23,00 | 12,00 | |
| 3 | 41,60 | 14,00 | 7,00 | 72,80 | 10,00 | 4,00 | 49,50 | 34,50 | 11,50 | |
| 4 | 52,00 | 21,00 | 7,00 | 83,20 | 14,00 | 5,00 | 59,50 | 46,50 | 12,00 | |
| 5 | 62,40 | 28,00 | 7,00 | 93,60 | 19,00 | 5,00 | 69,50 | 57,50 | 11,00 | |
| 6 | 72,80 | 33,00 | 5,00 | 104,00 | 25,00 | 6,00 | 79,50 | 69,00 | 11,50 | |
| 7 | 83,20 | 39,00 | 6,00 | 114,40 | 30,00 | 5,00 | 89,50 | 81,00 | 12,00 | |
| 8 | 93,60 | 45,00 | 6,00 | 124,80 | 34,00 | 4,00 | 99,50 | 93,00 | 12,00 | |
| 9 | 104,00 | 50,00 | 5,00 | 135,20 | 39,00 | 5,00 | 109,50 | 104,00 | 11,00 | *Fil de fer n° 18, non recuit.* — La longueur du fil était de 63m,82, et il était chargé de 52kil,00 quand on a commencé à mesurer son allongement. Pour une charge de 102kil,60 — 52kil = 350kil,60, l'allongement total a été de 177 millim., ce qui donne pour la moyenne correspondante à 10 kil,00, 5mil,033, et par mètre courant 0mil,0788, et enfin par millim. de section, pour 1 kilog. et pour 1 mètre courant 0mil,0579. Après l'enlèvement de la charge, le fil a conservé un allongement de 42 millim., ou 0mil,65 par mètre. |
| 10 | 114,40 | 55,00 | 5,00 | 145,60 | 45,00 | 6,00 | 119,50 | 115,00 | 11,00 | |
| 11 | 124,80 | 60,00 | 5,00 | 156,00 | 50,00 | 5,00 | 129,50 | 126,50 | 11,50 | |
| 12 | 135,20 | 66,00 | 6,00 | 166,40 | 55,00 | 5,00 | 139,50 | 141,50 | 15,00 | |
| 13 | 145,60 | 72,00 | 6,00 | 176,80 | 60,00 | 5,00 | 149,50 | 161,50 | 20,00 | |
| 14 | 156,00 | 78,50 | 6,00 | 187,20 | 66,00 | 6,00 | 159,50 | 181,50 | 20,00 | |
| 15 | 166,40 | 84,00 | 5,00 | 197,60 | 71,00 | 5,00 | | | | |
| 16 | 176,80 | 89,00 | 5,00 | 208,00 | 76,00 | 5,00 | | | | |
| 17 | 187,20 | 96,00 | 7,00 | 218,40 | 81,00 | 5,00 | | | | |
| 18 | 197,60 | 103,00 | 7,00 | 228,80 | 87,00 | 6,00 | | | | *Fil n° 19, recuit.* — Un fil de 2m,00 était suspendu verticalement, et portait une vaste caisse pesant 29kil,50, dans laquelle on versait du sable sec par mesures de 10 kil. chacune; les allongements se mesuraient à l'extrémité d'une aiguille marquant 80 fois les mouvements réels jusqu'à 137 kil.; la moyenne s'est maintenue à 11mil,50, ce qui fait par mètre et pour 10 kil., 0mil,0718, ou par mètre, pour 1 kil., et pour 1 millim. de section, 0mil,0088; ainsi, depuis 0 jusqu'à 130 kil., on le 1/6 environ de la force absolue, l'allongement du fil recuit est sensiblement proportionnel à la charge, et ne dépasse guère que de 1/5 l'allongement du fil non recuit. |
| 19 | 208,00 | 109,00 | 6,00 | 239,20 | 92,00 | 5,00 | | | | |
| 20 | 218,40 | 117,00 | 8,00 | 249,60 | 98,00 | 6,00 | | | | |
| 21 | 228,80 | 123,00 | 6,00 | 260,00 | 104,00 | 6,00 | | | | |
| 22 | 239,60 | 129,00 | 6,00 | 270,40 | 110,00 | 6,00 | | | | |
| 23 | 249,60 | 136,00 | 7,00 | 280,80 | 115,00 | 5,00 | | | | |
| 24 | 260,00 | 142,00 | 6,00 | 291,20 | 121,00 | 6,00 | | | | |
| 25 | 270,40 | 153,00 | 9,00 | 301,60 | 126,00 | 5,00 | | | | |
| 26 | 280,80 | 158,00 | 5,00 | 312,00 | 131,00 | 5,00 | | | | |
| 27 | 291,60 | 167,00 | 9,00 | 322,40 | 137,00 | 6,00 | | | | |
| 28 | 301,60 | 173,00 | 6,00 | 332,80 | 142,00 | 5,00 | | | | |
| 29 | ... | ... | ... | 343,20 | 147,00 | 5,00 | | | | |
| 30 | | | | 353,60 | 151,00 | 4,00 | | | | |
| 31 | | | | 364,00 | 157,00 | 6,00 | | | | |
| 32 | | | | 374,40 | 162,00 | 5,00 | | | | |
| 33 | | | | 384,80 | 167,00 | 5,00 | | | | |
| 34 | | | | 395,20 | 172,00 | 5,00 | | | | |
| 35 | | | | 405,60 | 178,00 | 6,00 | | | | |

(1) Extrait des *Annales des Ponts-et-Chaussées*, 1831.

**81.** M. Vicat a fait encore d'autres expériences sur l'allongement progressif du fil de fer; il en a tiré les conclusions suivantes (1) :

1°. Le fil de fer non recuit, tendu à un quart de sa force tirante, telle qu'on la mesure ordinairement, et soustrait à tout mouvement trépidatoire, reçoit une première extension, mais ne s'allonge pas sensiblement ensuite;

2°. Le même fil, tendu dans les mêmes circonstances, à un tiers de sa force tirante, s'est allongé de $2^{mill.}75$ par mètre, en trente-trois mois, non compris l'allongement instantané dû au premier effet de la charge;

3°. Le même fil tendu à moitié de sa force s'est, dans le même temps et les mêmes circonstances, allongé de $4^{mill.}09$;

4°. Le même fil enfin, tendu aux trois quarts de sa force, s'est allongé, toujours dans le même temps et les mêmes circonstances, de $6^{mill.}13$;

5°. A partir du moment où l'effet instantané de la charge est terminé, les vitesses des allongements subséquents restent à très-peu près proportionnelles aux temps;

6°. Les quantités d'allongement pour les brins chargés au delà du quart de leur force sont, après des temps égaux, sensiblement proportionnelles aux tensions.

On peut admettre, d'après ce qui précède, et c'est la croyance générale, que le fil de fer non recuit commence à s'altérer sous une tension comprise entre le quart et le tiers de la force absolue; dans ce cas, en effet, une partie de l'élasticité est perdue par suite de l'allongement qu'il a contracté et qu'il conserve toujours, et de plus la diminution de diamètre qui résulte de l'allongement amoindrit encore la résistance.

**82.** Ces résultats sont parfaitement vrais lorsque la durée de la tension est longue; mais ils se modifient lorsque le fer n'est soumis que pendant un temps très-court à une forte tension; M. Leblanc, ingénieur des ponts et chaussées, a fait à ce sujet des expériences (2) qui paraissent tout à fait concluantes; il a opéré sur des fils n° 18, dont il a mesuré l'allongement sous diverses tensions, et, après les avoir rompus, il a soumis les morceaux à de nouvelles tensions, en mesurant toujours les allongements progressifs.

(1) *Annales des Ponts-et-Chaussées*, 1834.
(2) *Idem*, 1839.

TABLEAU XI. — EXPÉRIENCES DE M. LEBLANC.

| NUMÉROS des EXPÉRIENCES. | DIAMÈTRE minimum. | PREMIÈRE ÉPREUVE. | | | | DEUXIÈME ÉPREUVE. | | | | TROISIÈME ÉPREUVE. | | | | OBSERVATIONS. |
|---|---|---|---|---|---|---|---|---|---|---|---|---|---|---|
| | | Tension par millim. carré, sous laquelle ils ont rompu. | ALLONGEMENT | | DIFFÉRENCE. | Tension par millim. carré, sous laquelle ils ont rompu. | ALLONGEMENT | | DIFFÉRENCE. | Tension par millim. carré, sous laquelle ils ont rompu. | ALLONGEMENT | | DIFFÉRENCE. | |
| | | | sous 300 kil (1). | avant de rompre. | | | sous 300 kilogr. | avant de rompre. | | | sous 300 kilogr. | avant de rompre. | | |
| | millim. | kil. | millim. | millim. | millim. | kil. | millim. | millim. | millim. | kil. | millim. | millim. | millim. | |
| 59 | 3,30 | 75,97 | 4,10 | 9,40 | 5,30 | 78,32 | » | 5,30 | » | » | » | » | » | (1) |
| 68 | 3,20 | 78,30 | 2,70 | 7,60 | 4,90 | 79,51 | 2,10 | 5,30 | 3,20 | » | » | » | » | |
| 61 | 3,20 | 75,81 | 3,30 | 8,70 | 5,40 | 78,29 | » | 6,00 | » | » | » | » | » | |
| 62 | 3,20 | 80,78 | 3,00 | 7,80 | 4,80 | 83,27 | » | 5,40 | » | » | » | » | » | |
| 70 | 3,20 | 78,30 | 3,20 | 9,30 | 6,10 | 80,79 | 3,30 | 8,00 | 4,70 | 80,79 | 2,80 | 6,10 | 3,30 | |
| 73 | 3,35 | 76,41 | 2,60 | 7,80 | 5,20 | 78,25 | » | 6,10 | » | » | 1,20 | » | » | |
| 76 | 3,20 | 83,27 | 4,00 | 9,20 | 5,20 | 85,75 | » | 6,30 | » | » | » | » | » | |
| 78 | 3,35 | 71,81 | 3,70 | 8,70 | 5,00 | 78,25 | 1,20 | 4,00 | 2,80 | » | » | » | » | |
| 79 | 3,30 | 80,65 | 3,60 | 8,80 | 5,20 | 88,88 | 1,50 | 5,70 | 4,20 | » | » | » | » | |
| 82 | 3,35 | 75,98 | 3,00 | 8,60 | 5,60 | 78,25 | 1,60 | 4,40 | 2,80 | 80,51 | 3,00 | 6,20 | 3,20 | |
| 83 | 3,35 | 77,12 | 2,50 | 8,20 | 5,70 | 78,25 | 3,50 | 8,10 | 4,60 | » | » | » | » | |
| 85 | 3,35 | 69,15 | 3,00 | 7,90 | 4,90 | 73,71 | 2,10 | 6,50 | 4,40 | » | » | » | » | |
| 95 | 3,25 | 73,20 | 2,60 | 8,30 | 5,70 | 75,91 | » | 8,30 | » | » | » | » | » | |
| 97 | 3,25 | 85,55 | 3,50 | 8,00 | 4,50 | 85,55 | 2,60 | 5,90 | 3,30 | » | » | » | » | |
| 100 | 3,20 | 80,78 | 3,00 | 8,10 | 5,10 | 81,51 | » | 5,80 | » | » | » | » | » | |
| 101 | 3,25 | 79,52 | 1,70 | 6,80 | 5,10 | 80,73 | 3,10 | 6,70 | 3,60 | 83,11 | 1,90 | 5,00 | 3,10 | |
| Moyennes. | 3,27 | 77,85 | 2,39 | 6,40 | 4,01 | 80,51 | 1,79 | 4,70 | 2,91 | 81,18 | 1,71 | 3,12 | 2,71 | (3) |

(1) Environ 35 kil. par millim. carré; les fils ont d'abord été tendus à 20 kil., soit 2kil.,25 par millim. [c]é, on y a fait des marques, puis on a mesuré leur allongement sous des tensions diverses, en les [ram]enant toujours à celle primitive de 20kil.,00.

(2) Pendant ces expériences, dit l'auteur, il m'est arrivé une foule d'accidents qui m'ont empêché de [pren]dre plusieurs allongements pendant les deuxièmes épreuves; quant aux troisièmes, on comprend qu'il [est d]ifficile de trouver des fils qui conservent assez de longueur après la deuxième rupture pour être [ti]rés une troisième fois.

(3) Les allongements portés dans les colonnes correspondent à 1m,30 de longueur, mais les moyennes [sont] calculées par mètre.

TABLEAU XII. — EXPÉRIENCES DE M. LEBLANC.

| NUMÉROS des EXPÉRIENCES. | DIAMÈTRE minimum. | PREMIÈRE ÉPREUVE. | | | | DEUXIÈME ÉPREUVE. | | | | OBSERVATIONS. |
|---|---|---|---|---|---|---|---|---|---|---|
| | | Tension par millim. carré, sous laquelle ils ont rompu. | ALLONGEMENT | | DIFFÉRENCE. | Tension par millim. carré, sous laquelle ils ont rompu. | ALLONGEMENT | | DIFFÉRENCE. | |
| | | | sous 300 kilogr. | avant de rompre. | | | sous 300 kilogr. | avant de rompre. | | |
| | milli p. | kil. | millim. | millim. | millim. | kil. | millim. | millim. | millim. | |
| 8 | 3,10 | 81,23 | » | » | 4,25 | 81,23 | » | » | 3,75 | Dans ces expériences, je n'ai pris que les différences d'allongements entre les tensions de 300 kilogramm. et celles qui ont fait rompre, les allongements sous 300 kilogr. indiquant ceux dus au redressement des cosses, et ceux dus à l'élasticité, et devant offrir par conséquent de très-grandes anomalies. |
| 11 | 3,30 | 75,80 | » | » | 4,50 | 77,13 | » | » | 3,50 | |
| 16 | 3,20 | 83,27 | » | » | 5,00 | 86,09 | » | » | 4,00 | |
| 17 | 3,10 | 74,86 | » | » | 4,50 | 77,06 | » | » | 3,55 | |
| 23 | 3,30 | 78,31 | » | » | 4,25 | 78,31 | » | » | 4,00 | |
| 24 | 3,20 | 78,30 | » | » | 5,50 | 78,30 | » | » | 3,50 | |
| 27 | 3,25 | 78,25 | » | » | 5,60 | 77,11 | » | » | 3,85 | |
| 32 | 3,25 | 75,91 | » | » | 5,25 | 75,91 | » | » | 3,00 | |
| 33 | 3,30 | 78,31 | » | » | 5,25 | 78,31 | » | » | 3,50 | |
| 34 | 3,35 | 75,98 | » | » | 5,25 | 75,98 | » | » | 4,00 | |
| 41 | 3,30 | 73,61 | » | » | 5,60 | 72,46 | » | » | 2,90 | |
| 45 | 3,50 | 75,84 | » | » | 5,30 | 78,96 | » | » | » | |
| Moyennes. | 3,32 | 77,18 | » | » | 3,79 | 78,15 | » | » | 2,77 | Les moyennes sont prises comme dans le tableau précédent. |

Cet ingénieur en conclut :

1°. Que le fil de fer peut éprouver, au moins pendant un temps très-court, des tensions considérables sans perdre la moindre partie de sa force;

2°. Que l'on peut estimer l'allongement moyen produit, soit par le redressement des inflexions d'un fil, soit par son extensibilité, sous la tension d'environ 34$^k$,50 par millim. carré, aux 0,0024 de sa longueur;

3°. Que l'allongement produit par l'extensibilité, à partir de la tension de 34$^k$,50 jusqu'à celle qui fait rompre, est compris entre les 0,0038 et les 0,0041 de la longueur du fil;

4°. Que ce dernier allongement se réduit, à la seconde épreuve, aux 0,0028 de la longueur, et qu'il diminue un peu, mais faiblement, aux épreuves suivantes.

85. *Résistance à la traction.* — Après avoir indiqué les différentes manières dont se comporte le fer soumis à des efforts d'intensité et de durée variables, il nous reste à donner les poids qui déterminent la rupture des échantillons les plus généralement employés. Parmi ceux-ci on doit distinguer le fer rond, que l'on emploie à la fabrication des câbles de la marine. Voici le résultat d'expériences faites à Guérigny, et rapportées dans les *Annales des Ponts-et-Chaussées* (1834).

TABLEAU XIII. — ÉPREUVES COMPARATIVES SUR LA FORCE DES FERS A CABLES DE SAINT-CHAMOND ET DE FOURCHAMBAULT.

| DESIGNATION du FER | CALIBRE des barres. | CHARGE pour allonger d'un millim. une longueur de 3 centim. | | FORCE pour rompre le barreau. | | ALLONGEMENT du barreau exprimé en millièmes de la longueur primitive. | DIAMÈTRE moyen du barreau après l'épreuve. | TÉNACITÉ calculée en considérant le diamètre moyen après l'épreuve. | DIAMÈTRE de la section de rupture. | STRICTION ou rapport de la section de rupture à la section primitive. | CHALEUR développée au point de rupture. | OBSERVATIONS. |
|---|---|---|---|---|---|---|---|---|---|---|---|---|
| | mill. | Totale. kil. | Par millim. carré. kil. | Totale. kil. | Par millim. carré. kil. | | mill. | kil. | mill. | | | |
| Saint-Chamond. 1er barreau...... | 45,0 | " | " | 55 000 | 34,58 | 0,196 | 41,0 | 41,66 | " | " | Nulle...... | Nerf, traces de grains, trainée de grains. |
| 2e dito........ | 45,0 | 32 000 | 20,12 | 57 500 | 26,16 | 0,230 | 41,0 | 43,55 | 35,67 | 0 628 | Légère .... | Nerf, traces de grains brillants, gerçures. |
| 3e dito........ | 45,0 | 29 000 | 18,25 | 53 000 | 33,33 | 0,205 | 42,0 | 38,26 | 36,0 | 0 610 | Idem....... | Nerf, traces de grains brillants, gerçures. |
| 4e dito........ | 45,5 | 29 500 | 18,85 | 54 500 | 33,52 | 0,206 | 41,5 | 40,29 | 37,0 | 0 663 | Idem....... | Nerf, un tiers de grains. |
| 5e dito........ | 53,5 | 25 000 | 11,12 | 75 000 | 33,26 | 0,200 | 43,0 | 33,7 | 43,0 | 0 661 | Forte...... | Tout nerf, traces de grains, gerçures. |
| 6e dito........ | 54,0 | 45 000 | 19,65 | 82 000 | 35,80 | 0,160 | 51,5 | 39,36 | 44,0 | 0 664 | Légère .... | Tout nerf, traces de grains, gerçures. |
| 7e dito........ | 53,0 | 43 000 | 19,19 | 75 000 | 34,31 | 0,230 | 48,0 | 41,45 | 44,0 | 0 689 | Forte ..... | Nerf, un quart de grains, trainée de gerçures transversales. |
| Fourchambault. 1er barreau..... | 45,0 | 23 000 | 14,13 | 54 500 | 33,49 | 0,210 | 41,0 | 41,28 | 33,0 | 0 538 | Brûlante... | Tout nerf. |
| 2e dito........ | 44,5 | 26 000 | 16,72 | 53 500 | 34,40 | 0,224 | 42,8 | 38,62 | 33,0 | 0 526 | Très-forte. | Idem. |
| 3e dito........ | 42,0 | 22 300 | 16,97 | 63 000 | 33,48 | 0,225 | 45,0 | 39,61 | 39,0 | 0 623 | Idem....... | Nerf, quelques points à grains. |
| 4e dito........ | 51,0 | 40 000 | 17,47 | 76 000 | 33,40 | 0,223 | 50,0 | 38,96 | 41,0 | 0 556 | Brûlante... | Tout nerf. |
| 5e dito........ | 51,0 | 40 000 | 17,47 | 78 000 | 34,06 | 0,213 | 50,0 | 38,71 | 39,0 | 0 522 | Idem....... | Idem. |
| 6e dito........ | 55,5 | 40 000 | 16,55 | 80 500 | 33,28 | 0,210 | 51,0 | 39,40 | 44,0 | 0 627 | Très-forte. | Nerf, traces de grains. |

| DÉSIGNATION DU FER. | CALIBRE des BARRES. | CHARGE pour | | TÉNACITÉ par millim. carré. | ALLONGEMENT pour 1 mèt. de longueur. | CHALEUR du point de RUPTURE. | OBSERVATIONS. |
|---|---|---|---|---|---|---|---|
| | | Allonger sensiblement le barreau | Rompre. | | | | |
| | millim. | kil. | kil. | kil. | mèt. | | |
| Fer carré anglais, de qualité supérieure. | 38,8 | 17 000 | 58 000 | 38,52 | 0,115 | Nulle.... | Rupture toute à grain. |
| Idem ..... | 38,8 | 38 000 | 56 000 | 37,16 | 0,166 | Idem.... | Rupture à grain, 1/2 de nerf. |
| Idem ... | 29,0 | 22 000 | 30 900 | 36,71 | 0,117 | Sensible.. | 1/3 grain, 2/3 nerf, striction nulle au point de rupture. |
| Idem .... | 25,5 | » | 23 200 | 35,83 | 0,197 | Brûlante. | Rupture toute à nerf, striction très-remarquable. |
| Idem .... | 25,5 | 17 000 | 24 000 | 36,91 | 0,197 | Très-forte. | Rupture toute à nerf. |
| Fer rond anglais (best câble Crawshay). | 39,0 | 25 000 | 39 000 | 32,65 | 0,214 | Idem..... | Tout nerf, striction très-remarquable. |
| Idem..... | 32,80 | » | 29 100 | 34,88 | 0,232 | Idem.... | Idem. |
| Idem..... | 32,0 | » | 25 500 | 35,41 | 0,252 | Brûlante. | Idem. |
| Idem..... | 28,5 | 14 000 | 21 500 | 33,70 | 0,263 | Très-forte. | Idem. |
| Idem..... | 28,5 sur 29 | » | 23 000 | 35,75 | 0,183 | Idem.... | Idem. |
| Idem..... | 25,5 | 14 000 | 17 000 | 33,29 | 0,143 | Idem.... | Idem. |
| Idem..... | 25,5 | » | 18 600 | 36,12 | 0,217 | Brûlante. | Idem. |
| Fer à câble de Fourchambault. | 61,0 | 15 000 | 92 000 | 31,18 | 0,216 | Très-forte. | Rupture à nerf, un peu de grain brillant, striction considérable. |
| Idem..... | 57,0 | » | 79 000 | 31,17 | » | » | Non rompu dans cette épreuve. |
| Idem..... | 57,0 | » | 81 000 | 31,57 | » | » | Non rompu. |
| Idem..... | 57,0 | 38 000 | 81 000 | 31,71 | » | Légère... | Nerf noir. |
| Idem..... | 57,0 | 37 000 | 80 100 | 31,51 | 0,201 | » | Nerf et traces de grain. |
| Idem..... | 40,0 | 28 000 | 62 500 | 33,14 | 0,230 | Très-forte. | Nerf, striction très-remarquable. |
| Idem..... | 45,0 | 33 000 | 53 900 | 33,89 | 0,176 | Forte... | Idem. |
| Idem..... | 40,5 | 30 000 | 52 100 | 32,91 | 0,207 | Idem..... | Idem. |
| Idem..... | 33,50 | 20 000 | 30 000 | 31,04 | 0,195 | Très-forte. | Tout nerf. |
| Idem..... | 33,33 | 20 000 | 30 200 | 34,61 | 0,197 | Idem.... | Idem. |
| Idem..... | 29,66 sur 29. | 15 000 | 22 100 | 33,16 | 0,188 | Idem.... | Idem. |
| Idem..... | 29,33 | 14 000 | 22 700 | 33,60 | 0,186 | Idem.... | Idem. |
| Idem..... | 29,5 sur 29 | 14 000 | 22 500 | 33,77 | 0,186 | Idem.... | Idem. |
| Idem..... | 28,67 sur 28,33 | 13 000 | 21 400 | 33,56 | 0,190 | Idem.... | Idem. |
| Fer à câble de Bigny (Berry) affiné au charbon de bois, corroyé sous le marteau, et enfin étiré sous les cylindres. | 42,75 sur 41,75 | 32 000 | 51 000 | 36,38 | 0,160 | Nulle.. | Grain et un peu de nerf, rompu au collet de l'une des têtes refoulées. |
| Idem..... | 41,0 sur 33,75 | 19 000 | 26 900 | 29,85 | 0,226 | Idem.... | Grain. |
| Idem..... | 33,0 sur 34 | 18 000 | 29 200 | 34,14 | 0,111 | Idem.... | Idem. |
| Idem..... | 33,5 sur 33 | 35 000 | 31 200 | 35,94 | » | Brûlante. | Tout nerf, striction remarquable. |
| Fer à câble envoyé pour essai du Creuzot. | 66,0 | » | 112 000 | 32,74 | 0,074 | » | Le barreau n'est pas rompu. |
| Idem..... | 63,0 | 32 000 | 102 000 | 32,72 | 0,089 | » | Rupture au collet d'une des têtes refoulées. |
| Idem..... | 55,5 | » | 86 000 | 35,55 | 0,200 | » | Deux tiers grain, un tiers nerf. |
| Fer rond marchand du Creuzot, pris sur un envoi pour Paris. | 37,5 | 24 000 | 39 500 | 35,76 | 0,225 | Brûlante. | Tout nerf, striction très-remarquable. |
| Idem..... | 37,5 | 23 000 | 36 000 | 32,60 | 0,070 | Nulle... | Grain. |
| Idem..... | 37,5 | 24 000 | 44 500 | 36,72 | 0,218 | Sensible.. | Nerf noir, striction remarquable. |
| Fer à câble de Saint-Chamond (Loire), envoyé pour essai | 45,0 | 25 000 | 58 000 | 36,17 | 0,183 | » | Nerf mêlé d'un peu de grain. |
| Idem..... | 45,0 | » | 57 000 | 35,84 | 0,200 | » | Nerf, très-peu de grain. |
| Fer rond, provenant du corroyage de rognures de barres de fer à câble, fait au laminoir de Guérigny. | 45,0 | 27 000 | 51 000 | 32,07 | 0,251 | Très-forte. | Nerf, striction très-remarquable. |
| Fer provenant de l'étirage et corroyage de paquets de rognures de tôle, fait au laminoir de Guérigny. | 31,34 | 13 000 | 24 500 | 31,78 | 0,211 | Légère.. | Tout nerf, striction nulle. |
| Fer de Vierzon (Cher). | 40,66 | 22 000 | 46 9 0 | 36,13 | 0,144 | Brûlante. | Rupture : tout nerf. |
| Épreuves faites en 1810. | 40,66 | 20 000 | 46 000 | 35,44 | 0,135 | Idem.... | Idem. |
| Idem..... | 41,00 | » | 48 300 | 36,40 | 0,160 | » | " |
| Idem..... | 61,00 | 14 000 | 101 000 | 34,55 | 0,138 | Brûlante. | Rupture : tout nerf. |
| Idem..... | 61,00 | 18 000 | 101 900 | 35,88 | 0,175 | Idem.... | Rupture : nerf, avec quelques grains. |
| Idem..... | 61,00 | » | 101 500 | 35,74 | 0,130 | » | " |

La résistance moyenne de ces fers est d'environ $35^k$ par millim. carré. Les fers à câbles, étant toujours fabriqués avec beaucoup de soins, sont généralement d'une qualité supérieure à celle des fers ordinaires du commerce, dont la résistance doit par conséquent être un peu moindre; cependant il faut faire observer qu'en raison même de leur nature douce et nerveuse, leur allongement sous une charge donnée est plus considérable que celui des fers ordinaires, et que la diminution de section qui en résulte peut réduire leur résistance à celle des seconds. Les expériences faites en Angleterre, par Telford et Brunel, donnent des résultats qui s'élèvent jusqu'à 40 et $50^k$ de résistance par millim. carré. Quelle que soit la cause qui ait fait obtenir des chiffres aussi élevés, nous ne pouvons les considérer que comme des exceptions à la résistance ordinaire des gros fers.

84. Le tableau suivant, dû aux essais de M. Seguin, servira à constater les énormes différences que l'on rencontre journellement dans la ténacité des différentes espèces de fer, et donnera une idée assez exacte de la résistance du fil de fer, qui, en moyenne, s'élève au moins au double de celle des fers à câbles.

No XV. — TABLEAU COMPARATIF DE LA FORCE DES FERS.

| DÉSIGNATION de la QUALITÉ DES FERS. | DIMENSIONS. | POIDS SOUTENU. | TÉNACITÉ par MILLIMÈT. | OBSERVATIONS. |
|---|---|---|---|---|
| | mil.   mil. | kil. | kil. | |
| Fer de Saint-Chamond. | 8 sur 16 et 10 | » | 47,75 | Travaillé au procédé anglais. |
| Idem.............. | 10 diamètre. | 3713,00 | 48,00 | Idem. |
| Fer de Bourgogne... | 13 sur 13 | 5226,00 | 30,15 | |
| Idem.............. | 13,5 sur 13,5 | 5135,00 | 29,70 | Chauffé au rouge suant, et refroidi lentement. |
| Idem.............. | 13,3 sur 13,3 | 5280,00 | 29,70 | Coupé au milieu, soudé bout-à-bout sans étirer. |
| Idem.............. | 10,15 sur 10,15 | 5688,00 | 55,20 | Coupé au milieu, soudé en sifflet étiré. |
| Idem.............. | 4,5 sur 4,5 | 1238,00 | 61,00 | Plus étiré que le précédent, sans soudure. |
| Fer dit ruban de Bourgogne.......... | 20,3 sur 1,7 | 1511,00 | 41,70 | Très-doux, filets spongieux à la cassure |
| Fer tiré de Bourgogne de fabrique inconnue. — No 8... | 1,172 diamètre. | 41,30 | 38,21 | Recuit inégalement. |
| No 7.. | 1,062 | 31,10 | 36,09 | Recuit exactement. |
| No 18 . | 3,366 | 505,60 | 56,77 | Non recuit. |
| No 7.. | 1,062 | 65,50 | 73,73 | Idem. |
| Fil de Laigle........ | 0,2294 | 3,718 | 89,85 | Employé pour la carderie. |
| Passe-perle........... | 0,5917 | 23,60 | 85,73 | Assez doux. |
| Fil de fer de la manufacture de la veuve Fleur, de Besançon. — No 1... | 0,6188 | 25,96 | 86,11 | Doux. |
| No 2... | 0,7078 | 34,25 | 86,98 | Idem. |
| No 3... | 0,7327 | 34,12 | 80,81 | Cassant. |
| No 4... | 0,8380 | 42,30 | 76,61 | Idem. |
| No 5 .. | 0,9115 | 47,25 | 72,31 | Très-cassant. |
| No 6 .. | 1,022 | 62,56 | 76,08 | |
| No 7 .. | 1,080 | 65,25 | 71,21 | |
| No 8 .. | 1,123 | 66,75 | 67,28 | Idem. |
| No 9... | 1,203 | 91,74 | 69,77 | Assez cassant. |
| No 10... | 1,435 | 105,00 | 64,81 | Très-doux. |
| No 11... | 1,176 | 100,25 | 58,56 | Idem. |
| No 12... | 1,691 | 124,80 | 55,52 | |
| No 13... | 1,800 | 115,50 | 57,18 | |
| No 14... | 2,072 | 166,50 | 49,32 | Très-doux, sans ressort. |
| No 15 .. | 2,226 | 202,00 | 51,86 | |
| No 16.. | 2,189 | 311,00 | 63,87 | Très-doux. |
| No 17... | 2,695 | 389,00 | 68,15 | Pailleux. |
| No 18 .. | 3,087 | 617,00 | 81,00 | |
| No 19... | 3,192 | 750,00 | 78,23 | |
| No 20.. | 4,140 | 874,75 | 65,71 | |
| No 21... | 4,812 | 1138,00 | 62,52 | |
| No 22 .. | 5,149 | 1579,00 | 67,66 | Très-cassant. |
| No 23... | 5,912 | 1738,50 | 62,63 | Doux. |

En résumé, on peut, dans la pratique ordinaire, soumettre sans danger les fers en échantillons moyens à une tension constante de 12$^k$ par millim., et le bon fil de fer non recuit à une tension de 20$^k$; on ne doit même pas craindre d'atteindre le chiffre de 25$^k$, quand on prend des précautions pour empêcher la détérioration des fils, et qu'on ne les place pas dans une condition de résistance anormale.

83. *Résistance à l'écrasement.* — Lorsqu'une barre de fer est soumise à l'action de poids qui tendent à la comprimer dans sa longueur, il se produit plusieurs effets :

1°. Les molécules tendent à se comprimer dans un rapport qui varie avec l'élasticité, telle que nous l'avons définie au sujet de la tension; leur rapprochement, par suite de la compression, paraît suivre la même loi que leur allongement dans le cas de la traction.

2°. Quand la hauteur de la pièce dépasse trois fois son épaisseur, elle tend à fléchir; et le poids qui produit cet effet varie en raison inverse du carré de la hauteur.

3°. *L'écrasement* est le dernier effet produit. Les corps aigres et durs éclatent et se pulvérisent; le fer malléable s'aplatit sans que ses molécules perdent toute leur cohésion. Un cube de fer forgé s'écrase sous un poids de 49$^k$,25 par millim. carré. A épaisseur égale, les résistances sont en raison inverse des hauteurs. En appelant E l'épaisseur, et H la hauteur, elle décroît à peu près comme il suit :

TABLEAU XVI. — RÉSISTANCE DU FER A L'ÉCRASEMENT.

| | RÉSISTANCE ABSOLUE PAR MILLIMÈTRE CARRÉ. | | RÉSISTANCE PRATIQUE par millimètre carré et en kilogrammes. |
|---|---|---|---|
| | En fraction de l'unité. | En kilogrammes. | |
| H = E | 1 | 49,25 | 12,30 |
| H = 27 E | 1/2 | 24,62 | 6,15 |
| H = 54 E | 1/4 | 12,31 | 3,08 |
| H = 81 E | 1/8 | 6,16 | 1,54 |
| H = 108 E | 1/16 | 3,08 | 0,77 |
| H = 135 E | 1/32 | 1,54 | 0,39 |
| H = 162 E | 1/64 | 0,77 | 0,19 |
| H = 189 E | 1/128 | 0,39 | 0,09 |
| H = 216 E | 1/256 | 0,19 | 0,045 |
| H = 343 E | 1/512 | 0,09 | 0,023 |

La résistance pratique est 1/4 de la résistance absolue.

**86.** *Résistance à la flexion.* — Quand une barre de fer, supportée à ses deux extrémités, est chargée d'un poids P, on observe les faits suivants :.

1°. La barre *tend à fléchir* en raison de son élasticité, et il se produit à la partie convexe un allongement égal au raccourcissement de la partie concave de l'arc.

2°. Dans les limites de l'élasticité, les *flèches* sont proportionnelles aux poids ; l'*élasticité* cesse lorsque l'allongement qui résulte de la flexion dépasse $0^m,0003$, ce qui correspond à une tension de $6^k$ par millim. carré.

Pour deux barres rectangulaires de dimensions différentes, les *flèches*, sous un même poids P, sont en raison directe des cubes des longueurs, et en raison inverse des largeurs et des cubes des hauteurs ; or, il résulte des expériences de M. Duleau que dans une barre où l'on a :

$$\text{Longueur} = L = 2^m,00$$
$$\text{Largeur} = l = 0^m,10$$
$$\text{Hauteur} = e = 0^m,01,$$

la flèche sous 10 kil. égale $0^m,01$, et il en déduit (les poids étant exprimés en kilogrammes et les dimensions en millimètres ) :

$$f = \frac{0,0000125\, P\, L^3}{l\, e^3}.$$

La flèche de la courbure *maximum* que puisse affecter une barre sans altération de son élasticité est en raison directe du carré de sa longueur, et inverse de l'épaisseur. M. Duleau ayant trouvé pour

$$\left. \begin{array}{l} L = 2^m,00 \\ e = 0^m,01 \end{array} \right\} f' = 0,02$$

il en résulte :
$$f' = \frac{0,00005\, L^2}{e}.$$

Faisant $f = f'$, on trouve $P = 4\dfrac{l e^2}{L}$ (1) pour l'expression du plus grand poids que puisse supporter une barre sans que son élasticité soit détruite.

Quand le poids est réparti sur toute la longueur de la barre, la flèche n'est que les $\frac{5}{8}$ de celle que produirait le même poids mis au milieu.

**87.** *Résistance à la rupture par un effort transversal.* — Il y a un rapport immédiat entre les résistances à la rupture, soit par un effort transversal, soit par la traction. Dans ce dernier cas, la tension s'opère directement ; dans le premier, elle s'opère par une décomposition de forces ; mais le fer résiste toujours de la même manière. Il est en effet facile de conclure, de ce que nous avons observé relativement à la flexion, que, lorsqu'une barre est chargée transversalement, elle commence par *fléchir* et *s'allonger* en raison directe de l'élasticité du métal, et qu'elle ne rompt que lorsque l'allongement produit à la partie convexe de l'arc est arrivé à sa dernière limite, celle à laquelle sa force de cohésion cède à la puissance extérieure.

Dans ce cas, la résistance du fer ne peut pas se calculer directement; il faut y faire intervenir la longueur de la barre, et sa forme, qui peut être plus ou moins favorable à la résistance.

En considérant, comme plus haut, une barre rectangulaire supportée à ses extrémités, chargée au milieu, et désignant par R un coefficient exprimant la résistance du fer, le calcul donne :

$$\frac{PL}{4} = \frac{R\,le^2}{6};$$

Le poids sous lequel la barre se rompt est donc exprimé par

$$P = \frac{2\,R\,l\,e^2}{3\,L} \quad (2).$$

On a trouvé par expérience, pour moyenne de la valeur de R, $60^k$ par millimètre carré, toutes les dimensions étant exprimées en millimètres. Dans la pratique, il n'est pas prudent de charger le fer au delà de $\frac{1}{5}$ du poids de rupture, soit $12^k$ par millimètre carré. Nous ne dirons rien de l'influence que la position des poids et la forme des pièces exercent sur leur résistance, parce que ces calculs tiennent directement à la théorie de la résistance des matériaux; nous ferons seulement observer que, dans les formules (1) et (2), les poids supportés étant en raison directe du carré des épaisseurs, il est avantageux pour une section de fer donnée d'augmenter l'épaisseur verticale aux dépens de la largeur.

### ÉPREUVES DES FERS ET CLASSEMENT.

88. La *texture* et la *couleur* du fer ne peuvent donner sur sa nature que des indications superficielles; il faut toujours recourir à des épreuves directes chaque fois que l'on veut être bien éclairé sur ses qualités et ses défauts.

Les *épreuves* du fer se font de deux manières : à chaud et à froid.

89. *Épreuves à froid.* — 1°. Pour éprouver la résistance du fer on frappe la barre avec violence sur une enclume à table étroite, ou bien la plaçant en porte-à-faux, on la frappe avec une masse. Si la barre est très-forte on fait reposer ses deux extrémités sur deux supports et l'on charge le milieu avec des poids, ou bien on y fait tomber un marteau d'un poids déterminé. Ces épreuves ne doivent point se faire à une température trop basse, parce qu'aucune espèce de fer n'y résisterait. 2°. Pour éprouver sa texture, on

perce la barre, on la plie, on la courbe à angles vifs, on la contourne, on l'étire et on la tord  Si les barres résistent au choc, si elles ne se fendent pas et ne se criquent pas par la flexion, le fer présente un bon emploi à froid.

**90.** *Épreuves à chaud.* — 1°. On chauffe la pièce jusqu'au blanc, en examinant comment elle se comporte aux diverses températures : on l'étire au marteau ; on la coupe, on la soude et on éprouve la soudure par le choc. 2°. On plie la barre, on la courbe, et on la contre-courbe à angles vifs : on la fend et on renverse les deux parties fendues à angles droits. Enfin on perce la barre de champ, et à plat en opérant sur les bords. Quand le fer se forge bien aux différentes températures, qu'il se soude facilement et qu'il résiste aux autres épreuves sans se fendre ou se gercer, on est certain qu'il se traite bien à chaud, et s'il a d'ailleurs résisté aux épreuves à froid, on peut être sûr de sa bonne qualité.

**91.** La manière dont le fer se comporte dans les épreuves que nous venons d'indiquer est devenue la base assez naturelle d'une *classification des fers*, généralement usitée parmi les praticiens ; on a distingué :

1°. Le *fer fort*. — Sa couleur est gris clair avec l'éclat métallique, blanche et terne, ou brillante et foncée. Sa texture est grenue ou nerveuse. Ses variétés sont le *fer dur* et le *fer mou*, dont nous avons défini les propriétés (61).

Ce fer se traite bien à chaud et à froid ; il constitue la première qualité de fer, et se prête à tous les emplois.

2°. Le *fer tendre*. — Sa couleur est légèrement bleuâtre et sa texture présente des facettes. Il se traite bien à chaud et se soude très-facilement, mais il est cassant à froid. On attribue ses défauts à la présence du phosphore ou de la silice.

3°. Le *fer rouverin ou fer de couleur.* — Ce fer est mou et assez tenace ; il est d'une couleur foncée et manquant d'éclat ; sa texture est ordinairement fibreuse, et les barres sont en général criquées sur les arêtes. Il se traite bien à froid, mais il est cassant à chaud, et se soude difficilement. Ce défaut tient à la présence du soufre ou du cuivre. Ces fers sont moins répandus que les fers cassants à froid, parce que la difficulté que l'on éprouve à les réduire en barres les fait rejeter par les maîtres de forge qui ne peuvent les employer que pour fabriquer de gros objets tels que des rails, des barres de grille, etc.

4°. Le *fer aigre*. — Sa couleur est terne et foncée; sa cassure présente de gros grains à facettes, ou bien un nerf court et grossier; c'est le plus

mauvais de tous les fers; il est cassant à froid et brisant à chaud. Sa mauvaise qualité provient d'un affinage incomplet.

92. Parmi les défauts que peuvent présenter tous les fers en général, on
remarque :

*A l'intérieur.* 1°. des *grains* durs parsemés dans la masse, qui entravent
l'action des outils quand on travaille le métal à froid, et qui nuisent au poli
qu'il faut quelquefois lui donner ; 2°. des vides ou petites solutions de continuité, appelées *cendrures*, qui se trahissent dans le polissage par des
taches noires.

*A l'extérieur*, 1°. des fentes sur les faces ou les arêtes, appelées *criques* ;
2°. des lamelles plus ou moins grandes qui se détachent de la surface des
barres et que l'on appelle *pailles* ou *doublures*. Ces défauts proviennent le
plus souvent d'une absence de soins dans l'affinage, ou d'un manque de
chaleur pendant le soudage ou l'étirage des pièces.

## PROPRIÉTÉS CHIMIQUES DU FER.

93. La nature des fers du commerce est excessivement variable; les
substances avec lesquelles on le trouve le plus généralement combiné
sont : le carbone que l'on rencontre dans presque tous les échantillons en
plus ou moins grande quantité, le silicium, le manganèse, le soufre, le
phosphore et l'arsenic ; nous examinerons l'influence que chacun de ces
corps peut exercer sur ses propriétés.

94. *Action de l'oxygène.* — Le fer ne montre aucune affinité pour l'oxygène, lorsqu'il est à l'état sec et à une basse température; dès que celle-ci
atteint seulement 200°, les effets commencent à devenir sensibles et se
manifestent par les couleurs du recuit dont nous avons déjà parlé.

Le fer donne naissance à deux oxydes distincts et bien définis, le *protoxyde* et le *peroxyde ;* les autres combinaisons du fer et de l'oxygène ne
sont que des composés de ces deux oxydes.

Le *protoxyde* n'a jamais été isolé et ne peut être obtenu qu'artificiellement ; il se compose de :

> 77,23 de fer,
> 22,77 d'oxygène.
> ———————
> 100,00

Le *peroxyde* se rencontre abondamment dans la nature à l'état pur ou à
l'état d'hydrate. Le charbon le réduit à la chaleur rouge cerise ; le potassium et le sodium le réduisent également ; la silice à une température fort

élevée le transforme en protoxyde. Le chlore, le soufre et le phosphore à la chaleur rouge, le transforment en chlorure, chlorite, sulfure, phosphure et phosphate de fer ( Chimie de M. Dumas ). Sa densité = 5,225 (P. Boullay ). Il se compose de :

> 69,34 de fer,
> 30,66 d'oxygène.
> ———
> 100,00

Les *battitures* qui sont le résultat de l'oxydation du fer à la chaleur lumineuse se forment à la surface du métal en couches de un à deux millimètres d'épaisseur, présentant une texture cristalline d'un noir luisant; cet oxyde est très-magnétique ; sa densité est de 5,48. Il se compose ( M. Berthier ) de 4 atomes de protoxyde et de 1 atome de peroxyde ; soient :

> 74,50 de fer,
> 25,50 d'oxygène.
> ———
> 100,00

La couche extérieure est plus riche en oxygène que celle de dessous, dans le rapport de 27 à 25. Il devient très-fusible par sa combinaison avec la silice.

93. *Action de l'eau et de l'air humide.* — L'eau pure et privée d'air n'agit que très-faiblement sur le fer, même à la température de 100°. A la chaleur rouge, il se produit un oxyde à texture cristalline, d'un noir brillant avec l'éclat métallique et très-magnétique ; sa densité = 5,600. D'après M. Gay-Lussac, il se compose de :

> 71,68 de fer,
> 28,32 d'oxygène.
> ———
> 100,00

C'est l'oxyde si répandu dans la nature, auquel les minéralogistes ont donné le nom de *fer oxydulé*.

L'*hydrate de peroxyde de fer* est le minerai le plus commun de France ; à l'état de pureté, l'hydrate se compose de 2 atomes de peroxyde et de 6 atomes d'eau ; soit :

> 85,30 de peroxyde,
> 14,70 d'eau.
> ———
> 100,00

Exposé à l'air humide, le fer se couvre rapidement d'une couche de matière jaune appelée *rouille ;* elle constitue un hydrate dont la composition est très-variée et peu connue ; la rouille absorbe un grand nombre des substances qui se trouvent répandues dans l'air ambiant.

**96.** *Conservation du fer.* — Il y a différentes manières de préserver le fer de l'oxydation ; quand les objets sont polis et de petites dimensions, on se contente de les bleuir ou de les bronzer, ce qui revient à couvrir la surface d'une *couche oxydée* à un degré excessivement faible. Si les pièces sont fortes et si elles doivent être exposées à l'action de l'air et de l'eau, on les enduit ordinairement d'une couche de goudron ou de *peinture* à l'huile. Le procédé de la *galvanisation*, que l'on pratique depuis quelque temps avec succès, revient à couvrir la surface d'une couche de zinc très-mince (1); il s'applique particulièrement aux fers, et aux tôles employées dans les toitures.

Les *substances alcalines* s'opposent également à l'oxydation du fer ; on peut employer un lait de chaux, une dissolution de potasse, de carbonate ou de borate de soude ; lorsqu'il se trouve exposé à une température même assez élevée, un enduit de chaux est le seul moyen préservatif qui soit à la fois économique et assez efficace.

### ACTION DES CORPS SIMPLES NON MÉTALLIQUES.

**97.** *Carbone.* — Tous les fers contiennent une petite portion de carbone que l'affinage ne réussit pas à leur enlever. M. Gay-Lussac en a trouvé en proportions variables depuis 0,00144 jusqu'à 0,00293 dans des échantillons de diverses provenances qu'il a analysés. Le bon fer de Suède est celui qui en renfermait le plus. Le carbone en très-légère dose n'est pas défavorable aux usages ordinaires du fer dont il augmente au contraire la dureté, mais dès que la proportion augmente, il dénature entièrement ses propriétés essentielles ; les résultats de la combinaison sont alors des carbures de fer, dont les principaux, la fonte et l'acier, sont employés dans les arts en raison des nouvelles propriétés qu'ils possèdent.

Le carbone est le réactif le plus énergique que l'on puisse employer pour réduire les oxydes de fer : son action commence à 400° environ et croit avec la température tant qu'elle n'a pas atteint le point de fusion. Cet agent est le plus nécessaire de tous ceux que l'on emploie dans les opérations métallurgiques.

**98.** *Soufre.* — Le fer a beaucoup d'affinité pour le soufre, avec lequel il peut se combiner en toutes proportions ; on a distingué parmi ces mélanges cinq combinaisons simples dont voici les compositions :

(1) La préservation du fer par le zinc repose sur les propriétés électriques de ces métaux.

| | SULFURE OCTODASIQUE. | SULFURE BIBASIQUE. | SULFURE. | SESQUISULFURE. | BISULFURE. |
|---|---|---|---|---|---|
| Fer........ | 93,1 | 77,13 | 62,77 | 52,9 | 45,74 |
| Soufre...... | 6,9 | 22,87 | 37,23 | 47,1 | 54,26 |
| | 100,00 | 100,00 | 100,00 | 100,00 | 100,00 |

Le bisulfure existe dans la nature sous le nom de *fer sulfuré*, *pyrite martiale*, *pyrite magnétique*.

Le soufre rend le fer extrêmement fusible et fort difficile à travailler à chaud; d'après Karsten il suffit de 0,03375 de soufre pour 100, pour faire perdre au fer la faculté de se souder; des doses bien plus faibles nuisent encore beaucoup à ses qualités, en le rendant toujours plus ou moins *rouverin*. Suivant M. Stengel (*Ann. des Mines*, t. X), ses effets ne seraient pas aussi dangereux. Ce métallurgiste affirme avoir essayé des fers qui contenaient dix fois plus de soufre, c'est-à-dire 0,34 pour 100, et qui ne se sont pas montrés le moins du monde cassants à chaud; d'après lui ce serait au cuivre qu'il faudrait surtout attribuer la propriété de rendre les fers rouverins; cette opinion n'est pas basée sur un assez grand nombre de faits pour mériter une entière confiance.

Les oxydes de fer se réduisent par l'action du soufre; mais à moins que la température ne soit très-élevée, il se combine avec le métal auquel il peut cependant être enlevé.

**99. *Phosphore.*** — Le phosphore se combine avec le fer en proportions très-variables; mais on ne peut pas former des combinaisons plus riches en phosphore que ne l'est le phosphure de fer qui se compose de :

77,57 de fer,
22,43 de phosphore.

100,00

Le phosphure est gris, à cassure très-grenue, très-aigre, et fusible à la chaleur rouge (Dumas). On ne le trouve pas dans la nature.

La plupart des minerais contiennent du phosphore, dont la plus grande partie se retrouve dans le fer ductile; fort heureusement son influence sur ses qualités est loin d'être aussi fâcheuse que celle du soufre; l'excès de phosphore produit un *fer tendre* qui se traite très-bien à chaud et qui se casse à froid. D'après Karsten il en faut au moins une dose de 0,0075 pour atténuer d'une manière appréciable la ténacité du fer ; si elle dépasse 0,010, le fer ne peut plus servir à aucun usage. Le phosphore en petite proportion comme celle de 0,002 à 0,003 ne fait que rendre le métal un peu plus dur sans altérer sa ténacité.

**100.** *Chlore.* — Le chlore exerce sur les métaux une action très-énergique ; à la chaleur rouge il forme avec le fer des chlorures volatils sans altérer en rien les propriétés de la partie non attaquée. En le faisant intervenir dans l'affinage, il facilite le départ du phosphore.

### ACTION DES CORPS SIMPLES MÉTALLIQUES.

**101.** *Potassium, sodium* et *calcium.* — Ces métaux ne se trouvent jamais combinés avec le fer obtenu par les procédés ordinaires. Ce n'est qu'en les ajoutant en grande quantité, pendant l'opération de l'affinage qu'on réussit à former des combinaisons où ils n'entrent qu'en proportions très-minimes et cependant suffisantes pour altérer la soudabilité et la ténacité des produits. La chaux ajoutée en petite dose facilite le départ du soufre.

**102.** *Silicium, aluminium* et *magnésium.* — La *silice* se combine facilement avec le fer, et l'on trouve peu d'échantillons qui n'en renferment pas au moins quelques traces ; une proportion de 0,0037 de silicium diminue considérablement la ténacité du métal, sur lequel il agit à peu près comme le phosphore, mais avec plus d'intensité. L'*alumine*, ajoutée pendant l'affinage, diminue le produit et retarde l'opération, comme le fait la silice ; ce métal se combine difficilement, et l'on n'en trouve de traces que dans les fers cassants à froid, dont quelques-uns lui doivent peut-être ce défaut. Le *magnésium* ne se trouve pas dans le fer ductile.

**103.** *Manganèse.* — Le manganèse est de tous les métaux celui qui se trouve le plus fréquemment allié au fer ; il en augmente la dureté, sans affecter ses autres qualités, lorsque la proportion n'est pas très-forte ; au delà de certaines limites, il rend le fer cassant à chaud et difficile à forger.

Son action pendant l'affinage est favorable au départ du silicium, par sa tendance plus grande que celle du fer à former des silicates fusibles ; suivant M. Berthier, ils ne réagissent pas sur la fonte avec l'énergie des silicates de fer.

**104.** *Étain, zinc, plomb.* — L'*étain*, lorsqu'il intervient accidentellement pendant l'affinage, se combine avec le fer, dont il diminue la ténacité avec une intensité supérieure à celle du phosphore. On n'a rien à craindre des effets du *zinc* dont la combinaison avec le fer est très-difficile. Ces deux métaux sont employés avec succès, le premier surtout, pour couvrir le fer d'une couche métallique qui le préserve de l'oxydation; l'étamage par l'étain ou la *fabrication du fer-blanc* a depuis longtemps atteint une grande importance, l'application du zinc n'en est encore qu'à ses premiers succès; l'étain préserve le fer en le dérobant aux effets de l'air; le zinc agit par ses propriétés galvaniques.

Le *plomb* et le fer ne s'allient pas dans les opérations ordinaires de la métallurgie, et ce n'est même qu'avec difficulté que l'on réussit à obtenir des alliages.

**105.** *Antimoine, arsenic et cuivre.* — Ces trois métaux peuvent s'unir au fer en proportions variables et nuisent toujours à sa qualité.

Le premier est le plus nuisible; il rend le métal cassant à froid et à chaud : 0,00114 d'*antimoine* suffisent pour produire cet effet (*Analyse de Karsten*). L'*arsenic* rend le fer rouverin, aigre, fusible et retarde considérablement l'affinage. Le *cuivre* se comporte de la même manière; il diminue la résistance du fer et le rend difficile à souder; sa funeste influence connue de tous les affineurs qui emploient des tuyères de cuivre, est au moins égale et peut-être supérieure à celle que l'on attribue au soufre.

L'affinité du fer et du cuivre a fait employer ce dernier comme intermédiaire dans la réunion de deux pièces de fer; cette opération se pratique fréquemment dans les ateliers et porte le nom de *brasage*.

**106.** *Titane et chrome.* — Le *titane* se rencontre quelquefois avec la fonte, mais il ne passe pas dans le fer affiné. Le *chrome* et le fer forment des alliages en toutes proportions, durs, cassants et fusibles; on pense qu'il tend à rendre le fer rouverin.

Nous n'énumérerons pas le rôle des autres métaux; ils sont trop rares pour qu'au point de vue de l'exploitation en grand, on puisse s'intéresser à leurs réactions sur le fer.

# CHAPITRE III.

## COMBINAISONS DE FER ET DE CARBONE.

---

## PROPRIÉTÉS PHYSIQUES DE LA FONTE.

### CARACTÈRES GÉNÉRAUX.

**107.** Dans l'état actuel de la fabrication, la fonte est le résultat immédiat du travail des hauts fourneaux, appareils où l'on opère la réduction et la fusion des minerais à l'aide d'une haute température et de différents réactifs parmi lesquels le carbone occupe le premier rang.

La fonte est un *carbure de fer* toujours accompagné de silicium et souvent de quelques autres substances provenant de la gangue des minerais ou des fondants que l'on y ajoute pour faciliter leur fusion.

On distingue généralement trois espèces de fonte : *la fonte grise*, la *fonte blanche* et la *fonte truitée*. Cette dernière est un intermédiaire entre les deux autres et chacune des trois se subdivise en plusieurs variétés qui passent les unes aux autres par degrés insensibles.

**108.** *Texture et couleur.* — La *fonte grise* présente une texture grenue et écailleuse et une couleur variable du gris au noir.

La fonte *grise claire* provient, comme la précédente, d'une bonne marche du haut fourneau. Sa cassure est homogène, compacte et à grains fins.

La fonte *noire* provient d'une allure très-chaude, et doit sa couleur à la grande quantité de parcelles de graphite ( carbone non combiné ) interposées dans la masse. Elle est moins homogène, plus tendre, plus fragile, et présente des grains plus gros et moins serrés que ces deux premières variétés qui sont aussi les plus recherchées dans les arts.

Les *fontes blanches* sont en général dures, fragiles, et presque complétement dépourvues d'élasticité; elles coulent en jetant de vives étincelles et se refroidissent plus vite que les fontes grises. Elles ont seules la propriété de présenter des cristaux assez volumineux en forme de pyramides quadrangulaires.

La fonte *blanche* est toujours le résultat d'une allure plus ou moins froide, dont les causes peuvent être très-variables; M. Karsten en distingue quatre variétés :

La fonte *blanche argentine* qui présente une texture ordinairement *lamelleuse*, quelquefois grenue, et qui possède un grand éclat métallique. Elle est souvent employée en Allemagne à la fabrication de l'acier, sous le nom de floss-lamelleux ; elle est fort dure et très-cassante ;

La fonte *esquilleuse ou striée* qui a une couleur d'un blanc mat ou bleuâtre accompagné de taches grises ;

La fonte à *cassure compacte ou conchoïde* qui affecte une couleur tirant sur le gris avec beaucoup d'éclat ; elle provient d'une surcharge de minerais ;

La fonte *caverneuse* qui se distingue à sa texture crochue, entremêlée de cavités et à sa couleur bleuâtre.

**109.** La *fonte truitée* provient d'un mélange de fonte blanche et de fonte grise ; elle prend le nom de fonte *truitée grise* ou de fonte *truitée blanche* suivant que l'une ou l'autre de ces couleurs domine dans la cassure ; les propriétés de la fonte truitée varient suivant la nature du mélange.

On rencontre quelquefois des *gueuses* dans lesquelles les deux natures de fontes ne sont pas mêlées, mais superposées l'une à l'autre dans l'ordre de leurs densités respectives ; la fonte grise, plus légère que la fonte blanche, tend à se placer à la partie supérieure du creuset, et ne s'écoule que lorsque cette dernière a déjà rempli la partie inférieure du moule. Cette variété exceptionnelle prend le nom de *fonte rubannée*.

**110.** *Dureté et aigreur.* — Sauf quelques cas exceptionnels, la dureté des fontes et leur aigreur augmentent à mesure que leur couleur se rapproche du blanc. La fonte *blanche argentine* raye le verre, résiste à l'acier fondu le plus dur, et se brise sous le marteau sans même en conserver l'empreinte.

La fonte *grise*, au contraire, peut être tournée et burinée avec facilité ; elle se mate sous le choc du marteau, et ne se rompt que lorsqu'on dépasse la limite de l'espèce de malléabilité et de flexibilité dont elle est douée.

Ces propriétés permettent d'employer la fonte grise dans les constructions et les arts mécaniques, où l'on tire les plus grands avantages d'un métal résistant, auquel le moulage peut donner avec économie les formes les plus variées ; la fonte blanche ne se prête qu'imparfaitement à ces usages, et la fabrication du fer est sa destination spéciale.

Il arrive quelquefois que l'on tient à obtenir des pièces dont la surface soit très-dure, telles, par exemple, que les cylindres qui servent à laminer les petits fers ronds, les tôles à fer-blanc, ou à polir les fers plats ; dans ce cas, on emploie toujours la fonte grise, mais on blanchit et durcit la surface à o^m,01 ou o^m,02 de profondeur, en coulant les pièces dans un moule en fonte excessivement épais; il en résulte un refroidissement rapide, qui fait éprouver à la fonte une espèce de trempe qui la durcit au plus haut degré. Cette opération porte dans les fonderies le nom de moulage en *coquille*. Le poli de la fonte dure ou blanche est bien supérieur à celui des fontes grises.

**111.** *Adoucissement.* — Au moyen de certains effets de température, on réussit à donner à la fonte blanche une partie des propriétés de la fonte grise, mais ces procédés ne sont applicables que dans des limites assez restreintes, et conviennent particulièrement à des pièces très-minces, telles que celles qui constituent la poterie de fonte. Nous avons vu en Angleterre, à Westbrumwich, entre Birmingham et Dudley, plusieurs usines qui se livrent exclusivement à cette fabrication, et qui l'ont amenée à un degré de perfection qu'elle n'a point encore atteint en France; les objets sont coulés en fonte grise d'excellente qualité refondue au cubilot, et n'ont pas plus de o^m,0025 d'épaisseur; la fonte blanchit dans les moules et prend une grande dureté qu'on réussit à lui faire perdre au moyen d'un *recuit*: on place les objets avec de la poussière de coke, dans des vases en tôle, supportés par un chariot en fer, que l'on introduit dans un four disposé à cet effet; on en ferme les portes et on chauffe pendant vingt-quatre heures; on ouvre ensuite le four, on retire le chariot, qui se meut sur un railway, et on laisse refroidir lentement. Le succès de l'opération est complet, car ces objets ont perdu toute leur dureté et leur aigreur, et on peut en tourner l'intérieur avec la plus grande facilité.

On peut employer le même moyen pour de grosses pièces; mais l'occasion s'en présente rarement, parce qu'on les coule toujours en fonte grise qui ne durcit jamais dans le moule, lorsque la pièce a une certaine épaisseur; dans ce cas d'ailleurs le recuit ne donne que des résultats imparfaits.

**112.** *Malléabilité.* — Depuis longtemps on a senti l'importance d'un procédé au moyen duquel on pourrait donner à un objet coulé en fonte toutes les propriétés de l'acier ou du fer sans altérer ses formes. Le problème avait tenté Réaumur, dont les essais obtinrent quelques succès; puis la question fut abandonnée, et reprise seulement en 1804 par la Société d'Encouragement, qui proposa un prix assez élevé à celui qui découvrirait un procédé capable de servir de base à une fabrication courante; la solution se fit attendre quatorze ans, et ce furent MM. Baradelle et Deodor qui gagnèrent le prix en 1818.

Cet art est aujourd'hui pratiqué avec succès, surtout en Angleterre et en

Belgique, mais il ne s'applique qu'à des objets de petite épaisseur tels que des clous, des étriers, des poignées de voiture, crosses et sous-gardes de fusils, couteaux, etc. Les procédés que l'on emploie ne sont pas connus en détail; il paraît qu'ils consistent à faire recuire les objets, coulés d'ailleurs avec soin et en fonte au bois de premier choix, dans des creusets, avec de l'oxyde de fer, des os en poudre, etc.: on obtient à volonté une transformation de fonte en fer ou en acier, qui possède les propriétés respectives de chacun de ces métaux.

**113.** *Densité.* — La densité de la fonte varie suivant sa nature, et suivant la manière dont la pièce a été coulée; ainsi la fonte blanche est plus lourde que la fonte grise, et la partie inférieure d'une pièce que l'on coule debout prend une densité qui augmente avec la hauteur de la charge. En moyenne et dans la pratique on peut adopter les chiffres suivants ( la densité de l'eau étant prise pour unité) :

Fonte blanche............................... 7,500
Fonte grise,................................. 7,200

**114.** *Perméabilité.* — Toutes les fontes sont perméables et se laissent traverser par l'air ou l'eau sans une pression très-forte; les fontes grises le sont infiniment plus que les fontes blanches.

### INFLUENCE DU CALORIQUE SUR LA FONTE.

**115.** La fonte *échauffée progressivement* jusqu'à une haute température présente les différentes transformations de couleur que nous avons attribuées au fer et dans le même ordre que lui; seulement les phénomènes successifs se produisent à des températures respectivement moindres.

À la *chaleur rouge* les fontes deviennent très-tendres, et se laissent entamer avec la plus grande facilité; on peut même alors les scier avec une scie à main comme si l'on opérait sur du bois. Quel que soit le degré de chaleur auquel on amène deux barres de fonte, elles ne peuvent pas se souder, et la fonte grise seule semble indiquer que l'opération ne serait pas tout à fait impossible, si on pouvait la maintenir assez longtemps à une température si voisine de son point de fusion.

Les fontes *grises entrent en liquéfaction* à 1100 ou 1200°. Les fontes *blanches* à 1050 ou 1100° (*M. Pouillet*). Les premières coulent doucement, se figent avec lenteur, et leur surface qui prend une forme convexe se couvre d'une quantité de graphite d'autant plus considérable qu'elles tirent plus sur le noir ; les secondes coulent plus vite, se refroidissent plus rapidement et présentent alors une surface raboteuse.

Le *retrait* dû au refroidissement est plus considérable pour la fonte blanche que pour la fonte grise ; dans les fonderies on augmente ordinairement les dimensions des modèles de 1 pour 100, ce qui revient à prendre toutes les mesures avec une règle de 1ᵐ,01 de long, divisé comme le mètre ordinaire en dixièmes, centièmes et millièmes, et l'on arrive à produire des pièces dont les dimensions se rapprochent suffisamment de celles qu'on désirait obtenir.

**116.** Les fontes exposées à l'air libre à une chaleur continue s'oxydent moins rapidement que le fer ductile ; elles présentent sous ce rapport de grandes différences entre elles, suivant que l'on observe les effets sur l'une ou l'autre espèce.

1°. Par une *chaleur modérée et continue* : la fonte *grise* se couvre d'une couche d'oxyde assez légère et d'un grain fin, dont la couleur passe du noir au rouge : la fonte *blanche* présente un oxyde plus compact et plus tenace ; elle finit par devenir tellement réfractaire, qu'en la soumettant alors à un violent coup de feu, on fond l'intérieur de la pièce, tandis que l'enveloppe, à laquelle on donne le nom de *carcasse,* reste infusible.

2°. Par une *chaleur blanche et soutenue* : la fonte *grise* s'oxyde progressivement, devient poreuse, et perd toute sa résistance ; un enduit, de quelque nature qu'il soit, ne saurait empêcher cette action : la fonte *blanche* s'oxyde comme la première ; mais, sous cette couche préservatrice, elle perd sa texture et sa dureté ; elle devient grenue, grisâtre, douce et même assez malléable pour être étirée en barres (*Karsten*) ; un enduit préalable de graphite ou de poussière d'os diminue l'oxydation, et rend la transformation plus rapide.

3°. Par une *fusion lente :* la fonte *grise* perd en se chauffant une partie de sa ténacité ; elle devient rouge, coule lentement, et présente ensuite une texture écailleuse de couleur noire ; l'action d'un courant d'air accélère l'oxydation, et augmente ses défauts ; c'est ce qui arrive quelquefois dans des fours à reverbère qui chauffent mal : la fonte *blanche* s'oxyde, et ne perd aucun de ses défauts.

4°. Par une *fusion rapide :* les *deux espèces* de fonte conservent leur nature et leurs propriétés. La première couche d'oxyde reste à la surface du bain et préserve la masse, à moins que le courant d'air ne soit très-fort. *Tenues en bain,* les fontes *grises* s'éclaircissent un peu, et acquièrent une certaine malléabilité; quant à la fonte *blanche*, elle s'oxyde plus rapidement que la première, et acquiert beaucoup plus de malléabilité.

5°. Par un *refroidissement lent* : la fonte *grise* fondue rapidement conserve toutes ses propriétés, et la fonte *blanche*, poussée d'abord à une très-haute température, change de nature, et devient grise et douce.

6°. Par un *refroidissement rapide* : la fonte *grise* blanchit et s'aigrit, tandis que l'autre augmente encore d'aigreur et de dureté.

Les phénomènes que nous venons de passer en revue, et dont l'étude la plus approfondie est due à Karsten, présentent tous le plus grand intérêt, soit au point de vue de l'art, qui doit en tenir compte dans ses opérations, soit à celui de la science, qui a trouvé en eux la base de sa théorie sur les différents états du fer.

### TÉNACITÉ DE LA FONTE.

**117.** Comme on ne peut pas être tout à fait certain du degré d'homogénéité des fontes, il ne faut les employer dans les constructions qu'avec beaucoup de prudence et de réserve; les fontes blanches doivent être complétement rejetées, parce que, étant totalement dépourvues de l'élasticité que l'on rencontre déjà à un si faible degré dans la fonte grise, leur usage peut être fort dangereux dans certains cas.

**118.** *Résistance à la traction.* — Il est très rare que l'on emploie la fonte pour résister à la traction, et ce n'est qu'accidentellement qu'elle peut se trouver soumise à ce genre d'efforts. Le fer a, sous ce rapport, une trop grande supériorité sur elle, pour qu'il ne lui soit pas préféré, lorsqu'on est maître du choix de ses matériaux. Le fil de fer ne rompt, en moyenne, qu'à 65$^k$, et le gros fer à 55$^k$, tandis que le fer cru de la meilleure qualité cède à une charge de 12$^k$, ce qui ne permet pas de le soumettre à un effort constant de plus de 3$^k$ par millim. carré.

**119.** *Résistance à l'écrasement.* — L'usage le plus judicieux que l'on puisse faire de la fonte dans les constructions consiste à l'employer pour résister à l'écrasement. Dans ce cas, on tire le meilleur parti possible de ses qualités, et même de ses défauts. Sa résistance est double de celle du fer forgé, et peut être évaluée, en moyenne, à 100$^k$ par millim. carré. Le chiffre est plus élevé encore pour la fonte blanche; mais elle doit toujours être rejetée.

La résistance diminue en raison inverse du rapport de la base à la hauteur, et, dans la pratique, on ne doit pas faire supporter à la fonte plus de $\frac{1}{4}$ du poids de rupture.

En appelant H la hauteur, E le côté de la base, nous aurons :

Tableau XVII. — Résistance de la fonte a l'écrasement.

| | RÉSISTANCE ABSOLUE<br>par millimètre carré. | | RÉSISTANCE<br>pratique<br>par millimètre carré<br>en<br>kilogrammes. |
|---|---|---|---|
| | En fraction de l'unité. | En kilogrammes. | |
| H = E | 1 | 100,00 | 25,00 |
| H = 4 E | 2/3 | 66,00 | 14,50 |
| H = 8 E | 1/2 | 50,00 | 12,50 |
| H = 30 E | 1/15 | 6,60 | 1,45 |

**120.** *Résistance à la flexion et à la rupture par un effort transversal.* —
Les principes relatifs à la flexion, que nous avons rapportés au sujet du
fer ductile, s'appliquent également à la fonte. Bien que l'on ait fait peu
d'expériences précises sur son degré d'élasticité, on peut admettre, dans
la pratique, que l'effort sous lequel l'élasticité commence à s'altérer étant
représenté par 20 pour le fer forgé, il est de 12 pour la fonte.

Ce métal est fréquemment employé pour résister à la rupture par un
effort transversal, et, dans beaucoup de cas, il remplace avec avantage le
bois et le fer.

Les formules en usage pour calculer la résistance du fer s'appliquent à la
fonte et à tous les autres matériaux; le coefficient seul est variable; ainsi
dans l'expression $\frac{PL}{4} = \frac{R l e^2}{6}$ (87) nous avions pour le fer R = 60$^{kil}$; pour
la fonte on a en moyenne R = 28$^{kil}$, et dans la pratique on devra
prendre R = $\frac{28}{5}$ = 5$^{kil}$,60.

**121.** *Forme des pièces.* — Nous n'indiquerons pas ici les différentes
formes sous lesquelles il est le plus avantageux d'employer la fonte suivant
son mode de résistance; tout le monde sait qu'elles peuvent varier à l'infini;
nous nous contenterons de faire observer que la figure la plus résistante
au point de vue géométrique n'est pas toujours celle qui doit inspirer le plus
de confiance; car il ne faut pas perdre de vue que le retrait des fontes pendant le refroidissement qui suit la coulée, suffit quelquefois seul, pour faire
rompre des pièces dans lesquelles la matière n'est pas convenablement répar-
tie; lors même que la pièce sort intacte du moule, il peut arriver que certaines parties se trouvent soumises par l'effet du retrait, à des tensions très-

considérables, et l'on est étonné de les voir se rompre plus tard par un choc très-faible, ou sous la simple influence des froids de l'hiver. Il faut donc, lorsque l'on veut employer ce métal, ne pas se borner à satisfaire aux conditions indiquées par le calcul, mais se rendre aussi compte des effets probables du moulage de la pièce, auxquels il est souvent avantageux de sacrifier en partie les autres considérations.

**122.** *Dimension des pièces.* — Nous avons vu au sujet du fer, combien l'usage des petits échantillons était supérieur à celui des grosses barres ; il n'en est pas de même pour le fer cru : les petites pièces blanchissent facilement pendant le moulage, et perdent ainsi une portion notable de leur résistance, tandis que les grosses pièces coulées avec soin représentent toujours au complet les qualités du métal que l'on a employé.

**123.** Les *effets de la dilatation* sont également de nature à exciter la sérieuse attention des constructeurs ; l'élasticité de la fonte est trop faible et trop variable pour que l'on puisse s'y fier ; il faut, autant qu'on le peut, placer ses pièces de manière à leur éviter de brusques changements de température, et dans tous les cas, les ajustements doivent pouvoir se prêter au jeu de la dilatation, si l'on ne veut pas s'exposer à des ruptures.

Les observations précédentes, auxquelles on pourrait en ajouter beaucoup d'autres d'une moindre importance, suffisent pour montrer que l'emploi de la fonte exige bien plus de précautions que celui du fer ; il faut beaucoup de réflexion et d'habitude pour être sûr de ne jamais commettre d'erreurs, mais les services qu'elle rend aux arts payent généreusement les difficultés que présente quelquefois sa mise en œuvre.

## PROPRIÉTÉS CHIMIQUES DE LA FONTE.

**124.** *Nature de la fonte.* — La nature des trois espèces de fer n'avait reçu que des explications erronées avant les découvertes de Lavoisier. Vandermonde, Monge et Berthollet furent les premiers à donner une théorie peu éloignée de la véritable, et leur travail mit leurs successeurs dans la bonne voie. Proust indiqua la solution en considérant la fonte comme une dissolution de carbure de fer dans le fer lui-même ; mais il était réservé à Karsten de jeter la plus grande lumière sur cet intéressant sujet. Ses observations et ses expériences l'ont conduit à une théorie qui satisfait pour le moment à l'explication de presque tous les phénomènes.

Le carbone peut se trouver allié au fer de trois manières différentes :

1°. A l'état de *carbone libre* ou de graphite ;

2°. A l'état de *combinaison* avec toute la masse ;

10

5°. A l'état de *polycarbure dissous* dans la masse.

Il influe sur la nature du métal, non-seulement suivant sa quantité, mais encore et surtout suivant l'état sous lequel il s'y présente; la chaleur est le principal agent qui détermine la manière d'être du carbone dans la fonte.

**125.** *États du carbone.* — Considérées à *l'état liquide*, toutes les combinaisons de fer et de carbone renferment le carbone en dissolution dans la masse.

La *fonte grise froide* contient une partie de son carbone à l'état de graphite mélangé avec elle, et le reste s'y trouve combiné avec toute la masse, ou forme un carbure à proportions définies, dissous dans le métal.

La fonte *blanche* ne renferme pas de graphite et contient tout son carbone à l'état de combinaison.

La fonte *blanche lamelleuse* est le carbure de fer le plus riche en carbone, et le type d'une combinaison parfaite de carbone et de fer.

Le graphite ne se forme qu'à une température très-élevée, et ne peut subsister qu'à la condition d'un lent refroidissement.

Ces principes expliquent les transformations de fonte grise en fonte blanche, et de fonte blanche en fonte grise, que nous avons signalées au sujet des influences du calorique; elles sont dues au changement d'état du carbone.

**126.** *Changement d'état du carbone.* — La fonte *blanche* grillée à une chaleur lente subit une décarburation superficielle, qui rend l'enveloppe très-réfractaire, tandis que, par une chaleur blanche et soutenue, elle devient grise, douce et malléable, parce qu'outre la décarburation, il y a modification dans l'état du carbone qui cesse de s'y trouver à l'état de combinaison. Quand l'opération se fait à l'air, la couche d'oxyde peut, dans certains cas, devenir assez épaisse pour préserver la fonte de son influence; mais en empêchant la formation de l'oxyde au moyen d'un enduit, l'action a lieu sans obstacles.

La fonte blanche lamelleuse fait exception à cette règle, à cause de la grande quantité de carbone qu'elle contient.

La transformation de la fonte blanche en fonte grise s'opère avec d'autant plus de facilités qu'on l'a fondue à une plus haute température, et qu'elle s'est solidifiée plus lentement : l'isolement du graphite, lent et difficile par le grillage, s'opère alors dans les meilleures conditions possibles.

Lorsqu'on soumet la fonte *grise* à un grillage suivi d'un lent refroidissement, on voit déjà le graphite disparaître en partie, et composer un carbure qui se dissout dans la masse. Par la fusion suivie d'un lent refroidissement, elle conserve sa nature; mais si le refroidissement est subit, le graphite n'a plus le temps de s'isoler, et le carbone, entièrement combiné au métal, le fait passer à l'état de fonte blanche. L'opération est d'autant plus facile que la fonte grise contenait une plus forte proportion de carbone, parce qu'elle fond alors à une température relativement moins élevée, et que la congélation est plus rapide. La fonte subit ici une véritable trempe tout à fait semblable à celle par laquelle on durcit l'acier; cette analogie deviendra frappante quand nous examinerons la composition des aciers.

**127.** *Dose de carbone.* — La quantité de carbone, libre ou combiné, qui entre dans la composition des fontes grises, est très-variable; mais il est rare que la totalité dépasse la portion combinée dans la fonte blanche.

M. Karsten est arrivé aux résultats suivants :

TABLEAU XVII. — CARBONE CONTENU DANS LES FONTES.

| NUMÉROS. | CARBONE COMBINÉ. | CARBONE LIBRE. | TOTAL. |
|---|---|---|---|
| 1 | 0,89 | 3,71 | 4,60 |
| 2 | 1,03 | 3,62 | 4,65 |
| 3 | 0,75 | 3,15 | 3,90 |
| 4 | 0,58 | 2,57 | 3,15 |
| 5 | 0,95 | 2,70 | 3,65 |

Le numéro 4 est une fonte au coke très-grise; les numéros 1, 2, 3, 5, sont des fontes grises au bois, dont la dernière a été obtenue à une température plus basse que les autres. Toutes ces fontes sont excessivement riches en carbone. En moyenne, les fontes grises n'en contiennent pas autant. Voici quelques résultats d'analyses :

TABLEAU XVIII. — CARBONE CONTENU DANS LES FONTES.

| | | | TOTAL DU CARBONE POUR 100. |
|---|---|---|---|
| M. GAY-LUSSAC. | Fonte grise au bois.. | de Champagne....... | 2,100 |
| | | du Nivernais......... | 2,250 |
| | | du Berry......... .. | 2,320 |
| | Fonte grise au coke.. | du pays de Galles..... | 1,66 à 2,450 |
| | | de la Franche-Comté.. | 2,800 |
| | | du Creuzot.......... | 2,020 |
| M. BERTHIER.. | Fonte grise au bois.. | d'Ancy-le-Franc..... | 2,400 |
| | | d'Autrey........... | 3,500 |

Parmi les fontes blanches, la fonte caverneuse est celle qui contient le moins de carbone; la fonte lamelleuse est celle qui en renferme le plus, sans que la proportion dépasse jamais 5,25 pour 100. M. Karsten a trouvé dans

La fonte lamelleuse de Ham. . . . . . . . . . . . . . . . . . : . . . . . 5,14
La fonte caverneuse. . . . . .  . . . . . . . . . . . . . . . . . . . . 2,91

Entre ces deux chiffres, les doses de carbone varient beaucoup, et dépendent non-seulement de la nature des matières premières, mais encore de l'allure du fourneau où elles sont traitées.

**128.** *Influence de la température.* — Certains minerais produisent avec plus de facilité ou d'avantage des fontes blanches ou grises; toutefois on est presque toujours libre d'obtenir celle des deux fontes que l'on préfère, en faisant varier convenablement la température du fourneau. Lorsqu'elle est élevée, on obtient généralement des fontes grises; quand elle est plus basse, les produits passent en fonte blanche. Sans tenir compte ici de l'influence exercée par la nature des mélanges et par les laitiers qui en résultent, on explique facilement ce fait en faisant observer que le graphite, ou principe constituant des fontes grises, ne peut se former qu'à une haute température.

Les effets de la chaleur ne s'exercent pas seulement sur le mode de combinaison du carbone et du fer; ils s'étendent beaucoup plus loin, et l'on pourra en juger par les analyses suivantes, qui serviront en outre à donner une idée de la composition générale des fontes.

M. Karsten a obtenu ces trois espèces de fonte en diminuant progressivement la température d'un fourneau par l'augmentation de la charge en minerais, dont la nature est d'ailleurs restée la même pour les trois expériences.

TABLEAU XIX. — ANALYSE DE FONTES ET DE LAITIERS.

|  | N° 1.<br>FONTE GRISE. | N° 2.<br>FONTE BLANCHE<br>LAMELLEUSE. | N° 3.<br>FONTE BLANCHE<br>CAVERNEUSE. |
|---|---|---|---|
| Fer.......................... | 86,739 | 89,738 | 95,210 |
| Manganèse................. | 7,420 | 4,490 | 1,790 |
| Silicium ....... ........... | 1,310 | 0,550 | 0,000 |
| Graphite. ................. | 2,370 | 0,000 | 0,000 |
| Carbone combiné............ | 2,080 | 5,140 | 2,910 |
| Soufre..................... | 0.001 | 0,002 | 0,010 |
| Phosphore. ................ | 0,080 | 0,080 | 0,080 |
| Magnésium. ............. ... | Traces. | Traces. | » |
|  | 100,00 | 100,00 | 100,00 |

LES LAITIERS SE COMPOSENT AINSI :

|  |  |  |  |
|---|---|---|---|
| Silice..................... | 49,570 | 48,390 | 37,800 |
| Alumine.................. | 9,000 | 6,660 | 2,100 |
| Protoxyde de fer............ | 0,040 | 0,060 | 21,500 |
| Protoxyde de manganèse...... | 25,840 | 33,960 | 29,200 |
| Magnésie................. | 15,150 | 10,220 | 8,600 |
| Soufre. ................. | 0,080 | 0,080 | 0,020 |
|  | 99,680 | 99,370 | 99,220 |

Ces analyses, en faisant voir combien sont compliqués et variables les produits des hauts fourneaux, font pressentir toutes les difficultés que présente la conduite de ces appareils, et justifient les conclusions suivantes :

1°. Le rendement des minerais en fer diminue avec la température, et devient très-faible dans le cas de la fonte caverneuse.

2°. La réduction du manganèse ne s'effectue que par une haute température, et il passe presque entièrement dans les laitiers, quand la température est basse.

3°. La fonte contient d'autant plus de silicium que l'allure est plus chaude.

4°. La fonte est d'autant plus sulfureuse, et les laitiers le sont d'autant moins, que ceux-ci contiennent plus de protoxyde de fer.

5°. Le phosphore passe toujours presque entièrement dans la fonte, et l'alumine ne se retrouve que dans les laitiers.

129. La composition chimique est de peu d'importance pour les fontes

de *moulage*, dont la douceur et la ténacité forment les qualités essentielles; il n'en est pas de même pour celles que l'on destine à la *fabrication du fer*, que l'on doit toujours chercher à obtenir aussi pures que possible, sans tenir aucun compte de leur couleur et de leur texture. A pureté égale (1), on doit préférer les fontes blanches, parce qu'elles s'affinent bien plus facilement.

Ainsi que nous l'avons vu, il y a bien peu de substances dont la combinaison avec le fer n'exerce pas sur ses qualités une influence défavorable. Il faut donc en éviter la présence dans la fonte avec un soin d'autant plus attentif, qu'elles présentent plus de difficultés à être éliminées pendant l'affinage. La silice et le manganèse, dont les effets sur le fer ne sont pas d'ailleurs très à craindre, sont les corps dont on se débarrasse avec le moins de peine. Quant à tous les autres, leur affinité pour le métal est trop grande pour qu'il puisse les abandonner entièrement pendant l'affinage, et c'est dans la fabrication de la fonte qu'il faut chercher à prévenir leurs funestes effets.

**150.** *Action de l'air humide.* — L'air sec, à la température ordinaire, est sans effet sur la fonte; mais elle se couvre de *rouille* lorsqu'il est humide. La fonte grise, à raison de sa porosité, est plus sensible à cette influence que la fonte blanche : l'une et l'autre peuvent être préservées par des enduits, ainsi que nous l'avons indiqué pour le fer ductile.

**151.** *Action de l'eau.* — Toutes les eaux, quand elles ne sont pas privées d'air, attaquent la fonte avec plus ou moins d'énergie. Le métal commence par s'oxyder, puis se dénature lentement, et finit par se convertir en une masse graphiteuse sans ténacité.

**152.** *Eaux acides.* — Quand les eaux sont acides, ainsi que cela se présente dans certaines mines, l'action est plus rapide, et rend nécessaire l'emploi de moyens préservatifs. Dans les mines de Cornwall, on s'oppose efficacement à la destruction des tuyaux des pompes, en les garnissant intérieurement avec des douves en bois de faible épaisseur. Sans cette précaution, la fonte se ramollit au bout d'un temps très-court, et finit par se laisser couper aussi facilement que du plomb (2).

---

(1) Si néanmoins on préfère pour l'affinage les fontes grises aux fontes blanches, dans les usines où l'on tient à la qualité du fer, c'est que généralement les premières sont plus pures que les secondes.

(2) Mémoire de M. Combes.

**133.** *Eaux alcalines.* — Les eaux alcalines ont la propriété de préserver le fer et la fonte de l'oxydation; mais elles n'ont d'efficacité qu'autant que la proportion de substance alcaline dissoute est suffisante. Au-dessous de ce terme, la préservation du métal n'est que partielle, et l'oxydation se manifeste dans des points particuliers, généralement déterminés par de petites aspérités, ou de légères solutions de continuité, souvent presque imperceptibles. Ces observations, dues à M. Payen, ont concouru à déterminer la cause de formation des *tubercules ferrugineux*, que l'on rencontre assez souvent dans les conduites d'eau en fonte. M. Berthier a analysé des concrétions de cette espèce, trouvées dans les tuyaux de conduite de Grenoble, dont les eaux alimentaires contiennent de la silice, du fer et du carbonate de chaux.

Voici leur composition :

| | |
|---|---|
| Oxyde de fer magnétique..................... | 0,290 |
| Hydrate de peroxyde de fer.............. ...... | 0,493 |
| Carbonate de fer.............. .... ......... | 0,130 |
| Eau de mouillage......................... | 0,074 |
| Silice. ............... ......... ........... | 0,013 |
| | 1,000 |

Suivant ce chimiste, ces dépôts doivent être bien plutôt attribués à l'oxydation de la fonte qu'au dépôt de carbonate de fer tenu en dissolution dans l'eau, et les expériences de M. Vicat paraissent tout à fait confirmer cette opinion, puisqu'il a réussi à empêcher la formation des tubercules au moyen d'un simple enduit de sable et de chaux hydraulique, celui de tous ceux que cet ingénieur a essayés, qui ait donné les meilleurs résultats. D'après ses observations, les concrétions sont d'autant plus petites et plus dures qu'elles se forment sur des fontes plus blanches et plus aigres.

**134.** *Eau de mer.* — L'eau de la mer n'agit pas de la même manière sur le fer que sur la fonte. Le premier, toujours par l'effet de l'oxygène contenu dans l'eau, s'oxyde fortement, mais la partie centrale conserve sa nature, tandis que la fonte finit au bout d'un certain temps par se dénaturer complètement. Un boulet, resté dans la mer pendant plus d'un siècle, avait conservé sa forme primitive, quoiqu'il fût devenu très-fragile et tellement tendre, qu'on pouvait l'entamer et le percer avec un couteau. Le graphite y était conservé, et le fer était passé à l'état de chlorure sous l'influence du chlorure de sodium que contient l'eau de la mer. M. Berthier l'a analysé et a trouvé :

| | |
|---|---|
| Peroxyde de fer. . . . . . . . . . . . . . . . . . . . . . . . . | 0,467 |
| Chlore. . . . . . . . . . . . . . . . . . . . . . . . . . . . . . . | 0,049 |
| Graphite. . . . . . . . . . . . . . . . . . . . . . . . . . | 0,130 |
| Silice. . . . . . . . . . . . . . . . . . . . . . . . . . . . . . . . | 0,100 |
| Eau pour différence. . . . . . . . . . . . . . . . . . . . | 0,254 |
| | 1,000 |

Le contact du zinc est, comme on le sait, le meilleur moyen de *préser-ver de l'oxydation* le fer ou la fonte exposés à l'influence de l'air et de l'eau.

ACTION DES CORPS SIMPLES NON MÉTALLIQUES.

**133.** *Soufre.* — Le soufre se rencontre dans les minerais de fer et dans les combustibles minéraux qui servent à leur traitement; il les abandonne pour se combiner avec le fer.

Sa présence dans la fonte la rend très-fusible, et par conséquent peu disposée à se convertir en fonte grise, puisque le graphite ne peut se for-mer qu'à une haute température : la quantité de soufre qui reste dans les produits est d'autant moins grande que l'allure du fourneau est plus chaude, parce qu'il peut être alors enlevé par les fondants calcaires avec lesquels il s'échappe à l'état de sulfure. Il faut donc avec des minerais sulfurés tâcher de produire toujours de la fonte grise.

D'après ce que nous avons dit (98), on peut juger de la grande quantité de soufre que peuvent contenir certaines fontes. La rapidité avec laquelle les fontes sulfurées se refroidissent les rend fort souvent caverneuses. L'ac-tion du soufre sur le carbone de la fonte est peu connu, mais assurément fort remarquable, puisqu'il suffit de projeter du soufre sur de la fonte grise pour la rendre blanche, et prévenir toute formation ultérieure de graphite par le refroidissement.

**136.** *Phosphore.* — Le phosphore que l'on trouve dans la plupart des minerais de fer passe presque intégralement dans la fonte, et jusqu'ici l'on n'en a pas trouvé dans les laitiers; il ne pourrait y exister qu'à l'état de phosphate de chaux; mais comme l'acide phosphorique est toujours réduit par le charbon, le phosphore se volatilise ou se combine avec le métal.

Les minerais phosphoreux, aussi bien que ceux qui contiennent du soufre, exigent beaucoup de castine si l'on veut obtenir de bons produits; dans ce cas on diminue la fusibilité des laitiers, et l'on n'obtient que de la fonte grise; d'où l'on conclut qu'il ne faut pas marcher en fonte blanche avec des minerais phosphoreux.

La fonte phosphoreuse est fusible, lente à se figer, et convient parfaitement au moulage, quand elle ne contient pas assez de phosphore pour altérer sa ténacité.

Presque toutes les fontes en contiennent au moins 0,2 pour 100; M. Karsten n'en a jamais trouvé plus de 5,6 pour 100.

### ACTION DES CORPS SIMPLES MÉTALLIQUES.

**137.** *Potassium, sodium, calcium.* — Ces métaux exercent une action décarburante sur la fonte, sans se combiner jamais avec elle; la potasse contenue dans les cendres des combustibles ne parait ni dans les laitiers ni dans la fonte; elle se volatilise, et l'on en trouve une grande quantité dans la poussière qui se dépose sur la tympe des hauts fourneaux.

La chaux joue un grand rôle dans la marche de ces appareils; généralement employée comme fondant, elle sert à saturer la silice contenue dans les minerais, et les débarrasse en outre d'une grande quantité de soufre qu'elle entraine avec elle dans les laitiers.

**138.** *Silicium, aluminium* et *magnésium.* — Ils accompagnent ordinairement les minerais, ou sont employés comme fondants.

Le silicium est un des principes constituants de la fonte; les fontes grises, et celles surtout que l'on fabrique au coke, en renferment beaucoup plus que les fontes blanches. M. Berthier a analysé des fontes qui en contenaient jusqu'à 4,5 pour 100; mais ce fait parait exceptionnel, et la proportion de 3,5 pour 100 ne se rencontre même que rarement.

La présence de la silice dans les hauts fourneaux est indispensable pour opérer la fusion des terres et de l'oxyde de fer; son absence partielle exige que l'on élève beaucoup la température; son excès engendre des laitiers trop liquides, par conséquent de la fonte blanche, et doit être corrigé par l'emploi de la chaux.

Les minerais siliceux doivent être traités pour fontes grises avec un fondant un peu réfractaire, afin qu'ils puissent être réduits avant le point où ils entreraient en fusion et disparaitraient avec les laitiers.

L'*aluminium* et le *magnésium* ne se trouvent dans le fer cru qu'en quantités infiniment petites; toutefois ces terres concourent activement à sa

11

production par le rôle qu'elles jouent en présence de la silice qui se combine avec elles, au lieu de former des silicates aux dépens du métal. L'alumine est une base moins fondante que la magnésie.

**139.** *Manganèse.* — Les minerais renferment presque tous de l'oxyde de manganèse; il favorise la production de la fonte blanche, en formant avec les terres des combinaisons très-fusibles qui passent entièrement dans les laitiers. On peut néanmoins obtenir de la fonte grise avec des minerais manganésifères, en favorisant la production de laitiers un peu réfractaires, tels que les silicates d'alumine : dans ce cas de haute température, l'oxyde de manganèse, plus facilement réductible que la silice, la magnésie, la chaux ou l'alumine, se combine avec la fonte : c'est par cette raison qu'à dose égale dans les minerais, la fonte grise renferme plus de manganèse que la fonte blanche. On peut donc, sans aucun danger, marcher en fonte blanche avec des minerais manganésifères.

**140.** *Étain, zinc* et *plomb.* — L'*étain* ne se rencontre qu'artificiellement en présence du fer. Il forme avec la fonte des alliages fusibles, durs et susceptibles de prendre un beau poli ; de plus, il peut s'appliquer sur elle avec autant de facilité que sur le fer.

Le plomb et le zinc sont quelquefois alliés aux minerais, et se volatilisent dans les fourneaux sans se combiner avec le métal.

**141.** *Antimoine, arsenic* et *cuivre.* — Ces métaux accompagnent rarement les minerais, et l'on doit éviter l'emploi de ceux qui pourraient les contenir. L'*arsenic* passe toujours dans la fonte. Le *cuivre* et la fonte forment des alliages très-durs et peu oxydables.

**142.** *Titane* et *chrome.* — Le titane, lorsqu'il se rencontre dans les minerais, ne peut pas influer sur la qualité des produits. L'oxyde de titane ne se réduit qu'à une température beaucoup plus élevée que l'oxyde de fer; il passe presque entièrement dans les laitiers, sans montrer beaucoup d'affinité pour la fonte. Le *chrome* se présente plus rarement que le titane, et n'a aucune importance dans la fabrication de la fonte.

# PROPRIÉTÉS ET CARACTÈRES DE L'ACIER.

## PROPRIÉTÉS GÉNÉRALES.

**143.** L'*acier* est une combinaison de carbone et de fer, dont les propriétés tiennent à la fois de celles du fer et de la fonte. Malléable, soudable, élastique et résistant comme le premier, il emprunte à la seconde sa texture, sa dureté, sa fragilité, et se caractérise nettement entre eux par les modifications de toute espèce que lui fait éprouver la trempe.

La *couleur* de l'acier non trempé est d'un gris très-clair, tirant sur le blanc; sa cassure est parfaitement homogène, et présente des grains fins et serrés. Sa *densité* est à peu près égale à celle du fer, et s'évalue ordinairement à 7,780; sa *ténacité* lui est supérieure dans le rapport de 3 à 2. Sa *dureté*, plus grande que celle du fer et de la fonte grise, est variable avec sa nature, et doit avant tout satisfaire à la condition d'être uniforme dans toute la masse.

L'acier se traite bien à chaud, et se laisse *souder* avec facilité s'il n'est pas trop chargé de carbone; à froid il est moins *malléable* et s'écrouit plus facilement que le fer. La *trempe* à une faible température le rend d'autant plus dur qu'il est de meilleure qualité.

L'acier n'est jamais un *carbure de fer* parfaitement pur; presque toujours il contient du *silicium* ou quelques-unes des matières étrangères que nous avons signalées dans les fontes, et qui influent sur sa nature suivant les propriétés que nous leur avons reconnues.

## CLASSIFICATION DES ACIERS.

**144.** Ordinairement on range les aciers suivant leur mode de fabrication, et, dans chaque classe, les variétés se distinguent par les lieux de provenance ou par des marques particulières adoptées par les fabricants. Cette classification est très-vicieuse, en ce que les marques n'ayant aucun rapport avec la nature des échantillons, et pouvant se contrefaire avec la plus grande facilité, il devient tout à fait impossible de juger de la qualité des produits sans les avoir essayés.

Dans le commerce on distingue principalement l'acier de fusion, l'acier de cémentation et l'acier fondu.

**145.** *Aciers de fusion.* — L'acier de fusion, souvent appelé *acier de* *forge* ou *acier naturel*, s'obtient par le traitement direct des minerais dans les feux catalans, ou par la décarburation partielle de la fonte dans des feux d'affinerie.

Les *mines* ou la *fonte* dont on se sert doivent être aussi pures que possible; c'est une condition de la plus haute importance pour obtenir de bons produits. A pureté égale, les fontes blanches sont préférées aux grises parce que leur conversion en acier est beaucoup plus facile. Les mines manganésifères étant celles qui permettent d'obtenir les fontes blanches les plus pures, sont particulièrement propres à la fabrication du fer cru pour acier; le manganèse qu'elles contiennent offre en outre un certain avantage pendant le travail, d'abord parce qu'il exclut en partie le silicium, puis surtout parce que les silicates de manganèse exercent sur le métal en fusion une action beaucoup moins décarburante que les silicates de fer qui se formeraient à sa place.

L'acier de forge présente dans sa cassure des *grains* inégaux, quelquefois même du *nerf* : sa couleur bleuâtre est un indice certain de son peu d'homogénéité. Il se *forge bien* et se dénature difficilement au feu.

Dans cet état, il n'est propre qu'à la fabrication des instruments grossiers, mais on améliore notablement sa qualité en corroyant et en soudant entre elles des barres dont on a déjà reconnu le mérite par un premier examen; l'acier qui en résulte porte le nom d'*acier raffiné* ou d'*acier d'Allemagne*, parce que ce pays nous en fournissait autrefois presque exclusivement. Les plus répandus sont le *bertrand*, le *graber*, le *goldinberg* et le *sept étoiles*. Aujourd'hui la Moselle, la Bourgogne, le Nivernais, etc., en fournissent beaucoup au commerce.

L'*acier sauvage* est une variété de l'acier de forge; il est dur, insondable, et particulièrement recherché pour la fabrication des filières.

Ces aciers sont peu riches en carbone, contiennent toujours de la silice, et fort souvent du phosphore, du cuivre ou du soufre.

**146.** *Aciers de cémentation.* — L'acier de cémentation s'obtient en combinant artificiellement le fer pur et le carbone. On le fabrique avec des fers à grains de première qualité, et particulièrement avec ceux de Suède; à l'état brut il porte le nom d'*acier poule* à cause des nombreuses boursouflures dont ses barres sont couvertes : il faut également le corroyer pour améliorer sa qualité. Cet acier est très-employé dans les arts.

M. Vauquelin a analysé plusieurs échantillons de la fabrique de Remmelsdorff (Moselle) dont les résultats suivent :

TABLEAU XX. — ANALYSES D'ACIERS.

| | 1. | 2. | 3. | 4. | ACIER CÉMENTÉ ANGLAIS. (M. Berthier.) |
|---|---|---|---|---|---|
| Carbone............ | 0,79 | 0,68 | 0,79 | 0,63 | 1,87 |
| Silicium........... | 0,15 | 0,12 | 0,15 | 0.11 | 0,10 |
| Phosphore........ | 0,34 | 0,82 | 0,79 | 1,52 | » |
| Fer.............. | 98,72 | 98,38 | 98,27 | 97,74 | 98,03 |
| | 100,00 | 100,00 | 100,00 | 100,00 | 100,00 |

La grande quantité de carbone que contient l'acier cémenté anglais nous parait être un fait exceptionnel.

**147.** *Aciers fondus.* — L'acier fondu se prépare en fondant dans des creusets l'acier de cémentation; sa qualité dépend presque entièrement de celle de l'acier cémenté que l'on emploie, car pendant la fusion il ne se perd qu'une bien faible portion de substances qui se trouvent dans la matière première.

Il se distingue des autres par la finesse de son grain, sa dureté et l'homogénéité de la combinaison du carbone et du fer; c'est sans doute à cette dernière qualité que l'on doit la difficulté que l'on éprouve à le souder. L'acier cémenté peu homogène contient des parties peu carbonées qui permettent le soudage, tandis que dans ce dernier, le carbone intervient partout également pour empêcher le rapprochement des molécules. On peut faire des aciers fondus soudables à la condition de les rendre un peu moins riches en carbone.

Il y a différents procédés par lesquels on pourrait obtenir directement une combinaison aussi bonne que celle que présente l'acier fondu, mais il est certain qu'ils présentent des difficultés que l'on n'éprouve pas en prenant une matière première dans laquelle la proportion de carbone déjà combiné peut être facilement appréciée.

Le *carbone* est pour l'acier, comme pour la fonte, la base essentielle sur laquelle reposent ses qualités ou ses défauts; les alliages que l'on a tentés quelquefois avec succès peuvent agir comme correctifs d'une mauvaise combinaison première; mais on doit s'en méfier, car en général l'addition d'un métal (le manganèse surtout) rend l'acier plus dur et plus cassant.

L'acier fondu *s'emploie* pour les ouvrages les plus précieux, la coutellerie fine et les bonnes limes; bien que l'on en fabrique beaucoup en France, on préfère généralement, et peut-être par préjugé, celui qui nous vient d'Angleterre sous le nom d'acier *Marshall* et d'acier *Huntsmann*. L'acier *Wootz* est un acier fondu, très-rare, que l'on fabrique dans l'Inde.

TABLEAU XXI. — ANALYSES D'ACIERS, PAR M. VAUQUELIN.

| | ANGLAIS, 1ʳᵉ qualité. 1. | HUNSTMANN. (M. Berthier.) 2. | ISÈRE. 3. | FRANÇAIS, 1ʳᵉ qualité. 4. | FRANÇAIS, 2 qualité. 5. | WOOTZ FORGÉ. 6. | WOOTZ FORGÉ. 7. |
|---|---|---|---|---|---|---|---|
| Carbone..... | 0,62 | 1,330 | 0,65 | 0,65 | 0,94 | 1,407 | 0,957 |
| Silicium..... | 0,03 | 0,050 | » | 0,04 | 0,08 | 0,120 | » |
| Aluminium... | » | » | » | » | ». | 0,948 | » |
| Phosphore... | 0,03 | » | 0,08 | 0,07 | 0,11 | » | » |
| Fer......... | 99,32 | 98,620 | 99,27 | 99,24 | 98,87 | 97,525 | 99,043 |
| | 100,00 | 100,000 | 100,00 | 100,00 | 100,00 | 100,000 | 100,000 |

Les aciers *damassés* peuvent s'obtenir de deux manières, soit en soudant ensemble des barres d'acier et des lames de fer, ce qui constitue une *étoffe*, soit en formant un acier fondu, dont une partie seulement est saturée de carbone; ces deux composés, d'abord mélangés, se séparent pendant le refroidissement, en se rangeant suivant leur affinité respective ou leur degré de pesanteur; M. Breant, à qui l'on doit cette observation, pense que c'est ainsi que sont formés les aciers qui servent à la fabrication des sabres orientaux; on conçoit que, dans l'un ou l'autre cas, il suffit de plonger la pièce dans un acide pour obtenir des surfaces moirées plus ou moins régulièrement, et suivant l'ordre de répartition des deux composants.

#### INFLUENCE DU CALORIQUE.

**148.** Le traitement de l'acier *à la forge* exige beaucoup plus de soins que celui du fer ductile, et l'on doit prendre toutes les précautions possibles pour ne pas le dénaturer par une chaleur trop forte.

L'acier arrive plus vite que le fer aux différentes couleurs qui sont le résultat de l'application de la chaleur, et l'effet est d'autant plus rapide qu'il contient plus de carbone; c'est aussi ce qui détermine son degré de *fusibilité* qui varie entre 1300 et 1400 degrés centigrades.

L'acier de forge conserve assez bien son carbone, et ne le perd qu'après plusieurs chaudes fortes; l'acier de cémentation et surtout l'acier fondu exigent plus de soins et de ménagements, et se transforment assez facilement en fer si on les chauffe mal : sa conversion en un produit non malléable et non soudable, qui n'est pas autre chose que de la fonte, peut également avoir lieu, dans le cas où on le chauffe fortement en présence du charbon et à l'abri de l'air. Malgré ces difficultés, on peut donner à l'acier une chaude suante, sans altérer en rien ses propriétés, pourvu que l'on opère rapidement.

### DE LA TREMPE.

**149.** La *trempe* a pour effet de durcir considérablement l'acier, en changeant le mode de combinaison du carbone qu'il contient : il prend alors un grain plus fin, plus égal, une couleur plus claire, et augmente un peu de volume. On le ramène facilement à son premier état, en le mettant au feu.

Le phénomène de la trempe est tout à fait analogue à celui de la transformation de la fonte grise en fonte blanche, par un refroidissement subit; et les observations que l'on a faites sur la manière dont se comporte l'acier trempé ou non trempé ont servi à établir un rapprochement entre l'*acier non trempé* et la *fonte grise*, l'*acier trempé* et la *fonte blanche*. L'acier non trempé et la fonte grise chauffés et refroidis brusquement durcissent et blanchissent; l'acier trempé et la fonte blanche chauffés et refroidis lentement repassent à leur premier état. Ces résultats s'expliquent facilement par la théorie de Karsten, qui regarde la fonte grise et l'acier non trempé comme des composés, où le carbone existe à l'état de polycarbure dissous dans la masse, tandis que la fonte blanche et l'acier trempé présentent des combinaisons parfaites de carbone et de fer.

**150.** *Température convenable pour la trempe.* — On doit tremper les aciers au degré de température qui leur permet de prendre le plus d'élasticité; cette température est d'ailleurs variable pour chaque espèce, pour chaque variété, et ne peut être déterminée que par des expériences assez délicates. On trempe ordinairement au *rouge brun*, au *rouge cerise* ou au *cerise clair*, rarement au-dessus, parce que le métal devient aigre et fragile.

La température à laquelle se fait l'opération décroît comme la qualité des aciers augmente; assez élevée pour l'acier de fusion, elle diminue pour l'acier de cémentation et l'acier fondu, suivant une loi qui doit toujours satisfaire à ce principe d'expérience que *la trempe est d'autant meilleure que le grain est devenu plus fin et plus clair.*

En trempant à une température élevée, le grain de l'acier devient gros et blanc; à une chaleur moins intense, il acquiert de la finesse, d'où l'on conclut naturellement qu'il vaut mieux tremper trop froid que trop chaud. Dans le premier cas, il est toujours facile de trouver un remède, tandis que dans le second, le métal perd une partie de ses propriétés essentielles, telles que l'élasticité et la ténacité; et ne peut pas les recouvrer par le recuit, mais seulement par un martelage qui ait pour effet de resserrer son grain.

**151.** *Nature des milieux où s'effectue la trempe.* — La trempe s'effectue ordinairement dans de *l'eau* pure (eau de pluie), à la température de 8 à 10 degrés centigrades, et elle est d'autant plus énergique que le liquide est plus froid. Les eaux *acides* ou *salées* augmentent la dureté du métal; les *corps gras* ont moins d'action que l'eau et s'emploient souvent pour les armes et les objets délicats.

**152.** *Du recuit.* — En général il est fort difficile d'apprécier la température à laquelle la trempe donne à l'acier le plus de dureté et d'élasticité, et souvent il arrive qu'on est obligé de sacrifier l'une à l'autre, parce qu'il est rare que ces deux qualités puissent exister simultanément chacune à leur *maximum.* Dans la pratique on trempe toujours trop fortement, puis on corrige les défauts de la trempe par une opération contraire qui est le *recuit;* elle s'opère à un feu de charbon excessivement doux, et l'on juge de la dureté que perd le métal ou du degré d'élasticité et de ténacité qu'il acquiert quelquefois en même temps, par les différentes *couleurs du recuit* que l'on voit se succéder dans l'ordre suivant : jaune paille, jaune d'or, gorge de pigeon, violet, bleu foncé, bleu clair, et vert de mer. Au delà, le métal passe au rouge, et revient à son état primitif après un lent refroidissement, si toutefois, ainsi que nous l'avons déjà fait observer, il n'a pas été exposé à une chaude trop intense.

### ÉPREUVES DE L'ACIER.

**153.** Pour juger convenablement de la qualité de l'acier, il faut l'examiner sous différents rapports que nous allons faire connaître succinctement (1).

1°. On observe avec attention la nature du *grain* avant et après la

---

(1) Voir pour les détails pratiques l'ouvrage de M. Damenme.

trempe, en mettant d'ailleurs tous ses soins à ce que celle-ci soit faite convenablement.

Le bon acier présente une *texture* grenue, uniforme, serrée, d'une nuance blanche et mate, sans mélange de teintes bleuâtres; après la trempe, son grain devient d'autant plus fin que sa qualité est meilleure.

L'acier ne doit jamais présenter des grains tels que ceux que l'on rencontre assez souvent dans les fers aciéreux; ils nuisent à son poli, et ne permettent pas de le travailler facilement au burin et à la lime. Avant de l'employer, on doit éprouver le degré de *poli* qu'il est susceptible de prendre après le travail; c'est une manière de s'assurer de son homogénéité.

2°. On essaye l'acier à la forge où l'on juge de sa *douceur* en le travaillant à différentes températures, en le pliant et le courbant pour voir s'il ne se crique pas; mais on doit tenir un compte rigoureux de la nature de celui que l'on traite, car les aciers de forge, de cémentation, et les aciers fondus ne peuvent pas être chauffés de la même manière; on prend les mêmes précautions pour juger de sa soudabilité. Les aciers *secs* se rongent au feu, s'encrassent et se soudent avec peine; ceux qui sont *aigres à chaud* se gercent après l'étirage, se cassent en les pliant, et doivent être rejetés, si toutefois on est sûr de les avoir bien chauffés.

3°. L'acier doit prendre à la *trempe* une dureté uniforme et proportionnée à ce qu'on peut attendre de sa nature. On essaye aussi son élasticité, son *ressort*, après le recuit; cette qualité, essentielle dans beaucoup d'emplois, ne se rencontre pas toujours, même parmi les meilleurs.

Les aciers destinés à la fabrication des ressorts doivent être peu carburés; non-seulement il leur faut de l'*élasticité*, mais encore beaucoup de *corps;* c'est-à-dire de la résistance aux chocs. Les aciers fondus ont peu de corps et sont généralement aigres à froid.

134. Les épreuves que nous venons d'indiquer exigent, de la part de celui qui les fait, une connaissance approfondie des propriétés de tous les aciers, et des usages auxquels chacun d'eux est le plus propre; elles ne sont concluantes qu'autant qu'elles ont été confiées aux mains d'un ouvrier intelligent et exercé.

# DEUXIÈME SECTION.

## MATIÈRES PREMIÈRES EMPLOYÉES A LA FABRICATION DU FER.

---

### PREMIÈRE DIVISION.

### DES COMBUSTIBLES.

---

**155.** La fabrication du fer est une des industries qui consomment le plus de combustibles : la connaissance exacte des propriétés de chacun d'eux est, pour ceux qui la pratiquent, d'une importance d'autant plus grande qu'ils sont à la fois les éléments de la chaleur et les réactifs indispensables à la plupart des opérations métallurgiques.

**156.** *Combustibles employés.* — Les combustibles que leur abondance permet d'employer dans les arts sont : le *bois* à ses différents états de dessiccation et le charbon de bois; la *tourbe* et son charbon; les *lignites;* la *houille*, le coke et l'*anthracite*. La dose de carbone qu'ils renferment, et la nature des substances étrangères avec lesquelles ils sont combinés, établissent entre eux des différences d'après lesquelles on détermine le genre de préparation qu'on doit leur faire subir, et les usages auxquels chacun d'eux s'approprie avec le plus d'avantages.

# CHAPITRE PREMIER.

## DES COMBUSTIBLES VÉGÉTAUX.

### PROPRIÉTÉS GÉNÉRALES.

**157.** Les bois sont en grande partie *composés* de ligneux, d'eau, de quelques substances alcalines et terreuses, et quelquefois de matières résineuses ou colorantes. Ils sont tous plus ou moins *poreux*, et renferment toujours une grande quantité d'eau, qu'ils peuvent perdre complétement à une température de 100 à 150°, suivant leur dureté. Le bois vert contient, en moyenne, 42 pour 100 d'eau; et, après un an de coupe, il en retient encore 25 pour 100. Parfaitement desséché et conservé à l'abri de l'air, il en reprend à peu près 8 à 10 pour 100.

**158.** *Densité.* — La pesanteur spécifique des bois varie suivant leur nature, leur âge, le climat et le sol où ils ont poussé, et leur état de dessication plus ou moins avancée, etc. Aussi trouve-t-on de grandes différences dans les résultats des expérimentateurs qui s'en sont occupés. Le tableau suivant pourra en faire juger :

TABLEAU XXII. — DENSITÉ DES BOIS.

| ESPÈCES DE BOIS. | POIDS DU MÈTRE CUBE | | |
|---|---|---|---|
| | D'APRÈS HASSENFRATZ. | D'APRÈS MARCUS BULL. | D'APRÈS L'ANNUAIRE DU BUREAU DES LONGIT. |
| Chêne................ | 905 | » | » |
| Chêne blanc d'Amérique. | » | 855 | » |
| Frêne d'Amérique.... | » | 772 | » |
| Charme.............. | 760 | 720 | » |
| Hêtre............... | 720 | 724 | 852 |
| Orme................ | 700 | 580 | 800 |
| Bouleau............. | 702 | 530 | » |
| Châtaignier......... | 685 | » | » |
| Aulne............... | 655 | » | » |
| Houx................ | » | 602 | » |
| Pin................. | 600 | 551 | » |
| Tilleul............. | 549 | » | 604 |
| Tremble............. | 527 | » | » |
| Sapin............... | 486 | » | 657 |
| Peuplier............ | 400 | 397 | 383 |
| Peuplier blanc...... | » | » | 529 |

**159. *Poids du bois cordé.*** — Si l'on ne peut pas être parfaitement d'accord sur la pesanteur spécifique des bois, il y a bien plus de raisons pour qu'on ne le soit pas sur le poids d'une mesure donnée de bois cordé; car il dépend non-seulement de la pesanteur spécifique du bois, mais encore de la forme des bûches et de leur mode d'arrangement. Les nombres que nous allons rapporter ne peuvent donc pas être appliqués dans toutes les localités. D'après M. Marcus Bull, qui a reconnu par un grand nombre d'expériences que, dans le bois cordé, il y a en général 0,56 de vide et 0,44 de plein, on a :

| ESPÈCES DE BOIS. | Poids du stère en kil.<br>(Bois sec.) |
|---|---|
| Chêne blanc | 489 |
| Frêne | 427 |
| Hêtre | 400 |
| Charme | 398 |
| Orme | 320 |
| Pin | 304 |
| Bouleau | 293 |
| Châtaignier | 288 |
| Peuplier d'Italie | 210 |

M. Berthier cite les résultats suivants :

| | |
|---|---|
| *Chêne* de l'Allier, en grosses bûches de 1$^m$,03 | 375 |
| *Idem* coupé en quatre et rangé avec soin | 450 |
| *Idem* du Bas-Rhin en grosses bûches | 420 |
| *Idem* du Lot de quatre-vingts ans, après un an de coupe, en bûches de 1$^m$,00 | 525 |
| *Idem* du Puy-de-Dôme en branches de 0$^m$,10 de diamètre et très-sec | 333 |
| *Idem* de charbonnage du Cher | 220 à 260 |
| *Hêtre* de l'Allier, en gros rondins refendus, et cordé avec soin | 440 |
| *Idem* du Bas-Rhin, *idem. idem.* | 400 |
| *Idem idem,* en quartiers | 600 à 670 |
| *Idem* de charbonnage de Pontgibaud (Puy-de-Dôme) | 333 |
| *Bouleau idem, idem,* après trois mois de coupe. | 225 |
| *Tremble idem,* du Cher | 190 à 220 |
| *Sapin* en grosses bûches, de Moustiers (Savoie) | 330 à 340 |
| *Idem* de Pontgibaud, en branche. | 428 |
| *Pin* de Niederbrunn, en bûches refendues | 300 à 380 |
| *Idem, idem,* en branches et très-sec | 250 |
| *Pin silvestre de Russie* | 303 |

**160. *Classification.*** — Les bois les plus denses sont ceux qui, sous un volume donné, renferment le plus de matière utile ou de carbone, et ceux qui fournissent les charbons les plus durs et les plus compacts. L'importance que l'on attache à ces qualités a conduit à diviser les différentes essences les plus répandues en deux classes, qui sont :

1°. Les *bois durs*, comprenant le chêne, le charme, le hêtre et l'orme;

2°. Les *bois tendres*, comprenant le châtaignier, le bouleau, l'aulne, le tremble, le tilleul, le peuplier et les *bois résineux*, qui sont le pin, le sapin et le mélèze.

Les bois supposés parfaitement secs peuvent donner, sous un même poids, des quantités de chaleur à peu près égales; mais leur densité modifie sensiblement leur manière d'être pendant la combustion. Leur *inflammabilité* est à peu près en rapport inverse de leur richesse en charbon; ainsi les bois de la deuxième classe s'enflamment rapidement, et produisent une chaleur très-vive, mais de courte durée; tandis que les bois durs sont longs à s'enflammer, et brûlent à la surface où se consument les gaz qui se dégagent de l'intérieur; ils laissent un charbon compact, dont la combustion s'achève lentement, sans production de flamme, et conviennent particulièrement aux cas où l'on a besoin d'employer les facultés rayonnantes du combustible.

**161.** *Composition.* — La composition des bois est à peu près uniforme, et peut être évaluée ainsi qu'il suit, après dix ou quinze mois de coupe :

| | |
|---|---|
| Carbone.................................... | 0,3848 |
| Cendres.................................... | 0,0100 |
| Hydrogène et oxygène formant de l'eau............. | 0,3552 |
| Eau hygrométrique............................ | 0,2500 |
| Total ........... | 1,0000 |

En ne considérant que la fibre ligneuse parfaitement sèche qui constitue les 0,96 du bois, on aurait :

| | |
|---|---|
| Charbon.................................... | 51,50 |
| Hydrogène et oxygène.......................... | 48,50 |
| Total............. | 100,00 |

Les bois soumis à la *distillation* donnent naissance à des produits *gazeux, liquides* et *solides.*

Les premiers sont principalement formés d'acide carbonique, d'hydrogène carboné, d'oxyde de carbone, etc.; les seconds sont des huiles empyreumatiques de nature très-compliquée; enfin le produit solide se compose du charbon et des cendres qu'il retient.

Quand la combustion est complète, tous les produits gazeux ou liquides se dégagent en fumée, en entraînant tout le charbon, et l'on n'obtient pour résidu que les cendres.

**162.** *Des Cendres.*—La proportion de cendres, ou parties incombustibles que renferment les bois, varie suivant leur nature et les parties de l'arbre que l'on brûle : l'écorce, les feuilles, les branches en donnent plus que le tronc. En supposant la cendre parfaitement calcinée, on a, d'après M. Berthier :

Écorce de chêne. . . . . . . . . . . . . . . . . . . . . . . . . . . . . . . 0,012
Branches de chêne. . . . . . . . . . . . . . . . . . . . . . . . . . . . . 0,022
Chêne écorcé. . . . . . . . . . . . . . . . . . . . . . . . . . . . . . . . . 0,004

Elles se *composent* de sels alcalins, solubles dans l'eau, et de matières insolubles. Les sels alcalins, à base de potasse et de soude, renferment de l'acide carbonique, de l'acide sulfurique et hydrochlorique, et un peu de silice ; les matières insolubles contiennent de l'acide carbonique, de l'acide phosphorique, de la silice, de la chaux, de la magnésie, de l'oxyde de fer et de l'oxyde de manganèse (M. Berthier). Cent parties de cendres contiennent les parties solubles ou insolubles dans les rapports suivants :

| ESPÈCES D'ARBRES. | PARTIES SOLUBLES. | PARTIES INSOLUBLES. |
|---|---|---|
| Chêne blanc. . . . . . . . . . . . . . . | 7,50 | 92,50 |
| Chêne de Paris. . . . . . . . . . . . . | 15,00 | 85,00 |
| Hêtre de Paris. . . . . . . . . . . . . | 16,00 | 84,00 |
| Charme. . . . . . . . . . . . . . . . . . | 18,00 | 82,00 |
| Châtaignier. . . . . . . . . . . . . . . | 14,60 | 85,40 |
| Bouleau. . . . . . . . . . . . . . . . . . | 16,00 | 84,00 |
| Aulne. . . . . . . . . . . . . . . . . . . | 18,80 | 81,20 |
| Pin. . . . . . . . . . . . . . . . . . . . . | 13,60 | 86,40 |
| Sapin. . . . . . . . . . . . . . . . . . . | 16,70 | 83,30 |

**163.** *Pouvoir calorifique.* — On a fait beaucoup d'expériences pour fixer le pouvoir calorifique du bois ; il est déterminé par son contenu en carbone, et s'estime généralement, en le supposant parfaitement sec, à 3 500 unités de chaleur (1). En supposant qu'il contienne 25 pour 100 d'eau, ainsi que cela a lieu le plus fréquemment pour des bois d'un an de coupe, la capacité calorifique n'est plus que de 2 600 (2). Ces nombres s'appliquent à peu près à toutes les espèces de bois pris *au poids*. Si, au contraire, on les prend *au volume*, les pouvoirs calorifiques, c'est-à-dire *leurs*

---

(1) On entend par unité de chaleur la quantité de calorique nécessaire pour élever de 1 degré la température de 1 kil. d'eau.

(2) Nombre proportionnel à la quantité de carbone contenue dans le bois.

*valeurs relatives*, sont proportionnelles aux poids respectifs d'un même volume, et peuvent être approximativement appréciées par le tableau du n° 159, déduit des observations de M. Marcus Bull.

**164.** *Pouvoir rayonnant.* — Le pouvoir rayonnant du bois, pendant sa combustion, a été déterminé par M. Péclet, qui a reconnu qu'il variait avec les essences, mais qu'il était à peu près constant quand on les brûlait en petits morceaux. D'après cet habile observateur, on peut regarder le pouvoir rayonnant comme égal à $\frac{1}{4}$ du pouvoir calorifique.

## PRÉPARATION DES BOIS.

**165.** Les bois, considérés trois ou quatre mois après la coupe, ne contiennent guère que 35 pour 100 de carbone, ou de matière utile, et le reste se compose en majeure partie d'eau combinée ou interposée. Celle-ci ne pouvant pas produire de chaleur, et devant, au contraire, en absorber pour se vaporiser pendant la combustion, on a naturellement été conduit à faire subir aux bois des préparations qui ont pour but d'en séparer les parties aqueuses, pour n'avoir à conserver et à employer que la portion génératrice du calorique. De là est né l'usage du *charbon* de bois, qui satisfait complétement au but qu'on s'était proposé.

Cette forme a été pendant longtemps la seule sous laquelle le bois a été employé dans les usines à fer, et bien qu'il ait toujours été reconnu que le procédé de la carbonisation entraînait d'énormes déchets, ce n'est que lorsque le haut prix du combustible a rendu ces pertes plus sensibles que l'on a songé à perfectionner les anciennes méthodes et à trouver pour le bois des préparations plus économiques. De là l'emploi des fumerons ou bois *mi-carbonisé* que l'on substitue avec avantage au charbon. La réaction contre le vieux système ne s'est pas arrêtée dans ces limites, et comme si l'art se faisait partout un jeu de s'assimiler les produits bruts de la nature, on est arrivé à l'emploi du *bois cru*, sur le continent, à peu près à cette même époque où les Anglais ne craignaient pas de substituer la houille au coke dans l'alimentation de leurs hauts fourneaux.

**166.** Nous apprécierons la *valeur relative* des différentes préparations que nous allons examiner, en déterminant approximativement la quantité de carbone que contient la matière première, et en tenant compte de la partie perdue dans l'opération elle-même, ou de celle qui doit être absorbée pour enlever au combustible l'eau qu'il contient encore au moment de son emploi. Nous admettrons que le pouvoir calorifique du carbone pur

est de 7 800 (M. Despretz a trouvé 7 815), et que le charbon des forêts tel
qu'on le prépare aujourd'hui ne contient que 86 à 90 pour 100 de carbone,
ce qui donne environ 7 000 pour son pouvoir calorifique.

EMPLOI DU BOIS VERT (1).

**167.** Pour employer le bois vert dans les opérations métallurgiques, il
faut lui donner une forme qui se rapproche autant que possible de celle
des charbons auxquels on veut le substituer. Il faut donc que le bois de
corde préparé en forêts comme à l'ordinaire, après avoir été coupé en temps
convenable, l'automne ou l'hiver, soit transporté dans les usines pour y
être *refendu et scié.* Dans les *hauts fourneaux* on fait usage de bûchettes
de 0$^m$,16 de long sur 0$^m$,08 de diamètre. Pour la *forge,* on refend à 0$^m$,04,
et on scie à 0$^m$,10; mais c'est aux premières dimensions que nous appli-
querons nos calculs, parce que c'est surtout à la fusion des minerais qu'il
convient d'appliquer le bois vert.

**168.** *Découpage et sciage.* — Le bois de taillis cordé en forêt rend
environ 100 à 110 de bois découpé en bûchettes; le bois de futaie que l'on
emploie assez rarement rend 125 pour 100.

Le bois amené de la forêt à l'usine, en bûches de 0$^m$,80 de long, doit
d'abord être réduit en morceaux de 0$^m$,16 de long, soit au moyen de
cisailles, de scies à main ou de scies circulaires : ce dernier instrument est
celui qui présente le plus d'économie; une *scie circulaire* (Pl. I), de 0$^m$,40
de diamètre, faisant 1 500 tours par minute, débite en vingt-quatre heures
20 stères de bois cordé, de 0$^m$,80 de long, en bûchettes de 0$^m$,16 de long,
ce qui fait par morceau quatre traits de scie, représentant un déchet de
2 pour 100.

D'après M. Bineau auquel nous devons la publication de ces procédés,
les scies de 0$^m$,40 de diamètre, marchant à 1 500 tours, sont les plus favorables que l'on puisse adopter dans ce travail. Une scie circulaire exige une
force motrice d'environ 0,6 de cheval, et peut être servie par un homme
et un enfant par tournée.

Le bois scié est ensuite refendu, si cela est nécessaire; cette opération
se fait à la main, et quand les morceaux ne la réclament pas tous, l'ouvrier
peut en débiter environ cinq stères en douze heures de travail.

---

(1) Le bois vert est employé en Amérique, en Suisse et dans plusieurs départements de
la France, principalement dans ceux du Haut-Rhin, de la Saône, du Doubs et de la
Marne.

**169.** *Application des prix.* — Les frais de ces diverses opérations se composent ainsi qu'il suit :

1°. *Transport* des bûches du tas de bois à la scie qui doit se trouver au pied du fourneau : en supposant une distance de 100 mètres, deux hommes avec une voiture et un cheval, coûtant ensemble 6 fr. 50 cent. par jour, pourront transporter en un jour 40 stères de bois, pesant environ 15000 kilogrammes, ce qui fait 0f,162 par stère; la distance pouvant être un peu plus grande, nous compterons sur 0f,20 par stère;

2°. *Sciage et fente.* — La scie est servie par un homme et un enfant coûtant 1f,50+0f,60 = 2f,10, et débitant 10 stères par jour, ce qui fait 0f,21 par stère. Le prix de fente est nécessairement variable, mais on peut, en moyenne, évaluer le sciage et la fente à 0f,50;

3°. *Intérêts du capital* de premier établissement et *entretien.* — Le prix d'établissement d'une scie, de son moteur, du bâtiment, est évalué par M. Bineau à 2 000 fr., et il porte à 300 fr. l'intérêt du capital et l'entretien, soit 0f,05 par stère, en supposant 300 jours de travail (20 stères par vingt-quatre heures, ou 6000 stères par an); on a donc :

| | |
|---|---|
| 1°. Transport des bûches, par stère. . . . . . . . . . . | 0f,20 |
| 2°. Sciage et fente. . . . . . . . . . . . . . . . . . . . . . . . | 0 ,50 |
| 3°. Intérêts et entretien. . . . . . . . . . . . . . . . . . . . | 0 ,05 |
| Total (1). . . . . . . . . . . . . . | 0f,75 |

**170.** *Valeur calorifique.* — Pour juger de la valeur calorifique du bois vert, nous admettrons qu'un stère d'essences mélangées, cordées après l'abattage, pèse 360 kil. et contient :

35 pour 100 de charbon pur,
5 pour 100 de cendres (2),
60 pour 100 d'eau combinée ou interposée.

---

(1) M. Bineau évalue ces frais, y compris le montage du bois au gueulard des fourneaux, à 0,70 par stère, ainsi répartis :

| | |
|---|---|
| Transport du bois de la pile à la scie et de la scie au gueulard... | 0f,20 |
| Sciage et fente. . . . . . . . . . . . . . . . . . . . . . . . . . . . . . . . . . . . | 0 ,15 |
| Intérêt du capital et entretien . . . . . . . . . . . . . . . . . . . . . . . . | 0 ,05 |
| Total. . . . . . . . . . . . . . . . . . . . . | 0f,70 |

À l'usine d'Audincourt on a :

| | |
|---|---|
| Transport aux scies. . . . . . . . . . . . . . . . . . . . . . . . . . . . . . . . . | 0f,17 |
| Sciage. . . . . . . . . . . . . . . . . . . . . . . . . . . . . . . . . . . . . . . . . . . . | 0 ,30 |
| Fente. . . . . . . . . . . . . . . . . . . . . . . . . . . . . . . . . . . . . . . . . . . . . | 0 ,13 |
| Entretien et frais divers. . . . . . . . . . . . . . . . . . . . . . . . . . . . . | 0 ,10 |
| Total. . . . . . . . . . . . . . . . . . . . . | 0f,70 |

(2) C'est à dessein que nous exagérons la quantité de cendres, car on doit supposer

13

Cette grande quantité d'eau devant être évaporée dans le fourneau, consommera une partie de carbone égale à $\frac{60 \times 650}{7800} = 5$ kil. (1). 100 kil. de bois produiront donc l'effet de $35 - 5 = 30$ kil. de carbone.

Le stère perdant 3 pour 100 par le découpage, et ne pesant plus que $348^k,20$, son effet sera représenté par $348^k,20 \times 0,30 = 104^k,46$ de carbone.

**171.** *Rapport du bois vert au charbon.* — Le bois dont le stère pèse 360 kil., carbonisé par les procédés ordinaires, donnera du charbon qui, au sortir de la halle, pèsera environ 210 kil. le mètre cube, et contiendra 90 pour 100 de carbone; l'effet utile d'un mètre cube sera de $210 \times 0,90 = 189$ kil. Le rapport entre l'effet d'un stère de bois et celui du mètre cube de charbon sera $\frac{104,46}{189} = 0,552$. Ainsi, *théoriquement*, l'équivalent d'un stère de bois vert est de $0^{m\,3},55$ de charbon de halle.

Les résultats *pratiques* diffèrent peu de ceux que nous venons de trouver, car l'expérience a démontré qu'un mètre cube de bois remplaçait un demi-mètre cube de charbon, et la différence qui n'est que de $0^{m\,3},05$ s'explique par cette observation que, dans les fourneaux, le bois se brûle moins complétement que le charbon.

Jusqu'aujourd'hui on a rarement employé le bois vert seul dans l'alimentation des fourneaux, et le plus souvent on n'a remplacé par le bois que 50 pour 100 du charbon ordinairement employé; il n'y a cependant aucune impossibilité à opérer une substitution complète, et les usines qui y sont intéressées pourront le faire quand elles consentiront à construire des fourneaux spécialement appropriés à ce genre de combustible.

BOIS DESSÉCHÉS.

**172.** Nous entendons par bois desséché celui que l'on a débarrassé de toute l'eau hygrométrique qu'il contient, sans avoir altéré sa nature; mais il est rare que l'on puisse arrêter l'opération juste à ce point, et presque toujours il s'opère une légère décomposition par laquelle on perd quelques parties de carbone.

**173.** *Préparation et valeur.* — On prépare cette espèce de bois comme celui que l'on destine à être employé vert, c'est-à-dire qu'il doit être scié

---

qu'elles se chargent de toutes les matières terreuses, dont le bois s'imprègne dans le cours des manutentions qu'il subit.

(1) 1 kilog. d'eau exige 650 unités de chaleur pour se vaporiser.

et refendu. Tout le bénéfice que l'on peut trouver à l'employer sec plutôt que vert, dépend du prix que coûte la vaporisation des 30 ou 40 parties d'eau qu'on lui enlève.

Si nous supposons que l'on enlève 30 parties d'eau, 100 kil. de bois vert donneront 70 kil. de bois desséché, contenant 35 kil. de carbone.

100 kil. de bois desséché seront composés de :

Carbone......  .............  ............  50
Cendres...................................  5
Substances volatiles.........................  45

Total...................  100

Pour vaporiser ces 45 parties il faudra : $\frac{45 \times 650}{7\,800} = 3^k,75$ de carbone, et il en restera $50 - 3,75 = 46^k,25$ qui représenteront la valeur calorifique de 100 kil. de bois sec. 100 kil. de bois vert rendant 70 pour 100 seront donc représentés par $46,25 \times 0,7 = 32^k,375$, et l'effet du bois sec provenant d'un stère de bois vert sera de $348,20 \times 0,32375 = 112^k,73$ ; *son rapport à celui du mètre cube de charbon* sera $\frac{112,73}{189} = 0,59$ au lieu de 0,55 que nous avons trouvé pour le bois vert.

La différence, comme on le voit, est peu considérable ; aussi n'est-il pas étonnant que *dans la pratique* on ait souvent obtenu le même résultat que pour le bois vert, c'est-à-dire qu'un mètre cube de bois sec ne remplace qu'un demi-mètre cube de charbon ; ce fait, qu'une plus longue habitude de l'emploi du bois non carbonisé tend à modifier, indique la nécessité d'opérer la dessiccation avec la plus grande économie possible, et nous ne pouvons encourager que la méthode qui consiste à consacrer à cet objet la *flamme perdue* des hauts fourneaux ou des fours, de quelque espèce qu'ils soient, car c'est le seul moyen de ne pas constituer l'emploi du bois desséché en perte, par rapport à celui du bois vert.

**174.** *Dessiccation et prix de revient.* — Le stère de bois vert rend en volume $0^{m3},70$ à $0^{m3},80$ de bois desséché ; l'opération se fait dans des fours qui contiennent environ 16 stères de bois, et dure quatre jours, dont deux pour la dessiccation, et deux pour l'enfournement, le séchage, le défournement et le refroidissement. Le produit d'un four est donc de quatre stères par jour.

Le service de trois séchoirs, produisant 12 stères par jour, exige deux hommes et un enfant, soit $3^f,60$ pour 12 stères, ou $0^f30$ par stère.

Le prix d'un séchoir est estimé par M. Bineau à 1 800 francs ; nous pouvons le porter à 2 000 francs, et compter l'intérêt et l'entretien à 240 fr.

par an ; ce qui, pour un travail de 300 jours à 4 stères ou 1200 stères, fait 0f,20 par stère. En résumé, nous avons pour prix de la dessiccation de 1m3 de bois pris en forêt :

1°. Découpage ( comme pour le bois vert). . . . . . . . . . . .     0f,75
2°. Main-d'œuvre du séchage. . . . . . . . . . . . . . . . . . . . .   0 ,30
3°. Entretien et intérêts des fours. . . . . . . . . . . . . . . . .   0 ,20

Total. . . . . . . . . . . . . . .   1f,25

**173.** *Des fours.* — Dans les fours dont nous donnons un croquis (Pl. I, fig. 6 à 8), les gaz des fourneaux passent sous la plaque de fonte sur laquelle reposent le bois, et viennent, en remontant dans l'épaisseur de la maçonnerie, atteindre le bois à la partie supérieure, pour redescendre avec l'eau qu'ils entraînent, et s'échapper à la partie inférieure. Leurs dimensions sont de 3m,30 de côté, sur 2m,70 de hauteur, et les bûches y sont empilées avant le sciage qui n'a lieu qu'après la dessiccation.

Cette méthode nous paraît vicieuse sous beaucoup de rapports : le bois se dessécherait plus rapidement et d'une manière plus égale, si l'opération n'avait lieu qu'après le découpage; le sciage, il est vrai, paraît exiger plus de force motrice quand il s'opère sur du bois vert, mais ce faible excédant de dépense est bien compensé par la nécessité où l'on se place d'amener d'abord le bois au gueulard, puis de le transporter à la scie pour le ramener ensuite au fourneau; sans tenir même compte des avantages que procurerait la dessiccation opérée sur de petits volumes. De plus, ces fours nous paraissent trop grands; ils se remplissent lentement par le fait même de la longueur des bûches, et demandent à être refroidis après chaque opération.

Des fours dont la contenance ne serait que de deux à deux et demi stères, pourraient être chargés par la partie supérieure, en y projetant les bûchettes sans les arranger à la main, parce que le couvercle fait d'une seule plaque de fonte recouverte de terre, et équilibré par un contre-poids, s'enlèverait complétement et sans difficulté. Le four chargé, on remettrait le couvercle en le lutant grossièrement et on ouvrirait le registre d'admission des gaz ; l'opération, au lieu de quarante-huit heures n'en durerait que vingt-quatre et serait mieux faite. Celle-ci étant terminée on fermerait le registre, on ouvrirait la porte du bas, et le bois passerait immédiatement au gueulard.

Les opérations du séchage se suivant ainsi sans interruption, on obtiendrait le produit d'un four de 16m3 de contenance ( 4 stères par vingt-quatre heures ), avec quatre fours de 2 stères chacun, en supposant que l'opération complète dure quarante-huit heures, ce qui est beaucoup. Or, ces quatre fours de la contenance totale de $8^{m3}$,00 ne coûteraient guère, pour l'établissement et l'entretien, que la moitié du prix d'un four de $16^{m3}$,00 ; il y aurait sur ce point bénéfice de $0^f$,10 par stère et peut-être autant sur la main-d'œuvre à cause de la suppression du double transport : le prix de revient du stère serait donc réduit de $1^f$,25 à $1^f$,05.

**176.** Nous sommes loin de présenter ces appareils, même les derniers (Pl. I, fig. 3 à 5), comme exempts de tout inconvénient ; ils en ont au contraire beaucoup, et nous croyons devoir les signaler :

1°. Ils n'utilisent que la chaleur propre des gaz des hauts fourneaux, qui peuvent en développer bien davantage lorsqu'on les brûle après leur combinaison avec l'air atmosphérique ;

2°. La dessiccation ne peut pas se régler avec facilité, et fort souvent il arrive que le bois prend feu, sans que l'on puisse rien faire pour sauver le chargement d'un four.

Nous pensons que sous ces deux rapports, on obtiendrait de meilleurs résultats en envoyant dans les fours de dessiccation de l'air chauffé dans un appareil spécial, utilisant convenablement la puissance calorifique du gaz et permettant de régler avec facilité la température de l'air. Il est à regretter que l'essai n'en ait pas encore été fait.

#### BOIS MI-CARBONISÉ, TORRÉFIÉ; CHARBON ROUX; FUMERONS.

**177.** Toutes ces expressions sont à peu près synonymes et servent à qualifier les résultats d'une carbonisation imparfaite, produits intermédiaires entre le bois desséché et le charbon noir ; entre ces deux limites il y a une infinité de nuances auxquelles on peut arrêter la torréfaction ; nous considérerons cinq variétés dont les caractères et la valeur calorifique sont parfaitement définis dans un Mémoire de M. Sauvage (1), et nous examinerons leur valeur comme nous l'avons fait pour le bois desséché, afin d'avoir des résultats numériques facilement comparables entre eux.

**178.** Les différentes variétés de bois torréfié présentent les caractères suivants :

N° 1. 100 de bois vert en poids donnent............ 65,40
100 *idem* en volume donnent.......... 86,50

Les morceaux sont durs et ont conservé leur texture.

(1) *Annales des Mines,* 3ᵉ livraison, 1837.

N° 2. 100 en poids donnent.. ..... ...... ...... 53,00
100 en volume donnent.................... 76,00

Dureté et texture peu altérées ; couleur café claire à l'intérieur.

N° 3. 100 en poids donnent............. ...... 47,00
100 en volume donnent.................. . 58,00

Terme moyen auquel l'on emploie ordinairement le bois torréfié ; il conserve quelque ténacité ; sa couleur est plus foncée que celle du N° 2.

N° 4. 100 en poids donnent........ ............. 41,40
100 en volume donnent.................... 55,00

Limite supérieure où l'on arrête la calcination. Le produit est assez cassant, se broie facilement, et présente une couleur chocolat homogène.

N° 5. 100 en poids donnent.. .................... 39,00
100 en volume donnent............... ;........ 52,00

Il ne diffère du charbon que par sa couleur brune.

179. *Valeurs relatives.* — Ces données s'appliquent à du bois préparé qui par le découpage a déjà perdu 3 pour 100 en poids, et a gagné un dixième en volume environ. Pour avoir les résultats par rapport au bois brut, il faut donc modifier en conséquence les chiffres précédents. Ainsi pour le N° 1 :

100 de bois brut se réduiront en poids à............ 63,44
100 de bois brut se réduiront en volume à........... 95,15

D'après M. Sauvage, cette qualité renferme :

48 pour 100 de carbone
Et 50 pour 100 de matières volatiles (1),

dont l'évaporation dans le fourneau coûtera $\frac{50 \times 650}{7\,800} = 4^k,16$ de carbone. La partie utile sera donc de $48^k,00 - 4^k,16 = 43^k,84$ par 100 kil. de matière ou $27^k,81$ pour $63^k,44$ résultant de 100 kil. de bois brut.

En faisant le même calcul pour les quatre autres variétés nous formerons le tableau suivant :

_____

(1) La quantité de matières volatiles déterminées par M. Sauvage est bien de 79, mais comme elles contiennent 29 de carbone, elles se réduisent de fait à 50.

TABLEAU XXIII. — VARIÉTÉS DE BOIS TORRÉFIÉ.

| NATURE DES BOIS torréfiés. | 100 PARTIES DE | | | | QUANTITÉS DE CARBONE | | | | | |
|---|---|---|---|---|---|---|---|---|---|---|
| | BOIS BRUT se réduisent | | BOIS DÉCOUPÉ se réduisent | | CONTENUES dans 100 kilogr. de matière. | | CORRESPONDANTES à 100 kilogr. de bois découpé. | | CORRESPONDANTES à 100 kilogr. de bois brut. | |
| | en poids, à | en volume, à | en poids, à | en volume, à | Quantité réelle. | Quantité utile. | Quantité réelle. | Quantité utile. | Quantité réelle. | Quantité utile. |
| N° 1 | 63,41 | 95,15 | 65,10 | 86,50 | 48 | 43,84 | 31,39 | 28,67 | 30,45 | 27,81 |
| N° 2 | 51,41 | 83,60 | 53,00 | 76,00 | 53 | 49,28 | 28,09 | 26,12 | 27,25 | 25,33 |
| N° 3 | 45,59 | 63,80 | 47,00 | 58,00 | 59 | 55,67 | 27,73 | 26,16 | 26,90 | 25,38 |
| N° 4 | 40,16 | 60,50 | 41,10 | 55,00 | 60 | 56,91 | 24,84 | 23,56 | 24,09 | 22,85 |
| N° 5 | 37,83 | 57,20 | 39,00 | 52,00 | 64 | 61,31 | 24,96 | 23,90 | 24,21 | 23,20 |

Il est maintenant facile de trouver combien le bois torréfié provenant de
1 stère de bois vert pourra remplacer de charbon ; en considérant le N° 3 qui
représente une moyenne (1) entre le bois simplement desséché et le charbon
noir, prenant comme plus haut le poids du stère égal à 348$^k$,20 (2), et
la quantité de carbone contenue dans le mètre cube de charbon noir égale
à 189 kil., nous aurons $\frac{348,20 \times 0,2616}{189} = 0^{m3},48$. Dans la *pratique* on
trouve $0^{m3}$,45. Entre le résultat que l'on pouvait prévoir et le fait réel,
il y a donc bien peu de différence.

180. *Préparation.* — Il y a quelques années, la production du charbon
roux était encore un fait exceptionnel ; on l'obtenait accidentellement
dans la préparation du charbon noir, et telles étaient l'indifférence des
maîtres de forge et les préventions des ouvriers, que l'on portait la plus
grande attention à écarter du foyer d'affinerie tous les charbons dont la
préparation n'était pas parfaite. Grâce aux persévérants efforts de quelques
maîtres de forge, la question a changé de face, et tous ceux qui ont con-
science de leurs véritables intérêts font aujourd'hui les plus louables efforts
pour arriver à ne fabriquer que du charbon roux sans mélange de charbon
noir.

C'est à MM. Houzeau et Fauveau que l'on doit la première application

(1) Dans beaucoup d'usines on a senti avec raison qu'il était plus avantageux d'arrêter la
torréfaction lorsque le bois était à l'état N° 2. Ce dernier n'est en réalité que du bois desséché.

(2) Ce bois étant le plus ordinairement scié et refendu, nous tenons compte d'un déchet
de 3 pour 100.

du charbon roux à la fusion des minerais, et c'est sur le gueulard même des hauts fourneaux que ces Messieurs imaginèrent d'opérer sa préparation ; leur procédé, breveté en 1835, fut d'abord appliqué aux usines de Bièvres (Ardennes), de Montblainville (Meuse), et de Senuc (Ardennes), puis aux usines de Harraucourt et de Vendresse, situées toutes deux dans le département des Ardennes.

La torréfaction s'opère dans des caisses en fonte, chauffées par les gaz du gueulard ; chaque caisse fournit la charge du fourneau en combustibles, et sa capacité se calcule en conséquence.

Le bois est amené au gueulard en bûchettes de 0$^m$,16 de long, mis dans la caisse et projeté dans un étouffoir aussitôt que l'opération est terminée : l'étouffoir est ensuite amené au-dessus du gueulard dans lequel il laisse tomber son contenu.

A Harraucourt, la caisse cube 0$^{m3}$,70 et contient 0$^{m3}$,67 ; à Vendresse, la caisse cube 1$^{m3}$,00 et l'étouffoir 0$^{m3}$,70, ou environ les trois quarts du cube de la caisse. La durée de l'opération dépend à la fois des dimensions de l'appareil et de l'énergie du chauffage ; il ne faut pas qu'elle soit poussée trop rapidement, parce que les gaz enlèvent d'autant plus de parties combustibles que la distillation est plus rapide.

**181.** *Prix de revient.* — Une caisse de 0$^{m3}$,70 coûtant environ 1000 f. avec son étouffoir et tous ses accessoires peut torréfier 3 stères en vingt-quatre heures, ce qui fait environ cinq heures vingt minutes par opération. Dans une année de trois cent trente jours de travail, elle carbonisera 990 stères de bois vert.

En comptant à 150 fr. l'intérêt du capital et l'entretien, chaque stère coûtera $\frac{150}{999} = 0^f,15$.

Le service des fours exige environ trois hommes de plus au gueulard, soit 4$^f$,50 ; ils suffisent pour surveiller la carbonisation de 36 stères, soit donc $\frac{450}{36} = 0^f,125$ par stère ; nous compterons 0$^f$,15.

D'après ces données on a pour le prix de revient de la torréfaction de 1 stère de bois vert :

| | |
|---|---|
| 1°. Découpage (comme plus haut)...................... | 0$^f$,75 |
| 2°. Intérêts et entretien des appareils............... | 0 ,15 |
| 3°. Main-d'œuvre..................................... | 0 ,15 |
| 4°. Indemnité du brevet (1)........................... | 0 ,10 |
| Total...................... | 1$^f$,15 |

_____

(1) La licence coûte 1200 fr. par an et par fourneau.

**182.** La disposition que nous rapportons (Pl. I, fig. 9 à 28) d'après les dessins de M. Sauvage donne de bons résultats, et nous paraît être une des meilleures qui aient été employées; les modifications que l'on pourrait y apporter devraient être principalement dirigées vers un meilleur emploi de la chaleur des gaz; leur mélange avec l'air atmosphérique n'est pas opéré d'après les principes qui ont été consacrés par les dernières applications, et qui peuvent seuls assurer l'utilisation de tout le combustible dont ils sont porteurs (1).

**183.** *Emploi.* — Le charbon roux, qui, dans le principe, n'avait été employé qu'en mélange avec du charbon noir, a fini par l'être exclusivement, soit dans les hauts fourneaux, soit dans les feux d'affinerie. Les retards que subit aujourd'hui son application, ainsi que celle du bois desséché, tiennent à deux causes, qui sont l'augmentation des frais de transport des combustibles de la forêt à l'usine, et les dépenses aussi bien que les embarras occasionnés par la carbonisation au gueulard.

Ces deux causes seront appréciées à leur juste valeur dans la comparaison des résultats économiques que l'on peut obtenir avec les différents combustibles; mais nous devons écarter de suite les doutes que l'on pourrait concevoir sur la possibilité de la carbonisation au gueulard, marchant de pair avec le chauffage de l'air et des chaudières du moteur, auquel les flammes perdues reviennent pour ainsi dire de droit; car nous verrons que la réunion de tous ces appareils est encore loin d'employer toute la chaleur perdue des hauts fourneaux. Elle entraîne sans doute à des constructions un peu plus compliquées que celles qui existent aujourd'hui; mais on ne doit pas s'en effrayer, puisque l'on sait que rien ne force à placer tous ces appareils au gueulard, et qu'ils peuvent, sans aucune difficulté, être établis dans le bas, où l'on a toute la latitude possible. Quoi qu'il en soit, les motifs que nous venons de signaler, et le premier par-dessus tout, ont engagé beaucoup de praticiens à tenter la fabrication du charbon roux en forêts, et la question, quoique fort difficile, paraît être sur la voie d'une solution définitive.

Il est évident que cette méthode, en diminuant le travail qui se fait à

---

(1) Deux ingénieurs (MM. Thomas et Laurens) ont fait quelques essais sur la torréfaction du bois au moyen de la vapeur d'eau produite à basse pression et portée par un chauffage spécial à une assez haute température. Les résultats obtenus semblent indiquer que ce procédé n'est pas sans avenir, et il serait à désirer qu'il reçût quelques grandes applications qui pussent entièrement fixer l'opinion à son égard.

l'usine, et en permettant de n'y amener que des produits prêts à être employés, présente de grands avantages, surtout pour les anciens fourneaux,
dont les constructions accessoires ne sont pas disposées dans le but de la
carbonisation par les gaz. Nous pensons donc qu'elle doit souvent être pré-
férée à la première, et qu'elle exercera une grande influence sur le mode
d'emploi des combustibles.

### CHARBON ROUX OU BOIS DESSÉCHÉ FAIT EN FORÊTS.

**184.** On a vainement essayé la fabrication des fumerons, au moyen
des meules qui servent à faire le charbon ordinaire : toujours on a obtenu
des produits mélangés de beaucoup de charbons noirs et de forts déchets.
La difficulté de créer des produits homogènes, et d'arrêter l'opération au
point opportun, était sérieuse, et l'on n'a pu la résoudre qu'en renonçant
à l'inflammation des meules; ainsi que l'a fait M. Échement (1), dont le
procédé est aujourd'hui le seul, à notre connaissance, qui soit susceptible
d'être appliqué sur une grande échelle.

**185.** *Préparation.* — On prépare une aire rectangulaire, au milieu de
laquelle on creuse, dans le sens de la longueur, un canal d'environ 0<sup>m</sup>,35
de profondeur, et autant de largeur; en avant de celui-ci on creuse une
place à la même profondeur, et l'on y dispose un *foyer* en fonte, muni
d'une *buse* de même métal, qui s'engage dans le canal. Le foyer peut être
alimenté avec du bois ou tout autre combustible, et le tirage est produit
par un petit ventilateur en bois de 0<sup>m</sup>,88 de diamètre, susceptible de faire
300 à 320 tours à la minute.

On recouvre les plaques de fonte du foyer en terre bien damée, afin que
le bois ne se trouve pas en contact avec elles, lorsqu'elles deviennent rouges;
puis on commence le *dressage* du tas : on le dispose ordinairement comme
l'indique la fig. 5 de la Pl. II, en ménageant une voûte au-dessus de la
rigole, et en facilitant la circulation des gaz qui s'échappent du foyer dans
toute la partie inférieure, par un arrangement convenable des bûches.
Tout le bois des parties centrales est disposé perpendiculairement à la
rigole, et ce n'est que pour achever la meule, et lui donner sa forme, que
l'on place du menu bois dans une position inclinée sur les faces latérales.
Le tas est recouvert d'une couche assez épaisse de terre, de menus débris,
de feuilles, de mousse, etc., tassés avec soin.

On peut sans inconvénient adopter l'arrangement de la fig. 6, et dispo-

---

(1) *Annales des Mines*, 6<sup>e</sup> livraison 1839, et 6<sup>e</sup> livraison 1840.

ser les bois en long dans la partie supérieure; mais, dans l'un ou l'autre cas, il faut que les plus grosses bûches soient les plus rapprochées de la rigole.

Les tas ont environ 7ᵐ,50 de long, 5ᵐ,00 de largeur à la base, et 1ᵐ,50 à 2ᵐ,00 de hauteur; ils contiennent 25 à 30 stères.

On commence l'opération en mettant du bois sur la grille, et en faisant marcher le ventilateur, à 320 tours par minute, pendant dix à douze heures environ; au bout de trois à quatre heures, la vapeur se dégage fortement, et l'ouvrier veille à ce que tout se passe régulièrement; neuf à dix heures après la mise en feu, le tas s'affaisse à la partie postérieure, et on ouvre de ce côté, et dans le voisinage du sol, deux ventouses qui accélèrent la dessiccation de toute cette partie.

Au bout de une à deux heures, on ferme ces ventouses, on diminue la vitesse du ventilateur, qui ne fait plus que 240 tours, et l'on marche ainsi pendant une période de six à huit heures, à la fin de laquelle on ouvre pour une heure ou deux quelques ventouses latérales.

Pendant la troisième période qui dure huit à dix heures, on souffle à 150 tours, et vers la fin, on perce encore des ventouses à la partie antérieure du tas. Lorsque ce côté s'est affaissé au même niveau que celui de l'arrière, l'opération est terminée; elle dure ordinairement vingt-quatre heures, et le bois peut être enlevé douze heures après. Un maître charbonnier et trois aides, munis de deux ventilateurs et de deux foyers, peuvent avoir constamment une meule en dressage, une en feu, et une en démolition.

**186.** *Produits et prix.* — On peut avec cette méthode amener le bois torréfié à l'un des états que nous avons signalés plus haut; mais comme on court d'autant plus de risques d'enflammer la masse que l'opération est poussée plus loin, on s'arrête ordinairement dès que le bois a perdu toute son eau hygrométrique, et l'on n'obtient ainsi que du *bois desséché* qui, pour la perte en poids et en volume, ressemble tout à fait à celui que l'on obtient dans les fours de dessication, c'est-à-dire que la perte en poids est environ de 30 pour 100, et celle en volume de 23 pour 100. On *consomme* ordinairement sur la grille 0,08 à 0,10 de la quantité de bois qui forme la meule, soit trois stères pour une meule de 30 stères; cependant, comme on peut employer à cet usage du bois d'une valeur beaucoup moindre, tel que des branches, des ramilles, etc., on peut ne compter comme dépense que sur une consommation de 1/15 ou de 2 stères pour 30.

32 stères pesant $32 \times 360^k = 11\,520^k$, se réduisent en volume à

$30 \times 0,77 = 23^{st},10$ ou 1 stère à $0^{m3},72$, et en poids à $30 \times 360 \times 0,70 = 7560^k$ ou $100^k$ à $65^k,62$; mais à cause du déchet résultant du sciage et de la fente, 100 kil. ne donnent guère que 64 kil. de bois prêt à être employé.

100 kil. de bois desséché contenant à peu près 46,25 de carbone utile (n° 173), 100 de bois vert seront représentés par $64 \times 0,4625 = 29^k,60$, et l'effet du bois sec provenant d'un stère de bois vert sera $360 \times 0,296 = 106,56$.

**187.** Bien que cette méthode donne un peu moins de combustible que celle de la dessiccation par les flammes perdues, elle peut néanmoins être très-avantageuse en raison des transports et du prix des appareils qui sont beaucoup moins dispendieux que dans l'autre procédé.

Deux ventilateurs en bois, et deux foyers pesant ensemble environ 510 kil., coûtent à peu près 250 francs, et peuvent dessécher en 250 jours de travail 7 500 stères de bois; en supposant qu'ils soient hors de service au bout de ce temps, la dépense par stère de bois s'élève à $\frac{250}{7\,500} = 0^f,038$;

| | |
|---|---|
| Soit à cause des réparations.......................... | 0f,05 |
| La torréfaction se paye à raison de.................. | 0 ,10 |
| Le sciage et la fente à l'usine valent................. | 0 ,60 |
| Total.................................. | 1f,05 |

Ce prix étant le même que celui de la dessiccation à l'usine, on voit que si le rendement était égal, on se trouverait en bénéfice du prix de transport de tout le poids que le bois a perdu par l'opération.

**188.** Le procédé de M. Échement n'ayant pas encore atteint le degré de perfection dont il est susceptible, et les ouvriers qui le pratiquent n'ayant pas acquis toute l'expérience que l'on peut attendre d'une longue habitude, la méthode de la dessiccation en forêts, ne donne pas dès aujourd'hui les meilleurs résultats possibles; sans aucun doute elle s'améliorera et finira par remplacer la carbonisation ordinaire dans la plupart de nos usines.

### CHARBON NOIR.

**189.** Le charbon noir est le produit que l'on obtient en faisant dégager au bois toutes les substances volatiles qu'il peut contenir; théoriquement, il ne doit donc se composer que de carbone pur et de cendres, mais il n'en est jamais ainsi dans la pratique.

**190.** *Propriétés générales.* — Le charbon, comme tous les corps *poreux*, a la propriété d'absorber les *gaz* et les *vapeurs* avec lesquels il se trouve en contact. Dans un *air humide* il peut absorber jusqu'à 10 et même 20 pour 100 de son poids d'eau, surtout quand ses pores sont lâches et que sa densité est faible.

La *densité* du charbon varie avec la nature des essences, le mode de la fabrication et la quantité d'eau dont il est chargé. Les bois durs produisent un charbon pesant; une carbonisation rapide augmente sa porosité.

Réduit en poudre, sa *densité* est à peu près double de celle de l'eau, mais le *poids des charbons* du commerce, mesurés par les méthodes ordinaires, est beaucoup moindre. M. Walter rapporte les chiffres suivants comme des moyennes qui méritent une entière confiance :

| | |
|---|---|
| Charbon de hêtre en rondins et bois de fente. | 260 à 280 kil. le $^{m\,3}$. |
| *Idem*, *idem*, en bois de cimée........ | 230 à 240 |
| *Idem*, de chêne en rondins et bois de fente. | 220 à 250 |
| *Idem*, *idem*, en taillis............... | 200 à 210 |
| *Idem*, de bois tendres............... | 140 à 180 |
| *Idem*, de pin et de sapin............. | 180 à 220 |

Nous avons admis et continuons à admettre le chiffre de 210 kilogr. comme représentant le poids du mètre cube de charbon provenant de bois dont le stère pèse 360 kil.

**191.** *Pouvoir calorifique.* — Le charbon des usines contient environ 5 pour 100 de cendres et 5 pour 100 d'eau, en supposant toutefois qu'il ait été préparé et conservé avec tous les soins que l'on doit y apporter. Son pouvoir calorifique est dans ce cas de $7\,800 \times 0{,}90 = 7\,020$, soit environ 7 000. Les expériences directes que l'on a faites se rapprochent beaucoup de ce chiffre.

Son *pouvoir rayonnant* est égal à 1/3 du pouvoir calorifique total; sa *capacité pour le calorique* est les 0,26 de celle de l'eau.

**192.** *Préparation.* — On peut préparer le charbon de bois par deux méthodes distinctes :

1°. En vases clos chauffés extérieurement;

2°. En meules ou en tas échauffés par la combustion d'une partie intégrante de la masse.

La première méthode n'est applicable que lorsque l'on veut recueillir les produits de la distillation; dans ce cas, il faut presser l'opération, et les résidus solides que l'on obtient sont légers et peu propres aux travaux métallurgiques. La deuxième méthode est la plus répandue, et se pratique dans les forêts.

On *coupe* généralement les bois pendant l'hiver; on les débite soit à la

hache, soit à la scie, quand on veut opérer avec économie, et l'on carbonise pendant la belle saison. Le bois abattu est *débité* en bûches de 0^m,80
à 2^m,00 de long, mis en *cordes* et *mesuré*. On le transporte ensuite à l'aire
de carbonisation, ou *faulde*, où on le dispose en *tas* ou en *meules*.

193. Les *tas* ont 2^m,50 à 3^m,00 de largeur à la base, et contiennent de
40 à 60 stères de bois ; on allume le tas par une extrémité, et on retire le
charbon à mesure que la combustion se propage ; cette méthode est peu
usitée.

En France, on carbonise généralement en *meules* dont les diamètres
varient de deux à douze mètres, la hauteur étant à peu près égale au
rayon de la base. Les meules ordinaires contiennent 30 à 40 stères, mais
on doit faire varier leurs dimensions suivant l'abondance de la forêt que
l'on exploite, car on augmenterait beaucoup les frais de transport en vou-
lant faire de grandes meules dans une forêt très-claire.

La méthode italienne par laquelle on opère sur des meules de 500 stères
paraît donner des résultats préférables à ceux que l'on obtient ordinairement : on doit plutôt les attribuer aux soins de toute espèce que l'on
apporte dans la conduite du feu et la construction des meules, qu'à leurs
fortes dimensions.

194. La nature du terrain sur lequel on opère la carbonisation (1)
exerce une assez grande influence sur les résultats ; il faut autant que possible le choisir sec et légèrement perméable, afin que l'eau de condensation
puisse être absorbée par le sol. Le règlement des *courants d'air* qui servent
à la propagation de la chaleur dans la masse est la source de toutes les difficultés que présente cette opération : aussi le vent est-il la cause la plus
générale des perturbations qui peuvent survenir pendant sa durée. C'est
dans le but de neutraliser ses effets et de régler facilement le tirage que l'on
a inventé une foule d'appareils et de procédés que l'on a voulu substituer
aux méthodes ordinaires ; malheureusement la question n'a été résolue
qu'avec des dépenses si considérables que l'augmentation des produits n'a
jamais pu les couvrir.

La carbonisation est par elle-même une opération ingrate, dans laquelle
l'art ne réussit à augmenter médiocrement les produits qu'en élevant beaucoup leur prix de revient. Aussi ne faut-il pas s'étonner que l'on en soit
resté aux premiers procédés! Pour le maître de forges, la question n'est pas

---

(1) Les détails de la carbonisation ordinaire étant très-connus, nous ne les rapporterons
pas ici.

surtout dans la quantité de charbon qu'il peut retirer d'une corde de bois ;
elle est bien davantage dans le prix que lui coûte la mesure de ce combustible !

193. C'est la difficulté de résoudre directement le problème de la carbonisation qui a conduit les novateurs à envisager la question sous un autre
point de vue ; dans l'impossibilité de faire du charbon à bon marché, ils
ont cherché à n'en pas faire du tout, et à employer soit le bois vert, soit
le bois desséché ou torréfié ; le succès a répondu à leurs efforts, et la première question est à peu près abandonnée comme objet de recherches. On
aurait cependant tort de croire qu'il n'y a pas lieu de modifier l'état actuel
de la fabrication ; la limite des améliorations possibles est restreinte, mais
elle n'est pas atteinte.

En marchant vers ce but, il faut se rappeler que toutes les méthodes qui
ont procédé, soit par l'établissement de maçonneries à demeure, telles que
fosses, fours, etc., ou par des appareils mobiles en fonte, fer ou tôle,
chers à acheter, à transporter et à entretenir, n'ont jamais été économiquement applicables ; il faut donc renoncer à chercher dans cette direction,
et tâcher au contraire de conserver la carbonisation en meules, qui est la
plus simple et la plus économique, en la pratiquant avec soin et avec quelques précautions que nous croyons devoir rappeler :

1°. Choisir le terrain le plus convenable pour l'établissement de la
faulde ;

2°. Assortir tous les échantillons de bois que l'on a, et ne composer une
meule que de bois de même volume ;

3°. Séparer les essences, et ne point carboniser les bois durs avec les bois
tendres ;

4°. Bâtir la meule avec le plus grand soin, en ne laissant que le moins de
vides possible ;

5°. La garantir de l'action du vent ; c'est là la question importante, et
on peut la résoudre assez facilement pour les petites meules surtout,
par l'emploi de simples abris faits en branches d'arbres et soutenus
par quelques perches. Ces abris sont les seuls économiquement possibles
quand la meule n'est pas naturellement protégée par des accidents de
terrain, et ils sont assez efficaces quand ils sont disposés avec intelligence.

L'expérience a démontré qu'en appliquant ces principes, il n'y avait
aucune difficulté à obtenir par la méthode ordinaire d'aussi bons produits
et en aussi grande quantité que par les appareils dispendieux dont les hom-

mes de pure théorie se sont faits les prôneurs; il n'y a donc en fait aucune raison de changer de procédé, pourvu que l'on s'attache à employer de bons ouvriers, à les bien conduire et à les *surveiller* beaucoup plus qu'on ne le fait généralement aujourd'hui.

**196.** *Des produits.* — Il est facile de calculer le *maximum de produit* que l'on peut obtenir par la carbonisation en meules : 100 kil. de bois contenant 35 kil. de carbone et 60 kil. d'eau, il faut pour vaporiser l'eau $\frac{60 \times 650}{7\,800} = 5$ kil. de charbon, puis pour élever 35 kil. de charbon à une température d'environ 500°, il faudra $\frac{35 \times 500 \times 0,26}{7\,800} = 0^k,58$ de charbon; la perte totale de carbone étant de $5^k,58$, il n'en peut rester que $35 - 5,58 = 29^k,42$, chiffre trop fort encore puisqu'il y a une perte de chaleur par les parois de la meule et une certaine quantité de carbone enlevée à l'état d'hydrogène carboné par suite de la décomposition de l'eau. En fait, on ne peut pas espérer un produit qui dépasse 25 pour 100.

Aux déchets de l'opération en elle-même, viennent se joindre ceux qui résultent du transport du charbon à l'usine, et de son séjour dans les halles, avant l'emploi; on les évalue en moyenne à 12 pour 100, ce qui réduit le produit employé à 22 pour 100 du poids du bois sur lequel on a opéré ou à 0,37 du volume primitif.

Ce résultat, quelque faible qu'il paraisse, est cependant un maximum que la pratique ne peut atteindre qu'avec difficulté, et on doit compter qu'un *rendement* de 19 pour 100 *en poids* ou de 0,325 en *volume* est le fait d'une bonne marche obtenue sans frais extraordinaires, mais avec de bons ouvriers et une surveillance convenable. C'est une moyenne entre les limites de la théorie, et la pratique actuelle qui rend 17 pour 100 en poids et 0,29 en volume. Si maintenant nous tenons compte de ce que le charbon ordinaire contient au plus 0,90 de son poids de carbone pur, nous trouverons que la quantité de *carbone utilisable* pour 100 kil. de bois vert est de $19 \times 0,90 = 17^k,10$.

**197.** *Prix de fabrication.* — Ces prix sont assez variables et diffèrent suivant les localités.

Dans la Meuse et les Ardennes, on a par stère de bois :

Abattage, façon et cordage......................... 0',50

Transport à la faulde à raison de 0',10 à 0',15 par kilo-
    mètre, soit.................................... 0 ,20

Cuisson et frais divers............................ 0 ,25

     Total..... ... .......... 0',95

En Franche-Comté on a en moyenne :

Abattage, façon et cordage.......................  0f,30
Dressage..........................................  0 ,20
Cuisson...........................................  0 ,09

             Total...................  0f,59

Dans le Berry on a :

Abattage, façon et cordage.......................  0f,50
Dressage et cuisson..............................  0 ,48

             Total ..................  0f,98

**108.** *Transport et conservation.* — Le transport des charbons de la forêt à l'usine se fait, suivant les localités : dans des *bannes* qui contiennent 2 à 3 $m^3$ ; ou dans des sacs qui contiennent environ un cinquième de mètre cube, et que l'on transporte sur des voitures ou à dos de mulet. La première méthode donne en général moins de déchets que la seconde, mais elle n'est praticable que lorsqu'on a de beaux chemins à sa disposition, ce qui est assez rare en France, surtout dans les pays montagneux et boisés.

La rentrée des charbons n'ayant lieu que pendant l'été, il s'ensuit qu'une usine est obligée d'emmagasiner sa consommation de huit à dix mois de roulement ; sauf le déchet qui en est la conséquence, ce n'est pas un très-grand mal, puisqu'il est reconnu que le charbon frais brûle plus vite et porte moins de mine que le charbon fabriqué depuis quelques mois ; mais la nécessité de faire des avances de fonds assez considérables et de construire des *halles* où tout l'approvisionnement soit placé à l'abri de la pluie et de la gelée est toujours pour le fabricant une source d'embarras plus ou moins sérieux.

Souvent on se passe de halles, et on laisse le charbon en plein air en croyant réaliser une certaine économie ; ce fait est le résultat de l'erreur la plus inexplicable chez des industriels qui se plaignent sans cesse du haut prix des combustibles, car il est constant que le charbon qui reste à l'air pendant l'hiver perd au moins un quinzième de plus pour cent que dans les halles. A ce taux il est facile de voir que le prix de construction d'une halle peut être regagné dans un espace de quatre à cinq ans. Soit en effet une halle de 5800 $m^3$ de contenance et coûtant comme celle dont nous donnons un croquis (Pl. III, fig. 1 à 4), environ 17 000 fr. de construction, ou 4f,50 par mètre cube de capacité ; en comptant le prix du mètre cube de charbon à 15 fr., l'emmagasinage en halle évitera une perte de 1f,00 par an et par mètre cube ; en sorte que la dépense sera couverte en 4 ans et 6 mois. Ce calcul si simple prouve jusqu'à l'évidence combien il est utile de construire des magasins couverts, pour abriter les charbons noirs ou roux que l'on fabrique en forêts.

**199.** *Des halles.* — On place ordinairement les halles à proximité des foyers de consommation, afin d'éviter des frais de transport dispendieux ; leurs abords doivent être libres pour la commodité du service et des secours à apporter dans le cas d'incendie. Leur capacité varie de 3 à 6000$^{m\,3}$, et ne peut guère dépasser ce chiffre sans nuire à la distribution facile du charbon.

Quelle que soit la hauteur de l'entrait au-dessus du sol , la *hauteur du tas* ne doit pas dépasser 6$^m$,oo ; au delà de cette limite les charbons qui se trouvent sous la masse s'écrasent et donnent beaucoup de déchets. Lorsqu'avec un tas de 6$^m$,oo l'entrait est placé à 3$^m$ ou 3$^m$,5o, la charpente se trouve elle-même surchargée; il vaut donc mieux l'établir à 5$^m$,oo ou 5$^m$,5o au-dessus du sol et limiter à cette hauteur l'élévation du tas.

La toiture des halles doit être impénétrable à la pluie et à la neige, et munie de nombreuses ouvertures qui permettent la circulation de l'air. Le sol doit être sec, pavé si cela est possible sans trop de dépenses, et présenter une légère inclinaison de l'axe vers les côtés latéraux.

Souvent, dans la crainte des incendies, on partage les halles en compartiments de 15 à 18$^m$ de longueur, au moyen de murs qui dépassent la toiture, et qui sont couronnés par un escalier en pierres qui permet de circuler sur leur crête. Cette précaution est excellente lorsque les halles sont très-rapprochées des usines; elle n'a d'autre inconvénient que celui d'augmenter le prix de construction.

La plupart des halles existantes ont leurs faces latérales faites en murs pleins; mais on renonce aujourd'hui à ce mode de construction pour lui en substituer un plus simple et moins dispendieux. Les fermes sont supportées par de simples piliers en maçonnerie, laissant entre eux des intervalles vides, que l'on remplit avec un clayonnage au fur et à mesure que la halle se remplit. Cette disposition facilite beaucoup le service.

Pour *remplir les halles*, on dispose ordinairement à l'extérieur des escaliers, ou des plans inclinés, qui aboutissent à de grandes lucarnes percées dans la toiture; puis, lorsque le tas a dépassé l'entrait, on place sur le charbon des planches munies de tasseaux, au moyen desquelles les ouvriers arrivent jusqu'à la crête du talus pour y verser le charbon. Cette dernière habitude est vicieuse, en ce qu'elle produit encore beaucoup de déchets que l'on éviterait en n'élevant pas le tas au-dessus de l'entrait. Dans ce cas, il serait peut-être avantageux d'adopter une disposition pareille à celle que nous avons indiquée (Pl. III, fig. 5). Elle permet un déchargement intérieur, et facilite la circulation au niveau de l'entrait, sans marcher sur les charbons.

**200. *Prix par mètre cube emmagasiné.*** — La halle (1) représentée (Pl. III, fig. 1 à 4) a été établie dans de bonnes conditions, et contient environ 3800$^{m3}$, lorsqu'elle est remplie jusqu'au second entrait. Son prix de construction (voir le devis détaillé à la description des Planches) s'est élevé à 17 000 fr.

En comptant à 1400 fr. par an l'intérêt du capital et les frais d'entretien, on a pour le prix d'emmagasinage de 1$^{m3}$, $\dfrac{1400}{3800} = 0^f,370$, soit environ $0^f,12$, pour prix de l'emmagasinage du charbon provenant de 1 stère de bois vert.

## EXAMEN COMPARATIF DES DIFFÉRENTS COMBUSTIBLES VÉGÉTAUX.

**201.** Nous comparerons ces produits entre eux, d'abord sous le rapport de leur *valeur calorifique*, puis au point de vue de l'économie d'argent qu'on peut réaliser en employant l'un plutôt que l'autre, suivant le prix du bois et la distance des transports.

N° XXIV. TABLEAU RELATIF AUX VALEURS CALORIFIQUES DES COMBUSTIBLES VÉGÉTAUX.

| | RENDEMENT | | | | CARBONE UTILISÉ | | | | POIDS MOYEN du mètre cube. |
|---|---|---|---|---|---|---|---|---|---|
| | DE 100 KILOGR. de bois brut. | | DU STÈRE de bois brut pesant 360 kilogr. | | Pour 100 kil. de bois brut. | Par stère de bois brut. | Pour 100 kil. du produit. | Pour 1$^{m3}$ du produit. | |
| | en poids. | en volume. | en poids. | en volume. | | | | | |
| | kil. | | kil. | | kil. | kil. | kil. | kil. | kil. |
| Bois vert découpé. . . . . . | 97,00 | 0$^{m3}$,310 | 348,20 | 1$^{m3}$,100 | 30,000 | 104,16 | 29,10 | 91,91 | 315,95 |
| Bois vert desséché . . . . . . | 70,00 | 0$^{m3}$,230 | 243,75 | 0$^{m3}$,800 | 32,375 | 112,73 | 16,25 | 110,90 | 304,67 |
| Bois desséché des forêts... | 61,00 | 0$^{m3}$,200 | 230,00 | 0$^{m3}$,720 | 29,600 | 106,56 | 16,25 | 110,90 | 305,00 |
| Charbon roux du gueulard. | 45,59 | 0$^{m3}$,177 | 161,12 | 0$^{m3}$,638 | 25,380 | 91,36 | 55,67 | 143,20 | 257,24 |
| Charbon noir des forêts... | 19,00 | 0$^{m3}$,090 | 68,10 | 0$^{m3}$,325 | 17,100 | 61,56 | 90,00 | 189,00 | 210,00 |

On voit par ce tableau que l'usage du bois desséché est celui qui conduit à l'utilisation la plus complète de la partie combustible du bois. Il n'est

(1) Elle a été construite par M. Ferry.

pas étonnant qu'il en soit ainsi ; car, en employant le bois vert, l'eau se
volatilise aux dépens même des combustibles, et dans les autres préparations le dégagement de la vapeur ne peut s'opérer qu'en entraînant une
quantité de carbone d'autant plus considérable que l'opération est poussée
plus loin. Nous en concluons que tous les efforts doivent être dirigés
vers l'emploi exclusif du bois desséché, et la recherche des *prix de
revient* des différents combustibles ne fera que confirmer notre opinion à
cet égard.

### 1°. EMPLOI DU BOIS VERT.

Achat du stère sur pied......................... P.
Abattage, façon, cordage........................... 0ʳ,50
Transport à 0ʳ,25 par kilomètre et par 1 000 kil. pour
    360 kil. à 4 kilomètres......................... 0 ,36
Empilage à l'usine.... ......................... 0 ,10
Sciage et fente................................. 0 ,75

Total par stère de bois vert exploité à 4 kilomètres.. P + 1ʳ,71

D'après le tableau précédent, le stère de bois vert donnant 104,46
de carbone utile, 100 de carbone utile coûteront $(P + 1,71)\frac{100}{104,46}$ ou
$(P + 1,71)0,96$.

### 2°. EMPLOI DU BOIS DESSÉCHÉ.

Achat du stère sur pied......................... P.
Abattage, façon, cordage........................... 0ʳ,50
Transport de 360 kil. à 4 kilomètres.................. 0 ,36
Empilage à l'usine............................. 0 ,10
Découpage et dessiccation........................ 1 ,05

Total par stère............... P + 2ʳ,01

100 de carbone utile coûtent $(P + 2,01)\frac{100}{112,73} = (P + 2,01)0,89$.

### 3°. EMPLOI DU BOIS DESSÉCHÉ FAIT EN FORÊTS.

Achat du stère sur pied......................... P.
Abattage, façon, cordage........................... 0ʳ,50
Transport au tas, dressage et cuisson................. 0 ,45
Transport de 230ᵏ à 4 kilomètres................... 0 ,23
Emmagasinage à l'usine.......................... 0 ,12
Découpage. .............................. 0 ,60

Total par stère de bois vert..... P + 1ʳ,90

100 kil. de carbone coûtent $(P + 1,90)\frac{100}{100,50} = (P + 1,90)0,95$.

#### 4°. EMPLOI DU CHARBON ROUX FAIT AU GUEULARD.

Achat du stère sur pied. . . . . . . . . . . . . . . . . . . . . . . . . . P.
Abattage, façon, cordage. . . . . . . . . . . . . . . . . . . . . . . . 0f,50
Transport de 360 kil. à 4 kilomètres. . . . . . . . . . . . . . . 0 ,36
Empilage à l'usine. . . . . . . . . . . . . . . . . . . . . . . . . . . . . 0 ,10
Découpage et torréfaction. . . . . . . . . . . . . . . . . . . . . . . 1 ,15

Total par stère de bois vert. . . . . P + 2f,11

$$100 \text{ de carbone coûtent } (P + 2,11)\frac{100}{91,36} = (P + 2,11)\,1,09.$$

#### 5°. EMPLOI DU CHARBON NOIR DES FORÊTS.

Achat du stère sur pied. . . . . . . . . . . . . . . . . . . . . . . . . . P.
Abattage, façon, cordage. . . . . . . . . . . . . . . . . . . . . . . . 0f,50
Transport au tas, dressage et cuisson. . . . . . . . . . . . . . . 0 ,40
Transport de 74k,60 (1) à 4 kilomètres. . . . . . . . . . . . . . 0 ,08
Emmagasinage. . . . . . . . . . . . . . . . . . . . . . . . . . . . . . . . . 0 ,12

Total par stère de bois vert. . . . . P + 1f,10

$$100 \text{ de carbone coûtent } (P + 1,10)\frac{100}{61,56} = (P + 1,10)\,1,62.$$

**202.** Les éléments variables des évaluations précédentes sont, le prix d'achat du bois sur pied et les prix de transport. Dans les tableaux suivants, nous avons fait varier le prix d'achat depuis 1f,50 jusqu'à 6f,00, et la distance des transports depuis 4 kilomètres jusqu'à 40. Nous avons ainsi obtenu une série de prix de revient comparables entre eux, et déterminant pour chaque cas le genre de préparation qu'il est le plus économique de faire subir aux bois. Nous n'avons pas tenu compte de l'intérêt du capital engagé; c'est un élément dont les limites de variation sont très-étendues, et il nous suffit de faire observer qu'il offre un argument de plus en faveur des nouveaux procédés, contre l'emploi du charbon noir.

---

(1) 74,60 comprend le déchet en halles. Le rendement réel est de 68,40.

N° XXV. — Tableau indiquant les prix de revient de 100 parties de carbone utile, d'après le combustible employé, le prix du bois, et celui des transports.

| NATURE du COMBUSTIBLE. | PRIX DU STIÈRE sur pied. | DISTANCES DE LA FORÊT A L'USINE exprimées en kilomètres. | | | | | | | | |
|---|---|---|---|---|---|---|---|---|---|---|
| | | 4. | 8. | 12. | 16. | 20. | 25. | 30. | 35. | 40. |
| Bois vert............. | 1,50 | 3,08 | 3,43 | 3,78 | 4,12 | 4,46 | 4,90 | 5,33 | 5,76 | 6,19 |
| Bois desséché........ | 1,50 | 3,12 | 3,44 | 3,76 | 4,09 | 4,41 | 4,81 | 5,21 | 5,61 | 6,01 |
| Bois desséché en forêts.. | 1,50 | 3,15 | 3,37 | 3,58 | 3,80 | 4,02 | 4,27 | 4,52 | 4,80 | 5,08 |
| Charbon roux à l'usine.. | 1,50 | 3,93 | 4,33 | 4,72 | 5,11 | 5,50 | 5,99 | 6,49 | 6,98 | 7,17 |
| Charbon noir des forêts | 1,50 | 4,21 | 4,34 | 4,47 | 4,60 | 4,73 | 4,89 | 5,05 | 5,22 | 5,38 |
| Bois vert............. | 2,00 | 3,56 | 3,91 | 4,25 | 4,60 | 4,94 | 5,38 | 5,81 | 6,24 | 6,67 |
| Bois desséché........ | 2,00 | 3,57 | 3,89 | 4,21 | 4,53 | 4,85 | 5,25 | 5,65 | 6,05 | 6,15 |
| Bois desséché en forêts.. | 2,00 | 3,62 | 3,83 | 4,06 | 4,26 | 4,47 | 4,71 | 5,00 | 5,18 | 5,52 |
| Charbon roux à l'usine.. | 2,00 | 4,48 | 4,87 | 5,26 | 5,66 | 6,05 | 6,51 | 7,03 | 7,52 | 8,01 |
| Charbon noir des forêts | 2,00 | 5,02 | 5,15 | 5,28 | 5,41 | 5,54 | 5,70 | 5,86 | 6,03 | 6,19 |
| Bois vert............. | 3,00 | 4,52 | 4,87 | 5,21 | 5,56 | 5,90 | 6,34 | 6,77 | 7,20 | 7,63 |
| Bois desséché........ | 3,00 | 4,46 | 4,78 | 5,10 | 5,42 | 5,74 | 6,14 | 6,54 | 6,94 | 7,34 |
| Bois desséché en forêts.. | 3,00 | 4,55 | 4,75 | 4,98 | 5,19 | 5,40 | 5,68 | 5,94 | 6,20 | 6,46 |
| Charbon roux à l'usine.. | 3,00 | 5,57 | 5,96 | 6,35 | 6,75 | 7,14 | 7,63 | 8,12 | 8,55 | 9,10 |
| Charbon noir des forêts | 3,00 | 6,64 | 6,77 | 6,90 | 7,03 | 7,16 | 7,32 | 7,18 | 7,65 | 7,81 |
| Bois vert............. | 4,00 | 5,18 | 5,83 | 6,17 | 6,52 | 6,86 | 7,30 | 7,65 | 8,16 | 8,59 |
| Bois desséché........ | 4,00 | 5,35 | 5,67 | 5,99 | 6,31 | 6,63 | 7,03 | 7,43 | 7,83 | 8,23 |
| Bois desséché en forêts.. | 4,00 | 5,16 | 5,70 | 5,72 | 6,12 | 6,32 | 6,60 | 6,85 | 7,12 | 7,40 |
| Charbon roux à l'usine.. | 4,00 | 6,66 | 7,05 | 7,44 | 7,83 | 8,23 | 8,72 | 9,21 | 9,70 | 10,19 |
| Charbon noir des forêts.. | 4,00 | 8,26 | 8,39 | 8,52 | 8,65 | 8,78 | 8,94 | 9,10 | 9,27 | 9,43 |
| Bois vert............. | 5,00 | 6,44 | 6,79 | 7,13 | 7,18 | 7,82 | 8,26 | 8,69 | 9,12 | 9,55 |
| Bois desséché....... .. | 5,00 | 6,24 | 6,56 | 6,88 | 7,20 | 7,52 | 7,92 | 8,32 | 8,72 | 9,12 |
| Bois desséché en forêts.. | 5,00 | 6,44 | 6,63 | 6,85 | 7,05 | 7,27 | 7,52 | 7,80 | 8,07 | 8,30 |
| Charbon roux à l'usine.. | 5,00 | 7,75 | 8,14 | 8,53 | 8,93 | 9,32 | 9,81 | 10,30 | 10,79 | 11,28 |
| Charbon noir des forêts | 5,00 | 9,88 | 10,01 | 10,14 | 10,27 | 10,40 | 10,56 | 10,72 | 10,89 | 11,05 |
| Bois vert............. | 6,00 | 7,50 | 7,75 | 8,09 | 8,44 | 8,78 | 9,22 | 9,65 | 10,08 | 10,51 |
| Bois desséché ....... .. | 6,00 | 7,13 | 7,45 | 7,77 | 8,09 | 8,41 | 8,81 | 9,21 | 9,61 | 10,01 |
| Bois desséché en forêts.. | 6,00 | 7,34 | 7,55 | 7,78 | 7,98 | 8,20 | 8,50 | 8,70 | 9,00 | 9,25 |
| Charbon roux à l'usine.. | 6,00 | 8,84 | 9,23 | 9,62 | 10,02 | 10,11 | 10,90 | 11,39 | 11,88 | 12,37 |
| Charbon noir des forêts. | 6,00 | 11,50 | 11,63 | 11,76 | 11,89 | 12,02 | 12,18 | 12,31 | 12,51 | 12,67 |

203. L'inspection des chiffres précédents nous fait voir que l'avantage est toujours du côté du bois desséché; c'est un résultat important, et les

conséquences en sont trop facilement appréciables pour que nous insistions davantage sur ce point.

Nous ne présentons pas ces rapports comme des nombres *absolus;* ils ne sont que *relatifs* aux prix de revient de fabrication sur lesquels nous nous sommes basés. Chaque fois que ces prix varieront, les rapports changeront eux-mêmes, et les avantages qui s'attachent à l'emploi d'un des combustibles de la série pourront s'élever ou baisser. Il est toutefois important de faire observer qu'au moyen de la *méthode* que nous avons employée, il est facile de faire intervenir dans l'expression de la valeur des combustibles tous les éléments qui servent à en constituer le prix, et que les résultats sont parfaitement comparables entre eux; il sera donc toujours possible d'approprier nos calculs à toutes les circonstances locales, et d'arriver simplement à l'appréciation rigoureuse des avantages respectifs de chaque espèce de combustible.

## DE LA TOURBE.

**204.** *Origine et gisements.* — La tourbe est un combustible de formation contemporaine qui résulte de l'altération des substances végétales, et
principalement de celle des plantes aquatiques, sous l'influence d'une
grande humidité.

Les *dépôts* de tourbe, dont l'épaisseur atteint souvent plusieurs mètres,
se rencontrent à la surface du sol, ou du moins à une très-faible profondeur,
et dans toute espèce de terrains. Il en existe sur les plateaux élevés des
Vosges et des Alpes; mais les formations les plus puissantes occupent les
vallées voisines des grands cours d'eau. Telles sont celles de la vallée de la
Somme, des environs de Beauvais, de Dieuze; celles de la vallée de l'Essonne, près Paris, etc.

### PROPRIÉTÉS GÉNÉRALES.

**205.** *Classement.* — La *nature des tourbes* varie avec le genre des végétaux qui les ont formées, leur état de décomposition plus ou moins avancé,
la pression à laquelle elles se trouvent soumises suivant la profondeur
qu'elles occupent, et le mélange des terres ou des autres matières étrangères qu'elles renferment.

Quand on considère principalement la nature des végétaux composants,
on distingue la tourbe *ligneuse* et la tourbe *herbacée,* qui est la plus
commune. En envisageant, au contraire, ce combustible au point de
vue de l'état plus ou moins avancé de la décomposition des plantes, on
distingue la tourbe *noire et compacte* et la tourbe *brune et légère,* dont
la formation est la plus récente. La partie supérieure des couches, souvent appelée *bouzin,* tient à cette dernière qualité. Le fond donne de
la tourbe noire et compacte, ou *tourbe limoneuse;* c'est l'espèce la plus
appréciée.

Toutes les tourbes contiennent une certaine quantité de terre, et quelquefois elles renferment des sulfures et des phosphures de fer; elles sont
d'autant meilleures qu'elles sont plus pures.

**206.** *Densité.* — Le tissu spongieux et lâche de la tourbe lui permet de
se charger d'une très-grande quantité d'eau; de sorte qu'il est difficile de
se rendre exactement compte de sa pesanteur spécifique, variable d'ailleurs
en raison de toutes les causes que nous venons de passer en revue. Le tableau
suivant pourra en donner une idée :

La tourbe de Rothau (Vosges) pèse par stère....... 360 kil.
La tourbe du Fichtelgebirge (Bavière), prise en masse. 285 à 590 kil.
La tourbe mousseuse sèche de Crouy-sur-Ourcq..... 250 kil.
La tourbe noire sèche de Crouy-sur-Ourcq........ 310

M. Bineau admet les chiffres suivants pour des tourbes qui contiennent encore 15 pour 100 d'eau hygrométrique :

La tourbe la plus compacte non moulée, ou la tourbe moulée
   parfaitement pétrie, par stère. . . . . . . . . . . . . . . . . . . . . . 575 kil.
Tourbe compacte non moulée ou tourbe moulée ordinaire... 450
Tourbe non moulée fibreuse. . . . . . . . . . . . . . . . . . . . . . 350
Tourbe spongieuse. . . . . . . . . . . . . . . . . . . . . . . . . . . 250

La tourbe d'Ichoux (Landes), après dix mois d'exposition à l'air, pèse par stère :

En gros morceaux. . . . . . . . . . . . . . . . . . . . . . . . . . . 164 kil.
En menu. . . . . . . . . . . . . . . . . . . . . . . . . . . . . . . . . 280

**207.** La *combustion* de la tourbe en briquettes se fait, comme celle du bois, avec flamme et fumée; mais elle est beaucoup plus lente, et donne une odeur assez désagréable. Les produits de la *distillation* sont également les mêmes.

La *composition des tourbes* varie relativement à la quantité de charbon, de cendres et de matières volatiles qu'elles contiennent. M. Berthier rapporte les chiffres suivants :

TABLEAU XXVI. — COMPOSITION DE LA TOURBE.

| | TOURBE DE CROUY. | | | HAM. — | VASSY. — | FRAMONT. — |
|---|---|---|---|---|---|---|
| | NOIRE. | COMPACTE. | MOUSSEUSE. | COMPACTE. | COMPACTE. | COMPACTE. |
| Charbon......... | 0,237 | 0,215 | 0,232 | 0,185 | 0,233 | 0,260 |
| Cendres......... | 0,115 | 0,188 | 0,120 | 0,117 | 0,072 | 0,030 |
| Matières volatiles. | 0,648 | 0,597 | 0,648 | 0,698 | 0,695 | 0,710 |
| | 1,000 | 1,000 | 1,000 | 1,000 | 1,000 | 1,000 |

Les *cendres* se composent généralement de chaux, de silice, d'alumine, de potasse, d'oxyde de fer, de magnésie, etc.

**208.** Le *pouvoir calorifique* de la tourbe ne peut pas s'évaluer par le

16

contenu en charbon rapporté ci-dessus, parce que les matières volatiles entraînent une grande quantité de carbone; les expériences directes ont donné pour le contenu en *carbone* :

| | | |
|---|---|---|
| Tourbe de Troyes, pour 100 | | 23 |
| *Idem* de Ham | | 36 |
| *Idem* de Vassy | | 38 |
| *Idem* de Framont | | 44 |
| *Idem* d'Ichoux | | 44 |

En admettant une moyenne de 34 à 35, on pourrait en déduire, pour le pouvoir calorifique, le nombre 2700, qui a été adopté par M. Peclet. D'après le même physicien, son *pouvoir rayonnant* est au pouvoir calorifique total comme 1 : 2,6.

### EXPLOITATION ET PRÉPARATION.

**209.** Les *tourbières* s'étendent ordinairement en couches horizontales situées à de petites profondeurs, et ne présentent jamais de grandes difficultés d'exploitation.

Quand la tourbière est submergée, on enlève la tourbe à la *drague*; c'est le cas le plus défavorable; quand elle peut être mise à sec, on doit la sillonner de canaux et de rigoles disposées suivant les lignes de plus grande pente, afin d'assainir à l'avance les parties que l'on se dispose à enlever; l'opération se fait au *louchet* (espèce de bêche à oreilles tranchantes), au moyen duquel on enlève la matière en *mottes* de 0$^m$,25 à 0$^m$,30 de longueur, 0$^m$,10 à 0$^m$,15 de largeur, et 0$^m$,08 à 0$^m$,12 d'épaisseur; ces mottes sont laissées à l'air pour y perdre l'eau dont elles sont imprégnées.

Les tourbes que l'on enlève à la drague, soit dans un cours d'eau, soit dans le fond d'une exploitation que l'on ne peut pas dessécher entièrement, sont disposées en couches sur une aire en pente, où elles s'égouttent peu à peu.

A l'aide d'un piétinement ou de tout autre moyen mécanique, on tasse la masse, et elle devient bientôt assez compacte pour être elle-même divisée en mottes analogues à celles que l'on extrait directement des tourbières desséchées.

**210.** *Dessiccation et prix.* — Il y a plusieurs moyens propres à opérer la dessiccation de la tourbe, préparation indispensable pour rendre possible son emploi comme combustible; on peut :

1°. Exprimer l'eau que contiennent les mottes en les soumettant à une forte pression;

2°. Opérer la dessiccation à l'air ou sous des hangars;

3°. Employer la dessiccation artificielle.

Le premier moyen, rarement usité, a été essayé à Servance (Haute-Saône), où l'on a, pendant quelque temps, consacré à cet usage une *presse hydraulique* d'une grande puissance. On y a remarqué que les mottes soumises à cette épreuve se gonflaient ensuite à l'air, et perdaient bientôt toute leur consistance.

Nous ne conseillons pas l'emploi de cette méthode qui paraît s'approprier assez mal à la nature de la tourbe; elle est d'ailleurs fort dispendieuse, et par conséquent peu compatible avec la valeur actuelle de ce combustible.

**211.** La *dessiccation à l'air* a l'inconvénient d'exiger beaucoup de temps et une mise de fonds considérable; elle est cependant généralement pratiquée, parce qu'elle donne de bons produits; sa lenteur elle-même est la garantie de son succès, car les mottes prennent d'autant plus de consistance que la dessiccation est plus lente.

A *Voitsumra* (Fichtelgebirge) la dessiccation dure environ deux à trois mois, pendant lesquels les mottes de $0^m,34$ de long sur $0^m,145$ d'épaisseur, et autant de largeur, perdent 0,60 de leur volume; elle serait plus rapide si les dimensions étaient moindres, mais les mottes desséchées n'auraient pas autant de consistance. Le déchet s'élevant à 12 pour 100, $1^{m3},00$ de tourbe en place ne donne que $0^{m3},35$ de tourbe desséchée; 1 mètre cube de celle-ci *revient* à $0^f,82$, soit :

| | |
|---|---:|
| Exploitation à $0^f,13$ par mètre cube............ ... | $0^f,36$ |
| Dessiccation............... ............ | 0,23 |
| Entretien des outils.. ...................... | 0,02 |
| Surveillance...... ...................... | 0,16 |
| Frais généraux d'administration.................. | 0,05 |
| Total.................. | $0^f,82$ |

Ce prix de revient serait trop bas pour la France, où il s'élèverait au moins à un franc.

D'après M. Moser, le pouvoir calorifique de cette espèce de tourbe est à celui de bois comme 115 : 100.

A *Rothau* (Vosges), le mètre cube de tourbe desséchée revient à $1^f,40$.

| | |
|---|---:|
| Extraction............................ ........ | $0^f,93$ |
| Dessiccation........... ........ ........ | 0,40 |
| Intérêts des capitaux, entretien des outils. ........... | 0,07 |
| Total.................. | $1^f,40$ |

Le mètre cube pèse 360 kil., après dix mois de dessiccation, et représente environ 140 kil. de carbone utile. 100 kil. de carbone reviennent donc à 1$^f$,00, les transports non compris.

A *Ichoux* (Landes), le prix de revient est de 1$^f$,20 par mètre cube de tourbe sèche, ou 6$^f$,83 par tonne; M. Bineau pense que ce prix pourrait être réduit avec une meilleur exploitation; il l'évalue ainsi qu'il suit (1) :

| | PRIX par STÈRE. | PRIX par TONNE. |
|---|---|---|
| Valeur du terrain ............................ ....... | » | » |
| Extraction. — Un coupeur au petit louchet peut exploiter 30$^{m3}$ de terrain tourbeux par jour; soit seulement 20$^{m3}$, ce qui à 46 pour 100 de rendement donnera 9$^{m3}$,20 de tourbe sèche : soit 2 fr. le prix de la journée, on aura...................... | 0$^f$,22 | 1$^f$,25 |
| Transport sur place. — Deux brouetteurs par coupeur, à 1$^f$,50 chacun,...................... ...................... | 0 ,33 | 1 ,88 |
| Dessiccation.......................................... | 0 ,20 | 1 ,14 |
| Outils............................................... | 0 ,02 | 0 ,11 |
| Transport à l'usine pour une distance de 3 à 4 kilomètres..... | 0 ,25 | 1 ,42 |
| Totaux........................ | 1$^f$,02 | 5$^f$,80 |

Cette tourbe contient environ :

41 de carbone,

13 de cendres,

46 de matières volatiles.

Total... 100

En supposant que ces matières se dégagent en eau, la quantité de carbone sera réduite à $41^k - \dfrac{46 \times 650}{7800} = 41^k - 3^k,84 = 37^k,16$; le stère en contiendra $0,3716 \times 175^k,6 (2) = 65^k,25$. 100 kil. de carbone utile coûteront ainsi 1$^f$56.

A *Crouy-sur-Ourcq*, on distingue deux espèces de tourbes : la *tourbe mousseuse*, que l'on extrait au louchet, et la *tourbe compacte*, que l'on enlève à la drague pour être ensuite moulée comme de la brique; en 1829, la première coûtait :

Extraction et premier empilage de 1000 mottes............. 1$^f$,50

Emmagasinage et empilage en grands tas recouverts de paille.. 0 ,50

Total par 1000 mottes ou 300 kil........ 2$^f$,00

Soit 0$^f$,66 par 100 kil., ou 1$^f$,66 par mètre cube pesant 250 kil.

---

(1) *Annales des Mines*, 1$^{re}$ livraison, 1835.

(2) 175$^k$,6 = le poids moyen du mètre cube de la tourbe d'Ichoux.

La tourbe compacte coûtait :

Extraction et premier empilage...................... 2f,25
Emmagasinage. .................................... 0 ,50

      Total pour 1000 mottes.............. 2f,75

Après dix-huit mois de dessiccation, le mille pèse 315 kil., et le mètre cube 310 kil. : ainsi le prix de revient $=$ 0f,87 par 100 kil., ou 2f,75 par mètre cube.

      Sa composition étant d'environ 38 de carbone,
                           12 de cendres,
                           50 d'eau,

        Total.......... 100

On trouve que 100 kil. de carbone utile coûtent à peu près 2 fr. 29 c.

Les exemples que nous venons de rapporter peuvent donner une idée des frais qu'entraînent l'extraction et la préparation des tourbes dans différentes localités, ainsi que de sa valeur relative comme combustible.

212. La *dessiccation artificielle* de la tourbe est pratiquée avec succès à l'usine de Kœnigsbrun (Wurtemberg), où l'on a renoncé à la méthode de la compression que l'on avait d'abord employée. On évite ainsi la grande mise de fonds qu'exige la dessiccation à l'air, et l'on obtient régulièrement des produits d'un bien meilleur usage ; seulement il faut les employer aussitôt qu'ils sortent de l'étuve, afin qu'ils ne reprennent pas d'humidité à l'air.

A Kœnigsbrun on laisse la tourbe pendant six semaines à l'air, avant de la porter à l'étuve, où elle reste exposée, pendant huit à neuf jours, à une température d'environ 100° ; elle y perd 40 pour 100 de son poids après le séchage à l'air, et son volume se réduit de moitié.

213. Le *four* (Pl. 2, fig. 11) dont nous donnons un croquis d'après MM. Regnault et Sauvage (1), contient à peu près 23m³ de tourbe, pour lesquels on brûle 2m³,75 de débris de tourbe et de charbon que l'on ne saurait employer autrement, soit 1/8 de la tourbe chargée.

La tourbe, au sortir du four, contient :

Carbone............................... 43
Cendres ............................. 5
Matières volatiles...................... 52

      Total..................... 100

Son pouvoir calorifique est, comme on le voit, très-considérable, et il

___

(1) *Annales des Mines*, 5e livraison, 1836.

pourrait encore être augmenté en poussant la dessiccation un peu plus loin.

La disposition de l'appareil que nous rapportons est loin d'être parfaite, et nous n'en parlons que comme exemple de ce qui se fait. Si l'on voulait employer la tourbe soit au puddlage, soit au réchauffage des fers, il conviendrait d'établir des fours à *chaleur perdue*, afin de rendre l'opération aussi peu dispendieuse que possible; on pourrait employer une étuve dans laquelle on enverrait de l'air préalablement échauffé dans les tuyaux en fonte placés dans le bas de la cheminée, et s'en tenir toujours à une *dessiccation lente*, la seule qui puisse donner de la consistance aux produits. Il faut éviter avec soin que les matières sèches puissent être atteintes par des étincelles enflammées qui les mettraient rapidement en combustion.

**214.** La tourbe réduite par la dessiccation artificielle à 0,50 ou 0,60 de son poids, se présente à l'état le plus favorable pour son emploi dans les travaux métallurgiques. On obtient ainsi un combustible plus compacte, beaucoup moins friable que le charbon de tourbe, et qui renferme beaucoup moins de cendres que lui, tout en évitant le déchet qui résulte de la fabrication de tous les charbons en général : le procédé de la dessiccation artificielle a donc de l'avenir, et c'est par lui seul que l'on peut espérer voir la tourbe employée à la fusion des minerais; car si les essais que l'on a faits à cet égard n'ont pas parfaitement réussi, ils ne prouvent du moins rien contre ce qui pourra être tenté, lorsqu'on aura soin d'employer la tourbe desséchée au point convenable, et que l'on recherchera la forme de fourneau la plus favorable à son usage. Le point essentiel, c'est de choisir les tourbes les plus riches en carbone, et d'éviter toutes celles qui peuvent être pyriteuses ou phosphorées.

Nous ferons sentir plus loin (n° 221) toute l'économie qui résulterait de la substitution de la tourbe desséchée ou torréfiée à son charbon.

### CHARBON DE TOURBE.

**215.** *Propriétés générales.* — On obtient le charbon de tourbe par des opérations analogues à celles qui servent à fabriquer le charbon de bois. C'est un produit généralement *tendre et friable*, d'autant moins compact que la tourbe employée contient moins de matières terreuses.

Ce charbon est *poreux*, avide d'humidité, *facile à enflammer*, et produit une *combustion lente* et continue.

**216. Densité.** — Les charbons les plus purs, c'est-à-dire ceux qui contiennent le moins de cendres, sont les plus légers; on peut en juger par les chiffres suivants :

| LIEUX DE PROVENANCE. | QUANTITÉ DE CENDRES CONTENUE DANS LA TOURBE. | POIDS DU MÈTRE CUBE DE CHARBON. |
|---|---|---|
| Voitsumra (Fichtelgebirge). | 0,017 | 230 kil. |
| Framont (Vosges)........ | 0,030 | 250 kil. |
| Crouy-sur-Ourcq......... | 0,188 | 310 kil. |

En moyenne, il est toujours plus lourd que le charbon de bois.

**217.** La *composition* du charbon de tourbe varie avec la nature de la matière première.

TABLEAU XXVII. — COMPOSITION DU CHARBON DE TOURBE (1).

| | CROUY. 1. | HAM. 2. | ESSONNE. 3. | FRAMONT. 4. | VAL. DE LA BAR. (Ardennes.) 5. |
|---|---|---|---|---|---|
| Charbon............ | 0,430 | 0,455 | 0,516 | 0,672 | 0,430 |
| Cendres............ | 0,320 | 0,285 | 0,260 | 0,108 | 0,250 |
| Matières volatiles carbonées. | 0,250 | 0,220 | 0,224 | 0,220 | 0,320 |
| TOTAUX.......... | 1,000 | 1,000 | 1,000 | 1,000 | 1,000 |

La quantité totale de carbone (2) que contiennent les charbons est :

Charbon de Crouy............................ 0,52
*Idem*   de Ham................................ 0,55
*Idem*   d'Essonne............................. 0,66
*Idem*   de Framont........................... 0,76
*Idem*   Vallée de la Bar...................... 0,60
*Idem*   de Voitsumra......................... 0,90

Le *pouvoir calorifique* varie comme la contenance en carbone; il ne peut donc pas être établi d'une manière générale.

(1) Les analyses 1, 2, 3 et 4 sont dues à M. Berthier; le n° 5, à M. Sauvage.
(2) Ici, comme dans toutes nos évaluations, nous tenons compte de la quantité de carbone renfermée dans les matières volatiles spécifiées dans les analyses.

**218.** *Fabrication.* — La fabrication du charbon de tourbe peut s'effectuer de différentes manières :

1°. En meules ;

2°. Dans des fours, en enflammant la tourbe ;

3°. Dans des fours chauffés extérieurement.

*Première méthode.* — La méthode des meules est celle qui présente le plus de difficultés, et qui donne le plus de déchets. La grande réduction de volume que subit la tourbe par la carbonisation ne permet pas aux meules de s'affaisser régulièrement ; de là naissent, pour la conduite du travail, des embarras tels qu'ils doivent faire rejeter ce procédé.

Il faut bien remarquer que la question n'est plus ici la même que pour le bois. La carbonisation de ce dernier devant suivre l'exploitation des forêts, et se transporter en une seule saison dans des localités qui peuvent être fort éloignées les unes des autres, nous avons dû condamner les appareils fixes ou difficiles à transporter. Les tourbes, au contraire, forment des exploitations permanentes ou du moins de très-longue durée, qui permettent l'établissement à demeure des appareils qui donnent le plus de produits ; c'est en conséquence de ce fait que l'on peut renoncer au mauvais emploi des meules, et chercher le succès dans les appareils perfectionnés.

**219.** *Deuxième méthode.* — Les fours que l'on peut employer sont de deux espèces. Dans les uns, la combustion d'une partie de la matière sert à carboniser le reste ; dans les autres, on opère en vases clos, chauffés extérieurement, et cette méthode est évidemment la plus certaine et la plus indépendante des qualités de l'ouvrier qui la pratique.

A *Rothau* (Vosges), on a employé le premier de ces deux procédés ; l'opération se fait dans un four légèrement conique, à base circulaire, contenant environ $5^{m3},5o$ de tourbe séchée à l'air (1). Il est construit en grès, et muni, à sa partie inférieure, d'une porte et d'ouvreaux, au moyen desquels on règle le tirage. Son couvercle en fonte porte une ouverture dont la section se règle à volonté. La tourbe est entassée sans arrangement symétrique, et l'on se contente de laisser des vides verticaux, pour faciliter la circulation de l'air et l'évaporation des substances volatiles. (Pl. 2, fig. 12 et 13.)

On commence l'opération en projetant quelques mottes enflammées dans la cheminée du centre, et en laissant le gueulard entièrement ouvert pendant les premières heures ; on ne le ferme complétement que pour éteindre

---

(1) Trois de ces appareils et deux hangars attenants ont coûté 2 500 francs.

le feu. Au bout de 48 heures, la carbonisation est terminée; on verse sur la masse 60 à 80 litres d'eau, puis on ferme toutes les ouvertures, pour défourner 24 heures après. La durée totale de l'opération est donc de trois jours. Le *rendement* est de 0,35 en volume, de 0,24 en poids, et le charbon obtenu pèse 250 kil. par mètre cube.

Le prix de fabrication de $1^{m3},00$ de charbon peut s'évaluer ainsi :

| | |
|---|---:|
| Main-d'œuvre.............................. | $2^f,73$ |
| $3^{m3},00$ de tourbe brut..................... | 4,20 |
| Intérêts des capitaux et régie............... | 6,51 |
| Total (sans transport)............ | $13^f,44$ |

Examinons maintenant la valeur de cette opération, au point de vue de l'économie de combustible : $1^{m3}$ de tourbe, pesant 360 kil., représente $360 \times 0,44$ de carbone $= 158^k,4$ de carbone; réduit en charbon, il donne un poids de $360 \times 0,24 = 86^k,40$, représentant $86,40 \times 0,76 = 65^k66$ de carbone.

La perte est de $158,4 - 65,66 = 92^k,74$ sur 360 kil., ou de 26 de carbone sur 100 kil. de matière; c'est un déchet énorme, et qui doit faire condamner une semblable manière de procéder.

A *Voitsumra*, dans le Fichtelgebirge, on procède dans des fours peu différents de ceux-ci; mais au lieu d'éteindre le charbon avec de l'eau, on laisse refroidir le four et le charbon dans un appareil de :

$5^m,20$ de hauteur,
$3^m,47$ de diamètre à la base,
$1^m,73$ à la partie supérieure.

L'opération se partage ainsi :

| | |
|---|---:|
| Remplissage...................... | 3 jours. |
| Carbonisation.................... | 6 jours. |
| Refroidissement.................. | 4 jours. |
| Défournement..................... | 1 jour. |
| Total................... | 14 jours. |

Le *produit* est de $6^{m3},71$, soit 55 pour 100 en volume, et environ 22 pour 100 en poids. Le charbon pèse 230 kil. le mètre cube.

Le *prix de fabrication* de $1^{m3}$ de charbon se compose comme il suit :

| | |
|---|---:|
| $3^{m3},00$ de tourbe sèche........................ | $2^f,400$ |
| Main-d'œuvre....................... | 0,804 |
| Intérêts des constructions...................... | 1,007 |
| Valeur de la tourbière estimée à 1/10 du produit brut... | 0,330 |
| Total sans transports........ | $4^f,541$ |

17

Pour évaluer la perte de combustible qui résulte de la carbonisation, nous sommes obligés de faire une hypothèse, qui nous amène à connaître la quantité de carbone contenue dans 100 kil. de tourbe, au moment de l'enfournement. D'après M. Moser, cette tourbe, parfaitement sèche, contient 0,66 de carbone; en supposant 30 pour 100 d'eau, 100 de tourbe en contiendraient 46 kil.

Ainsi 1$^{m3}$,00, pesant 365 kil., contient $365 \times 0,46 = 167,90$ de carbone, et donne $0,22 \times 365 = 80^k,30$ de charbon, renfermant $80,30 \times 0,90 = 72^k,27$ de carbone.

La perte $= 167,90 - 72,27 = 95^k,63$ sur 365 kil., ou 26 de carbone sur 100 de tourbe. C'est le même résultat qu'à Rothau. Le procédé est beaucoup plus lent, et ne vaut pas mieux.

**220.** *Troisième méthode.* — La méthode de carbonisation en vases clos, avec chauffe extérieure, est pratiquée en grand à Crouy-sur-Ourcq (1), sur des tourbes très-chargées de cendres, qui donnent des charbons très-compacts. L'opération se passe dans un four circulaire en briques, d'environ 0$^m$,85 de diamètre, 4$^m$,50 de hauteur, et 2$^{m3}$,70 de capacité, chauffé par un foyer circulaire dont la fumée passe dans des carneaux qui entourent tout le four; un espace vide, ménagé dans l'épaisseur de la maçonnerie, sert à diminuer la perte du calorique par les parois.

Le chargement s'opère par en haut, et l'évacuation des produits a lieu par le bas, au moyen d'une *culasse* mobile; de sorte qu'après une opération, on peut immédiatement procéder à une seconde. La continuité du travail est un des grands avantages de cet appareil, au point de vue de la rapidité et de l'économie du combustible.

On commence une opération en jetant dans la cuve 25 kil. de tourbe en poussière, pour empêcher les rentrées d'air pendant le chargement, qui se compose d'environ 2$^{m3}$,50 de tourbe séchée à l'air. Durant les premières heures, on laisse dégager les vapeurs dans l'atmosphère; puis, lorsqu'il se produit du goudron et du gaz inflammable, le premier est recueilli pour être ensuite versé sur le foyer, et le gaz est conduit immédiatement à la grille. Après 12 heures, l'émission du goudron cesse, celle du gaz continue, et le bleuissement de la flamme qu'il produit indique le terme de la carbonisation, qui dure environ 26 heures en tout. (Pl. 2, fig. 14.)

Le charbon est reçu dans des *étouffoirs* que l'on amène sous le four, et

---

(1) *Annales des Mines,* 2$^e$ livraison, 1829.

dans lesquels il s'éteint complètement en 36 heures. Ces étouffoirs sont en tôle de 1m,00 de diamètre, 1m,30 de haut, et pèsent 120 kil.

La charge de 2m3,50 pèse 775 kil. (soit 310 kil. par mètre cube), et l'on obtient 0m3,80 = 250 kil. de gros charbon,

$$+\ 50\ \text{de poussière,}$$

soit en tout. . . 300 kil., dont on rejette 25 kil. dans le fourneau; il reste donc pour le produit net 275 kil., ou 35,48 pour 100 en poids, et autant en volume. La *consommation du foyer* est de 270 kil. de tourbe compacte.

Les *frais de fabrication* sont évalués comme il suit :

| | |
|---|---:|
| Tourbe chargée, 281 kil........................... | 2f,45 |
| Tourbe brûlée, 98 kil. (34 pour 100)............. | 0,85 |
| Main-d'œuvre.................................... | 0,77 |
| Commis......................................... | 0,08 |
| Entretien de l'usine, constructions................. | 0,08 |
| Entretien des fourneaux.......................... | 0,14 |
| Surveillance, menus frais. ....................... | 0,14 |
| Outils.......................................... | 0,08 |
| Frais d'établissement............................ | 0,47 |
| Frais de roulement. ............................. | 0,18 |
| Erreurs........................................ | 0,02 |
| Total pour 100k,00................ | 5f,26 |
| Pour 310k,00 (1m3,00)........ | 16,30 |

La construction d'un fourneau coûte 1000 fr.; il y en a 21 à l'usine de Crouy.

Examinons maintenant la valeur économique de cette méthode :

281 + 98 = 379 kil. de tourbe, à 0,38 de carbone, représentent 144 kil. de carbone et 100 kil. de charbon (produit de 379 kil. de tourbe) contiennent 52 de carbone. La perte est donc de 144 — 52 = 92 kil. pour 379 kil.; ou de 24 de carbone pour 100 de tourbe employée; tandis que l'autre procédé nous avait donné 26 pour 100.

**221.** Les réflexions que peut suggérer l'examen des différentes méthodes de carbonisation, donnent un grand poids aux observations que nous avons présentées au sujet de la dessiccation artificielle; car, en fait, le meilleur procédé ne donne que 14 de carbone pour 38, que contient la matière première. C'est un résultat analogue à celui que présente la carbonisation du bois, et il est impossible de penser que l'on ne puisse pas obtenir mieux.

Le seul moyen d'atteindre ce but consiste à arrêter la dessiccation de la tourbe dès qu'elle a perdu 0,50 en poids. 100 de tourbe, contenant 38 de carbone, se réduisent alors à 50 kil. d'un produit qui renferme *au moins* 25 de carbone; de sorte que pour une tourbe

| COMPOSÉE DE : | | ON AURA EN TOURBE TORRÉFIÉE : | AU LIEU D'AVOIR EN CHARBON : |
|---|---|---|---|
| Carbone.............. | 38 | 50 | 52 |
| Cendres.............. | 12 | 24 | 32 |
| Eau et matières volatiles... | 50 | 26 | 16 |
| | 100 | 100 | 100 |

Il y aura d'autant plus d'avantage à procéder ainsi, que la matière première renfermera plus de cendres ; car nous voyons ici que, pour un pouvoir calorifique à peu près égal, nous n'avons que 24 de cendres, au lieu de 32, résultat de la plus haute importance dans la pratique.

Il n'en serait pas de même avec une tourbe moins impure, bien que l'avantage dût rester égal pour l'économie du combustible et de la fabrication. Prenant en effet pour exemple la tourbe de Framont, nous aurons :

| | TOURBE BRUTE. | TOURBE TORRÉFIÉE. | CHARBON. |
|---|---|---|---|
| Carbone.............. | 44 | 68 | 76 |
| Cendres.............. | 3 | 6 | 10 |
| Eau et matières volatiles... | 53 | 26 | 14 |
| | 100 | 100 | 100 |

Le chiffre 68 est un minimum que l'on dépasserait sans doute, et que nous n'adoptons que pour faire ressortir, sans les exagérer, les bons résultats que l'on peut attendre de la tourbe torréfiée. Cette dernière ne contient ici que 6 de cendres pour 68 de carbone, ou 8,82 de cendres par 100 de carbone; tandis que le charbon en contient 13,15 pour 100 de carbone.

Dans tous les cas, l'avantage reste donc à la *tourbe torréfiée;* seulement sa *valeur calorifique,* par rapport au charbon, diminue comme le contenu en cendres de la matière première.

**222.** *Emplois.* — Le charbon de tourbe est employé avec succès à l'affinage du fer et à beaucoup d'autres usages. La tourbe ordinaire peut servir au puddlage, au réchauffage et à l'alimentation des foyers de chaudières; et les hauts fourneaux, bien placés par rapport aux tourbières, arriveront peut-être à marcher avec la tourbe torréfiée (1); en fait, c'est un très-bon combustible, et l'on sentira bientôt tout le parti que l'on peut en tirer.

_____

(1) Les tourbes dont les cendres contiennent beaucoup de chaux sont précieuses pour cet usage. Les tourbes de la vallée de la Somme, de l'Essonne, de la vallée de la Bar sont dans ce cas.

**225.** Le rapport qui existe entre le *volume* des combustibles et leur capacité calorifique, exerçant une grande influence sur leurs applications, il n'est pas inutile de comparer, à ce point de vue, la *tourbe* torréfiée au *bois* torréfié et au *charbon* de bois. Prenons pour exemple la tourbe de Framont, sur laquelle une bonne torréfaction exercera une réduction en volume à peu près égale à celle des poids ; de telle sorte que 1 $^{m3}$,00 de tourbe torréfiée (réduite de 50 pour 100 en poids) pèsera au moins 340 kil., et contiendra 340 kil. × 0,68 = 231 kil. de carbone. Nous aurons :

|  | TOURBE TORRÉFIÉE. | BOIS TORRÉFIÉ. | CHARBON DE BOIS. |
|---|---|---|---|
| Poids du mètre cube................. | 340 | 257,24 | 210 |
| Contenance en carbone par mètre cube. | 231 | 151,00 | 189 |
| Contenance en carbone par 100 kil... | 68 | 59,00 | 90 |

Ainsi, à volume égal, la bonne tourbe torréfiée représente beaucoup plus de combustible que le charbon de bois ; à poids égal, elle est encore supérieure au bois torréfié, mais inférieure au charbon de bois.

On devra, par des expériences exactes, constater tous ces résultats quand on voudra substituer la tourbe à un des combustibles anciennement employés.

# CHAPITRE II.

## DES COMBUSTIBLES MINÉRAUX.

**224.** *Classification.* — Les combustibles minéraux peuvent se classer suivant leur ordre de formation géologique, et l'on distingue alors :

1°. Les *lignites* et leurs variétés, qui se trouvent dans les terrains tertiaires ;

2°. Les *houilles* et leurs variétés, que l'on rencontre dans les terrains secondaires et l'étage supérieur des terrains de transition ;

3°. L'*anthracite*, qui se trouve au-dessous de la houille dans les terrains de transition.

Les combustibles de la troisième classe sont les plus riches en carbone, et contiennent peu d'hydrogène et d'oxygène. Ceux de la deuxième classe renferment moins de carbone et plus de gaz ; mais les proportions relatives d'oxygène et d'hydrogène varient pour une même contenance en carbone, et constituent des espèces très-variées. Dans la première classe, le carbone est en petite quantité, et le rapport de l'oxygène à l'hydrogène est plus considérable que dans la seconde.

La composition de ces différents combustibles se rapproche ainsi d'autant plus de celle des bois que leur formation est plus récente.

## DES LIGNITES.

**225.** Les lignites constituent un produit intermédiaire entre les tourbes et la houille ; ils affectent une *couleur* brune ou noire, et se présentent, tantôt avec une *structure* fibreuse qui dénote leur origine végétale, tantôt sous une forme terreuse, ou pulvérulente, due aux matières étrangères auxquelles ils sont mélangés ; quelquefois enfin avec une cassure résineuse ou conchoïde, qui indique l'état avancé de la transformation des végétaux qui les composent.

Ils sont toujours imprégnés d'une certaine portion de matières animales, et sont fort souvent unis à des matières terreuses, ou pyriteuses, qui forment une grande quantité de cendres. Ces défauts, bien que leur contenance en carbone soit au moins égale à celle de la tourbe, nuisent beaucoup à l'emploi des lignites ; aussi n'en fait-on usage que lorsque l'on ne peut pas se procurer d'autres combustibles, et ils n'ont point encore été appliqués aux travaux métallurgiques.

On trouve beaucoup de lignites en France, surtout dans le calcaire d'eau douce du Midi. Nous rapportons les analyses de quelques-uns d'entre eux :

TABLEAU XXVIII. — COMPOSITION DES LIGNITES (1).

| | B.-PYRÉNÉES.<br>—<br>SAINT-LON.<br>1. | B.-DU-RHÔNE.<br>—<br>L'ENFANT-DORT.<br>2. | AUDE.<br>—<br>MINERNE.<br>3. | B.-ALPES.<br>—<br>DAUPHIN.<br>4. | B.-DU-RHÔNE.<br>—<br>DAX.<br>5. | B.-ALPES.<br>—<br>6. |
|---|---|---|---|---|---|---|
| Charbon............... | 0,481 | 0,493 | 0,326 | 0,436 | » | » |
| Carbone............... | » | » | » | » | 0,7049 | 0,7002 |
| Cendres.............. | 0,056 | 0,039 | 0,100 | 0,074 | 0,0499 | 0,0301 |
| Hydrogène............ | | | | | 0,0559 | 0,0520 |
| Oxygène et azote......... | 0,460 | 0,468 | 0,574 | 0,490 | 0,1893 | 0,2177 |
| TOTAL........... | 1,000 | 1,000 | 1,000 | 1,000 | 1,0000 | 1,0000 |
| Carbone (par le litharge)... | 0,590 | 0,620 | 0,670 | 0,740 | » | » |
| Densité (dessiccation à 125°). | » | » | » | » | 1,2720 | 1,2760 |

Ces lignites renferment beaucoup de carbone; mais ils ne donnent en général qu'un charbon pulvérulent, dont on ne peut pas tirer parti. Ils brûlent avec une flamme longue, mêlée de fumée, et dégagent une odeur particulière assez désagréable.

## DE LA HOUILLE.

226. Les houilles présentent une *couleur* noire plus ou moins foncée, et plus ou moins éclatante. Leur *cassure* peut être lamelleuse, esquilleuse ou conchoïde; elle est toujours inégale, et dénote fréquemment la nature des matières étrangères qu'elles peuvent contenir.

Toutes les houilles renferment une certaine quantité d'*eau interposée*. La proportion ordinaire pour celle qui est en gros morceaux, et placée dans un air sec, est de 1 à 3 pour 100; mais elle peut atteindre 15 ou 20 pour 100 dans les houilles menues, exposées à l'humidité. Leur *densité* varie de 1,10 à 1,50, suivant la contenance en carbone ou en matières étrangères. Le poids du mètre cube est de 700 à 800 kil. pour la houille en *morceaux*, et de 800 à 850 kil. pour la houille *menue*. On compte générale-ment sur 800 kil.

(1) Les nos 1 à 4 ont été analysés par M. Berthier; les nos 5 et 6 par M. Régnault.

**227.** *Classement.* — Il y a différentes manières de classer et de distinguer les houilles; nous adopterons le mode qui parait s'appliquer le mieux à ses divers usages, et nous distinguerons :

1°. La houille grasse;

2°. La houille maigre;

3°. La houille sèche.

Ces trois espèces, qui passent de l'une à l'autre par une infinité de nuances qu'il est impossible d'énumérer, peuvent toutes contenir des quantités de carbone égales, et ne diffèrent réellement, sous le rapport de la composition, que par les proportions relatives d'*hydrogène* et d'*oxygène*. Généralement cependant la houille grasse renferme plus de carbone que les deux autres.

D'après M. Dumas, une *houille très-grasse* doit contenir au moins 5 pour 100 d'hydrogène, et au plus la quantité d'oxygène nécessaire pour transformer la moitié de cet hydrogène en eau. Dans les *houilles maigres*, la quantité d'hydrogène est variable; mais quand la proportion dépasse 1,5 pour 100, l'oxygène doit se trouver en quantité suffisante pour transformer au moins les 2/3 de l'hydrogène en eau. Enfin, dans la *houille sèche*, l'oxygène et l'hydrogène se trouvent à peu près dans les rapports qui constituent l'eau.

Relativement à l'influence que la proportion des matières composantes, carbone, hydrogène et oxygène (l'azote n'existe qu'en quantités très-petites, et se dose avec l'oxygène), exerce sur l'*aspect* de la houille, Karsten a conclu, de ses nombreuses observations, que : « la *dureté* de la houille diminue, à mesure que le rapport de l'hydrogène à l'oxygène augmente, et que « la *fermeté*, ou *résistance*, s'accroît avec le rapport des deux gaz au carbone; tandis que la *couleur* passe du brun terne au noir intense avec « beaucoup d'éclat, à mesure que la proportion de carbone augmente. »

**228.** *Qualité des houilles.* — La *houille grasse* s'allume facilement, produit une longue flamme, colle et s'agglutine sur la grille, et laisse un *coke boursouflé*. Elle comprend parmi ses variétés :

1°. La *houille grasse maréchale*, qui est la plus collante de toutes, et qui convient particulièrement pour la forge, à cause de sa grande facilité à former voûte au-dessus du fer que l'on chauffe; elle est légère et donne un coke très-boursouflé;

2°. La *houille grasse et dure*, plus carbonée que la précédente, et donnant un coke moins boursouflé, plus dense, et parfaitement convenable pour les hauts fourneaux; elle est elle-même d'un très-bon emploi sur la grille;

3°. La *houille compacte*, ou cannel-coal, à cassure très-noire, conchoïde ou droite, à surfaces planes. Elle est légère, tendre, résistante, donne un coke très-boursouflé, et convient spécialement à la production du gaz d'éclairage, auquel toutes les houilles grasses sont d'ailleurs très-propres.

**229.** La *houille maigre* tient le milieu entre la houille grasse et la houille sèche; c'est celle qui est le plus communément employée, parce qu'elle s'applique bien à tous les usages de la grille, tels que le chauffage des chaudières et des fours.

Très-riche en carbone, elle s'allume avec quelque difficulté, produit une flamme assez courte, et donne une grande chaleur; elle est d'un excellent usage sur la grille, en la mêlant avec des houilles grasses pauvres en carbone.

Moins riche en carbone, elle s'allume plus facilement, donne une flamme longue et une chaleur assez soutenue.

Cette espèce de houille donne un *coke* assez dense, *fritté* et applicable à tous les usages.

**230.** Les *houilles sèches*, riches en carbone, s'allument avec difficulté, donnent très-peu de flamme, et conviennent moins à la grille que les précédentes; elles sont recherchées pour quelques emplois spéciaux.

Moins riches en carbone, elles donnent peu de chaleur, et ne peuvent être employées que pour corriger les défauts d'une houille trop collante; elles produisent un *coke pulvérulent* de peu de valeur.

**231.** *Composition.* — Les qualités de ces variétés peuvent être considérablement modifiées par la présence en grande quantité des *matières étrangères* qui souillent le plus ordinairement les houilles. Ce sont : l'*argile* (silice et alumine), qui se combine complétement avec la matière, et lui donne de la dureté et de la ténacité; le *carbonate de chaux*, qui s'interpose en petits cristaux ou en feuillets; enfin les *sulfures de fer*, qui accompagnent presque toutes les houilles, sous la forme de lamelles intercalées entre les fissures.

Ces sulfures ont la propriété de se transformer, au contact de l'air, en sulfates, et de développer alors une assez haute température pour enflammer le combustible. Ils sont très-nuisibles dans les travaux métallurgiques, à cause de leur influence sur le fer; ils encrassent considérablement les foyers, et détériorent les chaudières.

On rencontre encore dans la houille du *sulfate* et du *phosphate de chaux*, du *sulfate de baryte*, etc.; mais ces cas sont beaucoup plus rares.

**232.** Ces différentes substances, à l'exception cependant de celles qui peuvent se volatiliser, constituent les résidus de la combustion, ou les

**18**

*cendres.* Leur proportion peut varier de 1 à 15 pour 100, et même au delà. Les cendres sont d'autant plus blanches que la houille est plus pure; une couleur rouge indique la présence des pyrites de fer.

**233.** Les houilles, soumises à la *distillation*, donnent des produits solides, liquides et gazeux.

Les *produits solides* sont le coke, qui, suivant la nature de la matière première, peut être boursouflé, fritté ou pulvérulent; il retient les parties fixes des substances étrangères, avec une dose de soufre plus ou moins considérable.

Les *produits liquides* sont des huiles de nature compliquée, de l'eau chargée de carbonate d'ammoniaque et quelquefois de sulfate et d'hydrochlorate d'ammoniaque.

Les *produits gazeux* se composent d'hydrogène carboné, d'hydrogène pur, d'oxyde de carbone, d'acide carbonique, d'hydrogène sulfuré, d'azote, etc., de vapeurs huileuses et d'un peu d'ammoniaque; ce mélange constitue le gaz d'éclairage, que l'on purifie avant de le livrer à la consommation.

**234.** La *composition* des houilles (les matières étrangères exceptées) ne diffère de celle des combustibles végétaux que par la présence d'une certaine proportion d'azote, qui, dans les analyses suivantes, a été dosée avec l'oxygène; elle peut varier de 0,3 à 0,2 pour 100.

TABLEAU XXIX. — COMPOSITION DE LA HOUILLE (1).

| NATURE de la HOUILLE. | NUMÉROS. | LIEUX de PROVENANCE. | DENSITÉ. | QUANTITÉ de COKE. | NATURE du COKE. | COMPOSITION. | | | |
|---|---|---|---|---|---|---|---|---|---|
| | | | | | | CARBONE. | HYDROGÈNE. | OXYGÈNE-AZOTE. | CENDRES. |
| Houilles maréchales. | 1 | Rive-de-Giers... | 1,298 | 68,50 | Très-boursouflé. | 87,150 | 5,110 | 5,630 | 1,780 |
| | 2 | Idem............ | 1,302 | 69,80 | Idem.......... | 87,790 | 4,860 | 5,910 | 1,440 |
| | 3 | Newcastle..... | 1,280 | » | Idem.......... | 87,950 | 5,210 | 5,410 | 1,460 |
| Houilles grasses et dures........ | 4 | Alais.......... | 1,322 | 77,70 | Boursouflé.... | 89,270 | 4,850 | 4,170 | 1,410 |
| | 5 | Rive-de-Giers... | 1,315 | 76,30 | Idem.......... | 87,850 | 4,900 | 4,290 | 2,960 |
| Houilles compactes (Cannel-Coal.)... | 6 | Lancashire.... | 1,319 | » | Idem.......... | 83,753 | 5,660 | 8,039 | 2,548 |
| | 7 | Édimbourg.... | 1,318 | » | Idem.......... | 67,597 | 5,105 | 12,132 | 14,566 |
| Houilles maigres.... | 8 | Blanzy....... | 1,362 | 57,00 | Fritté........ | 76,180 | 5,230 | 16,010 | 2,580 |
| | 9 | Céral (Aveyron). | 1,294 | 53,30 | Idem........ | 75,380 | 4,710 | 9,020 | 11,890 |
| Houilles sèches.... | 10 | Mons........ | » | 85,00 | Pulvérulent... | » | 12,700 | | 2,300 |
| | 11 | Fresnes....... | 1,360 | 86,30 | Idem.......... | » | 9,400 | | 4,300 |
| | 12 | Blanzy........ | » | 54,30 | Idem......,... | » | 39,600 | | 6,400 |

(1) Les analyses des n°ˢ 10, 11 et 12 sont dues à M. Berthier; celles des n°ˢ 6 et 7 à M. Richardson, et les autres à M. Régnault.

**255.** *Pouvoir calorifique.* — Le pouvoir calorifique de la houille varie avec sa composition. En le déterminant théoriquement, le résultat se rapproche assez de ceux que donne l'expérience. Soit, par exemple, la houille de Blanzy, n° 8 du tableau; sa composition est de :

Carbone. . . . . . . . . . . . . . . . . . . . . . . . . . . . . . . . . . . . . . . . . . 76,48

Hydrogène. . . . . . . . . . . . . . . . . . . . . . . . . . . . . . . . . . . . . . . . 5,23

Oxygène. . . . . . . . . . . . . . . . . . . . . . . . . . . . . . . . . . . . . . . . . . . 16,01

100 parties d'eau étant formées de 88,90 d'oxygène et de 11,10 d'hydrogène, 16 d'oxygène se combineront avec 1,99 d'hydrogène, et 3,25 resteront libres. On aura donc :

$$0,7648 \times 7800 = 5965,44$$
$$0,0325 \times 22125 = 719,06$$
$$\text{Pouvoir calorifique} = 6684,50$$

En moyenne, on peut adopter le nombre 6000.

MM. Clément Desormes, Gueniveau et Lefroy, ont fait des *expériences comparatives* sur différentes espèces de houilles; leurs résultats sont consignés dans le tableau suivant :

| DÉSIGNATION DES HOUILLES. | ORIGINE. | EAU VAPORISÉE PAR KILOGRAMME. | QUALITÉ FLAMBANTE. |
|---|---|---|---|
| | | kil. | |
| Ancien Anzin très-collante. . . . | France. . . . | 6,61 | Flamme très-courte. |
| Newcastle collante. . . . . . . . . . . | Angleterre. | 6,51 | Flamme très-longue. |
| Denain collante. . . . . . . . . . . . . | France. . . . | 6,34 | *Idem.* |
| Nouvel Anzin collante. . . . . . . . | *Idem.* . . . . | 6,19 | *Idem.* |
| Decize collante. . . . . . . . . . . . . | *Idem.* . . . . | 5,98 | Flamme longue. |
| Veines de Mathon et du Buisson légèrement collante. . . . . . . . | Belgique... | 5,90 | *Idem.* |
| Flenu, première variété, maigre. | *Idem* . . . . | 5,35 | Flamme très-longue. |

Ces nombres indiquent la quantité d'eau vaporisée par kilogramme de houille; mais ils ne comprennent pas toute la chaleur qu'a pu développer le combustible. Ce sont donc des résultats comparatifs, mais non des chiffres absolus.

**256.** *Gisements et emplois.* — Les *principaux bassins houillers* de la France sont : le bassin de Valenciennes (Nord), qui fait suite à ceux de la Belgique; les bassins de Decize (Nièvre), du Creuzot, de Blanzy et d'Épinac (Saône-et-Loire), de Fins et de Commentry (Allier), de Brassac (Puy-de-Dôme et Haute-Loire), de Saint-Étienne et Rive-de-Giers sur la Loire, d'Alais (Gard), de Saint-Gervais (Hérault), de Carmeaux (Tarn), d'Aubin et de Rhodez (Aveyron), de Vouvant (Vendée); enfin ceux de la Loire-Inférieure, de Maine-et-Loire et du Calvados.

Tous ces bassins ne sont pas exploités avec la même activité; l'état d'imperfection des voies de communication en est presque toujours la principale cause.

**237.** Les *usages de la houille* sont trop connus pour que nous nous arrêtions à ce sujet; il nous suffira de faire observer qu'ils s'étendent de jour en jour. Ainsi la consommation, qui était, en 1802, de 9 351 800 quintaux métriques, et qui est restée stationnaire jusqu'en 1814, s'est élevée, en 1820, à 13 481 220; en 1830, à 24 939 448; et a atteint, en 1838, le chiffre de 43 048 870 quintaux métriques.

Dès aujourd'hui la houille peut remplacer tous les autres combustibles dans la fabrication du fer. Les hauts fourneaux étaient les seuls appareils dans lesquels on ait longtemps cru que son emploi était impossible; mais le problème a été résolu depuis plusieurs années, et dans beaucoup d'usines d'Angleterre la houille a complétement remplacé le coke; on réalise ainsi une grande économie de combustible sans diminuer de beaucoup la qualité des produits, quand on est maître de choisir les espèces les plus exemptes de matières nuisibles au fer.

Généralement cependant, il paraît nécessaire de débarrasser la houille de ses gaz et d'une partie du soufre qu'elle contient pour l'employer dans les hauts fourneaux, les fineries, les cubilots, les foyers de locomotives, etc.; cette épuration s'effectue par la carbonisation.

## DU COKE OU CHARBON DE HOUILLE.

**238.** *Classement.* — Le *coke* est le résultat de la carbonisation des houilles; c'est un charbon dur, assez tenace, couleur gris de fer, et de porosité variable.

Les cokes *boursouflés* sont légers, très-poreux, et occupent un volume plus considérable que celui de la houille, dans le rapport de 14 à 10. Les cokes *frittés* conservent à peu près la forme de la matière première, et sont moins poreux que les premiers. Les cokes *pulvérulents* occupent un espace beaucoup moins considérable que la houille qui les a produits.

**239.** *Propriétés.* — Le coke à la température ordinaire retient à peu près 4 à 5 pour 100 *d'eau interposée;* exposé à la pluie, il peut se charger de 10 à 20 pour 100 de liquide. On doit toujours chercher à l'employer le plus sec possible.

Les cokes les plus *denses* sont les plus recherchés dans l'industrie métallurgique; les cokes légers conviennent mieux aux usages domestiques, parce qu'ils s'enflamment avec plus de facilité. Le *poids* du mètre cube de coke est compris entre 380 et 450 kil.

Le coke s'allume assez difficilement; il ne brûle qu'en masse et sans flamme; il produit une chaleur locale très-intense, et ne dégage que de l'acide carbonique. Son *pouvoir calorifique* est plus considérable que celui de la houille, et peut être généralement estimé à 6500; son *pouvoir rayonnant* dépasse, suivant M. Peclet, celui du charbon de bois.

**240.** *Composition.* — Le coke retient généralement peu de gaz, et produit beaucoup de cendres; voici, d'après M. Berthier, la composition de quelques variétés :

TABLEAU XXX. — COMPOSITION DU COKE.

| | COKE DE SAINT-ÉTIENNE. | COKE DE RIVE-DE-GIERS. | USINES A GAZ | |
| | | | DE MONTMARTRE. | DU LUXEMBOURG. |
|---|---|---|---|---|
| Charbon........... | 85,80 | 75,00 | 64,00 | 59,00 |
| Cendres.......... | 11,50 | 21,50 | 28,00 | 23,00 |
| Matières volatiles.. | 2,70 | 3,50 | 8,00 | 18,00 |
| TOTAUX...... | 100,00 | 100,00 | 100,00 | 100,00 |

Le coke des usines à gaz contient, comme on le voit, plus de matières volatiles que les autres; ce fait tient au mode de carbonisation en vases clos.

FABRICATION DU COKE.

**241.** Les houilles les plus favorables à la fabrication du coke sont les houilles maigres, riches en carbone, parce que ce sont celles qui donnent les produits les plus denses.

On peut obtenir du coke :

1°. Par la distillation en vases clos;

2°. Par la combustion en meules;

3°. Par la combustion dans des fours.

**242.** *Première méthode.* — La distillation en vases clos est exclusivement employée pour la fabrication du gaz; le coke qui en résulte est plus léger que celui que l'on obtient par les autres procédés, parce que la distillation est poussée rapidement; cependant il n'y a pas à cet égard autant de différence qu'entre le charbon de bois fait en meules, et celui des fabriques d'acide pyroligneux.

**243.** *Deuxième méthode.* — La carbonisation en tas se pratique rarement; on préfère généralement l'usage des *meules* de 2<sup>m</sup>,50 à 2<sup>m</sup>,80 de diamètre. On peut opérer sur de plus grands volumes, mais il est alors beaucoup plus difficile d'obtenir des produits carbonisés également.

Toute la difficulté de l'opération (1) consiste précisément à obtenir une combustion égale dans toute la masse; on y arrive en ménageant au milieu du tas une cheminée en briques, percée de nombreux carneaux, à laquelle aboutissent des canaux horizontaux, au moyen desquels on règle le tirage. (*Voyez* Pl. 2).

Lorsque l'on carbonise de la houille en menus morceaux, il faut la cribler, la mouiller, et construire la meule en ménageant beaucoup de carneaux que l'on forme en tassant la houille dans une forme à panneaux mobiles sur de petits moules en bois que l'on retire quand la meule est finie. On la recouvre ensuite avec du fraisil, et l'on allume par le centre. L'opération dure vingt-quatre à trente-six heures, suivant les dimensions de la meule. (Pl. 2.)

L'*extinction* du coke peut se faire en étouffant le feu avec du fraisil, ou en retirant le coke incandescent pour l'éteindre avec de l'eau; cette dernière méthode a l'inconvénient de donner beaucoup de déchets et de rendre le coke très-humide; mais elle est favorable au dégagement des parties sulfureuses qui sont entraînées avec la vapeur; il y a donc lieu de l'employer pour les houilles sulfureuses. L'extinction lente, bien qu'elle augmente la durée de l'opération, est la plus généralement pratiquée.

La fabrication en meules *produit* au maximum 50 pour 100 en poids de coke de nature assez variable, mais de bonne qualité en général. Les *déchets* sont plus considérables pour la houille grasse que pour la houille maigre.

**244.** On a longtemps conservé cette méthode parce que l'on supposait

---

(1) Nous n'insisterons pas sur les détails de cette fabrication; ils se trouvent dans un grand nombre d'ouvrages très-répandus.

qu'elle donnait des produits moins sulfurés que les fours, et c'est dans cette opinion que l'on a adopté dans quelques localités la méthode des *fours découverts;* nous en donnons la description avec les perfectionnements que M. Nailly, ancien directeur du Creuzot, y a apportés pour carboniser la houille sèche.

Voici la description de M. Nailly (1) :

« L'appareil se compose d'une plate-forme en brique, traversée par de petits canaux horizontaux, ouverts à leur partie supérieure, dans toute la longueur intérieure du four; de deux murs parallèles, droits ou inclinés, mais armés de pièces de bois reliées entre elles par des boulons, et soutenues par des potelets; la figure 20 (Pl. 2) représente deux de ces appareils séparés par un mur commun.

« A la sortie du puits, le charbon menu est amené près des fours, dont les canaux horizontaux sont garnis de fagotage ou de copeaux toujours abondants dans les grandes usines. Là ce charbon est mouillé de façon à ce qu'il puisse s'agglomérer, puis jeté à la pelle dans toute la longueur du four, sur une hauteur de $0^m,22$ à $0^m,27$. Dans cet état, on le tasse fortement à coups de battes, puis on stratifie un nouveau lit que l'on tasse de même, et ainsi de suite jusqu'à $0^m,08$ au-dessous des murs.

« Dans ce charbon ainsi comprimé, on ouvre verticalement, au moyen d'une pièce en bois, taillée en cône et armée d'un sabot de fer, des cheminées verticales, correspondant aux canaux horizontaux, séparées les unes des autres par des intervalles de $0^m,32$ à $0^m,38$; et présentant des vides ayant $0^m,11$ à la partie inférieure, et $0^m,19$ à la partie supérieure.

« Ces cheminées, comme les canaux, sont destinées à entretenir le courant d'air nécessaire à la combustion, et sans lequel il n'y aurait pas de carbonisation.

« Le fourneau ainsi chargé et percé, les cheminées verticales sont elles-mêmes remplies de charbon gras et collant, mouillé et bien tassé; puis on perce ce remplissage de nouveau, avec un pieu moins gros de moitié que le précédent. Cette opération terminée, on ferme le four au moyen d'un mur, formé d'un seul rang de briques sèches mises à plat.

« Le double percement des cheminées et leur remplissage avec du charbon gras fait tout le mérite du procédé, car de cette opération dépend le succès.

« Avant cette disposition, il arrivait presque toujours qu'à la première

(1) *Annales des Mines,* 4e livraison, 1826.

impression du feu mis aux fagots renfermés dans les canaux longitudinaux, les cheminées verticales dont les parois étaient en charbon non collant, s'éboulaient et entraînaient avec elles l'éboulement de toute la masse. Alors le four offrait un amas de charbon dans lequel ni la circulation de l'air, ni la carbonisation, ne pouvaient avoir lieu, et qui finissait par rendre un mélange inutile de charbon fritté, de cendres et de fraisil.

« Depuis la nouvelle disposition, au contraire, les parois des cheminées étant en charbon gras et collant, se transforment immédiatement en coke solide et, semblables à des colonnes creuses, elles retiennent toute la masse, entretiennent la circulation de l'air et de la flamme et permettent à la carbonisation de s'achever complétement. Aussi, pendant deux mois que durèrent mes expériences, le rendement fut moyennement de 95 hecto-litres de coke pour 100 de houille, ou environ 38 pour 100 en poids au lieu de 12 à 16 pour 100 qui était le rendement antérieur. La carbonisation marchait aussi un tiers plus vite que par la méthode non perfectionnée. »

Cet ingénieux procédé est toujours suivi au Creuzot pour la carbonisa-tion de la mauvaise houille.

**245.** *Troisième méthode.* —La *carbonisation en fours* a plusieurs avan-tages sur les méthodes précédentes; elle se recommande surtout par la quan-tité des produits, leur qualité plus égale, et un prix assez peu élevé de la main-d'œuvre.

Le *rendement* des fours est d'environ 60 à 66 pour 100 tandis que les meules ne donnent que 45 pour 100, et pour une même nature de houille, la densité des deux produits est à peu près dans le rapport de 41 à 35; le coke des fours est toujours cuit très-également, parce que sa fabrication ne se ressent pas des pluies ou des vents qui gênent tant la conduite du feu dans les meules; enfin, il est évident qu'il faut beaucoup moins de soins et d'habileté pour diriger des fours, que pour opérer la carbonisation en plein air.

Aujourd'hui les fours s'emploient indifféremment pour la houille en morceaux ou la houille menue.

**246.** *Des fours à coke.* —Les *formes* et la *capacité* des fours sont très-variables, mais il faut en général préférer les fours à deux portes parce qu'ils donnent des produits plus égaux que les autres; on emploie :

1°. Des fours de forme oblongue à deux portes; contenant environ 2 500 à 3 000 kil. (Pl. 2, fig. 23 à 25);

2°. Des fours circulaires à une porte contenant 1 000 à 1 800 kil. (Pl. 2, fig. 26 à 28);

3°. Des fours à base rectangulaire, à sole inclinée avec voûte légèrement cintrée (Pl. 4, fig. 10 à 12); ils ont deux portes et contiennent 1 500 à 2 000 kil.

Nous donnons un croquis de ces différentes dispositions; mais nous appelons surtout l'attention sur la dernière, parce qu'elle nous paraît être la mieux appropriée à une grande fabrication. Le peu d'élévation du four facilite beaucoup le *chargement*, et sa forme permet l'emploi d'un mode de défournement à la fois simple et rapide.

Dans les deux premières espèces de fours, soit que l'on étouffe la combustion en fermant les cheminées et en lutant les portes et les carneaux, soit que l'on retire la masse incandescente pour l'éteindre avec de l'eau (1), le défournement se fait toujours à bras d'hommes avec des râbles et d'autres outils de ce genre; cette opération est longue et surtout fort pénible pour ceux qui la pratiquent. Dans le troisième cas, tout le contenu du four est évacué en un seul bloc, au moyen d'un cadre en fer fixé à une chaîne qui traverse la masse, et va s'enrouler sur le tambour d'un manége ou d'un treuil. « Ce procédé donne environ un tiers d'économie sur la main-d'œuvre quand on a assez de fours pour occuper un cheval de cette manière (2).»

Nous rapportons une disposition générale de ces fours, qui nous paraît très-favorable à la rapidité des opérations, point essentiel dans une fabrication dont la main-d'œuvre fait presque tout le prix (Pl. 4, fig. 8 et 9).

247. Voici, d'après le rapport de M. Gervoy sur la carbonisation de la houille à Saint-Étienne et à Rive-de-Giers, les *dimensions des fours* les plus généralement adoptées; nous y joignons celles des fours d'une usine des environs de Bradford, du Creuzot, et de l'usine de Maubeuge.

---

(1) L'extinction par l'eau est toujours favorable au traitement des houilles sulfureuses; il y a lieu de croire qu'en introduisant dans les fours, et pendant l'opération elle-même, des jets de vapeur chauffés à une haute température, on pourrait obtenir des cokes très-purs avec les houilles les plus chargées de soufre.

(2) Rapport de M. Gervoy, *Annales des Mines*, 4e livraison, 1836.

TABLEAU XXXI. — DIMENSIONS DES FOURS A COKE.

| ESPÈCES de FOURS. | NUMÉROS. | NOMS des USINES. | SOLE. | | HAUTEUR de la VOÛTE. | DIAMÈTRE de la CHEMINÉE. | CHARGE du FOUR. | DURÉE de L'OPÉRATION. |
|---|---|---|---|---|---|---|---|---|
| | | | LONGUEUR. | LARGEUR. | | | | |
| Fours de forme ovale à deux portes.... | 1 | Grande-Croix.. | mèt. 5,50 | mèt. 2,60 | mèt. 1,30 | mèt. 0,19 | kil. kil 3000 ou 1500 | heures 24 ou 48 |
| | 2 | Le Canal..... | 4,55 | 2,90 | 1,15 | 0,38 | 2610 | 24 |
| | | | DIAMÈTRE. | | | | | |
| | 3 | Terre-Noire... | 2m,25 | | 1,00 | 0,32 | 1130 | 24 |
| | 4 | La Bérardière. | 2m,25 | | 1,00 | 0,20 | 1800 | 72 |
| Fours circulaires à une porte....... | 5 | Mions........ | 2m,45 | | 1,00 | 0,24 | 1725 | 48 |
| | 6 | Saint-Genest.. | 2m,60 | | 1,00 | 0,32 | 1300 | 24 |
| | 7 | Côte Thiolière. | 2m,65 | | 1,05 | 0,32 | 1140 ou 1920 | 24 ou 48 |
| | 8 | Terre-Noire.. | 2m,75 | | 1,05 | 0,38 | 1613 | 24 |
| | 9 | Lowmoor..... | 2m,40 | | 1,20 | 0,30 | 1300 | 24 |
| | | | mèt. | mèt. | | | | |
| Fours rectangulaires à deux portes.... | 10 | Le Creuzot... | 2,10 | 2,30 | 0,70 | • | 1600 | 24 |
| | 11 | Maubeuge ... | 6,00 | 2,41 à 2,60 | 0,75 | 0,32 sur 0,32 | 2000 | 24 |

**248.** Les fours dont nous venons de parler ont chacun une *cheminée spéciale*, dont le sommet s'élève à peine à 0m,60 ou 0m,80 au-dessus de la voûte; le faible tirage qui en résulte est suffisant pour opérer la mise en feu de la houille, et le dégagement des parties volatiles; un tirage plus considérable accélérerait la marche de l'opération et donnerait sans doute un plus grand déchet.

Il arrive quelquefois que l'on réunit les fumées de 15 à 20 fours à coke dans un carneau longitudinal qui aboutit à une *grande cheminée*: cette disposition est très-favorable à l'emploi de la chaleur perdue qui se dégage des fours et peut être employée dans certains cas avec un grand avantage. Près de Londres, aux chantiers à coke du chemin de Birmingham et de celui de Southampton, on a adopté une disposition semblable, mais sans emploi de la chaleur perdue, et vraisemblablement dans le seul but d'accélérer l'opération, et de rejeter à une grande hauteur dans l'atmosphère, les gaz qui résultent de la carbonisation; nous donnons un croquis du chantier du chemin de fer de Birmingham et de celui du chemin de Southampton (Pl. 4, fig. 1 à 4 et 5 à 7).

**249.** *Prix de construction.* — Le prix de construction des fours à coke varie avec leurs formes, la nature et le prix des matériaux que l'on y consacre.

D'après M. Gervoy, le prix de construction d'un four circulaire à une porte (n° 8 à Terre-Noire) s'élève à 320 fr., ainsi répartis :

| | | |
|---|---|---|
| Main-d'œuvre.............................. | | 55',00 |
| Briques réfractaires pour la voûte et la porte.. | 550 ... | 91,50 |
| Briques pour les pieds droits.............. | 800 ... | 24,00 |
| Briques ordinaires .................... | 1500 ... | 32,75 |
| Fortes............................. | 160 kil. | 52,80 |
| Ferrures............................. | | 12,00 |
| Pierre, chaux et sable................... | | 51,95 |
| Total.................... | | 320',00 |

Ce prix est excessivement bas.

Des fours elliptiques ($2^m,96$ sur $2^m,60$) à une porte, se chargeant à 1300 kil. par 24 heures, exigent pour leur construction (1) :

| | Mètres cubes. |
|---|---|
| Maçonnerie en moellons bruts......................... | 15,00 |
| Idem, en briques de bonne qualité (chaux grasse)......... | 1,04 |
| Idem, en briques ordinaires (mortier réfractaire)......... | 1,91 |
| Idem, en briques réfractaires (mortier réfractaire)........ | 3,55 |

| | Mètres carrés. |
|---|---|
| Enduit de bon mortier sur la partie supérieure du four......... | 12,00 |

| | Kilogr. |
|---|---|
| Tirants en fer..................................... | 57,75 |
| Fer ouvré pour garnitures de portes....................... | 12,48 |
| Fontes........................................... | 485,00 |
| Plomb pour tuyaux de conduite........................... | 25,00 |

| | Mètres carrés. |
|---|---|
| Emplacement du four et de ses dépendances................. | 160,00 |
| Déblais ou remblais................................... | Pour mémoire. |

D'après ces données, le prix d'un four serait de 800 francs environ.

Les fours rectangulaires à deux portes (n° 11, Maubeuge) exigent pour leur construction (2) :

| | Mètres cubes. |
|---|---|
| Maçonnerie en moellons bruts......................... | 12,24 |
| Idem, en briques de chaux (chaux grasse).............. | 1,90 |
| Idem, en briques réfractaires (mortier réfractaire)........ | 6,75 |

| | Mètres carrés. |
|---|---|
| Chape en bon mortier................................ | 17,00 |

| | Kilogr. |
|---|---|
| Tirants en fer..................................... | 87,00 |
| Fer ouvré......................................... | 17,00 |
| Fontes........................................... | 1772,00 |
| Tuyaux en plomb................................... | 40,00 |

| | Mètres carrés. |
|---|---|
| Emplacement du four et de ses dépendances................. | 22,0 |
| Déblais et remblais................................... | Pour mémoire. |

Le four coûterait environ 1600 francs.

(1-2) Notice de M. Drouot, *Annales des Mines*, 4ᵉ livraison, 1841.

**250.** La *valeur des outils* peut être estimée comme il suit : à Maubeuge (1), on a pour sept fours elliptiques à une porte :

| | | |
|---|---:|---|
| 2 pelles ordinaires................ | 5$^k$,70 | ⎫ |
| 2 pelles rectangulaires............. | 15 ,00 | ⎪ |
| 1 râble en fer.................... | 15 ,00 | ⎬ 121$^k$,70 soit 121$^f$,70 |
| 1 ringard....................... | 81 ,00 | ⎪ |
| 1 pelle grille................... | 5 ,00 | ⎭ |
| 2 manches de pelle............................ | | 2 ,40 |
| 1 brouette................................... | | 12 ,00 |
| 1 seau...................................... | | 6 ,00 |
| 1 tamis en osier pour séparer les escarbilles............ | | 0 ,75 |
| 1 râteau en bois.............................. | | 2 ,00 |

| | |
|---|---:|
| Total pour sept fours................. | 144$^f$,85 |
| pour un four. .................. | 20 ,69 |

**Pour six fours à deux portes il faut :**

| | |
|---|---:|
| 1 brouette................................... | 12$^f$,00 |
| 2 pelles ordinaires............................. | 6 ,30 |
| 1 pioche.................................... | 3 ,40 |
| 1 seau..................................... | 6 ,00 |
| 1 pelle grille................................ | 5 ,50 |
| 1 râteau et un tamis en osier..................... | 0 ,75 |
| 8 barres de fer pour le déchargement, 289 kil............ | 192 ,30 |
| 1 râteau en fer pour le déchargement, 70 kil............ | 70 ,00 |
| Cabestan ou treuil, chaînes, poulies, etc.............. | Pour mémoire. |

| | |
|---|---:|
| Total pour six fours............... | 298$^f$,25 |
| Pour un four................ | 49 ,71 |

Ces données sont suffisantes pour mettre le lecteur à même d'apprécier les frais divers qu'entraîne la construction des fours à coke.

**251.** *Prix de fabrication.* — Le prix de la fabrication du coke varie suivant les localités, et les méthodes que l'on emploie.

A Rive-de-Giers et à Saint-Étienne, la fabrication en meules coûte 1$^f$,50 par 1000 kil. de coke, soit 2 fr., avec les outils ; au Creuzot, on l'estime à 1$^f$,50 avec les fours à déchargement mécanique.

A Maubeuge, le service de sept fours à une porte est estimé par jour comme il suit :

---

(1) *Annales des Mines*, Notice de M. Drouot.

2 ouvriers calcineurs. . . . . . . . . . . . . . . . . . . . . . . . . . . . . . . . . . . 3f,74

0,40 de journée de manœuvre ; ur tamiser les cendres. . . . . . . . . 0 ,60

Entretien journalier des outils. . . . . . . . . . . . . . . . . . . . . . . . . . 0 ,70

Intérêt des fours estimés à 700 francs l'un. . . . . . . . . . . . . . . . 0 ,67

Entretien des fours pendant un jour, à raison de 500 francs par

an, et par four. . . . . . . . . . . . . . . . . . . . . . . . . . . . . . . . . . . . . 1 ,07

Frais de bureau et surveillance. . . . . . . . . . . . . . . . . . . . . . . . . . 0 ,50

Total pour un jour. . . . . . . . . . . . . . . . . 8f,18

## Le produit en coke étant de 5,299 kil., on a par tonne :

Main-d'œuvre. . . . . . . . . . . . . . . . . . . . . . . . . . . . . . . . . . . . . . . . 0f,82

Entretien et frais généraux. . . . . . . . . . . . . . . . . . . . . . . . . . . . . . 0 ,72

Total par tonne. . . . . . . . . . . . . . . . . . . 1f,54

**Dans la même usine, on a pour six fours à défournement mécanique, et par jour :**

3 journées d'ouvriers calcineurs. . . . . . . . . . . . . . . . . . . . . . . . . 5f,61

0,50 journée de manœuvre. . . . . . . . . . . . . . . . . . . . . . . . . . . . . 0 ,75

Réparation des fours. . . . . . . . . . . . . . . . . . . . . . . . . . . . . . . . . . 8 ,00

Intérêts du prix des fours (10000 fr. pour six fours, y compris

l'outillage). . . . . . . . . . . . . . . . . . . . . . . . . . . . . . . . . . . . . . . . . 1 ,37

Frais de surveillance. . . . . . . . . . . . . . . . . . . . . . . . . . . . . . . . . . 0 ,90

Entretien journalier des outils. . . . . . . . . . . . . . . . . . . . . . . . . . . 0 ,75

Total pour un jour. . . . . . . . . . . . . . . . . 17f,38

## Le produit étant de 8315 kil. par jour, on a par tonne :

Main-d'œuvre. . . . . . . . . . . . . . . . . . . . . . . . . . . . . . . . . . . . . . . . 0f,76

Entretien et autres frais. . . . . . . . . . . . . . . . . . . . . . . . . . . . . . . . 1 ,33

Total par tonne. . . . . . . . . . . . . . . . . . . 2f,09

Nous ne pensons pas que dans aucun cas ce prix puisse être dépassé, et il peut en conséquence être pris pour base, dans une évaluation générale.

**252.** *Observation.* — La fabrication du coke donne lieu à une grande *perte de combustible;* pour l'apprécier, nous prendrons pour exemple une houille qui donne 60 pour 100 de coke retenant encore à peu près 2 parties de gaz, et dont la valeur calorifique soit représentée par 6000. La valeur calorifique du coke qui en résulte est de $0,60 \times 6500 = 3900$. On perd donc au moins $6000 - 3900 = 2100$ : soit environ le tiers du combustible; cette perte est beaucoup moins regrettable que celle que l'on éprouve dans la fabrication du charbon de bois, car la conversion en coke paraît être le meilleur moyen d'utiliser les houilles menues qui se présentent en si grande abondance dans toutes les exploitations : nous devons en outre faire observer que l'on peut en diminuer l'importance en plaçant des chaudières à vapeur à la suite des fours de carbonisation.

## DE L'ANTHRACITE.

**255.** *Propriétés générales.* — L'anthracite est une variété de houille sèche très-riche en carbone; il donne très-peu d'huile à la distillation et ne contient qu'une faible quantité de gaz; il contient souvent des pyrites et d'autres matières étrangères.

La *densité* de l'anthracite est plus grande que celle de la houille et varie de 1,30 à 2,00. A Vizille, le mètre cube pèse 1230 kil. Trié pour le fourneau, il pèse encore 950 kil.

La *combustion* de l'anthracite ne s'opère qu'avec difficulté; elle exige une température très-élevée, sous l'influence de laquelle il décrépite et se réduit en poussière : les conduits d'air s'obstruent, et la combustion devient de plus en plus difficile, si l'on ne s'empresse d'y porter remède. Ces obstacles disparaissent en partie, quand on a soin de brûler l'anthracite en masse convenable, et d'élever progressivement sa température avant de le faire brûler.

Son *pouvoir calorifique* est très-considérable, et dépasse souvent celui du coke, parce qu'il renferme moins de cendres que lui. D'après les rapports de MM. Charles Shafhaeutl et Bevan de Swansea, il serait à celui de la houille dans le rapport de 138 à 100. Ces messieurs ont expérimenté sur l'anthracite dont nous donnons l'analyse sous le n° 1 du tableau ci-après; sa *composition* explique les résultats obtenus.

TABLEAU XXXII. — COMPOSITION DE L'ANTHRACITE (1).

| | ANGLETERRE. ANTHRACITE DE SWANSEA. | | | SARTHE. | ISÈRE. VIZILLE. | ISÈRE. |
|---|---|---|---|---|---|---|
| | 1. | 2. | 3. | 4. | 5. | 6. |
| Carbone.............. | 92,420 | 94,100 | 90,58 | 87,22 | 94,09 | 94,00 |
| Hydrogène............ | 3,370 | 2,390 | 3,60 | 2,49 | 1,85 | 1,49 |
| Oxygène........ ...... | 1,430 | 1,336 | 3,81 | 1,08 | » | » |
| Azote................ | 1,050 | 0,874 | 0,29 | 2,31 | 2,85 | 0,58 |
| Cendres.............. | 1,610 | » | 1,72 | 6,90 | 1,90 | 4,00 |
| Oxyde de fer......... | » | 0,264 | » | » | » | » |
| Alumine............. | » | 0,478 | » | » | » | » |
| Silice....... ........ | » | 0,190 | » | » | » | » |
| Soufre.............. | 0,120 | Traces. | » | » | » | » |
| Eau................ | » | 0,300 | » | » | » | » |
| Perte............... | » | 0,068 | » | » | » | » |
| | 100,000 | 100,000 | 100,00 | 100,00 | 100,69 | 100,07 |
| Densité.............. | 1,413 | » | 1,27 | 1,75 | 1,73 | 1,65 |

**254. Emplois.** — On peut juger, par les analyses précédentes, de la grande différence qui existe entre les houilles, le coke et l'anthracite ; c'est le seul combustible qui renferme autant de carbone, uni à une si petite proportion de matières étrangères ; aussi, a-t-on fait depuis longtemps de grands efforts pour l'employer dans les travaux métallurgiques. Les premiers essais ont été infructueux, mais on est parvenu aujourd'hui à brûler l'anthracite avec autant de facilités que la houille ordinaire ; on l'emploie dans les *hauts fourneaux* et les cubilots, dans le chauffage des *chaudières,* et même dans les *forges maréchales.* Nous donnons un croquis de la disposition que M. Player a adoptée pour le faire servir à ces derniers usages (Pl. 4, fig. 17 et 18) : elle se réduit à faire arriver le combustible sur le foyer, après l'avoir échauffé dans une espèce de cheminée, à la partie supérieure de laquelle on charge l'anthracite. Pour remplacer à la forge maréchale la voûte qu'il est impossible de former sur le fer que l'on traite, on entoure le foyer d'un petit mur en briques, et on le recouvre par un plateau de même matière que l'on élève à volonté ; de sorte que la chauffe se fait dans une espèce de four, où le métal peut acquérir rapidement la plus

(1) Les n°ˢ 1 et 2 sont dus à M. Shaflhaeutl ; les n°ˢ 3 à 6 à M. Jacquelain.

haute température désirable. M. Player emploie un moyen analogue pour brûler l'anthracite dans les cubilots. L'anthracite ne s'emploie pas seulement dans les travaux des arts; il peut remplacer la houille dans tous les *usages domestiques*, et depuis longtemps il a reçu cette destination en Amérique (1).

**255.** En résumé, sauf le chauffage des fours à puddler et à réchauffer, tous les obstacles qui s'étaient opposés à l'emploi de ce précieux combustible ont été successivement vaincus, et nous devons espérer que l'on saura mettre à profit, pour l'industrie métallurgique, les *gîtes anthracifères* que nous possédons, en France, dans les départements du Nord, de la Mayenne, de l'Isère, de la Sarthe, etc.

Les premiers essais que l'on a faits de l'anthracite, dans les hauts fourneaux, n'ont probablement été infructueux que parce qu'on voulait marcher à l'air froid; car la fusion des minerais à l'air chaud réussit parfaitement, en Angleterre, aux usines d'Iniscydwen, d'Istal-y-fera, près de Swansea, ainsi que dans celles du val de Neath. Il n'y a donc plus aucune raison de craindre des échecs, chaque fois que l'on voudra procéder avec toutes les ressources de l'art; et la bonne qualité bien reconnue des fontes à l'anthracite, soit pour le moulage, soit pour la fabrication du fer, est un encouragement qui doit enhardir les industriels à doter notre pays de cette intéressante fabrication.

**256.** *Rapports entre la houille, le coke et l'anthracite.* — La nature de ces combustibles est si variable, qu'il est impossible d'établir d'une manière absolue les rapports qui existent entre leurs capacités calorifiques, à poids et à volumes égaux; les chiffres suivants sont cependant des moyennes qui peuvent servir de guide :

|  | HOUILLE. | COKE. | ANTHRACITE. |
|---|---|---|---|
| Poids du mètre cube................ | 800k | 430k | 950k |
| Contenance en carbone par m³....... | 600 | 385 | 874 |
| Contenance en carbone par 100 kil... | 75 | 85 | 92 |

Ainsi, à poids égaux, l'anthracite est au premier rang, et la houille au dernier; tandis qu'à volumes égaux, l'anthracite conserve son rang, et la houille le suit immédiatement.

(1) Consulter l'article de M. Michel Chevalier, inséré dans la *Revue d'Architecture*, 1840.

# DEUXIÈME DIVISION.

## DES MINERAIS ET DES FONDANTS.

---

## CHAPITRE III.

### NATURE DES MINERAIS.

---

**237.** *Classification.* — Les minerais de fer sont répandus en abondance dans presque toutes les parties du globe, et se rencontrent dans toutes les formations depuis les terrains de transition jusqu'à ceux d'alluvion; ils peuvent être classés ainsi qu'il suit (1) :

1°. Le fer natif, comprenant : . . . . . . . . . . . . . . . . . Le fer météorique.

2°. *Les minéraux oxygénés, comprenant :* . . . . . . . . .
- 1°. *Le peroxyde anhydre.*
- 2°. *Le peroxyde hydraté.*
- 3°. *L'oxyde magnétique.*
- 4°. La franklinite.

3°. Les minéraux sulfurés et tellurés, comprenant :. . .
- 1°. Les différentes variétés de pyrites.
- 2°. Les sulfates.
- 3°. Les tellurures.

4°. Les minéraux phosphorés et arséniés, comprenant :
- 1°. Les phosphates.
- 2°. L'arséniure, les arséniates, etc.

5°. *Les minéraux silicés, comprenant :* . . . . . . . . . . . *Les silicates.*

6°. *Les minéraux carbonés, comprenant :* . . . . . . . . . *Les carbonates* et l'oxalate.

7°. Les minéraux à acide métallique, comprenant :. . .
- 1°. Les chromites.
- 2°. Le tungstate.
- 3°. Les tantalites et les tantalates.
- 4°. Les titanates.

**238.** Parmi ces minéraux, ceux qui sont susceptibles d'être exploités

---

(1) Nous avons adopté la classification de M. Berthier, qui nous paraît être la plus logique et la plus claire; mais nous n'insisterons que sur les minerais qui peuvent être exploités en grand : nous les distinguons ici par des *caractères italiques.*

sur une grande échelle, comme *minerais de fer*, sont les seuls qui intéressent sérieusement l'industrie métallurgique; ils forment trois classes, dont nous nous occuperons successivement; ce sont :

> Les minerais oxygénés;
> Les minerais silicés;
> Les minerais carbonés.

## MINERAIS OXYGÉNÉS.

**259.** Ils comprennent le *peroxyde anhydre*, l'*oxyde magnétique* (deutoxyde) et le *peroxyde hydraté*.

### PEROXYDE ANHYDRE.

**260.** Le peroxyde anhydre est caractérisé par sa poussière rouge, et présente quatre variétés, que l'on trouve dans toutes les espèces de terrains; ce sont : le fer oligiste, le fer micacé, l'hématite rouge et l'oxyde compacte.

**261.** Le *fer oligiste* affecte une cassure fibreuse ou lamelleuse, et une couleur variable du noir très-éclatant au gris d'acier légèrement irisé; sa poussière est d'un brun rouge, et ses cristaux sont de forme rhomboïdale; presque toujours il a une faible action sur l'aiguille aimantée, parce qu'il contient souvent un peu de fer magnétique. Sa densité varie de 5 à 5,50. Il se rencontre en masses compactes, formant des couches assez puissantes.

Ce minerai, fort riche, toujours pur, mais assez rare en France, se trouve à l'île d'Elbe, soit en masses considérables et isolées au milieu des montagnes, soit en filons et en couches, associé à d'autres variétés de peroxyde et à des débris provenant de roches primitives, au milieu desquelles il repose. A Framont (Vosges), il se rencontre en cristaux disséminés dans une masse de peroxyde compacte, située dans les terrains de transition (1). Dans les Pyrénées, on le trouve en petite quantité dans les mines de fer du Canigou et de Saint-Martin (2). Enfin il existe aussi dans le Piémont, la Corse, la Hongrie, la Suède, la Sibérie, et produit à peu près partout des fers d'excellente qualité.

**262.** Le *fer micacé* a sensiblement la même densité que le fer oligiste; sa

---

(1) Mémoire de M. Élie de Beaumont; *Annales des Mines*, 4e livraison, 1822.
(2) Mémoire de M. Dufrenoy; *Annales des Mines*, 2e livraison, 1834.

poussière est d'un rouge vif, et sa structure est lamelleuse; il présente de petites paillettes couleur gris d'acier, polies et très-brillantes.

On en trouve à Laroche-Bernard (Loire-Inférieure) et dans le département de l'Ariège, aux célèbres mines de Rancié, qui alimentent toutes les forges catalanes du pays; il s'y présente en paillettes friables, qui forment des filets dans tous les sens, au milieu d'un amas de peroxyde hydraté (1). Les communes d'Occos et d'Anhaux (Basses-Pyrénées) fournissent également un peroxyde micacé argileux, gris bleuâtre, formant des nids irréguliers dans l'argile. Sa richesse est variable; il est très-fusible, et donne du fer à longs nerfs (2).

263. L'*hématite* (rouge) se présente en masses concrétionnées d'un rouge sombre, se changeant, par le polissage, en une couleur gris métallique très-foncée. Sa cassure est fibreuse et rayonnée.

Ce minerai se retrouve encore à Rancié, en couches minces mamelonnées, dans quelques cavités du fer hydraté (3). Au Hartz, il se présente en masse compacte et en petits fragments (4), mélangé à des oxydes hydratés, dans la formation de schiste et de grauwake du terrain de transition; enfin il existe dans différentes parties de l'Allemagne, en Silésie; en Angleterre, dans le Cumberland et le Lancashire.

264. L'*oxyde compacte* se trouve, sous différentes formes, en *masses compactes*, ternes, à cassure grenue; en *grains* arrondis, ou en *poussière*. Il est souvent allié à des peroxydes hydratés et au manganèse.

Il est assez répandu en France : on l'exploite à Baigorry (Basses-Pyrénées); à Lavoulte (Ardèche), où il forme des couches d'une épaisseur considérable dans un banc de calcaire schisteux; et dans les départements des Côtes-du-Nord, du Morbihan, etc. A Rothau et à Framont (Vosges), il est associé à une faible quantité d'oxyde magnétique, et forme des plaques d'une immense étendue dans le terrain de transition. A Saulnot (Haute-Saône), on le trouve en amas et en filons, dans un porphyre subordonné au terrain de transition; on l'exploite pour les hauts fourneaux de Saint-Georges, de Ronchamp, etc. (5). L'Allemagne, l'Angleterre et l'Écosse, possèdent également des gisements de cet excellent minerai.

265. Les minerais précédents contiennent ordinairement de la silice, de

_____

(1-3) Mémoire de M. Marot; *Annales des Mines,* 5e livraison, 1828.

(2) Mémoire de M. Lefebvre; *Annales des Mines,* 3e livraison, 1837.

(4) Mémoire de M. Perdonnet; *Annales des Mines,* 1re livraison, 1828.

(5) MM. Thirria et Ebelmen; *Annales des Mines,* 5e livraison, 1839.

l'alumine, de la chaux ou de la magnésie, quelquefois du manganèse; ils sont presque tous assez riches, et sont rarement souillés par des substances nuisibles à la qualité du fer. On ne les trouve presque jamais isolés : généralement ils sont unis aux peroxydes hydratés et au fer magnétique en petite quantité, comme à Rancié, au Hartz, à Framont; ou au fer carboné, comme à Lavoulte. Quand ils sont en roches, on leur fait subir un grillage, avant de les employer au haut fourneau, pour faire dégager l'eau qu'ils contiennent, et diminuer leur cohésion. Voici quelques analyses de différentes variétés de fer oxydé anhydre :

TABLEAU XXXIII. — ANALYSES DE PEROXYDE ANHYDRE (1).

| | MINERAI micacé de LAROCHE-BERNARD. 1. | MINERAI compacte de LA MOSELLE. 2. | MINERAI compacte de LAVOULTE. 3. | MINERAI compacte de FRAMONT. 4. | MINERAI compacte de SAULNOT. 5. |
|---|---|---|---|---|---|
| Peroxyde de fer (2)...... | 58,00 | 99,00 | 66,00 | 94,00 | 65,00 |
| Oxyde de manganèse.... | » | 0,40 | 2,50 | 2,00 | 5,00 |
| Silice............... | 42,00 | » | 16,80 | 2,00 | » |
| Alumine............ | » | » | 2,00 | » | 0,80 |
| Argile.............. | » | 0,40 | » | » | » |
| Carbonate de chaux..... | » | » | 4,40 | » | 13,80 |
| Carbonate de magnésie... | » | » | 3,70 | » | Traces. |
| Gangue............. | » | » | » | » | 14,00 |
| Eau...... .......... | » | » | 2,80 | 2,00 | 4,00 |
| | 100,00 | 99,80 | 98,20 | 100,00 | » |

## OXYDE MAGNÉTIQUE.

**266.** L'oxyde magnétique, ou *fer oxydulé*, se rencontre dans les terrains anciens. En Suède et en Sibérie, il forme des montagnes entières, ou des couches très-puissantes intercalées dans les roches granitiques. Quelquefois il se présente en cristaux octaèdres parfaits; souvent aussi il est

---

(1) Le peroxyde de fer se compose d'environ 69 de fer pour 31 d'oxygène. Le protoxyde contient 77 de fer et 23 d'oxygène.

(2) Les analyses des nos 1, 2 et 3 sont dues à M. Berthier; celle du no 4 à M. Daubuisson, et celle du no 5 à MM Thirria et Ebelmen.

répandu dans les roches en grains fins et imperceptibles (1). Sa cassure est d'un noir brillant; sa poussière est noire ou brun foncé. Son action sur le barreau aimanté est sa propriété caractéristique.

Ce minerai se trouve souvent en France, en mélange avec d'autres variétés, principalement dans l'Hérault, près du Vigan, et au Courniou où il forme des amas d'une grande puissance; dans l'Aveyron, la Corse, les Côtes-du-Nord près de Saint-Brieux; les Ardennes, etc.; mais ses principaux gisements sont en Russie, en Norwège et en Suède : ce dernier pays lui doit en grande partie la vieille réputation de ses fers. En Angleterre, on le trouve en Cornouailles, dans un terrain granitique, et à Haytor, dans le Devonshire (2).

267. Les terrains volcaniques renferment souvent une *variété de fer oxydulé*, accompagné de titane. Il est plus dur que le précédent; sa couleur est d'un noir foncé, avec l'éclat vitreux (3). On le trouve en cristaux; mais plus souvent en grains irréguliers. Le titane le rend réfractaire, sans s'opposer à son emploi.

Les minerais oxydulés donnent, en général, de très-bon fer; on les grille quand ils renferment des sulfures; ils sont ordinairement fort riches et assez réfractaires. Voici quelques analyses :

TABLEAU XXXIV. — ANALYSES DE FER OXYDULÉ (4).

| | OXYDE PUR de SUÈDE. 1. | AVEYRON. — VILLEFRANCHE. 2. | HÉRAULT. — VIGAN. 3. | NORWÈGE. — ARENDAHL. 4. |
|---|---|---|---|---|
| Protoxyde de fer........ | 31,00 | 26,20 | 22,30 | 29,25 |
| Peroxyde de fer........ | 69,00 | 58,50 | 49,70 | 68,03 |
| Oxyde de titane........ | » | » | » | » |
| Gangue.............. | » | 15,30 | » | 2,45 |
| Oxyde de chrome...... | » | » | 28,00 | » |
| | 100,00 | 100,00 | 100,00 | 99,73 |
| Fonte à l'essai......... | » | 61,00 | 52,00 | » |

(1-3) *Éléments de Minéralogie* de M. Brard.
(2) *Papers on Iron and Steel*, by David Mushet, p. 151; 1840.
(4) Les analyses des n°s 1, 2 et 3 sont dues à M. Berthier; celle du n° 4 à M. Karsten.

## PEROXYDE HYDRATÉ.

**268.** Le peroxyde hydraté, le minerai de fer le plus répandu en France, se distingue du peroxyde anhydre par sa poussière d'un brun jaune. Il se rencontre dans tous les terrains et prend toute espèce de formes, mais il est rarement cristallisé. Il est en général moins riche, moins pur, plus fusible, que les espèces précédentes, et d'ailleurs propre à tous les genres de traitement.

On compte quatre variétés principales de peroxyde hydraté : l'hématite brune, l'hydroxyde compacte, la mine en grains et le fer hydraté limoneux.

**269.** L'*hématite* (*brune*) se présente en masses concrétionnées de couleur brune ou noire, à cassure fibreuse; elle perd son eau et rougit lorsqu'on la soumet à la calcination.

Ce minerai est exploité à Baïgorry (Basses-Pyrénées) avec l'hydroxyde compacte dans des schistes du terrain de transition (1); dans les Pyrénées orientales, aux mines de Batère et du Canigou, où il forme avec l'hydroxyde compacte des couches puissantes intercalées entre les terrains granitiques et le calcaire saccharoïde (2); à Rancié (Ariège), dans les calcaires gris du terrain de transition; à Framont (Vosges), dans la Moselle, etc. On le trouve encore en Allemagne, au Hartz, et en Angleterre à Fowey, près de Minehead, ainsi que dans beaucoup d'autres localités.

C'est une variété assez riche contenant ordinairement de la silice, de l'alumine, de la chaux, et fort souvent du manganèse.

**270.** L'*hydroxyde compacte* est plus commun que la variété précédente; il est assez dur, à cassure compacte, à poussière jaune, et il se présente en couches assez considérables.

On l'exploite dans les terrains jurassiques de la Marne; dans la Moselle, à Creutzwald; dans les Vosges, à Rothau et à Framont; dans le terrain de transition des Ardennes; à Baburet dans les Basses-Pyrénées; à Notre-Dame du Maurian dans l'Hérault, etc.

**271.** L'*hydroxyde granulaire*, *oolithique* ou *terreux*, se trouve en grains agglutinés dans toutes les couches de la formation oolithique, en grains isolés dans les fentes du calcaire jurassique et dans les terrains de nouvelle formation.

Ces minerais sont en général peu riches, faciles à fondre et mélangés à

---

(1) Mémoire de M. Lefebvre; *Annales des Mines*, 3ᵉ livraison, 1837.
(2) Mémoire de M. Dufrenoy; *Annales des Mines*, 2ᵉ livraison, 1834.

des substances étrangères, dont la plus commune est le phosphore. Ils sont très-communs et c'est principalement à la profusion avec laquelle ils sont répandus, que la France doit le développement de son industrie métallurgique. Ils alimentent les forges des Ardennes, de la Franche-Comté, de la Marne, et du Berry, c'est-à-dire les groupes de forges les plus intéressants et les plus productifs.

**272.** Dans les départements du Doubs et du Jura, on les trouve dans le terrain jura-crétacé sous la forme de petits grains, d'un brun luisant, allongés ou aplatis, aux mines de Métabief, d'Oie, des Fourgs, des Hôpitaux-Vieux, des Longevilles, de Boucherans; ils renferment de l'alumino-silicate magnétique. Dans la Haute-Saône et le Doubs, ils existent aussi en grains pisiformes, formés de couches concentriques, empâtés dans des marnes et souvent recouverts par des dépôts appartenant aux terrains tertiaires. Ce minerai est de très-bonne qualité et les excellentes fontes de la Franche-Comté lui doivent leur réputation.

Les minerais pisiformes remaniés que l'on trouve dans les anfractuosités du calcaire jurassique, sont beaucoup moins bons, parce qu'ils contiennent ordinairement des phosphates qui proviennent de débris de coquilles.

**273.** Dans les Ardennes, on exploite un minerai en grains amorphes de couleur grise ou brune : il est assez riche et un peu réfractaire; il donne des fontes de bonne nature, mais bien inférieures cependant à celles de la Franche-Comté. Dans la Meuse et la Moselle, on le trouve aussi, soit en grains, soit en rognons agglutinés, dans les sables argileux qui recouvrent les anfractuosités du terrain jurassique. La variété oolithique se présente à la partie inférieure du même terrain à Hayange et à Moyeuvre (Moselle).

**274.** La Haute-Marne est une des provinces les plus privilégiées, sous le rapport de l'énorme quantité de minerais de fer qu'elle renferme. On les trouve en grains isolés, ou agglutinés, ou en plaquettes, dans le premier et surtout dans le second étage du terrain jurassique, et dans le terrain jura-crétacé qui le recouvre. Les principaux gîtes exploités du second étage sont ceux de Latrecé, Châteauvilain, Orges, Blessonville, Montfaon, Villiers-le-Sec, Jonchery, Laharmand, Maraux, Prey-sous-la-Fauche, Percey-le-Petit, Isone, etc.

Le terrain jura-crétacé présente deux gisements, l'un à la partie supérieure, l'autre à la partie inférieure. Le premier donne du minerai en très-petits grains (oolithes miliaires) formés de couches concentriques, reposant dans un banc d'argile de 1$^m$,00 à 2$^m$,00 de puissance; on l'exploite à ciel ouvert (1), dans les communes de Sommevoire, Ville-en-Blaisois, Rage-court, Vaux-sur-Blaise, Vassy, Louvemont, Prez-sur-Marne, Eurville, Narcy, etc. Le second gîte contient du fer hydroxydé en plaquettes, (hydroxyde compacte) accompagné d'oolithes miliaires, répandu en amas considérables dans une couche de sable siliceux à gros grains. Ce minerai s'exploite à Bettancourt, Chatonrupt, Guindrecourt, Nomécourt, Moran-court et Prez-sur-Marne.

Enfin, on retrouve encore le minerai oolithique dans les fentes et les cavités du calcaire jurassique, où il paraît avoir été importé par les eaux diluviennes. Ces gîtes de minerai remanié se rencontrent à Poissons, Thonnance-les-Joinville, Saint-Urbain, Noncourt, Sailly, Montreuil, et à Osne-le-Val : les roches au milieu desquelles on l'exploite l'ont fait nommer *mine de roche,* et le fer qui en provient jouit dans le commerce, sous le titre de *fer de roche,* d'une réputation méritée. On a appelé fer *demi roche* celui qui provient des mines de Bettancourt, Chatonrupt, etc., que nous avons citées plus haut. Les minerais de la Haute-Marne sont en général peu riches, très-fusibles et produisent de bonnes fontes à fer.

**275.** Le Bourbonnais, le Nivernais et le Berry renferment de nom-breuses exploitations de minerais de l'espèce précédente; on les trouve en grains de couleur brune, à surfaces lisses et à couches concentriques con-crétionnées, dans des argiles qui reposent sur l'étage supérieur du terrain jurassique, ou en rognons agglutinés par un ciment ferrugineux, avec mélange de grains de quartz. Les couches de calcaire et d'argile quartzeuse qui recouvrent quelquefois le terrain précédent, présentent encore du minerai en rognons à ciment calcaire, et des mines en grains, mais de qua-lité ordinairement moins bonne que celles des terrains inférieurs. Ces diffé-rentes variétés sont abondamment répandues dans ces provinces, et active-ment exploitées dans les vallées de l'Aubois, de l'Auron et du Cher; elles sont ordinairement mélangées pour le service des hauts fourneaux, et for-ment ainsi des composés assez fusibles qui produisent de l'excellente fonte à fer. Presque tous, néanmoins, renferment une légère quantité de phos-phore qui rend la fonte très-propre au moulage des petits objets, mais elle manque souvent de corps et de ténacité.

**276.** La mine en grains se trouve aussi dans l'Indre et la Vendée, et

---

(1) C'est aux excellents Mémoires de M. Thirria (*Annales des Mines,* 4e livraison, 1836 et 1re livraison 1839) que nous sommes en grande partie redevables des renseignements que nous donnons sur les gîtes de minerais de la Franche-Comté et de la Marne.

donne en général des fers de bonne qualité. Dans le département de l'Ain à Villebois, elle se présente à l'état de grains oolithiques empâtés dans le calcaire jurassique; — ce minerai est légèrement magnétique, assez pauvre et de médiocre qualité.

Dans le Gard, l'hydroxyde argileux forme des amas superficiels fort puissants à la limite du terrain houiller et du lias, ou remplit les cavités et les fentes de ce dernier terrain.

Dans la Charente, le Lot, le Lot-et-Garonne, le Tarn-et-Garonne, et surtout dans la Dordogne, il se présente en grains isolés ou agglutinés, au milieu des dépôts des terrains tertiaires, qui recouvrent la craie et le terrain jurassique; ce minerai est assez riche et donne du bon fer.

277. L'hydroxyde globuliforme est, comme on le voit, très-abondamment répandu dans presque tous les départements. C'est en raison de la grande importance de son rôle dans notre industrie métallurgique, que nous n'avons pas hésité à donner à ce sujet, des détails dans lesquels nous ne sommes pas entrés pour les autres espèces de minerais.

278. *Fer hydraté limoneux.* — Nous n'avons que peu de mots à dire de cette dernière variété; elle est peu exploitée en France et ne se trouve en abondance que dans les marais de la Suède, de la Sibérie, de la Courlande, etc., où elle paraît se former d'une manière continue.

Ces minerais se reconnaissent assez facilement à leur couleur jaune; ils se présentent en *grains* très-fins comme l'ocre, ou en *fragments* tuberculeux, de structure irrégulière. Ils contiennent beaucoup de matières terreuses, du phosphore et quelquefois du manganèse; ils sont assez pauvres et donnent des produits de qualité très-médiocre.

279. Les tableaux suivants renferment les analyses de plusieurs variétés de *fer hydraté.*

TABLEAU XXXV. — ANALYSE D'HÉMATITES BRUNES ET DE FER HYDRATÉ COMPACT (M. BERTHIER).

| | HÉMATITES BRUNES. | | FER HYDRATÉ COMPACTE. | | |
|---|---|---|---|---|---|
| | MOSELLE. | ARIÈGE. | LOT. | NIÈVRE. | PUY-DE-DÔME. |
| | LONGWY. | RANCIÉ. | LES ARQUES. | VANDENESSE. | BOURG-LASTIC. |
| | 1. | 2. | 3. | 4. | 5. |
| Peroxyde de fer..... | 85,10 | 82,20 | 75,10 | 50,00 | 41,60 |
| Oxyde de manganèse.. | » | 3,60 | » | » | 16,40 |
| Eau ............ | 12,20 | 12,20 | 11,80 | 7,00 | 11,40 |
| Acide phosphorique . | » | » | » | » | 0,50 |
| Acide arsénique...... | » | » | » | » | 0,30 |
| Quartz ou silice..... | » | » | 12,80 | 42,50 | » |
| Argile, ........... | 2,70 | 2,00 | » | » | 31,00 |
| TOTAL...... | 100,00 | 100,00 | 100,00 | 99,50 | 100,60 |
| Fonte à l'essai....... | 61,50 | » | 53,00 | » | 29,60 |

TABLEAU XXXVI. — ANALYSE DE FER HYDRATÉ EN GRAINS (MM. THIRRIA ET EBELMEN.

| | H.-SAÔNE. | H.-SAÔNE. | H.-MARNE. | H.-MARNE. | H.-MARNE. | H.-MARNE. | H.-SAÔNE. |
|---|---|---|---|---|---|---|---|
| | OPPENANS. | VELLEMENFROY. | NARCY. | SOMMEVOIRE. | BETTANCOURT. | CHATONRUPT. | SEPTFONTAINES. |
| | 6. | 7. | 8. | 9. | 10. | 11. | 12. |
| Peroxyde de fer. ..... | 30,60 | 40,00 | 66,00 | 63,00 | 67,00 | 68,00 | 46,00 |
| Oxyde de manganèse . | 1,00 | 1,50 | 4,00 | 1,40 | 2,00 | 2,80 | 2,60 |
| Carbonate de chaux... | 38,40 | 10,80 | 0,70 | 2,00 | 3,12 | 5,20 | 36,00 |
| *Idem* de magnésie. | 0,80 | 0,20 | » | » | » | » | Sulfure de fer 0,10 |
| Acide phosphorique... | 0,34 | 0,26 | 0,20 | 0,34 | 0,11 | 0,22 | » |
| Alumine soluble...... | 0,80 | 0,80 | 4,00 | 3,40 | 1,80 | 1,60 | 0,80 |
| Silice... } Argile .... { | 12,00 | 31,00 | 7,00 | 12,80 | 8,60 | 6,60 | 8,00 |
| Alumine. } | 4,00 | | | | | | |
| Eau et oxygène....... | 12,00 | 12,40 | 15,50 | 16,40 | 15,78 | 11,80 | 6,00 |
| Perte............. | 0,06 | 0,01 | 1,00 | 0,66 | 1,29 | 0,78 | 0,50 |
| TOTAL. ..... | 100,00 | 100,00 | 100,00 | 100,00 | 100,00 | 100,00 | 100,00 |
| Fonte au fourneau..... | » | 25,00 | 44,00 | 42,00 | 41,00 | 45,00 | 31,00 |

TABLEAU XXXVII. — ANALYSE DE FER HYDRATÉ EN GRAINS (M. BERTHIER).

| | LES BRUÈRES, près Nevers. 13. | TARN-ET-GARONNE PAGÈS, près Bruniquel. 14. | H.-MARNE. — PATRECY. 15. | H.-MARNE — EURVILLE. 16. | MONTGIRARD, près Saint-Dizier. 17. | MAUPAS, près Saint-Dizier. 18. | CHER — LA RAQUINERIE. 19. | AIN — VILLEFOIS. 20. |
|---|---|---|---|---|---|---|---|---|
| Peroxyde de fer..... | 46,40 | 61,00 | 63,80 | 58,20 | 69,00 | 63,50 | 43,10 | 34,80 |
| oxyde de manganèse... | » | » | » | » | » | » | 15,00 | » |
| Eau............... | 9,20 | 15,00 | 11,10 | 15,00 | 16,00 | 16,00 | 15,40 | 12,60 |
| Silice .......... | 36,80 | 12,00 | 3,20 | 24,00 | 7,20 | » | 23,00 | » |
| Alumine ......... | 7,60 | 12,00 | 1,20 | 2,80 | 7,00 | 11,10 | 3,20 | » |
| Argile........... | » | » | » | » | » | 9,40 | » | 34,40 |
| Carbonate de chaux.. | » | » | 15,80 | » | » | » | » | 18,00 |
| Acide phosphorique. | » | » | » | » | » | » | » | 0,20 |
| Total .... | 100,00 | 100,00 | 98,10 | 100,00 | 99,00 | 100,00 | 100,00 | 100,00 |
| Fonte à l'essai .... | 31,00 | » | » | » | » | » | » | 23,60 |

TABLEAU XXXVIII. — ANALYSE DE FER HYDRATÉ EN GRAINS AVEC MÉLANGE D'ALUMINO-SILICATE MAGNÉTIQUE (1).

| | JURA. — MÉTABIEF. 21. | JURA. — BOUCHERANS. 22. | H.-MARNE. — NARCY. 23. | CÔTE-D'OR. — CHATILLON. 24. | MOSELLE. — HAYANGE. 25. |
|---|---|---|---|---|---|
| Protoxyde de fer ... | 0,88 | 0,80 | 15,70 | 15,30 | Carbonate de fer.. 36,20 |
| Peroxyde de fer..... | 18,00 | 31,00 | 70,00 | 67,30 | 40,30 |
| Eau .............. | 9,80 | 9,10 | 1,60 | 6,10 | 2,50 |
| Alumine.... .. .... | » | » | 5,00 | 7,00 | 3,80 |
| Argile........ ... . | 7,80 | 22,40 | 2,40 | 2,00 | » |
| Carbonate de chaux et de magnésie ..... | 29,40 | 29,00 | » | » | Carbonate de chaux. 11,00 |
| Silice combinée .... | 3,00 | 4,00 | 4,60 | 2,00 | 6,00 |
| Perte............. | 1,12 | 0,10 | 0,70 | » | 0,20 |
| Total . .... | 100,00 | 100,00 | 100,00 | 100,00 | 100,00 |
| Fonte à l'essai ..... | 33,50 | 23,80 | 60,10 | 59,00 | » |

1°. Hématite de Longwy (Moselle), en masse caverneuse, veinée de brun jaune et de jaune clair.

2°. Hématite mamelonnée, brune, en couches dans le calcaire.

(1) Les nos 21 et 22 ont été analysés par M. Thirria ; les nos 23 à 25 par M. Berthier.

5°. Hydrate compacte en masses tuberculeuses irrégulières, pénétrées de grains de quartz.

4°. Hydrate compacte de couleur brune-claire, et pénétré de grains de quartz. — Se trouve dans le terrain d'alluvion.

5°. Hydrate compacte, se trouve en filons dans les roches primitives; il donne de mauvais fer.

6°. Oolithe miliaire, avec ciment argilo-calcaire, abandonnée pour sa pauvreté et sa contenance en phosphore. Ce minerai se trouve en couches dans la partie inférieure du terrain jurassique.

7°. Oolithe miliaire disséminée dans une marne endurcie, du troisième étage du terrain jurassique, employée à Ronchamp.

8°. Oolithe miliaire disséminée dans l'argile à la partie supérieure du terrain jura-crétacé. — Elle produit dans les hauts fourneaux des environs de Saint-Dizier des fontes blanches et serrées.

9°. Oolithe miliaire présentant les mêmes caractères que le numéro précédent.

10°. Se trouve en plaquettes géodiques accompagnées de sables, de grès et d'oolithes disséminées dans une marne sablonneuse. Il occupe la partie inférieure du terrain jura-crétacé.

11°. Analogue au numéro précédent.

12°. Hydrate pisiforme appartenant au terrain du grès vert. Exploité pour le fourneau de Seveux.

13°. Se trouve en grains amorphes d'un jaune brun; il donne de bonne fonte.

14°. Gros grains arrondis; bonne qualité.

15°. Variété dite *mine noire*, en petits grains ronds et noirs.

16°. Petits grains amorphes mêlés de sable quartzeux; bonne qualité, mais un peu réfractaire.

17°. Grains arrondis de grosseur moyenne. Employé au fourneau de Bienville. Bonne qualité.

18°. Grains arrondis, formant une masse oolithique. Aussi bon que le précédent. On emploie du sable quartzeux pour fondant.

19°. Hydrate pisiforme d'un brun foncé. Bonne qualité.

20°. Hydrate oolithique calcaire, en petits grains ronds d'un jaune brun. Qualité médiocre.

21°. Hydrate en petits grains oblongs d'un brun luisant, exploité dans un calcaire marneux pour le fourneau de Pontarlier.

22°. Analogue au précédent; exploité pour le fourneau de Moutène près Salins.

23°. Grains magnétiques de Narcy, en petits grains aplatis d'un brun jaunâtre luisant.

24°. Analogue au précédent.

25°. Exploité dans le calcaire oolithique pour les fourneaux d'Hayange. Il se trouve en couches avec de l'hydrate granulaire, empâté dans un calcaire, et appelé minerai brun. Celui-ci est nommé minerai bleu.

## MINERAIS SILICÉS.

**280.** La silice se combine soit avec le protoxyde, soit avec le peroxyde de fer. Les *silicates de protoxyde* sont magnétiques après le grillage et quelquefois avant ; leur couleur est bleue plus ou moins foncée. Les *silicates de peroxyde* sont rouges ou rouge-bruns et ne sont pas magnétiques.

Cette classe de minerais est peu commune, même peu connue, et n'est pas exploitée d'une manière générale. Parmi les plus répandus et ceux qui pourraient être employés en grand, M. Walter (1) cite les basaltes, les grenats et les jaspes communs. — Le basalte volcanique existe en masses considérables dans le Cantal, le Puy-de-Dôme, l'Ardèche, l'Hérault. Les grenats se trouvent dans les Alpes, les Pyrénées ; les jaspes dans l'Isère et les Hautes-Alpes.

**281.** M. Berthier classe parmi les silicates de protoxyde, le minerai magnétique de Saint-Brieux (Côtes-du-Nord) qui est un alumino-silicate mêlé ou combiné avec de l'oxyde magnétique, et formant une couche puissante dans le terrain de transition ; il est d'un noir mat, à structure en partie oolithique, en partie schisteuse ; il renferme 0,003 d'oxyde de chrome. On ne l'exploite pas ; mais il pourrait être traité au haut fourneau avec addition de quartz et de castine.

On exploite pour l'usine d'Ardon le minerai magnétique de Chamoison (Valais) qui a été décrit par le même auteur. « On le trouve en couches « peu étendues dans un calcaire grisâtre coquillier ; il est compacte, d'un « gris foncé verdâtre, à cassure inégale, quelquefois grenue et presque ter- « reuse, et présente quelques lamelles de chaux carbonatée limpide ; il est « assez dur, et donne une poussière d'un gris verdâtre clair. Il est fusible, « rend 45 pour 100 de fonte après le grillage et donne de bon fer. »

_____

(1) *Métallurgie pratique du Fer*, par M. Walter.

TABLEAU XXXIX. — ANALYSES DE MINERAIS SILICÉS (M. BERTHIER).

|  | MINERAI de SAINT-BRIEUX. 1. | CHAMOISITE du VALAIS. 2. |
|---|---|---|
| Protoxyde de fer........................ | 23,40 | 60,50 |
| Peroxyde de fer. ...................... | 48,80 | " |
| Alumine ........... . ................... | 13,30 | 7,80 |
| Silice......... .. ...................... | 11,00 | 14,30 |
| Eau............................... | " | 17,40 |
| Gangue. ........................... | 3,50 | " |
|  | 100,00 | 100,00 |
| Fonte à l'essai ..... .................... | 52,50 | " |

## MINERAIS CARBONATÉS.

**282.** Cette classe de minerais joue un grand rôle dans la fabrication du fer. Elle est abondamment répandue, activement exploitée et se trouve dans toutes les espèces de terrains. On en distingue de trois espèces. Le *fer spathique; le fer spathique décomposé* ou *mine douce*, et le *fer carbonaté lithoïde*.

### FER SPATHIQUE.

**283.** Le fer spathique ne se rencontre que dans les terrains primitifs et dans ceux de transition. A l'état de pureté il est blanc avec une légère teinte jaune; il cristallise en rhomboèdres, et présente une texture lamelleuse, quelquefois compacte. Ordinairement il est associé aux carbonates de manganèse et de magnésie, rarement au carbonate de chaux; et presque toujours il est mélangé de quartz, de baryte sulfatée, de roches schisteuses, etc. Il est exempt d'acide phosphorique.

Il existait autrefois en grande quantité et en masse lamelleuses d'un blanc jaunâtre, aux mines de Rancié; mais il y est plus rare aujourd'hui. On l'exploite en lamelles d'un blond très-clair, rendant 65 pour 100 de fonte à l'essai, à la mine d'Ustéleguy près de Baïgorry; dans les montagnes du Canigou (Pyrénées-Orientales); à Allevard, à Vizille et Oysans (Isère);

à Autun (Saône-et-Loire); à Bourglastic et Herment (Puy-de-Dôme); au Hartz, dans le grand duché du Rhin à Musen, etc.

Les fers spathiques, riches en manganèse sont très-fusibles et disposés à donner de la fonte blanche; quand ils contiennent de la magnésie, ils deviennent plus réfractaires.

Ils se décomposent ordinairement à l'air, en laissant dégager l'acide carbonique; leur décomposition a même lieu dans l'intérieur des filons et ils se transforment en peroxyde, tandis que la magnésie passe à l'état de bicarbonate soluble qui est entraîné par l'eau (1). Ils perdent alors leur teinte blanche, passent au brun, et prennent dans ce cas le nom de mine douce.

### MINE DOUCE OU FER SPATHIQUE DÉCOMPOSÉ.

**284.** Son gisement est le même que celui du fer spathique et il se rencontre à peu près partout avec lui, soit en mélange avec différentes variétés d'hydrates, soit isolé dans des filons particuliers, au milieu de roches quartzeuses ou talqueuses. Ce minerai qui est un véritable hydrate de peroxyde, est d'un brun noirâtre, tendre, tachant et très-léger, quoique généralement assez riche. Il est fusible et donne de bons produits.

On cite particulièrement les mines douces des Pyrénées, de l'Ariège, de l'Isère, de l'Aude, etc., du Hartz, de la Styrie etc.

### FER CARBONATÉ LITHOÏDE OU MINERAI DES HOUILLÈRES.

**285.** Ces minerais se rencontrent dans tous les terrains houillers, dans les argiles interposées au milieu de la craie et même quelquefois dans la formation des argiles plastiques; mais ils abondent surtout dans la première espèce de terrains, et c'est ce qui lui a fait donner le nom de minerai des houillères.

On distingue plusieurs variétés qui sont: le minerai siliceux ou quartzeux micacé, le minerai compacte et le minerai schisteux.

**286.** *Minerais siliceux* (2). — Ils comprennent tous les grès ferrifères qui avoisinent les houilles, et se trouvent presque toujours disposés en *couches continues*, quelquefois en *masses sphéroïdales* isolées, empâtées dans le grès stérile. Ils présentent une couleur grise plus ou moins foncée, passant au jaune rougeâtre par l'exposition à l'air; une cassure grenue, et plus

---

(1) M. Berthier; *Traité des Essais par la voie sèche.*

(2) Voir pour plus de détails sur le fer carbonaté lithoïde le Mémoire de M. de Gallois; *Annales des Mines*, 4ᵉ livraison, 1818.

de dureté et de pesanteur que les grès stériles. Leurs affleurements sont caractérisés par des fissures divisant la masse en losanges, qui se transforment peu à peu en masses sphéroïdales (par la décomposition du carbonate) formées de couches concentriques testacées, qui enveloppent un noyau dur non décomposé. Ils prennent une teinte rouge par le grillage, perdent ainsi 15 à 20 pour 100 de leur poids et deviennent d'autant plus attirables à l'aimant qu'ils sont plus riches.

Généralement ils sont assez pauvres, et contiennent de la silice, de la chaux, de la magnésie et quelquefois du phosphore. Ils ne sont pas exploités comme minerais de fer en Angleterre, parce qu'on leur préfère la variété suivante :

**287.** *Minerai compacte* ( *clay iron stone* ). Cette variété qui est plus connue que la précédente, se trouve en *veines continues* ou en *masses réniformes* plus ou moins aplaties, disposées dans des schistes ou des couches d'argile parallèles à la stratification du terrain. Les veines se trouvent souvent fort rapprochées, mais leur épaisseur n'est jamais bien considérable et ne dépasse guère 0$^m$,25.

Le minerai réniforme se trouve en rognons de 0$^m$,08 à 0$^m$,20 de diamètre, souvent complétement aplatis, et disposés en rangées de 0$^m$,20 à 0$^m$,35 d'épaisseur.

La cassure du minerai compacte est ordinairement terreuse, quelquefois schisteuse ; sa couleur varie du gris bleuâtre au noir foncé, suivant la quantité d'argile bitumineuse dont il est imprégné ; elle se fonce à l'air, et passe au rouge brun assez vif par le grillage. Il perd au feu 0,18 à 0,31 de son poids, et le minerai grillé rend 0,45 à 0,50. Il renferme de la silice, de l'alumine, du carbonate de chaux, quelquefois du carbonate de magnésie et du phosphore. En général, les rognons arrondis sont plus riches que ceux qui sont aplatis ; on ne traite que ceux qui contiennent au moins 20 pour 100 de fer.

Tous ces minerais exigent le grillage, et souvent même il faut au préalable les laisser quelque temps exposés à l'air, pour qu'ils se dépouillent des argiles schisteuses qui y adhèrent.

**288.** *Minerai schisteux noir* (*Mushet's black band iron stone*). — Cette variété fut découverte en 1801, sur les bords de la Calder, près Glasgow, par M. Mushet. Il y a quelques années que l'on en a également trouvé près d'Édimbourg et dans le nord du Staffordshire (1). Elle alimente beaucoup de hauts fourneaux en Écosse.

_____

(1) *Papers on Iron and steel*, by David Mushet.

Le minerai schisteux existe en couches assez épaisses, composées de feuillets minces adhérents les uns aux autres ; sa couleur est noire, nuancée de
brun, et sa poussière est brune. Il est imprégné de beaucoup de bitume, de
sorte qu'il entretient lui-même la combustion pendant le grillage, qui lui
fait perdre environ 50 pour 100 de son poids ; à cet état, il rend 60 pour 100
de fonte. Il renferme de la silice, de l'alumine, de la magnésie, un peu de
carbonate de chaux, beaucoup de bitume, et parfois des pyrites de fer.

289. Nous ne considèrerons pas comme une variété distincte, les minerais des houillères, qui affectent la forme extérieure des végétaux ; on ne les
rencontre que rarement, et ils sont beaucoup plus faits pour intéresser les
géologues que les fabricants de fer.

290. Le fer carbonaté lithoïde est, comme on le sait, le minerai sur
lequel repose presque toute la fabrication du fer de la Grande-Bretagne,
et pendant longtemps on a cru que les houillères de ce pays étaient les seules
qui pussent en fournir ; mais les recherches faites en France, et les observations de MM. Berthier et Gallois, ont prouvé qu'il était propre à tous les
terrains houillers, et que nous le possédions aussi dans nos bassins du Nord
et du Midi ; seulement les bonnes qualités paraissent être beaucoup moins
répandues en France qu'en Angleterre, et la grande variété de nos autres
minerais, qui sont presque tous d'une extraction et d'un traitement
plus avantageux, nous dispense, dans la plupart des cas, de recourir à
celui-ci.

291. Les tableaux suivants renferment les analyses des différentes espèces
et variétés de fer carbonaté, dont nous venons de parler.

Tableau XL. — Analyses de minerais de fer spathique. (M. Berthier.)

| | PAYS DE SIEGEN. STAHLBERG. 1. | ARIÉGE. RANCIÉ. 2. | ESCOURLÉGUY près BAIGORRY. 3. | BENDORF près COBLENTZ. 4. |
|---|---|---|---|---|
| Protoxyde de fer............ | 44,90 | 53,50 | 53,00 | 46,30 |
| Protoxyde de manganèse...... | 10,30 | 6,50 | 0,60 | 9,10 |
| Magnésie............ .... | 1,60 | 0,70 | 5,40 | 4,50 |
| Chaux.............. .... | 1,00 | » | » | » |
| Acide carbonique............ | 37,00 | 39,30 | 41,00 | 38,40 |
| Gangue.............. .... | 4,20 | » | » | 1,40 |
| | 99,00 | 100,00 | 100,00 | 99,70 |
| Fonte à l'essai............. | » | » | 45,00 | 39,00 |

22

TABLEAU XLI. — ANALYSES DE FER SPATHIQUE DÉCOMPOSÉ OU MINE DOUCE (1).

| | ISÈRE. FAYARD. 5. | AUDE. LAGARGOUZE. 6. | ISÈRE. ARTICOLE. 7. | STYRIE. EISENARTZ. 8. |
|---|---|---|---|---|
| Peroxyde de fer........... | 79,60 | 82,70 | 60,00 | 78,50 |
| Oxyde de manganèse........ | 3,50 | 3,60 | 10,40 | 1,95 |
| Magnésie................. | 1,00 | » | » | 4,50 |
| Chaux................... | » | 0,70 | 5,20 | 5,08 |
| Silice.................... | 4,80 | 3,20 | 8,60 | 0,85 |
| Eau..................... | 11,10 | 9,70 | 13,90 | 9,12 |
| | 100,00 | 99,90 | 98,10 | 100,00 |
| Fonte à l'essai........... | » | 62,20 | 42,00 | » |

TABLEAU XLII — ANALYSES DE MINERAIS COMPACTES DES HOUILLÈRES DE FRANCE.
(M. BERTHIER.)

| | HÉRAULT. LE VIGAN. 9. | NORD. ANZIN. 10. | ALLIER. FINS. 11 | GRAUT près ST.-ÉTIENNE. 12. |
|---|---|---|---|---|
| Carbonate de fer........... | 77,70 | 70,00 | 80,00 | 56,80 |
| Carbonate de manganèse..... | » | 1,70 | 1,50 | 1,50 |
| Carbonate de magnésie...... | » | 1,50 | 2,00 | 6,30 |
| Carbonate de chaux......... | » | » | 0,50 | 2,30 |
| Acide phosphorique......... | » | » | » | 6,10 |
| Chaux................... | » | » | » | 6,60 |
| Argile et sable............. | 15,50 | 14,80 | 14,50 | 20,20 |
| Eau et bitume............. | 4,90 | 11,20 | 1,50 | » |
| | 98,10 | 99,20 | 100,00 | 100,00 |
| Fonte à l'essai............ | 37,30 | 35,00 | 39,60 | 32,30 |

(1) Les analyses des nos 5, 6 et 7 sont dues à M. Berthier; celle du nº 8, à M. Karsten.

TABLEAU XLIII.— ANALYSES DE MINERAIS DES HOUILLÈRES D'ÉCOSSE. (LE Dr COLQUHOUN.)

| | MINERAI COMPACTE. | | MINERAI SCHISTEUX. |
|---|---|---|---|
| | 13. | 14. | 15. |
| Protoxyde de fer...................... | 35,22 | 45,84 | 53,03 |
| Peroxyde de fer. ..................... | 1,16 | » | 0,23 |
| Chaux............................... | 8,62 | 1,90 | 3,33 |
| Magnésie............................ | 5,19 | 5,90 | 1,77 |
| Silice............................... | 9,56 | 7,83 | 1,40 |
| Alumine............................. | 5,34 | 2,53 | 0,63 |
| Matière bitumineuse................... | 2,13 | 1,86 | 3,03 |
| Soufre.............................. | 0,62 | » | » |
| Acide carbonique..................... | 32,53 | 34,62 | 35,17 |
| Protoxyde de manganèse............... | » | 0,20 | » |
| Perte... ........................... | » | » | 1,41 |
| | 100,37 | 100,00 | 100,00 |
| Fonte............................... | » | » | 41,00 |

1. Fer spathique, à grandes lames, d'un blond clair. Il forme un filon très-puissant, et donne d'excellente fonte à acier.

2. Se trouve en rognons, au milieu du fer hydraté manganésifère.

3. Lames moyennes de couleur blonde.

4. Variété dite de première qualité, à grandes lames d'un blond clair, veiné de quartz blanc. Il donne de la fonte blanche lamelleuse très-propre à la fabrication de l'acier.

5. Variété dite *maillat brun*.

6. 7. 8. Mine douce.

9. Rognons compactes d'un gris foncé.

10. Rognons d'un gris clair, formés de grains arrondis agglutinés par une argile bitumineuse.

11. Rognons compactes.

12. Compacte à cassure unie. — Forme des couches épaisses.

13. 14. Clay iron stone de la Clyde.

15. Black band iron stone des environs d'Airdrie, près Glasgow.

## MINÉRAUX DE FER NON EXPLOITÉS.

**292.** Les minerais dont nous venons de parler, sont tous ceux qui sont généralement exploités pour la fabrication de la fonte; nous allons compléter cette notice, en indiquant en peu de mots la composition des minéraux de fer, que leur rareté et leur nature ne permettent point d'appliquer seuls à cet usage, mais qui se trouvent souvent en mélange avec les premiers.

**293.** *Fer natif.* — Il n'a pas été encore rencontré en Europe parmi les roches constituantes de l'écorce du globe; ce fait ne s'est jusqu'ici présenté qu'en Amérique.

On ne connaît, en général, de fer natif que celui des masses météoriques tombées sur la terre; elles contiennent 85 à 95 pour 100 de fer, ordinairement allié au nickel et au cobalt, et renferment aussi parfois du chrome, du manganèse, du soufre et des matières pierreuses. Ce fer est ductile, tenace, et possède toutes les qualités du bon fer ordinaire.

**294.** *Fers sulfurés.* — Ils comprennent les sulfures, ou pyrites de fer, et les sulfates, qui proviennent d'une altération des sulfures.

La *pyrite commune*, ou persulfure de fer, se trouve abondamment dans tous les terrains. La *pyrite blanche*, d'un jaune plus pâle que la précédente, cristallisant en prismes rhomboïdaux, au lieu d'avoir le cube pour forme primitive, a la même composition que la précédente. Les *pyrites magnétiques* sont des composés de persulfure et de protosulfure.

Les *sulfates* prennent naissance parmi les sulfures soumis au contact de l'air et de l'eau; il y a des sulfates de *protoxyde* et des sulfates de *peroxyde*.

Tous ces minéraux, qui contiennent souvent jusqu'à 40 et 50 pour 100 de soufre, sont inexploitables comme minerais de fer. Souvent ils renferment des phosphates et d'autres matières étrangères.

**295.** *Phosphates de fer.* — Ils accompagnent souvent les autres minerais, mais ils ne se trouvent jamais en grandes masses. M. Berthier cite en France : le fer phosphaté d'Anglar (Haute-Vienne), que l'on trouve en masses rayonnées ou compactes, d'un gris taché de bleu, disséminées dans du peroxyde de manganèse; il contient 56 pour 100 de fer, 27,3 d'acide phosphorique, et le reste en eau; — le fer phosphaté d'Alleyras (Haute-Loire) qui existe en rognons disséminés dans une argile micacée, limoneuse; il est composé de 43 pour 100 de fer, 23 d'acide phosphorique, d'un peu de manganèse, d'argile et d'eau.

Les arséniures et les arséniates dont quelques variétés sont exploitées pour l'arsenic, sont moins répandus que les phosphates.

296. *Minéraux à acide métallique.* — Le *fer chromé* présente une cassure inégale, d'un brun noir, et douée d'un léger éclat métallique; on le trouve en filons et en amas dans les terrains primitifs des départements du Var et de l'Aveyron. Il contient de l'oxyde de fer, de la silice, de l'alumine et plus de 33 pour 100 d'oxyde de chrome.

Le *fer titané* se trouve en abondance dans les terrains anciens et les roches volcaniques; il est magnétique et d'une couleur noire métalloïde, tirant sur le brun quand il renferme beaucoup de titane. Le gîte de Maisdon (Loire-Inférieure) est d'une très-grande puissance; le minerai qu'il produit contient, 9 pour 100 de titane, 44 de fer, de la silice, de la magnésie et de l'alumine. Les autres minéraux de cette espèce que nous pourrions citer sont beaucoup plus riches en titane.

Les combinaisons du fer avec le tungstène et le tantale sont trop rares, pour qu'il doive en être question ici.

### RÉPARTITION DES MINERAIS EN FRANCE.

297. Nous avons exposé les différents états, sous lesquels les minerais se présentent ordinairement dans la nature; leur mode de gisement, leurs qualités, leurs applications ont été indiqués : nous nous résumerons en examinant d'une manière générale, comment ils sont répartis dans les différentes portions de notre territoire.

298. Au *nord-est*, les départements des Ardennes, de la Meuse et de la Moselle sont les plus riches en minerais; ils fournissent beaucoup d'hydroxydes granulaires ou compactes, et peu de peroxydes anhydres. Les houillères du Nord donnent du fer carbonaté; le Pas-de-Calais et l'Oise ne renferment que quelques gisements d'hydroxyde.

Au *nord-ouest*, les hydroxydes en fragments se présentent dans l'Eure, l'Orne, la Sarthe, la Mayenne; les hématites brunes, le fer oxydulé et le peroxyde compacte dans le Calvados, les Côtes-du-Nord, le Morbihan et la Loire-Inférieure.

*Les Vosges* et la partie sud de la Moselle, sont riches en peroxyde anhydre compacte, en hématites brunes manganésifères et en fer spathique, tandis que le Bas-Rhin est caractérisé par la présence des hydroxydes terreux.

*A l'est*, la Meuse, la Haute-Marne, la Haute-Saône, le Jura, le Doubs, la Côte-d'Or sont remarquables par leurs innombrables minières de fer hydroxydé en grains.

*Au centre,* le département de Saône-et-Loire, la Nièvre, le Cher, l'Allier présentent les mêmes caractères.

Il en est de même *à l'ouest,* dans le Loir-et-Cher, l'Indre, la Vienne, les Deux-Sèvres et la Charente.

En descendant vers le *sud-ouest,* on retrouve encore l'hydroxyde en grains comme principal minerai, dans la Charente, la Dordogne, le Lot, le Lot-et-Garonne, les Landes et le Tarn-et-Garonne.

*Au sud-est,* on trouve le fer spathique dans le Puy-de-Dôme; l'hydroxyde oolithique dans l'Ain; l'oxyde rouge compacte et l'hématite rouge dans l'Ardèche; l'hydroxyde argileux dans le Gard, et le fer carbonaté lithoïde dans tous les bassins houillers de la Loire, etc.

Dans *les Alpes,* la partie septentrionale (l'Isère) est riche en fer spathique et en mine douce; la partie méridionale (Vaucluse, Basses-Alpes) donne des hydroxydes en fragments.

Enfin le *sud* se caractérise par la réunion des minerais les plus riches et les plus purs : l'Hérault donne du fer oxydulé et du fer oligiste; l'Aude, des hématites et de la mine douce; les Pyrénées-Orientales, l'Ariège et les Hautes-Pyrénées du fer spathique, des hématites brunes, de la mine douce et de l'hydroxyde compacte.

**299.** Ce qui frappe tout d'abord dans cette répartition des minerais en France, c'est que presque toutes les espèces se trouvent assez largement représentées; mais l'extrême profusion des *hydroxydes globuliformes ou terreux* mérite certainement une attention spéciale, car il est impossible de ne pas rattacher à cette circonstance la grande et facile extension qu'a prise la fabrication du fer. L'extraction ordinairement peu dispendieuse de ces minerais, leur grande fusibilité, leur richesse moyenne et leur bonne qualité ont permis de les traiter dans des fourneaux de petite hauteur, faiblement soufflés et consommant peu de charbon : aussi, dans toutes les provinces riches en combustibles végétaux, tels que les Ardennes, la Marne, la Franche-Comté, le Berry, etc., les usines se sont multipliées avec profusion, et les cours d'eau de la plus faible puissance ont tous été employés, soit au lavage des mines, soit au soufflage des nombreux hauts fourneaux où elles sont traitées.

Les choses se seraient certainement passées bien différemment si nous n'avions pas été privilégiés sous le rapport de la nature de nos minerais : les exploitations métallurgiques auraient exigé de bien plus grandes dépenses en frais d'établissement, et il n'aurait pas été permis aux fortunes moyennes de concourir à la fabrication du fer; de telle sorte que nous nous serions trouvés retardés jusqu'à ce que l'esprit d'association, succédant aux efforts individuels, eût permis la construction des grandes usines; et sans aucun doute la France, à travers toutes les oscillations politiques qui depuis tant d'années absorbent presque à elles seules l'énergie des masses, serait arrivée très-lentement à mettre son industrie métallurgique au niveau de celle de ses voisins. Si nous sommes aujourd'hui moins éloignés de ce but, il faut donc reconnaître que nous le devons principalement à l'heureuse constitution minéralogique de notre sol, et de plus, il est facile de voir que c'est également à ce fait, que nous devrons un jour la possibilité de lutter avec avantage contre la concurrence de l'étranger, lorsque l'art aura de son côté fait quelques efforts pour augmenter nos ressources naturelles.

L'Angleterre a le grand avantage de trouver dans le même gisement son combustible et ses minerais; mais l'extraction en est chère, le traitement difficile et rarement avantageux sous le rapport de la qualité des produits; tandis qu'en France, l'extraction et la préparation des minerais se font à très-bon marché, et l'accroissement de leur valeur est principalement dû aux *transports* dont les prix, aujourd'hui fort élevés, pourront être considérablement réduits dans l'avenir, par l'établissement de bonnes voies de communication.

# CHAPITRE IV.

## ESSAIS ET PRÉPARATION DES MINERAIS.

### ESSAIS DES MINERAIS.

**300.** Les essais (1) de minerais ont pour principal but de déterminer leur richesse et de connaître approximativement les substances auxquelles le fer est allié.

*L'essai par la voie sèche,* c'est-à-dire la réduction ou la désoxydation du métal par le carbone, sous l'influence d'une haute température, et *l'action de quelques acides* sont des moyens d'un usage facile et d'une exactitude suffisante pour la pratique.

**301.** Pour se guider dans les essais que l'on a à faire, il est utile de connaître d'une manière générale les matières avec lesquelles les différentes espèces de minerais se trouvent ordinairement mélangées.

1°. *Le fer oxydé magnétique* est souvent pur ; mais il contient quelquefois beaucoup d'oxyde de titane. Ses gangues sont le quartz, les roches stéatiteuses et le gneiss ;

2°. *Le fer oxydé magnétique titané* est combiné à l'oxyde de titane et au protoxyde de manganèse. Ses gangues sont les mêmes que celles du n° 1, et elles contiennent en outre des roches basaltiques, etc. ;

3°. *Le fer oligiste* est toujours pur ; il a les mêmes gangues que le n° 1 ;

4°. *Le fer oxydé et le fer hydraté, compactes ou hématites,* peuvent contenir du manganèse à l'état de deutoxyde et de peroxyde, de l'acide phosphorique et de l'acide arsénique. Leurs gangues sont le quartz, les roches primitives, le calcaire argileux, l'argile sablonneuse ;

5°. *Le fer oxydé et le fer hydraté des terrains calcaires* peuvent contenir du deutoxyde et du peroxyde de manganèse, de l'acide phosphorique, de l'argile, des carbonates et des silicates de fer et de zinc. Leur gangue est calcaire ;

---

(1) Nous avons emprunté à l'excellent *Traité des Essais par la voie sèche,* de M. Berthier, la plupart des données que nous rapportons sur les essais des minerais par cette méthode, car nous ne pensons pas qu'il nous eût été possible de présenter à nos lecteurs quelque chose de plus simple et de plus complet.

6°. *Le fer oxydé et le fer hydraté d'alluvion* peuvent contenir du deutoxyde et du peroxyde de manganèse, de l'acide phosphorique, de l'argile,
des silicates de fer magnétiques, du fer titané et de l'hydrate d'alumine;
leurs gangues sont les argiles sableuses et le quartz;

7°. *Le fer carbonaté spathique* peut renfermer des carbonates de manganèse et de magnésie, rarement du carbonate de chaux; il ne contient
jamais d'acide phosphorique ni d'acide arsénique. Ses gangues sont le
quartz, les gneiss et les roches talqueuses;

8°. *Le fer carbonaté lithoïde* peut renfermer des carbonates de manganèse, de magnésie et de chaux; de l'acide phosphorique, de l'argile et du
bitume. Il a pour gangues les grès houillers, les argiles schisteuses et les
calcaires compactes et argileux;

9°. *Les grenats* peuvent, outre la silice, contenir de la chaux, de la
magnésie, de l'alumine, et de l'oxyde de manganèse. Ils ont pour gangues
les roches primitives;

10°. *Les alumino-silicates* (chamoisite, etc.), outre la silice et l'alumine, peuvent contenir de la chaux, de la magnésie et un alcali. Leurs
gangues sont les roches primitives et les calcaires argileux.

Enfin l'on peut avoir à déterminer la richesse de quelques *produits
d'usines;* ce sont : les *laitiers de hauts fourneaux,* qui sont toujours très-
pauvres, les *scories d'affinage,* qui sont au contraire fort riches, et les
*battitures* qui sont de l'oxyde de fer presque pur.

### ESSAIS PAR LA VOIE SÈCHE.

**502.** Les essais de minerais se font dans des creusets, chauffés dans un
fourneau à courant d'air, ou dans un feu de forge. Pour qu'ils réussissent,
il faut opérer la fusion complète de la matière, ce qui souvent ne peut avoir
lieu qu'à la condition d'ajouter des substances qui en favorisent la fusion;
ces substances appelées *flux* ou *fondants* sont : les verres et le borax qui
peut s'appliquer à toutes les matières; les carbonates de soude et de chaux,
la dolomie, l'alumine, l'argile blanche, le quartz et quelquefois le spath
fluor qui s'emploient fréquemment, mais seulement dans un certain
nombre de cas particuliers.

**503.** Relativement à la nature des flux à employer, M. Berthier divise
les matières ferrugineuses en cinq classes :

*Première classe.* — *Matières ferrugineuses presque pures* : le fer oxydé
magnétique, le fer oligiste, le fer oxydé et le fer hydraté, compactes ou

23

hématites, et les battitures. Ces matières peuvent presque toujours fondre sans flux ; mais il vaut mieux en ajouter un, et choisir en ce cas un *silicate terreux* bien fusible par lui-même.

*Deuxième classe.* — *Matières ferrugineuses mêlées de quartz et ne contenant point ou presque point d'autres substances* : le fer oxydé magnétique, le fer oligiste, le fer oxydé et hydraté, compactes ou hématites, quelques minerais d'alluvion. On emploie pour fondants le *carbonate de soude*, un mélange de *carbonate de chaux et d'alumine* ou d'argile, ou un mélange de carbonate de chaux et de *dolomie*.

*Troisième classe.* — *Matières ferrugineuses contenant de la silice et diverses bases,* mais *ne renfermant pas ou presque pas de chaux* : la plupart des minerais oxydés ou hydratés d'alluvion, la plupart des minerais carbonatés compactes, les minerais oxydés et hydratés qui ont pour gangues des roches primitives ; les fers spathiques mêlés de quartz, qui renferment toujours de la magnésie ou de l'oxyde de manganèse, quelques grenats, les scories d'affinage. On emploie comme flux du *carbonate de chaux* en proportions comprises entre la moitié et les trois quarts du poids des matières mêlées à l'oxyde de fer.

*Quatrième classe.* — *Matières ferrugineuses contenant une ou plusieurs bases,* telles que chaux, magnésie, alumine, oxydes de manganèse, de titane, de tantale, de chrome ou de tungstène, mais *ne renfermant que peu ou pas de silice* : les minerais oxydés ou hydratés pauvres, de la formation du calcaire oolithique, et quelques variétés de fer carbonaté compacte, contenant comme les précédents beaucoup de carbonate de chaux ; les fers spathiques sans gangue, qui contiennent toujours de la magnésie ou du manganèse, quelques variétés de fer oxydé et hydraté d'alluvion, qui ont pour gangue de l'hydrate d'alumine, les fers titanés, chromés, etc. On emploie comme fondants le *quartz* seul pour les fers spathiques très-manganésifères ; du *quartz et de la chaux* pour ceux qui renferment beaucoup de magnésie. Quand la gangue est déjà siliceuse, on ajoute moins de quartz. On se sert de la *silice et de la chaux* pour les minerais alumineux ; de la *silice,* de la *chaux* et d'un peu d'*alumine* ou de *magnésie* pour les fers titanés ; de la *silice* et d'un peu d'*alumine* pour les minerais très-calcaires.

*Cinquième classe.* — *Matières ferrugineuses contenant de la silice, de la chaux et une autre base, et fusibles par elles-mêmes* : plusieurs minerais oxydés et hydratés des terrains calcaires ; la chamoisite, quelques grenats, la plupart des scories des forges catalanes, les laitiers des hauts fourneaux et des cubilots. Ces matières renferment en elles-mêmes les substances qui peuvent déterminer la fusion.

504. Pour que les fondants aient le degré de *fusibilité nécessaire*, ils doivent se composer de 45 à 60 de silice, 20 à 55 de chaux, et 12 à 25 d'alumine ou de magnésie. Si on emploie l'alumine, on ne doit pas en mettre au delà de 15 pour 100, parce que c'est une base peu fondante; si c'est de la magnésie, on peut aller jusqu'à 25. Bien que le borax convienne pour tous les essais, il vaut mieux se servir des autres fondants et surtout de ceux que l'on emploie en grand, parce qu'il communique à la fonte des caractères particuliers différents de ceux qu'elle prendrait avec les flux communs.

505. *Applications.* — Pour donner une idée plus précise de la *nature* et de la *dose des flux* à employer dans les essais, nous allons présenter quelques applications qui se rapportent aux minerais dont nous avons donné les analyses.

1°. *Minerais de peroxyde anhydre* (Tabl. XXXIII). — Le n° 1 (minerai micacé de la Roche-Bernard) fond avec 50 pour 100 de borax, ou 15 de carbonate de chaux et 60 de dolomie. Le n° 2 (minerai compacte de la Moselle), fond sans addition de flux;

2°. *Minerais magnétiques* (Tabl. XXXIV). — Le n° 2 (minerai de Villefranche) fond avec 15 pour 100 de carbonate de soude fondu; le n° 3 (minerai de l'Hérault), avec 25 de carbonate de soude;

3°. *Peroxydes hydratés* (Tabl. XXXV à XXXVIII). — Le n° 4 (hématite brune) fond avec 10 pour 100 de borax; le n° 3 (fer hydraté compacte) avec 14 de carbonate de chaux; le n° 13 (fer hydraté en grains), avec 14 de carbonate de chaux et 2 d'alumine; le n° 20 (minerai de Villebois), sans aucun flux; le n° 23 (Haute-Marne), avec 25 de borax; le n° 24 (Côte-d'Or), avec 5 de carbonate de soude;

4°. *Minerais silicés* (Tabl. XXXIX). — Le n° 1 (Saint-Brieux) fond avec 15 de quartz et 25 de carbonate de chaux; le n° 2 (cinamoisite), sans aucun flux, parce qu'il est ordinairement mélangé de carbonate de chaux;

5°. *Fers carbonatés* (Tabl. XL à XLIII). — Le n° 2 (fer spathique magnésien) fond avec 50 de quartz et 20 de carbonate de chaux; le n° 6 (mine douce), sans flux; le n° 9 (minerai des houillères), avec 25 de carbonate de soude; le n° 12 (phosphoreux), sans flux.

506. *Manière d'opérer les essais.* — Nous avons sommairement indiqué l'emploi des fondants qui peuvent servir aux essais; voici maintenant comment il faut procéder dans ces opérations : pour *préparer l'essai*, on prend

10 ou 20 grammes de matière ferrugineuse préalablement pilée et passée au tamis de soie, et on la mélange exactement avec un poids convenable du fondant que l'on a choisi : on introduit le tout dans un creuset, en le tassant avec un petit pilon de verre, et en donnant à sa surface une forme légèrement convexe; puis, après avoir achevé de remplir le creuset avec de la brasque bien tassée, on le porte au fourneau. On *chauffe* doucement pendant la première heure; on active graduellement le feu pendant la seconde; puis on retire le creuset et on le casse pour en extraire le *culot*, après l'avoir laissé refroidir.

On pèse d'abord le culot entier; puis, après avoir concassé grossièrement la scorie si cela est nécessaire, on en sépare les grenailles de fonte au moyen d'un barreau aimanté; on pèse tout le métal ensemble, et on obtient le poids de la scorie par différence.

Pour se faire une idée de la *qualité de la fonte*, on casse le culot à coups de marteau, et l'on juge ainsi de sa ténacité et de sa dureté; on examine ensuite avec soin la couleur et le grain du métal. Il faut également constater l'*état de la scorie*, voir si elle est homogène ou nuancée de couleurs différentes, compacte ou bulleuse, vitreuse ou pierreuse, translucide ou opaque, etc.

**307.** Ce genre d'essai n'a de valeur qu'autant qu'il est répété plusieurs fois, et que les résultats sont concordants; on ne peut se dispenser de le vérifier, que lorsqu'on a eu le soin de s'assurer de la *composition* générale de la substance par quelques *opérations préalables*, qui se réduisent à une calcination pour chasser les matières volatiles ou combustibles, et à un traitement par les acides, pour doser les matières insolubles, et pour différencier celles qui se dissolvent. Voici, d'après M. Berthier, comment il faut opérer :

« *Calcination.* — On calcine les hydrates pour doser l'eau, et tous les minerais qui contiennent de l'oxyde de manganèse pour ramener ce métal à l'état d'oxyde rouge, qui est fixe et connu.

« On calcine et l'on grille les carbonates et les minerais qui, comme ceux qui proviennent des terrains houillers, sont mêlés à des matières combustibles. On grille aussi les scories et les laitiers qui sont mélangés de débris de charbon. La simple calcination suffit pour décomposer les carbonates; mais le résidu contient du protoxyde et du peroxyde dans un rapport inconnu et probablement variable, et le grillage est nécessaire pour amener la totalité du fer à l'état de peroxyde.

« *Traitement par l'acide acétique.* — On traite par l'acide acétique, ou par l'acide nitrique étendu et à froid, les minerais qui ont pour gangue du calcaire pur ou magnésien. Ces acides dissolvent les deux carbonates terreux, sans attaquer l'argile, les pierres, ni les oxydes de fer. Après avoir bien lavé le résidu, on le dessèche, on le pèse, et l'on calcule la proportion des carbonates dissous par différence.

« *Traitement par l'acide chlorhydrique.* — On traite par l'acide chlorhydrique bouillant, ou, ce qui est préférable encore, par l'eau régale, les minerais qui contiennent des substances insolubles dans les acides. Ces substances sont le plus souvent du quartz et de l'argile. On les dose, et l'on détermine d'après leur poids la proportion des fondants à ajouter pour faire l'essai, comme on le verra plus loin. Il faut remarquer que les argiles ne sont pas absolument inattaquables par l'acide chlorhydrique, et que cet acide leur enlève toujours une certaine quantité d'alumine, d'autant plus grande que l'argile renferme une plus forte portion de cette terre.

« *Traitement par l'acide sulfurique.* — On fait bouillir les minerais titanés dans l'acide sulfurique concentré, après les avoir bien porphyrisés. Par ce moyen, on dissout le fer, le titane et le manganèse; et les gangues pierreuses, qui résistent presque toutes à l'action de cet acide, peuvent être ainsi dosées. On verra plus tard quelle est l'utilité de ce dosage.

« *Fondants.* — Quand toutes celles de ces opérations, qui sont nécessaires pour chaque cas particulier, ont été faites, on connaît la proportion des substances volatiles, des substances solubles dans l'acide acétique, et des substances insolubles dans l'acide chlorhydrique et dans l'acide sulfurique, que contient la matière à essayer. On y ajoute le fondant convenable, et l'on procède à la fusion. Ordinairement on a le choix entre plusieurs fondants, mais si l'on veut avoir le moyen de vérifier l'exactitude de l'essai, et si l'on veut d'ailleurs en tirer tout le parti possible, il est indispensable d'employer un flux fixe et qui contienne une proportion rigoureusement déterminable de substances volatiles. Dans ce dernier cas, on recherche cette proportion avec tout le soin possible, en soumettant le flux à une forte calcination. C'est ce que l'on doit faire, par exemple, quand on se sert de carbonate de chaux pur ou mélangé de carbonate de magnésie.

« *Tableau des résultats.* — Soit maintenant A le poids de la matière ferrugineuse non calcinée, ou *crue;* B le poids de la même matière calcinée; C le poids des fondants $c'$ $c''$, etc., crus; D le poids des mêmes fondants calcinés; P le poids de la matière insoluble dans l'acide chlorhydrique ou dans l'acide sulfurique; R le poids des matières fixes solubles dans l'acide

acétique, poids que l'on calcule aisément lorsqu'on connaît la perte
qu'éprouve par la calcination la matière ferrugineuse non traitée par les
acides, et le résidu du traitement de cette matière par l'acide acétique;
M le poids du culot de fonte et des grenailles; S le poids de la scorie; O la
perte du poids dans l'essai qui représente la quantité d'oxygène dégagée
par la réduction. Voici comment on doit disposer toutes ces données, pour
qu'on puisse d'un coup d'œil saisir tous les résultats utiles de l'essai. On a
soumis à l'essai :

A minerai cru = minerai calciné . . . . . . . . . . . . .    B
On a ajouté C fondants crus = matières fixes. . . .    D
                                                         —————
                          Total des matières fixes. .   B + D

On a obtenu fonte. . . . . . . . . . .  M ⎫
              Scorie. . . . . . . . .  S ⎬ Total. . . . . .   M + S
                                          ⎭
                          Perte. . . . . . . . . . . .    O
                                                         —————

Fondants ajoutés. . . . . . . . . . . . . . . . . .    D̄

Matières vitrifiables. . . . . . . . . . . . . . .    S — D
                                                       —————

Matières insolubles dans l'acide chlorhy-
    drique, etc. . . . . . . . . . . . . . . . . . . .    T
                                                         —————

Matières solubles dans l'acide chlorhy-
    drique, etc.. . . . . . . . . . . . . . . . . . . .   S — D — T

Matières solubles dans l'acide acétique. .    R
Matières insolubles dans l'acide acétique
    et solubles dans l'acide chlorhydrique = S — D — T — R

« *Moyen de vérification.*—Lorsque le fer contenu dans la matière à
essayer est à un degré connu d'oxydation, et que cette matière ne renferme
qu'une très-petite quantité de manganèse, la quantité d'oxygène O doit
correspondre à très-peu près à la quantité de fonte M, et si cela a lieu, l'on
est assuré que l'essai est exact. Il ne faut pourtant pas s'attendre à une correspondance rigoureuse, parce que la fonte n'est pas du fer pur, et qu'elle
contient toujours du charbon; aussi trouve-t-on que dans les essais ordinaires, le peroxyde du fer ne perd que 0,29 à 0,30 d'oxygène. D'un autre
côté, cependant, la quantité d'oxyde de fer qui reste dans les scories com-
pense en partie le carbone combiné dans la fonte; mais quand l'essai a été
fait avec un fondant convenable, la quantité d'oxyde est fort petite et ne
s'élève guère qu'au centième du poids de la scorie. Quand le fer n'est pas à
un degré connu d'oxydation, la perte O, produite dans l'essai, fait connaître
ce degré, si d'ailleurs l'essai a été fait sans accident; mais s'il y avait quel-

que doute ou si l'on attachait une grande importance au résultat, il faudrait recommencer l'essai, pour vérification.

« *Influence du manganèse.* —Quand la matière ferrugineuse renferme du manganèse, si ce métal y est à l'état de protoxyde, comme dans la plupart des produits d'art, les vérifications que nous venons d'indiquer peuvent encore se faire sans modification, parce que le manganèse dissous dans les scories s'y trouve aussi au minimum d'oxydation, et qu'en employant une proportion de flux suffisante, il ne se réduit qu'une quantité insignifiante de ce métal. Mais quand le manganèse est à l'état d'oxyde rouge, il abandonne une certaine quantité d'oxygène en revenant au minimum d'oxydation, et cette quantité se trouve comprise dans la perte O; alors on ne peut pas faire de vérification rigoureuse. Néanmoins, la différence entre la perte O et la quantité d'oxygène calculée d'après le poids de la fonte, ne peut jamais être très-grande, parce que l'oxyde rouge de manganèse ne perd que 0,068 d'oxygène pour se changer en protoxyde.

« *Influence du titane.* —L'acide titanique se comporte dans les essais de fer absolument comme les oxydes de manganèse; il ne s'en dégage tout au plus que 0,06 d'oxygène, lorsqu'il se dissout au contact du charbon dans les verres terreux.

« *Essai non fondu.* — Il peut arriver qu'un essai ne fonde pas ou ne fonde qu'imparfaitement par deux causes : 1°. parce que la chaleur n'a pas été assez forte ou assez longtemps prolongée; 2°. parce que les flux n'avaient pas été employés en proportion convenable, ou n'étaient pas de nature à former un composé fusible avec les substances mêlées à l'oxyde de fer. Dans l'un et l'autre cas, l'oxyde de fer est complétement réduit, et si l'essai a été fait avec soin, la perte d'oxygène fait connaître la proportion du fer d'une manière très-approximative et presque toujours, même, avec une exactitude qui surprend ceux qui ne sont pas habitués à ces sortes de manipulation.

« Les culots d'essais qui ne sont pas du tout fondus sont gris, et d'apparence homogène; ils s'aplatissent sous le marteau, et prennent l'éclat métallique par le frottement de la lime; ils laissent dégager du gaz hydrogène quand on verse dessus de l'acide chlorhydrique. Le fer y est disséminé en particules indiscernables. Dans les culots qui sont imparfaitement fondus, la fonte se trouve disséminée en grenailles dans toute la masse de la scorie, ou bien elle forme un culot scoriforme pénétré de scories, sans qu'il soit possible de séparer l'une de l'autre exactement. Quelquefois il n'y a pas même agglomération, et le mélange soumis à l'essai ne forme qu'une

poudre grise métallique. Dans ce cas, l'essai n'est d'aucune utilité, parce
qu'il est impossible de recueillir la matière sans perte, même en lavant la
brasque avec le plus grand soin. »

508. Le dernier mode d'essai que nous venons de rapporter, est fortement recommandé par son auteur à tous les praticiens qui veulent arriver à connaître les mélanges de minerais et de fondants qu'il convient de
porter dans les hauts fourneaux; il est assez simple pour qu'ils puissent
l'employer sans difficulté, et assez complet pour leur procurer toutes les
notions qu'il leur est utile d'acquérir sur la nature des matières premières
dont ils disposent.

### ESSAIS PAR LA VOIE HUMIDE.

509. Bien que les méthodes que nous venons d'indiquer soient tout à
fait suffisantes pour la pratique générale, il peut cependant arriver que,
pour reconnaître exactement la *nature des matières* qui composent les minerais, on soit obligé de recourir à des essais qualitatifs par la voie humide;
cette considération nous engage à en dire quelques mots.

Les *réactifs* dont on a besoin pour les essais de ce genre sont les acides
chlorhydrique, azotique, sulfurique et acétique; la potasse caustique, les
carbonates de potasse et de soude, l'ammoniaque, l'hydrosulfate, le succinate et l'oxalate d'ammoniaque; l'acétate de plomb; le phosphate de soude,
le nitrate d'argent, le chlorure de barium et le cyanoferrure jaune de
potassium.

510. *Manière d'opérer.* — On prend cinq grammes des matières broyées
dans un mortier d'agate, et on dissout à chaud dans l'eau régale (composée d'une partie d'acide azotique et de deux parties d'acide chlorhydrique).
Tout se dissout, à l'exception de la *silice*, qui reste en poudre blanche, et
que l'on recueille sur un filtre. On traite la liqueur filtrée par l'hydrosulfate d'ammoniac en excès, et les *métaux* et l'*alumine* se précipitent.

La liqueur filtrée peut contenir de la chaux et de la magnésie en dissolution. On la rend neutre par une addition d'ammoniaque; on ajoute de
l'oxalate d'ammoniaque, et l'on obtient un précipité blanc d'oxalate de
*chaux*. La *magnésie* se précipite ensuite, par le phosphate de soude, à
l'état de phosphate ammoniaco-magnésien, qui est blanc. Reprenant maintenant le premier précipité, qui contient les métaux et l'alumine, on le
redissout dans l'acide chlorhydrique; on traite la liqueur par une dissolution bouillante de potasse caustique, et on filtre. Le liquide filtré, qui
contient l'alumine dissoute, est rendu acide par l'acide chlorhydrique, et

l'alumine est précipitée par un excès d'ammoniaque. Le précipité obtenu par la potasse, et qui contient des oxydes de fer et de manganèse, est repris à son tour, dissous dans l'acide chlorhydrique, rendu neutre, et le *fer* est précipité par le succinate d'ammoniaque à l'état de succinate de fer, qui est jaune brun. La liqueur filtrée pouvant contenir du *manganèse*, on y ajoute du cyanoferrure jaune, qui donne un précipité couleur de chair, ou bien on le précipite par le carbonate de soude.

**311.** Telle est la marche générale que l'on peut suivre, pour déterminer la nature des matières qui se trouvent le plus ordinairement alliées aux minerais; mais il arrive souvent que ces derniers contiennent encore du soufre, du phosphore, de l'arsenic et de la baryte, dont il est excessivement important de déceler la présence, parce que ces substances sont nuisibles.

Pour reconnaître le *soufre,* on dissout la matière par l'acide azotique, ou l'eau régale, si le premier ne suffit pas. Le soufre est transformé en acide sulfurique; on sépare la silice, et on précipite les métaux par l'ammoniaque; puis on traite la liqueur par le chlorure de barium, qui donne un précipité blanc de sulfate de baryte insoluble dans les acides, et facilement reconnaissable, parce que c'est le seul sel de baryte qui ait cette propriété.

Pour accuser la présence du *phosphore,* on le transforme en acide phosphorique, en traitant la matière par l'eau régale. On y ajoute de l'hydrosulfate d'ammoniaque en excès et on laisse reposer pendant 24 heures; il se forme du phosphate d'ammoniaque, on fait bouillir pour chasser l'hydrogène sulfuré; puis on traite par l'acétate de plomb, qui donne un précipité de phosphate de plomb insoluble.

Quand l'*arsenic* existe en assez fortes proportions, on le distingue aux fumées blanches d'acide arsénieux et à l'odeur aliacée très-sensible qui se dégagent, en projetant le minerai en poudre sur des charbons ardents. Quand il n'existe qu'en faible dose, on a recours à l'appareil de Marsh.

Pour reconnaître le *carbonate de baryte,* on traite le minerai par l'eau régale, on précipite les métaux par l'hydrosulfate d'ammoniaque, et on verse dans le liquide filtré de l'acide sulfurique, qui donne un précipité de sulfate de baryte insoluble dans les acides. Quand la matière contient en même temps de la chaux, le sulfate de chaux qui se forme se précipite avec le sulfate de baryte; mais on peut l'en séparer par un grand excès d'eau, parce qu'il est légèrement soluble.

On a quelquefois besoin de reconnaître l'*état de la silice* dans les minerais, et de savoir, par exemple, si elle s'y trouve combinée à l'état de silicate, ou si elle n'y existe qu'en mélange; il suffit pour cela de dissoudre toutes les matières, excepté la silice, et d'étudier les caractères du précipité. La silice en *gelée* provient d'un silicate, et se dissout dans la potasse caustique; tandis que celle qui vient d'un mélange y est insoluble.

**512.** Les caractères à l'aide desquels on reconnaît la présence des différents corps dont nous venons de parler se résument comme il suit :

Le *silicium* se reconnaît facilement, parce que c'est de toutes les substances qui peuvent accompagner le minerai, la seule qui ne soit point entièrement soluble dans l'eau régale. Une calcination la rend tout à fait insoluble

Le *calcium* se précipite par le sulfate de soude, et donne un sulfate peu soluble; par l'acide oxalique, ou l'oxalate d'ammoniaque, il donne un oxalate entièrement insoluble dans les liqueurs neutres.

Le *magnésium* est précipité en blanc par le carbonate de soude; il est précipité incomplétement par l'ammoniaque, et en totalité par le phosphate de soude ammoniacal. Avec le nitrate de cobalt, il donne au chalumeau une teinte couleur de chair.

L'*aluminium* donne par la potasse un précipité soluble dans un excès de potasse; le précipité obtenu par l'ammoniaque est insoluble dans un excès de cette liqueur.

Le *barium* donne un chlorure cristallisable insoluble dans l'alcool; le précipité obtenu par l'acide sulfurique est insoluble dans l'eau et les acides dilués.

Le *strontium* donne un chlorure cristallisable en aiguilles et soluble dans l'alcool, dont il colore la flamme en rouge; le sulfate de strontium est très-peu soluble dans l'eau.

Le *fer* est précipité en bleu de Prusse par le cyanoferrure jaune de potassium; il est précipité en brun par l'ammoniaque quand il est peroxydé, et en noir par la dissolution de noix de Galles.

Le *manganèse* donne par la potasse un précipité blanc qui brunit à l'air; par le cyanoferrure jaune, ou par un hydrosulfate, il donne un précipité couleur de chair. Exposé au feu d'oxydation d'un chalumeau, il donne avec le borax une couleur améthyste, et avec la potasse caustique un produit vert soluble dans l'eau.

Le *soufre* en dissolution à l'état d'acide sulfurique, ou de sulfate, se reconnaît à l'aide des sels de baryte, qui donnent un sulfate insoluble dans les acides.

Le *phosphore* à l'état d'acide phosphorique se reconnait en ajoutant à la liqueur un sel de plomb soluble, qui forme un précipité de phosphate de plomb insoluble dans l'eau, soluble dans l'acide azotique, et indécomposable par la chaleur.

L'*arsenic* se reconnait à ses vapeurs, ou par l'appareil de Marsh : on met le minerai en contact avec le gaz hydrogène provenant de la décomposition de l'eau; il se forme de l'hydrogène arséniqué qu'on enflamme, et dont on reçoit la fumée sur une assiette en porcelaine, où l'arsenic métallique se dépose en laissant une tache.

**313.** Nous n'insisterons pas davantage sur ce genre d'essais; notre seul but a été de rappeler le principaux caractères qui doivent guider l'opérateur dans ses recherches sur la qualité des matières composantes, et nous regardons comme inutile d'exposer ici la méthode générale des analyses quantitatives.

## PRÉPARATION DES MINERAIS.

### EXTRACTION.

**514.** Les gîtes de minerais de fer d'alluvion, ou *minières*, ne sont pas régis, en France, suivant les règles de la propriété immobilière. Des considérations d'utilité publique ont donné à tous la faculté de les employer à la fabrication des métaux, et il suffit pour en obtenir l'exploitation, de posséder dans le voisinage les établissements nécessaires à leur mise en œuvre.

« Le propriétaire de la surface est tenu d'exploiter les minerais de fer « d'alluvion que contient son terrain, de manière à subvenir, autant qu'il « est possible, aux besoins des usines du voisinage. » S'il n'exploite pas, ou qu'il n'exploite qu'une quantité insuffisante et d'une manière discontinue, les maîtres de forges ont le droit d'extraire à sa place, sauf permission de l'autorité, et à charge d'indemnité. Les minières situées dans les terrains et les bois de l'État, des communes et autres propriétés publiques, sont soumises aux mêmes servitudes. Pour conserver, dans l'exploitation des minières, les conditions d'utilité générale qui font la base du droit spécial qui les régit, le bon aménagement des gîtes a été confié aux soins des ingénieurs des mines; ce sont eux qui sont chargés de concilier les intérêts, souvent opposés, des propriétaires du sol et des maîtres de forges.

Les produits des gîtes de minerai d'alluvion dont il est ici question, entrent pour 0,67 dans la fabrication du fer en France. Les documents statistiques de l'administration des mines les ont mis en première ligne des quatre classes générales de minerai, eu égard à leur composition minéralogique et à la nature de leur gisement (1). Les gîtes exploitables par puits et galerie, à une profondeur suffisante pour nécessiter des travaux permanents, constituent les *mines*, dont la propriété est également distincte de celle du sol, et dont le gouvernement dispose seul par voie de concessions. Ces concessions sont spéciales. Il n'y a, en France, qu'un petit nombre de mines de fer exploitées; elles entrent en grande partie dans la catégorie des gîtes de deuxième classe, qui fournissent à la fabrication du fer en France 0,287 de minerai. Les minerais de troisième et de quatrième classes sont, au contraire, produits presque en totalité par ces exploitations souterraines. Ils entrent dans la fabrication générale pour 0,038 et pour 0,002 (2).

Ces données générales feront plus facilement apprécier l'influence des conditions qui doivent guider les fabricants dans l'exploitation des gîtes minéralogiques.

*L'exploitation des minières* est généralement facile; elle présente souvent une analogie presque absolue avec les travaux de terrassement : la mise à découvert, la fouille, la charge et le transport au lavoir sont alors les seules opérations nécessaires. Lorsque l'épaisseur du découvert est trop considérable, l'exploitation consiste dans des puits provisoires d'une faible profondeur, et des galeries d'une très-faible étendue, qui n'exigent pas de grands travaux de soutenement, et dont l'écroulement est conduit suc-

---

(1) *Première classe.* Minerais dit d'*alluvion;* hydroxyde de fer en fragments de formes diverses, ordinairement en grains arrondis, à couches concentriques et en masses géodiques, disséminés dans des matières de transport, soit dans de véritables terrains d'alluvion, soit, ce qui est plus fréquent, dans les deux étages tertiaires supérieurs.

*Deuxième classe.* Mêmes minerais en couches intercalées dans les terrains secondaires, et surtout dans les formations jurassiques et de grès vert; fers oxydés et hydroxydés de toute nature, en couches, en filons et en amas dans divers terrains.

*Troisième classe.* Fer carbonaté spathique avec hématites brunes manganésifères, en filons et en amas dans les terrains anciens; fer carbonaté lithoïde, en couches et en rognons, principalement dans le terrain houiller.

*Quatrième classe.* Minerais divers, qui ne rentrent pas dans les divisions précédentes : mélange de fer oxydulé et d'alumino-silicate de fer; schiste micacé, où le mica est remplacé par le fer oligiste, mélange d'hématite brune, de grenat ferrifère et de mica; mélange de minerais variés, parmi lesquels un fer oxydulé micacé.

(2) Ces chiffres sont empruntés aux statistiques de l'administration des mines, année 1835.

cessivement de manière à n'abandonner qu'une assez faible partie du minerai.

Dans ces deux genres de travaux, l'importance du découvert, la manière dont le terrain, plus ou moins compacte et étanché, se prête au percement des puits et des galeries d'exploitation, sont les deux conditions sur lesquelles le fabricant doit porter principalement son attention. Le percement du puits, la fouille en galerie, les frais de soutènement, l'abandon d'une partie du bois, le transport souterrain, l'élévation verticale et la recharge sur les véhicules employés pour transporter la mine au lavoir, sont à comparer avec la simplicité des exploitations à ciel ouvert. Dans ces dernières, il importe de suivre des règles dans lesquelles l'intérêt de l'avenir et la nécessité d'une exploitation économique pour le présent, soient convenablement ménagés. Il est malheureusement trop vrai que l'habitude d'effleurer la surface des gîtes, et de s'arrêter, soit devant une faible profondeur, soit devant des eaux ambiantes dont l'écoulement serait facile, a jeté le trouble et le désordre dans un grand nombre d'exploitations. Que de masses de minerais sont ainsi rendues inabordables, soit à cause de la difficulté de les retrouver dans des terrains maladroitement exploités, soit par la difficulté de les extraire avec économie !

Nous n'entrerons pas dans la description des règles à suivre dans ces différents genres d'exploitations, parce qu'elles doivent être pour ainsi dire spéciales à la configuration, à l'importance, à la constitution propre de chaque gîte; il en est une cependant que nous ne devons pas passer sous silence, parce qu'elle a produit de grands fruits dans des contrées où la rareté et la pauvreté des minerais ont forcé d'apporter une grande attention à leur exploitation complète et économique. Cette règle consiste dans le choix du matériel d'exploitation.

Généralement ce matériel consiste dans la pioche, la pelle, la brouette ou le tombereau; or on sait combien, avec l'usage de ce matériel dans les terrains argileux, l'exploitation est exposée à des lenteurs et à des interruptions. Lorsque les minières sont assez riches pour donner lieu à une exploitation réglée, il est utile d'éviter l'influence des jours de pluie, la multiplicité des chevaux qu'ils entraînent, en employant un matériel différent, et dont la construction se rapproche de celui qui est employé dans les exploitations des mines : des rails légers, faciles à déplacer, de petits wagons faciles à conduire et basculant dans les tombereaux, dont la circulation est alors réduite au transport sur les chemins empierrés.

Dans les exploitations souterraines à de faibles profondeurs, l'emploi de ce matériel évitera le transport à bras jusqu'au puits, qui s'opère souvent, ou le service des brouettes, qui exige un chargement dans les bennes au bas du puits.

**315.** Les *prix d'extraction* varient suivant la méthode que l'on emploie et le prix de la main-d'œuvre.

Dans la Haute-Marne, l'extraction à ciel ouvert coûte 0$^f$,50 à 0$^f$,70 par mètre cube, tandis que l'extraction au moyen de puits revient à 1$^f$,00 ou 1$^f$,20, soit environ 0$^f$,75 par tonne. Dans le Bas-Rhin, le minerai exploité souterrainement coûte sur place 8$^f$,75 par mètre cube, et celui que l'on extrait à ciel ouvert ne coûte que 5$^f$,50, bien qu'il rende 35 pour 100, et le premier seulement 25 pour 100. .

A Baigorry, où l'exploitation se fait à la poudre et l'extraction par des puits assez profonds, l'extraction et le triage coûtent 5 fr. par tonne, tandis que dans la même localité le minerai exploité à ciel ouvert ne coûte que 2$^f$,50. Nous donnons comme exemple le détail relatif à l'exploitation d'une tonne de mine de la première espèce :

| | | | |
|---|---|---|---|
| 1,730 journée de mineur à.. | 1$^f$,25 = | 2$^f$,16 | |
| 0,692 journée de rouleur à.. | 1 ,00 = | 0 ,69 | 3$^f$,20 |
| 0,346 journée de trieur à.... | 1 ,00 = | 0 ,35 | |
| 0,346 kilog. de poudre à.... | 2 ,70 = | 0 ,93 | |
| 0,173 kilog chandelles à.... | 1 ,50 = | 0 ,26 | 1 ,54 |
| Entretien des outils............... | | 0 ,35 | |
| Surveillance....................... | | | 0 ,26 |
| Prix d'extraction................ | | | 5$^f$,00 |
| Transport. .................... | | | 12 ,00 |
| Une tonne à l'usine coûte........... | | | 17$^f$,00 |
| Concassage à 2$^f$,16 le mètre cube pesant 1 790$^k$. | | | 1 ,21 |
| Total...................... | | | 18$^f$,21 |

Dans le pays de Galles (Angleterre), les frais d'extraction s'élèvent à 7 ou 8 fr. par tonne.

Ces prix, si variables, donnent une idée de la grande influence que le gisement des minerais exerce sur le prix de la fonte.

Nous aurons l'occasion de revenir dans la dernière partie de ce travail sur la comparaison du prix d'extraction de minerai, suivant la nature des gîtes qui alimentent la fabrication.

OPÉRATIONS DIVERSES.

**316.** Les principales préparations que l'on ait à faire subir aux minerais avant leur emploi sont : le triage, la macération ou l'exposition à l'air, le cassage ou bocardage, le lavage et le grillage. Il n'y a rien de très-rigoureux dans l'ordre suivant lequel ces opérations doivent se succéder; il dépend entièrement de la nature de la mine, des transports et des ressources que présente le lieu d'exploitation.

**317.** *Triage.* — Cette opération s'applique principalement aux minerais en roches; elle a pour but d'opérer la séparation des matières stériles ou des gangues, que l'on commence par briser au marteau quand elles sont adhérentes. Il est avantageux de l'effectuer dans l'intérieur même de la mine pour n'avoir pas à extraire des substances inutiles.

**318.** Le *cassage à la main* se pratique ordinairement au sortir de la mine, quand il ne peut pas se faire à l'intérieur, et l'on complète en même temps le triage. Ces deux opérations ne peuvent s'appliquer qu'à des minerais dont les gangues ne sont pas trop dures, trop empâtées d'argile, et dont la valeur peut se reconnaître de suite; sinon il faut recourir au cassage et au lavage mécaniques que l'on fait suivre par le triage.

**319.** *Lavage à bras.* — Le lavage s'applique en général à tous les minerais empâtés de sable et d'argile; quand la proportion des terres n'est pas trop forte, le lavage à bras se réduit à brasser le minerai dans des bassins en bois où l'on fait affluer de l'eau. Souvent ils sont disposés en étages dans lesquels on fait successivement passer la matière, jusqu'à ce qu'elle soit bien nettoyée; c'est une opération fort simple qu'il est avantageux de faire le plus près possible de la minière.

Dans la Meuse, le lavage à bras revient à 1$^f$,10 par tonne de minerai obtenu, dont 0$^f$,60 pour la main-d'œuvre. A Niederbrun (Bas-Rhin), le cassage et le lavage coûtent 3$^f$,50 par mètre cube pour l'hématite brune, et 3$^f$,00 pour le minerai hydraté en plaquettes.

**320.** La *macération* est en général fort utile à tous les minerais; l'exposition à l'air les divise et opère souvent des réactions favorables à leur traitement futur. Elle s'applique particulièrement aux minerais à *gangue schisteuse* qui se délitent et se divisent naturellement sous l'influence des variations atmosphériques, aux minerais *carbonatés magnésiens* qui perdent ainsi leur acide carbonique et une portion du carbonate de magnésie qui est entraînée par l'humidité à l'état de bicarbonate, enfin et surtout aux *minerais pyriteux* qui se dépouillent à la longue d'une partie du soufre qu'ils renferment.

La macération est une préparation longue et dispendieuse parce qu'elle exige un grand approvisionnement de minerais. On lui substitue ordinairement le grillage dont les effets sont les mêmes sous plusieurs rapports.

**321. *Grillage.*** — Le grillage a pour but de débarrasser les minerais des matières gazeuses qu'ils contiennent, principalement de l'eau et de l'acide carbonique, d'en opérer ou du moins d'en faciliter la division, de les rendre plus poreux, et par conséquent plus perméables aux gaz auxquels ils doivent être exposés dans les hauts fourneaux : la réduction ayant alors lieu à une température relativement moins élevée, on évite la formation des silicates de fer et les déchets qui en résultent.

Le grillage convient spécialement aux minerais *en roche* dont il facilite la division, aux minerais *pyriteux* auxquels il enlève du soufre et aux minerais *carbonatés* qu'il désagrége et dépouille d'acide carbonique et de matières bitumineuses.

Généralement, les minerais carbonatés sont employés immédiatement après le grillage, parce qu'en les laissant exposés à l'air au sortir des fours, ils se déliteraient par trop et ne seraient pas d'un bon emploi; on ne doit donc en agir ainsi que pour les minerais auxquels leur nature ne permet pas d'arriver à cet état extrême de division. Souvent même on traite des mines tellement dures qu'elles doivent être cassées et triées après le grillage qui vient alors en aide au travail manuel.

Il ne serait pas nuisible, mais il n'est pas nécessaire, de griller les hydrates granulaires; leur état de division naturel rend cette opération inutile, et c'est un de leurs principaux avantages sur les autres variétés de minerais.

Pour que le grillage soit bien fait, il faut qu'il s'opère avec une certaine lenteur, que la température s'élève graduellement, et que la chaleur soit suffisante pour calciner le minerai dans toutes ses parties sans cependant en provoquer la fusion; la conduite du travail est en général très-facile, et il faut peu de temps pour savoir au juste comment le feu doit être dirigé.

**322. *Méthodes de grillage.*** — On grille les minerais soit à l'air libre en *tas* ou entre des *murs*, soit dans des *fours à réverbère* ou dans des *fours à cuve.* Cette dernière méthode est celle que l'on applique de préférence : c'est la plus rapide et la plus économique. Les fours ont à peu près la forme des fours à chaux, ce qui est assez naturel puisque la cuisson de la chaux et le grillage des minerais ont entre eux la plus grande analogie.

On peut opérer soit avec du bois, soit avec de la houille menue, mais c'est ordinairement ce dernier combustible que l'on adopte. La houille et le minerai sont chargés à la partie supérieure des fours par couches stratifiées, et les produits sont évacués par le bas, de sorte que l'on peut opérer d'une manière continue.

**323.** Nous donnons, d'après M. Walter, le four de grillage employé à Lavoutte pour l'oxyde rouge compacte (Pl. 5, fig. 16 et 17). La *consommation* en houille est d'environ 5o kil. par tonne de minerai grillé, et la *main-d'œuvre* s'élève environ à 0f,5o par tonne. Ce four produit 12 à 15 tonnes par vingt-quatre heures.

Nous rapportons également le croquis des fours employés à Merthyr-tyd-Will (pays de Galles), pour le fer carbonaté lithoïde (Pl. 5, fig. 12 à 15); la consommation de combustible est d'environ 6o kil. par tonne. Dans quelques usines elle s'élève jusqu'à 100 kil. En général, les fours de grandes dimensions donnent de meilleurs produits et consomment moins que les autres.

**324.** *Position des fours.* — Les fours de grillage se placent toujours dans le voisinage des hauts fourneaux, et quand la disposition du terrain s'y prête, on s'arrange de manière à faire communiquer leur partie supérieure avec l'exploitation du minerai au moyen d'un chemin horizontal, tandis qu'on place leur partie inférieure au niveau et à une faible distance du gueulard, de sorte que le minerai passe immédiatement du four au fourneau. Dans quelques usines d'Angleterre, le minerai et la houille sont amenés par un chemin de fer élevé de 0m,6o à 0m,8o au-dessus de la gueule des fours; les wagons en tôle, munis de fonds à charnières, sont ouverts au droit de chaque four, et y versent sans peine et sans frais les matières qui doivent l'alimenter (Pl. 5, fig. 18 et 19). Toutes ces dispositions et leurs analogues favorisent singulièrement l'économie de la main-d'œuvre.

### CASSAGE ET LAVAGE MÉCANIQUES.

**325.** Ces opérations s'appliquent séparément ou simultanément; les minerais à gangues fort dures, mais propres, sont simplement *bocardés* ; ceux qui se présentent en rognons empâtés sont d'abord concassés, puis *lavés au patouillet.*

**326.** Un *bocard* se compose d'un jeu de pilons soulevés par des cames placées sur un arbre mû par une roue hydraulique; les *pilons* accouplés par 6 ou 8, et guidés dans leur course par des poteaux montants et des traverses en fonte ou en bois, se meuvent dans une *auge* en fonte où

25

l'on fait arriver la matière à concasser. Le minerai, entraîné par un courant d'eau continuel, subit l'action des pilons et s'échappe à travers un *grillage* à barreaux en fer dont l'écartement sert à régler l'état de division auquel on veut amener le produit; de là il passe dans une auge demi-circulaire, en bois ou en fonte, au centre de laquelle se meut un arbre de couche armé de palettes qui agitent la masse, jusqu'à ce qu'on la fasse évacuer en ouvrant une vanne de fond : c'est ce qu'on appelle le *patouillet*.

**327.** La course des *pilons* peut varier de 0$^m$,25 à 0$^m$,35, suivant la grosseur des morceaux que l'on a à briser; leur poids dépend de la dureté du minerai, et le nombre de coups qu'ils donnent par minute varie de 40 à 70, suivant la force du cours d'eau que l'on à sa disposition.

Le *mentonnet* se fait ordinairement en bois et la came en fer ou en fonte; mais les pilons travailleraient mieux, avec moins de frottements, et par conséquent avec moins de force perdue, si l'on faisait agir la *came*, dont la forme extérieure doit être celle d'une développante, sur un galet en fonte placé dans l'axe du pilon. Cette disposition représentée (Pl. 5, fig. 5 et 6) n'est pas beaucoup plus chère que l'autre, et elle est sujette à beaucoup moins de réparations. Les *montants* entre lesquels se meuvent les pilons sont fixés sur une semelle de fonte très-épaisse, et reliés entre eux par des barres de fer qui s'engagent dans des mortaises et qui guident les pilons. La *grille* se place dans des coulisseaux attenants aux montants.

La planche 5 comprend le plan d'ensemble d'un bocard avec patouillet, construit à Treveray (Meuse) pour laver les mines en grain d'Ormançon. Le *moteur* est de la force de 16 chevaux, mais on n'utilise ordinairement que 10 à 11 chevaux, soit 0,7 de cheval par pilon. Cet appareil, dont le *prix de construction* s'est élevé à 12 000 fr., rend en 20 heures de travail environ 41$^{m3}$ de mine lavée, ayant exigé 120 à 140$^{m3}$ de mine brute.

**328.** *Le prix de bocardage et lavage* de 1$^{m3}$ de minerai préparé pesant environ 1 600 kil., se compose de :

Main-d'œuvre. . . . . . . . . . . . . . . . . . . . . . . .    0$^f$,90
Régie et outils. . . . . . . . . . . . . . . . . . . . . . .    0 ,40
Total par mètre cube. . . . . . . . . .    1$^f$,30

soit environ 0$^f$,82 par tonne.

Dans son article sur la préparation des minerais de la Meuse (1), M. Heunezel évalue :

---

(1) *Annales des Mines,* 1$^{re}$ livraison, 1839.

La main-d'œuvre à.......................... 0f,40
Les frais généraux à......................... 0 ,53
                                              ————
              Soit par tonne . . .. ........ 0f,93

On peut donc considérer la moyenne de 0f,87 par tonne de minerai préparé comme un chiffre assez exact.

**329.** Quant au *prix de revient* total des minerais, M. Hennezel l'évalue ainsi qu'il suit pour la Meuse et les Ardennes :

|  | LAVAGE A BRAS. | LAVAGE MÉCANIQUE. |
|---|---|---|
| Minerai à laver : sur la minière, 1 tonne coûte...... | 0f,70 | 0f,70 |
| Transport de la minière au lavoir, pour 3 kilomètres.. | 0 ,09 | » |
| — — — — — — pour 5 kilomètres.. | » | 1 ,50 |
| 1 tonne rendue au lavoir ou au patouillet coûte...... | 1 ,69 | 2 ,20 |
| 3 tonnes à laver coûtent........................... | 5 ,07 | » |
| 2, 4 tonnes à laver coûtent....................... | » | 5 ,28 |
| Main-d'œuvre.................................. | 0 ,60 | 0 ,40 |
| Frais généraux.......................... | 0 ,53 | 0 ,53 |
| Valeur d'une tonne de minerai préparé......... | 6f,20 | 6f,21 |

D'après nos données qui s'appliquent principalement au département de la Meuse, nous aurions :

Valeur de 3 mètres cubes 1/2 rendus au bocard........... . .... .. 7f,35
Bocardage et lavage.. ......... ............... ............ 0 ,90
Régie, outils, etc.............................................. 0 ,40
Redevance au propriétaire de la minière pour l'extraction............ 1 ,20
                                                                     ————
Valeur de 1 mètre cube de minerai préparé................. .... 9f,85
Valeur de 1 tonne de minerai préparé...................... ... 6f,15

Les minerais que nous venons de considérer étant à peu près les plus sales que l'on puisse avoir à traiter, puisqu'il faut trois à quatre parties de minerai brut pour en donner une de minerai préparé, on peut considérer ces prix de lavage comme fort élevés et comme ne devant jamais être dépassés pour la plupart des minerais en grains que l'on exploite en France.

### ÉPURATION DES EAUX DE LAVAGE.

**330.** *Volume d'eau employé.* — La quantité d'eau consacrée au lavage des minerais est en général fort considérable; dans le Mémoire de M. Parot (1), elle est évaluée à 50 et même à 100 fois le volume du mine-

---

(1) *Annales des Mines,* 4e livraison, 1830.

rai brut. Quand on peut profiter d'un cours d'eau très-abondant, et que l'on n'est point soumis à la nécessité de purifier les eaux de lavage, il y a bénéfice à consommer beaucoup d'eau, parce que les opérations se conduisent plus rapidement; mais les plaintes que les propriétaires riverains des cours d'eau où on lave les mines élèvent sans cesse contre les maîtres de forge forcent souvent ceux-ci à ne rendre les eaux à leur cours naturel, qu'après les avoir débarrassées de la plus grande partie des matières bourbeuses qu'elles tiennent en suspension. Dans ce cas, il y a avantage pour les laveurs à réduire la dépense d'eau, afin de n'avoir pas à opérer la purification sur des masses de liquide trop considérables.

A la rigueur, le lavage des minerais pourrait s'effectuer avec la seule quantité d'eau nécessaire à la mise en suspension et à la fluidité des matières (environ un volume d'eau pour un volume de minerai); mais le peu de différence qui existe entre la densité des matières à retenir et celle des matières à rejeter exige que toutes les particules en suspension soient aussi isolées que possible, afin qu'elles ne s'entraînent pas mutuellement; il faut donc employer un volume de liquide bien plus considérable que celui des matières, et de plus il faut lui donner assez de vitesse pour entraîner à peu près le maximum de matières dont il peut se charger; car, avec le même volume d'eau et des vitesses qui sont entre elles comme 1 est à 2, la durée de l'écoulement d'une même quantité d'eau étant en raison inverse des vitesses, le liquide, à toutes les époques, est moins chargé de matières, et le même volume en entraîne moins avec lui. Il y a donc lieu, pour économiser l'eau, à favoriser la mise en suspension par les meilleurs procédés mécaniques, et à faire varier dans les différentes périodes de l'opération l'affluence et la vitesse d'écoulement des eaux.

**331.** L'auteur du Mémoire auquel nous empruntons ces considérations pense qu'un volume d'eau égal à sept fois celui du minerai brut serait suffisant pour effectuer convenablement le lavage. Bien que cette proportion nous paraisse un peu faible, elle prouve au moins que les consommations actuelles peuvent être considérablement réduites, et sans aucun doute on ferait de grands efforts pour atteindre ce but, si l'épuration des eaux était rigoureusement exigée par les parties intéressées.

**332.** *Bassins épurateurs.* — L'épuration des eaux est considérée aujourd'hui par l'administration comme une servitude entraînée par le droit de lavage, et les bocards pourvus de bassins épuratoires ont seuls la faculté de fonctionner toute l'année, tandis que les autres ne peuvent marcher que pendant la saison des grandes eaux : il est donc souvent indispensable de la pratiquer.

**353.** Les bassins épuratoires ne produisent que des résultats incomplets, parce que la quantité d'eau généralement employée au lavage est telle, qu'il faudrait de grandes dépenses pour en assurer la purification complète. Dans cet état de choses, les prescriptions administratives sont et doivent être presque toujours éludées.

**354.** Voici, d'après M. Parot, les principales *conditions à remplir* dans l'établissement des bassins épuratoires (Pl. 5). Il faut disposer d'une chute de 1$^m$,00 à 1$^m$,50, et de 0$^m$,50 au minimum, et l'on doit avoir :

1°. Un bassin de dépôt;

2°. Un bassin épurateur, avec flotteur terminé par une digue filtrante;

3°. Un bassin régulateur muni d'une vanne de sortie.

Le *bassin de dépôt* reçoit les eaux au sortir du lavoir, et est destiné au dépôt des matières les plus lourdes. Son fond de niveau, ou en contrepente, est placé à 0$^m$,30 au moins au-dessus du déversoir de sortie; sa capacité égale au moins six fois le volume du minerai brut à laver dans une journée. Il convient d'avoir deux bassins alternatifs, et de les nettoyer journellement.

Le *bassin d'épuration* est en communication avec le bassin de dépôt; sa profondeur doit être de 0$^m$,50 au moins, et pour chaque litre d'affluence par seconde, il faut 0$^m$,50 de largeur et 50$^{m3}$ pour la capacité de l'espace à parcourir.

Le fond du bassin, de niveau avec le pied de la digue, doit être rempli d'eau jusqu'à la partie supérieure de cette digue. Le *flotteur*, placé au milieu de sa longueur, est destiné à étendre en tous sens le cours de l'eau : il est composé de madriers en bois légers de 0$^m$,30 de largeur, et doit se mouvoir librement.

La *digue*, dont le véritable but n'est pas de se charger des matières en suspension, mais bien de ne permettre l'écoulement de l'eau qu'à de très-faibles vitesses, se compose d'une couche de sable fin bien lavé, intercalé entre deux couches de gravier retenues par deux grillages solidement établis. La hauteur de la digue varie de 0$^m$,50 à 1$^m$,00, suivant la chute; sa surface a 0$^{m2}$,75 à 0$^{m2}$,50 par litre d'affluence, en la supposant formée d'une couche de sable fin de 0$^m$,35 d'épaisseur, intercalée entre deux couches de gravier de 0$^m$,15 à 0$^m$,20 d'épaisseur. Le sable fin est passé dans un tamis dans les trous ont 0$^m$,003 de diamètre.

La *grille* intérieure est formée de liteaux en bois de 0$^m$,06 sur 0$^m$,04, espacés de $0^m,005$. Le grillage d'aval se compose de barreaux de fer carré de $0^m,01$, espacés de $0^m,006$ au plus.

La construction des digues exige du soin et quelques expériences préalables sur la nature du sable que l'on emploie; car les chiffres rapportés ne peuvent pas s'appliquer à toutes les espèces de sable. Le *bassin régulateur* est rempli d'eau, comme le précédent, et l'écoulement que l'on veut obtenir se règle par la vanne de fond, établie à son extrémité inférieure.

**535.** En supposant un lavage de $3^{m3}$ de matière brute par heure, nécessitant l'affluence de 10 litres d'eau par seconde, M. Parot estime que l'établissement de ce système exigerait 10 ares de terrain et une dépense de 600 fr. (1). La question de la purification serait donc très-simplifiée, si l'on se résignait à ne pas dépasser la consommation d'eau indiquée ci-dessus.

**536.** *Observations.* — La méthode que nous venons de présenter est celle qui est le plus généralement conseillée par les ingénieurs des mines, chargés de faire exécuter les *règlements de l'administration* sur l'épuration des eaux; elle peut remplir son but quand elle est pratiquée avec intelligence et avec soin; mais elle a des inconvénients que nous ne devons pas passer sous silence. En premier lieu, elle n'est réellement applicable qu'à la condition de consacrer au lavage une quantité d'eau qui n'est au plus que 1/5 de celle que l'on emploie ordinairement, et l'on ne saurait se dissimuler que cette nécessité doit rendre les opérations moins parfaites, surtout beaucoup plus longues, et par conséquent plus coûteuses.

En usant la quantité d'eau ordinaire, l'espace de terrain nécessaire à l'établissement des appareils est au moins quintuplé, c'est-à-dire qu'il s'élève de 10 à 50 ares, et la dépense de construction suit à peu près le même rapport : au lieu de 600 fr., il faut compter environ sur 3000 fr., ce qui modifie déjà notablement l'état de la question. Cependant la dépense première ne pourrait pas être considérée comme très-onéreuse, si l'on n'avait pas à tenir compte d'une dépense journalière d'entretien et de curage. L'entretien de la digue filtrante peut être coûteux, lorsque l'on n'a pas près de l'usine les matières les plus propres à la composer; mais le curage l'est bien davantage. Soit, en effet, de la mine en grains donnant deux mètres cubes de matières terreuses par mètre cube de mine lavée rendant 50 pour 100, on aura à enlever, pour chaque tonne de fonte produite, environ $4^{m3},50$ de matières qu'il faudra extraire des fossés, et

_____

(1) Ce chiffre est plutôt un minimum qu'une moyenne.

transporter à peu près à 400 mètres de distance, ce qui, au prix assez bas de o^f,60 par mètre cube, fait 2^f,70. A cette somme il faut encore ajouter le prix du loyer du terrain de dépôt, qui peut varier dans des limites très-étendues. Ces considérations affaiblissent singulièrement, dans l'esprit des maîtres de forges, le mérite des fosses épuratoires, et ils se résignent difficilement à augmenter de cette manière le prix de revient du minerai, déjà si fortement grevé par les transports, les redevances, l'entretien des chemins, l'achat des cours d'eau où sont établis les bocards, et celui des terrains qui les avoisinent.

**337.** Dans cet état de choses, certaines usines, contraintes d'épurer leurs eaux, ont trouvé dans les *dispositions naturelles* des vallées où sont établis les lavoirs un moyen d'épuration plus simple, plus efficace et surtout plus économique que le précédent, en ce sens qu'il ne les oblige pas à l'enlèvement des matières terreuses. Ainsi, en disposant d'un cours d'eau A B, on peut utiliser sa chute en creusant un canal de dérivation C D sur un des côtés de la vallée, et établir des lavoirs dans tous les points de ce canal qui présentent une chute suffisante, soit, par exemple, en F, G, H. Construisant ensuite la digue P Q sur les bords du ruisseau, et les digues latérales M, N, S, T, etc., on aura partagé un des côtés de la vallée en compartiments, dont on disposera comme réservoir des eaux de lavage, bassin d'épuration et de dépôt. Lorsque l'on aura comblé le compartiment F, on transportera le bocard en G, et ainsi de suite.

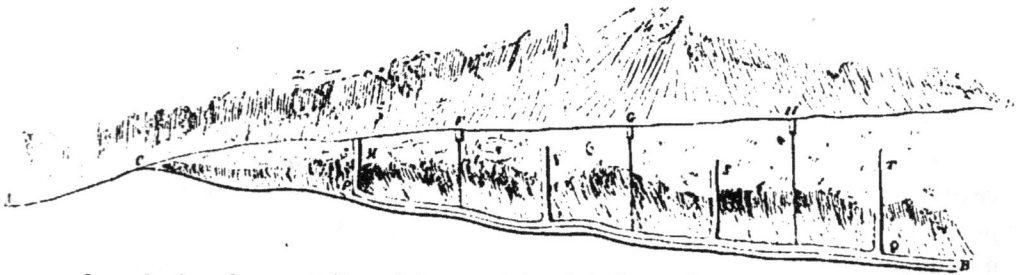

Le principe de cette disposition a été suivi dans plusieurs localités, et l'épuration des eaux s'est trouvée parfaite, parce que l'on disposait ainsi de bassins de grandes dimensions. Elle a pour avantage de laisser les matières sur place, et comme dans tous les cas où l'on épure il faut consacrer un terrain aux dépôts, il est évidemment plus simple de s'y établir directement chaque fois que cela est possible, même avec l'obligation de déplacer le lavoir.

**338.** Quoi qu'il en soit de la plus ou moins grande simplicité de ces

procédés, il faut avouer que l'épuration des eaux est une obligation oné-
reuse pour les usines, surtout dans l'état de crise où se trouve aujourd'hui
l'industrie du fer. Peut-être y aurait-il lieu de chercher à opérer à sec, en
soumettant le minerai bocardé et séché à un fort courant d'air; mais il est
difficile de croire que ce moyen, qui résoudrait d'ailleurs complétement la
question, soit applicable sans occasionner, en force mécanique, des dépenses
supérieures à celles qui résultent du système actuel : il n'a pas été essayé,
et nous n'insisterons pas davantage sur ce sujet.

## DU MÉLANGE DES MINERAIS ET DES FONDANTS.

### MÉLANGE DES MINERAIS.

**539.** Nous avons vu précédemment que l'emploi des minerais nécessite
certaines opérations, destinées à en écarter une partie des substances étrangères, et à les approprier au mode d'action que l'on veut exercer posté-
rieurement sur eux. Ces préparations modifient principalement l'état *physique* de la matière; il est encore indispensable, dans la plupart des cas, de
lui faire subir des préparations que l'on pourrait appeler *chimiques,* pour
la disposer à se conformer, dans les hauts fourneaux, aux allures les plus
avantageuses que peuvent prendre ces appareils.

Ce dernier genre de préparation consiste à opérer des mélanges de fondants et de minerais, qui permettent à ceux-ci de se réduire et de se liquéfier avec le moins de frais possible.

**540.** *Fusibilité des minerais.* — La richesse des minerais que l'on
exploite varie dans des limites généralement comprises entre 25 et 70 pour
100; mais on peut rarement porter au fourneau des matières qui rendent
plus de 50 à 65 pour 100 de fonte, car les phénomènes qui se passent
dans le traitement en grand sont complétement différents de ceux que l'on
observe dans les essais de laboratoire. Dans ceux-ci, la réduction d'un minerai est d'autant plus commode qu'il renferme moins de terres; le contraire a précisément lieu dans les fourneaux, où la présence d'une certaine
quantité de matières stériles est absolument indispensable, pour préserver
la fonte de l'action du courant d'air, et assurer le succès de l'opération. Les
minerais très-riches ne peuvent donc pas être traités pour donner de la
fonte sans être préalablement mélangés avec des fondants, ou mieux encore
avec des minerais pauvres qui portent avec eux une quantité suffisante de
substances stériles.

**541.** Les minerais riches, tels que les fers oligistes et oxydulés, les hématites rouges et brunes, et quelques silicates très-purs, sont ordinairement *réfractaires,* parce que les matières étrangères qu'ils renferment en faible quantité sont rarement de nature à former des mélanges fusibles. On rencontre dans la nature fort peu de minerais que l'on puisse porter au fourneau sans mélange d'aucune espèce; ceux qui jouissent de cette propriété ne se rencontrent que parmi les minerais *fusibles,* c'est-à-dire les fers spathiques, les mines douces et quelques silicates ou carbonates peu riches, et ils la doivent principalement à la présence de l'oxyde de manganèse qui est un fondant de la plus grande énergie, et capable de déterminer la fusion de toutes les terres que peuvent renfermer les gangues. Les minerais manganésiés, qui sont excellents pour le haut fourneau, sont également précieux pour la forge catalane, parce qu'indépendamment de leur fusibilité, ils sont généralement assez riches : la présence d'une grande quantité de matières étrangères serait en effet très-embarrassante dans de petits appareils où la température ne peut jamais être très-élevée. Les minerais de *fusibilité moyenne,* qui forment la plus grande partie de ceux que l'on exploite en France, sont les minerais en grains : ils sont d'un excellent emploi en mélange avec les minerais réfractaires, et se laissent eux-mêmes traiter facilement avec une addition suffisante de fondants; leur richesse varie de 25 à 40 pour 100, mais dans presque tous nos fourneaux au bois, on les mélange de manière à obtenir une richesse moyenne de 27 à 35 pour 100.

542. L'art de former les mélanges de minerais, ou en d'autres termes la création des combinaisons de matières les plus propres à assurer la bonne allure des fourneaux, présente d'assez grandes difficultés dans la pratique : non-seulement il faut connaître exactement la composition des mines dont on dispose, et les réactions qui peuvent résulter de leur alliage, mais il faut encore tenir compte de la quantité des produits que l'on veut obtenir et des dépenses de toute nature que peut entraîner la méthode que l'on adopte. Les combinaisons les plus favorables ne peuvent évidemment être découvertes qu'après beaucoup d'essais et de tâtonnements que nous ne pouvons pas spécifier, parce qu'ils varient suivant chaque cas particulier; mais on peut prendre pour guide les indications que nous allons donner sur l'emploi des fondants, et consulter les différents exemples que nous présenterons dans le courant de ce travail.

## EMPLOI DES FONDANTS.

L'addition de matières stériles ou fondants dans les fourneaux a pour principal but, de déterminer à un degré de température convenable la fusion des minerais et de leurs gangues, de détruire ou d'empêcher la formation de certaines combinaisons, qui entraînent le fer avec elles et de soustraire la fonte à l'action des courants d'air qui peuvent la dénaturer.

**543.** *Nature des fondants.* — Les matières qui servent principalement à obtenir ces résultats sont : la silice, la chaux, l'alumine et la magnésie.

La *silice* est celle qui remplit le rôle le plus important ; elle est indispensable, non pas à la réduction du minerai, mais au moins à la liquéfaction de la masse ; elle se combine avec toutes les bases et forme avec elles des silicates de fusibilité variable, bien que ces bases et la silice elle-même, prises isolément, puissent être regardées comme infusibles. La question des fondants se réduit à savoir les combiner, de manière à former des silicates fusibles au degré de température nécessaire à la bonne allure du fourneau.

Les *silicates à une seule base* sont peu fusibles ; on ne doit jamais avoir en vue que la formation de *silicates multiples* qui sont d'autant plus fusibles que le nombre des bases est plus considérable. Les bisilicates paraissent être plus fusibles que les silicates, et ceux-ci plus que les sous-silicates ou que les trisilicates, etc. La base terreuse la plus fondante est la *chaux ;* puis viennent la *magnésie* et l'*alumine ;* mais il y a beaucoup plus de différence entre l'alumine et la magnésie qu'entre cette dernière et la chaux.

**544.** L'emploi des fondants trop *fusibles* ou trop *réfractaires* exerce une funeste influence sur la marche des fourneaux. Dans le premier cas, la fusion peut avoir lieu avant la complète réduction de l'oxyde de fer, et dès lors il se forme des silicates de fer qui entraînent des pertes de métal ; les laitiers deviennent trop fluides et ne protégent plus la fonte contre l'action du vent ; elle se décarbure à la tuyère et le fer passe aux scories ; de plus, la température baisse et l'on obtient de la fonte blanche. Dans le second cas, la fusion devient trop difficile, et l'on est obligé de sacrifier du combustible pour maintenir l'allure si l'on ne veut pas être entraîné à des accidents plus graves. C'est entre ces deux écueils, que l'expérience seule peut apprendre à éviter, que l'on doit diriger le travail d'un fourneau, de manière à marcher à la limite de la température la plus basse avec des laitiers de consistance moyenne et en quantité suffisante.

**545.** *Choix des fondants.* — Aux minerais siliceux purs on ajoute, sous le nom de *castine*, un calcaire argileux; s'ils contiennent déjà de l'alumine, un calcaire pur remplit le but. Aux minerais alumineux, et qui renferment par conséquent de la silice et de l'alumine, il suffit encore d'ajouter de la castine, et très-rarement un peu de silice. Les minerais calcaires ou magnésiens se traitent par l'argile, et les minerais manganésifères par la silice et l'alumine. L'absence complète de la silice est un cas rare; on y remédie par des mélanges de minerais silicés. L'addition de silice pure doit toujours être faite avec de grands ménagements, car son excès entraîne à des accidents bien plus sérieux, que lorsqu'on dépasse la limite convenable à l'égard des bases. L'excès de chaux a peu d'inconvénients, et l'on doit même chercher à en introduire le plus possible, parce que c'est le meilleur moyen de se débarrasser du soufre.

En résumé, les *proportions* dont on doit chercher à se rapprocher dans la plupart des cas sont, pour les silicates d'alumine et de chaux, dans les fourneaux au bois :

25 à 35 de chaux,
15 à 20 d'alumine,
58 à 41 de silice;

dans les fourneaux au coke :

35 à 42 de chaux,
15 à 18 d'alumine,
50 à 40 de silice.

Comme on n'emploie jamais la chaux qu'à l'état de carbonate, il faut observer, relativement aux données précédentes, que 100 de carbonate équivalent à 56 de chaux. Si la magnésie devait remplacer la chaux ou l'alumine, on tiendrait compte de ce que nous avons dit de sa qualité fondante relativement à ces deux matières.

**346.** Les fondants, de même que les minerais, exigent une certaine *préparation* mécanique; on les concasse généralement à la main, en morceaux de 6 à 8 centimètres de diamètre. Cet état de division facilite les combinaisons et la fusion de toutes les parties.

**347.** *Applications.* — Pour mieux faire juger de l'emploi des fondants, nous en rapporterons quelques exemples.

En Toscane, on emploie 5,5 pour 100 de castine pour des mélanges de fer oligiste et de fer oxydé brun et rouge, rendant 60 pour 100.

Dans les Pyrénées, on en emploie 8,5 pour 100 pour des mélanges de fer oligiste et d'hématites rendant 40 pour 100.

Dans les Landes, où le peroxyde hydraté rend 45 pour 100, on met 17 à 18 pour 100 de castine.

Dans le Berry, le peroxyde hydraté en grains rend 35 à 40 pour 100, et exige 18 à 20 pour 100 de castine.

Dans la Haute-Saône, avec des mélanges qui rendent 24 à 25 pour 100, on en emploie 7 à 8 pour 100. En marchant avec l'hydrate granulaire, qui rend 30 à 33 pour 100, on en met 16 à 17 pour 100.

Dans la Meuse, où l'on traite des mélanges d'hydroxyde terreux très-fusibles rendant 27 à 33 pour 100, on emploie 7 à 8 pour 100 de castine.

Dans les Ardennes, les hydroxydes en oolithes miliaires exigent 12 à 16 pour 100 de fondants. Quelques fourneaux opèrent des mélanges et n'en emploient que 7 à 8 pour 100. Quelques-uns enfin s'en passent complétement.

A Coat-an-Nos (Côtes-du-Nord), un mélange d'hématite rouge et brune rendant 35 à 38 pour 100, exige 25 à 30 pour 100 de pierre calcaire.

En Silésie, on porte 13 à 14 pour 100 de castine pour un mélange de fer hydraté terreux et de fer carbonaté, en rognons rendant 30 pour 100.

Au Hartz, on forme des lits de fusion composés de :

0,930 de fer oxydé hydraté,
0,047 de fer spathique,
0,023 de fer oxydé calcaire pauvre.

Dans les fourneaux au coke de la Silésie, on emploie des mélanges de fer hydraté et de fer carbonaté rendant 42 pour 100, et l'on y ajoute 22 pour 100 de castine.

A Lavoulte, on en met 15 à 18 pour 100, avec du peroxyde compacte rendant 40 à 45 pour 100.

A Maubeuge, on emploie 55 pour 100 de castine avec des peroxydes hydratés à gangue argileuse.

En Angleterre, on emploie dans le Staffordshire, 40 de calcaire argileux pour 100 de minerai grillé rendant 44 pour 100.

Près de Bradford, on met 32 pour 100 de castine; la mine rend 27 pour 100.

Dans le pays de Galles, on porte 33 de castine pour 100 de minerai brut, rendant 33 pour 100.

A l'usine de Monkland (Écosse), le minerai cru rend 30 pour 100, et n'exige que 15 pour 100 de castine, depuis l'emploi de l'air chaud. Partout, en général, l'introduction de l'air chaud a amené une réduction dans la consommation des fondants.

**348.** *Des laitiers.* — Les laitiers sont le résultat de la fusion de toutes les matières étrangères au fer qui passent dans les fourneaux ; leur composition habituelle dans les bonnes allures peut servir de guide dans le choix et le dosage des fondants que l'on doit employer.

Les laitiers sont tantôt vitreux, tantôt pierreux. Leur couleur varie du vert foncé au noir, et passe souvent au violet et au bleu. Ils sont toujours mélangés de parcelles de fonte, de charbon, de parties pierreuses, etc.

Dans les fourneaux au bois, ils constituent ordinairement des *bisilicates*, tandis que les laitiers des fourneaux au coke sont plus généralement des *silicates*.

TABLEAU XLIV. — ANALYSES DE LAITIERS (M. BERTHIER).

| | GROSSOUVRE. 1. | BIENVILLE. 2. | FRAMONT. 3. | HAMM. 4. | HAMM. 5. | DUDLEY. 6. | DOWLAIS. 7. | HAYANGE. 8. |
|---|---|---|---|---|---|---|---|---|
| Silice............... | 41,10 | 15,10 | 60,00 | 49,60 | 18,40 | 40,60 | 43,20 | 33,50 |
| Chaux.... ........... | 28,10 | 27,10 | 20,60 | » | » | 32,20 | 35,20 | 43,00 |
| Magnésie............. | 1,60 | 2,10 | 7,20 | 15,20 | 16,20 | » | 4,00 | 1,00 |
| Alumine............. | 17,00 | 18,20 | 7,10 | 9,00 | 6,60 | 16,80 | 12,00 | 19,60 |
| Protoxyde de fer....... | 4,10 | 1,50 | 3,90 | 0,10 | 0,10 | 10,40 | 4,20 | 1,00 |
| *Idem* de manganèse. | 3,00 | » | 3,60 | 25,80 | 31,00 | » | » | 1,60 |
| Soufre........ ...... | » | » | » | 0,10 | 0,10 | » | » | 1,00 |
| TOTAL........ | 97,80 | 97,90 | 101,80 | 100,10 | 99,40 | 100,00 | 98,60 | 99,50 |

1°. Minerai hydraté en grains du Cher. Laitier compacte, vitreux, verdâtre et bien fusible.

2°. Hydroxyde alumineux en grains fondu avec chaux et silice (herbue). Laitier bien fusible.

3°. Protoxyde anhydre fondu avec chaux et scories de forge. La proportion de castine paraît insuffisante.

4°. Fer spathique et hématite brune manganésifère fondus sans addition de flux. Marche en fonte grise.

5°. Mêmes minerais et marche en fonte blanche par surcharge.

Tous ces laitiers sont le résultat de l'emploi du charbon de bois. Les suivants sont obtenus dans des fourneaux au coke :

6°. Minerai carbonaté. Bonne allure.

7°. Même minerai. Bon travail.

8°. Bonne allure.

# TROISIÈME SECTION.

## FABRICATION DE LA FONTE.

---

**549.** La fabrication de la fonte est aujourd'hui l'opération la plus grave et peut-être la plus complexe de toutes celles qu'embrasse la métallurgie du fer. Le nombre des conditions à remplir pour la pratiquer avec succès, la puissance et la variété des appareils qu'elle exige, les grands capitaux qu'elle met en œuvre, et son énorme influence sur la production du fer et le développement de toutes les industries, sont autant de considérations du premier ordre qui justifient le vif intérêt qu'elle inspire à tous ceux qui s'en occupent.

Nous avons divisé ce sujet en deux parties. La première comprend tout ce qui est relatif aux formes, au travail et aux produits des hauts fourneaux ; la seconde traite de leur construction, de celle des souffleries, et en général de tous les appareils qui se rattachent à la production de la fonte.

---

## PREMIÈRE DIVISION.

## CONVERSION DES MINERAIS EN FONTE.

---

### NOTIONS GÉNÉRALES.

**550.** La conversion des minerais en fonte comprend :

La réduction des oxydes de fer contenus dans les minerais ;

La transformation du métal en carbure de fer ou fonte ;

La séparation des matières étrangères qui y adhèrent physiquement ou chimiquement ;

La liquation des produits qui résultent de cette élaboration.

Les opérations sont déterminées :

Par l'action continue du carbone et des gaz qui s'en dégagent, sur les substances métallifères ;

Par la réaction des fondants et des gangues sur le métal;

Enfin, par la fusion de toute la masse qui permet aux matières étrangères de se séparer des parties métalliques, pour être les unes et les autres évacuées en temps opportun.

Les conditions nécessaires à la production de ces phénomènes sont la mise en présence des minerais, des fondants et du carbone, à une température suffisamment élevée, et dans des appareils à formes concordantes avec le but général de l'opération.

Ces appareils sont les *hauts fourneaux*.

551. *Parties intérieures.* — Les parties constituantes de l'intérieur des fourneaux sont :

Le creuset, l'ouvrage, les étalages, le ventre, la cuve et son orifice, ou gueulard.

Le *gueulard*, ordinairement surmonté d'une cheminée, sert à la fois à l'introduction des matières premières et au dégagement des produits de la combustion. Le *ventre*, la *cuve*, les *étalages*, concourent à la réduction des minerais, à la carburation des parties métalliques, et les prédisposent à la fusion qui s'opère dans l'*ouvrage*, point où la température du fourneau a atteint son maximum, parce que c'est le plus étroit et le plus rapproché de l'action du vent, que l'on introduit à la partie supérieure du creuset par des tuyères situées sur une, deux ou trois faces.

Le *creuset* est le réservoir de la fonte; il se prolonge extérieurement, afin de présenter une issue facile aux laitiers et à la fonte elle-même.

552. La *forme intérieure* des hauts fourneaux se compose ordinairement de deux troncs de cône, accouplés par leur grande base, ou réunis en ce point par une partie cylindrique. Le tronc de cône supérieur constitue la cuve; celui du bas, qui forme à peu près 1/5 de la hauteur totale, constitue les étalages et l'ouvrage. Dans la plupart des cas, ces deux dernières parties présentent des figures distinctes, et sont simplement raccordées entre elles; ainsi l'ouvrage affecte fort souvent la forme d'un tronc de pyramide, dont la base inférieure est rectangulaire, et s'appuie sur le creuset, tandis que la base supérieure est un polygone à huit faces, qui se raccorde avec le tronc de cône plus ou moins évasé qui forme les étalages et qui aboutit au ventre.

La descente régulière et continue des charges exige que les points d'intersection des différentes lignes droites, qui constituent le profil intérieur de l'appareil, ne présentent pas d'angles vifs; il faut donc toujours raccorder ces lignes par des portions de courbes. On fait mieux encore en com-

posant le profil tout entier d'une ligne courbe continue qui ne présente
que des inflexions douces et convenablement graduées.

C'est surtout dans les fourneaux de grandes dimensions qu'il est essentiel de ne négliger aucune de ces dispositions ; la régularité de travail, qui
en est la conséquence, paie largement les soins et les dépenses auxquelles
peut entraîner le désir de rendre leur construction aussi parfaite que possible. Dans les petits fourneaux avec lesquels on marchait autrefois, on
était loin de s'astreindre à toutes ces précautions dont l'importance réelle
ne s'est révélée que depuis l'emploi des grands appareils; mais elle est
aujourd'hui tellement bien sentie que l'on s'y conforme dans presque tous
les cas.

**535.** *Parties extérieures.* — Les *formes extérieures* le plus communément adoptées pour les fourneaux, sont celles d'un tronc de pyramide quadrangulaire, ou celle d'un tronc de cône reposant sur une *base* prismatique
qui s'élève à peu près jusqu'à la hauteur du ventre.

La largeur de la base est comprise entre les 7/10 et les 8/10 de la hauteur, et celle des parties supérieures est ordinairement telle, que l'on peut
disposer au gueulard, d'une plate-forme carrée de 5$^m$,00 à 7$^m$,00 de côté.

L'épaisseur des parois est, dans tous les cas, proportionnée au degré de
chaleur qui se développe dans l'appareil, à la bonté des matériaux et même
au mode de construction adoptée. Quand on emploie le fer et la fonte pour
relier et consolider les maçonneries, on peut considérablement diminuer
leur masse; c'est ce qui arrive surtout pour les *tours* coniques cerclées en
fer; les constructions légères sont en général préférables aux constructions
massives, que l'on emploie souvent.

**534.** Quelle que soit la forme adoptée, la base du fourneau est toujours
pourvue d'*embrasures*, qui rendent le creuset accessible sur une ou plusieurs de ses faces. Elles ont, en plan, la forme d'un trapèze, et sont re-
couvertes par une voûte évasée du dedans au dehors, plate ou cylindrique;
Leurs dimensions doivent être aussi petites que possible, afin de ne pas
affaiblir la construction par de trop grands vides.

L'embrasure de travail est la plus grande; cependant elle n'a pas besoin
d'avoir plus de 2$^m$,50 à 2$^m$,80 de largeur intérieure, sur 3$^m$,50 à 4$^m$,00 de
largeur extérieure, avec des hauteurs correspondantes de 2$^m$,50 à 4$^m$,50.
Les embrasures de tuyère sont en même nombre que les tuyères : une
largeur extérieure de 2$^m$,50 à 3$^m$,00, sur 3$^m$,00 de hauteur, est tout à fait
suffisante.

**535.** Les *conduites de vent* qui amènent l'air du régulateur de la soufflerie aux tuyères, se font en tôle, en fer-blanc, ou mieux en fonte. Afin de ne pas gêner la circulation aux abords du fourneau, on fait bien de les placer dans des canaux souterrains, assez vastes pour en faciliter l'inspection et la réparation.

Ces canaux peuvent être pratiqués dans les fondations elles-mêmes et se couper en angles droits sous le creuset du fourneau, ou bien être situés extérieurement; la première disposition est moins chère, et a l'avantage de faciliter le séchage et l'assainissement des parties basses des fourneaux. Quelle que soit la disposition employée, il faut avoir dans chaque embrasure de tuyère un robinet, ou *boîte à air*, qui permette de donner ou d'intercepter le vent à volonté; son introduction dans le fourneau se fait par un tuyau conique appelé *buse*, appuyé sur la tuyère, et terminé par un orifice circulaire, dont le diamètre est en rapport avec la pression et le volume du vent.

**556.** *Travail des fourneaux.* — Le travail des fourneaux présente les caractères suivants :

Les combustible et les minerais, mélangés en proportions convenables avec les fondants, sont amenés à la partie supérieure du fourneau, et introduits par le gueulard en *charges* réglées et à intervalles réguliers. Ils en traversent successivement toutes les zones, en se transformant d'une manière continue par la réduction, la carburation et la séparation des matières étrangères, jusqu'à ce que, mis en fusion et réunis à l'état liquide dans le creuset, ils aient atteint le degré de perfection qui permet de les employer comme produits.

La formation de la fonte est continue; son émission du fourneau, qui porte le nom de *coulée*, a lieu à des intervalles réguliers, dont la durée est déterminée par la capacité du creuset.

La quantité et la nature des produits dépendent de la nature et du dosage des combustibles, des minerais et des fondants, ainsi que des dimensions du fourneau.

**557.** Le degré de température nécessaire aux réactions chimiques qui s'opèrent, et à la fusion générale de la masse, s'obtient au moyen des combustibles végétaux ou minéraux que l'on introduit avec les minerais. Leur combustion est déterminée par l'introduction de l'air dans le bas de l'appareil; son volume, sa pression et sa température dépendent de la nature des minerais et des combustibles.

La chaleur agit sur les minerais d'une manière lente et graduée; elle les pénètre peu à peu, et ce n'est qu'après leur réduction qu'elle les échauffe

**27**

assez pour les fondre et les séparer des laitiers, dont le degré de consistance doit être en harmonie avec la nature des produits que l'on veut obtenir.

338. Ces données générales sur la constitution et le travail des hauts fourneaux exigent des développements appropriés aux différentes circonstances dans lesquelles a lieu la production de la fonte. Pour les présenter avec ordre, nous reproduirons ici la division adoptée à l'égard des combustibles; c'est celle qui, dans l'état actuel de la métallurgie, présente les caractères les plus tranchés et les plus distincts. Nous considérerons donc d'abord les fourneaux à combustibles végétaux, puis ceux à combustibles minéraux.

# CHAPITRE PREMIER.

## FOURNEAUX A COMBUSTIBLES VÉGÉTAUX.

### EMPLOI DU CHARBON DE BOIS ET DE L'AIR FROID.

#### DONNÉES RELATIVES A LA FORME DES FOURNEAUX.

559. Dans l'état actuel de la métallurgie, la science n'a point encore su poser de règles certaines, facilement applicables à la détermination des dimensions que l'on doit donner aux hauts fourneaux : on ne peut donc s'appuyer que sur les expériences et les observations qui ont été faites sur des appareils dont la marche paraissait satisfaisante.

Ces observations ont principalement porté sur l'influence relative aux formes des fourneaux que l'on doit attribuer :

Au soufflage ;

A la nature des matières premières ;

A la quantité et à la nature des produits.

560. *Du soufflage.* — Le *volume* d'air introduit dans un fourneau dépend de la quantité de combustible que ses dimensions lui permettent de consommer.

Ce volume doit être suffisant pour faire développer au charbon toute la puissance calorifique dont il est susceptible, et ne doit cependant pas atteindre la limite où il activerait la combustion et augmenterait la consommation sans production d'effet utile. Pour brûler 1 kil. de charbon, il faut $8^{m3},82$ d'air, à la pression de $0^m,76$ de mercure, soit un poids de $11^k,46$. Il n'y a pas de raison pour dépasser ce chiffre, parce que les minerais contiennent eux-mêmes une forte proportion d'oxygène qui sert à la combustion, et il est même rare qu'il soit atteint dans la pratique, où l'on ne compte guère que sur 6 à 7 mètres cubes d'air par kilogramme de charbon.

La *pression* que l'on donne au vent dépend de la densité du charbon et des dimensions du fourneau : elle doit être suffisante pour que le combustible soit traversé par le courant d'air, mais l'action mécanique qu'elle exerce sur lui ne doit pas être assez forte pour nuire à l'uniformité de la combustion, par une désagrégation violente; elle est d'autant plus élevée que l'ouvrage est plus vaste, que le fourneau est plus grand et que le charbon est plus dense.

La pression usitée varie de 2 à 6 centimètres de mercure. En France, on atteint rarement cette dernière limite, mais on a souvent tort de ne pas chercher à s'en rapprocher, car l'air lancé à une pression un peu forte active la combustion du charbon dans les parties basses du fourneau, et le dépouille en conséquence d'une grande partie de l'oxygène qu'il contient; il favorise alors beaucoup moins la combustion du charbon qui se trouve dans la cuve, d'où résulte en définitive une économie de combustible.

Quels que soient le volume et la pression de vent employés, la continuité d'action, c'est-à-dire la *régularité*, est une des conditions essentielles d'un bon soufflage.

**561.** *Du combustible.* — La hauteur des fourneaux croît avec la densité du charbon, et favorise ses effets en utilisant convenablement les produits de la combustion, et en permettant aux charges de descendre avec lenteur.

La consommation varie avec la fusibilité des minerais et la conduite des fourneaux, depuis 90 jusqu'à 250 et même 300 kil. de charbon pour 100 de produit. En France, on descend rarement au-dessous de 100 kil. Les minerais moyennement fusibles rendant 30 à 40 pour 100, consomment en bonne marche 120 kil. à 130 kil. de charbon pour 100 kil. de fonte.

La quantité de combustible brûlé dépend surtout de la *section* du fourneau au *ventre*, de la forme de l'ouvrage et de la *quantité d'air* qu'il reçoit. Dans la plupart des fourneaux, on ne brûle guère au delà de 50 kil. par mètre carré de section au ventre et par heure, soit $0^k,830$ par minute, parce qu'en marchant en fonte grise il faut donner à l'ouvrage des dimensions assez resserrées, et que d'ailleurs la fusibilité des minerais n'exige pas la production d'une chaleur plus intense; on souffle en proportion, et ces fourneaux ne reçoivent ordinairement que $6^{m3},70$ d'air par mètre carré et par minute, soit environ $8^{m3},00$ par kilogramme de charbon.

Suivant M. Walter, il faut, pour marcher dans les circonstances les plus favorables à la production, donner 10 à $12^{m3},00$ de vent par mètre carré, et l'on peut alors pousser la combustion jusqu'à 80 ou 100 kil. par mètre carré et par heure, soit $1^k,33$ à $1^k,66$ par minute et sur la même surface.

**562.** *Des minerais.* — Les minerais réfractaires et d'une réduction difficile exigent des fourneaux assez élevés, dans lesquels ils soient convenablement préparés à la carburation et à la fusion. S'ils étaient traités dans des fourneaux bas, la descente des charges devrait être lente, par conséquent la production serait faible; de plus, et à moins que l'on n'y remédie par la bonté du combustible et l'activité du soufflage, ils exigent que les sections des parties inférieures de l'appareil soient assez rétrécies pour permettre à la température de s'élever au degré qui convient à leur fusion.

**363.** *Des matières stériles.* — Les matières stériles qui proviennent des fondants, des gangues adhérentes aux minerais, et des cendres que renferment les combustibles, constituent les *laitiers*. Nous avons déjà indiqué leur composition et dit qu'ils devaient avoir le degré de fusibilité compatible avec la température la plus basse à laquelle on peut obtenir la nature de produits exigée. Leur volume doit être suffisant pour envelopper la fonte liquide pendant son passage sous le vent de la tuyère. D'après les exemples que nous avons rapportés (N° 347), on peut conclure que pour des minerais pauvres qui nécessitent encore l'addition de fondants, la proportion des laitiers s'élève jusqu'à 320 pour 100 de fonte.

Pour les minerais de richesse et de fusibilité moyenne, tels que ceux de la Meuse, de la Marne, du Berri, elle varie de 220 à 260 pour 100.

Ces proportions paraissent être les plus favorables à la production de la fonte grise; elles ne peuvent pas être beaucoup moindres avec les mêmes minerais traités pour fonte blanche; mais si on emploie des mélanges plus riches et rendant par exemple 45 pour 100, il faudra, suivant leur degré de fusibilité, ajouter de 8 à 16 pour 100 de fondants, et la totalité des matières stériles pourra ne s'élever qu'à 155 ou 160 pour 100 de fonte.

Nous ne parlerons pas de l'influence que la nature et le dosage des fondants peuvent exercer sur les formes à donner aux fourneaux; elle se confond tout à fait avec celle que nous avons attribuée aux minerais.

**364.** *Des produits.* — Dans un fourneau en bonne marche, la quantité des produits varie dans certaines limites avec la quantité de combustible que l'on peut y brûler; elle dépend donc principalement de la section au ventre et du soufflage.

En considérant comme un maximum la combustion de 100 kil. de charbon par heure et par mètre carré de section au ventre, on en conclut que, suivant la fusibilité des minerais (361), la production maximum varie pour la même surface entre 110 et 40 kil. de fonte par heure, ou 2500 kil. et 920 kil. par 24 heures de travail (1). La plupart des fourneaux n'étant aujourd'hui soufflés que de manière à brûler environ 50 kil. de charbon, le rendement journalier est compris entre 1250 kil. et 460 kil. par mètre carré.

Quoique la hauteur des fourneaux n'influe pas directement sur la production, elle lui est néanmoins favorable, quand toutes les conditions de

_____

(1) Nous ne comptons que **23** heures au lieu de **24**, parce que l'on peut admettre que dans une journée de travail on perd environ une heure pour les coulées, les petites réparations, etc.

travail qui y sont relatives sont bien remplies, parce que l'augmentation
du volume de la cuve permet d'accélérer la vitesse de descente des charges.

La production de la *fonte blanche* exige moins de chaleur que celle de
la *fonte grise;* par conséquent, avec la même consommation de combustible et de vent, on produira plus de la première que de la seconde. La
température de l'ouvrage devant être moins élevée, sa section pourra être
plus considérable, les descentes seront plus rapides, et la production journalière augmentera; elle pourrait être la même dans les deux cas ou ne
présenter que de légères différences, si les dimensions du fourneau et le
volume de vent restant les mêmes, on se réduisait à abaisser la température
par une surcharge de minerais.

565. Les données générales d'après lesquelles on règle la marche des
hauts fourneaux étant connues, elles vont nous servir à déterminer les
formes intérieures de ces appareils.

### DIMENSIONS INTÉRIEURES.

566. *Du ventre.* — Parmi les différentes parties qui composent l'ensemble d'un fourneau, le ventre est celle qui a l'influence la plus marquée
sur la production de la fonte; ses dimensions doivent donc être déterminées d'après les produits que l'on se propose d'obtenir, et il est assez naturel d'en faire dépendre les proportions que l'on doit donner au reste de
l'appareil.

Le ventre est la partie la plus large des fourneaux, et son principal rôle
est de constituer un réservoir de chaleur assez puissant pour maintenir et
régulariser la température générale, lorsqu'elle vient à baisser en quelques
points par suite d'accidents ou de dérangements quelconques. C'est dans
cette partie que commence la combustion du charbon sous l'influence du
vent qui se fait jour à travers les matières contenues dans les étalages et
l'ouvrage, et que les minerais se préparent à la fusion par l'effet d'une chaleur qui croît au fur et à mesure qu'ils descendent.

Les matières se préparent d'autant mieux et l'allure générale se maintient avec d'autant plus de régularité, que le ventre est plus large; mais
il faut admettre pour cela que la quantité de vent est proportionnée à sa
section et suffisante pour y maintenir une combustion active : si donc la
puissance de la soufflerie est limitée, on calcule cette surface de manière à
pouvoir lui fournir de 8 à 12$^{m3}$,00 de vent par mètre carré et par minute,
ce qui correspond à une combustion de 60 à 90 kil. de charbon par heure et

sur la même surface; et l'on se guide dans le choix du chiffre à adopter sur
la fusibilité des minerais, car la section doit être d'autant plus petite qu'ils
sont plus réfractaires. Dans le cas opposé, celui où l'on est maître de la
quantité d'air à dépenser, on se base sur les produits à obtenir : on évalue
approximativement la quantité de charbon qu'ils peuvent exiger, et l'on en
déduit la section, en supposant encore une combustion d'autant plus considérable par mètre carré de surface et dans un temps donné que le minerai
est plus réfractaire.

*La hauteur du ventre* au-dessus de la sole du fourneau, point essentiel à
déterminer, est d'autant plus grande que les matières premières ont besoin
de se préparer plus longuement à la fusion et à la combustion, c'est-à-dire
que les minerais sont plus réfractaires et les charbons plus denses. La limite
inférieure est 0,25 ou 1/4 de la hauteur totale; la limite supérieure est en
général 0,33 ou 1/3, et la moyenne est 0,29.

367. Dans les anciens fourneaux, le ventre n'était formé que par la surface d'intersection du cône des étalages et de celui de la cuve; mais la nécessité de constituer un centre puissant qui régularisât la marche générale
a conduit à raccorder les deux cônes par *une partie cylindrique* dont le volume est en rapport avec la puissance générale de l'appareil; sa hauteur
varie ordinairement entre 1/4 et 1/3 du diamètre, soit 1/16 ou un 1/12 de
la hauteur totale, suivant que l'on traite des minerais fusibles ou réfractaires, et que l'on emploie des charbons légers ou compactes.

368. *Hauteur des fourneaux.* — Les fourneaux doivent être assez élevés pour que les produits de la combustion agissent le plus longtemps possible sur les minerais, et pour que la température croisse d'une manière
presque uniforme et constante depuis le gueulard jusqu'à l'ouvrage; car il
est nécessaire que les minerais soient transformés lentement, par degrés
insensibles, et qu'ils n'arrivent au point de fusion qu'après avoir été complétement réduits. On n'obtient ce résultat dans des fourneaux bas qu'en
rétrécissant l'ouvrage pour faire descendre les charges très-lentement, et
en se résignant à produire très-peu de fonte.

L'élévation des fourneaux est donc favorable à la production journalière, à l'économie du combustible et à la complète réduction des minerais; mais il est évident qu'elle n'est compatible qu'avec un soufflage assez
puissant pour traverser la colonne descendante, et des charbons assez denses
pour ne pas se briser sous le poids qu'ils ont à supporter.

Les hauteurs comprises entre 4 et 5 fois le diamètre au ventre paraissent

être les plus convenables ; dans la plupart des cas on s'en tient au premier
rapport, et l'on ne trouve guère d'avantage à atteindre le second.

**369.** *De la cuve.* — La cuve se compose d'un tronc de cône dont la hauteur varie entre les 3/4 et les 2/3 de la hauteur totale, et dont les sections
inférieure et supérieure sont déterminées par le diamètre du ventre et celui
du gueulard.

Les cuves à grande capacité sont favorables à la bonne allure des fourneaux, quand le soufflage est assez puissant pour y faire sentir son influence.

Un *gueulard* étroit concentre la chaleur dans la cuve, mais il ne peut
s'employer qu'avec un vent fort, des charbons légers et des minerais peu
compressibles ; on lui donne au contraire plus de largeur, quand le vent est
faible et que les minerais sont disposés à se tasser. En général, ce n'est
jamais par le rétrécissement du gueulard qu'il faut songer à mieux utiliser
le combustible ; on ne doit atteindre ce but qu'en donnant au fourneau, et
par conséquent à la cuve une hauteur suffisante, et le gueulard doit toujours être assez large pour que l'évacuation des gaz soit facile ; c'est là sa
*principale fonction*, et elle ne doit pas être entravée si l'on tient à obtenir
beaucoup de fonte, car il est reconnu que les gueulards étroits retardent
considérablement le travail et diminuent les produits. Il faut, en résumé,
que sa section soit proportionnée à la quantité de charbon que l'on brûle,
et elle peut être d'autant plus grande que le fourneau est plus élevé. Son
diamètre est ordinairement égal à 1/3 de celui du ventre dans les petits
fourneaux, et il ne doit pas être au-dessous des 2/5 dans ceux dont la hauteur dépasse 9 à 10 mètres.

La *cheminée* qui surmonte généralement le fourneau a pour effet de
donner une direction aux flammes qui s'échappent du gueulard, et de préserver les ouvriers préposés au chargement ; elle est munie d'ouvertures
qui servent à l'introduction des charges, et assez basse pour ne donner lieu
qu'à un faible tirage.

**370.** *Des étalages.* — La hauteur et la pente des étalages dépendent de
la nature des matières premières et de celle des produits. Les charbons compactes, soufflés à forte pression, exigent des étalages plus élevés et présentant
une inclinaison plus rapide que ceux qui sont légers, et qui brûlent avec un
vent faible, incapable de traverser des matières fortement comprimées par
la rapidité de la descente ; il en est de même pour les minerais peu susceptibles de se serrer, et ceux qui, en raison de leur nature réfractaire, ne
peuvent entrer en fusion qu'après une longue préparation.

Un angle de 70° est une limite supérieure que l'on n'atteint qu'avec des minerais très-réfractaires et un vent assez fort; on descend rarement au-dessous de 45° avec un vent faible et des minerais fusibles, et généralement on se tient entre 55° et 65°.

Il est naturel de chercher à donner aux étalages la plus grande inclinaison possible, pour accélérer les descentes et augmenter la production; on le fait avec d'autant moins d'inconvénients que le fourneau est plus élevé, parce que l'on peut accroitre la vitesse de descente sans diminuer le temps de séjour des minerais dans l'appareil, et par conséquent sans altérer la nature des produits.

**571.** *De l'ouvrage.* — L'ouvrage est la partie du fourneau où se complète l'opération de la fusion, à laquelle les étalages ont préparé la matière; il se confond quelquefois avec eux, mais il forme plus généralement une capacité distincte. Les considérations que nous avons émises relativement à la première partie s'appliquent d'ailleurs, dans tous les cas, à la seconde, parce qu'elle n'en est en définitive que le complément.

La forme de l'ouvrage doit être combinée avec les autres éléments de travail, de manière à y produire la température nécessaire à la fusion et à l'élaboration de la fonte que l'on veut obtenir : ainsi, toutes choses égales d'ailleurs, l'ouvrage est plus élevé et plus étroit pour obtenir de la fonte grise que de la fonte blanche. Un vent fort, des charbons compactes et des minerais fusibles permettent de lui donner une grande section et une petite hauteur, tandis qu'un vent faible, des charbons légers et des minerais réfractaires conduisent à des formes allongées et rétrécies.

La hauteur de l'ouvrage est ordinairement égale à 1/7 de la hauteur totale pour des fourneaux bien soufflés; mais on est souvent obligé de dépasser cette proportion quand on manque d'air.

L'inclinaison des parois est d'autant plus faible que les minerais sont plus disposés à se comprimer et à intercepter le vent; d'autant plus forte que la section moyenne est elle-même plus étroite. Ordinairement elle est comprise entre 1/10 et 1/20 de la hauteur, et moindre pour la fonte grise que pour la fonte blanche. Les dimensions inférieures sont déterminées par la *largeur du creuset* qui varie entre 1/5 et 1/4 du diamètre au ventre.

**572.** Il faut en général tâcher de marcher avec des ouvrages aussi spacieux que possible. Ce sont ceux qui durent le plus longtemps et qui produisent le plus de fonte; car s'il est permis de considérer un fourneau comme un vaste foyer dont le ventre représente la grille, l'ouvrage doit

28

être regardé comme un régulateur qui, suivant ses dimensions, retarde ou
accélère l'arrivée et la consommation du combustible, la fusion des minerais et la production de la fonte. Lors donc que le volume et la pression du
vent sont donnés, le travail du fourneau dépend principalement de la forme
qu'affecte l'ouvrage et de la bonne exécution de toutes ses parties; c'est
pour ce motif qu'il doit être étudié avec méthode, construit avec les matériaux les plus durables et parfaitement raccordé avec les étalages auxquels
il sert de base.

**373.** *Du creuset.* — Le creuset sert de réservoir à la fonte qui se produit
dans l'ouvrage; elle en occupe le fond, tandis que les laitiers qui l'accompagnent se placent au-dessus du bain et le préservent de l'action décarburante de l'air.

Sa forme est ordinairement celle d'un parallélipipède rectangulaire ou tra-
pézoïdal. La partie postérieure s'appelle la *rustine*, les deux grands côtés
prennent le nom de *costières*, le fond celui de *sole* et le côté antérieur
celui de *dame*.

Sa capacité varie avec les dimensions du fourneau, et doit être assez considérable pour contenir le produit de 8 à 12 heures de marche. En général, sa profondeur est égale à sa largeur, ou même un peu moindre, et
sa longueur est comprise entre 3 fois et 3 fois et 1/2 sa largeur.

Ce sont les costières qui reçoivent les tuyères, et c'est la dame qui prête
une issue aux laitiers et à la fonte; celle-ci s'échappe par une ouverture
que l'on pratique à sa partie inférieure, tandis que les premiers s'écou-
lent par le haut sur un plan incliné, séparé de la coulée de la fonte par
la plaque de *gentilhomme*.

On construit le creuset avec les mêmes matériaux que l'ouvrage, en
briques, en pierre ou en sable réfractaires, et il se raccorde avec lui; souvent même ses faces forment le prolongement de celles de l'ouvrage.

**574.** *Des tuyères.* — Les tuyères sont établies sur le plan supérieur du
creuset. Dans les fourneaux au bois on n'en emploie que deux, situées chacune sur une des costières et placées l'une à droite, l'autre à gauche de
l'axe du fourneau, de manière que les masses d'air qu'elles lancent ne se
choquent pas directement. Lorsqu'on n'emploie qu'une tuyère on la place
sur la costière la plus éloignée du trou de coulée, et on la rapproche toujours de la rustine, d'abord pour ménager la tympe, puis pour entretenir une
haute température dans la partie du creuset que l'ouvrier a le plus de peine à
nettoyer avec son ringard. Dans ce cas, l'usure de l'ouvrage n'est jamais
régulière, la rustine et le contrevent (costière opposée à la tuyère) se

détériorent beaucoup plus vite que les autres côtés; c'est un argument puissant en faveur de l'emploi de deux tuyères.

Si la quantité de vent qu'absorbent les fourneaux dépasse 25 mètres cubes par minute, il devient presque indispensable d'adopter ce mode de répartition du vent, et si l'on donnait aux fourneaux au bois les dimensions égales à celles des fourneaux au coke, il serait sans doute utile de placer une troisième tuyère à la rustine.

Les tuyères doivent être placées horizontalement; en les inclinant sur le creuset, on chasse les laitiers et on décarbure la fonte. Dans les fourneaux de faible importance, elles sont simplement formées par de petites embrasures coniques, creusées dans la pierre qui sert de paroi à l'ouvrage, et on en regarnit l'orifice avec de la terre à mesure qu'il se ronge par l'action du feu. Dans les fourneaux bien tenus, la tuyère est en fonte ou en tôle, et souvent elle se compose d'une double enveloppe métallique dans laquelle on fait passer un courant d'eau : les *tuyères à eau* sont préférables à toutes les autres à cause de leur durée et de la régularité de leur service.

C'est dans la tuyère qu'est placée *la buse* ou tuyau d'injection du vent qui provient de la soufflerie; on la fait en fonte ou en tôle.

**375.** *De la Tympe.* — On appelle tympe la paroi inférieure de l'ouvrage du côté de l'embrasure de travail.

Sa face intérieure est ordinairement placée à une distance de l'axe, plus grande que le demi-écartement des costières, de sorte que la section inférieure de l'ouvrage est rectangulaire au lieu d'être carrée. La section supérieure devant être toujours, autant que possible, symétrique par rapport à l'axe vertical, il suffit, pour obtenir l'écartement désiré, de donner à l'ouvrage une inclinaison plus grande du côté de la tympe que sur les autres faces; souvent même cette partie est tout à fait verticale.

L'inclinaison inégale des parois de l'ouvrage peut avoir pour effet de diminuer la régularité de la descente, mais il n'en résulte aucun inconvénient chaque fois que les différences ne sont pas trop considérables. Cette disposition a d'ailleurs pour but de ménager la tympe en l'écartant un peu de la ligne de la plus haute température, et de rendre son usure moins rapide en facilitant le glissement des matières sur sa paroi intérieure; il est essentiel de ne négliger aucune des précautions qui peuvent prolonger sa durée.

Sa position, par rapport au plan des tuyères ou de la partie supérieure du creuset, varie suivant l'allure des fourneaux, ou plutôt suivant les habitudes des ouvriers. Dans les petits fourneaux qui produisent des laitiers très-liquides et peu abondants, on peut descendre la tympe de 4 à 5 centimètres au-dessous des tuyères : le creuset est alors un peu difficile à nettoyer, mais il conserve bien sa chaleur. Dans les grands fourneaux, on peut l'élever de 5 à 6 centimètres au-dessus des tuyères pour faciliter le travail et l'évacuation des laitiers les plus denses; mais généralement il convient de la placer au même niveau, afin d'éviter la déperdition de chaleur qui résulte de la disposition précédente et les inconvénients qui accompagnent la première.

La partie inférieure de la tympe a 0$^m$,40 à 0$^m$,60 d'épaisseur. On la protége contre l'action des ringards en y adaptant une plaque de fer (*fer de tympe*), ou mieux encore, on forme l'angle extérieur avec une pièce carrée en fonte, encastrée dans la maçonnerie et munie d'un vide intérieur dans lequel on fait passer un filet d'eau. Les tympes à eau sont d'une longue durée et d'un bon usage.

**576.** *De la Dame.* — La dame est une pièce en fonte qui ferme le creuset à sa partie extérieure.

L'espace découvert, de 0$^m$,30 à 0$^m$,40 de long, compris entre la dame et la partie extérieure de la tympe, porte le nom d'*avant-creuset;* il sert au puisage de la fonte à la main, et à l'introduction des outils de nettoyage dans le creuset.

Le sommet de la dame ne doit pas dépasser le niveau des tuyères, et presque toujours il se trouve un peu plus bas; dans l'un et l'autre cas, il porte une échancrure de 5 à 8 centimètres de profondeur, pour le passage des laitiers. Sa partie intérieure est protégée par une couche de sable réfractaire, que l'on dispose suivant un talus incliné à 50° ou 60°.

La dame porte à sa partie inférieure, et vers l'un des angles du creuset, une ouverture de 0$^m$,08 à 0$^m$,10 de largeur, et de 0$^m$,12 à 0$^m$,15 de hauteur, qui n'est ordinairement bouchée qu'avec de la terre ; on y perce un trou avec un ringard, quand on veut pratiquer la coulée. Souvent encore elle est munie de trous circulaires, placés à différentes hauteurs, par lesquels on peut opérer des coulées partielles; cette disposition, principalement usitée dans les fourneaux à marchandises, permet de recueillir la fonte sans arrêter la soufflerie, ainsi que cela se pratique ordinairement lorsque les ouvriers doivent puiser la fonte dans l'avant-creuset.

On parvient au même but en faisant passer la fonte dans un réservoir extérieur, dont la partie inférieure peut être, à volonté, mise en communication avec le creuset; l'établissement de ce réservoir, qui porte le nom de *creuset-puisard*, permet aux ouvriers de venir y prendre la fonte sans s'exposer autant au feu qu'en opérant dans le creuset lui-même, et sans que l'on soit obligé d'interrompre la marche du fourneau.

**377.** On ne saurait trop recommander l'emploi de l'un ou l'autre des procédés que nous venons de signaler; car les interruptions fréquentes de travail n'ont pas seulement le grave inconvénient de diminuer notablement la production journalière, elles ont encore pour effet d'augmenter la consommation, en faisant momentanément baisser la température, et en suspendant la descente régulière des charges.

## TRAVAIL DES FOURNEAUX.

### DE LA MISE EN FEU.

**378.** La mise en feu d'un fourneau neuf exige quelques opérations préalables, qui consistent à le dépouiller de toute l'humidité dont il peut être imprégné, et à l'amener progressivement à la haute température nécessaire au travail.

On distingue, dans un fourneau, les constructions extérieures, qui comprennent tous les massifs en grosse maçonnerie, et les constructions intérieures, qui se composent de toutes les parties qui doivent recevoir les matières à traiter et l'action immédiate de la chaleur. Celles-ci se font toujours après les premières, et l'on ne doit même songer à leur érection qu'après avoir opéré la dessiccation des massifs.

**379.** *Dessiccation et Chauffage.* — La dessiccation des massifs est une opération essentielle, et pour laquelle on se ménage des ressources pendant leur construction. Il est donc entendu qu'ils doivent être munis de cheminées verticales, ménagées dans l'intérieur de la maçonnerie, régnant depuis la base jusqu'au sommet, et en nombre proportionné à l'épaisseur des parois. Il faut au moins une cheminée à chaque angle, et on y fait aboutir des carneaux horizontaux, écartés d'environ 0<sup>m</sup>,50 qui débouchent à l'intérieur et à l'extérieur.

On opère la dessiccation en établissant à la partie inférieure de chaque cheminée angulaire, de petits fourneaux dont la fumée traverse et dessèche le massif; ou bien on peut faire aboutir toutes les cheminées au centre de la fondation, et y établir un seul foyer qui distribue les produits de la combustion dans toutes les parties. Quel que soit le mode employé et le combustible dont on se sert, la chaleur doit être d'autant plus faible dans le commencement que les constructions sont plus fraîches, afin de ne pas les lézarder par une évaporation trop rapide des parties humides qu'elles contiennent; on active la combustion des foyers à mesure que la dessiccation s'avance, et on ne les supprime que lorsque l'on a acquis la conviction que la fumée qui se dégage à la partie supérieure ne recueille plus de vapeur d'eau dans son passage à travers les carneaux. La durée de cette opération ne peut pas être fixée; elle dépend tout à fait des circonstances dans lesquelles on opère.

**380.** Ce séchage étant terminé, ou du moins très-avancé, on commence la construction de la cuve, du creuset, de l'ouvrage et des étalages, et on procède à leur dessiccation complète par un moyen analogue au précédent : on bouche les tuyères, on établit un fourneau à l'entrée du creuset, et on chauffe progressivement, en réglant le tirage par l'ouverture du gueulard.

Pour éviter l'action du coup de feu sur la tympe, les parois du creuset et de l'ouvrage, on les garnit en briques ordinaires, placées de champ, ou bien avec un enduit composé d'eau, de chaux, de scories et de laitiers broyés; ce mélange, recommandé par Karsten, se vitrifie par la chaleur, et protége la construction.

Au fur et à mesure que les parois s'échauffent, on élève peu à peu la température, et lorsque l'on juge que la dessiccation est assez avancée, on supprime le foyer, et on remplit l'ouvrage de charbon, que l'on fait monter peu à peu et lentement, jusqu'à la partie supérieure de la cuve.

Arrivées à ce point, les masses doivent être suffisamment échauffées pour songer à la mise en feu, dont la période commence à la première introduction des minerais dans l'appareil.

**381.** La méthode de dessiccation et de chauffage que nous venons de rapporter est généralement suivie aujourd'hui; elle est économique en ce sens qu'elle permet d'employer le combustible le moins cher dans la localité.

Quelquefois on procède au séchage intérieur par l'introduction immédiate du charbon dans l'ouvrage; on allume par le creuset, et l'on règle le tirage, la consommation et l'élévation successive du combustible dans le fourneau, suivant la marche que suit la dessiccation. Tous les deux jours, on débarrasse le creuset des cendres qui s'y accumulent, en soutenant le charbon sur une *grille volante*, composée de ringards, que l'on introduit sous la tympe, et l'on rebouche ensuite le creuset, en y laissant redescendre le charbon par l'enlèvement de la grille.

Quelle que soit la manière d'opérer, il faut procéder avec lenteur et beaucoup de prudence, car la durée de l'appareil dépend en grande partie de la manière dont il a supporté les premiers effets de la dilatation.

La préparation complète d'un fourneau neuf pour la mise au feu dure au moins deux ou trois mois, en prenant toutes les précautions nécessaires en pareil cas, et l'on dépasse souvent cette limite quand on opère sur des fourneaux à grandes masses, construits sans précautions et mal pourvus de carneaux d'aérage.

**382.** *Mise en feu.* — La période de la mise en feu proprement dite comprend tout le temps nécessaire pour amener un fourneau, convenablement échauffé, à recevoir tout le minerai que le charbon peut porter, et tout le vent qui est destiné à l'alimenter ; elle est d'autant plus longue que les appareils sont plus considérables, que les minerais sont plus réfractaires, et que les limites que doivent atteindre le volume et la pression du vent, la consommation du combustible et la production de fonte, sont plus éloignées du point de départ.

Les premières charges en minerais doivent être très-faibles et rendues très-fusibles par une forte addition de fondants. En supposant la charge de charbon convenablement déterminée, on peut commencer par mettre en minerais à peu près 1/6 du poids du combustible avec une quantité de fondants égale aux 2/3 du poids de la mine ; on augmente peu à peu la proportion de minerais, et on diminue celle des fondants jusqu'à ce que l'on ait atteint la charge du plein roulement ; mais on ne procède à un accroissement de minerais que lorsque les charges précédentes n'ont donné lieu à aucun accident et à aucun embarras.

**383.** Dès que l'on a commencé à faire porter de la mine au fourneau, on doit en activer la marche sans cependant donner encore le vent ; il suffit pour cela de débarrasser le creuset et de placer une grille volante pendant une heure ou deux, d'abord toutes les douze heures, puis toutes les huit heures.

Lorsque le minerai a atteint le bas du fourneau, ce dont le fondeur s'aperçoit facilement, on nettoie parfaitement le creuset ; on le garnit d'une couche de fraisil pour le protéger contre les premières impressions des matières en fusion ; on place les tuyères, la dame et ses accessoires ; on garnit l'avant-creuset avec de la terre grasse, et on donne le vent à demi-pression et en petite quantité. Le fondeur doit alors nettoyer souvent et rapidement le creuset et les tuyères, hâler fréquemment ses laitiers et veiller attentivement à tous les petits accidents qui se produisent toujours dans un

commencement de marche. Au bout de vingt-quatre ou trente heures, on
peut ordinairement effectuer la première coulée (1).

A partir de ce moment, on augmente le volume et la pression du vent
en suivant, sous ce rapport, la même progression que dans le dosage des
minerais; au bout de trois ou de cinq semaines, et s'il n'est pas survenu d'accidents graves, le fourneau a généralement atteint son roulement définitif.

**584.** *Accidents.* — Les perturbations qui souvent accompagnent les
mises en feu se rapportent à différentes causes, dont les plus graves sont
celles qui tiennent à une mauvaise préparation de fourneau. Les fourneaux
mal séchés ont beaucoup de peine à passer au degré de température qui
convient à leur marche, et lorsqu'on leur fait porter de la mine avant un
échauffement suffisant, il peut en résulter dans les étalages et l'ouvrage,
des engorgements qui dérangent complétement le travail, qui forcent à
diminuer la dose des minerais et à les rendre très-fusibles en y ajoutant des
fondants faciles à liquéfier, tels que de bons laitiers provenant d'un roulement antérieur.

Quelquefois les pierres de l'ouvrage éclatent lorsqu'on augmente la température trop rapidement, et les premières dimensions peuvent se trouver
notablement altérées : M. Walter conseille de remédier à ces dégradations,
en jetant par le gueulard et au-dessus des tuyères quelques pelletées de pierre
calcaire aussi pure que possible. Cette matière descend le long des parois,
arrive en fusion pâteuse autour des tuyères, et y forme un enduit qui remplace pour quelque temps la partie des parois qui a été dégradée.

Des tuyères mal placées peuvent également causer de fâcheux accidents, surtout lorsqu'elles sont situées trop près de la tympe; cette pierre,
mal préparée à l'action de la chaleur, se dégrade et se ronge au point de
nécessiter un prompt remplacement. Dans ce cas, il faut arrêter les charges
en minerais, supprimer le vent, briser et enlever les parties endommagées,
établir une grille à la partie supérieure de l'ouvrage pour soutenir la masse,
et procéder à la mise en place d'une autre tympe. Cette opération, qui nécessite un arrêt d'au moins huit à douze heures, refroidit considérablement
l'appareil et retarde beaucoup la fin de la mise en feu.

Quelquefois les retards proviennent de la mise en train d'une soufflerie
nouvelle, de la nécessité de changer des buses trop grandes ou trop petites;

----

(1) La mise en feu d'un ancien fourneau dont on a seulement reconstruit l'ouvrage est
beaucoup plus rapide et plus facile.

mais, en général, on prend ses précautions pour parer rapidement à tous ces événements.

385. Des coulées en fonte blanche, des laitiers trop pâteux, des tuyères obscurcies, sont des accidents dont l'observation doit servir à régler la conduite de l'appareil pendant la mise en feu. On doit avoir l'œil à tous ces symptômes de dérangement et remédier au mal avant qu'il se soit aggravé, en s'attachant plutôt à régler les charges suivant l'état de la température, qu'à augmenter trop rapidement la chaleur par l'activité du soufflage.

### DU CHARGEMENT DES FOURNEAUX.

386. La mise des matières premières, combustibles, minerais et fondants, que l'on introduit au gueulard à intervalles réglés, constitue la *charge* d'un haut fourneau. Sa composition et son volume sont déterminés dès le commencement de la mise en feu. La proportion des minerais et des fondants varie avec la marche de l'appareil ; la dose de combustible reste invariable pendant tout le roulement.

387. *Volume des charges.* — Le volume de la charge doit être proportionné au diamètre du gueulard, à celui du ventre et à la nature des matières premières.

Une cuve de grande capacité et un gueulard large peuvent recevoir de fortes charges, parce que le refroidissement qui en résulte est peu sensible, et qu'il n'y a pas besoin de laisser les matières s'abaisser trop profondément avant de pouvoir procéder à l'alimentation ; en tous cas, l'inconvénient est d'autant moins grave que le fourneau est plus élevé.

Le plus grand abaissement possible ne doit pas dépasser $1^m,3o$, et sauf les cas exceptionnels, il faut calculer le volume de la charge en conséquence.

La dose de charbon doit être suffisante pour occuper au ventre une hauteur proportionnelle au degré de fusibilité du minerai, parce que l'on peut admettre jusqu'à un certain point, que la température développée dans une tranche horizontale du fourneau est d'autant plus élevée qu'elle renferme plus de charbon ; les mines réfractaires exigent donc une tranche plus épaisse que celles qui sont fusibles, et il en est de même pour celles à qui leur état de ténuité permet de s'infiltrer facilement à travers le lit de combustible. D'après les mêmes principes, les charbons légers et susceptibles d'être facilement déplacés doivent être chargés en épaisseur plus considérable que ceux qui sont lourds et peu friables.

29

Si les fortes charges ont le désavantage de trop refroidir la cuve, les charges trop faibles ont celui de se déranger facilement et d'entraîner plus d'irrégularité; il faut donc choisir un moyen terme, et surtout ne prendre une décision absolue qu'après avoir consulté l'expérience.

**388.** *Charge de combustible.* — En France, la charge moyenne se compose de cinq hectolitres de charbon qui, sans tenir compte des tassements et de la partie brûlée dans la cuve, forment au ventre une couche de 0<sup>m</sup>,10 à 0<sup>m</sup>,15 d'épaisseur. Elle réussit très-bien avec des minerais en grains de fusibilité moyenne traités dans les fourneaux de 9<sup>m</sup>,00 à 10<sup>m</sup>,00 de hauteur. Sauf le cas de l'emploi de charbons très-tendres et de minerais très-réfractaires, il ne paraît pas utile de dépasser de beaucoup ces proportions.

Quel que soit le combustible employé, il faut toujours que sa *composition* soit aussi *homogène* que possible. Ainsi les charbons durs ne doivent pas être mêlés avec les charbons tendres, tant à cause de la pression du vent qui ne peut pas être la même pour les uns que pour les autres, qu'en raison des différences qu'ils présentent sous le rapport de leur effet utile et de la rapidité de la combustion. Le charbon doit toujours être employé sec, car la vaporisation de l'eau qu'il contient entraîne une perte de chaleur et une augmentation dans les consommations.

C'est pour prévenir en partie les inégalités de travail qui peuvent résulter de l'emploi de charbons accidentellement humides, qu'il est essentiel d'en mesurer la charge au *volume* et non pas au poids, afin que la dose introduite représente des poids de charbon constants pour des degrés d'humidité d'ailleurs variables, et trop difficiles à évaluer journellement pour y remédier plus efficacement.

· Dans la plupart des fourneaux de France, le charbon est mesuré dans des paniers d'osier, appelés *raisses,* dont la contenance est d'environ 70 ou 100 litres; leur petit volume complique la main-d'œuvre et la durée du chargement; on fait mieux dans quelques localités en employant une caisse en tôle ou en bois contenant la charge complète, que l'on pousse jusqu'au gueulard au moyen d'un petit chemin de fer, et que l'on y déverse en une seule fois.

**389.** *Charge de minerais et de fondants.* — La charge de charbon étant constante, la quantité de minerais qu'elle peut porter varie suivant leur richesse, leur fusibilité, l'état du fourneau et la qualité de la fonte que l'on veut obtenir. Ainsi, quand on marche en fonte grise, il faut toujours que la proportion de minerai soit en dessous du maximum que le charbon peut porter, afin que la température du fourneau ne soit pas exposée à baisser par des causes accidentelles de peu d'importance.

On doit toujours assortir les différentes variétés dont on peut disposer de manière à composer des mélanges dont la richesse et la fusibilité soient constantes; le mélange se fait ou dans le fourneau lui-même en y mettant chaque espèce séparément, ou bien on le prépare à l'avance, et l'on ne porte au gueulard que des mélanges déjà effectués. Cette dernière méthode qui est adoptée dans un grand nombre d'usines, est la plus favorable à la régularité du travail.

Généralement, on introduit le minerai au gueulard dans de petites caisses en tôles appelées *bâches*, qui contiennent 25 kil. de matière; il vaudrait mieux employer une mesure qui contînt toute la charge, et procéder comme nous l'avons indiqué pour le charbon.

Quelle que soit la méthode employée, il faut mesurer la mine au *poids* et non pas au volume, parce que c'est le seul moyen de tenir compte de l'eau qu'elle peut contenir, des inégalités de richesse que peut présenter le mélange, et par conséquent d'obtenir un rapport à peu près invariable entre la matière à traiter et l'effet que l'on peut attendre du charbon.

**390.** *Les fondants* se chargent comme les minerais, mais plutôt au volume qu'au poids; on peut les introduire séparément ou les faire entrer préalablement, et en proportions convenables, dans les mélanges de minerais; dans tous les cas, on les emploie en morceaux d'autant plus petits que la mine présente elle-même plus de ténuité, afin de favoriser les combinaisons qui doivent s'effectuer.

**391.** *L'ordre d'introduction* des matériaux alimentaires est constant; le charbon doit précéder le minerai pour que la mine puisse facilement perdre son eau, et que le refroidissement qu'elle occasionne soit moins sensible.

Le côté du gueulard par lequel s'opère le chargement est assez indifférent. On charge ordinairement du côté de la rustine, mais il est bon de pouvoir changer de face à volonté, car il est surtout essentiel que les couches de matière aient une épaisseur uniforme, favorable à la régularité des descentes et à l'égalité des tassements; la descente irrégulière des fondants sur l'une des faces du fourneau, quand le chargeur les accumule toujours du même côté, a pour effet d'activer la décomposition des parois et d'altérer rapidement les dimensions des étalages et de l'ouvrage.

**392.** *Régularité du service.* — Le chargeur doit remplir ses fonctions avec une grande exactitude, et ne jamais laisser le fourneau sans aliments;

Dans quelques localités, on ne juge même pas inutile d'éveiller son attention en temps opportun, par le bruit d'une sonnette qui, par un mécanisme
très-simple, se met elle-même en mouvement quand les matières sont descendues à la limite fixée. Toutes ces précautions, minutieuses en apparence, ont une influence sensible sur la production d'un fourneau et sa
consommation en combustible; il ne faut négliger aucune de celles qui ont
pour objet d'assurer la continuité et la régularité du travail.

**393.** *Descente des charges.* — Le *nombre des charges* ou, pour nous
servir d'une expression plus générale, la quantité de matières qui peuvent
descendre dans vingt-quatre heures, varie pour les mêmes matières et le
même fourneau, avec sa température et l'effet de la soufflerie; elle est
d'autant plus considérable que sa chaleur est plus intense et que l'activité
du soufflage rend la combustion plus rapide; sa limite supérieure est d'une
part le point où la quantité de combustible que l'on peut brûler relativement à la section de l'appareil n'est plus assez considérable pour maintenir
la température au degré voulu pour la production de la fonte, et d'autre
part celui où la vitesse des descentes est tellement accélérée, que la durée
du séjour des matériaux dans le fourneau est insuffisante pour opérer toutes
les transformations qu'ils ont à subir.

Dans le premier cas, la marche est arrêtée par des engorgements; dans le
second, le but de l'opération est totalement manqué.

**394.** En regardant toujours comme invariable la nature des minerais et
la qualité de la fonte à produire, on peut admettre que, dans un fourneau
quelconque, le degré de chaleur nécessaire à un bon travail varie dans des
limites assez restreintes, et que, par conséquent, toutes choses égales d'ailleurs, la *durée de l'opération complète* est indépendante des dimensions
du fourneau; on en déduit ce qui suit :

1°. Dans des fourneaux de même hauteur et de sections différentes, soufflés proportionnellement à ces sections, le temps de séjour des matières est
le même, les vitesses de descente par minute ou par heure sont égales, et
l'alimentation ou la quantité de matières introduites en vingt-quatre heures
est proportionnelle aux sections.

2°. A sections égales et à hauteurs différentes, le temps de séjour des matières reste le même; mais les vitesses de descente varient comme les hauteurs, et la quantité de matières introduites est proportionnelle aux
volumes des fourneaux, ou simplement aux hauteurs, quand toutefois les
formes ne présentent pas de différences trop sensibles.

**395.** En considérant le *temps de séjour* des matières dans un fourneau, relativement à l'espèce des minerais, on trouve qu'ils présentent sous ce rapport d'énormes différences suivant leur degré de richesse et de fusibilité, et la facilité avec laquelle ils se réduisent. Les exemples suivants peuvent en donner une idée :

1°. Fourneau de Clerval (Doubs) (1); il est alimenté avec un mélange de mine argileuse en grains de la Haute-Saône et de minerai calcaire en roche du Doubs, rendant en moyenne 27,8 pour 100. On brûle 122 de charbon pour 100 de fonte, et la production est de 2000 kil. en vingt-quatre heures. On fait 32 charges par jour, et le minerai arrive à la tuyère après 25 charges successives; chaque charge met donc à descendre un temps déterminé par $\frac{25 \times 24}{32} = 18^h \quad 45'$. La hauteur du fourneau étant de $8^m.66$, l'espace parcouru par une charge est de $0^m,46$ par heure.

2°. Fourneau de Coat-an-Nos (Côtes-du-Nord); on traite à l'air chaud et au bois cru un mélange assez réfractaire d'hématites brunes et rouges rendant 35 à 37 pour 100. La charge descend en dix-huit heures, et le fourneau ayant $10^m,00$ de hauteur, l'espace parcouru par la charge en une heure est de $0^m,55$.

3°. Dans la Meuse et la Marne, le minerai est assez fusible et rend 50 à 55 pour 100. On brûle 120 à 130 kil. de charbon pour 100 kil. de fonte. La charge descend moyennement en quatorze heures dans les fourneaux de 8 à 9 mètres, ce qui donne une vitesse de $0^m,56$ à $0^m,64$ par heure.

4°. Fourneaux de la Toscane (2); on traite du minerai de fer oligiste de l'île d'Elbe, rendant environ 60 pour 100. Ce minerai est fusible, très-facilement réductible, et l'on emploie au plus 100 kil. de charbon pour produire 100 kil. de fonte. La production journalière varie de 9 à 13 tonnes, suivant les fourneaux.

Le fourneau vieux de Follonica cube $13^{m3},56$; le volume de la charge étant de $0^{m3},315$, il en contient 43,30, mais à cause de la réduction qu'elles éprouvent on peut compter environ 1/10 en sus, soit 47,63 charges. Le fourneau a $8^m,22$ de hauteur, et on passe 200 charges en vingt-quatre heures : chaque charge met donc $\frac{47,63 \times 24}{200} = 5^h — 42'$ à descendre, et l'espace parcouru par heure est de $1^m,43$. En travaillant à l'air chaud, le volume de la charge est de $0^{m3},629$; le temps de la descente est de $6^h — 43'$, et la vitesse de $1^m,22$.

---

(1) Article de M. Ebelmen dans les *Annales des Mines,* 6e livraison, 1839.
(2) *Annales des Mines,* 4e livraison, 1839.

Le fourneau de San Leopoldo marche à l'air chaud; il a 7$^m$,72 de hauteur, et cube 11$^m$,21. Le volume de la charge est de 0$^{m3}$,315, quand on travaille en fonte de forge, et de 0$^{m3}$,482 pour la fonte de moulage : dans le premier cas, le temps de la descente est de 5$^h$—43', et la vitesse est de 1$^m$,54; Dans le second, la descente se fait en 4$^h$—5', et la vitesse et de 1$^m$,89.

Le fourneau de Cecina marche à l'air froid; sa hauteur est de 7$^m$,23; son volume de 8$^{m3}$,68. Le volume de la charge est de 0$^{m3}$,315; la durée de la descente de 5$^h$—18', et la vitesse de 1$^m$,56.

**396.** Les exemples que nous venons de rapporter rendent bien palpable l'influence exercée par la nature des minerais; car c'est à eux seuls que l'on doit attribuer les énormes produits des fourneaux de la Toscane, et leur marche si remarquable et si différente de celle des autres fourneaux que nous avons cités; mais on conçoit qu'il est impossible de déterminer *a priori* et de fixer pour chaque classe de minerai le temps nécessaire à leur conversion en fonte, parce que les causes qui influent sur le travail des fourneaux sont trop nombreuses et trop variables, pour que l'on puisse tenir compte de l'influence relative à chacune d'elles. Il paraît d'ailleurs à peu près certain que, même pour une classe unique de minerais, le temps de la conversion en fonte peut varier dans des limites assez étendues, sans que le rendement de la mine ou que la consommation du charbon soient notablement affectés. D'où l'on conclut, qu'indépendamment de la température, il doit y avoir d'autres causes qui influent beaucoup sur le temps de la conversion des minerais; elles n'ont pas été assez étudiées pour qu'on puisse fixer son opinion à cet égard, et nous nous bornerons à ajouter qu'en général, l'effet utile que l'on retire du charbon est plus considérable avec des descentes lentes qu'avec des descentes rapides, et que par conséquent il y a économie de combustible à augmenter la durée du séjour des charges dans un fourneau.

### TRANSFORMATION DES MATIÈRES DANS LES FOURNEAUX.

**397.** *De la réduction.* — La réduction de l'oxyde de fer est la première transformation essentielle que subisse le minerai dans l'intérieur des fourneaux. La manière dont elle s'opère est restée longtemps inconnue; mais les explications présentées par M. Leplay paraissent avoir complétement résolu cette intéressante question (1).

---

(1) Consulter l'intéressant Mémoire de M. Leplay, *Annales des Mines*, 2$^e$ livraison. 1841.

On admet, en chimie, que la condition fondamentale de toute réaction chimique est que les molécules des corps se trouvent en contact intime; et toutes les expériences qui ont été faites confirment cette croyance. Le carbone seul paraissait jusqu'ici faire exception à cette règle, et l'on ne comprenait pas comment l'influence du carbone *solide* pouvait déterminer la réduction des oxydes métalliques exposés avec lui à une température suffisamment élevée : pour s'en rendre compte, il suffit cependant d'admettre que c'est à *l'état de gaz* que le carbone pénètre dans l'intérieur de l'oxyde, pour s'emparer de son oxygène; et comme il est d'ailleurs bien prouvé que les gaz qui résultent de la combustion du charbon suffisent à eux seuls pour opérer la réduction, il y a tout lieu de croire que cette première hypothèse n'est que l'expression exacte de la vérité.

Le point de départ de l'explication du phénomène de la réduction repose sur des faits reconnus, savoir : que le carbone solide ne peut exister en présence de l'acide carbonique et de l'oxygène, sans les transformer en oxyde de carbone; et que l'oxygène en excès transforme nécessairement le carbone et l'oxyde de carbone en acide carbonique. Ainsi, lorsqu'un oxyde métallique est mis en présence de l'air atmosphérique et d'un excès de charbon, à une température suffisamment élevée pour favoriser l'action de l'oxygène, celui-ci se porte sur le carbone, et produit de l'oxyde de carbone, qui agit sur les molécules extérieures du noyau, en leur enlevant une partie de leur oxygène, et en se transformant lui-même en acide carbonique; celui-ci, se retrouvant en présence d'un excès de carbone, redevient oxyde de carbone, et ce dernier réagit de nouveau sur le corps oxydé, dont toutes les molécules subissent ainsi successivement l'action du gaz réducteur.

Il ne se forme pas immédiatement du fer métallique à la surface du minerai, mais seulement de l'oxyde magnétique; car si cela avait lieu, il serait de suite réoxydé en présence de l'excès d'acide carbonique, engendré par la réduction de l'intérieur du noyau, attendu que ce gaz oxyde le fer à la température et dans les mêmes conditions où l'oxyde de carbone réduit ses oxydes. Ainsi la désoxydation a lieu graduellement, et le fer n'apparaît que lorsque la réduction n'engendre plus qu'une atmosphère gazeuse assez pauvre en acide carbonique pour qu'elle soit sans action sur le métal.

598. Dans les fourneaux à courant d'air que nous considérons, l'air, injecté par les tuyères, se transforme d'abord (au moins en grande partie) en acide carbonique, et détermine en ce point la formation d'une atmosphère *oxydante;* mais le charbon échauffé qui se trouve au-dessus de cette zone transforme le gaz en oxyde de carbone, et détermine la forma-

tion d'une zone *réductive* superposée à la première. L'oxyde de carbone, en s'élevant, traverse successivement des couches de minerai et de charbon; dans les premières, il se transforme en acide carbonique; dans les secondes, il reprend sa nature. Par suite du mouvement de descente des minerais, qui est opposé au mouvement ascensionnel des gaz, il est évident que la même molécule de gaz n'agit pas constamment sur le même noyau de minerai, comme nous l'avons supposé plus haut; mais les phénomènes généraux n'en sont pas moins identiques.

On comprend facilement qu'il y a avantage, pour la réduction et pour la conservation du métal réduit, à ce que la zone oxydante soit aussi peu élevée que possible; aussi tout est-il combiné dans les hauts fourneaux pour que les choses se passent ainsi : le rétrécissement de la partie inférieure, qui a pour effet d'en augmenter la température; la pression du vent, et sa direction horizontale, sont autant de dispositions qui tendent toutes à assurer à l'oxygène de l'air une combustion rapide, et par conséquent à limiter la hauteur de l'espace dans lequel elle se produit.

**599.** Les phénomènes qui accompagnent la réduction du minerai se passent à peu près comme il suit (1) :

Dans la partie supérieure de la cuve, la température est assez basse, et elle ne s'élève guère qu'à 250 degrés centigrades, à 2$^m$,50 au-dessous de la plate-forme du gueulard. Toutes les matières s'y débarrassent de leur eau hygrométrique, et les minerais eux-mêmes perdent la plus grande partie de leur eau de combinaison; mais il ne se produit encore aucune altération dans la nature chimique des corps. Les gaz contiennent beaucoup de vapeur d'eau et d'acide carbonique.

Dans la seconde partie, la température s'élève à 400 degrés centigrades environ. Toute l'eau de combinaison des minerais a disparu; la réduction des minerais commence; une partie du peroxyde se transforme assez rapidement en oxyde magnétique.

Dans la troisième partie, la température s'élève lentement; les carbonates calcaires dégagent leur acide carbonique, opération qui enlève beaucoup de chaleur aux gaz. Le peroxyde continue à se transformer en oxyde magnétique, et celui-ci passe peu à peu à l'état d'oxyde des battitures; mais ce changement est beaucoup plus long à s'effectuer que le précédent. Les gaz sont très-riches en oxyde de carbone, et ne contiennent presque pas de vapeur d'eau.

(1) Voir le Mémoire de M. Ebelmen, *Annales des Mines*, 6$^e$ livraison, 1839.

Le protoxyde commence à se former au moment où les matières atteignent la quatrième division de la cuve, c'est-à-dire celle qui est la plus rapprochée du ventre. Les fondants calcaires sont transformés en chaux; la température s'est considérablement élevée, la réduction marche avec rapidité, et le fer métallique apparait. C'est alors que commencent les réactions auxquelles peut donner lieu la nature des matières qui se trouvent en présence :

Si les minerais sont fusibles et imparfaitement réduits, la silice se porte sur le protoxyde, et forme des silicates qui peuvent s'échapper et couler à travers la masse, quand la proportion de fer métallique à laquelle ils sont mélangés ne diminue pas assez leur fusibilité pour les retenir jusqu'à ce que la chaux se soit emparée de la silice. Si, au contraire, ils sont réfractaires et dans un état de division convenable, leur réduction continue sans que leurs formes s'altèrent; et lorsqu'ils commencent à s'agglomérer, la chaux et l'alumine forment, avec la silice, des combinaisons qui retiennent très-peu de fer métallique.

On voit, d'après cela, combien il est essentiel, ou de former des mélanges de minerais assez réfractair*  pour que leur fusion ne précède pas leur réduction, ou d'employer des      * assez hautes pour que le minerai n'arrive pas au ventre, point où l            *ure est assez élevée pour commencer la scorification, avant que sa réduction se soit complétement opérée.

**400.** Les différentes espèces de minerais exigent des *températures variables,* pour être complétement réduites. Le fait tient non-seulement à leur nature chimique, mais beaucoup aussi à leur état physique; car la réduction s'opère de la circonférence au centre, et il faut d'autant plus de chaleur et de temps pour ouvrir les pores d'une masse métallifère et permettre au gaz d'agir sur le noyau intérieur, que son volume est plus considérable; si la température est trop faible, ou le morceau trop gros, il peut arriver que l'oxyde de fer qui constitue le centre, ne soit pas réduit en temps opportun, et passe presque entièrement aux scories, surtout si la chaux n'est pas en état d'intervenir efficacement dans la réaction.

En général, les matières que l'on porte au fourneau se trouvent, en raison de leur volume et de leur mélange imparfait avec les fondants, dans un *état peu favorable* par rapport aux opérations qui doivent avoir lieu; et tout en admettant que la cémentation soit principalement déterminée par l'oxyde de carbone, il est évident qu'elle doit être d'autant plus rapide que les points de contact des gaz et de l'oxyde sont en plus grand nombre. Il y a avantage à ce que le minerai se trouve dans un état de division tel,

30

que toutes les molécules puissent subir sans obstacle l'action des gaz, et soient aussi rapprochées que possible des autres réactifs qui doivent compléter l'opération. L'idée de diviser le minerai, pour lui adjoindre son réductif et les réactifs qu'il comporte, n'a donc rien de contraire à la théorie, et la méthode qui en résulte parait surtout favorable au traitement des minerais très-compactes, dont la réduction ne s'opère qu'avec beaucoup de difficulté à la partie supérieure du fourneau, et qui ont une grande tendance à passer à l'état de silicates fusibles, dès qu'ils sont transformés en protoxyde; elle a d'ailleurs été employée avec succès par le traitement des scories de forge, qui ne sont pas autre chose que des silicates; ce qui justifie complétement ce que l'on pourrait tenter, sous ce rapport, à l'égard des minerais eux-mêmes.

**401.** *De la carburation.* — La réduction des oxydes, en grande partie effectuée dans la cuve, se termine dans la partie du fourneau qui suit le ventre, c'est-à-dire dans les étalages; c'est là aussi que parait s'opérer la carburation des parties métalliques, qui se complète dans la partie supérieure de l'ouvrage. Le point où elle s'achève varie avec la température de l'appareil, et se trouve d'autant plus élevé que le point de fusion est lui-même plus écarté des tuyères.

On ne sait pas encore au juste comment s'effectue la carburation du métal : on ne peut pas l'attribuer à l'influence de l'oxyde de carbone parce que des expériences directes tendent à faire croire que ce gaz ne possède pas cette propriété, ni à l'hydrogène carboné, bien qu'il soit un agent essentiellement carburant, parce qu'il n'existe qu'en quantités excessivement petites dans les appareils de carburation. M. François [1] attribue la carburation à des particules très-fines de charbon qui seraient entraînées par le courant d'air; mais il vaut peut-être encore mieux croire avec M. Laurent [2] que le carbone est volatil, et que sa vapeur est l'agent carburant qui agit dans les hauts fourneaux.

L'inégalité de volume des morceaux de minerai exerce encore au moment de la carburation une influence analogue à celle que nous avons déjà signalée. Les morceaux les plus gros, réduits après les autres, se carburent aussi moins vite; ils se liquéfient difficilement en arrivant à la tuyère, perdent une partie de leur carbone sous l'influence du vent, et le métal qui a été mis à nu passe aux laitiers.

---

[1] *Annales des Mines,* 3ᵉ livraison, 1838.

[2] *Annales de Chimie et de Physique,* t. LXV.

Le défaut d'homogénéité ayant des effets d'autant plus nuisibles que la température est moins élevée et que le fourneau est plus bas, il faut toujours que la chaleur qui règne dans les étalages soit suffisante pour que la carburation s'effectue avec facilité, et, de plus, que la disposition de leur pente permette au minerai d'y séjourner tout le temps nécessaire à cette opération.

**402.** *Formation des laitiers et fusion.* — C'est dans les étalages que prennent naissance les combinaisons en vertu desquelles le carbure de fer peut se séparer, lors de la fusion, des matières étrangères avec lesquelles il se trouve en contact; ce sont elles qui constituent les laitiers dont la nature chimique, l'état physique et les proportions ont une si grande influence sur la quantité et la qualité des produits.

À une température élevée, les laitiers se chargent facilement du soufre que peuvent contenir les minerais; il se combine avec la chaux et forme un sulfure de calcium qui se dissout dans les scories et s'échappe avec elles, mais le phosphure de calcium n'a pas la même propriété et ne passe jamais dans les laitiers.

Le manganèse se comporte différemment, parce qu'à une haute température il est réduit par le charbon et se combine avec la fonte; la silice est à peu près dans le même cas, car les fontes contiennent d'autant plus de silice qu'elles sont produites à une plus haute température.

Le rôle des laitiers ne se borne pas à se charger des matières étrangères à la fonte; leur présence en quantité suffisante est *indispensable* pour la préserver de l'action du vent et la conserver intacte pendant son trajet à travers les parties basses de l'ouvrage dont l'atmosphère est essentiellement oxydante.

**403.** La *séparation* des laitiers et du carbure de fer commence dès que les matières ont acquis la fluidité qui permet aux molécules de se déplacer pour se réunir suivant leurs affinités; elle se continue dans toute la hauteur de l'ouvrage, mais elle ne peut être regardée comme complète que lorsque la *fusion* est devenue parfaite, et que les matières se sont isolées dans le creuset suivant leurs densités respectives. Les réactions qui se produisent alors ne sont pas générales comme les précédentes; elles n'ont lieu qu'à la surface du bain de fonte, soit par le contact des laitiers qui surnagent, soit par l'action de l'air qui arrive des tuyères : ces dernières réactions peuvent être facilement évitées en donnant aux buses une direction convenable, tandis qu'il est difficile de se soustraire à celles qui proviennent des scories et qui peuvent, dans certains cas, modifier profondément l'état de la fonte.

**404. *De la fonte grise.* —** Tous les phénomènes qui se passent dans l'ouvrage ont une grande influence sur la nature de la fonte; mais les causes déterminantes du genre des produits sont principalement la température, et la consistance des laitiers.

Les conditions indispensables à la formation de la fonte grise sont une préparation complète des minerais avant la fusion, une haute température, un séjour convenable dans l'ouvrage, et des laitiers purs et de consistance moyenne. Elle est donc principalement produite :

1°. Dans des fourneaux dont la cuve est élevée, les étalages peu inclinés, l'ouvrage resserré et haut;

2°. Par un vent assez puissant pour traverser les matières sans trop en accélérer la descente, et suffisant en volume pour produire la combustion de la quantité de charbon nécessaire à la production d'une température élevée;

3°. Par l'emploi d'un charbon fort, dépouillé d'humidité;

4°. Par des minerais secs, bien grillés et d'un assez petit volume pour favoriser la réduction;

5°. Par des mélanges plutôt un peu réfractaires que trop fusibles, et en tenant les charges au-dessous du maximum que peut porter le charbon.

C'est dans cette allure que l'on doit maintenir un fourneau lorsque l'on tient à produire de la *fonte propre au moulage,* car la fonte grise est la seule qui puisse donner des pièces résistantes et faciles à travailler. Elle doit être formée de manière à ne pas *contenir trop de matières étrangères,* silice et autres corps, dont la présence peut donner lieu à des solutions de continuité qui diminuent sa ténacité, ni être *trop riche en carbone,* parce que dans ce cas elle est trop épaisse, coule lentement, expulse beaucoup de graphyte, remplit mal les moules et blanchit facilement par le refroidissement.

Cette dernière variété provient généralement du traitement des minerais fusibles, à une haute température dans un ouvrage large et bas; elle est plus résistante que la première, et convient particulièrement au moulage des pièces de forte dimension. La première variété ( la moins pure) a des qualités différentes; elle coule facilement, remplit bien les moules, expulse peu de graphyte, blanchit difficilement et convient très-bien au moulage des petites pièces : les minerais un peu réfractaires, traités dans des fourneaux à ouvrages étroits, sont les plus disposés à donner cette espèce de fonte, parce que la haute température à laquelle on travaille facilite la réduction des métaux des terres qui se joignent alors aux produits.

**405.** Les minerais *phosphoreux* donnent des fontes très-favorables au moulage, en ce qu'elles sont claires, très-liquides et remplissent parfaitement les moules; leur défaut est d'être peu résistantes quand le phosphore est en excès.

Les fontes *sulfureuses* ne possèdent pas ces qualités; elles sont moins liquides que les autres, jettent beaucoup d'étincelles et se refroidissent promptement; elles sont très-disposées à produire des soufflures. On évite en partie la présence du soufre en les produisant à de hautes températures avec des mélanges très-calcaires, mais leur contenu en carbone et en silicium peut alors devenir très-considérable.

**406.** Les difficultés que l'on éprouve à produire de bonnes fontes de moulage, exemptes des principaux défauts que nous venons de signaler (l'excès de silicium et l'excès de carbone), lorsque la nature des minerais est telle qu'ils ne se prêtent pas d'eux-mêmes à l'accomplissement des conditions de travail voulues, ont fait naître l'usage de différents procédés par lesquels on obtient dans le fourneau lui-même *des mélanges de fonte* qui possèdent les qualités que l'on recherche; nous parlerons bientôt des méthodes (Nos 415 à 418) que l'on a mises en usage pour obtenir ces résultats.

**407.** *De la Fonte blanche.* — Chaque fois que volontairement ou par accident on s'écarte plus ou moins des conditions dans lesquelles se produisent les fontes grises, le fourneau donne de la fonte blanche ou de la fonte *truitée.*

Cette dernière sert encore fort souvent pour le moulage de pièces qui peuvent être employées à l'état brut et sans ajustage préalable; mais il convient mieux de l'employer à la fabrication du fer. On l'obtient toutes les fois que, par une raison quelconque dépendante du combustible ou du soufflage, la température du fourneau varie de manière à produire alternativement de la fonte grise et de la fonte blanche, qui se mêlent dans le creuset et peuvent, dans certains cas, produire de la fonte *rubannée;* ou bien plutôt encore, lorsque l'on emploie des mélanges de minerais, qui ne se réduisent pas et ne se carburent pas en même temps, soit parce que leur nature chimique est différente, soit parce que les morceaux sont de grosseur inégale. Assez souvent la production des deux espèces de fonte a lieu simultanément; elles tombent ensemble dans le creuset, et se mélangent beaucoup plus intimement que dans les cas précédents.

**408.** La fonte *blanche* ne convient nullement au moulage et ne peut être employée qu'à la *fabrication du fer;* comme elle se produit à une température plus basse que la fonte grise, elle exige une moindre consommation de charbon, et revient par conséquent moins cher : à ce point de vue, on devrait fabriquer toute la fonte de forge de manière à l'obtenir blanche; mais il y a des considérations importantes qui ne permettent pas toujours d'adopter une semblable marche.

Le caractère des allures chaudes qui produisent la fonte grise est d'assurer la réduction parfaite des minerais et de faire passer le soufre, c'est-à-dire la substance la plus nuisible au fer, presque entièrement dans les laitiers; d'une autre part, la fonte se charge d'autant plus de silicium et de manganèse que la température est plus élevée : d'où l'on conclut déjà qu'avec des minerais ou des combustibles sulfurés, il est absolument nécessaire de travailler en fonte grise, sans tenir d'ailleurs aucun compte de la présence possible du manganèse, qui n'a pas d'effet nuisible sur le fer, ni de celle beaucoup plus probable du silicium, dont l'influence ne saurait être comparée à celle du soufre, et qui, d'ailleurs, est toujours facilement écarté pendant l'affinage. Les minerais, facilement réductibles, purs et naturellement fusibles, sont les seuls dont la réduction parfaite soit compatible avec la production de la fonte blanche; et même, dans ce cas, on n'est pas sûr de pouvoir conserver longtemps cette allure, parce que les limites de température, entre lesquelles il faut marcher pour ne pas produire soit de la fonte grise, soit de la fonte blanche accompagnée de laitiers impurs, sont tellement resserrées qu'il est fort difficile de s'y maintenir.

Le traitement des minerais manganésifères, que l'on emploie à Siegen (bords du Rhin), pour la production des fontes à acier, en présente un exemple frappant. Bien que ces mines soient très-favorables à ce genre de marche, il suffit d'une légère variation dans la nature du charbon et celle du vent pour déranger la formation de la fonte blanche *lamelleuse,* qui est le signe d'une réduction parfaite, opérée à basse température. Si la chaleur s'élève, on produit de la fonte grise; si elle baisse, la réduction devient incomplète, et l'on obtient de la fonte blanche *grenue* ou *compacte,* ou même de la fonte blanche *caverneuse,* produits moins carbonés et beaucoup plus impurs que les précédents.

Avec les autres espèces de minerais, et surtout avec ceux dont la fusibilité n'est pas assurée par la présence du manganèse, la formation de la fonte blanche pure, avec réduction complète de minerai, doit être considérée comme un fait accidentel, que certaines formes de fourneaux, certaines natures de laitiers, peuvent favoriser et réaliser pendant un temps plus ou moins long, mais que l'on n'est jamais maître de produire à volonté, d'une manière soutenue, et de façon à constituer un roulement régulier.

**409.** Il est donc vrai en général que, pour *marcher* continuellement *en fonte blanche*, il faut sacrifier une portion du minerai, et ne pas en exiger un rendement complet. Toutefois il ne faut adopter une pareille mesure, et ne construire ses fourneaux en conséquence, que lorsque l'on est parfaitement sûr que l'économie de combustible au fourneau et à l'affinage couvrira le déchet de la mine et l'infériorité toujours probable du fer, mais évidemment certaine, dès que les minerais contiennent une portion notable de soufre ou de phosphore.

Ce qui se passe dans la fabrication du fer, en France, confirme pleinement cette observation; car tous les industriels ont reconnu qu'il y a bien peu de minerais exempts de ces matières, et ceux qui tiennent à soutenir la réputation de leurs fers marchent en fonte grise, ou du moins en fonte truitée, sachant très-bien qu'ils pourraient payer de la perte de leur clientèle les bénéfices immédiats qu'ils réaliseraient en ne produisant que de la fonte blanche.

Un roulement en fonte blanche offre encore d'autres inconvénients non moins sérieux, et provenant de ce que les dérangements accidentels qui surviennent à un fourneau dont le combustible porte le maximum de mine, et dont la température est basse, sont beaucoup plus difficiles à prévenir, à éviter et à combattre, que ceux qui se présentent pendant une allure chaude et naturelle. Dans ce dernier cas, en effet, on possède toutes les ressources désirables; tandis que, dans le premier, on en a annulé la partie la plus précieuse, en constituant l'état normal du fourneau à une température peu élevée.

**410.** Les circonstances qui *favorisent la production de la fonte blanche* sont les suivantes :

1°. Tous les *minerais fusibles* sont disposés à se convertir en fonte blanche, d'abord parce qu'ils peuvent être traités à des températures peu élevées, puis parce que la liquidité des laitiers ne leur permet pas de séjourner longtemps dans l'ouvrage. Ce fait a lieu avec des minerais fusibles par eux-mêmes, ou rendus tels par une forte addition de fondants; mais, dans ce dernier cas, la réduction ne peut presque jamais être complète.

Les minerais fusibles et *facilement réductibles*, qui séjournent trop peu de temps dans l'ouvrage, peuvent donner de la fonte blanche lamelleuse, accompagnée de laitiers purs et liquides. Ceux qui, étant fusibles, sont au contraire d'une *réduction difficile*, tels que les silicates et les scories de forges, se fondent avant d'être réduits, et engendrent des laitiers impurs qui réagissent sur la fonte.

Les minerais fusibles et *riches* ne se comportent pas de la même manière que ceux qui sont fusibles et *pauvres*. Ces derniers, soumis à l'influence d'un vent trop fort et d'un excès de charbon, produisent des laitiers abondants, chauds, corrosifs et chargés de fer. Les premiers, au contraire, parmi lesquels on peut citer les fers magnétiques, les fers spathiques, les fers bruns et les oxydes rouges purs, ne produisent pas assez de laitiers; de sorte que le métal, mal protégé contre l'action du vent, s'affine ou s'oxyde en partie, et s'écoule en scories.

Dans le cas d'une réduction complète, d'un vent très-fort et d'un ouvrage très-élargi, des minerais *réfractaires* peuvent donner de la fonte blanche grenue; mais cette variété s'obtient fort rarement dans ces fourneaux au bois : elle est pauvre en carbone, riche en silicium et en manganèse, parce qu'elle a été décarburée non-seulement par le vent, mais aussi par des laitiers pauvres en oxydule de fer, et que la décarburation est produite par le silice et l'oxydule de manganèse. Traitée dans les feux d'affinerie, elle passe trop vite à l'état solide, et subit un déchet considérable lorsque l'on veut en obtenir du fer passable (Karsten). On doit donc éviter avec soin la production de cette espèce de fonte, parce qu'elle peut avoir tous les défauts d'une fonte grise, sans en posséder les qualités.

2°. Une *surcharge de minerais* entraîne le refroidissement du fourneau, et par conséquent la production d'une variété de fonte blanche qui tient le milieu entre la fonte grise et la fonte blanche argentine. Elle diffère essentiellement de la fonte blanche grenue, dont nous venons de parler, en ce que celle-ci provient d'une réduction complète du minerai et d'une décarburation opérée par des laitiers pauvres en oxydule de fer; tandis que la fonte blanche par surcharge se produit toujours avec une réduction imparfaite, et doit sa décarburation à l'influence du fer dont les laitiers sont chargés. Il en résulte que si elle est obtenue avec des minerais non sulfurés, elle doit être très-pure et très-propre à l'affinage, puisqu'elle contient moins de carbone et de silicium que la fonte grise et que la fonte lamelleuse, et surtout moins de matières étrangères que la fonte grenue.

Toutefois sa pureté n'est pas aussi générale qu'on pourrait le croire; car, lorsque les minerais que l'on emploie renferment de la silice à l'état de combinaison, il est fort difficile d'empêcher qu'il n'y en ait une partie de réduite, s'ils ne sont pas fusibles par eux-mêmes, et l'on a beaucoup moins de chances d'obtenir de la fonte pure que si on employait également, par surcharge, les variétés de minerais que nous avons citées plus haut.

Les raisons qui s'opposent à ce que l'on emploie en surcharge des minerais sulfurés ou phosphorés étant les mêmes que celles qui empêchent de les appliquer à la production de la fonte blanche considérée en général, nous ne les reproduirons pas; mais nous rappelons le fait pour conclure, de tout ce que nous venons de dire, que le nombre de cas dans lesquels il est permis de procéder par surcharge est, en définitive, fort restreint, et qu'il ne faut adopter une semblable marche qu'après s'être bien assuré du genre de résultats auxquels elle conduit.

3°. Toutes les causes qui entraînent une *descente trop rapide* des charges donnent lieu à la formation de la fonte blanche. Ainsi, lorsque les minerais atteignent l'ouvrage avant d'être bien réduits, la fusion vient interrompre cette opération, la carburation devient incomplète, et la fonte est soumise à l'influence de laitiers très-riches en oxydule de fer qui la décarburent. Ce cas se présente surtout dans les fourneaux de petites dimensions, dont la cuve est peu élevée; on ne peut y remédier que par un rétrécissement de l'ouvrage, et en se résignant à obtenir de faibles produits.

Quand les laitiers sont trop liquides et dérobent trop rapidement la fonte à l'influence de la chaleur qui règne dans l'ouvrage, elle ne peut pas se transformer en fonte grise; c'est ce qui arrive fréquemment avec des mélanges trop fusibles, bien que leur réduction et leur carburation aient pu être complètes.

Un vent trop fort produit souvent les mêmes effets; mais la fonte blanche peut naître aussi de ce que la pression du vent est trop élevée relativement à la densité du charbon, et de ce que celui-ci brûle trop vite et sans produire tout son effet.

Des étalages trop rapides, qui laissent passer les matières sans que leur carburation ait lieu complètement, et un ouvrage trop large, sont fort souvent la cause directe de l'excès de rapidité avec lequel les charges descendent. Les laitiers sont alors toujours impurs, comme dans le cas d'une surcharge de minerais.

4°. L'emploi de mauvais charbon, ou un vent trop faible, peuvent *refroidir la cuve et l'ouvrage*, ou simplement influer sur la température de ce dernier, surtout s'il est trop large. Dans le premier cas, il y a presque toujours réduction imparfaite; dans le second, la réduction est complète, mais on peut obtenir de la fonte grenue et impure, si le fourneau marche avec des minerais réfractaires.

31

Il arrive quelquefois que l'ouvrage est très-chaud, et que la trop grande compression des matières dans les étalages empêche le vent de circuler et la chaleur de s'élever jusqu'à la cuve : il en résulte toujours de la fonte blanche et des laitiers chargés de métal.

411. Dans les différents cas que nous venons d'examiner, la production de la fonte blanche peut avoir lieu d'une manière continue, et souvent même en *roulement régulier*, quand la nature des matières est telle que la conversion en fonte peut s'effectuer à une température peu élevée, sans qu'il en résulte des accidents ou des engorgements, qui forcent à changer l'allure du fourneau; mais il arrive très-fréquemment que les circonstances qui amènent la formation de la fonte blanche se produisent accidentellement, et pendant un roulement en fonte grise. On dit alors que la fonte blanche est produite en *roulement irrégulier*. Ce fait a lieu dans différentes circonstances :

1°. Par *surcharge de minerais*, lorsque, par un défaut d'attention de la part du chargeur, ou par une variation subite dans la richesse du minerai, le charbon en reçoit plus qu'il n'en peut porter pour produire de la fonte grise.

2°. Par *défaut de chaleur*, lorsque les minerais sont humides, le charbon mouillé ou plus léger qu'à l'ordinaire; lorsque l'ouvrage est devenu trop large pour concentrer la chaleur, ou quand des causes extérieures refroidissent le foyer.

3°. Par *des descentes trop rapides*, quand les étalages sont rongés ou le vent trop fort.

4°. Par *des descentes irrégulières*, produisant des éboulements de mine, des engorgements dans l'ouvrage et les étalages, qui nuisent à la circulation du vent, engendrent des laitiers visqueux et refroidissent le creuset.

Ces accidents, qui se manifestent fréquemment à la fin d'une campagne, sont principalement dus :

*A l'humidité des minerais;*

*A l'élargissement du foyer;*

*A un courant d'air trop fort*, qui brûle trop rapidement le charbon du côté de la tuyère, et amène des descentes obliques, une réduction imparfaite, des laitiers chargés de fer, etc.;

*A des charges trop faibles* pour ne pas se déranger;

*A un vent irrégulier*, qui empêche les opérations de s'effectuer d'une manière suivie et continue;

*A des étalages inégalement inclinés, ou trop peu inclinés*, qui font descendre les charges obliquement, ou qui permettent aux matières de s'agglomérer sur leurs parois, arrêtent momentanément les descentes et produisent ensuite des chutes.

**412.** En résumé, les causes qui empêchent la formation de la fonte grise, ou qui produisent directement de la fonte blanche, sont nombreuses, et, dans beaucoup de cas, il est presque aussi difficile de s'y soustraire que, dans d'autres circonstances, on a de peine à maintenir l'allure d'un fourneau constamment en fonte blanche. La nature des minerais et des combustibles doit toujours décider la question, et c'est d'après eux qu'il faut juger du genre de produits que l'on doit tâcher d'obtenir.

**413.** *Des fontes de forge.* — Toutes les fontes blanches que l'on produit volontairement ou accidentellement sont employées à la fabrication du fer, parce que l'on n'a pas d'autre emploi à leur donner; mais il s'en faut qu'elles soient toutes également propres à cette destination.

Les qualités de la fonte de forge doivent être, avant tout, *une grande pureté*, puis un *faible contenu en carbone*. Lorsqu'avec le genre de minerais que l'on possède on ne peut pas produire de fonte pure à une température peu élevée, il faut marcher en fonte grise, tout en tâchant d'obtenir de la fonte qui blanchisse facilement. Il est généralement avantageux de produire de la fonte *truitée*, non pas en employant différentes variétés de minerais qui produisent, l'un de la fonte grise, l'autre de la fonte blanche; mais plutôt en maintenant la température du fourneau entre celle qui donne de la fonte grise et celle qui engendre de la fonte blanche.

**414.** Des fontes blanches assez pures peuvent ne pas être favorables à l'affinage, quand elles contiennent trop de carbone; ainsi la fonte blanche lamelleuse, qui est la plus riche en carbone, est plus longue à se convertir en fer que certaines fontes truitées, ou grisâtres; mais elle est particulièrement propre à la fabrication de l'acier.

Les fontes blanches grenues sont les plus mauvaises de toutes, bien qu'elles résultent comme les précédentes d'une réduction complète. Nous avons vu qu'elles étaient toujours très-impures.

Les fontes blanches par surcharge, et en général toutes celles que l'on obtient avec une réduction imparfaite, sont préférables aux deux variétés précédentes, quand les minerais ne sont pas trop sulfurés, parce que la décarburation n'a généralement lieu que par l'influence de l'oxydule de fer contenu dans les laitiers.

## BLANCHIMENT DES FONTES.

**415.** Il paraît vrai en général que les fontes retiennent le carbone avec d'autant plus de force qu'elles ont exigé une plus haute température pour se produire; c'est ce qui explique en partie pourquoi la fonte blanche s'affine plus vite que la fonte grise, et même que les fontes grises très-peu carbonées, que l'on obtient avec des minerais réfractaires; toutefois, sa faculté de pouvoir passer à l'état pâteux avant d'entrer en liquéfaction, tandis que la fonte grise exige une haute température pour se fondre et passe très-rapidement de l'état solide à l'état liquide, est la principale cause de la facilité que présente sa conversion en fer ductile : en conséquence de ce fait, et pour éviter les difficultés que l'on éprouve fréquemment à obtenir un bon roulement en fonte blanche, on blanchit la fonte grise au sortir du fourneau avant de la faire passer à l'affinage. Les méthodes que l'on emploie seront exposées au sujet de la fabrication du fer; mais nous devons exposer de suite les artifices par lesquels on *blanchit* quelquefois *la fonte dans l'intérieur* même *des fourneaux.*

**416.** *Première méthode.* — On peut, ainsi que nous l'avons déjà dit, obtenir de la fonte aussi faiblement truitée qu'on le désire, en composant les mélanges de minerais de manière à obtenir simultanément de la fonte grise et de la fonte blanche. Ce procédé, qui n'est applicable qu'à des mélanges assez fusibles, est employé en Suède pour produire certaines qualités de fonte de moulage, plus dures, plus résistantes et moins poreuses que la fonte grise ordinaire.

**417.** *Deuxième méthode.* — Quand on marche en fonte grise avec des minerais fusibles, on peut dépouiller la fonte d'une partie de son carbone par l'introduction dans le creuset du fourneau, et environ deux heures avant la coulée, d'une certaine quantité de minerai très-pur, que l'on fait passer à diverses reprises par l'embrasure de la tuyère, en ayant soin de brasser chaque fois la fonte dans le creuset. On obtient ainsi un mélange de fonte grise et de fonte aciéreuse, constituant une fonte peu carbonée, tenace, claire, et même blanche si la dose de minerais introduite est un peu considérable; car ils ne peuvent produire que de la fonte blanche, et les laitiers qui en résultent exercent en outre une influence très-décarburante sur toute la masse.

Ce procédé, dont le produit diffère notablement de la fonte mêlée que donne la première méthode, n'est praticable qu'avec de bons minerais peu siliceux, sans quoi l'on obtient des produits très-impurs. On l'emploie souvent dans les fonderies en première fusion, où l'on coule des objets délicats, dont les moules ne peuvent être bien remplis qu'avec une fonte très-fluide et expulsant fort peu de graphyte; mais il faut se rappeler que cette fonte contient presque toujours des grains durs qui gênent beaucoup le travail de l'ajustage quand il est nécessaire qu'il ait lieu.

**418.** *Troisième méthode.* — La méthode précédente s'applique principalement à la fonte de moulage; celle que nous allons décrire et qui consiste à décarburer la fonte dans le creuset, sous l'influence d'un fort courant d'air, convient mieux à la préparation de la fonte de forge.

Lorsque la matière commence à remplir le creuset, on forme avec de la terre glaise un nez sur la tuyère pour rabattre le courant d'air sur le métal, on bouche l'avant-creuset, et on fait agir énergiquement la soufflerie : sous l'influence de ce courant d'air, la fonte subit une espèce d'affinage, pendant lequel elle perd son carbone et une partie de la silice, qui passe dans les scories que l'on fait écouler de temps en temps pour dégager le creuset; elle s'éclaircit peu à peu, et dégage à la fin de l'opération des étincelles très-vives, qui annoncent la production et la combustion de parcelles de fer métallique. Il est temps alors de faire évacuer le produit, et on le coule dans des formes tapissées de laitiers pulvérisés, mêlés avec du sable. La durée de l'opération varie de une heure à trois heures, suivant les dimensions du creuset et la quantité du vent lancé.

Cette méthode de blanchiment est, comme les précédentes, d'autant plus applicable que les minerais sont plus purs, et elle est même alors préférable à un blanchiment opéré après la coulée par un refroidissement subit, en ce qu'elle fait perdre à la fonte une partie de son carbone et de son silicium; elle n'entraîne avec elle qu'une faible dépense, mais elle fait perdre du temps par le ralentissement que subit la descente des charges pendant la durée de l'opération; on remédie facilement à cet inconvénient dans un fourneau à deux tuyères, en ne faisant plonger que l'une des deux, et en conservant à l'autre sa position normale (1).

### DE LA COULÉE.

**419.** Les fontes se coulent ordinairement en *gueuses* ou en *saumons*. Les gueuses sont de grands prismes triangulaires pesant 1000 à 1500 kil.,

---

(1) Ces méthodes sont décrites dans le *Manuel de Métallurgie* de M. Karsten.

que l'on emploie principalement dans la fabrication du fer au charbon de bois. Lorsque la fonte est destinée à une seconde fusion ou au puddlage, on la coule en saumons ou prismes de 0$^m$,40 à 0$^m$,50 de long, et de 0$^m$,10 à 0$^m$,12 d'épaisseur.

Les *rigoles* dans lesquelles on reçoit le métal pour en faire une gueuse ou des saumons, sont ordinairement creusées dans le sable qui constitue le sol de l'usine; dans le premier cas, elles se font avec une espèce de pioche de forme triangulaire; dans le second, on emploie des modèles en bois. Le *sable* de l'usine doit être un peu argileux et assez humecté pour conserver la forme qu'on lui donne; il n'y a aucun inconvénient à ce qu'il soit calcaire, car la chaux adhère à la fonte en trop petite quantité pour nuire à l'affinage ou au puddlage.

Dans quelques usines on coule la fonte en saumons dans des *lingotières* en fonte, qui la blanchissent un peu par le refroidissement instantané qui en résulte. Ce procédé convient très-bien à la fonte de forge.

Le *travail* de la coulée est facile : on commence par débarrasser le creuset de la plus grande partie des laitiers qu'il contient; on fait avec un ringard une percée dans la partie inférieure de la dame, et dès que la fonte apparaît, on arrête la soufflerie. La fonte écoulée, on élargit le trou pour faire sortir tous les laitiers; on nettoie parfaitement le creuset, on fait descendre le charbon pour bien le remplir, on bouche l'ouverture de coulée, et on rend le vent.

La durée de l'opération varie de vingt à trente minutes.

**420.** Dans les *fourneaux à marchandises* qui ne sont pas pourvus de creusets puisards ou de dames à plusieurs ouvertures, la coulée dure quelquefois quarante-cinq à cinquante minutes : on nettoie l'avant-creuset, on place un tampon d'argile sous la tympe pour empêcher les laitiers d'arriver, et les ouvriers, munis de poches en tôle, viennent, à tour de rôle, puiser dans l'avant-creuset la fonte dont ils ont besoin.

Quand les moules sont remplis, on fait écouler le reste de la fonte comme dans la coulée ordinaire.

### DES SIGNES QUI CARACTÉRISENT L'ALLURE DES FOURNEAUX.

**421.** L'allure d'un fourneau, c'est-à-dire la manière dont s'accomplit son travail, se reconnaît à différents signes extérieurs qu'il est essentiel de bien connaître pour savoir diriger sa marche.

**422.** *Allure régulière.* — Dans une allure régulière on observe les faits suivants :

1°. La flamme du gueulard est vive, légèrement bleuâtre, ardente et sans fumée ;

2°. La flamme de la tympe est faible et s'échappe lentement ; mais elle est claire et sans fumée ;

3°. Les tuyères sont claires, bien dégagées et très-brillantes ;

4°. Les laitiers sont vitreux, bien fondus, légers et homogènes ; ils coulent avec facilité et se refroidissent lentement ;

5°. La descente des charges est uniforme et ne présente pas d'intermittences ;

6°. La fonte possède toutes les propriétés inhérentes à la nature de celle que le fourneau est destiné à produire ; elle doit dans tous les cas se montrer fluide, chaude, homogène et pure après le refroidissement.

**423.** *Allure irrégulière.* — Lorsque les signes ne présentent pas les caractères que nous venons de signaler, on peut en observer d'autres qui servent à indiquer les causes probables du dérangement du fourneau ; toutefois la certitude d'avoir découvert l'origine du mal ne peut résulter que de l'ensemble de plusieurs observations concordantes.

La *flamme du gueulard*, courte et faible, indique que le vent ne traverse pas bien le fourneau : cet effet peut tenir, soit à ce que les matières descendent très-vite et se compriment dans les étalages par suite d'une inclinaison trop rapide, ou de minerais et de charbons trop compressibles ; soit à ce que le vent est trop faible, ce qui produit une descente trop lente.

Une flamme trop forte indique un excès de chaleur dans la cuve, et coïncide souvent avec des engorgements dans l'ouvrage, des tuyères chargées de laitiers, des descentes brusques.

Une flamme fuligineuse, sombre, est le signe d'un manque de chaleur ou d'une surcharge de minerais.

Lorsque la *flamme* de la *tympe* est trop forte, il y a surcharge ou compression des matières dans l'ouvrage, par suite de laquelle l'air ne peut s'élever qu'avec peine.

Si la *tuyère* est claire, mais chargée de matière et disposée à s'obstruer, si les *laitiers* sont épais, la fusion s'opère mal ; il y a défaut de vent ou nécessité de rendre les mélanges plus fusibles.

Une tuyère rouge sombre, des laitiers corrosifs bouillonnant devant la tuyère, et prompts à se refroidir, indiquent une réduction imparfaite et probablement une surcharge.

Une tuyère obscure et une *réduction* complète accusent un défaut de vent. Dans ces deux cas, il peut y avoir encombrement de l'ouvrage ou du creuset.

Des laitiers sans homogénéité ou mal vitrifiés dénotent une allure peu régulière ou un manque de chaleur provenant d'un vent trop faible ou de minerais trop réfractaires. S'ils sont clairs, mais trop liquides, les minerais sont trop fusibles; s'ils sont chargés de métal, la réduction est incomplète, et il y a surcharge.

Une *descente* trop lente provient d'un vent trop faible ou d'un ouvrage trop étroit; un excès de rapidité se produit par des causes opposées. Des descentes obliques accusent des charges trop faibles ou mal combinées, ou des attachements aux parois.

Les *chutes de mine* engendrent toujours des engorgements, bien que ceux-ci ne doivent pas toujours leur être attribués. Ils peuvent en effet provenir de presque tous les dérangements sérieux, quelles que soient d'ailleurs leurs causes.

La *fonte* grise dont la couleur, au lieu d'être très-blanche à la coulée, passe au rouge, et dont la surface présente des taches sans éclat, indique un refroidissement.

La fonte truitée coule paisiblement et sans étincelles comme la première, mais elle se refroidit plus vite et sa surface se couvre de soufflures.

La fonte blanche par surcharge coule avec vivacité; elle a un reflet rouge, jette beaucoup d'étincelles, se refroidit vite, et présente, après le refroidissement, des arêtes arrondies et une surface convexe, tandis que la bonne fonte grise présente des arêtes vives et des surfaces planes.

**424.** *Caractères de certaines allures.* — La plupart des dérangements qui se produisent dans la marche des fourneaux sont compris dans les cas précédents, et nous ne pensons pas qu'il puisse être utile d'entrer dans plus de détails à cet égard; mais pour faciliter l'application des moyens que l'on emploie pour remédier à une mauvaise marche, il est utile de grouper toutes les causes de dérangement d'après la nature de leurs effets, pour arriver à caractériser certaines allures. C'est ainsi que l'on a distingué les trois genres d'allure suivants (1) :

1°. L'*allure froide* est le résultat d'un vent trop faible, d'une surcharge,

(1) *Métallurgie du Fer,* par M. Walter.

d'une compression des matières, de l'emploi de minerais humides ou d'un élargissement du foyer.

Elle est caractérisée par la production de la fonte blanche, par l'obscurcissement des tuyères, et souvent par des engorgements et des laitiers chargés de fer. Dans le cas de compression des matières, la flamme du gueulard diminue d'intensité, et celle de la tympe augmente.

On rétablit la température en donnant plus de vent, en diminuant les charges et en portant de meilleur charbon. On détruit les engorgements en augmentant la fusibilité des matières et la pression du vent.

2°. L'*allure chaude* provient d'un ouvrage étroit, de mélanges trop fusibles, ou d'un excès de vent.

On la reconnaît à la liquidité des laitiers, à leur boursouflement quand ils sont arrosés d'eau, à la transformation de la fonte grise en fonte blanche.

On change cette marche en donnant moins de vent, et en employant des minerais plus réfractaires.

3°. L'*allure sèche* se produit par excès de chaleur et défaut de laitiers.

Les tuyères et l'ouvrage s'engorgent et la flamme du gueulard devient sombre; les laitiers purs, mais très-visqueux, ne protègent plus la fonte et facilitent sa décarburation.

Cette marche très-dangereuse est due à un manque de fondants, à des minerais réfractaires ou très-riches, et à un vent trop fort.

On y remédie en diminuant le vent et les charges, et en employant des fondants très-fusibles, tels que des scories ou autres silicates. Si les engorgements résistent à ces moyens, on les détruit mécaniquement en enlevant la tympe s'il le faut; enfin, lorsque le cas est tellement grave que tout le fourneau soit menacé de se congeler, il faut introduire le vent au-dessous des masses agglutinées, en pratiquant une ouverture dans une des embrasures, et rétablir ainsi peu à peu la température pour faire fondre les attachements.

**425.** *Durée d'un roulement, arrêts, mise hors.* — Il est rare qu'en employant judicieusement les remèdes que nous venons d'indiquer, on ne parvienne pas à rétablir la marche du fourneau dérangé; toutefois, ce n'est qu'à la dernière extrémité qu'il faut se résigner à en arrêter le roulement, c'est-à-dire à le mettre hors.

En général, on ne procède à la mise hors que lorsque l'ouvrage est tellement endommagé qu'il exige une réparation complète. Dans les fourneaux au bois bien conduits, les roulements durent ordinairement 10 à 15 mois;

32

il y en a qui se prolongent pendant 20 mois et même au delà; mais ce cas est rare, et il dépend entièrement des matériaux de construction et de la température habituelle à laquelle on marche.

**426.** Pour *mettre hors* un fourneau, on diminue progressivement la charge de minerai; et quand on n'en porte plus, on fait quelques charges en combustible et en fondants pour bien nettoyer l'intérieur; on arrête le vent dès que tout le minerai est descendu.

On peut *arrêter un fourneau* pendant quelque temps sans être obligé de le mettre hors : si la suspension de travail ne doit durer que 12 à 15 jours, on bouche le gueulard, les tuyères et le creuset, après l'avoir vidé et bien nettoyé; on fait une grille tous les deux ou trois jours, et on charge en combustible au fur et à mesure que les matières baissent. Si l'interruption doit être plus longue, on cesse de porter de la mine en continuant à charger en combustible; et lorsque le fourneau ne contient plus de minerai, on bouche hermétiquement toutes les issues ; de temps en temps seulement on nettoie le creuset et on porte quelques charges de charbon : on peut, en opérant ainsi, maintenir un fourneau en feu pendant plusieurs mois, avec une très-faible consommation de charbon; la reprise se fait sans difficultés, et bien plus rapidement que pour une mise en feu ordinaire.

### CONSOMMATIONS ET PRODUITS.

**427.** Après avoir indiqué d'une manière générale, dans les parties précédentes, les causes qui influent le plus sur les consommations et les produits des hauts fourneaux, il ne nous reste plus qu'à citer quelques exemples relatifs aux différentes espèces de minerais.

1°. Les fournaux les plus remarquables que nous puissions présenter, sous le rapport des produits et de la consommation, sont assurément ceux de la Toscane, dont nous avons dit un mot précédemment.

Le minerai que l'on y emploie est du fer oxydé à différents états, le plus souvent à celui de fer *oligiste*, et provenant des exploitations de l'île d'Elbe. Il est facilement réductible, fusible, et rend de 55 à 60 pour 100.

Le charbon est dur, compacte, et pèse environ 250 kil. le mètre cube.

Au fourneau de Follonica, dont les principales dimensions suivent :

| | |
|---|---|
| Hauteur totale.......................... | 8$^m$,219 |
| Diamètre du ventre..................... | 2$^m$,166 |
| Diamètre du gueulard.................. | 0$^m$,758 |

La charge se compose de :

Minerai. . . . . . . . . . . . . . . . . . . . . . . . . . . . . . . . . . .   120ᵏ,75
Charbon. . . . . . . . . . . . . . . . . . . . . . . . . . . . . . . . . .   69 ,00
Tuf calcaire. . . . . . . . . . . . . . . . . . . . . . . . . . . . . . .   6 ,90
                         Total . . . . . . . . . . . . . . .   196ᵏ,65

Le minerai rend 55,81 pour 100.

La consommation de charbon est de 102ᵏ,00 pour 100 kil. de fonte; la production journalière est de 13479 kil., et le volume d'air lancé par les buses et ramené à la température de 0° est de 25ᵐ³,00; la pression est de 0ᵐ069 de mercure.

En cherchant les produits et les consommations par mètre carré de surface au ventre, on trouve :

|  | FONTE PRODUITE. | CHARBON BRULÉ. | AIR LANCÉ EN MÈTRES CUBES. |
|---|---|---|---|
|  | kil. | kil. | mèt. cub. |
| Par heure... | 186,060 | 190,330 | 668,40 |
| Par minute.. | 3,100 | 3,172 | 11,14 |

2°. Les dimensions du fourneau de Cecina sont :

Hauteur totale. . . . . . . . . . . . . . . . . . . . . . . . . . . . . .   7ᵐ,229
Diamètre du ventre. . . . . . . . . . . . . . . . . . . . . . . . . .   1ᵐ,807
Diamètre du gueulard. . . . . . . . . . . . . . . . . . . . . . .   0ᵐ,641

La charge se compose de :

Minerai. . . . . . . . . . . . . . . . . . . . . . . . . . . . . . . . . . .   120ᵏ,75
Charbon. . . . . . . . . . . . . . . . . . . . . . . . . . . . . . . . . .   69 ,00
Chaux vive. . . . . . . . . . . . . . . . . . . . . . . . . . . . . . .   3 ,45
                         Total. . . . . . . . . . . . . . . . .   193ᵏ,20

Le minerai rend 56,93 pour 100. On consomme 100 de charbon pour 100 de fonte. Le produit par jour s'élève à 9487 kil. : on donne 28ᵐ³,00 de vent à 0° et à 0ᵐ,05 de mercure. On a donc par mètre carré de surface au ventre :

|  | FONTE PRODUITE. | CHARBON BRULÉ. | AIR LANCÉ EN MÈTRES CUBES. |
|---|---|---|---|
|  | kil. | kil. | mèt. cub. |
| Par heure .. | 155,000 | 155,000 | 660,00 |
| Par minute.. | 2,583 | 2,583 | 11,00 |

3°. Au fourneau de Baïgorry, dans les Basses-Pyrénées, on traite un mélange de :

> 0,750 de *fer spathique*,
> 0,125 de fer oxydulé terreux,
> 0,125 de fer hydroxydé compacte,

Et l'on consomme par 1000 kil. de fonte :

> Minerai...................................... 2 337k,00
> Fondant...................................... 197 ,00
> Charbon...................................... 1 115 ,00

4°. Au fourneau de Lanvaux, près de Vannes, dans le Morbihan, on emploie des *oxydes rouges* et des *hydrates en roche*, pesant 1400 kil. le mètre cube, et rendant 34 pour 100. On consomme 125 de charbon pour 100 de fonte.

5°. A Laroche-Bernard, on emploie du *fer oxydulé* et des *oxydes rouges en roche*, rendant 40 pour 100. On consomme 150 de charbon pour 100 de fonte de moulage. On met à la charge 20 kil. de castine pour 100 kil. de minerai.

6°. Dans les Landes, on consomme aux 1000 kil. de fonte :

> 2 379 kil. d'*oxyde hydraté* en grains,
> 417 kil. de castine,
> 1 304 de charbon de pin.

7°. Dans le Berry, on emploie des mélanges d'*hydrate en roche* et en *grains*, rendant environ 33 pour 100. La charge se compose en moyenne de :

> Charbon........................... 130 kil.
> Minerai........................... 250 à 300 kil.
> Castine........................... 45 à 66 kil.

En bonne allure, on consomme 140 de charbon pour 100 de fonte grise, et l'on ne brûle que 45 à 60 kil. de charbon par mètre carré de surface au ventre; la pression est ordinairement très-faible; cependant on souffle à 0m,05 de pression dans les fourneaux bien conduits.

8°. Dans la Marne, les minerais sont plus fusibles, et n'exigent guère que 100 à 110 de charbon pour produire 100 de fonte grise; les fourneaux ordinaires, de 2m,00 de diamètre au ventre, reçoivent 16 à 18 mètres cubes de vent à 0m,025 de pression. Ils brûlent 40k,00 de charbon par mètre carré de surface au ventre, et produisent au plus 3000 à 3400 kil. de fonte par jour.

La charge se compose de :

> 110 à 120 kil. de charbon,
> 300 à 325 kil. de minerai,
> 20 à 25 kil. de castine.

9°. En Franche-Comté, la charge en charbon est, à quelques exceptions près, de 100 à 130 kil. On en consomme 120 à 130 kil. par 100 kil. de fonte, et la quantité brûlée par heure et par mètre carré de surface au ventre varie de 36 à 50 kil.

10°. Dans les Ardennes, les minerais sont plus réfractaires. On consomme 140 à 150 de charbon pour 100 kil. de fonte, et 50 à 60 kil. par mètre carré de surface au ventre et par heure.

La charge en charbon est à peu près la même que dans la Marne.

428. D'après les exemples que nous venons de citer, il est facile de voir que, dans la plupart de nos fourneaux au bois, la production est très-faible, relativement à la section du ventre; elle pourrait être considérablement augmentée par un soufflage plus énergique. Les fourneaux devraient recevoir 10 à 12$^m$³ de vent par mètre carré de surface au ventre, au lieu de 5 à 6$^m$ qu'on leur donne habituellement, et il faudrait en même temps augmenter leur hauteur, afin que le temps de séjour des minerais dans l'appareil ne fût pas trop notablement réduit. La production des fourneaux pourrait alors être doublée, leur nombre considérablement réduit, et il en résulterait évidemment une économie dans le prix de fabrication de la fonte.

429. *Influences dues à la nature de la fonte.* — Les chiffres de consommation que nous avons donnés sont des moyennes pour lesquelles on n'a pas tenu compte de la nature de la fonte produite. Nous allons maintenant examiner comment la formation de la fonte grise, ou de la fonte blanche, affecte la consommation de charbon et la production journalière.

Cette question, comme la plupart de celles qui tiennent à l'allure des hauts fourneaux, ne peut pas être résolue d'une manière générale; ce qui est exact pour une province ne l'est plus dans une autre, et souvent même deux hauts fourneaux, placés dans des circonstances tout à fait semblables, présentent dans leur marche des différences dont il est impossible de se rendre compte.

Les rapports que nous cherchons varient principalement avec la *nature des minerais* et les *formes des hauts fourneaux*; ainsi, pour ce qui est relatif aux *consommations*, on conçoit très-bien que plus un minerai est disposé à produire de la fonte grise, moins, en général, on trouve de différence dans les consommations, en passant de la production de la fonte blanche à celle de la fonte grise; tandis qu'avec des minerais favorables à la formation de la fonte blanche, on a souvent beaucoup de peine à faire de la fonte grise, en dépit d'une grande dépense de combustible. Cette remarque explique suffisamment pourquoi, dans certaines localités, la consommation varie de 140 à 100 de charbon pour 100 de fonte, suivant qu'on marche en fonte grise ou en fonte blanche; tandis que, dans d'autres, la différence n'est que de 125 ou 115 à 100, rapport d'ailleurs beaucoup plus général que le premier.

La part d'influence qu'il faut attribuer aux formes du fourneau ne doit pas être négligée. Il est évident que la différence de consommation est d'autant plus grande qu'elles se prêtent moins à la production de la fonte grise.

Relativement à la *production journalière*, il est nécessaire de tenir compte du soufflage; car si, dans un fourneau donné, il faut, pour faire 100 kil. de fonte grise ou blanche, brûler 120 kil. ou 100 kil. de charbon, il parait naturel de croire qu'en passant du roulement en fonte blanche au roulement en fonte grise, la production diminue dans le rapport de 120 à 100, ou de 6 à 5, si le soufflage n'augmente pas dans le rapport de 5 à 6, de manière à ce qu'il ne faille pas plus de temps pour brûler 120 kil. qu'il n'en fallait auparavant pour en brûler 100. Les choses ne se passent pas toujours ainsi dans la pratique, parce que, par le fait même de l'élévation de la température, la combustion augmente un peu sans que le soufflage soit accéléré. C'est ainsi qu'au lieu du rapport 6 à 5, nous avons souvent trouvé un rapport plus faible, tel que de 6 à 5,25 ou 5,35; nous ne le regardons cependant pas comme constant, parce qu'il y a un grand nombre de causes qui peuvent le faire varier.

**439.** En résumé, l'on peut admettre que dans une localité abondante en minerais, où l'on a quelque latitude pour former des mélanges et disposer ses fourneaux d'une manière convenable, la production de la fonte grise et de la fonte blanche présente en moyenne les rapports suivants : Si 100 kil. de fonte grise exigent 120 de charbon, 100 kil. de fonte blanche en exigeront 100, et un fourneau produisant 5000 kil. de fonte de la première espèce pourra en produire dans le même temps 5600 de la seconde. Ce dernier rapport doit même être estimé plus haut, si on suppose que la fonte grise est exclusivement employée au moulage, parce que, dans ce cas, la coulée prend beaucoup de temps et entraîne de forts déchets.

# CHAPITRE II.

## APPLICATIONS DIVERSES.

———

### EMPLOI DU CHARBON DE BOIS ET DE L'AIR CHAUD.

**451.** *Découverte.* — La première idée de l'emploi de l'air chaud ne date que de 1819; elle est due à M. Neilson, directeur de l'usine à gaz de Glasgow, qui, de concert avec MM. Mac-Intosh et Wilson, fit ses essais sur les hauts fourneaux de la Clyde (Écosse).

L'imperfection des appareils que l'on employa d'abord au chauffage de l'air rendit les premiers résultats peu décisifs; mais après les avoir améliorés, on se convainquit que cette découverte présentait de grands avantages. Les épreuves avaient été faites sur des fourneaux au coke; l'air chaud permit immédiatement l'emploi de la houille crue, sans diminuer la qualité ni la quantité des produits, et procura une économie de combustible assez considérable.

En Angleterre, l'air chaud n'avait été appliqué qu'au coke ou à la houille; les essais faits sur le continent depuis 1832 prouvèrent qu'il pouvait également être utile de l'employer dans les fourneaux au charbon de bois, et surtout dans ceux qui marchent au bois cru ou torréfié, auxquels il paraît presque indispensable. Depuis cette époque, son usage s'est considérablement répandu, et, sauf quelques exceptions rares, il a réussi, sans cependant présenter partout des avantages égaux. Nous allons rendre compte des principaux effets qui peuvent lui être attribués.

**452.** *Mode d'action de l'air chaud.* — La substitution de l'air chaud à l'air froid a eu pour résultat de faciliter la marche des fourneaux, de rendre leur allure plus chaude, plus régulière et plus facile à guider. Les rares exceptions que l'on pourrait citer doivent être attribuées à la nature particulière de certaines mines ou du charbon, et plutôt encore à la forme des fourneaux. En diminuant la combustion du charbon dans les parties supérieures de la cuve, l'air chaud l'augmente beaucoup dans les parties inférieures, de sorte qu'avec des charges de charbon un peu fortes, il tend à se produire des vides dans lesquels les minerais se précipitent en trop grande masse. Il en résulte qu'avec des ouvrages étroits, les matières se trouvent souvent disposées à former des voûtes qui arrêtent pour un instant les descentes, et produisent ensuite des chutes qui dérangent la marche. La seule conséquence qu'il soit permis de déduire de ces exceptions à la règle générale (que l'on a surtout observées en Franche-Comté) n'a rien de contraire à l'emploi de l'air chaud ; elle indique seulement qu'il y a lieu, dans la plupart des cas, de modifier la forme du fourneau, ce qui est tout à fait naturel, puisqu'on change les conditions du travail.

**433.** L'air chaud, tout en activant prodigieusement la combustion du charbon dans l'ouvrage, diminue cependant la consommation générale. Ses effets, sous ce rapport, sont analogues à ceux que produit l'air froid injecté à forte pression. La combustion devenant plus intense dans l'ouvrage, l'air se trouve dépouillé d'une plus grande partie de son oxygène, de sorte qu'en s'élevant et en traversant les couches de combustible qui occupent le ventre et la cuve, il est beaucoup moins apte à en favoriser la combustion, et en définitive la consommation générale est diminuée.

La cause première de l'activité de la combustion dans les parties basses du fourneau tient essentiellement à la température de l'air; il paraît en effet que l'air froid ne peut servir à la combustion qu'après s'être suffisamment échauffé (1). Or, il faut pour cela un certain temps pendant lequel il s'élève, d'où il résulte qu'il brûle plus haut et se trouve en contact avec une plus grande quantité de charbon que cela n'aurait lieu s'il pouvait se brûler de suite. L'air chaud, au contraire, possède une température assez élevée pour que cet effet soit produit immédiatement après son entrée : le charbon brûle avec intensité dans le point où il est essentiel d'avoir une haute température, et il est épargné dans toutes les autres parties où un degré de chaleur, même assez faible, suffit parfaitement à la désoxydation des minerais.

Cette observation explique très-bien pourquoi la cuve des fourneaux à air chaud est toujours passablement froide, pourquoi enfin le gueulard est entièrement dépouillé de cette flamme ardente et longue qui caractérise la bonne marche des fourneaux à air froid.

### DES PRINCIPAUX EFFETS DE L'AIR CHAUD.

**434.** *L'élévation de la température de l'ouvrage, le refroidissement de la cuve* sont deux faits positifs : examinons leur influence sur les minerais et sur les combustibles.

---

(1) Note sur l'emploi de l'air chaud, par MM. Buff et Pfart (*Annales des Mines*, 4e livraison, 1835).

**435.** *Réduction et fusion des minerais.* — Les principales conditions qu'exige la conversion des minerais en fonte sont, comme on le sait, une réduction aussi parfaite que possible, suivie d'une fusion complète; mais elles sont quelquefois difficiles à remplir quand les minerais sont réfractaires et surtout lorsqu'ils sont difficiles à réduire, quoique très-fusibles. L'emploi de l'air chaud devient alors un puissant auxiliaire pour le traitement des uns et des autres, car la grande chaleur de l'ouvrage garantit la fusion complète des matières, le peu de hauteur de la zone oxydante assure la conservation du métal, et la température assez basse des parties supérieures permet à la réduction de s'opérer avant qu'il y ait commencement de fusion, condition essentielle pour obtenir de la fonte grise.

C'est ainsi qu'avec les minerais siliceux et fusibles que l'on traite en Toscane, le rendement de la mine a été augmenté dans le rapport de 55,81 à 61,63, depuis la substitution de l'air chaud à l'air froid, et que l'on a pu obtenir facilement de la fonte grise, ce qui n'était possible autrefois qu'avec un grand accroissement dans la consommation. Les *scories* de forge, qui sont le type des minerais fusibles et difficiles à réduire, se traitent également avec plus d'avantage à l'air chaud qu'à l'air froid.

Enfin presque partout où il a été appliqué, on a pu augmenter la richesse des mélanges de minerais, en employer de moins fusibles ou diminuer la proportion des *fondants*, à cause du haut degré de chaleur qu'il développe : en Silésie, par exemple, on a pu économiser 36 pour 100 de castine, et à l'usine de Vienne, la proportion a été diminuée de moitié ; dans certains cas cependant, on en a au contraire augmenté la dose, mais vraisemblablement dans le but d'expulser plus facilement les matières étrangères : c'est ce qui est arrivé au Hartz où l'on a pu accroître de 11 pour 100 la proportion de castine sans diminuer la liquidité des laitiers. Cette augmentation a eu sur la fonte une heureuse influence, parce que les mélanges de fer oxydé rouge et hydraté, de fer spathique et magnétique que l'on traite contiennent une assez forte proportion de soufre.

**436.** *Nature des combustibles.* — L'air chaud facilite beaucoup l'usage de la houille crue et du bois vert, et les fourneaux à anthracite n'ont jamais pu marcher sans son secours. On sait en effet que l'emploi de ces combustibles refroidit beaucoup le fourneau lors de leur introduction, et que leur transformation en charbon absorbe également une quantité de calorique assez notable et capable de nuire à la marche lorsque l'allure n'est pas très-chaude; de plus, ils ne peuvent produire un bon effet qu'autant que cette préparation s'est effectuée d'une manière complète avant leur arrivée dans

33

l'ouvrage; or, il est évident que l'air chaud doit sensiblement atténuer les mauvais effets dus au refroidissement, et mieux préparer les matières à la combustion; aussi son emploi s'est particulièrement répandu en France dans les provinces où les fourneaux marchent au bois cru ou torréfié.

**437.** *Qualité de la fonte.* — Les effets de l'air chaud sur la qualité de la fonte n'ont pas présenté partout un caractère identique, parce que l'influence exercée par la nature des minerais ne peut jamais être entièrement annulée. Il a été généralement reconnu qu'il favorisait beaucoup la formation de la *fonte grise*, mais on a quelquefois accusé celle-ci de manquer de *ténacité*. Ce défaut peut tenir à ce que la fonte est trop graphiteuse, ou à ce qu'elle renferme un excès de matières étrangères et de silicium principalement. Or, ces caractères se présentent assez souvent dans la fonte à l'air froid, pour que l'on soit en droit de conclure qu'ils ne sont pas exclusivement dus à l'air chaud, et l'on peut y remédier, dans l'un ou l'autre cas, en faisant varier la composition des charges, les mélanges des minerais ou les formes des fourneaux.

*La fonte de moulage* à l'air chaud est en général très-estimée; elle est plus limpide, plus chaude, et conserve beaucoup mieux ses propriétés lorsqu'elle est soumise à une seconde fusion que la fonte à l'air froid. Cette dernière qualité est de la plus haute importance dans les fonderies.

L'élévation de la température favorise toujours la combinaison de la fonte avec une plus grande quantité de matières telles que le silicium et le manganèse; aussi sommes-nous disposés à croire que les fontes à l'air chaud doivent en contenir une plus grande quantité que les fontes à l'air froid. Nous savons qu'il y a quelques faits qui contredisent cette opinion; mais nous les regardons comme des exceptions, parce qu'il est bien prouvé que les *allures chaudes* augmentent en général les proportions de silicium et de manganèse qui se combinent avec le métal. Elles diminuent au contraire la contenance en soufre, et rendent plus stable la combinaison du carbone et du fer. Ces principes expliquent pourquoi dans certaines localité l'air chaud a pu améliorer la qualité de la *fonte de forge* en la rendant moins sulfureuse, tandis que dans d'autres on n'en a pas éprouvé de très-bons effets à cause de la forte proportion de silicium qu'elles contenaient. En général, l'affinage est devenu un peu plus long, ce qui doit être attribué à la plus grande fixité du carbone.

**458.** Les analyses suivantes (1), dues à M. Thirria, peuvent donner une

(1) *Annales des Mines*, 4e livraison, 1840.

idée des différences que présente la composition des fontes à l'air froid et à l'air chaud :

TABLEAU XLV. — ANALYSES DE FONTES.

| | FONTE A L'AIR FROID et AU CHARBON DE BOIS. | | | | | FONTE A L'AIR CHAUD. | | | | |
| | | | | | | AU CHARBON. | CHARBON ET BOIS. | BOIS SEUL. | | |
| | 1. | 2. | 3. | 4. | 5. | 6. | 7. | 8. | 9. | 10. |
|---|---|---|---|---|---|---|---|---|---|---|
| Carbone libre..... | 26,00 | 26,00 | 14,00 | 3,20 | 2,00 | 28,00 | 26,00 | 30,00 | 21,00 | 4,00 |
| Carbone combiné.. | 10,60 | 10,00 | 20,10 | 28,00 | 30,00 | 6,70 | 0,00 | 6,90 | 11,40 | 26,20 |
| Silicium......... | 13,40 | 11,50 | 3,80 | 1,60 | 1,00 | 20,20 | 12,50 | 32,60 | 7,70 | 2,90 |
| Manganèse....... | Trace. | Trace. | » | » | » | Trace. | Trace. | Trace. | Trace. | Trace. |
| Fer........... | 950,00 | 952,50 | 962,10 | 967,00 | 967,00 | 945,10 | 952,50 | 930,50 | 956,90 | 966,90 |
| | 1000,00 | 1000,00 | 1000,00 | 1000,00 | 1000,00 | 1000,00 | 1000,00 | 1000,00 | 1000,00 | 1000,00 |

Nº 1. **Fonte grise de Montureux (Haute-Saône).** — Grise, à gros grains entremêlés de lamelles de graphite, douce à la lime, et donne de bon fer à tôle. Elle provient de minerais de fer en grains.

Nº 2. **Fonte grise de Clerval (Doubs).** — Même espèce que la précédente; elle sert au moulage ou à l'affinage pour les fers de tréfilerie. Minerais en grains de Gray et fer oolithique en roche de Laissey.

Nº 5. **Fonte truitée de Cirey (Haute-Marne).** — Grains fins et serrés; dure à la lime; produit des fers *demi-roche*. Minerai hydroxydé en plaquettes géodiques et en oolithes miliaires.

Nº 4. **Fonte blanche de Louvemont (Haute-Marne).** — Structure compacte et un peu rayonnée; très-dure à la lime. Elle donne des fers de deuxième qualité, dits fers de Champagne à la houille. Minerai hydroxydé en oolithes miliaires.

Nº 5. **Fonte blanche de Rochvilliers (Haute-Marne).** — Texture compacte, un peu radiée, et d'un aspect argentin; très-dure à la lime; elle donne par l'affinage au bois les bons fers, dits fers de Bourgogne. Minerai oolithique.

Nº 6. **Fonte grise de Clerval (minerais du nº 2).**

Température de l'air............... 184º
Pression..................... 0ᵐ,045 de mercure.

La fonte est grise, à grains moyens accompagnés de lamelles de graphyte.

N° 7. Fonte grise de Clerval (Doubs). — Même température et même pression que dans le cas précédent. La charge se compose de :

| | |
|---|---:|
| Charbon | 89$^k$,00 |
| Bois vert | 30 ,00 |
| Minerai | 258 ,00 |
| Castine | 18 ,00 |

La fonte est douce, à gros grains, entremêlés de lamelles de graphyte.

N° 8. Fonte noire d'Audincourt (Doubs). — Très-douce, tenace et à gros grains. Minerai hydroxydé, oolithique et en grains, avec fer oligiste. La consommation aux 1 000 kil. de fonte est de :

| | |
|---|---:|
| Bois vert flotté | 3 450$^k$,00 |
| Minerais | 3 130 ,00 |
| Scories de forge | 148 ,00 |
| Castine | 400 ,00 |

N° 9. Fonte grise d'Audincourt (Doubs). — Couleur gris clair, grains moyens et serrés, très-douce et très-tenace.

N° 10. Fonte blanche d'Audincourt (Doubs). — Elle provient d'un dérangement du fourneau. Grains fins et serrés; texture un peu radiée. Dure à la lime.

**439.** *Économie de combustible.* — L'introduction de l'air chaud a presque partout été suivie d'une *économie de combustible* assez notable, mais d'ailleurs fort variable. En Toscane, elle a été d'environ 25 pour 100 (1); au Hartz, elle a varié de 14 à 27 pour 100; à Wasseralfingen, où l'on traite un mélange de 1 partie de mine pisiforme et de 4 parties de mine en roche rendant en moyenne 31,50 pour 100, la consommation est passée de 174 à 113 de charbon pour 100 de fonte, soit 35 pour 100 d'économie. Dans l'Erzgebirge, les minerais sont des fers oxydés rouges et bruns, à gangue quartzeuse, et l'on a économisé 24 pour 100 de combustible. A l'usine de Malapane (Silésie), on traite de l'hydrate terreux et du fer carbonaté en rognons; la consommation a été réduite de 20 pour 100.

Bien que l'économie n'ait pas été aussi considérable dans toutes les usines, elle a néanmoins été toujours assez importante pour autoriser la conservation des appareils. Les causes auxquelles on peut l'attribuer sont de deux natures.

La première, et celle qui nous parait avoir le plus d'influence, tient à la

---

(1) Ces chiffres sont extraits de différents Mémoires sur l'air chaud qui ont paru dans les *Annales des Mines.*

*meilleure distribution du calorique* qui se développe dans le fourneau; nous avons, en effet, déjà dit que presque toute la combustion avait lieu dans les parties inférieures, c'est-à-dire dans un espace assez restreint, dont la température peut par conséquent être élevée à un très-haut degré, sans exiger une forte consommation; les gaz désoxygénés et très-échauffés qui s'en dégagent apportent dans les parties supérieures assez de chaleur pour opérer la réduction de la mine, et sortent presque entièrement refroidis par le gueulard, d'où il résulte que l'on utilise la plus grande partie du calorique qui se développe, et que l'on doit consommer moins de combustible que dans le procédé à l'air froid, par lequel le charbon se brûle dans un espace beaucoup plus considérable et trop rapproché du gueulard pour que les gaz qui en sortent aient pu se refroidir.

La seconde cause tient à la *quantité de calorique apportée* dans le fourneau par l'air chaud; il est facile de se rendre compte de son influence en cherchant le rapport qui existe entre la quantité de calorique développée par un kilogramme de charbon, c'est-à-dire 7 000 unités de chaleur, et celle qui est apportée dans le fourneau par le poids d'air nécessaire à sa combustion : le calorique spécifique de l'air étant 0,2669, si on suppose que l'on injecte dix kil. d'air pour un kil. de charbon, on aura :

| TEMPÉRATURE DE L'AIR. | QUANTITÉ DE CHALEUR apportée POUR 10 KIL. D'AIR. | RAPPORT ENTRE LES QUANTITÉS DE CHALEUR APPORTÉES ET DÉVELOPPÉES. |
|---|---|---|
| 100 | 266,90 | 0,038 |
| 150 | 400,00 | 0,057 |
| 200 | 533,00 | 0,076 |
| 250 | 670,00 | 0,095 |
| 300 | 800,00 | 0,120 |
| 350 | 940,00 | 0,132 |

d'où l'on voit qu'en chauffant l'air à 300°, par exemple, on peut, en supprimant 0,12 ou 1/8 de la proportion de charbon consommé à l'air froid, obtenir dans le bas du fourneau une température aussi élevée que dans l'ancienne marche : la quantité de chaleur apportée dans le fourneau concourt donc avec la meilleur distribution de calorique à produire une économie de combustible. (1)

_____

(1) M. Ebelmen arrive à la même conclusion en observant que pour produire 2 litres d'acide carbonique avec 1 litre de vapeur de carbone, il faut 12gr,90 d'air, et que la quantité

**440.** *Soufflage.* — La *température* à laquelle on chauffe ordinairement l'air pour les fourneaux au bois varie entre 150 et 300°; mais on ne connaît pas la limite inférieure à laquelle il commence à produire un effet sensible, ni la limite supérieure à laquelle son effet utile peut diminuer. On conçoit qu'il ne peut pas y avoir de règle générale à cet égard, et qu'il est indispensable de faire quelques essais comparatifs dans les usines où l'on veut introduire ce procédé.

En général, *l'économie du combustible* augmente, dans de certaines limites, avec la température; mais la *nature de la fonte* peut alors se trouver altérée, car, à pression égale et à poids égaux, la quantité de charbon qui se brûle dans l'ouvrage augmente avec la température de l'air, et il en résulte une chaleur très-intense, qui exerce sur les produits une influence fâcheuse; c'est principalement dans ce cas que l'on a remarqué que la ténacité des fontes diminuait, et que leur affinage présentait plus de difficultés. Ces résultats, qui s'expliquent très-bien par tout ce que nous avons déjà dit des allures chaudes, nous montrent qu'il faut toujours se laisser guider par des expériences directes, et régler la température de l'air suivant la nature du minerai et les qualités de fonte que l'on veut obtenir.

Dans les différents fourneaux où l'on a employé l'air chaud après l'air froid, la quantité de combustible consommé est restée sensiblement proportionnelle au *poids d'air* lancé, et l'on peut admettre en principe qu'il n'y a pas lieu de changer, à cet égard, les règles que l'on suit pour l'air froid. Quant à la *pression*, elle peut, toutes choses égales d'ailleurs, être moindre avec l'air chaud qu'avec l'air froid, parce que ses effets sont en partie remplacés par ceux de la haute température de l'air; mais nous ne croyons pas qu'il y ait quelque avantage à la diminuer lorsque l'on tient à faire rendre au fourneau le plus grand produit possible.

**441.** *Produits.* — Lorsque l'on emploie l'air chaud sans diminuer le poids d'air lancé, le produit augmente toujours, parce que la même quantité de combustible brûlé engendre un plus grand poids de fonte. Les produits dans un même fourneau, marchant successivement au vent froid et au vent chaud, sont donc en raison inverse des consommations pour un même poids de fonte, et proportionnels au poids d'air injecté.

C'est à tort que l'on a quelquefois accusé l'air chaud de diminuer la pro-

---

de chaleur nécessaire pour porter ce poids d'air à 300° est de $12,49 \times 0,267 \times 300 = 1000$ unités de chaleur, ou environ 1/8 de celle produite par la combustion du carbone transformé en acide carbonique devant la tuyère.

duction. Ce cas ne s'est présenté que lorsque l'on n'a pas donné aux buses des dimensions proportionnelles à l'accroissement de volume que subit le vent lorsque l'on élève sa température ; il en est résulté une diminution dans le poids d'air lancé, et, comme conséquence, une diminution dans la quantité de charbon brûlé et de fonte produite par vingt-quatre heures.

**442.** *Formes des fourneaux.* — Pour employer l'air chaud avec tous les avantages qu'il comporte, il paraît nécessaire de modifier un peu les dimensions des fourneaux, et de les approprier aux effets qu'il produit. La température de *l'ouvrage* étant naturellement très-élevée, on peut augmenter un peu sa section et diminuer sa hauteur, tandis que les *étalages* doivent recevoir une inclinaison plus rapide pour faciliter le glissement des matières en fusion, sur ses parois, et prévenir la formation des voûtes qui arrêtent la descente des charges. La basse température de la *cuve* permet de prendre moins de précautions pour y concentrer la chaleur, et l'on peut en conséquence augmenter le diamètre du *gueulard*. Le dégagement des gaz devient plus facile, l'allure gagne en régularité, et il en résulte en même temps une augmentation dans le volume de la cuve, qui ne peut qu'être favorable à la réduction des minerais.

**443.** *Chargement.* — Lorsque l'on place les appareils à chauffer l'air sur le gueulard, on est assez disposé à augmenter le *volume* de la *charge*, afin de rendre le chargement moins fréquent, et d'interrompre plus rarement le tirage qui fait passer les gaz sur les tuyaux à air ; mais en revanche, le temps du chargement est plus long, et le refroidissement momentané plus sensible. Cette pratique n'offre donc pas d'avantage bien marqué relativement à l'emploi de la flamme perdue, tandis que dans quelques cas elle peut influer défavorablement sur la marche du fourneau : l'intervalle du temps qui sépare la combustion des deux charges successives dans l'ouvrage, ou celui pendant lequel il ne se présente que du minerai sans charbon, devant être d'autant plus long que la charge est plus forte, on conçoit assez bien qu'au delà d'une certaine limite, les irrégularités de température qui en sont la conséquence peuvent devenir nuisibles ; mais il en résulte aussi une tendance beaucoup plus grande, de la part des matières, à s'arrêter sur les parois, et à former des engorgements, — d'où l'on peut conclure que la marche à l'air chaud, loin de nécessiter l'augmentation du volume de la charge, rend au contraire sa diminution favorable à ce qui se passe dans l'ouvrage et les étalages.

Relativement à leur passage dans la cuve, les charges peuvent encore être moins fortes à l'air chaud qu'à l'air froid, puisqu'elles y subissent moins d'altérations, et que, par conséquent, il y a quelque chance de plus pour que leur descente y soit plus facile et plus régulière.

**444.** En résumé, les avantages de l'air chaud nous paraissent incontestables, et les nombreux succès qu'il a obtenus dans les circonstances les plus diverses nous permettent de le considérer comme un procédé dont l'application doit être faite sans hésitation, mais avec discernement à toutes les classes de minerais et à tous les genres de combustibles.

### USAGE DES GAZ CARBONÉS.

**445.** Dans les appareils à chauffer l'air que l'on emploie ordinairement, et que nous décrirons plus tard, le vent arrive au fourneau sans avoir subi d'altération chimique; M. Cabrol, directeur de l'usine de Decazeville, a pensé qu'il pourrait être utile de substituer à l'air échauffé dans son état ordinaire, un mélange d'air atmosphérique et de gaz carbonés, obtenus en faisant traverser à l'air froid qui vient de la soufflerie un foyer de grosse houille ou de coke (1), dans lequel il s'échauffe et se brûle en partie. L'appareil au moyen duquel on obtient ces résultats porte le nom d'appareil à *gaz carbonés ou réducteurs*.

L'avantage le plus sensible de cet appareil est de porter l'air à une très-haute température pour une faible consommation de combustible; mais il n'est réellement qu'apparent, puisque les appareils à air chaud ordinaires, qui sont établis au gueulard, n'exigent sous ce rapport aucune dépense. La faculté de décomposer environ 16 à 17 pour 100 de la quantité d'air qui traverse la grille (2) est, en principe, le seul fait qui établisse une différence entre ce procédé et celui de l'air chaud; mais nous y voyons un inconvénient assez grave, attendu que nous ne croyons pas que les *gaz réducteurs puissent* jamais *manquer* dans un fourneau, et que nous considérons comme consommée en pure perte toute la portion d'air qui se brûle avant de pénétrer dans l'ouvrage. Ce fait paraît d'ailleurs tellement admis qu'un métallurgiste expérimenté (3) recommande positivement d'augmenter le volume d'air fourni par la machine soufflante, proportionnellement à la quantité qui s'en brûle dans l'appareil à gaz carbonés. Si ce procédé a une heureuse influence sur la marche du fourneau, on ne peut l'attribuer qu'aux bons effets de l'air chaud, et l'action des gaz brûlés peut être considérée comme

(1) La petite houille est entraînée très-facilement par le courant d'air et encrasse le creuset.
(2) Mémoire de M. Thibaut, *Annales des Mines*, 8ᵉ livraison, 1835.
(3) *Métallurgie* de M. Walter, p. 210.

nulle *tant qu'il échappe suffisamment d'air à la combustion de la grille
pour alimenter celle du fourneau;* elle serait au contraire très-nuisible, si
la proportion d'air brûlé, devenant un peu forte, on ne pouvait remplacer
cette perte en augmentant proportionnellement l'activité de la soufflerie.

**446.** L'appareil à gaz carbonés a été essayé fort souvent, et paraît avoir
réussi aux fourneaux à coke d'Alais (1) et de Decazeville (2). Quant à son
influence sur les fourneaux au charbon de bois, elle a été généralement
mauvaise, et on a été forcé d'y renoncer dans presque toutes les usines où
l'on avait cru pouvoir l'employer. Nous ne connaissons pas exactement
les causes de ces échecs, mais il y a lieu de croire qu'ils sont dus à ce que
la proportion des gaz brûlés sur la grille a été trop considérable, ou plutôt
encore à ce que la température de l'air n'a pas été convenablement réglée,
relativement aux formes du fourneau et à la nature des matières premières
que l'on employait.

## EMPLOI DU BOIS CRU.

**447.** *Premiers essais.* — D'après Swedenborg, le bois vert fut essayé
pour la première fois en 1726, dans un haut fourneau de la Suède; les
résultats furent peu satisfaisants, et l'o · dut bientôt renoncer à son usage.
La question resta longtemps abandonnée, et ne fut reprise qu'en 1835,
quelque temps après que l'on eut appris que l'usine de Soumboul, en Fin-
lande, employait exclusivement le bois de sapin à la fusion des minerais, et
que, dans quelques fourneaux des États-Unis, on remplaçait une partie du
charbon par du bois vert.

Nous n'avons point appris qu'il y ait aujourd'hui en France des fourneaux
qui marchent régulièrement au bois seul, mais il y en a plusieurs dans les
départements du Haut-Rhin, de la Haute-Marne, et particulièrement dans
la Haute-Saône, où on le fait entrer pour moitié dans le volume total du
combustible. La substitution complète est évidemment possible; seulement
elle exige quelques dispositions particulières dont nous parlerons bientôt.

---

(1) La production du fourneau d'Alais, auquel on a appliqué l'appareil, a considérablement augmenté; mais ce fait paraît principalement dû à ce que le volume du vent que fournissait la soufflerie avait été notablement accru. Quant à la qualité du fer que donnait la fonte
fabriquée, il paraît positif qu'elle n'était point bonne. Ce résultat peut être attribué à la trop
grande élévation de la température de l'air : d'après le rapport de M. Thibaut, elle était
environ de 426°.

(2) L'un des fourneaux de Decazeville marche avec l'appareil de M. Cabrol, tandis que
les autres sont munis d'appareils à air chaud ordinaires; le travail du premier est, dit-on,
bien supérieur à celui des autres.

## MODE D'ACTION DU BOIS CRU.

**448.** Lorsque les fourneaux sont alimentés avec du charbon pur, leurs fonctions se bornent à opérer convenablement la conversion des minerais en fonte. Quand ils consomment du bois vert, ils sont appelés à remplir un nouveau rôle, celui d'appareils à carboniser; car dans l'un ou l'autre cas, il ne se brûle jamais que du charbon dans l'ouvrage, et c'est le seul combustible qui puisse y produire la haute température qui doit y régner. En principe, il n'y a donc rien de changé à ce qui passe dans les parties inférieures, pourvu que la carbonisation du bois s'effectue d'une manière à peu près complète dans les parties supérieures, et conjointement avec la réduction des minerais. C'est là le but qu'il s'agit d'atteindre, et l'on voit de suite que loin de s'y opposer, l'allure et la forme elle-même des fourneaux doivent s'y prêter avec facilité. Les faits ont pleinement confirmé les prévisions que l'on pouvait former à cet égard, et nous n'avons plus à prouver la possibilité d'employer le bois cru, mais seulement à rechercher la manière dont il se comporte dans les fourneaux, et à en déduire les dispositions qui paraissent les plus favorables à son usage.

**449.** *Transformation du bois dans les fourneaux.* — La transformation du bois en charbon, telle qu'elle s'opère dans les fourneaux, est un fait important à connaître et malheureusement encore peu étudié. Les expériences faites par M. Ebelmen au fourneau de Vellexon, sont celles qui ont le plus contribué à éclairer la question; nous rapportons une partie des conclusions qu'en a tirées cet ingénieur (1).

1°. Dans toute la partie supérieure de la cuve, dont la hauteur totale est de $7^m,67$; jusqu'à une profondeur de $4^m,20$ à $4^m,50$ au-dessous du gueulard, et après un séjour d'une heure et demie dans le fourneau, le bois n'éprouve pas d'altération sensible; le bois vert ne perd qu'une faible portion de l'eau hygrométrique qu'il renferme; les minerais ne perdent aucune partie de leur eau et de leur oxygène, et la castine seule absorbe un peu d'acide acétique.

2°. La distillation du bois commence à s'opérer à la profondeur de $4^m,20$ à $4^m,50$. Elle s'effectue de telle sorte que la surface des morceaux d'un certain volume est déjà carbonisée lorsque tout l'intérieur se trouve encore à l'état naturel. Ce mode de distillation produit des charbons d'une faible cohésion;

_____

(1) *Annales des Mines*, 4e livraison, 1838.

à la surface de chaque morceau de bois un peu volumineux, il s'opère un retrait considérable avant que le centre commence à l'éprouver, d'où résultent de nombreuses fissures qui se propagent de la circonférence au centre, suivant des plans passant par l'axe, ou perpendiculaires à celui-ci.

3°. A une profondeur de 5$^m$,20 à 5$^m$,50, et après deux heures et demie ou trois heures de séjour, la distillation du bois est complète, et le charbon ne retient plus qu'une faible proportion de matières volatiles. A 5$^m$,50 de profondeur, la température du fourneau est le rouge cerise, tandis qu'à 1$^m$ au-dessus, elle est insuffisante pour commencer la distillation du bois; celle-ci s'opère donc d'une manière complète dans une zone de 1$^m$,00 de hauteur; et dans un temps assez court, qui dépend du volume des morceaux, mais qui ne dépasse pas une heure et demie. Elle ne s'effectue à la fois que sur deux charges, de telle sorte que le bois placé au bas de la charge inférieure est tout à fait carbonisé lorsque le bois desséché, qui se trouve au milieu de la seconde, n'éprouve pas encore d'altération notable. La carbonisation du bois employé en nature détermine donc, dans un espace très-rétréci, un abaissement de température considérable que l'on doit attribuer à la quantité de chaleur latente absorbée par les gaz et par les vapeurs qui proviennent de cette distillation. Cette absorption de chaleur prouve que ces matières combustibles ne sont pas brûlées par le courant d'air désoxygéné qui traverse le fourneau; car, s'il en était autrement, il est évident que la température de cet air s'élèverait, au lieu de s'abaisser rapidement.

4°. A la profondeur à laquelle le bois est complétement carbonisé, les minerais sont transformés seulement en oxyde de fer magnétique; ils n'ont donc perdu que 1/9 de l'oxygène qu'ils doivent abandonner pour arriver à l'état de fer métallique.

5°. Si l'on compare le volume des charges avec le volume de la partie du fourneau qu'elles occupent, on trouve qu'il n'y a pas contraction jusqu'à la profondeur de 4$^m$,50 au-dessous du gueulard, hauteur à laquelle la carbonisation du bois commence à s'opérer.

450. D'après ces observations, on voit qu'en réalité la *carbonisation* s'effectue dans le fourneau d'une manière beaucoup plus rapide qu'on n'aurait pu le prévoir. Il en résulte naturellement des charbons d'autant plus légers que l'on emploie du bois en plus gros volume, ce qui indique qu'il y a avantage à porter au fourneau du bois en petits morceaux. Sa dessiccation se fait plus facilement, et il se trouve mieux préparé à la carbonisation, lorsqu'il est arrivé au point du fourneau où elle s'effectue.

**451.** L'influence que peut avoir la *dessiccation* préalable du bois, paraît être de peu d'importance, *au point de vue de son effet utile*, parce que la dessiccation du bois vert s'opère à la partie supérieure du fourneau, aux dépens de la chaleur des gaz qui se dégagent de la masse, et dont la température à la sortie n'influe pas sur l'allure générale; cependant on doit croire que, pour des vitesses de descente égales, le bois desséché donne lieu à des charbons plus denses que le bois vert, parce que sa transformation a plus de temps pour s'opérer. On arriverait au même résultat avec du bois vert, en donnant au fourneau une hauteur suffisante.

### DES PRINCIPAUX EFFETS DUS A L'USAGE DU BOIS CRU.

**452.** *Allure du fourneau.* — Le fourneau tend ordinairement à prendre une allure un peu froide, et, dans tous les cas, la température des parties supérieures de la cuve s'abaisse. Ce refroidissement, dû au dégagement des parties aqueuses que renferme le bois, n'influe pas d'une manière fâcheuse sur la marche de l'appareil, quand la descente de la charge n'est pas trop rapide. L'allure reste régulière *tant que la nature du combustible reste constante.*

**453.** *Réduction des minerais.* — Bien que les gaz qui résultent de la distillation du bois doivent concourir, avec l'oxyde de carbone, à la réduction du minerai, cette opération est cependant moins favorisée par l'emploi du bois que par celui du charbon, parce que des gaz surchargés de vapeur d'eau ne peuvent pas avoir la même action chimique que des gaz carbonés purs; aussi la réduction ne commence-t-elle à s'effectuer qu'à une assez grande distance du gueulard, et dans un point peu éloigné des hautes températures. Il suit de là que les minerais fusibles sont plus difficiles à traiter au bois que les minerais réfractaires, parce qu'il arrive que leur fusion commence avant que leur réduction soit complète.

Les minerais en grains, quelle que soit leur fusibilité, se comportent toujours moins bien que les minerais en roche, parce qu'ils s'infiltrent très-facilement à travers les couches de combustible, et arrivent au point de fusion avant d'avoir eu le temps de se réduire.

Quels que soient l'état et la nature de la mine, il est toujours à craindre que les charges au bois ne descendent pas régulièrement, parce que la grande diminution de volume qu'elles subissent au moment de la carbonisation est une cause incessante de mouvements qui peuvent occasionner des chutes.

454. Pour toutes ces raisons, il arrive fréquemment que la même mine rend un peu moins au bois qu'au charbon, et ce fait se présente surtout avec les *mines en grains*. Celles de ces mines qui sont très-fusibles ont même quelquefois donné des résultats tels que l'on a été obligé de renoncer à l'emploi du bois; mais nous pensons qu'en y mettant de la persévérance, on doit, dans tous les cas, surmonter ces difficultés :

1°. En augmentant le temps de passage des matières dans la cuve, soit en faisant descendre les charges lentement, ou plutôt encore en donnant à la cuve un grand volume et une grande hauteur;

2°. En employant l'air chaud pour augmenter la température de l'ouvrage, et diminuer celle des parties supérieures;

3°. En employant le bois en morceaux assez menus pour que la couche de combustible ne présente pas de trop grands vides;

4°. En portant le minerai en grains sur du minerai en roche, qui s'opposera en partie aux infiltrations;

5°. En humectant un peu la mine en grains.

Enfin le moyen le plus sûr d'assurer la réduction d'un minerai en poussière serait d'en composer des briquettes avec du poussier de charbon et de la chaux; mais en général les autres précautions suffiront à elles seules pour assurer le succès de l'opération dans les circonstances les moins favorables.

455. *Descente des charges.* — Il est facile de voir que, pour des fourneaux de même dimension, produisant une même quantité de fonte, l'un avec du charbon, l'autre avec du bois, le *passage des charges* est plus rapide pour le second que pour le premier. Ainsi, soit une charge au charbon composée de :

| | |
|---|---:|
| Mine............................................. | $0^{m3},20$ |
| Charbon........................................... | $0^{m3},48$ |
| Castine ........................................... | $0^{m3},04$ |
| Total........................... | $0^{m3},72$ |

la charge au bois, en admettant que 200 de bois en volume remplacent 100 de charbon, serait composée de :

| | |
|---|---:|
| Mine............................................... | $0^{m3},20$ |
| Bois............................................... | $0^{m3},96$ |
| Castine.. ......................................... | $0^{m3},04$ |
| Total.................. | $1^{m3},20$ |

Le volume moyen occupé dans le fourneau par la charge au charbon sera de $0^m{}^3,72 \times 0,85 = 0^m{}^3,61$; celui de la charge au bois sera de $1^m{}^3,20$ $\times 0,62 = 0,74$. Si donc la capacité est de $15^m{}^3,00$, le fourneau contiendra 24,50 charges au charbon et 20 charges au bois, d'où l'on voit que, pour une même production, ces dernières resteront moins de temps dans le fourneau que les premières. Or, comme c'est le contraire qui devrait avoir lieu, il n'est pas étonnant que, dans des fourneaux que l'on fait marcher au bois sans modifier leurs formes ou leur roulement, le minerai ne puisse pas être traité aussi avantageusement qu'au charbon pur, et que la production diminue.

456. En supposant déterminé le volume de charbon qui doit entrer dans la composition d'une charge pour assurer au fourneau une marche régulière, le volume de la charge en bois doit être combiné de manière à ce que, réduit en charbon, il occupe le même espace que dans le cas du charbon pur; mais lorsque la cuve est petite, il y a avantage à rendre la charge aussi faible que le comporte la régularité de l'allure, afin que les matières y soient plus également réparties.

457. *Du soufflage.* — La substitution du bois au charbon ne nécessite pas de changements dans le *volume* du vent que l'on doit donner au fourneau ; il doit toujours être proportionné à la quantité de charbon contenue dans le combustible employé ; ainsi, comme il faut environ $10^k,00$ d'air pour brûler $1^k,00$ de charbon, il en faudra $10 \times 0,35 = 3^k,50$ pour brûler $1^k,00$ de bois vert, qui ne contient que 35 pour 100 de carbone. Si le bois était séché ou torréfié, on trouverait de la même manière le poids d'air nécessaire à la combustion de 1 kil. de matière, en multipliant sa contenance en carbone par le nombre 10. Dans tous les cas, le volume d'air reste à peu près constant, parce que le poids des matières consommées reste à très-peu de chose près inversement proportionnel à leur contenu en carbone. Quant à la *pression*, elle doit rester conforme aux règles générales qui servent à la déterminer.

L'*air chaud* n'est pas d'un usage obligatoire pour les fourneaux qui marchent au bois cru ; mais on a reconnu qu'il exerçait sur leur marche une influence dont les bons résultats sont incontestables. Non-seulement il augmente l'effet utile du bois comme celui du charbon, mais encore il constitue le remède le plus énergique que l'on puisse opposer aux irrégularités de travail qu'entraîne ordinairement l'emploi de combustibles non préparés. Nous pensons donc que, dans toutes les usines où l'on veut remplacer le charbon par du bois cru ou même par du bois torréfié, il est à peu près *indispensable* de commencer par établir des appareils à air chaud.

La mutation de combustible est toujours une affaire grave, difficile, et l'on ne doit se la permettre que lorsque l'on s'est pourvu du meilleur moyen connu de remédier aux accidents. L'air chaud satisfait à cette condition, et assure en outre l'économie du combustible.

**458. *Qualité de la fonte.*** — L'emploi du bois en nature de qualité *homogène* ne change rien par lui-même à la nature de la fonte. Si quelquefois on a remarqué qu'il tendait à la blanchir, cet effet ne peut être attribué qu'au refroidissement qui se manifeste toujours dans l'allure des fourneaux, quand on y introduit des matières humides qui ne sont pas assez préparées en arrivant dans l'ouvrage. Dans la marche au charbon pur, le fait est accidentel; dans la marche au bois, il doit être prévu. Si les résultats sont mauvais, il ne faut pas en accuser le combustible, mais bien plutôt une descente trop rapide ou des formes intérieures mal appropriées aux fonctions du fourneau.

Les fontes au bois et à l'air chaud se comportent à l'*affinage* comme les fontes au charbon pur et à l'air froid, dont elles se rapprochent beaucoup pour la composition (438).

**459. *Économie de combustible.*** — Toute l'économie de combustible que l'on réalise en employant le bois paraît due en partie à la proportion de charbon qu'il laisse dans le fourneau. La carbonisation ordinaire, pratiquée avec des soins convenables, donne 17 pour 100 en poids, ou 32 en volume; or on réussit facilement à remplacer $0^{m\,3},30$ de charbon par $1^{m\,3},00$ de bois vert, qui ne rendrait que 32; on économise donc $50-32=18$, ou 36 pour 100, lorsque le bois remplace complétement le charbon, ainsi que cela a eu lieu pendant quelque temps à l'usine d'Audincourt.

**460. *Produits.*** — La substitution du bois au charbon n'a pas altéré le produit journalier des fourneaux dans lesquels on a en même temps accéléré la descente des charges; mais il ne peut pas toujours en être ainsi; et, dans ce cas, le seul moyen de conserver le même rendement consiste à augmenter les dimensions de l'appareil.

En principe, il faut admettre que, le bois remplaçant le charbon dans un même fourneau, la production doit diminuer, parce que la réduction est moins rapide, et qu'il faut plus de temps au bois qu'au charbon pour se préparer à la combustion. Lorsqu'il en est autrement, on doit simplement en conclure que la marche antérieure qui sert de terme de comparaison était beaucoup trop lente.

Généralement on ne raisonne pas ainsi lorsqu'on change de procédés dans une usine; on suppose presque toujours que l'on tirait de l'ancienne

méthode le meilleur parti possible; on lui compare la nouvelle, et l'on
conclut pour ou contre, suivant les résultats. Au point de vue particulier
de l'usine, on sait, il est vrai, quelle est la marche la plus avantageuse;
mais au point de vue général, ces conclusions peuvent être fausses, parce
qu'il arrive fréquemment que l'on quitte un procédé sans avoir jamais
su parfaitement l'exploiter, et que l'on ne tient pas compte de toutes les
circonstances influentes.

**461.** La diminution des produits que l'on observe ne tient pas au diamètre du fourneau au ventre; car, à partir de ce point, les conditions de
travail sont presque égales dans les deux cas. Elle dépend principalement
du volume et de la hauteur des régions supérieures. Pour faire rendre à
un fourneau au bois la même quantité de fonte qu'à un fourneau au charbon, il n'y a donc pas lieu d'accroître le diamètre au ventre; il suffit de
l'exhausser, et d'agrandir la cuve (1), afin d'augmenter le nombre de
charges qu'elle peut contenir, et d'y prolonger leur séjour.

**462.** *Forme des fourneaux.* — D'après tout ce qui précède, il est facile
de voir que l'emploi du bois cru ne peut avoir de succès complet qu'à la
condition de modifier convenablement la forme des fourneaux. Étant donné
le diamètre du *ventre*, nous pensons que la *hauteur* totale doit être d'environ cinq fois le diamètre. On conservera au ventre à peu près sa même
position au-dessus de la sole, que dans les fourneaux au charbon, de sorte
que le surcroît de hauteur portera principalement sur la *cuve;* on augmentera un peu la hauteur de la partie cylindrique du ventre, et on portera
le diamètre du *gueulard* à environ moitié de celui du ventre. Cette disposition nous paraît essentielle, parce qu'il est important que la vapeur d'eau
se dégage avec facilité; elle ne peut d'ailleurs pas être nuisible en causant
des pertes de chaleur, parce que la température des parties supérieures est
naturellement peu élevée.

Pour les *étalages* et l'*ouvrage*, on tiendra compte, comme de coutume,
de la nature de la mine et de la densité des charbons que produisent les
essences de bois que l'on emploie; cependant il y a plutôt lieu d'augmenter
un peu la hauteur de l'ouvrage que de la diminuer, sans toutefois en changer la section horizontale.

Ces dispositions s'appliquent principalement au cas où l'on ferait usage
du bois cru sans aucun mélange; quand on ne le fait entrer que pour un

---

(1) Pour les fourneaux dont on ne peut pas accroître la hauteur, il convient d'abaisser la
ligne du ventre.

quart ou pour moitié dans le volume de la charge, les formes ne doivent subir que des modifications proportionnelles à la quantité que l'on emploie.

**463.** *Principal obstacle à l'usage exclusif du bois vert.* — Nous ne doutons pas que le bois vert ne puisse être employé exclusivement à la production de la fonte : le fourneau d'Audincourt a marché ainsi pendant deux mois et demi en 1839, et ce fait peut se répéter partout où l'on voudra, en prenant les dispositions que nous avons indiquées. L'obstacle qui s'oppose à ce que cette méthode se répande, ne vient pas de ce que le bois est vert et de ce qu'il est saturé d'eau ; il résulte à peu près uniquement de ce que le combustible employé n'a pas une *composition uniforme* : la quantité d'eau qu'il renferme et par suite sa valeur calorifique se modifiant à chaque instant avec l'état de l'atmosphère, les conditions de travail varient sans cesse et ne permettent pas au fourneau de conserver une allure régulière. On peut, sans trop de difficultés, disposer un appareil pour employer du bois qui renferme 10, 20 ou 30 pour 100 de son poids d'eau ; mais il est réellement impossible de rendre ses produits et sa marche uniformes, lorsque, d'un instant à l'autre, le degré d'humidité du bois peut varier du simple au double. Telle est la cause qui rendra toujours l'usage exclusif du bois vert très-difficile et peu avantageux : elle cesse entièrement dès que la matière subit une préparation (dessiccation, torréfaction ou carbonisation), qui rend sa nature invariable.

## EMPLOI DU BOIS DESSÉCHÉ OU TORRÉFIÉ.

**464.** Le *bois torréfié*, ou charbon roux, est un combustible qui, pour sa densité et sa richesse en carbone, occupe à peu près un juste milieu entre le bois vert et le charbon noir ; on peut en dire autant de la manière dont il se comporte dans les fourneaux, ainsi que des moyens qu'il convient de mettre en usage pour l'utiliser convenablement. Nous n'entrerons donc pas dans de grands détails à cet égard ; la question nous paraît suffisamment éclairée par tout ce que nous avons rapporté sur l'emploi du bois cru et du charbon.

**465.** *Progrès de cette méthode.* — La facilité beaucoup plus grande que l'on éprouve à remplacer le charbon noir par le bois desséché ou le charbon roux, que par le bois vert, sans changer notablement les conditions d'existence et de travail des fourneaux, tient, ainsi que nous l'avons déjà fait pressentir, à ce que ces combustibles se rapprochent plus du charbon

35

que du bois vert, mais *surtout* à ce que leur composition est *homogène*. Elle a rendu l'usage des premiers beaucoup plus fréquent que celui des seconds, et tandis que l'emploi du bois vert, même en mélange, est encore assez rare, celui du bois desséché ou torréfié est déjà très-répandu, et fait chaque jour de nouveaux progrès, particulièrement dans les Ardennes et la Franche-Comté, où l'on rencontre beaucoup de fourneaux où l'on a complétement renoncé au charbon noir.

Dans la Meuse et la Marne, les progrès sont plus lents, et nous croyons que l'on doit en grande partie attribuer ce fait à la nature des minerais, qui, en raison de leur fusibilité et de leur état de division, paraissent exiger des précautions particulières, telles que le changement des formes du fourneau, l'emploi de l'air chaud, etc., pour pouvoir être avantageusement traités par le bois, ou même par le charbon roux.

466. *Influence sur le travail.* — Dans la plupart des usines qui marchent à l'air chaud, on a pu remplacer la plus grande partie du charbon par le bois torréfié, sans rien changer aux *formes du fourneau* ni aux autres dispositions; on a seulement diminué un peu la *charge du minerai*, parce que les dimensions du gueulard et la hauteur de la cuve ne permettaient pas d'augmenter assez le volume total de la charge pour conserver la même mise de minerai (1). Tel a été jusqu'ici le cas le plus général dans les Ardennes, où l'allure des fourneaux, le rendement du minerai et la *qualité de la fonte*, sont restés ce qu'ils étaient par le passé; mais la *production journalière* a un peu baissé, ainsi d'ailleurs que cela pouvait se prévoir. Il est donc vrai que, dans certaines localités, on peut substituer le charbon roux au noir, sans altérer les premières conditions de travail; toutefois il ne nous paraît pas moins évident que l'on trouvera toujours un intérêt réel à régler la marche et la forme des fourneaux dans le sens des modifications que nous avons indiquées pour le bois cru, et que, dans bien des cas, ces modifications seront l'indispensable condition du succès.

467. *Économie de combustible.* — Dans les usines qui marchent au bois *torréfié*, on a facilement réussi à remplacer $0^{m\,3},45$ de charbon noir par le produit de la torréfaction d'un stère de bois vert, dont la carbonisation en forêts n'aurait rendu au plus que $0^{m\,3},32$. L'économie que l'on réalise est donc de $45 - 32 = 13$, soit 29 pour 100.

En général, cette économie est même plus considérable, parce que l'on

(1) Voir l'excellent Mémoire de M. Bineau pour tout ce qui concerne les essais de bois torréfié et de bois cru.

carbonise avec peu de soin, que l'on soigne mal les charbons, et qu'en définitive on n'obtient que 29 pour 100, au lieu de 32; mais nous conservons ce dernier chiffre, parce qu'en choisissant pour terme de comparaison le plus mauvais résultat que puisse donner un procédé, on tombe nécessairement dans l'exagération et dans l'erreur : il faut d'ailleurs reconnaître que, relativement à l'économie du combustible, l'usage du bois torréfié, et surtout celui du bois desséché, qui présente les mêmes avantages que le bois vert, se présente avec une telle supériorité qu'il n'y a nullement besoin de rabaisser l'ancienne méthode pour faire ressortir les avantages de la nouvelle.

**468.** *Avantages généraux.* — Nous ne saurions trop engager les chefs d'usines à entrer dans la voie pleine d'avenir des nouvelles méthodes : une *économie* de combustible de 29 pour 100 en employant le bois torréfié, et de 36 pour 100 dans le cas du bois cru, vert ou desséché, est certainement bien de nature à tenter tous ceux qui ont à cœur les progrès de leur art. Si l'on y ajoute une économie d'environ 20 pour 100, que l'on peut réaliser par l'usage de l'air chaud, on voit que, dans tous les fourneaux, et même ceux qui marchent bien, mais au charbon et à l'air froid, on peut réduire très-notablement la consommation, en y introduisant simultanément l'usage du bois et celui de l'air chaud.

Les *bénéfices* en argent ne suivent pas, il est vrai, la même proportion, surtout pour les forges qui sont éloignées des forêts; mais à une époque où les bois sont si chers, et où les approvisionnements sont si difficiles à faire, tant à cause de la concurrence que toutes les industries font sous ce rapport à celle du fer, qu'en raison des conflits qui s'élèvent à chaque instant entre les intérêts privés et l'administration forestière, on doit, ce nous semble, se hâter d'adopter toutes les mesures qui peuvent diminuer la consommation du bois, lors même qu'il n'en résulterait pas un grand bénéfice pécuniaire : on y trouvera toujours l'avantage de faire ses achats avec plus de facilité, probablement à plus bas prix, et de diminuer dans une proportion notable, ses frais généraux et ses avances de fonds. Mais, hâtons-nous de le dire, l'intérêt qui s'attache à l'adoption de ces procédés économiques est beaucoup plus réel; l'emploi du bois torréfié, ou desséché, est le seul qui, dans le cas où les fourneaux sont très-éloignés des forêts, peut ne pas procurer de bénéfice pécuniaire immédiat; il en est tout autrement de l'air chaud, dont les appareils ne sont pas très-chers, et qui convertit en bénéfice net presque toute l'économie de combustible qu'il procure.

**469.** La substitution de l'*air chaud* à l'air froid est devenue aujourd'hui une affaire courante, et d'un succès presque certain : les appareils sont bien connus; ils sont faciles à établir, et leur influence, entièrement concentrée sur le fourneau auquel ils sont appliqués, ne s'étend qu'indirectement aux conditions générales d'existence de l'usine. Il n'en est pas de même du *bois vert,* ou *desséché;* et la question, examinée sous ses différents points de vue, se présente entourée de difficultés si graves qu'il n'est pas très-étonnant qu'elle ait jusqu'ici paru inabordable à beaucoup de maîtres de forges, qui ont su se rendre compte de ses avantages et de ses inconvénients.

En premier lieu, et au point de vue l'art, on ne peut pas dire que le problème ait été résolu de manière à satisfaire toutes les intelligences, et surtout les intelligences des hommes pratiques. Il y a eu de nombreux et beaux succès, mais il y a eu aussi quelques échecs; et bien qu'il soit positif que les difficultés qui en ont été la cause ne sont nullement insurmontables, ce fait seul a suffi pour arrêter ceux qui se défient de leurs propres lumières ou de leur persévérance, et surtout ceux auxquels le manque de capitaux ne permet pas de se livrer à des essais dont le prix de revient est souvent assez cher. Quel que soit le degré d'importance que l'on attache à ces considérations, elles ne nous paraissent avoir qu'une valeur bien minime lorsque l'on arrive à envisager la question dans ses rapports avec l'administration extérieure d'une usine, c'est-à-dire l'*achat* et le *transport* des matières premières.

Il n'y a pas, en France, d'usines un peu importantes qui possèdent en propriété la quantité de bois nécessaire à leurs besoins, et elles sont toutes obligées de faire leurs approvisionnements dans les coupes de l'État, dont l'administration forestière, particulièrement intéressée à hausser les prix, sait effectuer la vente avec un art qui réussit toujours à exciter parmi les acheteurs la plus grande concurrence possible. Si cette concurrence effrénée, dont l'industrie du fer est toujours la première victime, parce que ses besoins sont les plus grands et les plus impérieux, n'avait pour résultat que l'*élévation* toujours croissante du *prix du combustible,* les chefs d'usine auraient à prendre leur parti sur un fait inévitable qui doit entrer dans leurs calculs et leurs prévisions, et ils devraient faire les plus grands efforts pour travailler économiquement; mais malheureusement elle a des conséquences plus graves encore : c'est l'état d'*incertitude* dans lequel est placée une industrie qui ne peut pas savoir deux ans à l'avance quelle pourra être la qualité des bois dont elle disposera, ni la distance à laquelle il lui faudra aller les chercher. Il en résulte que non-seulement il lui est impossible de prévoir à quel chiffre s'élèvera sa fabrication, ce qui peut être la source de mécomptes déplorables, mais que même elle est arrêtée dans ses projets d'améliorations les mieux sentis, du moment où ils sont basés sur son mode d'approvisionnement. Tel est, par exemple, le cas de l'emploi du bois dans les fourneaux, qui est si recommandable sous tant de rapports, mais qui a le défaut de n'être plus praticable avec avantage quand le prix du bois et le prix de transport atteignent certaines limites.

Il est évident qu'une usine, même bien placée par rapport aux forêts, s'expose en adoptant ce procédé, parce que ses rivales peuvent à leur gré lui enlever les approvisionnements qu'elle a à sa porte, et la forcer à aller chercher son bois dans des localités assez éloignées, pour qu'elle soit obligée de travailler avec perte, ou d'abandonner sa méthode en perdant le prix de ses appareils et de ses essais. Quelque odieux que puisse paraître ce fait, il s'est malheureusement déjà présenté, et nous ne croyons pas inutile de le dire, parce que, si nous avons à cœur la propagation des bonnes méthodes, nous regardons aussi comme un devoir de signaler à nos lecteurs les principales difficultés que rencontre leur application.

**470.** L'usage du *bois desséché en forêts* est exempt d'une partie des inconvénients que nous venons de signaler. Il est praticable avec bénéfice, même dans des forêts très-éloignées des usines (1), et ses produits peuvent être aussi bons que ceux de la dessiccation au gueulard, en y consacrant des soins et une surveillance active.

Un des grands avantages de la préparation du bois à l'usine est de pouvoir employer le combustible dans l'année même où on l'achète, sans subir le prix et le déchet de la conservation en halles, et par conséquent de réduire à leur minimum l'avance des capitaux et la perte d'intérêts. Sous ce rapport, la fabrication de charbon roux en forêts présente tous les défauts de l'ancienne méthode, si ce n'est qu'elle donne moins de déchets de transports et de conservation; mais elle lui est si supérieure à d'autres égards que nous n'hésitons pas à la regarder comme un excellent procédé, que l'on peut adopter avec sécurité, et sans courir toutes les mauvaises chances qui peuvent résulter du transport des bois en nature.

**471.** L'avenir modifiera sans doute les conditions de travail que nous trouvons si mauvaises aujourd'hui; le Gouvernement pourra intervenir efficacement pour arrêter les désastreux effets d'une concurrence sans mora-

---

(1) Consulter le Tableau xxv.

lité, ou les industriels pourront s'associer pour en atténuer les résultats; mais probablement le concours des deux parties sera indispensable pour assurer la solution d'une question à laquelle se rattachent de si grands intérêts.

## EMPLOI DE LA TOURBE TORRÉFIÉE OU CARBONISÉE.

**472.** *Qualités de la tourbe.* — La tourbe a été rarement employée dans les hauts fourneaux, et les essais que l'on a faits n'ont pas été assez suivis pour que l'on puisse avoir une idée précise de l'état de la question.

La nature de ce combustible est très-variable, et s'il est vrai que certaines qualités puissent s'approprier assez facilement à la fusion des minerais, il faut avouer aussi qu'il y en a d'autres qui doivent en être complétement exclues : telles sont principalement les tourbes *pyriteuses*, qui ne donneraient que de la mauvaise fonte, et celles qui contiennent une grande quantité de *cendres* : ces dernières produisent des laitiers visqueux, qui engorgent facilement l'ouvrage et le creuset; mais lorsqu'elles ne renferment pas de principes nuisibles à la qualité du métal, leurs inconvénients peuvent être facilement annulés par l'usage de l'air chaud. Les tourbes *calcaires* sont les plus favorables de toutes, parce qu'elles rendent inutile l'emploi de la castine.

L'usage de la *tourbe torréfiée*, réduite environ aux 2/3 de son volume, est bien plus convenable que celui de son charbon, parce que, pour une même quantité de carbone, la proportion des cendres y est moins considérable, sans compter d'ailleurs le grand avantage qu'elle présente comme économie de combustible (N° 221).

**473.** Le degré de *densité* du combustible est une considération de haute importance dans les hauts fourneaux, et, à ce point de vue, on observe de grandes différences parmi les diverses variétés de tourbe. Nous accordons volontiers que le mode de préparation peut exercer une certaine influence sur leur friabilité ordinaire; mais il est positif qu'elle est, en majeure partie, déterminée par la proportion des matières étrangères qu'elles renferment : ainsi une tourbe riche en cendres peut fournir un charbon assez compacte tandis que celles qui sont très-riches en carbone, et pauvres en cendres, donnent généralement des produits plus friables.

**474.** En résumé, les conditions qui favorisent le plus l'emploi de la tourbe dans les fourneaux sont les suivantes :

1°. Point ou peu de pyrites et de matières nuisibles;

2°. Une proportion de cendres assez grande pour assurer une dureté convenable aux produits, et cependant assez faible pour ne pas engendrer un excès de laitiers;

3°. Des cendres plutôt calcaires que siliceuses.

Nous croyons que des usines qui ont dans leur voisinage des tourbes qui possèdent ces avantages feraient très-bien d'en essayer l'emploi, en se rendant toutefois à l'avance un compte exact des frais d'extraction et de préparation, qui, dans certains cas, peuvent s'élever assez haut.

**475.** *Préparation.* — Quelle que soit la contenance en carbone de la tourbe que l'on veut employer, on doit se borner à la sécher quelque temps à l'air, puis à la torréfier à la chaleur perdue des fourneaux, en ayant soin d'opérer beaucoup plus lentement que cela ne se fait pour le bois; car le cas est bien différent : le bois est une matière dont la puissance d'organisation est fortement prononcée; en le forçant à se dépouiller des substances volatiles qu'il renferme, on altère beaucoup son tissu, mais il se conserve encore en partie; tandis que dans la tourbe ce tissu n'existe plus, et n'a pas été encore remplacé par la force de cohésion qui caractérise les matières minérales. Il faut donc procéder à la torréfaction avec lenteur, pour que l'expansion des vapeurs nuise le moins possible au rapprochement des molécules constituantes.

**476.** *Indications générales.* — Il n'est pas probable que l'usage de la tourbe torréfiée, ou carbonisée, exige de modifications dans la *forme des fourneaux;* dans tous les cas, elles ne peuvent être déterminées que relativement à la nature de celle que l'on emploie. Le *soufflage* doit rester proportionnel à la densité du combustible et à son contenu en carbone, et il n'y a pas à hésiter sur l'*usage de l'air chaud;* car les tourbes s'enflamment très-facilement dès qu'elles sont sèches, et l'on peut craindre qu'elles n'aient trop de tendance à brûler dans la cuve plutôt que dans l'ouvrage : l'air chaud doit être le correctif de cette propriété, et il ne serait pas moins utile à la liquéfaction des laitiers, s'ils étaient réfractaires ou trop abondants.

Nous ne croyons pas utile de rapporter le petit nombre d'essais faits en Allemagne, sur l'emploi de la tourbe dans les fourneaux. Leurs résultats ne sont pas assez nets pour qu'ils puissent servir à éclairer la question. Tout est encore à faire, et nous devons nous renfermer dans les observations que nous avons présentées.

## EMPLOI DES SCORIES.

**477.** *Composition.* — On donne le nom de scories aux produits impurs qui se forment pendant les différentes périodes de la fabrication du fer, soit par la méthode catalane, soit par l'affinage au bois, ou par la méthode anglaise.

Ces produits sont des silicates de nature très-variable, et contenant toujours une grande quantité d'oxyde de fer, de sorte qu'ils peuvent être considérés comme des minerais artificiels fort riches, susceptibles de rendre 40 à 60 pour 100 de fonte, et dont l'exploitation présente d'autant plus d'avantages qu'on les obtient ordinairement à assez bas prix.

Les scories sont principalement composées de silice et d'oxyde de fer; on y retrouve cependant la plupart des substances que renferment les minerais eux-mêmes : ainsi, outre la silice, elles peuvent contenir un peu de chaux, de magnésie et d'alumine, du manganèse, du soufre et du phosphore.

Leur exploitation étant d'autant plus avantageuse qu'elles sont plus pures, il faut apporter une attention sérieuse à la provenance de celles que l'on veut exploiter, pour ne pas introduire dans les fontes que l'on produit des matières qui pourraient en altérer les qualités. Le phosphore et le soufre sont, comme on le sait, les deux substances dont la présence est le plus à craindre, et des scories qui en contiendraient trop ne doivent pas être employées pour la production de la fonte de forge, lors même qu'elles seraient très-riches en fer; en un mot, il faut surveiller leur emploi tout comme celui des minerais eux-mêmes.

**478.** *Emploi.* — Le caractère de tous les silicates qui renferment plusieurs bases est d'être très-fusibles, et de ne se réduire qu'avec beaucoup de difficulté; les scories sont tout à fait dans ce cas, et leur traitement dans les hauts fourneaux, le seul du reste qui leur soit communément applicable, présente toujours d'assez grandes difficultés.

Leur emploi en proportions un peu fortes et à l'état brut, c'est-à-dire en morceaux assez gros, donne toujours naissance à de la fonte blanche : leur réduction se fait mal, et elles entrent en fusion avant que la première transformation ait pu s'achever, parce que le charbon et la chaux n'agissent pas assez énergiquement sur le silicate de fer pour détruire rapidement cette combinaison fusible, et en former une autre qui le soit beaucoup moins. Le silicate de fer passe dans les laitiers, et décarbure la fonte malgré l'excès de charbon que l'on pourrait porter au fourneau.

Pour éviter ces effets, il faut que les scories soient réduites en morceaux très-menus, employer beaucoup de castine, et opérer, en un mot, de manière à ce que les matières qui doivent réagir les unes sur les autres éprouvent un contact aussi rapproché que possible, et favorable en tous points au but que l'on veut atteindre.

479. La meilleure manière de résoudre la question est celle qui a été conseillée par M. Berthier; elle consiste à broyer les scories, à les mêler intimement avec du poussier de charbon et de la chaux éteinte, et à en former une pâte que l'on porte au fourneau sous la forme de briquettes. L'expérience a démontré qu'en opérant ainsi la réduction de l'oxyde se faisait très-bien, et que le traitement des scories ne pouvait plus offrir de difficultés graves.

A l'usine de l'Horme, près de Saint-Chamond, on a réussi à obtenir un bon roulement en employant en scories 20 à 25 pour 100 du poids des minerais. Une partie des scories est broyée (1), mélangée avec 20 pour 100 de chaux vive, et réduite en pâte, que l'on jette par portions dans le fourneau, et sans même la faire sécher. Le reste, 1/3 environ, est employé brut.

Ces scories ne renferment pas de chaux, et contiennent peu d'alumine; mais une partie des minerais avec lesquels on les emploie étant un peu manganésifères, et renfermant une forte proportion d'alumine, il en résulte un mélange très-convenable. Suivant l'auteur du rapport (2) auquel nous empruntons ces détails, c'est principalement à l'emploi de l'air chaud qu'il faut attribuer les bons résultats que l'on obtient dans ce fourneau. La haute température qu'il produit dans l'ouvrage permet l'emploi d'une forte proportion de castine, circonstance toujours favorable à la qualité de la fonte; tandis que le refroidissement très-sensible qu'il occasionne dans les parties supérieures du fourneau retarde la fusion des matières, et favorise ainsi la réduction complète des scories.

Quelle que soit d'ailleurs la cause de ce refroidissement, il est certain qu'il est favorable à leur traitement; car nous connaissons une usine où l'on ne réussit à obtenir de la fonte grise avec des scories qu'en re-

---

(1) Le broiement des scories se fait au moyen d'une meule en fonte qui peut en écraser 8000 kil. en vingt-quatre heures. Il coûte 0f,40 par 100 kil.

(2) Notice de M. Sentis; *Annales des Mines*, 3e livraison, 1839.

froidissant artificiellement la cuve pour retarder la fusion des matières, et faire brûler la plus grande partie du charbon dans les régions inférieures.

**480.** Les scories sont employées dans plusieurs autres hauts fourneaux, parmi lesquels on peut citer celui de Massevaux (Haut-Rhin), qui marche avec un mélange de bois vert, de charbon et de coke. Il est soufflé avec de l'air chauffé à 250° environ.

Une partie des scories que l'on emploie (les 2/3 environ) est préalablement mélangée avec les minerais; le reste est porté seul au fourneau. Les mélanges de minerais se composent de minerai oolithique (peroxyde anhydre), d'un calcaire ferrugineux très-pauvre, servant en partie de fondant, et de fer hydraté quartzeux.

Depuis le 13 juillet 1840 jusqu'au 19 mai 1841, le fourneau a produit 1 004 000 kilog. de fonte, soit 3 280 kilog. par jour; et l'on a consommé par tonne de fonte :

| | | | |
|---|---|---|---|
| Charbon............ | $3^{m\,3}$,550 | pesant | 816 kil. |
| Bois vert.......... | $3^{m\,3}$,990 | idem.. | 1140 kil. (environ) |
| Coke........ .... | » | idem.. | 130 kil. |
| Minerai............ | $0^{m\,3}$,983 | idem.. | 1671 kil. |
| Scories....... .... | $0^{m\,3}$492 | idem.. | 984 kil. |
| Castine.......... . | $0^{m\,3}$,063 | idem.. | 126 kil. |

On a été obligé de faire de fréquents changements aux formes intérieures du fourneau de Massevaux, avant de pouvoir le faire marcher en roulement régulier avec toutes les matières que l'on emploie; nous ne connaissons pas exactement sa forme actuelle.

## DOCUMENTS GÉNÉRAUX SUR LA FORME ET LE TRAVAIL DES FOURNEAUX AU BOIS.

**481.** Afin de compléter autant que cela nous est possible les données que nous avons présentées relativement à la fabrication de la fonte, nous croyons devoir rapporter ici les documents que nous avons recueillis sur les formes et le travail des hauts fourneaux au bois dans quelques provinces françaises et étrangères. Ils embrassent à peu près toutes les espèces de minerais et les principales méthodes de fabrication.

**482.** Fourneaux de la Toscane (n$^{os}$ 1, 2, 3, Pl. 6). Le minerai est un mélange de fer oligiste et de fer oxydé, brun et rouge, rendant 58 à 62 pour 100. Charbon mélangé d'essences plutôt dures que tendres.

N° 1.

|  | AIR FROID. | AIR CHAUD. |
|---|---|---|
| Charges par jour.................. | 200 | 85 |
| Produit par jour.................. | 13 500 kil. | 13 200 kil. |
| Mine aux 1 000 kil. .............. | 1 780 kil. | 1 625 kil. |
| Charbon........................ | 1 024 kil. | 888 kil. |
| Castine........................ | 91 kil. | 91 kil. |

N° 2.

|  | AIR FROID. |
|---|---|
| Charges par jour............................... | 138 |
| Produit par jour ............................. | 9 487 kil. |
| Mine aux 1 000 kil. ........................... | 1 762 kil. |
| Charbon....................................... | 1 000 kil. |
| Castine. ...................................... | 50 kil. |

N° 3.

|  | AIR CHAUD. | |
|---|---|---|
|  | FONTE DE MOULAGE. | FONTE DE FORGE. |
| Charges par jour.................. | 150 | 165 |
| Produit par jour.................. | 10 350 kil. | 11 450 kil. |
| Mine aux 1 000 kil .............. | 1 692 kil. | 1 720 kil. |
| Charbon........................ | 1 210 kil. | 990 kil. |
| Castine........................ | 85 kil. | 87 kil. |

Fourneau des Basses-Pyrénées (n° 4, Pl. 6).

N° 4. Minerai mélangé de fer oligiste micacé, d'hématite brune, compacte et fibreuse, et de fer spathique, rendant en moyenne 40 à 44 pour 100. Charbon de hêtre de haute futaie.

|  | AIR FROID. |
|---|---|
| Produit en fonte truitée, par vingt-quatre heures........ | 4 640 kil. |
| Mine aux 1 000 kil............................... | 2 336 kil. |
| Charbon. ....................................... | 1 115 kil. |
| Castine........................................ | 197 kil. |

Fourneaux des Landes (n°⁽ˢ⁾ 5 et 6, Pl. 6).

N°⁽ˢ⁾ 5 et 6. Peroxyde hydraté en grains ou en morceaux, mêlé de sable ferrugineux. Charbon de pin très-dense.

|  | AIR FROID. | |
|---|---|---|
|  | N° 5. | N° 6. |
| Charges par jour........ .......... | 18 à 20 | 28 à 30 |
| Produit par jour..................... | 2 390 kil. | 3 392 kil. |
| Mine aux 1 000 kil.................. | 2 379 kil. | 2 368 kil. |
| Charbon........................... | 1 304 kil. | 1 201 kil. |
| Castine........................... | 415 kil. | 442 kil. |
| Brocaille........... .............. | » | 12,6 |

Fourneaux du Berry (n<sup>os</sup> 7, 8, 9 et 10, Pl. 6).

N° 7. Minerai hydraté en grains et en morceaux, rendant en mélange 35 à 40 pour 100. Charbon d'essences dures.

AIR FROID.

| | |
|---|---|
| Charges par vingt-quatre heures............. | 45 à 50 |
| Produit par vingt-quatre heures............. | 4 300 kil. à 4 800 kil. |
| Mine aux 1 000 kil. .................... | 2 700 kil. |
| Charbon............................... | 1 400 kil. à 1 500 kil. |
| Castine................................ | 500 kil. à 600 kil. |

Fourneaux du Doubs et de la Haute-Saône (n<sup>os</sup> 11, 12, 13, 14 et 15, Pl. 6 et 7).

N° 11. Peroxyde hydraté en grains et en roche calcaire. Charbon composé de 2/3 d'essences dures et bois vert renfermant 1/2 d'essences dures.

AIR FROID.

| | |
|---|---|
| Produit par jour.................................. | 1 960 kil. |
| Mine aux 1 000 kil.... .......................... | 3 849 kil. |
| Charbon........................................ | 1 444 kil. |
| Bois vert....................................... | $4^{m3},29$ |
| Castine........................................ | 273 kil. |

N° 12. Mine argileuse en grains et calcaire en roche. Charbon de chêne et tremble.

AIR CHAUD A 200°.

| | |
|---|---|
| Produit par jour............................... | 3 000 kil. |
| Mine aux 1 000 kil.. .......................... | 3 475 kil. |
| Rognures...................................... | 115 kil. |
| Charbon....................................... | 1 218 kil. |
| Castine........................................ | 73 kil. |

N° 13. Peroxyde hydraté en grains, en poussière et en roches. Charbon composé de 5/5 d'essences dures.

AIR CHAUD.

| | |
|---|---|
| Produit par jour................................. | 2 365 kil. |
| Mine aux 1 000 kil.............................. | 3 466 kil. |
| Charbon....................................... | 1 247 kil. |
| Castine ...................................... | " |

N° 14. Minerai hydraté en grains et en roche. Charbon et bois composé de 5/4 d'essences dures.

| | AIR FROID. | AIR CHAUD. |
|---|---|---|
| Composition de la charge... ⎰ Mine.............. | $0^{m3},179$ | $0^{m3},168$ |
| Charbon............ | $0^{m3},415$ | $0^{m3},270$ |
| Bois desséché........ | $0^{m3},091$ ⎱ | $0^{m3},250$ |
| Bois vert........... | " | |

| | | |
|---|---|---|
| Produit par jour.................... | 2 066 kil. | 1 650 kil. |
| Mine aux 1 000 kil. ............... | 3 498 kil. | 3 422 kil. |
| Charbon.. ..................... | 5$^m$$^3$,35 | 3$^m$$^3$,46 |
| Bois desséché...................... | 1$^m$$^3$,06 | 2$^m$$^3$,87 |
| Bois vert........................ | » | 0$^m$$^3$,28 |

N° 15. Minerai en grains et en roche.

| | AIR FROID. | AIR CHAUD A 365°. |
|---|---|---|
| Produit par jour...... ............ | 3 830 kil. | 3 883 kil. |
| Mine aux 1 000 kil................. | 1$^m$$^3$,700 | 1$^m$$^3$,620 |
| Sornes........................... | » | 0$^m$$^3$,068 |
| Charbon......................... | 5$^m$$^3$,500 | » |
| Bois vert ............. .......... | » | 10$^m$$^3$,520 |
| Castine,........................ | 0$^m$$^3$,300 | 0$^m$$^3$,270 |

On a renoncé à l'usage exclusif du bois flotté que l'on employait, parce que le degré d'humidité très-variable du combustible changeait à chaque instant la nature de la fonte.

N° 16 (Pl. 7). Fourneau du Bas-Rhin, marchant avec du charbon d'essences dures, un mélange d'hématite brune et de peroxyde hydraté en grains et en plaquettes, à air froid.

Fourneaux de la Meuse (n°s 17, 18, 19 et 20, Pl. 7). Ils consomment des minerais hydratés en grains provenant des mines de Montreuil, Ormançon, etc.

N° 17.                                                         AIR FROID.

| | |
|---|---|
| Produit par jour........... .................... | 2 862 kil. |
| Mine aux 1 000 kil............................... | 1$^m$$^3$,6880 |
| Brocaille........................ ........... | 3$^k$,66 |
| Charbon......................... ........... | 5$^m$$^3$,1435 |

Les lignes ponctuées indiquent les dimensions du fourneau après un roulement de 13 mois et demi.

Les n°s 18, 19 et 20 représentent les formes successives que l'on a données au même fourneau en augmentant continuellement l'inclinaison des étalages; ceux du n° 20 se trouvent aujourd'hui un peu trop inclinés.

Le n° 19, soufflé à l'air chaud et à 0$^m$,05 de pression (en mercure).

| | |
|---|---|
| Produit par jour............................ .... | 4 860 kil. |
| Mine aux 1 000 kil. .......................... .... | 1$^m$$^3$,610 |
| Charbon........................ .......... .... | 5$^m$$^3$,028 |

N° 21 (Pl. 7). Fourneau de la Moselle, en 1828. Il est disposé pour marcher à volonté au charbon de bois ou au coke. On porte au fourneau un mélange de mine siliceuse hématite, rendant 46 pour 100, et de mine

tendre oolithique à gangue argileuse et peu calcaire. La charge au bois se
compose de :

        Mine siliceuse........................... 60 )
        Mine tendre............................. 34 ) 94 kil.
        Castine................................... 45 kil.
        Charbon................................... 0m3,514 kil.

Les laitiers contiennent environ 50 de silice, 30 de chaux et 15 d'alumine et de magnésie.

La charge au coke se compose de :

        Mine.................. 232 kil. )
        Scories de puddlage....... 60 kil. ) Mélange riche à 38 pour 100.
        Castine................. 72 kil.
        Coke.................. 200 kil.

Le laitier se compose à peu près de 40 parties de silice, 38 de chaux et
16 d'alumine.

Fourneaux des Ardennes (nos 22 et 23, Pl. 7). Peroxyde hydraté en petits
grains, fusible. Le charbon contient 3/5 d'essences dures.

|  | AIR FROID. | |
|---|---|---|
| N° 22. | MARCHE AU CHARBON. | MARCHE AU BOIS TORRÉFIÉ. |
| Composition de { Mine.......... | 162k,50 | 158 kil. |
| la charge... { Charbon........ | 0m3,36 | 0m3,09 |
| { Bois torréfié..... | » | 0m3,429 |
| Produit par jour............... | 2 200 kil. | 2 000 kil. |
| Mine aux 1 000 kil............ | 3 000 kil. | 2 795 kil. |
| Charbon...................... | 6m3,75 | 1m3,59 |
| Bois qui a produit le bois torréfié.. | » | 11m3,29 |

|  | AIR FROID. | |
|---|---|---|
| N° 23. | MARCHE AU CHARBON. | MARCHE AU BOIS DESSÉCHÉ. |
| Produit par jour............ | 3 000 kil. | 2 690 kil. |
| Mine aux 1 000 kil.......... | 2 680 kil. | » |
| Charbon.................... | 7m3,00 = 1 400 kil. | 1m3,508 |
| Bois produisant le bois desséché.. | » | 12m3,490 |

N° 24 (Pl. 7). Fourneau des Côtes-du-Nord, soufflé à l'air chaud (220°),
et marchant avec un mélange de charbon et de bois vert. La charge se
compose de :

        Minerai (oxyde rouge, hématites, etc.)................ 200 kil.
        Castine................................. 60 kil.
        Charbon de bois........................... 75 kil.
        Bois en nature............................ 125 kil.

On fait en vingt-quatre heures 44 charges qui produisent environ 3500 kil. de fonte.

N° 25 ( Pl. 7). Fourneau de la Silésie, marchant à l'*air chaud* (111° en moyenne). On emploie du charbon de pin et un mélange de fer oxydé hydraté terreux et de fer carbonaté en rognures.

Produit par jour............................. 2040 kil.
Mine aux 1 000 kil. ............................ 3390 kil.
Castine. . . ............................ ............ 480 kil.
Charbon............................... .. ... ............... 1720 kil.

Fourneaux du Hartz, en 1826 ( n°s 26, 27, 28 et 29, Pl. 7).

Nous ne sommes pas assez sûrs de l'exactitude des chiffres que nous possédons sur le roulement des fourneaux pour les rapporter ici; ils ne présentent d'ailleurs aucune particularité remarquable.

**483.** La conclusion la plus générale que l'on puisse tirer des exemples que nous venons de citer, c'est que le mode de soufflage et la nature du minerai sont les deux éléments qui influent le plus sur la marche des fourneaux. Leurs formes n'ont réellement qu'une influence secondaire, et s'il est utile de ne pas en négliger l'étude, il ne faut pas au moins en exagérer l'importance.

# CHAPITRE III.

## DES FOURNEAUX A COMBUSTIBLES MINÉRAUX.

———·

### EMPLOI DU COKE ET DE L'AIR FROID.

**484.** Nous avons exposé dans les deux chapitres qui précèdent les principes sur lesquels sont fondés la construction et la direction des hauts fourneaux; nous ne les reproduirons donc plus ici, et nous nous contenterons d'en faire l'application aux fourneaux qui marchent au coke.

### DONNÉES GÉNÉRALES.

**485.** *Du soufflage.* — Le *volume* d'air nécessaire aux fourneaux au coke est proportionnel à la consommation de combustible, et peut se calculer à raison d'un maximum de $8^{m3}, 82$, soit $11^k, 46$ (à la pression de $0^m, 76$, et à la température de zéro) par kilogramme de coke, contenant environ $0,15$ de cendres. La *pression* doit croître avec la densité du coke, la hauteur du fourneau et la largeur de l'ouvrage. Les limites entre lesquelles elle est ordinairement comprise sont $0^m, 08$ et $0^m, 20$ de mercure.

**486.** *Des combustibles.* — La consommation du combustible varie, avec la fusibilité des minerais, depuis 140 jusqu'à 300 de coke pour 100 de fonte, et la quantité que l'on en brûle par heure et par mètre carré de surface au ventre est comprise entre 50 kil. et 100 kil.; elle dépend de l'énergie du soufflage.

**487.** *Des minerais.* — Les minerais réfractaires et difficiles à réduire exigent des fourneaux élevés, et un peu resserrés dans les parties inférieures. La proportion de *matières stériles* varie comme dans les fourneaux au bois; mais il y a un avantage direct à augmenter la dose de castine, à cause des parties sulfureuses que peut contenir le combustible. En fonte grise, on emploie ordinairement 220 à 300 de matières stériles par 100 de métal; en fonte blanche, il en faut un peu moins; mais le rapport varie beaucoup plus suivant la richesse et la fusibilité du minerai que suivant la nature de la fonte : dans certains fourneaux, il s'élève jusqu'à 400 pour 100.

**488.** *Des produits.* — La *production* d'un fourneau dépend principale-

ment de la quantité de coke que l'on peut y brûler dans un temps donné, c'est-
à-dire, de l'intensité du soufflage et de la section au ventre. Ainsi un fourneau marchant avec du minerai qui exige 220 de coke par 100 de fonte,
ayant 4 mètres de diamètre au ventre, et soufflé de manière à brûler 70 kil.
par mètre carré et par heure, pourra produire 9538 kil. de fonte par
jour. S'il est soufflé de manière à brûler 100 kil. de coke par heure, il
donnerait 13700 kil.

La hauteur influe toujours sur la production, par son action sur la descente des charges.

### DIMENSIONS INTÉRIEURES.

**489. *Diamètre du ventre*.** — Les dimensions intérieures des fourneaux
au coke sont généralement plus considérables que celles des fourneaux au
bois, et le diamètre du ventre atteint et dépasse assez souvent cinq mètres.
On calcule cette dimension d'après les produits que l'on veut obtenir, la
consommation présumable de coke par 100 kilog. de fonte, et le poids de
combustible que l'on veut brûler par heure et par mètre carré de section au
ventre. Il vaut toujours mieux évaluer cette dernière quantité à un taux
assez bas, celui de 50 à 55 kil., par exemple, afin de se réserver pour l'avenir la possibilité d'accroître ses produits sans changer le fourneau, et en
augmentant seulement le volume d'air injecté.

Le ventre est ordinairement placé à 1/3 de la hauteur totale du fourneau; mais il n'y a pas plus de règle absolue à cet égard dans les fourneaux
au coke que dans ceux au bois; on se laisse toujours guider par la hauteur
que l'on croit utile de donner à l'ouvrage et aux étalages. Il est essentiel
d'avoir au ventre une partie cylindrique, dont la hauteur soit au moins
égale à 1/10 de la hauteur du fourneau; il y a rarement lieu de dépasser le
rapport de 1/8, à moins que le gueulard ne soit très-large, parce que les
parois de la cuve deviendraient trop inclinées.

**490. *Hauteur*.** — La hauteur du fourneau doit être au moins égale à
quatre fois le diamètre au ventre, et nous croyons que c'est à tort que l'on
se tient quelquefois au-dessous de cette proportion. En Angleterre, il y a
beaucoup de fourneaux dont la hauteur est au plus égale à trois fois et demi
le diamètre; mais il ne faut pas ériger en principe général un fait évidemment contraire au bon emploi du combustible.

Le *diamètre du gueulard* est compris entre les 2/5 et les 3/5 de celui
du ventre. Il doit être déterminé d'après la hauteur de la cuve, de manière
à ce que les parois ne soient pas trop fortement inclinées relativement à

37

l'axe du fourneau, parce que cette circonstance nuit à la facilité de la descente des charges, à l'évacuation des gaz, et limite la production de la fonte. Les cuves élevées permettent d'avoir des gueulards assez larges, sans qu'il en résulte de fortes déperditions de chaleur.

Dans les fourneaux au coke, le gueulard est toujours placé au niveau de la plate-forme, afin de rendre le chargement facile : celle-ci n'est que très-rarement surmontée d'une toiture.

**491.** *Des étalages et de l'ouvrage.* — L'inclinaison des *étalages* est un des points qu'il est essentiel de bien déterminer. En Angleterre, elle est, en moyenne, de 55 à 60°, et un peu plus faible pour la fonte de moulage que pour la fonte de forge, dont la production est compatible avec des descentes plus rapides. Leur hauteur varie également pour un même minerai, et suivant la nature de la fonte, entre 1m,80 et 2m,30.

Les dimensions de l'*ouvrage* se règlent d'après les mêmes principes que celles des étalages. Sa hauteur est ordinairement comprise entre 1/6 et 1/7 de celle du fourneau, et l'inclinaison des parois varie entre 1/9 et 1/12 de sa hauteur propre, suivant que le coke est compacte ou léger.

**492.** *Du creuset.* — La longueur du creuset varie de 1m,80 à 2m,30; sa largeur au niveau des tuyères est au moins de 0m,75, et dépasse fréquemment 1m,00; sa hauteur est comprise entre 0m,50 et 0m,80. Il est bon de donner dès le principe, au côté de la rustine, une forme demi-circulaire, parce que c'est celle qu'il tend à prendre par le travail.

Dans quelques parties de l'Angleterre, et particulièrement dans le pays de Galles, on fait souvent des fourneaux *sans ouvrage,* dont la forme intérieure se compose simplement de deux troncs de cônes réunis à leur grande base par une partie cylindrique. Le creuset est alors circulaire, et atteint quelquefois 1m,50 de largeur; le ventre ayant 5m,50 de diamètre, et la hauteur étant de 14 à 15 mètres : ces vastes appareils, soufflés convenablement, donnent de très-grandes quantités de fonte uniquement destinée à la forge; car ils seraient peu propres à donner de la bonne fonte de moulage, et ils ne sont d'ailleurs applicables que lorsque l'on dispose d'un très-bon combustible.

**493.** *Des tuyères.* — La plupart des fourneaux au coke sont soufflés par deux ou trois tuyères; celles des *costières* sont placées de manière à ce que le vent ne se croise pas directement, c'est-à-dire qu'elles sont écartées d'environ 0m,18 à 0m,25 d'axe en axe; la troisième est placée au milieu de la *rustine*, dans un plan supérieur à celui des deux premières, afin que le vent qu'elle injecte ne s'échappe pas au-dessous de la tympe.

Les tuyères sont ordinairement horizontales; cependant on les dirige quelquefois perpendiculairement à la paroi inclinée de l'ouvrage, de sorte que le vent a beaucoup plus de tendance à monter qu'à atteindre les matières qui se trouvent dans le creuset. Cette disposition favorise l'entrée de l'air dans le fourneau, et empêche qu'il ne s'en échappe sous la tympe. On emploie toujours des *tuyères à eau*.

**494.** *De la tympe et de la dame.* — Les précautions relatives à la conservation de la tympe, dont nous avons parlé au sujet des fourneaux au bois, sont en tous points applicables à ceux où l'on brûle du coke. Son épaisseur est au moins de o$^m$,6o, et atteint quelquefois o$^m$,75. La partie de l'avant-creuset comprise entre la tympe et la dame a o$^m$,6o à o$^m$,65 de large.

Les laitiers des fourneaux au coke étant très-abondants, et souvent fort épais, il convient d'élever la partie inférieure de la tympe d'environ o$^m$,o5 à o$^m$,1o au-dessus du plan des tuyères latérales, et il est indispensable de préserver cette partie par une *plaque* en fer plein, ou, mieux encore, en fer creux ou en fonte creuse rafraîchie par un courant d'eau.

La disposition de la dame reste telle que nous l'avons déjà indiquée; seulement il faut avoir grand soin de proportionner la profondeur de l'échancrure supérieure à la quantité et à la densité des laitiers, afin que leur évacuation soit facile. Dans quelques usines, on rend leur transport très-commode, en les recevant à la sortie du creuset dans une caisse en fonte, où ils se refroidissent et forment un bloc que l'on enlève d'une seule pièce, pour le placer sur un chariot en tôle, au moyen duquel on le transporte à sa destination.

**495.** *Des formes en général.* — Nous avons indiqué d'une manière générale la disposition des formes intérieures des hauts fourneaux, mais sans avoir eu l'intention de donner des règles fixes à cet égard; car, dans l'état actuel de l'art, il est tout à fait impossible de les déterminer rigoureusement.

Dans les fourneaux au bois, les formes ne varient guère que suivant les localités, et les différences qu'elles présentent s'expliquent assez bien par la différence des matières premières et des produits. Dans les fourneaux au coke, les formes sont beaucoup plus variables; non-seulement elles changent suivant les localités, mais on rencontre quelquefois dans une même usine des dispositions tout à fait dissemblables. Ainsi dans le pays de Galles, dont les fourneaux sont en général fort élevés (14 à 15 mètres) et tout à fait caractérisés par les grandes dimensions du ventre et de l'ouvrage (quand toutefois il y en a un), on emploie aussi quelquefois les formes infiniment

plus resserrées, des fourneaux du Staffordshire, sans avoir plus de difficultés à conduire les uns que les autres, et avec cette seule différence que
les seconds donnent moins de produits, et que ceux-ci sont beaucoup plus
propres au moulage qu'à l'affinage.

On peut conclure de cette observation que la forme des fourneaux au
bois dépend bien plutôt de la nature des matières premières que de celle
des produits, tandis que c'est le contraire qui a lieu pour les fourneaux
au coke. Tous ces faits viennent à l'appui d'une opinion que nous avons
déjà émise, et qui, pour n'être pas très-répandue, ne nous paraît pas
moins bien fondée : c'est qu'ordinairement on attache une importance trop
grande à la forme des parties inférieures des fourneaux. En France, on
règle à une ligne près la largeur d'un ouvrage, dont la section est souvent
augmentée de 1/4 ou 1/3, après trois ou quatre mois de roulement, sans
que l'on ait aperçu le moindre changement dans le travail; et l'on fait
presque toujours en pure perte les frais d'une si minutie  exactitude.

Il est, jusqu'à un certain point, excusable d'en agir ainsi lorsque la soufflerie dont on dispose ne présente que des ressources très-limitées; mais
lorsque l'on n'est pas gêné sous ce rapport, on peut sans inconvénients se
montrer un peu moins strict observateur des usages que la routine seule a
presque toujours consacrés. L'air est l'élément vital des fourneaux, et nous
croyons qu'en l'employant convenablement, il est assez facile d'utiliser
dans un même but des appareils de formes très différentes. Ce principe parait entièrement admis dans quelques usines de l'Angleterre, et il y a évidemment lieu de le généraliser, sans toutefois chercher à le pousser à ses
conséquences les plus extrêmes. L'exemple du pays de Galles doit faire
admettre que, lorsque l'on tient à augmenter la production d'un fourneau,
il ne faut pas craindre d'augmenter ses dimensions, pourvu que l'on souffle
en conséquence.

En résumé, nous *concluons,* avec des métallurgistes éclairés (1), que
les différences qui existent entre la plupart des variétés de cokes et de minerais, n'exercent qu'une influence médiocre sur la détermination de la
forme et des dimensions des fourneaux; mais qu'une grande hauteur, une
faible inclinaison des étalages, un ventre et un ouvrage un peu rétrécis,
améliorent la qualité des fontes; tandis que des étalages très-inclinés, un
ouvrage et un gueulard très-larges, sont particulièrement favorables à une
forte production.

---

(1) *Voyage métallurgique en Angleterre,* de MM. Coste, Perdonnet, etc.

**496.** Quoique l'on puisse faire varier sans inconvénient, et dans des limites assez étendues, les formes des fourneaux, il n'en est pas moins très-essentiel d'apporter à leur construction les soins les plus sérieux. Le raccordement de toutes les parties entre elles doit être fait avec méthode, et c'est ici plus encore que dans les fourneaux au bois qu'il est de la plus haute importance d'éviter les angles, en les remplaçant par des portions d'arcs de cercle tangents en leurs extrémités aux lignes avec lesquelles ils se lient. Les matériaux qui composent le creuset et l'ouvrage doivent être d'excellente qualité, aussi réfractaires que possible, taillés et posés avec les plus grands soins, et satisfaire, en un mot, à toutes les conditions qui peuvent les faire résister longtemps à la haute température qu'engendre le coke et à la haute pression à laquelle on injecte le vent.

## TRAVAIL DES FOURNEAUX AU COKE.

### DE LA MISE EN FEU.

**497.** *La mise en feu* des fourneaux au coke doit être faite avec toutes les précautions que nous avons déjà indiquées, et la *dessiccation* de ceux qui sont neufs doit être parfaite, avant de les mettre en roulement. On procède à cette dernière opération par la méthode que nous avons exposée, en se conformant toujours à ce principe, que le séchage des massifs doit précéder la construction des parties intérieures, dont le séchage est immédiatement suivi par la mise en feu (N° 378 et suivants).

Le temps exigé pour ces préparations est d'autant plus long que les massifs sont plus épais, et que les pierres de l'ouvrage sont plus réfractaires; car, en général, elles éclatent avec d'autant plus de facilité qu'elles possèdent cette qualité à un plus haut degré. Lorsque le creuset et l'ouvrage sont construits en bonnes briques réfractaires, on peut marcher plus vite et avec beaucoup plus de sécurité, parce qu'elles résistent bien mieux que tous les grès à l'influence d'un coup de feu vif. Nous pensons donc que chaque fois que cela est possible, il y a toujours lieu de préférer la brique à la pierre.

### DU CHARGEMENT.

**498.** *Volume des charges.* — Dans les fourneaux au coke, comme dans ceux au bois, la charge de combustible est constante, et l'on fait varier la mise de minerais et de fondants suivant leur richesse, leur fusibilité, la nature de la fonte à obtenir, etc. En égard à la capacité des appareils, les charges en coke sont plus faibles que celles en charbon, parce qu'il brûle moins vite, et arrive au ventre sans avoir subi d'altération grave.

On ne laisse jamais les charges s'abaisser beaucoup au gueulard ; et, dans les fourneaux qui consomment et produisent beaucoup, on maintient le *fourneau* presque *toujours plein*. C'est une méthode favorable, sous tous les rapports, à la régularité du travail et à la production de la fonte.

Le volume de la charge en combustible varie entre 7 et 12 hectolitres, soit 280 à 480 kil. ; mais on se tient généralement entre 8 et 10 hectolitres pour des fourneaux de 4 mètres de diamètre au ventre; de sorte que la hauteur de la couche de coke en ce point est d'environ 6 à 8 centimètres. Cette épaisseur paraît suffisante lorsque l'on emploie du minerai en roche et en assez gros morceaux : il est probable qu'il faudrait la rendre plus forte si l'on employait des minerais en grains très-disposés à cribler à travers le combustible.

**499.** *Mode de chargement.* — Le coke se charge au volume, et non pas au poids ; il est amené au gueulard au moyen de brouettes, ou de chariots en tôle, dont la contenance est égale à la totalité de la charge quand elle est faible, à la moitié ou seulement au quart quand elle est forte. Comme ce cas coïncide naturellement avec des gueulards de grande dimension, où il est essentiel de répartir la charge avec le plus d'uniformité possible, le chargement se fait alors sur deux ou quatre côtés, et nous croyons qu'il est indispensable d'opérer ainsi dès que le diamètre du gueulard atteint $1^m,50$ ou $1^m,60$.

On arrive à peu près au même résultat en s'arrangeant de manière à déverser toute la charge au centre du gueulard, quel que soit son diamètre; mais cette méthode exige qu'il soit entièrement libre ; tandis qu'il est, au contraire, plus commode de l'entourer d'une cheminée circulaire, dans laquelle sont pratiquées quatre ouvertures munies de portes en tôle, qui restent fermées pendant l'intervalle des charges. Les ouvriers se trouvent ainsi préservés de l'action de la flamme, que le vent entraine tantôt d'un côté, tantôt de l'autre, lorsque le fourneau n'est pas abrité, ou que le gueulard n'est pas entouré.

La *castine*, et surtout la *mine*, doivent être mesurées au poids, et en employant le même mode de chargement que pour le coke.

**500.** *L'ordre d'introduction* des matières est assez indifférent ; on peut charger le coke après la mine, parce qu'en général on n'a pas à craindre qu'il s'enflamme à la superficie du gueulard, et qu'il peut quelquefois être nécessaire de recouvrir immédiatement la castine et la mine, lorsqu'elles ont quelque tendance à décrépiter, ou lorsqu'elles sont en poussière assez fine pour être expulsées par le courant d'air.

Sauf ces cas particuliers, il convient toujours de charger en dernier lieu la matière la plus chargée d'humidité.

**301.** *Descente des charges.* — En cherchant le *rapport* qui existe *entre la capacité* des fourneaux et *leur production* journalière, on trouve à cet égard une grande différence entre les fourneaux au coke et ceux au bois, et il en résulte des différences à peu près proportionnelles à ces rapports, dans le temps de séjour des charges dans les appareils.

En Toscane, la capacité moyenne des fourneaux étant de $11^{m3},00$, leur produit moyen en vingt-quatre heures est de 10 à 11 tonnes. La descente se fait en cinq heures, et le rapport de la capacité au produit est de 1,10 ou de 1,00; mais ce fait est si exceptionnel qu'il n'y a pas lieu d'en tenir compte au point de vue général, et nous n'en parlons que pour poser la limite inférieure du rapport. En France, les petits fourneaux de $8^m,00$ de hauteur, cubant environ $15^{m3},00$, produisent 2,5 à 3 tonnes de fonte par jour : le rapport du volume au produit est de 6 ou 5 à 1, et la descente se fait en quatorze à seize heures. Les grands fourneaux d'environ 10 mètres de hauteur cubent à peu près $30^{m3}$, et produisent 5 à 6 tonnes; ainsi le rapport est le même que dans le cas précédent.

En Angleterre, les petits fourneaux au coke du Staffordshire, travaillant en fonte de moulage, cubent environ $75^{m3},00$, et produisent $7^t,50$ par jour : le rapport du volume au produit est de 10 à 1, et la descente des charges a lieu en 56 heures environ. Dans les grands fourneaux qui travaillent en fonte de forge, la descente se fait en 40 ou 45 heures. Les grands fourneaux du pays de Galles ont une capacité de $250^{m3},00$, et produisent 20 tonnes par jour, ce qui donne un rapport de 12,5 à 1; mais il doit être considéré comme une limite supérieure, car il y a des fourneaux qui ne cubent que $200^{m3},00$ et dont la production atteint souvent le même chiffre : Dans ceux-ci, la descente des charges se fait en 30 ou 36 heures, tandis que, dans les premiers, elle se fait en 40 ou 45 heures. Ces différences doivent être principalement attribuées au soufflage.

Le rapport de 9 à 1 pouvant être considéré comme une limite inférieure par rapport aux fourneaux au coke, le rapport moyen est de 10,75, soit 11. Nous avons donc :

| | FOURNEAUX AU BOIS. | FOURNEAUX AU COKE. |
|---|---|---|
| Rapport du volume des fourneaux au produit. | 5 | 10 |
| Temps de séjour.......................... | 16 heures. | 40 heures. |

Les fourneaux au coke que l'on a construits en France ont une très-grande capacité, relativement aux produits qu'ils donnent, et le rapport dépasse souvent la limite de 12,50. Ce fait paraît tenir à ce que, dans beaucoup de cas, ils ne reçoivent pas un volume de vent proportionnel à leur section. Pour la forme, ils se rapprochent toutefois beaucoup plus de ceux du Staffordshire que de ceux du pays de Galles.

302. *La différence des rapports* moyens, 5 et 11, trouvée pour les fourneaux au bois et ceux au coke, ne tient pas, comme on pourrait le croire, à la différence des volumes de matières introduites dans les uns et les autres pour produire la même quantité de fonte; car supposons que, dans l'un et l'autre cas, on emploie le même minerai et le même fondant, les volumes correspondants à un produit de 1000 kil. de fonte seront à peu près dans le rapport suivant :

| | FOURNEAUX AU CHARBON. | | FOURNEAUX AU COKE. | |
|---|---|---|---|---|
| | POIDS. | VOLUMES. | POIDS. | VOLUMES. |
| | kil. | mèt. cube. | kil. | mèt. cube. |
| Minerais pesant 1 800 kil. par mètre cube et rendant 40 pour 100.................. | 2 500 | 1,38 | 2 500 | 1,38 |
| Charbon de bois pesant 24 kil. l'hectolitre... | 1 500 | 7,14 | » | » |
| Coke (à 40 kil. l'hectolitre). .............. | » | » | 2 000 | 5,00 |
| Castine (à 1 350 kil. le mètre cube). . .... | 375 | 0,29 | 800 | 0,62 |
| Totaux.................. | 4 375 | 8,81 | 5 300 | 7,00 |

Ces résultats font voir que, même dans l'hypothèse d'une forte consommation de coke et d'une très-grande quantité de castine, le rapport du *volume des matières* au *produit* est moins considérable dans les fourneaux au coke que dans ceux au bois, et que, par conséquent, ce que l'on pourrait en conclure relativement au volume proportionnel des fourneaux est précisément contraire à ce qui se fait habituellement.

Il paraît rationnel de rechercher la cause à peu près unique des rapports trouvés (5 et 11) dans la grande différence qui existe entre les *densités* et *combustibilités* du coke et du charbon. Ce dernier est moitié moins lourd que le premier, et se consume rapidement; tandis que le coke est long à s'enflammer, et brûle très-doucement : il lui faut donc plus de temps pour produire son effet, et ce but ne peut être complétement atteint, sans nuire à la production journalière, qu'en employant des fourneaux d'un très-grand volume, où les matières puissent séjourner tout le temps nécessaire à leur préparation.

**503.** La plus grande partie du minerai employé en Angleterre est du fer carbonaté, que l'on porte au fourneau en morceaux assez gros; et bien qu'il soit rendu très-poreux par les effets du grillage, sa conversion en fonte exige plus de temps qu'il n'en faut à la plupart de nos mines en grains, qui se traitent si commodément au charbon. On pourrait donc penser qu'en traitant celles-ci au coke, le rapport du volume des fourneaux à leur produit tendrait à se rapprocher de celui qui existe dans les fourneaux au bois; mais nous croyons que l'on se tromperait en supposant que ce rapprochement dût être très-sensible, car le traitement au coke des mines de Franche-Comté, qui sont, il est vrai, moins fusibles que beaucoup d'autres, n'a pas placé les fourneaux qui les emploient dans une position exceptionnelle, relativement aux faits généraux que nous avons mentionnés.

**504.** En résumé, la *lenteur de la descente* des charges dans les fourneaux au coke paraît due en grande partie à l'influence qu'exerce le combustible, et celle qui résulte de la nature du minerai peut être considérée comme peu importante, chaque fois que sa richesse et sa fusibilité sont comprises dans les limites moyennes.

### TRANSFORMATION DES MATIÈRES.

**505.** *Des minerais.* — Nous ne connaissons pas d'expériences directes, faites sur des fourneaux au coke, dans le but de constater les modifications que subissent les matières premières à mesure qu'elles s'éloignent du gueulard; toutefois on ne doit pas s'écarter de la vérité en supposant que, toutes proportions gardées relativement à la durée des opérations, la transformation des minerais s'effectue dans le même ordre que dans les fourneaux au bois. Le dégagement de l'eau est le premier phénomène produit; le peroxyde se transforme en oxyde magnétique, en oxyde des battitures, puis en protoxyde; et le fer métallique qui en résulte, se combine avec le carbone pour entrer en fusion et se séparer des laitiers.

D'après ce que nous avons dit plus haut de la descente des charges, ces différentes réactions exigent un temps généralement plus long que lorsque l'on opère au charbon; et comme ce fait paraît provenir du combustible, on peut en conclure que les fourneaux au coke sont naturellement plus

38

propres à la conversion des minerais difficiles à réduire et *réfractaires*, que ceux où l'on emploie le charbon.

**306.** Les minerais peu réductibles et très-*fusibles*, tels que les scories de forge, sont toujours assez difficiles à traiter, parce que, s'ils trouvent un auxiliaire dans la lenteur de la descente des charges, cet avantage est compensé par les inconvénients qui résultent pour eux de la haute température qu'engendre le coke. Ce cas est un de ceux où un *gueulard* étroit influe d'une manière funeste sur le rendement de la mine; car cette disposition tend précisément à maintenir à un degré très-élevé la température des parties supérieures.

Suivant Mushet (1), on a quelquefois remédié aux inconvénients qui en résultent, en ne portant au fourneau que du coke rendu humide par une longue exposition à l'air, ou par une forte aspersion d'eau; mais le remède était pire que le mal, et tôt ou tard on a été obligé d'employer le seul moyen qui soit efficace et profitable, c'est-à-dire l'élargissement du gueulard, jusqu'à ce que le refroidissement fût assez considérable pour permettre au minerai de se réduire sans obstacle jusqu'à une profondeur de 8 à 9 mètres. Toujours il en est résulté une amélioration dans la qualité de la fonte, et une augmentation des produits journaliers.

Ce fait indique qu'il y a lieu de rendre les gueulards d'autant plus larges que le coke employé est plus sec et plus inflammable; cependant nous devons faire observer que cette manière de régler la chaleur des régions supérieures entraîne une perte de combustible considérable, et que l'on peut atteindre le même but sans avoir ce désavantage, en donnant d'abord à la cuve une hauteur suffisante pour que les gaz qui s'en échappent aient une température peu élevée, puis en réglant le diamètre supérieur de telle sorte que cette évacuation s'opère avec facilité, mais sans entraîner un grand refroidissement.

**307.** *Du combustible.* — La transformation régulière des matières alimentaires d'un fourneau ayant une influence immédiate sur la régularité de sa marche, il est essentiel que leur *homogénéité* soit aussi parfaite que possible : aussi doit-on éviter avec soin l'usage des cokes *humides* ou mal préparés. Un coke bien fait pouvant absorber facilement 10 pour 100 d'eau, l'introduction de 20 000 kil. de coke par jour, dans un fourneau qui produit environ 10 tonnes de fonte, entraîne l'admission de 2 000 kil. d'eau, dont la vaporisation exige *au moins* $\dfrac{2000 \times 650}{6500} = 200$ kil. de coke : cette aug-

(1) *Papers on Iron and steel*, p. 255, 1840.

mentation dans la consommation ne mériterait pas une grande attention s'il n'en résultait pas des inconvénients plus graves, tels que la disposition du coke à se réduire en morceaux assez menus et même en poussière, lorsque l'eau qu'il contient se vaporise, et surtout l'altération de la fonte, qui est une suite inévitable de tous les refroidissements.

308. Le coke *mal préparé*, celui qui retient encore au centre des morceaux des parties bitumineuses non vaporisées, absorbe moins d'eau; mais il est moins tenace et plus friable que celui qui résulte d'une carbonisation complète : le dégagement des matières volatiles tend à le faire éclater avec d'autant plus de facilité que le poids, souvent énorme, des minerais et des fondants qui pèsent sur lui, favorise encore cette action. La poussière qui se produit ainsi est entraînée par le courant d'air, et par conséquent perdue pour la réduction et la fusion du minerai, ou, ce qui est pis encore, elle reste dans le fourneau, empêche la circulation du vent, et tombe dans le creuset qu'elle encrasse, en dénaturant la fonte.

Si l'expérience ne justifiait pas le mauvais effet que l'on attribue aux cokes mal carbonisés, il serait assez difficile de le prévoir, puisque l'on sait que la houille crue se comporte très-bien dans les fourneaux ; mais ce fait, ainsi que nous l'avons dit, tient précisément au peu d'homogénéité et à la friabilité de la matière, défauts graves qui ne se présentent pas avec la houille, dont la carbonisation s'effectue dans les fourneaux d'une manière continue, et dans des conditions favorables à leur marche.

309. Les cokes *friables*, lors même qu'ils sont bien carbonisés, conviennent peu à la fusion des minerais : la grande quantité de poussière qu'ils engendrent entrave toujours les opérations d'une manière fâcheuse; il en est de même de ceux qui contiennent une assez grande quantité de *cendres* pour rendre les laitiers visqueux, et produire des engorgements.

310. *Des fondants.* — Les observations qui précèdent ont pour but de faire sentir l'influence que l'état physique du combustible peut avoir sur la marche des fourneaux ; sa composition chimique doit également être prise en sérieuse considération, relativement aux matières nuisibles à la qualité de la fonte qu'il peut contenir. Il y a peu de cokes entièrement exempts de *soufre*, et quelque faible que puisse être la dose, il est indispensable de neutraliser son effet, en composant les laitiers de manière à pouvoir en enlever la plus grande partie.

En Angleterre, comme partout où les minerais sont siliceux ou argileux, on a naturellement été conduit à appliquer le *carbonate de chaux* comme fondant; mais le motif qui porte tous les directeurs de fourneaux

à charger les laitiers de la plus grande quantité de chaux possible, tient évidemment à la nécessité d'empêcher le soufre du coke et des minerais de se
combiner avec le métal. Cet effet ne peut être produit qu'à la condition
d'employer un excès de castine, parce que le bisilicate de chaux n'agit que
faiblement sur le sulfure de fer (1), même à une température très-élevée;
tandis que lorsqu'il y a un excès de base, une partie reste en combinaison
avec la silice, et l'autre, réduite à la faveur du charbon, décompose une
certaine quantité de sulfure.

511. On emploie ordinairement de 30 à 55 de castine pour 100 de minerai. La *proportion* que l'on adopte entre ces limites dépend de la nature
de la mine, de la *composition du carbonate* que l'on a à sa disposition, et
de la qualité de la fonte que l'on veut obtenir.

Les pierres calcaires employées comme castine sont loin de produire
toutes le même effet, et Mushet en cite un exemple assez singulier pour
que nous le rapportions : c'est un fourneau dans lequel l'effet utile du coke
et la production journalière furent réduits dans le rapport de 11 à 6,5, par
la substitution d'une autre espèce de pierre calcaire à celle que l'on employait habituellement! Cette différence énorme ne peut s'expliquer qu'en
supposant que la composition de ce nouveau fondant ait été complétement
différente de celle du premier; qu'il ait produit des mélanges très-réfractaires et d'une nature diamétralement opposée à celle qui convenait à la
qualité de minerai; et vraisemblablement des erreurs aussi complètes doivent être très-rares. Toutefois, lorsque l'on ne juge de la qualité des fondants qu'à la simple vue, il est possible de se tromper dans certaines limites,
parce que le carbonate calcaire commun est loin d'avoir une composition
homogène; les variétés pures contiennent jusqu'à 56 de chaux; tandis que,
dans certains autres, il n'y a que 35 à 40 de chaux, et 23 à 18 d'argile et de
silice : il est donc bien naturel que les doses que l'on emploie soient très-
variables, et que les effets produits puissent présenter des différences
sensibles.

512. *Des laitiers.* — Le manque de chaux engendre des laitiers tenaces,
se refroidissant vite, de couleur brune ou vert pâle, et contenant une
forte proportion de fer; ceux qui résultent d'un dosage convenable
se reconnaissent à leur couleur blanche nuancée de veines bleuâtres. Un
excès de chaux rend les laitiers réfractaires et visqueux, et diminue la production, sans augmenter la qualité, lorsque l'on dépasse une certaine limite.

---

(1) M. Berthier.

Les minerais calcaires fondus par la silice avec très-peu d'argile donnent des fontes très-propres à la seconde fusion ; pour la fonte de forge, on préfère, en Angleterre, les mines un peu argileuses : les produits les plus purs et les plus résistants proviennent toujours du mélange de ces derniers avec une bonne proportion de castine.

**313.** Les causes qui nécessitent l'emploi d'une grande *proportion de chaux* dans un roulement au coke n'existent pas, relativement au combustible, dans les fourneaux au bois ; mais, eu égard aux minerais, le cas est tout à fait le même, et toutes les fois qu'ils sont sulfureux, la qualité de la fonte ne peut que gagner à ce que les laitiers soient très-calcaires : la haute température qu'engendre le coke donne toute liberté à ce sujet ; relativement au charbon, les limites sont, au contraire, restreintes, parce que l'on marche à une température assez basse, qui n'est compatible qu'avec une proportion peu considérable de laitiers fusibles. On peut en conclure que les minerais les plus chargés de soufre doivent être traités au coke plutôt qu'au charbon ; tandis que la pureté et le prix élevé de ce dernier doivent le faire réserver pour les minerais les plus purs et les plus susceptibles de donner une fonte de forge de première qualité.

**314.** *Caractères des laitiers.* — Les laitiers de *fonte grise* sont ordinairement très-calcaires ; ils sont compactes, coulent lentement et présentent une couleur blanche mélangée de teintes bleues. Ces nuances disparaissent, et sont remplacées par une teinte jaunâtre presque uniforme, lorsqu'ils se refroidissent lentement et en masses.

Un laitier blanc très-fluide, sans ténacité, sans vitrification, et lançant en coulant des étincelles très-vives, caractérise la production des *fontes sulfureuses.*

La *fonte blanche* est accompagnée d'un laitier vitreux, très-bulleux, de couleur jaune pâle mêlée de vert. A mesure que la qualité se détériore, par une surcharge de minerais, par exemple, la masse passe du vert au brun foncé ; le courant des laitiers tombe pesamment de la dame, et lance des étincelles d'un rouge sombre ; enfin une couleur noire, et une texture très-poreuse, caractérisent les laitiers les plus chargés de fer, et la formation des plus mauvaises fontes.

La *densité* moyenne des laitiers varie entre 2,5 et 2,9, suivant leur pureté.

**315.** *Rapport entre le poids des laitiers et celui des matières premières.* — Le rapport qui existe entre le poids total des laitiers et celui des matières introduites varie pour les mêmes minerais, le même fondant et le même combustible, dans des limites peu étendues. M. Mushet rapporte neuf expériences qu'il a entreprises à ce sujet sur le même fourneau, et dont les résultats extraordinaires, bien que devant être accueillis *avec réserve*, méritent d'être cités.

Les produits solides d'un fourneau se composent de fonte et de laitiers; ceux-ci doivent être le résultat de la combinaison des cendres contenues dans le coke, des gangues du minerai et de la partie solide et non vaporisable de la castine, avec une certaine portion d'oxygène ou d'autres gaz produits dans l'appareil. Or, en cherchant la composition du minerai, du coke et de la castine, on peut, en pesant d'avance toutes ces matières, déterminer très-approximativement le poids de la partie solide qui doit nécessairement entrer dans la composition des laitiers; et, en pesant d'autre part les laitiers obtenus, on trouve le rapport dont nous nous occupons.

Sur les neuf expériences de M. Mushet, il y en a deux qui présentent de grandes anomalies; les sept autres s'accordent, au contraire, parfaitement, et les moyennes que l'on en déduit, et que nous rapportons, peuvent être considérées comme l'expression exacte du poids des matières reçues et rendues en 24 heures par le fourneau dont il s'agit.

Mine chargée en vingt-quatre heures (livres anglaises). = 30 703 lbs.
Coke *idem*, idem.................... = 28 003
Castine *idem*, idem.................... = 10 234

Total........................... = 68 940 lbs.

Produit en fonte................... = 11 743 lbs.
Produits en laitiers pesés........... = 27 066 } 38 809 lbs.
Laitiers calculés................... = 19 561

Différence.............. = 7 505 lbs.

Cette différence considérable, comprise entre le tiers et le quart des laitiers obtenus, ne peut, suivant M. Mushet, s'expliquer que par l'intervention des gaz que les matières solides attirent à elles; mais il est plutôt à craindre qu'elle ne soit due à une erreur dans le poids des *laitiers calculés*. Nous n'entrerons d'ailleurs dans aucune espèce de discussion à cet égard, parce qu'il est nécessaire que ces faits aient été confirmés par d'autres observateurs avant de pouvoir être soumis à une interprétation quelconque.

### NATURE DES PRODUITS.

**816.** *Qualités des fontes au coke.* — Les fontes au coke sont ordinairement un peu plus foncées que les fontes au bois; elles sont plus douces, et généralement plus *propres au moulage*; d'autre part, elles sont moins

pures et plus *difficiles à affiner*. Ces différences tiennent à la nature sulfureuse du coke, à la composition de ses cendres chargées de silice et d'alumine, et à la haute température des fourneaux, qui favorise l'association
du métal avec la silice, ou le manganèse quand les minerais en renferment,
—rend plus stable la combinaison du fer avec le carbone, et concourt en définitive avec le combustible, à exalter les qualités ou les défauts des produits; car si les fontes *grises* au coke sont préférables pour le moulage aux
fontes grises au bois, les fontes *blanches* de la première espèce sont aussi
bien inférieures, sous tous les rapports, à celles de la seconde. Il résulte
de ce fait une règle générale : c'est qu'en travaillant au coke, il faut éviter
avec le plus grand soin la formation de la fonte blanche, et ne produire
que les variétés de fonte grise qui sont les plus propres au moulage ou à
l'affinage.

Les principes d'après lesquels on doit se guider pour obtenir ce résultat
sont, toute proportion gardée, les mêmes que dans la marche au bois. Les
influences attribuées à la nature de la mine, à la densité des combustibles,
à la pression et au volume du vent, aux proportions des appareils et à la
température qui y règne, restent de point en point semblables dans les
deux cas.

517. *De la fonte grise.* — La production de la fonte grise exige, en
général, que la charge de minerai soit au-dessous de la quantité que peut
réellement porter le coke. Elle doit être d'autant moindre que l'on veut
obtenir des fontes de couleur plus foncée, telles, par exemple, que celles
que l'on destine à une *seconde fusion*.

Cette variété est celle dont la formation exige la plus haute température
et permet la plus forte addition de castine : on lui destine les minerais les
plus réfractaires, les mélanges les moins fusibles, afin d'assurer par ces
moyens sa propre fusibilité et la fixité de la combinaison, condition essentielle à réaliser en raison de son emploi, et qui la rend tout à fait impropre
à l'affinage, parce que ses qualités principales y deviennent des défauts
très-graves. L'excès de graphyte et de silicium qu'elle peut contenir, la
rend en général peu résistante et assez pâteuse; elle perd ces défauts à la
seconde ou troisième fusion, et son mélange avec des fontes claires donne
de très-bons résultats. Toutefois il est ordinairement plus convenable de
régler l'allure du fourneau de manière à produire des fontes un peu moins
foncées; elles sont résistantes, remplissent les moules avec facilité, et sont
plus économiques de fabrication.

518. *Des fontes de forge.* — La bonne fonte de forge doit être d'un gris

clair, mais jamais blanche; il convient de la fabriquer avec des minerais et
des mélanges fusibles, sous l'influence d'une température assez haute pour
lui enlever le plus de soufre possible, mais réglée de manière à ce qu'elle
ne contienne que peu de silice, et qu'elle soit susceptible de blanchir par
un prompt refroidissement. Les fontes de forge présentent autant de variétés que les fontes de moulage, et quelques-unes d'entre elles peuvent
même servir à l'un et l'autre usage, quoique leurs types respectifs restent
parfaitement distincts.

Dans beaucoup d'usines, on ne fait pour la forge que de la *fonte truitée;*
elle peut être bonne lorsque la mine est moyennement fusible, et qu'elle
n'est pas trop sulfureuse. En définitive, c'est toujours la qualité des minerais qui doit servir de règle : s'ils sont impurs, il y a avantage, sous le rapport de la bonté du fer, à produire de la fonte tirant sur le gris; il n'est
possible de tendre à la *fonte blanche* qu'avec les minerais les plus purs, et
encore faut-il qu'ils soient en même temps *fusibles;* car, dans le cas contraire, le refroidissement pourrait provoquer dans le fourneau des accidents de la plus haute gravité. C'est le même motif qui fait que l'on ne
marche jamais *par surcharge* dans les fourneaux au coke, et que l'on n'y
voit paraître qu'accidentellement les fontes *blanches argentines* ou *lamelleuses,* qui ne se produisent qu'à des températures très-basses, dangereuses
et difficiles à maintenir, même dans les fourneaux au bois.

519. Il existe une espèce de fonte blanche qui se présente très-rarement
dans les fourneaux au bois, et qui résulte fréquemment des mauvaises
allures que peuvent affecter les fourneaux au coke : c'est la fonte *blanche
grenue,* dont nous avons déjà parlé. Elle est remarquable par son impureté
et par la possibilité de sa production avec une entière réduction d'un minerai
un peu fusible : on l'obtient dans tous les cas où la fonte blanche qui séjourne
dans le creuset cède une partie de son carbone aux laitiers, et se combine avec
les bases terreuses ou l'oxyde de manganèse qu'ils renferment. Ce fait se présente lorsque le point de fusion est descendu trop bas, par suite de l'élargissement du foyer, ou que la température de la partie inférieure de l'ouvrage est trop basse, ou même encore lorsque, le point de fusion étant
très élevé, l'ouvrage est refroidi par un vent trop fort. Un foyer large, un
vent trop faible pour traverser le fourneau, des cokes mal carbonisés,
friables ou chargés de cendres, et en général tous ceux qui donnent naissance à des poussières capables d'obstruer le fourneau et d'empêcher la circulation du vent, peuvent amener le même résultat.

La fonte grenue est pâteuse, se congèle subitement, et n'offre pas de résistance après le refroidissement. Elle ne convient donc pas au moulage, ni même à la forge, parce qu'elle est impure et ne donne que du fer cassant, en subissant d'ailleurs un déchet considérable (1).

320. Les cokes qui donnent beaucoup de *fraisil*, qui contiennent beaucoup de *cendres* et donnent peu de chaleur, ne produisent que difficilement de la véritable fonte grise, et ne permettent pas d'imprimer au fourneau la marche qui convient à une bonne fabrication; car la *fonte blanche* qui en résulte ne donne jamais de bon fer : elle est épaisse, coule difficilement, et se refroidit très-vite; sa présence dans le fourneau est une cause d'embarras incessants, à moins que la mine ne soit excessivement fusible, parce que l'on a de continuels efforts à faire pour relever la température et prévenir des engorgements funestes.

Ces différents motifs rendent très-rare la production de la fonte blanche en roulement régulier, et l'on fait au contraire tous ses efforts pour prévenir les dérangements qui pourraient lui donner naissance.

321. *Classement des fontes.* — En Angleterre, on distingue toujours la fonte de moulage de la fonte de forge : l'une et l'autre comprennent trois variétés principales (2).

La *fonte de moulage* n° 1 est très-noire, à gros grains, à cassure inégale, peu résistante mais très-douce; elle coule en jetant des étincelles graphyteuses, et se refroidit lentement; — elle est employée en seconde fusion pour le moulage des petites pièces.

Le n° 2 a une teinte moins foncée que le n° 1. Son grain est plus fin, et sa cassure plus régulière. Elle est encore très-douce, et sa résistance est plus considérable.

Le n° 3 est une fonte grise d'un grain fin et serré; elle donne des pièces très-résistantes, qui se travaillent parfaitement, et elle s'emploie quelquefois aussi comme fonte de forge.

La *fonte de forge* n° 1 est gris-claire, brillante, et peut servir au moulage des pièces qui ne demandent pas d'ajustage.

Le n° 2 est de la fonte truitée, qui ne sert qu'à la forge.

Le n° 3 est de la fonte blanche, cassante et dure, à texture lamelleuse ou rayonnée; elle ne sert qu'à l'affinage, et donne ordinairement de mauvais fer.

(1) *Métallurgie* de Karsten.
(2) *Voyage métallurgique* de MM. Coste et Perdonnet.

### CONDUITE DES FOURNEAUX.

**322. *De l'allure.*** — L'allure des fourneaux au coke est généralement plus régulière que celle des fourneaux au bois : elle peut varier
par des causes que nous avons déjà exposées en détail, mais ces variations
sont peu fréquentes, et lorsque l'on dispose d'un bon coke et d'une
bonne soufflerie, la conduite du fourneau ne présente pas de grandes
difficultés.

La *régularité* de la marche des fourneaux anglais tient en partie, à la
grande expérience qu'ont acquise ceux qui les conduisent, à leur connaissance parfaite des matériaux qu'ils emploient, à l'ordre qui préside au service, et à la nature très-peu variable des matières premières ; mais il faut
aussi reconnaître qu'ils présentent par eux-mêmes moins de chances de
dérangement que nos fourneaux au bois : leur volume considérable et leur
température élevée sont des garanties puissantes contre toute espèce de
perturbation due à une cause peu importante, mais qui serait néanmoins
suffisante pour altérer la marche d'un fourneau au bois. La mise en feu de
ceux-ci est courte, et s'il faut peu de chose pour les déranger, il ne faut
que peu de temps pour les remettre en bon état ; tandis que la mise en feu
des autres est longue, et s'il faut de graves altérations pour changer leur
régime normal, il faut aussi beaucoup de temps pour les rendre à une
bonne allure. Les premiers étant, d'ailleurs, presque toujours plus mal
soufflés et plus négligemment menés que les autres, cette considération
s'ajoute à celles que nous avons déjà émises, et rend suffisamment expli-
cable le degré de stabilité de la marche des uns et des autres.

**323. *Règlement des charges.*** — Quel que soit le nombre de charges
que l'on porte en 24 heures dans un fourneau, et ce nombre varie de 60
à 150 suivant leur volume et le débit du fourneau, il est important de
charger avec la plus grande régularité.

On fait varier la dose de minerais et de fondants suivant le genre de
fonte que l'on veut obtenir : pour la *fonte de moulage* la plus foncée,
on diminue notablement la charge de minerai, et l'on augmente au
contraire la proportion de castine, afin de rendre le laitier moins fusible,
et d'élever la température. Il arrive quelquefois dans ce cas que l'aspect
de la tuyère, au lieu d'être brillant, devient sombre ; elle se couvre d'un
nez, et le rétrécissement qui en résulte dans l'ouvrage tend encore à augmenter le degré de chaleur qui y règne. Cette allure, inusitée dans les

fourneaux au bois, s'obtenait assez facilement dans ceux au coke, avant l'usage des tuyères à eau; on opérait ainsi pour préserver la tuyère de la chaleur.

Pour produire la *fonte de forge*, on porte à la charge moins de castine et plus de minerai; le travail se fait toujours à tuyère brillante.

**524. *Travail du creuset*.** — Les cokes qui donnent beaucoup de cendres et de fraisil exigent que le fondeur travaille souvent dans le creuset, parce que ces matières se mêlant aux laitiers les rendent très-visqueux, et il en résulterait des accidents, si l'on ne débarrassait pas de temps en temps la rustine et les costières.

Les moyens de remédier aux changements d'allure sont les mêmes que ceux que nous avons déjà indiqués, et nous n'entrerons pas dans de nouvelles explications à cet égard. La *coulée* se fait également suivant les règles précédemment établies.

**525. *Durée du roulement*.** — Le roulement des fourneaux au coke est beaucoup plus long que celui des fourneaux au bois : dans ceux-ci, un *fondage* ne dure que douze à quinze mois, tandis qu'en Angleterre il se prolonge pendant cinq à six ans, et l'on peut même marcher huit ou dix ans de suite, lorsque l'on ne fait que de la fonte de forge, pourvu que l'on ait soin de remédier à l'élargissement progressif de la partie inférieure de l'ouvrage, par de fréquentes applications de terre réfractaire.

On est tout d'abord tenté d'expliquer cette différence par la qualité supérieure des pierres réfractaires employées en Angleterre; mais l'expérience a prouvé que dans les fourneaux au bois ces mêmes matériaux ne durent pas plus longtemps que ceux dont on se sert habituellement en France : on ne peut s'en rendre raison qu'en supposant que les alcalis contenus dans les cendres du bois contribuent en grande partie à la détérioration des pierres, qui résistent si longtemps à la chaleur intense produite par la combustion du coke. (1)

CONSOMMATIONS ET PRODUITS.

**526.** La quantité de combustible nécessaire à la fabrication d'une tonne de fonte dépend principalement, dans les fourneaux au bois, de la nature du minerai. Quand on emploie du coke, elle varie suivant sa qualité, toutes

(1) *Voyage métallurgique*, p. 345.

choses égales d'ailleurs, à peu près dans le rapport de 2 à 3. La nature de la fonte à produire influe beaucoup sur la consommation; elle se modifie dans le rapport de 100 à 120 ou 125, suivant que le produit est destiné à la forge ou au moulage.

1°. Dans les petits fourneaux du Staffordshire, la charge se compose d'environ :

250 à 300 kil. de coke,
350 à 410 kil. de minerai,
110 à 130 kil. de castine.

et l'on brûle 180 à 220 kil. de coke par 100 kil. de fonte, en produisant 7 à 9 tonnes par jour.

Dans les grands fourneaux construits récemment, qui ont 15$^m$,00 de hauteur, 4$^m$,20 au ventre, et 2$^m$,40 au gueulard, on fait 15 à 16 tonnes de fonte de forge par jour, en consommant 140 à 150 de coke pour 100 de fonte. La charge se compose de :

315 à 330 de coke,
560 de mine rendant environ 40 pour 100,
140 à 150 kil. de castine.

Ces fourneaux sont soufflés à une pression de 12 ou 13 centimètres de mercure, et reçoivent 95 mètres cubes d'air par minute (évalué à la température ordinaire et à la pression de 0$^m$,76), soit 7 mètres cubes par mètre carré de surface au ventre; on y brûle environ 70 kil. de coke par heure et par mètre carré.

2°. Près de Bradford, des fourneaux de 12$^m$,70 de hauteur, portant 3$^m$,65 au ventre, et seulement 1$^m$,32 au gueulard, produisent environ 8 tonnes et demie par jour, avec une consommation de 200 kil. de coke pour 100 de fonte; ils ne reçoivent que 5$^{m3}$,50 à 6$^{m3}$,00 de vent par mètre carré de surface, et brûlent environ 70 kil. de coke par heure sur la même surface.

3°. D'après M. Mushet, on ne consomme avec le bon coke du pays de Galles qu'environ 130 de combustible pour 100 de fonte provenant de 250 de minerai (1).

Ce résultat nous paraît tout à fait exceptionnel.

4°. En Écosse, où la houille est généralement de qualité inférieure, on consommait par tonne de fonte avant l'introduction de l'air chaud (2) :

---

(1-2) *Papers on Iron and steel*, by D. Mushet, p. 306 et 917.

3 000 kil. de coke,
1 750 kil. de mine,
500 kil. de castine,

5°. A Kœnigshutte en Silésie (1) on emploie un mélange de minerai hydraté argileux, rendant 28 à 32 pour 100, et de fer carbonaté compacte rendant 42 pour 100 après le grillage. Le coke est fait en tas avec de la houille sèche qui rend 65 à 70 pour 100. Les fourneaux ont 13$^m$,50 de hauteur totale, 3$^m$,60 au ventre, et 1$^m$,40 au gueulard. La charge se compose de :

1$^m$$^3$,328 de coke. . . . . . . . . . . . . . . . . = 690 kil.
Minerai rendant 32 pour 100. . . . . . . . 780 kil. à 960 kil.
Castine. . . . . . . . . . . . . . . . . . . . . . . . . 210 kil. à 240 kil.

Le produit est d'environ 5 000 kil. par jour, et la consommation par tonne de fonte est de 2 270 kil. de coke, ce qui revient à une combustion d'environ 47 kil. par mètre carré de surface au ventre, résultat bien inférieur à ceux que l'on obtient généralement en Angleterre.

6°. Au fourneau de Gleiwitz, le premier qui ait marché au coke dans la Haute-Silésie (2), le mélange de minerai dont on se sert se compose de fer oxydé hydraté rendant 28 pour 100, de fer carbonaté des houillères rendant 42 pour 100, et d'une autre espèce de fer carbonaté terreux. Le coke fait avec de la houille sèche, rendant 57 à 74 pour 100 en poids, pèse 52 kil. l'hectolitre. Le fourneau a 12$^m$,50 de hauteur, 3$^m$,25 au ventre, et 1$^m$,48 au gueulard. La charge se compose de :

1$^m$$^3$,328 de coke pesant. . . . . . . . . . . . . . . . . . . . . . 690$^k$,00 ⎫
Minerai rendant 34 pour 100. . . . . . . . . . . . . . . . 745$^k$,00 ⎬ 1 635
Castine. . . . . . . . . . . . . . . . . . . . . . . . . . . . . . . . . 200$^k$,00 ⎭

Le produit n'étant que de 3 100 kil. par jour, et la consommation s'élevant à environ 275 kil. de coke pour 100 de fonte, on brûle par heure et par mètre carré de section au ventre 55$^k$,50.

7°. Au fourneau de Maubeuge, qui a 14$^m$,00 de hauteur, et 4$^m$,00 de diamètre au ventre, la charge se compose en moyenne comme il suit :

| | | |
|---|---|---|
| Coke. . . . . . . . . . . . . . . . . . . . . . . . . | 1$^m$$^3$,50 | 600 kil. |
| Minerai. . . . . . . . . . . . . . . . . . . . . . | 0$^m$$^3$,80 | 1 000 kil. |
| Castine. . . . . . . . . . . . . . . . . . . . . . . | 0$^m$$^3$,45 | 550 kil. |
| Totaux. . . . . . . . . . . . . . | 2$^m$$^3$,75 | 2 150 kil. |

(1) Mémoire de M. Lechatellier; *Annales des Mines*, 4$^e$ livraison, 1839.
(2) Ce fourneau a été construit en 1795.

Le produit s'élève à 11 000 kil. de fonte de moulage par jour, et l'on consomme par tonne :

> 2 080 kil. de coke,
> 3 450 kil. de minerai (peroxyde hydraté),
> 1 800 kil. de castine.

8°. A Decazeville, en 1837, on consommait en moyenne, par tonne de fonte :

> Minerais..................................... 2 791 kil.
> Coke......................................... 2 713 kil.
> Castine...................................... 641 kil.

9°. A Lavoulte, le minerai se compose de fer oxydé rouge compacte et de fer carbonaté lithoïde. Le fourneau a 15$^m$,00 de hauteur, 4$^m$,00 de diamètre au ventre, et 1$^m$,70 au gueulard. La charge se composait, avant l'usage de l'air chaud, de :

> Coke........................................ 200$^k$,00 )
> Minerai rendant 42,5 pour 100............. 230 ,00 } 490$^k$,00
> Castine...................................... 60 ,00 )

72 charges par jour produisaient 7 000 kil. de fonte; on consommait donc 205 kil. de coke pour 100 de fonte, et on brûlait environ 48 kil. de coke par heure et par mètre carré de section au ventre.

10°. Au fourneau de Vienne, le minerai se compose d'un mélange de mine de Lavoulte, de minerai en grains d'Autrey (Franche-Comté) rendant 27 pour 100, et de minerai calcaire oolithique de Villebois, ne servant guère que comme castine. Le fourneau a 11$^m$,50 de hauteur, 3$^m$,20 au ventre, et 1$^m$,30 au gueulard. Avant l'emploi de l'air chaud, la charge se composait de :

> Coke........................................ 228$^k$,00 )
> Minerai rendant 42 pour 100............... 180 ,44 } 464$^k$,00
> Castine...................................... 54 ,66 )

La consommation était de 302,50 de coke pour 100 de fonte, le produit journalier de 3 028$^k$,90, et l'on brûlait environ 47 kil. de coke par heure et par mètre carré de section au ventre.

**527.** Les différents résultats que nous venons de citer donnent une idée des grandes différences que présente le roulement des fourneaux au coke, suivant la nature des matières premières et l'intensité du soufflage; tout ce qui est relatif à la richesse ou à la fusibilité des minerais, à la qualité des houilles, et par conséquent à la nature de la fonte, ne peut pas être changé, mais il n'en est pas de même de la production journalière : on est toujours maître de la pousser au maximum en soufflant convenablement, et l'on conçoit à peine que les usines ne soient pas toutes munies de souffleries assez puissantes pour atteindre ce but. C'est le seul moyen de faire baisser la proportion des frais généraux par tonne de fonte, de diminuer son prix de revient, et par conséquent d'augmenter le bénéfice total.

En Angleterre, toutes les usines sont dirigées d'après cette idée : en France, on ne paraît pas y attacher toute l'importance qu'elle mérite, et cependant c'est chez nous, plus que partout ailleurs, qu'il y a lieu de mettre en pratique les principes qui peuvent réduire les prix de fabrication.

# CHAPITRE IV.

## APPLICATIONS DIVERSES.

---

### EMPLOI DU COKE ET DE L'AIR CHAUD.

**328.** Nous avons recherché (III<sup>e</sup> section, ch. II) les causes auxquelles il fallait attribuer les bons résultats qu'a généralement produits l'air chaud dans les hauts fourneaux, et nous avons constaté tous les genres d'influence qu'il exerce sur leur marche; nous ne reviendrons plus sur ces données, et nous nous bornerons à citer les effets qui ont été la conséquence de son application dans les fourneaux au coke.

#### EFFETS DE L'AIR CHAUD.

*Choix des minerais.* — L'usage de l'air chaud a étendu le cercle des variétés de minerais que l'on peut employer dans les fourneaux, et a particulièrement favorisé l'exploitation de ceux dont la richesse et la nature réfractaire rendaient le traitement difficile. Les oxydes rouges et les hématites, par exemple, qui étaient autrefois considérés comme peu avantageux en Angleterre, sont aujourd'hui très-recherchés et employés dans les usines du Staffordshire, du pays de Galles et de l'Écosse, en aussi grande quantité que le permet l'élévation de leur prix. Il en est résulté une amélioration sensible dans la qualité des fontes.

**329.** *Marche des fourneaux.* — La faculté de réduire considérablement la *quantité de vent* nécessaire à l'alimentation des fourneaux est un des résultats attribués à l'application de l'air chaud : comme effet indirect, le fait est évident, car le poids d'air injecté est proportionnel au combustible brûlé, et les réductions doivent se suivre; d'une autre part, la combustion s'opérant beaucoup mieux à l'air chaud qu'à l'air froid, il est certain que dans le premier cas, l'air est plus complétement brûlé que dans le second. Telles sont les deux principales causes qui tendent à diminuer le volume de vent nécessaire à la production d'un poids donné de fonte; mais il faut se garder de croire que l'air chaud puisse avoir un effet plus direct, celui par exemple qui consisterait à diminuer la proportion du poids d'air nécessaire à la combustion d'un kil. de coke.

La *pression* peut, toutes proportions gardées, être moindre à l'air chaud qu'à l'air froid; toutefois la différence n'est jamais sensible sur la machine elle-même, parce que le passage de l'air dans les appareils de chauffage réduit toujours la pression initiale.

**330.** L'influence de l'air chaud sur *la régularité de la marche* et la facilité du travail, est aussi marquée dans les fourneaux au coke que dans ceux au charbon, et les observations que nous avons présentées, relativement aux modifications à apporter dans les *formes intérieures*, s'appliquent également dans le cas actuel. Nous nous contenterons de rappeler qu'avec l'air chaud, il est plus que jamais indispensable d'employer d'excellents matériaux de construction, des tuyères et des tympes à eau, et en général toutes les dispositions qui peuvent concourir à la conservation et à la durée des fourneaux.

### CONSOMMATIONS ET PRODUITS.

**331.** Comme conséquence de l'économie de combustible et du meilleur emploi du vent, il résulte toujours de l'usage de l'air chaud une *augmentation dans les produits*, chaque fois que l'on ne diminue pas le poids d'air injecté et que l'on ne s'oppose pas autrement à la vitesse de descente des charges, qui peut même être un peu augmentée en raison des circonstances favorables dans lesquelles a lieu la réduction des minerais. Nous allons citer quelques exemples :

1°. Aux usines de la Clyde (Écosse), où l'on a pour la première fois employé ce procédé, la consommation par tonne de fonte a varié ainsi qu'il suit (1) :

| | AIR FROID. | AIR CHAUD. |
|---|---|---|
| Coke (1 de coke provient de 2,25 de houille). | 3$^t$,0375 | 2$^t$,0375 |
| Mine. | 1 ,7500 | 2 ,0375 |
| Castine. | 0 ,5375 | 0 ,5375 |
| Total des matières en tonnes... | 5$^t$,3250 | 4$^t$,6125 |

Le minerai se composait dans les deux cas d'un mélange de 1/3 de minerai compacte (clay Iron stone) et de 2/3 de minerai schisteux noir (Black band Iron stone).

La température de l'air était d'environ 260°, et la charge se composait de :

| | AIR FROID. | AIR CHAUD. |
|---|---|---|
| Coke. | 0$^t$,2500 | 0$^t$,2500 |
| Mine. | 0 ,1470 | 0 ,2500 |
| Castine. | 0$^t$,0414 à 0$^t$,0454 | 0 ,0625 |

(1) M. Mushet, p. 917.

40

La production a augmenté dans le rapport de 1063 à 1518.

2°. Aux fourneaux de la Calder (Écosse) (1), on a consommé par tonne de fonte :

|  | AIR FROID. | AIR CHAUD. |
|---|---|---|
| Coke............................. | 3ᵗ,2040 | 1ᵗ,9380 |
| Minerai grillé..................... | 1 ,0000 | 1 ,3500 |
| (Soit en minerai cru.................... | 2 ,9700 | 2 ,3000) |
| Castine............................. | 0 ,6500 | 0 ,6200 |
| Pression de l'air (en mercure)............. | 0ᵐ,168 | 0ᵐ,16 |
| Température....................... | » | 150°c. |
| Production en vingt-quatre heures ........ | 5ᵗ,6000 | 6ᵗ,6500 |

3°. Dans le Staffordshire, l'économie de combustible peut en moyenne être estimée à 1/3. L'air est chauffé à 300° environ.

4°. En France, l'emploi de l'air chaud a également produit de notables économies dans les fourneaux au coke. A l'usine de Lavoulte, la consommation par tonne de fonte a varié comme il suit :

|  | AIR FROID. | AIR CHAUD. |
|---|---|---|
| Coke.............................. | 2ᵗ,1500 | 1ᵗ,3000 |
| Minerai...... ..................... | 2 ,3800 | 2 ,3500 |
| Castine............................ | 0 ,6500 | 0 ,3920 |
| Température....................... | » | 230°c. |
| Production en vingt-quatre heures........ | 7ᵗ,0000 | 9ᵗ,0000 |

5°. A l'usine de Vienne, la moyenne des consommations par tonne de fonte donne les résultats suivants :

|  | AIR FROID. | AIR CHAUD. |
|---|---|---|
| Minerai............................ | 2ᵗ,4600 | 2ᵗ,0600 |
| Coke.............................. | 2 ,8800 | 1 ,8460 |
| Castine ........................... | 0 ,0000 | 0 ,4600 |
| Production en vingt-quatre heures........ | 3 ,2000 | 4 ,0800 |

6°. Usine d'Alais; consommations et produits :

|  |  | FONTE TRUITÉE. | |
|---|---|---|---|
|  |  | AIR FROID. | AIR CHAUD. |
| Composition de la charge... | Coke............... | 0ᵗ,3000 | 0ᵗ,3000 |
|  | Minerai............. | 0 ,3200 | 0 ,4800 |
|  | Castine............. | 0 ,1700 | 0 ,2300 |
| Rendement du minerai................ | | 48 p. %. | 50 à 52 p. %. |
| Charges en vingt-quatre heures ......... | | 70 | 42 |
| Température de l'air................. | | » | 280°c. |
| Houille pour chauffer l'air (par tonne de fonte). | | » | 0ᵗ,2400 |

(1) Mémoire de M. Dufrenoy.

Le minerai est un hydrate de fer argileux qui rend plus à l'air chaud qu'à l'air froid.

7°. Usine de Kœnigshutte (Silésie); consommations et produits par tonne de fonte.

|  | AIR FROID. | AIR CHAUD. |
|---|---|---|
| Minerai.................... | 3ᵗ,4400 | 3ᵗ,0200 |
| Coke.................... | 2 ,2700 | 1 ,9600 |
| Castine.................... | 0 ,8100 | 0 ,7200 |
| Production en vingt-quatre heures. | 5 ,0000 | 5 ,0000 |
| Température de l'air.......... | " | 91°c. |
| Pression de l'air............ = 0ᵐ,10 à 0ᵐ,11 de mercure. | " |  |

8°. Fourneau de Gleivitz (Silésie); consommations et produits par tonne de fonte.

|  | AIR FROID. | AIR CHAUD. |
|---|---|---|
| Minerai.................... | 2ᵗ,9400 | 2ᵗ,9200 |
| Coke.................... | 2 ,7500 | 2 ,0470 |
| Castine.................... | 0 ,8000 | 0 ,7200 |
| Produits en vingt-quatre heures.......... | 3 ,1000 | 4 ,2500 |
| Température.................... | " | 125° à 140°. |

**352.** *Qualité des fontes.* — L'influence que l'air chaud a exercée sur la qualité de la fonte, a été variable dans les différentes localités où il a été employé. Dans certaines usines, la bonté du fer est restée la même; dans d'autres, elle a été altérée : ainsi on ne peut pas affirmer, en général, que les fontes à l'air chaud donnent de bon fer, ni qu'elles en donnent de mauvais; la question dépend tout à fait de la nature des matières premières et de la manière dont on applique l'air chaud. Tous les minerais peuvent être traités avec économie par cette méthode; mais il est certain que le *degré de chaleur* auquel il convient de porter l'air varie dans des limites très-étendues, suivant leur nature. Une température donnée peut engendrer de très-bonne fonte dans une certaine localité, et en donner de très-mauvaise dans une autre : ainsi, dans le Staffordshire, on se trouve très-bien d'une chaleur de plus de 300°; tandis qu'en Silésie, la fonte devient détestable dès que l'on dépasse 120 à 130°. Ces faits s'expliquent assez bien d'après ce que nous avons déjà dit ailleurs, savoir : que la fonte a d'autant plus de tendance à se combiner avec les bases terreuses des laitiers, et retient le carbone avec d'autant plus de force, qu'elle est produite à une plus forte chaleur; lors donc que, par rapport à la nature du minerai, la température se trouve trop élevée, le fer se détériore, et l'affinage devient difficile.

Il nous paraît assez naturel qu'en Angleterre les *fontes de forge* à l'air chaud soient cotées un peu plus bas que les mêmes fontes à l'air froid ; ce fait n'est, dans quelques cas peut-être, que le résultat d'une prévention, mais, dans beaucoup d'autres, il provient d'une juste appréciation des qualités respectives des deux espèces de fontes. Le commerce, en effet, n'ayant pas la connaissance exacte du mode de roulement de chaque usine, et n'étant pas d'ailleurs à même de s'en rendre parfaitement compte, a arrêté son jugement au point de vue le plus favorable à ses intérêts, en lui donnant pour base ce fait incontestable, que l'*excès* de température nuit à la fonte de forge, et que les fabricants ont généralement intérêt à marcher ainsi, parce qu'ils produisent plus et à meilleur marché.

353. Entre les fontes de forge à l'air froid et celles à l'air chaud, il y a un rapport non pas égal, mais à peu près semblable à celui qui existe entre la fonte blanche et la fonte grise ; les mêmes qualités et les mêmes défauts se présentent de part et d'autre, quoique à des degrés différents, et l'on peut en conclure que si, à l'air froid, il est avantageux de fabriquer la fonte grise de moulage avec des minerais réfractaires et une chaleur très-élevée, tandis que la fonte de forge doit être gris-claire et produite avec des minerais plus fusibles, il faut également, à l'air chaud, ménager la température pour la seconde espèce, et ne la pousser un peu plus haut que pour la première. La *fonte de moulage* est, en effet, celle qui a le plus gagné comme économie de production, à l'introduction du nouveau procédé, et elle n'a rien perdu en qualité, lorsque toutefois on n'a pas poussé la température au point de la rendre trop graphyteuse, et par conséquent peu tenace.

### EMPLOI DE LA HOUILLE.

354. Ce n'est que depuis la découverte du procédé de l'air chaud que la substitution de la houille au coke a pu s'opérer avec succès. L'air chaud n'est cependant pas d'un usage obligatoire pour toutes les espèces de houilles ; il y en a qui s'en passent sans inconvénients, mais la plupart d'entre elles le réclament impérieusement, et il n'en existe pas une seule variété avec laquelle on ne trouve un avantage plus ou moins considérable à l'employer.

## CHOIX DES HOUILLES.

Le but de la substitution partielle ou totale de la houille au coke est d'employer utilement toutes les pertes qui proviennent de la fabrication du coke, et l'économie qui en résulte est d'autant plus grande que ces pertes étaient plus prononcées. Ce sont donc les houilles qui *perdent le plus à la carbonisation* que l'on a le plus d'intérêt à employer à l'état cru.

Parmi les différentes espèces de houilles, il y en a qui sont plus ou moins favorables à l'usage des hauts fourneaux : les houilles les plus carbonées et les plus pures sont les meilleures; les houilles sèches ou maigres sont les seules que l'on puisse employer facilement, et les difficultés que l'on rencontre deviennent sérieuses, dès que leur nature se rapproche des charbons gras qui donnent du coke boursoufflé.

La pureté de la matière est une qualité à laquelle il faut attacher la plus grande importance. Les charbons pyriteux, même lorsqu'on les traite à l'air chaud, donnent difficilement de la bonne fonte de forge; il faut les réserver pour la fonte de moulage, ou les réduire préalablement en coke, pour leur faire perdre une partie du soufre qu'ils renferment.

555. La houille *grasse* et collante, dont le type est la houille maréchale, ne peut pas être employée seule à l'état cru, parce qu'elle s'agglutine et forme des masses impénétrables à l'air, qui obstruent le fourneau et rendent sa marche impossible; il faut la mélanger en petite proportion avec des houilles sèches, et avoir recours à l'air chaud.

Les houilles *maigres*, qui donnent du coke fritté et compacte, mais qui contiennent encore des parties bitumineuses, s'emploient facilement surtout à l'air chaud. Enfin les houilles *sèches* et carbonées, telles que celles du pays de Galles, qui contiennent 75 à 80 pour 100 de charbon, et seulement 2 à 3 pour 100 de cendres, donnent de très-bons résultats, même à l'air froid, quoiqu'il y ait toujours de l'économie à user de l'air chaud.

En résumé, les houilles dont les qualités naturelles se rapprochent le plus de celles du bon coke, sont celles dont l'emploi est le plus sûr; et c'est par le même motif que l'on éprouve plus d'embarras avec les charbons tendres, qui se brisent au moindre effort et se réduisent en poussière, qu'avec ceux qui sont durs et compactes, et qui résistent sans se rompre au poids des matières qui les surchargent. Le charbon *menu* doit, dans tous les cas, être rejeté; il traverse le fourneau sans brûler, nuit beaucoup à sa marche et à la qualité des produits.

## FORME DES FOURNEAUX.

**356.** Les modifications qu'il convient d'apporter à la forme des fourneaux, pour y remplacer le coke par la houille, sont loin d'être aussi considérables que lorsqu'il s'agit de remplacer le charbon de bois par le bois
cru. Ce dernier subit dans les fourneaux une diminution de volume considérable ; la houille, au contraire, ou du moins celle qu'il convient d'employer, se transforme en coke sans changer beaucoup de volume, et l'altération physique se borne à peu près à une diminution de poids. Du coke à
la houille la transition est donc bien moins brusque que du charbon au
bois cru, et si l'on ne devait pas s'en convaincre par la simple observation
de ces matières, il suffirait d'examiner ce qui se passe dans les usines de
France et d'Angleterre : dans celles-ci, la houille vient remplacer le coke
sans qu'il en résulte d'autres embarras que celui d'établir un appareil à air
chaud et d'élargir un peu le gueulard ; tandis que, dans les autres, la substitution complète du bois cru au charbon est presque encore un problème à
résoudre. C'est qu'en effet la question est plus compliquée, et pour réussir, il
nous paraît indispensable d'adopter des dispositions qui diffèrent notablement de celles qui satisfont assez bien aujourd'hui à l'emploi du charbon
ou du bois torréfié.

Quoi qu'il en soit, un fourneau spécialement construit pour l'usage de
la houille ne ressemble pas entièrement à ceux qui marchent au coke. On
cherche, en général, à lui donner le plus grand *volume* possible ; on baisse
un peu le *ventre*, pour augmenter la capacité de la *cuve*, et fort souvent on
supprime l'*ouvrage*, en adoptant quelquefois un creuset circulaire. Cette
dernière disposition se rencontre particulièrement dans le pays de Galles,
où l'on voit en même temps le diamètre du *gueulard* atteindre près des 3/4
de celui du ventre. Dans les autres comtés de l'Angleterre et en Écosse, le
rapport entre le diamètre du gueulard et celui du ventre est à peu près le
même pour la houille que pour le coke ; mais il faut ajouter que les fourneaux sont aussi moins élevés, et que, par conséquent, on s'exposerait à
des pertes de chaleur trop considérables si l'on adoptait le rapport précédent : pour nous, nous ne voyons aucun inconvénient à faire un gueulard
très-large, pourvu que le fourneau soit suffisamment élevé. L'emploi de
l'air chaud nous paraît être indispensable dans tous les cas, lorsque l'on
veut obtenir une marche régulière et la plus grande économie possible.

## TRAVAIL DES FOURNEAUX A LA HOUILLE.

**557.** *Transformation des matières.* — Le *chargement* des fourneaux se fait de la même manière que pour le coke, et le poids de la charge en combustible est ordinairement le même dans les deux cas.

La houille subit dans les fourneaux une véritable distillation, qui la transforme en coke, dont la combustion s'effectue dans l'ouvrage. Cette *carbonisation* est, en général, plus lente que lorsqu'elle a lieu dans les fours : dans ceux-ci, l'opération dure 24 à 36 heures; dans les hauts fourneaux de grande dimension, elle dure 40 à 48 heures, et se fait dans de bonnes conditions, parce que la température agit sur la matière d'une manière lente et graduée qui favorise la conservation des parties solides. Il est donc probable que ce procédé donne du coke plus *dense* et en plus grande quantité que tous les autres, et cette opinion est en partie confirmée par la forme même des fourneaux à la houille, qui sont, en général, plus larges dans le bas que ceux au coke; car il faudrait, au contraire, rétrécir ces parties si le coke obtenu était plus léger et moins compacte que le coke ordinaire.

**558.** Les *gaz* et les matières bitumineuses qui proviennent de la distillation des houilles ne sont pas sans influence sur la marche des fourneaux; en traversant la cuve, ils concourent à la réduction du minerai, en vertu du carbone qu'ils contiennent, et leur action, à ce point de vue, ne peut être que favorable au but général de l'opération; cependant ils peuvent aussi lui nuire sous d'autres rapports, et dans le cas, par exemple, où ils s'enflamment avant la sortie, et contribuent à élever très-fortement la température des régions supérieures. Cet effet est d'autant plus à craindre que la houille est plus bitumineuse, et que l'air qui a traversé l'ouvrage est plus chargé d'oxygène. Aussi les houilles qui ne sont pas sèches exigent impérieusement l'emploi de l'air chaud, non pas seulement en ce qu'il est très-propre à dissoudre promptement les engorgements qui pourraient se former, mais surtout parce que l'air se brûle presque entièrement dans l'ouvrage, et qu'à son arrivée dans la cuve il est peu propre à produire la combustion des gaz qui s'y trouvent.

En Écosse, où la houille perd beaucoup à la distillation (55 pour 100 par le procédé ordinaire), l'air chaud est indispensable; tandis que dans le pays de Galles, où la houille rend souvent 75 à 80 pour 100 de coke en poids, et donne par conséquent peu de produits à la distillation, on marche très-bien à l'air froid. La quantité de gaz dégagés est alors tellement faible que, lors même que la combustion pourrait avoir lieu, elle serait sans influence très-sensible, parce que la hauteur des fourneaux et le grand diamètre du gueulard concourent puissamment à maintenir la cuve à une basse température.

339. *Marche des fourneaux.* — L'*allure* des fourneaux n'est pas plus difficile à régler avec la houille qu'avec le coke, et leur marche est tout aussi régulière. Les accidents ne peuvent, en général, provenir que de l'usage de charbons trop collants ou trop friables; lorsque ce dernier cas se présente, la qualité de la fonte se détériore; les laitiers deviennent visqueux, et le nettoyage du creuset doit se répéter fréquemment.

340. La *pression de l'air* est un peu plus forte pour la houille que pour le coke; on marche généralement à une pression de $0^m,12$ à $0^m,15$ du mercure. La *température* de l'air varie, en Écosse, entre 250 et 310°; mais c'est la qualité de la mine et le genre de fonte que l'on veut obtenir qui doivent, dans tous les cas, décider la question.

Le *volume* de vent doit être proportionné à la richesse de la houille en carbone, en partant de cette donnée, qu'il faut environ $8^{m3},00$ d'air à 0°, et à la pression de $0^m,76$ ($10^k,40$), pour brûler 1 kil. de charbon pur. Une houille renfermant 60 à 70 pour 100 de carbone exigera donc $4^{m3},8$ à $5^m,6$ ($6^k,24$ à $7^k,28$) par kilog. consommé.

## CONSOMMATIONS ET PRODUITS.

341. L'usage de la houille a apporté de grandes *économies* dans la fabrication de la fonte, et généralement elles ont été proportionnelles aux pertes que subissait la matière pendant sa carbonisation.

L'augmentation des *produits* journaliers est la conséquence immédiate de la réduction apportée dans la consommation du combustible, chaque fois que l'on ne diminue pas le poids d'air injecté. En supposant que la production ne change pas, la quantité de vent varie, relativement aux produits, suivant un rapport facile à établir : ainsi, en Écosse, il fallait autrefois, pour 100 kil. de fonte, 300 kil. de coke contenant 260 de carbone; il ne faut plus aujourd'hui que 210 de houille représentant 126 de carbone; le volume du vent à fournir a donc dû diminuer de près de moitié pour la même production. Dans les autres provinces, la réduction n'a pas été aussi forte; mais quelle qu'elle soit, on doit en tenir compte pour apprécier à leur juste valeur tous les avantages qui résultent des nouveaux perfectionnements.

542. Pour donner une idée des avantages que présente l'emploi de la houille, nous allons en rapporter quelques exemples.

1°. C'est aux usines de la Clyde que l'emploi de la houille a apporté les plus grandes réductions dans les consommations, précisément parce qu'elle rendait très-peu à la carbonisation. Nous reproduirons les résultats déjà cités au sujet de l'emploi de l'air chaud, afin de donner une idée des grandes améliorations qui se sont succédé dans le court espace de quinze années.

|  | 1826.<br>COKE<br>ET AIR FROID. | 1831.<br>COKE<br>ET AIR CHAUD. | 1839.<br>HOUILLE<br>ET AIR CHAUD. |
|---|---|---|---|
| Houille consommée par tonne de fonte.. | 6$^t$,830(1) | 4$^t$,580 | 1$^t$,724 |
| Minerai  idem        idem        idem.... | 1 ,750 | 2 ,037 | 1 ,750 |
| Castine  idem        idem        idem.... | 0 ,537 | 0 ,537 | 0 ,524 |
| Production journalière.............. | 5 ,910 | 8 ,430 | 12 ,360 |

Le minerai schisteux (black band Iron stone) entrait pour les deux tiers dans la composition des charges, et le minerai compacte (clay Iron stone) pour un tiers. En les employant séparément, on a consommé par tonne de fonte :

|  | AVEC LE MINERAI<br>COMPACTE. | AVEC LE MINERAI<br>SCHISTEUX. |
|---|---|---|
| Houille consommée par tonne de fonte.. | 2$^t$,177 | 1$^t$,439 (2) |
| Mine  idem        idem        idem... | 2 ,327 | 1 ,712 |
| Castine  idem        idem        idem... | 0 ,577 | 0 ,187 |

A la fin du dernier siècle, on consommait dans ces mêmes usines 8 tonnes de houille (3) par tonne de fonte, et l'on produisait 18 tonnes par semaine.

2°. Aux usines de la Calder, la consommation par tonne de fonte (Mémoire de M. Dufrenoy), a varié comme il suit :

(1) Le coke est estimé en houille à raison de 2,25 de houille par 1 de coke. Ces résultats sont extraits de l'ouvrage de M. Mushet.

(2) Une consommation aussi faible doit être regardée comme exceptionnelle.

(3) Nous ne comprenons dans ces consommations que le combustible porté au fourneau.

41

| | 1828.<br>—<br>COKE<br>ET AIR FROID. | 1831.<br>—<br>COKE<br>ET AIR CHAUD. | 1835.<br>—<br>HOUILLE<br>ET AIR CHAUD. |
|---|---|---|---|
| Houille consommée par tonne de fonte. | 7$^t$,850 | 4$^t$,750 | 2$^t$,100 |
| Minerai grillé  idem    idem    idem.... | 1 ,900 | 1 ,350 | 1 ,850 |
| Castine      idem    idem    idem.... | 0 ,650 | 0 ,620 | 0 ,300 |
| Production en vingt-quatre heures...... | 5 ,600 | 6 ,650 | 8 ,200 |

3°. Aux usines de Dundyven, près de Glascow, on consomme à l'air chaud (M. Mushet) et par tonne de fonte :

Houille consommée par tonne de fonte.......... 2$^t$,000
Minerai grillé  idem    idem    idem...... ...... 1 ,550
Castine      idem    idem    idem............. 0 ,450

Et l'on produit en vingt-quatre heures 13 à 14 tonnes de fonte.

4°. A l'usine de Milton (Yorkshire), marchant à l'air chaud, on consomme en moyenne :

Houille consommée par tonne de fonte.......... 2$^t$,200
Minerai  idem    idem    idem............. 3 ,550
Castine  idem    idem    idem............. 0 ,800

5°. Usine de Codnor-Park (Derbyshire), à l'air chaud :

Houille consommée par tonne de fonte.......... 2$^t$,610
Minerai  idem    idem    idem............. 2 ,670
Castine  idem    idem    idem............. 0 ,940

6°. Usine de Butterley (Derbyshire), à l'air chaud :

Houille consommée par tonne de fonte.......... 2$^t$,370
Minerai  idem    idem    idem............. 2 ,750
Castine  idem    idem    idem............. 0 ,990

On porte 450 kil. de houille à la charge.

7°. Usines d'Affreton (Derbyshire), à l'air chaud :

Houille consommée par tonne de fonte. . .`........ 2$^t$,750
Minerai  idem    idem    idem............. 3 ,850
Castine  idem    idem    idem............. 0 ,940

8°. Dans le pays de Galles (Mémoire de M. Dufrenoy), on consomme :

| | AU COKE<br>ET A L'AIR FROID. | A LA HOUILLE<br>ET A L'AIR FROID. |
|---|---|---|
| Houille consommée par tonne de fonte.... | 3$^t$,350 | 2$^t$,500 |
| Minerai  idem    idem    idem...... | 3 ,000 | 2 ,800 |
| Castine  idem    idem    idem...... | 1 ,000 | 0 ,900 |

A l'air chaud, la consommation se réduit à 1',80 ou 2 tonnes de houille.

343. En résumé, l'économie apportée en Angleterre par l'introduction des nouveaux procédés a été très-variable, et s'est montrée presque toujours dépendante de la nature de la houille. La réduction opérée dans la consommation *par tonne de fonte* peut s'évaluer en moyenne de la manière suivante (1) :

| | | |
|---|---|---|
| En Écosse. . . . . . . . . . . . . | 3',500 à 4',000 | tonnes de houille. |
| Yorkshire. . . . . . . . . . . . . | 2,500 à 3,000 | *idem*. |
| Derbyshire. . . . . . . . . . . | *idem* | *idem*. |
| Staffordshire. . . . . . . . . . | 2,000 à 2,500 | *idem*. |
| Gloucestershire. . . . . . . . | 1,000 à 1,500 | *idem*. |
| Pays de Galles. . . . . . . . . | 0,750 à 1,500 | *idem*. |

344. En France, la houille crue a été employée en mélange dans plusieurs usines, et particulièrement à Decazeville et à Alais; on y a renoncé dans cette dernière usine, parce que la friabilité du charbon était telle que la poussière empêchait le passage du vent.

## EMPLOI DE L'ANTHRACITE.

345. *Qualités et défauts de l'anthracite.* — L'anthracite est une variété de houille sèche, contenant 90 à 94 pour 100 de carbone, fort difficile à brûler, et devant à sa structure serrée et à sa faible conductibilité pour la chaleur, la faculté de décrépiter et de se réduire en poussière lorsqu'il est brusquement échauffé. Tel est le combustible que, pour la première fois en 1837, M. Georges Crane, maître de forges du pays de Galles, a réussi à employer seul pour la fusion des minerais dans les fourneaux d'Yniscedwyn, près Swansea (2). La solution du problème est principalement due à l'intervention de l'air chaud, dont l'usage est, dans ce cas, tout à fait indispensable.

346. *Moyens de l'employer.* — Le principal obstacle que présente l'emploi de l'anthracite est la décrépitation; elle se manifeste dans toutes les variétés à un degré plus ou moins fort, et le seul moyen d'en neutraliser l'effet (qui est de réduire les matières en poussière, et par conséquent d'empêcher la circulation de l'air et la combustion), consiste à l'échauffer graduellement; il perd ainsi très-lentement la portion d'eau avec laquelle il

---

(1) *Papers on Iron and steel*, p. 310.

(2) Depuis 1804, on s'occupait de l'emploi de l'anthracite dans les hauts fourneaux ; les essais n'avaient eu aucun succès.

est combiné, et arrive peu à peu, et sans éclater, au degré de chaleur auquel s'opère la combustion.

Nous avons vu comment, dans les feux de forge et les foyers des chaudières, on avait atteint ce résultat par l'emploi d'une espèce d'entonnoir, dans lequel passe l'anthracite avant d'arriver au lieu de sa combustion : dans les hauts fourneaux, cette disposition existe naturellement; elle est représentée par la cuve, et il ne s'agit plus que de régler la température d'une manière convenable, en la rendant aussi faible que possible au sommet. Ce but est atteint par plusieurs moyens, qui sont l'emploi de l'air chaud, l'élévation de la cuve et l'élargissement du gueulard.

347. *Du soufflage.* — *L'air chaud* rendant la combustion dans l'ouvrage d'autant plus énergique que sa température est plus élevée, il est croyable que, jusqu'à une *certaine limite* encore indéterminée, la température de la cuve décroit à mesure que celle de l'air soufflé augmente, et que, par conséquent, cette dernière (la température de l'air) doit croître proportionnellement à la tendance de l'anthracite à décrépiter. Toutefois il est évident qu'il y a un point où l'effet recherché ne serait pas obtenu, ou du moins où il le serait à des conditions incompatibles avec la bonne marche du fourneau.

Avant tout on doit, au point de vue du soufflage, prendre en considération la densité du combustible, et régler la *pression* et la *température* en conséquence; car il est positif qu'avec un vent faible et peu chauffé, la plus grande partie de l'air traverserait l'ouvrage sans y brûler, et ne servirait qu'à le refroidir. Maintenant est-il possible d'arriver ainsi, dans tous les cas, au plus grand effet utile de l'air injecté? Nous ne le croyons pas. On doit y tendre; mais c'est toujours la nature du minerai et la qualité de la fonte à obtenir qui doivent décider du point auquel il convient de se fixer.

En 1840, les fourneaux à anthracite des environs de Swansea étaient soufflés à une pression de 0$^m$,13 à 0$^m$,15 de mercure, et l'air était chauffé à 550° environ. L'anthracite que l'on y brûle est moins dense, et décrépite moins que celui que nous possédons en France, dans l'Isère; celui-ci exigerait donc peut-être que l'air fût injecté plus chaud et à une plus forte pression.

Quant au *volume du vent*, nous avons trouvé qu'il était d'environ 8$^{m3}$,00 (à 0°,76 de pression, et à la température ordinaire) par kil. d'anthracite consommé, et le fourneau en brûlait 41$^k$,00 par heure et par mètre carré de section au ventre. Eu égard à la richesse de l'anthracite en carbone, l'air était donc un peu moins bien utilisé que dans les fourneaux au coke; ce fait se conçoit très-bien, parce que la pression et la température de l'air ne différaient pas assez de celles que l'on emploie avec le coke ou la houille pour compenser l'excès de densité du combustible.

On voit, d'après cela, que ces fourneaux ne reçoivent guère que 5$^m$,50 de vent par minute et par mètre carré de section. Aussi sont-ils loin de produire toute la fonte que l'on pourrait en attendre, s'ils étaient soufflés de manière à brûler 70 à 75 kil. d'anthracite par heure et par mètre carré de section.

348. Le fourneau auquel s'appliquent ces observations a pour principales dimensions :

Hauteur.......... ... ................... 12$^m$,10
Diamètre au ventre................... 3$^m$,34
Diamètre au gueulard. ................. 2$^m$,43
Largeur du creuset..................... 1$^m$,06

Il *produit* 40 à 45 tonnes par semaine, soit environ 6000 kil. par 24 heures, et la *consommation* ne s'élève qu'à 1,400 d'anthracite pour 1 de fonte.

Dans une usine voisine, les dimensions principales du fourneau sont :

Hauteur........................... 12$^m$,40
Diamètre au ventre.................. 3$^m$,15
Diamètre au gueulard................ 2$^m$,12

Il produit 35 à 40 tonnes par semaine.

349. *Nature des fontes.* — La qualité des fontes du pays de Galles s'est améliorée depuis la substitution de l'anthracite au coke : elles sont devenues particulièrement propres au moulage, à cause de leur liquidité et de la lenteur avec laquelle elles se figent; elles se travaillent avec facilité, et leur *résistance* paraît être plus considérable que celle des fontes au coke ou à la houille. Il résulte, en effet, des expériences de M. Evans et de MM. Fairbairn et Hodgkinson (1), que la résistance moyenne de celle-ci était représentée par 430, celle des fontes à l'anthracite d'Ystal-y-fera, près Swansea, est représentée par 444, ce qui revient à une augmentation de résistance d'environ 2 1/2 pour 100 en faveur de ces dernières.

La plus grande partie de la fonte à anthracite fabriquée en Angleterre est presque exclusivement employée au moulage, et nous ne savons pas exactement comment elle se comporte à l'affinage. Peut-être, et en raison de la haute température à laquelle elle est produite, s'affine-t-elle avec quelque difficulté; mais, en tout cas, il n'y a aucune raison de penser qu'elle puisse donner du fer de qualité inférieure à celui qui provient de la fonte ordinaire.

(1) *The civil Ingeneer and Architect's Journal*, 8$^{bre}$, 1840, p. 343.

**330.** *Disposition des fourneaux.* — Les fourneaux à anthracite sont ceux dont la construction exige le plus de soins et les moyens de conservation les mieux entendus. Les tuyères, toujours au nombre de trois, afin de mieux répartir le vent, sont indispensablement des tuyères à eau. Dans une usine que nous avons visitée, toute la partie inférieure de la *tympe* était en fonte creuse, rafraichie par une circulation d'eau; la *dame* elle-même était creuse, et sa conservation était assurée par les mêmes moyens. Ces dispositions sont utiles pour la tympe; mais nous ne voyons aucune obligation de changer les habitudes ordinaires relativement à la dame.

La fabrication de la fonte à l'anthracite est encore une industrie nouvelle en Angleterre, et sans aucun doute elle n'a pas atteint la limite des améliorations possibles. Les fourneaux que nous avons cités produisent très-peu; pour augmenter leur rendement, il faut augmenter le volume du vent, et peut-être sa pression et sa température. Les formes des appareils ne paraissent pas non plus très-bien appropriées à la nature du combustible; elles pèchent évidemment sous le rapport de la hauteur. Le fourneau dont nous rapportons un croquis (Pl. 8, fig. 13), et qui a été récemment construit près de Neath (1), échappe à ces reproches, et nous parait être ce que l'on a jusqu'ici fait de mieux en ce genre; sa hauteur, la grande capacité de sa cuve et son large gueulard satisfont aux principales conditions de l'emploi de l'anthracite. Un soufflage énergique et à haute température doit être le complément de cette bonne disposition.

## PRODUITS GAZEUX DES FOURNEAUX.

**331.** Les gaz des hauts fourneaux jouent aujourd'hui dans l'industrie métallurgique un rôle si important qu'il nous a paru indispensable de distraire l'étude de leurs propriétés de celle de tous les autres faits relatifs à la fabrication de la fonte. Ce sujet trouve naturellement sa place à la suite des différentes applications dont nous venons de nous occuper.

### COMPOSITION DES GAZ.

**332.** L'emploi des gaz des fourneaux, comme combustible, a précédé de longtemps les recherches qui ont eu pour but la détermination de leur nature, et ce n'est même que lorsque les résultats de la pratique ont été

---

(1) Ce fourneau était en construction lorsque nous avons visité le pays de Galles au mois de mai 1840. Nous n'avons pas pu nous procurer de renseignements sur sa marche.

assez éclatants pour attirer sur ce sujet une attention générale, que la science en a compris l'importance, et qu'elle s'est mise à rechercher l'explication des faits qui se produisaient depuis longtemps dans les usines. — Ces travaux ont puissamment contribué à préciser l'étendue des ressources que présente l'usage des gaz comme combustible, et ont fourni des éléments précieux à la théorie encore imparfaite du travail des hauts fourneaux.

M. Bunsen (de Cassel) est le premier à notre connaissance (1) qui se soit occupé sérieusement de la composition des gaz des hauts fourneaux, et nous nous hâterions de citer ses expériences et les conséquences qu'il en a déduites, si les travaux plus récents et plus complets de M. Ebelmen (2) ne nous fournissaient pas à cet égard des renseignements qui nous paraissent mériter la plus entière confiance.

**333. *Expériences de M. Ebelmen* (3).** — Les expériences ont eu lieu sur deux hauts fourneaux, celui de Clerval et celui d'Audincourt, dont nous rapportons les dimensions et le mode de travail.

| *Dimensions.* | FOURNEAU DE CLERVAL. | FOURNEAU D'AUDINCOURT. |
|---|---|---|
| Diamètre du gueulard. ......... | 0$^m$,67 | 0$^m$,66 |
| Hauteur de la cuve............. | 5$^m$,67 | 8$^m$,67 |
| Diamètre du ventre............. | 2$^m$,16 | 2$^m$,33 |
| Hauteur des étalages........... | 2$^m$,12 | " |
| Diamètre de l'ouvrage (partie supérieure)................... | 0$^m$,62 | " |
| Hauteur de l'ouvrage.......... | 0$^m$,44 | " |
| Largeur devant la tuyère. ....... | 0$^m$,44 | 0$^m$,45 |
| Hauteur du creuset au ventre..... | 3$^m$,00 | 2$^m$,33 |
| Hauteur totale. ............... | 8$^m$,67 | 11$^m$,00 |
| *Soufflage.* | | |
| Pression du vent.............. | 0$^m$,015 à 0$^m$,018 (mercure) | 0$^m$,070 à 0$^m$,074 |
| Température................. | 175°c. à 190°c. | 250°c. |
| Diamètre de la buse........... | 0$^m$,065 | 0$^m$,0638 |
| Volume d'air lancé par minute (à 0° et à 0,76 de pression). ..... | 8$^{m3}$,76 | 15$^{m3}$,84 |

(1) *Annales des Mines,* 4° livraison, 1839.

(2) *Annales des Mines,* 6° livraison 1839, et 5° livraison 1841.

(3) Nous présenterons une analyse aussi complète que possible des recherches de M. Ebelmen ; c'est le document le plus intéressant que nous puissions offrir à nos lecteurs sur la question des gaz des hauts fourneaux.

| *Nature de la charge.* | FOURNEAU DE CLERVAL. | FOURNEAU D'AUDINCOURT. |
|---|---|---|
| Bois vert..................... | " " | $0^{m3},330 = 115$ kil. |
| Charbon (1)................. | $0^{m3},500 = 115$ kil. | $0^{m3},400 = 92$ |
| Braise...................... | " " | $0^{m3},100 = 18$ |
| Minerai en grains............. | {$0^{m3},110 = 198$ | {$0^{m3},105 = 168$ |
| Minerai calcaire.............. | {$0^{m3},055 = 98$ | {$0^{m3},060 = 90$ |
| Scories de forges............. | " " | $0^{m3},035 = 77$ |
| Castine.................... . | $0^{m3},020 = 29$ | $0^{m3},020 = 33$ |

*Composition du lit de fusion.*

| | | |
|---|---|---|
| Eau........................ | 0,125 | 0,097 |
| Carbonate de chaux........... | 0,210 | 0,220 |
| Peroxyde de fer.............. | 0,392 | 0,265 |
| Protoxyde de fer.............. | " | 0,155 |
| Oxyde de manganèse.......... | 0,007 | 0,009 |
| Silice...................... | 0,200 | 0,200 |
| Alumine.................... | 0,066 | 0,054 |
| Total.................. | 1,000 | 1,000 |

Ou en d'autres termes :

| | | |
|---|---|---|
| Fer métallique................ | 0,272 | 0,304 |
| Matières volatiles .. { Oxygène.......... | 0,120 } | 0,116 } |
| Eau............. | 0,125 } (0,337) | 0,097 } (0,310) |
| Acide carbonique... | 0,092 } | 0,097 } |
| Matières fixes. { Silice............ | 0,200 } | 0,200 } |
| Alumine.......... | 0,066 } (0,391) | 0,054 } (0,386) |
| Chaux........... | 0,118 } | 0,123 } |
| Oxyde de manganèse. | 0,007 } | 0,009 } |
| Total. ................. | 1,000 | 1,000 |

*Consommations et produits.*

| | | |
|---|---|---|
| Produit d'une charge. ......... | $78^k,10$ | $114^k,20$ |
| Produit par mois.............. | 61 170 ,00 | 96 970 ,00 |
| Mise aux 1 000 kil. de fonte. .... | " | " |
| Bois....................... | " | $3^{m3},600$ } $= 4^{m3},40$ (2) |
| Charbon.................... | 1 481 ,00 | $2^{m3},850$ } ou $1 032^k,00$ de |
| Braise . ................... | " | $0^{m3},875$ } charbon. |

---

(1) Quand l'allure du fourneau est trop chaude, on le refroidit lentement en remplaçant $0^{m3}100$ de charbon par $0^{m3},110$ de bois vert.

(2) On admet à Audincourt que le bois vert équivaut au tiers, et la braise à la moitié de son volume en charbon.

| Consommation et produits. | FOURNEAU DE CLERVAL. | FOURNEAU D'AUDINCOURT. | |
|---|---|---|---|
| Minerai en grains.............. | 2 530k,60 | 0m3,943 | 1 de ce mé- |
| Minerai calcaire.............. | 1 288 ,00 | 0m3,525 | lange donne |
| Scories..................... | » | 0m3,305 | 0k,306 |
| Castine.................... | 371 ,00 | 0m3,177 | de fonte. |

**334.** Les données précédentes sont indispensables pour établir les relations qui existent entre la marche des fourneaux et la nature des gaz qu'ils produisent. Les deux tableaux qui suivent vont faire connaître leur composition dans les différentes parties des appareils sur lesquels on a expérimenté; et pour *rendre ces résultats comparables* entre eux, M. Ebelmen a rapporté la quantité de chacun des éléments contenus dans les gaz à chaque hauteur, à une même quantité d'un élément dont la dose est la même à sa sortie et à son entrée dans le fourneau, c'est-à-dire à l'*azote*, corps qui n'existe en quantité notable dans aucune des matières qui constituent le lit de fusion : c'est par ce motif qu'il a indiqué à la suite de chaque analyse : 1°. le volume de vapeur de carbone correspondant à 100 volumes d'azote dans le gaz analysé; 2°. le volume d'oxygène, excédant dans le gaz celui qui correspond à 100 volumes d'azote dans l'air atmosphérique; 3°. le volume d'hydrogène correspondant au même volume d'azote :

TABLEAU XLVI. — COMPOSITION DES GAZ (FOURNEAU DE CLERVAL).

| | GAZ PRIS AU GUEULARD. | A 1m,33 DE PROFONDEUR. | A 2m,67. | A 4 MÈTRES. | A 5m,33. | A 5m,67 (grand ventre). | OUVRAGE A 0m,54 au-dessus de la tuyère. | Tympe. | Tuyère à 0m,10 de profondeur. | Calcaire. | Calcaire. |
|---|---|---|---|---|---|---|---|---|---|---|---|
| Acide carbonique............... | 12,88 | 13,96 | 13,76 | 8,86 | 2,23 | » | 0,31 | » | 2,67 | 20,80 | » |
| Oxyde de carbone................... | 23,51 | 22,24 | 22,65 | 28,18 | 33,64 | 35,01 | 41,50 | 54,35 | » | » | 34,43 |
| Hydrogène................... | 5,82 | 6,00 | 5,44 | 3,82 | 3,59 | 1,92 | 1,12 | 1,25 | » | » | » |
| Azote................... | 57,79 | 57,80 | 58,15 | 59,14 | 60,54 | 63,07 | 56,68 | 47,10 | 79,20 | 79,20 | 65,57 |
| Oxygène................... | » | » | » | » | » | » | » | 18,13 | » | » | » |
| Totaux................... | 100,00 | 100,00 | 100,00 | 100,00 | 100,00 | 100,00 | 100,00 | 100,00 | 100,00 | 100,00 | 100,00 |
| Vapeur d'eau pour 100 vol., gaz sec..... | 11,90 | 13,11 | 2,63 | 0,95 | 0,42 | » | » | » | » | » | » |
| Vapeur de carbone pour 100 vol., azote.. | 31,50 | 31,10 | 31,30 | 31,30 | 29,60 | 27,70 | 36,90 | 54,10 | 1,70 | 13,17 | 26,26 |
| Oxygène en excès sur 100 vol., azote... | 16,10 | 17,10 | 16,90 | 12,60 | 5,30 | 1,50 | 11,00 | 27,90 | » | » | » |
| Hydrogène pour 100 vol., azote....... | 10,00 | 10,30 | 9,40 | 6,40 | 5,90 | 3,00 | 2,50 | 2,60 | » | » | » |

TABLEAU XLVII. — COMPOSITION DES GAZ (FOURNEAU D'AUDINCOURT).

| | GAZ PRIS AU GUEULARD. | À 3m,33 DE PROFONDEUR. | À 4m,33. | À 5m,50. | À 6m,67. | À 8m,04 DE PROFONDEUR. | HAUTEUR DE LA TUYÈRE. | | | | | | |
|---|---|---|---|---|---|---|---|---|---|---|---|---|---|
| | | | | | | | Contre-vent. | Rustine. | Tuyère à 0m,10 de profondeur. | Tuyère à 0m,15 de profondeur. | Tuyère sur le côté. | Calculé. | Calculé. |
| Acide carbonique........ | 12,59 | 14,16 | 9,55 | 7,51 | 3,81 | 0,21 | » | » | 3,37 | 6,31 | 2,61 | 20,80 | » |
| Oxyde de carbone........ | 25,21 | 23,62 | 28,82 | 30,03 | 31,28 | 36,39 | 18,52 | 47,08 | » | » | 29,05 | » | 34,13 |
| Hydrogène............. | 6,55 | 7,53 | 5,56 | 1,59 | 1,01 | 1,79 | 0,90 | 1,30 | » | » | 1,06 | » | » |
| Azote............... | 55,62 | 54,39 | 56,07 | 57,81 | 57,87 | 61,61 | 50,58 | 51,62 | 79,20 | 79,20 | 67,28 | 79,20 | 65,57 |
| Oxygène............. | » | » | » | » | » | » | » | » | 17,13 | 14,16 | » | » | » |
| TOTAUX....... | 100,00 | 100,00 | 100,00 | 100,00 | 100,00 | 100,00 | 100,00 | 100,00 | 100,00 | 100,00 | 100,00 | 100,00 | 100,00 |
| Vapeur d'eau pour 100 vol., gaz sec............. | 22,70 | 17,00 | 1,17 | » | » | » | » | » | » | » | » | » | » |
| Vapeur de carbone pour 100 vol., azote....... | 34,00 | 35,00 | 31,20 | 32,50 | 32,60 | 29,70 | 47,00 | 15,60 | 2,10 | 1,00 | 23,60 | 13,13 | 26,25 |
| Oxygène en excès sur 100 vol., azote..... | 19,10 | 22,00 | 16,50 | 12,80 | 9,90 | 3,70 | 21,70 | 19,10 | = | = | —0,70 | = | = |
| Hydrogène pour 100 vol., azote............. | 11,90 | 13,80 | 9,90 | 7,90 | 6,90 | 2,90 | 1,70 | 2,50 | » | » | 1,60 | » | » |

**555.** Les analyses qui précèdent représentent bien la *composition moyenne* de la tranche gazeuse, dans la partie du fourneau où les gaz sont recueillis, toutes les fois que la *durée de l'aspiration* à cette hauteur est suffisamment *prolongée* et que le *courant d'air* lancé par la tuyère est *constant*; mais il n'en est pas de même pour les gaz recueillis dans le bas de l'ouvrage et à peu de distance de la tuyère, parce que les matières qui recouvrent le bain de fonte dans le creuset, et celles qui sont adhérentes aux parois de l'ouvrage au-dessus de la tuyère, sont des silicates qui renferment de l'oxyde de fer, et que leur mélange à l'état pâteux avec le charbon dégage constamment de l'oxyde de carbone (1),

_____

(1) M. Ebelmen admet que dans la *partie inférieure* d'un fourneau, la réduction des dernières parties d'oxyde de fer s'opère directement par la réaction du carbone sur cet oxyde : son opinion, contraire en ce point à celle de M. Leplay, est basée sur ce que certains oxydes fixes, tels que ceux de manganèse, de titane et de chrôme, sont irréductibles par l'oxyde de carbone et par cémentation, tandis qu'ils se réduisent par le charbon à l'état de mélange intime. Il peut donc en arriver autant pour l'oxyde de fer.

Du reste, les résultats que M. Ebelmen a déduits de ses expériences sont tout à fait indépendants de cette manière d'expliquer les faits observés.

lequel est aspiré en forte proportion, en même temps que le gaz de la colonne ascendante, par le tuyau qui sert à recueillir ce dernier.

556. *Considérations relatives à la théorie des fourneaux.* — En suivant les *transformations* que subit l'air, qui entre par la tuyère pour s'échapper par le gueulard, on arrive aux résultats suivants :

L'oxygène converti d'abord en acide carbonique, double de volume dans un espace très-rapproché de celui où cet acide a été produit, en se changeant rapidement en oxyde de carbone, par la combustion d'une quantité de charbon égale à celle contenue dans l'acide carbonique. La vapeur d'eau introduite avec l'air se réduit en même temps en oxyde de carbone et en hydrogène pur.

A partir de ce point, situé à une très-faible distance de la tuyère, le gaz est dépourvu d'acide carbonique et ne change presque pas de nature jusqu'au sommet des étalages; mais dans cet intervalle, la proportion d'oxyde de carbone a légèrement augmenté, par la réduction des dernières parties d'oxyde de fer, sur les parois de l'ouvrage et même dans le creuset : à Clerval, elle s'est élevée de 26,26 à 27,7, et à Audincourt, de 26,26 à 29,7 pour 100 d'azote (1).

Depuis le ventre jusqu'au gueulard, la proportion d'acide carbonique augmente graduellement jusque vers le milieu de la cuve, où elle devient constante; celle d'oxyde de carbone diminue en même temps, parce qu'il se produit de l'acide carbonique à ses dépens.

Le volume de vapeur de carbone s'élève de 27,7 à 31,5 dans le quart inférieur de la cuve, et reste constant à partir de ce point.

L'oxygène enlevé aux minerais augmente dans le rapport de 1,5 à 17 depuis le ventre jusqu'à la moitié de la cuve où il reste constant, et dans le rapport de 12,7 à 17 dans le quart supérieur de la moitié inférieure de la cuve, tandis que le carbone reste invariable; il ne se produit donc pas d'autre action chimique dans cet intervalle que la conversion de l'oxyde de carbone en acide carbonique.

C'est dans la moitié inférieure de la cuve que les matières perdent toutes leurs parties volatiles. L'hydrogène augmente sans cesse, depuis les étalages jusqu'au quart supérieur de la cuve.

_____

(1) L'emploi de scories d'une réduction difficile est sans doute ici la cause de la plus grande augmentation de l'oxyde de carbone.

**557.** Les observations précédentes donnent lieu aux conclusions suivantes (1) :

1°. Sur toute la hauteur de la cuve du fourneau, le charbon et le bois ne perdent que les matières volatiles qui s'en dégageraient par la calcination en vase clos; la castine et le minerai se dépouillent de leur humidité et de leur acide carbonique : il ne s'opère aucune action chimique entre le minerai et le charbon d'une part, et, de l'autre, entre le charbon et l'acide carbonique résultant de la réduction du minerai et de la calcination de la castine.

2°. L'hydrogène qui provient de la distillation du bois, ou de la décomposition de l'eau contenue dans l'air, n'exerce aucune action sur l'oxyde de fer, et se retrouve tout entier dans le gaz du gueulard.

3°. La quantité de carbone consommé, depuis les étalages jusqu'à la tuyère, est d'environ 6 pour 100 du carbone total (différence entre 27,7 et 26,26).

4°. Le minerai perd, dans la moitié inférieure de la cuve, environ les 5/6 de son oxygène, et perd le 1/6 restant, depuis les étalages jusqu'à la tuyère, par l'action directe du carbone (voir la note du n° 555).

5°. La carburation a lieu, en même temps que la fin de la réduction, dans la moitié inférieure des étalages, et le point de fusion se trouve à $0^m,20$ ou à $0^m,30$ au plus de la tuyère.

**558.** *Effets calorifiques produits dans les fourneaux.* — L'acide carbonique qui se forme devant la tuyère se change très-rapidement en oxyde de carbone, et le *refroidissement* qui en résulte rend très-petit l'espace du fourneau où se développe le maximum de chaleur. Il paraît, en effet, que *la conversion de l'acide carbonique en oxyde de carbone est accompagnée d'un refroidissement considérable,* dont on peut d'ailleurs calculer la valeur : 2 litres d'oxygène atmosphérique développent, en produisant 2 litres d'acide carbonique, une température de 2252°; tandis qu'en produisant 4 litres d'oxyde de carbone, ils ne développent que 780° (2). La température doit donc s'abaisser de 2232 à 780°.

---

(1) Consulter le Rapport de M. Chevreuil dans le compte-rendu de l'Académie des Sciences du 28 mars 1842.

(2) Voici comment M. Ebelmen détermine le chiffre de ces températures :

D'après Dulong, 1 litre de vapeur de carbone donne en brûlant 2 litres d'acide carbonique, et dégage 7858 unités de chaleur (cette unité étant rapportée au gramme et non pas

Cette cause de refroidissement est la plus importante de toutes celles qui agissent dans un haut fourneau; car on ne peut pas expliquer la perte de chaleur qu'éprouve le courant de gaz par l'échauffement des charges, puisque leur poids ne forme que la moitié de celui des gaz qui se dégagent, et que leur chaleur spécifique est également très-inférieure à celle des gaz.

L'expulsion de l'eau contenue dans les matières, et de l'acide carbonique de la castine, produisent une absorption considérable de chaleur latente que l'on ne peut pas expliquer pour le moment, du moins quant à l'acide carbonique; mais on peut se rendre compte de l'effet calorifique produit dans la réduction de l'oxyde de fer. Dulong ayant en effet trouvé que 1 litre d'oxygène développe, en se combinant au fer, 6216 unités de chaleur, l'oxyde de fer doit, en perdant son oxygène, absorber ou rendre latente toute la chaleur produite dans la combinaison. Admettant maintenant que, dans toute la cuve, la réduction s'opère par la transformation de l'oxyde de carbone en acide carbonique, et sachant que 1 litre d'oxygène, en brû-

---

au kilogramme); tandis que 2 litres d'oxyde de carbone produisent aussi 2 litres d'acide carbonique, et dégagent 6260 unités de chaleur; ainsi, 1 litre de vapeur de carbone ne produit, en se transformant en oxyde de carbone, que $7858 - 6216 = 1598$ unités.

Pour former de l'acide carbonique il faut :

| | |
|---|---|
| 1 litre de vapeur de carbone, pesant : | 1ᵏ,077 |
| 2 litres d'oxygène } pesant | 12,490 |
| 7ˡ,615 d'azote... } | |
| Total | 13ᵏ,567 |

Les produits de la combustion sont :

Quantité de chaleur que prend le gaz en s'échauffant de 1° = le poids × par la chaleur spécifique.

| | | |
|---|---|---|
| 2 litres d'acide carbonique, pesant : | 3ᵏ,950 | $3,95 \times 0,221 = 0,873$ |
| 7ˡ,615 d'azote, pesant : | 9,617 | $9,617 \times 0,275 = 2,645$ |
| | 13ᵏ,567 | 3,518 |

La température de la combustion $= \dfrac{7858}{3,518} = 2232°$.

Pour former de l'oxyde de carbone, on aurait :

| | |
|---|---|
| 2 litres vapeur de carbone, pesant : | 2ᵏ,154 |
| 9ˡ,615 air, pesant : | 12,490 |
| Total | 14ᵏ,644 |

Produits de la combustion :

Quantité de chaleur pour 1°.

| | | |
|---|---|---|
| 4 litres d'oxyde de carbone, pesant : | 5ᵏ,027 | $5,027 \times 0,2884 = 1,448$ |
| 7ˡ,615 d'azote, pesant : | 9,617 | $9,617 \times 0,275 = 2,645$ |
| | 14ᵏ,644 | 4,093 |

La température de la combustion $= \dfrac{2 \times 1598}{4,093} = 780°$.

lant 2 litres d'oxyde de carbone, développe 6260 unités de chaleur, nombre à peu près égal au premier, on arrive à cette conclusion que, dans la cuve, *la réduction de l'oxyde de fer, au moyen de l'oxyde de carbone, a lieu sans effet calorifique sensible.*

Dans la partie inférieure de l'appareil, où, suivant M. Ebelmen, la réduction s'achève par le charbon avec formation d'oxyde de carbone, les choses se passent différemment : 1 litre d'oxygène ne dégage, pour transformer 1 litre de vapeur de carbone en 2 litres d'oxyde de carbone, que 1598 unités de chaleur; tandis qu'il en faut 6216 pour séparer l'oxygène du fer. Ainsi il y a 6216 — 1598 = 4618 *unités de chaleur rendues latentes par la réduction directe, et qu'il faudra obtenir de la combustion de l'oxygène et du carbone.*

**559. Conclusions. —** En admettant ces données, on en conclut naturellement qu'il y a tout à gagner à ce que la réduction du minerai s'opère complétement dans la cuve par l'influence de l'oxyde de carbone. Il faut donc disposer cette partie de l'appareil de telle sorte que le minerai y séjourne assez de temps pour y être complétement réduit, et lui donner une hauteur et une capacité suffisantes pour que cet effet ait lieu (1).

L'évasement des étalages, partie dans lesquelles s'opère la carburation du métal, prouve que l'action du courant de gaz sur le minerai n'importe pas essentiellement au succès des opérations qui s'y passent, puisqu'il est évident que le gaz ne peut pas s'y répartir uniformément, ainsi que cela a lieu dans la cuve, dont les parois resserrées vers le haut amènent naturellement tous les gaz en contact avec les matières à traiter.

Dans l'ouvrage, le courant d'air, lancé horizontalement par les tuyères, pénètre jusqu'au contrevent, et s'élève ensuite verticalement sur toute sa largeur; il doit être d'autant plus étroit et plus élevé que l'on veut y obtenir une plus haute température.

C'est ainsi que les recherches de M. Ebelmen l'ont conduit à donner une explication satisfaisante de la forme intérieure des hauts fourneaux.

### DES GAZ CONSIDÉRÉS COMME COMBUSTIBLE.

**560.** D'après les analyses que nous avons rapportées, il est évident que les gaz des hauts fourneaux peuvent être employés comme *combustibles :* cette application est la seule qui permette d'utiliser d'une manière à peu

---

(1) Nous avons déjà plusieurs fois insisté sur ce fait : les recherches de M. Ebelmen donnent un grand poids aux recommandations que nous avons faites à cet égard.

près complète les combustibles végétaux ou minéraux que l'on consacre au traitement des minerais.

Nous allons examiner le volume des gaz dont on peut tirer parti, la température que produit leur combustion et la quantité de chaleur totale qu'ils peuvent donner.

**561.** *Volume des gaz.* — Pour déterminer le volume des gaz qui s'échappent d'un fourneau en bon roulement, il faut tenir compte de leur composition et de celle des matières que l'on emploie. Au fourneau de Clerval, M. Ebelmen a trouvé que, pour fondre 1 de minerai et de castine, renfermant 0,092 d'acide carbonique, on consommait 0,388 de charbon, ou 0,318 de carbone; or 0,092 d'acide carbonique renfermant 0,025 de carbone, le rapport du carbone de la castine à la totalité de celui que renferment les gaz est $\frac{0,025}{0,318 + 0,025} = 7,4$ pour 100 de carbone total.

D'après les analyses des gaz du gueulard, 100 volumes d'azote correspondent à 31,5 vapeur de carbone, ou à 29,2 en défalquant 7,4 pour 100; et 100 d'azote en poids correspondent à 24,9 de carbone de charbon : ainsi pour $115^k,00$ de charbon, ou $93^k,20$ de carbone, consommés par charge, on a introduit dans le fourneau $374^k,30$ d'azote, ou $486^k,10$ d'air atmosphérique, soit, par minute, $7^m{}^3,06$ ou $9^k,17$, parce que la charge passe en 53 minutes.

Le volume du gaz sec qui sort du fourneau est donné par la proportion :

70,2 (azote de l'air) : 58 (azote du gaz) :: $x$ : 7,06,

d'où

$$x = \frac{70,20 \times 7,06}{58} = 9^m{}^3,64.$$

Pour avoir le volume total, il faut y ajouter 11,90 pour 100 de vapeur d'eau, et l'on trouve $10^m{}^3,796$; ainsi 1 kil. de charbon produit $4^m{}^3,40$ de gaz sec, ou $4^m{}^3,93$ de gaz chargé de vapeur.

En faisant le même calcul pour le fourneau d'Audincourt, qui consomme $2^k,64$ de carbone par minute (le bois étant compté à 57 pour 100 de carbone, et le charbon à 88 pour 100), on trouve que la production s'élève à $13^m{}^3,98$ de gaz sec, ou à $17^m{}^3,15$, y compris la vapeur d'eau, soit $6^m{}^3,45$ par kil. de carbone brûlé.

**562.** *Quantité d'air nécessaire à la combustion.* — Il est facile de trouver le volume d'air nécessaire à la combustion de 1 litre de gaz sec. Soit, par exemple, le gaz du gueulard du fourneau de Clerval, dont 1 litre renferme :

| | |
|---|---|
| Oxyde de carbone...................... | $0^l,2351$ |
| Hydrogène. ......................... | $0,0582$ |

$0^l,2933$

Pour brûler ce mélange, il faut la moitié de son volume d'oxygène, soit $0^l,147$, ou $0^l,705$ d'air atmosphérique.

Pour employer les gaz avec avantage, il ne faut y ajouter que la quantité d'air strictement nécessaire à leur combustion; car si l'air manque, le gaz ne brûle qu'en partie; et si on en ajoute un excès, la température de la combustion diminue.

363. *Température de la combustion.* — Pour déterminer la température de combustion produite, M. Ebelmen fait le calcul suivant :

Pour 1 litre gaz sec qui consomme $0^l,705$ d'air atmosphérique, on a :

| | PRODUITS de LA COMBUSTION. | | PRODUITS DE LA COMBUSTION. | | CHALEUR SPÉCIFIQUE. | PRODUITS DU POIDS par la chaleur spécifique. |
|---|---|---|---|---|---|---|
| | | | En volume. | En poids. | | |
| 1 litre gaz sec . 1,000 | Acide carbonique du gaz. | 0,1288 | lit. 0,361 | gr. 0,717 | 0,221 | 0,158 |
| | Acide carbonique produit par la combustion. . . . . . . . . . . | 0,2351 | | | | |
| Vapeur d'eau... 0,119 | Vapeur d'eau pour 1 litre de gaz. . . . . . . . . | 0,0110 | 0,177 | 0,143 | 0,847 | 0,121 |
| | Vapeur d'eau produite par la combustion .. | 0,0058 | | | | |
| Air. . . . . . . . . . 0,705 | Azote du gaz . . . . . . . . | 0,0578 | 0,136 | 1,485 | 0,275 | 0,396 |
| | Azote de l'air introduit. . . . . . . . . . . . . | 0,0558 | | | | |
| TOTAUX. . . . 1,824 | | | 1,077 | 2,345 | | 0,675 |

D'après Dulong, l'hydrogène et l'oxyde de carbone produisent, à volume égal, à peu près la même quantité de chaleur, soit 3130 unités par litre; 1 litre de gaz sec, renfermant 0,2933 de ces gaz, produira donc par la combustion $3130 \times 0,2933 = 918$ unités de chaleur; ainsi la température de la combustion sera $\frac{918}{0,675} = 1360^\circ$. Si l'on brûlait du gaz dépouillé de vapeur d'eau, on obtiendrait une température plus élevée. Dans ce cas, en effet, les produits de la combustion ne renfermeraient que $0^l,058$ de vapeur, pesant $0,058 \times 0,807 = 0^g,046$, et le produit du poids par la chaleur spécifique serait $0,046 \times 0,847 = 0,039$. Ainsi la somme 0,675 deviendrait 0,593, et la température de la combustion serait $\frac{918}{0,593} = 1540^\circ$. On voit, d'après cela, combien il est utile de ne porter au fourneau que des matières parfaitement dépourvues d'humidité lorsque l'on veut faire produire au gaz une température très-élevée. Pour obtenir un résultat complet, il y aurait évidemment lieu de dessécher les minerais et les fondants avant leur emploi; on gagnerait ainsi, toute la chaleur latente absorbée dans la cuve pour vaporiser l'eau, et elle ne laisse pas que d'être considérable, puisqu'au fourneau de Clerval l'abaissement de la température du courant de gaz, qui résulte de la vaporisation, est de 138°; et qu'à Audincourt, où l'on emploie du bois vert, il atteint le chiffre de 294°.

**364.** Le moyen le plus employé pour obtenir du gaz une température très-élevée consiste à le brûler avec de l'air préalablement échauffé. Supposons, en effet, que nous employons $0^l,705$ ou $0^g,9165$ d'air échauffé à 300°; la quantité de chaleur qu'il contiendra sera : $0,9165 \times 300 \times 0,267 = 73,41$; ainsi la température de la combustion sera $\dfrac{918 \times 73}{0,475} = 1468°$. Cette chaleur est plus que suffisante pour produire la fusion de la fonte, puisqu'elle a généralement lieu à 1200°.

**365.** *Pouvoir calorifique.* — Nous avons vu précédemment (n° 563) que la combustion de 1 litre de gaz sec produit 918 unités de chaleur; et comme le fourneau en fournit $9^{m\,3},64$ par minute, il s'ensuit que la quantité de chaleur développée par les gaz pendant le même temps est de $918 \times 9,640 = 8849,60$.

Il est facile de comparer la quantité de chaleur donnée par les gaz à celle qui résulterait de la combustion directe du charbon employé : sachant, en effet, que $1^k,00$ de charbon, dont le pouvoir calorifique peut s'évaluer en moyenne à 7000 unités, produit $4^{m3},40$ de gaz sec, dont le pouvoir est de $4,400 \times 918 = 4039$, on trouve que les gaz contiennent $\dfrac{4039}{7000}$, ou les $0,577$ de la chaleur totale du charbon. Une évaluation plus exacte de la puissance calorifique du combustible employé à Clerval et à Audincourt a conduit M. Ebelmen à ce résultat remarquable, que *le combustible contenu dans les gaz équivaut*, pour le premier de ces fourneaux, *à 0,62*, *et*, pour le second, *à 0,67 de celui que l'on consomme dans l'appareil.* M. Bunsen (1) avait trouvé un chiffre plus élevé encore, celui de 0,75!

Ces résultats, quelque extraordinaires qu'ils paraissent, doivent être regardés comme positifs; car la théorie n'a fait que confirmer les faits que la pratique avait déjà su réaliser. Peut-être cependant ne peut-on réellement pas utiliser à l'état de gaz les 0,65 de la chaleur développée dans les fourneaux; mais cela tient à ce qu'il est difficile de recueillir exactement

---

(1) *Annales des Mines*, 4e livraison, 1839, page 207.

tous les produits. Dans tous les cas, on peut s'arrêter au chiffre de 0,55, comme l'expression exacte du résultat que l'on peut attendre d'une bonne disposition.

Dans un fourneau au charbon qui produirait 5000 kil. de fonte par jour, en consommant 6000 kil. de charbon, on peut compter sur la possibilité d'en employer 3300 par les gaz, c'est-à-dire plus qu'il n'en faut pour chauffer l'air, les chaudières de la machine soufflante, et effectuer la carbonisation du bois si on voulait.

**566.** Bien que les expériences de M. Ebelmen n'aient pas été renouvelées sur des fourneaux au coke, on ne doit pas hésiter à croire que ces derniers donneraient des résultats analogues à ceux que l'on a obtenus avec les appareils qui consomment du charbon, et l'on peut considérer les données précédentes comme applicables à tous les hauts fourneaux en général.

**567.** *Résumé.* — M. Ebelmen a réuni dans deux tableaux les résultats de ses calculs sur les effets calorifiques des gaz pris à différentes hauteurs dans les fourneaux; nous les reproduisons ici.

TABLEAU XLVIII. — EFFETS CALORIFIQUES DES GAZ (FOURNEAU DE CLERVAL).

| | VOLUME DU GAZ DÉGAGÉ par minute. | | Air nécessaire à la combustion d'un litre de gaz sec. | PRODUITS DE LA COMBUSTION SUR UN LITRE DE GAZ SEC. | | | | | | Quantité de chaleur nécessaire pour élever de 1° La température du mélange brûlé. | QUANTITÉ de CHALEUR PRODUITE en une minute. | | Température de combustion. |
|---|---|---|---|---|---|---|---|---|---|---|---|---|---|
| | | | | ACIDE CARBONIQUE. | | VAPEUR D'EAU. | | AZOTE. | | | | | |
| | Sec. | Y compris la vapeur d'eau. | | Litres. | Grammes. | Litres. | Grammes. | Litres. | Grammes. | | Par litre de gaz. | Par la totalité du gaz. | |
| | met. cub. | met. cub | litres | | | | | | | | calories | calories | |
| Gaz pris au gueulard.... | 9,640 | 10,790 | 0,705 | 0,364 | 0,717 | 0,177 | 0,143 | 1,136 | 1,135 | 0,675 | 0,918 | 8 849,5 | 13° |
| A 2m,67 de profondeur. | 9,640 | 9,890 | 0,675 | 0,364 | 0,718 | 0,081 | 0,065 | 1,116 | 1,109 | 0,601 | 0,879 | 8 483,2 | 14 |
| A 4 mètres.... ....... | 9,465 | 9,545 | 0,769 | 0,370 | 0,732 | 0,048 | 0,039 | 1,200 | 1,516 | 0,612 | 1,092 | 9 484,0 | 14 |
| A 5m,33............. | 9,240 | 9,280 | 0,894 | 0,359 | 0,709 | 0,040 | 0,032 | 1,343 | 1,658 | 0,648 | 1,165 | 10 765,0 | 18 |
| A 5m,67 (ventre)..... . | 8,865 | 8,865 | 0,887 | 0,350 | 0,693 | 0,010 | 0,015 | 1,337 | 1,684 | 0,634 | 1,156 | 10 247,0 | 18 |
| Calculé (1)............ | 8,520 | 8,520 | 0,827 | 0,314 | 0,685 | » | » | 1,312 | 1,653 | 0,596 | 1,077 | 9 476,0 | 18 |

(1) Ces nombres ont été calculés en admettant qu'on brûle le gaz en traitant l'air sec par un excès de charbon.

TABLEAU XLIX. — EFFETS CALORIFIQUES DES GAZ (FOURNEAU D'AUDINCOURT).

| VOLUME DU GAZ DÉGAGÉ par minute. | | Air nécessaire à la combustion pour un litre de gaz sec. | PRODUITS DE LA COMBUSTION SUR UN LITRE DE GAZ SEC. | | | | | | Quantité de chaleur nécessaire pour élever de 1° la température du mélange brûlé. | QUANTITÉ de CHALEUR PRODUITE en une minute. | | Température de combustion. |
|---|---|---|---|---|---|---|---|---|---|---|---|---|
| | | | ACIDE CARBONIQUE. | | VAPEUR D'EAU. | | AZOTE. | | | | | |
| Sec. | Y compris la vapeur d'eau. | | Litres. | Grammes. | Litres. | Grammes. | Litres. | Grammes. | | Par litre de gaz. | Par la totalité du gaz. | |
| met. cub. | met. cub. | litres. | Litres. | Grammes. | Litres. | Grammes. | Litres. | Grammes. | $\left(\frac{1}{1305}\right)$ | calories. | calories. | d. cent |
| 13,98 | 17,15 | 0,761 | 0,378 | 0,748 | 0,292 | 0,238 | 1,161 | 1,163 | 0,766 | 0,995 | 13 910 | 1 298 |
| 14,28 | 16,71 | 0,716 | 0,381 | 0,756 | 0,245 | 0,197 | 1,135 | 1,430 | 0,728 | 0,975 | 13 923 | 1 693 |
| 13,81 | 14,03 | 0,826 | 0,384 | 0,762 | 0,070 | 0,056 | 1,215 | 1,531 | 0,636 | 1,077 | 14 990 | 1 732 |
| 13,11 | 13,11 | 0,822 | 0,375 | 0,746 | 0,016 | 0,037 | 1,237 | 1,558 | 0,624 | 1,081 | 14 529 | 1 850 |
| 13,12 | 13,12 | 0,920 | 0,384 | 0,756 | 0,010 | 0,032 | 1,307 | 1,646 | 0,648 | 1,199 | 16 080 | 1 850 |
| 12,61 | 12,61 | 0,917 | 0,366 | 0,728 | 0,018 | 0,014 | 1,312 | 1,694 | 0,637 | 1,196 | 15 021 | 1 877 |
| 11,84 | 11,84 | 0,827 | 0,344 | 0,685 | » | » | 1,312 | 1,653 | 0,596 | 1,077 | 12 752 | 1 847 |

M. Ebelmen déduit de ces tableaux les conséquences suivantes :

1°. La quantité de chaleur que le gaz peut produire augmente rapidement à mesure qu'on descend dans le fourneau; elle atteint son maximum au-dessus du ventre pour diminuer très-notablement dans les parties inférieures;

2°. La température de combustion augmente rapidement depuis le gueulard jusqu'aux étalages où elle devient à peu près constante. Cet effet se produit surtout dans les fourneaux où l'on emploie du bois ou des matières humides, parce que la vapeur d'eau ne se dégage qu'à une assez grande distance du gueulard;

3°. La température de la fusion de la fonte peut toujours être produite en prenant le gaz à une profondeur suffisante, surtout en le brûlant avec de l'air chaud; c'est à ce dernier parti qu'il faut s'arrêter et recueillir les gaz à peu de distance du gueulard, parce qu'en les prenant très-bas, il pourrait en résulter des dérangements dans la marche de l'appareil. Il sera

(1) Ces nombres ont été calculés en admettant qu'on brûle le gaz en traitant l'air sec par un excès de charbon.

facile de les obtenir à peu près secs, en évitant de porter au fourneau des matières chargées d'humidité.

568. Le Mémoire de M. Ebelmen, dont nous avons reproduit toutes les parties essentielles, forme, comme on le voit, un travail complet sur les gaz des fourneaux; il fait le plus grand honneur à son auteur, et grâce à ses recherches et à celles de M. Leplay, il est enfin permis d'espérer que la théorie du travail des hauts fourneaux sera bientôt définitivement arrêtée.

# DEUXIÈME DIVISION.

# CONSTRUCTION DES FOURNEAUX ET DES APPAREILS QUI EN DÉPENDENT.

## CHAPITRE V.

### CONSTRUCTION DES HAUTS FOURNEAUX.

**369.** Nous avons indiqué dans les chapitres précédents les règles qui servent à déterminer les formes intérieures des fourneaux, d'après la nature des matières premières, la quantité et la qualité de la fonte que l'on veut obtenir; nous allons maintenant nous occuper de leurs formes extérieures et de leur construction.

**370.** *Formes usitées.* — Les formes extérieures dépendent principalement du genre des matériaux que l'on peut ou veut utiliser dans la construction. Les anciens fourneaux, dans lesquels on n'employait que de la pierre, peu de fonte et presque pas de fer, avaient la forme d'une *pyramide quadrangulaire* tronquée, à parois excessivement épaisses, dont la grande masse était opposée aux efforts de la dilatation intérieure; mais il fut bientôt reconnu que cette donnée était fausse et que l'énorme poids qui surchargeait les embrasures était par lui-même un élément qui tendait à réduire la durée des appareils.

C'est ainsi que l'on fut conduit à conserver à la partie inférieure du fourneau une force à peu près égale à celle qu'elle avait autrefois, en lui donnant la forme d'un *prisme droit à base carrée*, et à réduire en même temps le poids de la tour, en ne laissant à ses parois qu'une épaisseur suffisante pour empêcher la déperdition du calorique; sa résistance fut en même temps augmentée par l'emploi de tirants en fer, et d'armatures en fonte.

Malgré ces précautions et à moins de multiplier les tirants, ce qui est fort coûteux, les tours carrées se tourmentent beaucoup, parce que leurs surfaces planes ne sont pas de nature à résister à de fortes poussées du dedans et du dehors; cette observation a donné lieu à une modification dans la forme de la section horizontale de la pyramide, dont le résultat est de *reporter aux angles, la poussée* qui s'exerce au milieu de chaque face, et de rendre possible la suppression des tirants obliques. Cette disposition, plus coûteuse que la précédente, nécessite l'appareillage en voûte, de toutes les pierres ou briques de la paroi extérieure; aussi n'est-elle employée que fort rarement. (Voir la Pl. 10, fig. 1 à 4.)

La dernière forme que l'on ait adoptée, et la seule en définitive qui satisfasse aux exigences de la question, est celle d'un *tronc de cône* relié, à de courts intervalles, par des cercles en fer (Pl. 9). Ce système de construction très-solide, et fort léger, ne coûte pas beaucoup plus cher que les autres, et doit, dans presque tous les cas, leur être préféré.

**571.** *Principe de construction.* — La nature des matériaux qui servent à la construction des parois intérieures et extérieures d'un fourneau, et leur disposition relative dépendent de la fonction qui a été assignée à chacune de ces parties.

La *paroi intérieure,* directement soumise à toutes les influences du travail, se détériore avec plus ou moins de rapidité, et se dilate fortement par l'effet de la haute température à laquelle elle est exposée; il faut donc qu'elle puisse être facilement réparée, et qu'elle soit libre de céder à la dilatation, sans entraîner la détérioration de *l'enveloppe extérieure* qui s'échauffe beaucoup moins, et dont le principal rôle est de concentrer la chaleur dans l'appareil.

Il suit de là, comme règle générale, que les parties intérieures doivent être rendues aussi *indépendantes* que possible des enveloppes, et celles-ci auront d'autant plus de chances de durée que l'on aura mis plus de soin à remplir cette condition.

## CONSTRUCTIONS EXTÉRIEURES.

**572.** *Fondations.* — Les maçonneries extérieures embrassent toutes les parties qui ne sont pas directement intéressées au travail du fourneau; c'est par elles que doit commencer la construction.

Étant donnés la hauteur du fourneau, le diamètre du ventre et du gueulard, on commence par fixer l'épaisseur des parois de la cuve (Pl. 9, fig. 1); on en règle le profil, et la prolongation de cette ligne jusqu'au plan de la sole du creuset détermine la largeur de la base.

Les fondations ont une largeur qui excède celle de la base d'environ 0$^m$,25 de chaque côté, et leur profondeur se règle suivant leur destination et la nature du sol sur lequel on se place. Lorsqu'elles doivent être traversées par les conduites de vent, on y ménage des carneaux en croix (fig. 1, 3 et 4) d'environ 1$^m$,10 de largeur, sur 1$^m$,50 à 1$^m$,80 de hauteur, et on laisse 1$^m$,00 à 1$^m$,20 d'intervalle entre le sommet de la voûte et la sole du creuset. Cette disposition est bonne à adopter dans tous les cas, parce qu'elle diminue l'épaisseur des massifs et garantit le creuset de l'humidité.

Dans les sols très-compressibles, on établit la maçonnerie sur un grillage porté par des pilotis; mais, dans la plupart des cas, il suffit de l'asseoir sur une couche de *béton hydraulique* bien damé, de 0$^m$,50 à 0$^m$,80 d'épaisseur. On calcule la résistance de ces fondations à raison d'une charge de 16 à 1800 kil. par mètre carré de surface, pour chaque mètre de hauteur du fourneau. Les angles du massif se font en pierre de taille; les parements et les voûtes, en moellons smillés ou en briques ordinaires; les parties centrales, en moellons bruts ou en béton.

Quoique l'usage de la *chaux hydraulique* ne soit indispensable qu'en présence de l'eau ou de l'humidité, on fait toujours bien de l'employer, parce que les maçonneries prennent corps plus rapidement; on hâte encore cet effet en ménageant dans la masse un grand nombre de carneaux verticaux et horizontaux d'environ 0$^m$,15 de largeur, sur 0$^m$,15 de hauteur.

**373.** *Piliers et embrasures.* — Les fondations étant arasées à peu près au niveau du sol futur de l'usine, on fixe définitivement la position de l'axe du fourneau, on trace la place des embrasures et celle des *piliers de cœur*, dont les faces intérieures (fig. 4) correspondent à une circonférence d'un diamètre égal à celui du ventre du fourneau.

On ne donne aux embrasures que la largeur nécessaire du service, afin de ne pas trop affaiblir les piliers; 2$^m$,00 au petit côté, et 3$^m$,80 au grand, suffisent pour l'embrasure de travail; celles des tuyères sont assez grandes quand on donne 1$^m$,50 à l'un des côtés, et 2$^m$,50 à l'autre. Dans les fourneaux dont la base est large, on établit souvent une communication entre les différentes embrasures au moyen de petits *passages*, ayant environ 0$^m$,60 à 0$^m$,80 de largeur, sur 2$^m$,00 de hauteur; cette disposition permet au fondeur de veiller plus facilement au service des tuyères.

**374.** Les piliers se construisent en briques ou en moellons, avec pierres de taille en revêtement extérieur, ou au moins dans les angles; les carreaux ne doivent pas avoir moins de 0$^m$,50, les boutisses moins de 0$^m$,80 de profondeur, et l'on donne aux assises la plus forte épaisseur possible. Les matériaux qui forment le revêtement des faces latérales de l'embrasure de travail doivent être de nature à résister à l'action du feu; il faut donc en exclure la pierre calcaire, qui, même à une chaleur peu intense, se décompose plus ou moins rapidement, et toutes celles que la même cause peut faire fendre ou éclater. Les grès et les briques sont, dans

ce cas, d'un excellent usage, et ces dernières conviennent encore très-bien
dans le massif lui-même, en ce qu'elles emploient moins de mortier que
des moellons médiocrement façonnés, et que, par conséquent, la maçonnerie se sèche plus vite; la pierre de taille seule leur serait supérieure sous
ce rapport, si son prix élevé ne forçait pas, la plupart du temps, les constructeurs à la ménager. Dans tous les cas, le mortier doit être composé
avec du sable fin, et les joints doivent être parfaitement remplis.

Quels que soient les matériaux employés, il est de la plus haute importance de réserver dans l'intérieur de chaque pilier une *cheminée verticale*,
d'environ 0$^m$,30 à 0$^m$,40 de côté, pour opérer le séchage du fourneau (fig. 1
à 4), lorsque la construction est terminée; elle est alors mise en communication avec les foyers que l'on établit, soit au moyen des *passages d'embrasure* quand il y en a, soit par un *carneau spécial*, dans le cas contraire.
A cette cheminée aboutissent de petits *carneaux* horizontaux d'environ
0$^m$,08 à 0$^m$,10 de côté, espacés verticalement de 0$^m$,40 à 0$^m$,60, et débouchant sur les différentes faces du pilier.

**375.** Les piliers étant élevés jusqu'à la naissance des embrasures, située
à 2$^m$,40 ou 2$^m$,60 du sol, on place les *supports* en fonte SS (fig. 1 à 4),
destinés à soutenir les *marâtres* RR, que l'on met également en place; ces
dernières pourraient être supportées par la maçonnerie elle-même; mais
comme il est essentiel de la ménager autant que possible, il est préférable
d'opérer comme nous l'indiquons. Elles sont indispensables lorsque le ciel
de l'embrasure doit être plat et supporté par des pièces en fonte; et bien
qu'à la rigueur on puisse s'en passer quand l'embrasure est recouverte par
une voûte cintrée, il vaut encore mieux les employer, parce que le poids
de la chemise intérieure se trouve ainsi reporté sur les supports, au lieu
de s'appuyer sur la voûte elle-même, en la surchargeant. De cette manière,
on satisfait d'ailleurs beaucoup mieux à la condition de rendre la construction extérieure indépendante des parties intérieures.

En prenant toutes ces précautions, les *voûtes cintrées* présentent autant
de chances de durée que les voûtes *plates* à traverses en fonte, et elles sont
même plus économiques, quand elles sont simplement construites en moellons, ou mieux encore en briques. La pierre de taille exige, un appareillage long et coûteux, auquel ne correspond pas, en général, une
durée proportionnelle à son prix; aussi pensons-nous que la brique
est, de tous les matériaux, celui qui s'approprie le mieux à la construction
des ciels d'embrasure, et qu'il y a lieu, dans ce cas, de préférer les voûtes
cintrées aux voûtes plates. Si l'on ne veut donner au corps carré du four-

neau qu'une faible hauteur, on peut adapter un œil plat pour l'embrasure de travail, et des voûtes cintrées pour les autres embrasures, dont les dimensions sont beaucoup moindres.

576. Quand les marâtres R R sont posées, et que la maçonnerie est élevée à leur niveau, on place le *cercle en fonte* C', destiné à supporter plus tard la chemise intérieure. On doit, dans la disposition générale de l'appareil, avoir en vue de le placer aussi bas que possible, afin de l'écarter de la paroi intérieure des étalages, qui sont toujours exposés à de graves détériorations par suite d'accidents ou d'un long roulement; ce cercle est en quatre morceaux, d'une largeur à peu près égale à celle des briques de la cuve, et on lui donne environ 0$^m$,08 à 0$^m$,10 d'épaisseur. On continue les piliers, et on couvre les embrasures, en tenant la maçonnerie en retraite de toute la largeur du cercle en fonte, et du vide que l'on doit ménager derrière la chemise. A partir de ce point, le parement intérieur prend une forme circulaire, que l'on ne peut disposer avec régularité qu'au moyen d'un *gabarit*, dont l'axe de rotation coïncide avec celui du fourneau.

Les embrasures étant couvertes, on peut mettre les quatre cheminées de séchage en communication les unes avec les autres au moyen d'un *canal circulaire* D (fig. 1), de 0$^m$,40 à 0$^m$,60 de côté, auquel on fait aboutir d'autres petits *canaux horizontaux*, débouchant à l'intérieur et à l'extérieur. On place en même temps parallèlement aux faces extérieures des *tirants en fer carré* F F F F, d'environ 0$^m$,05 de côté, dont les extrémités sont assemblées à clavettes sur des *boucliers en fonte* (fig. 5). Les tirants obliques F F F F' s'assemblent deux à deux sur des boucliers à mortaises inclinées, placés au-dessus des embrasures.

577. *De la tour.* — Le massif inférieur se termine extérieurement par un bandeau en pierre de taille, dont la hauteur au-dessus du sol, déterminée par l'élévation des embrasures, est à peu près égale au tiers de celle du fourneau; il peut servir de base à une tour à section carrée ou circulaire, dont le parement intérieur est formé par une paroi en brique de 0$^m$,30 à 0$^m$,40 d'épaisseur, qui porte le nom de *fausse chemise*.

On ménage entre la fausse chemise et la chemise intérieure un espace de 0$^m$,10 à 0$^m$,15, rempli avec des matériaux réfractaires concassés et placés à sec, dont le principal but est de permettre à cette dernière de se dilater, sans réagir trop fortement sur la première.

Le *muraillement*, ou l'enveloppe extérieure de la tour, tient à la fausse chemise, et se construit en briques ordinaires ou en pierre de taille. Quand la tour est *carrée*, on fait quelquefois le parement lui-même en moellons

44

smillés, et l'on ne met de pierres de taille que dans les angles, mais le muraillement doit alors être plus épais que lorsque la tour est ronde; on peut d'ailleurs diminuer son poids en adoptant le mode de construction que nous avons nous-même déjà employé (Pl. 9, fig. 10 et 11), et qui consiste à laisser de grands vides entre la fausse chemise et le muraillement. Cette méthode convient très-bien au cas où l'on tient à créer au gueulard une plate-forme d'une grande largeur.

578. Dans les fourneaux à *tour ronde* de l'Écosse, on supprime fort souvent le muraillement, et la fausse chemise devient le seul préservatif de la chemise intérieure. Dans cette disposition (fig. 8 et 9), l'épaisseur totale des deux enveloppes est de 1$^m$,24; c'est la plus faible dimension que l'on puisse adopter, lorsque l'on ne veut pas éprouver de trop grandes pertes de calorique; car l'expérience a prouvé qu'avec des parois plus minces, qui n'avaient en tout que 0$^m$,50 à 0$^m$,60 d'épaisseur, la consommation était, toutes choses égales d'ailleurs, augmentée dans le rapport de 3 à 5, relativement à celle des autres fourneaux.

Le genre de construction usité en Écosse exige que toutes les briques reçoivent une forme appropriée à la position qu'elles occuperont. Celles qui constituent l'enveloppe extérieure doivent être aussi épaisses que possible (0$^m$,15 à 0$^m$,20), afin que le nombre des joints ne soit pas trop considérable; et, dans tous les cas, il faut apporter une attention particulière à la disposition des *armatures*, destinées à donner de l'homogénéité et du corps à une tour composée de matériaux aussi légers.

Ces armatures sont ordinairement formées de *barres verticales* et de *cercles horizontaux*. Les premières s'appliquent aussi exactement que possible sur les parois de la tour, et sont assez rapprochées pour que toutes les briques soient bien soutenues; les cercles viennent ensuite maintenir ces barres dans leurs positions respectives, et se serrent à volonté par des assemblages à boulons ou à clavettes; ils sont écartés d'environ 0$^m$,40 à 0$^m$,60, et ont ordinairement 0$^m$,08 de largeur sur 0$^m$,015 à 0$^m$,020 d'épaisseur, suivant leur écartement et les efforts auxquels ils ont à résister. Quand on n'emploie pas de barres verticales, on place un cercle à chaque assise, et il peut alors être beaucoup plus léger que dans le cas précédent.

Ces fourneaux, entièrement composés de briques appareillées, ont le grand avantage de peser fort peu et de pouvoir se construire et se sécher très-rapidement; mais on ne peut évidemment adopter ce système que dans les pays où la fabrication de la brique a atteint un certain degré de perfection. Quand on n'a pas de briques, il est convenable de donner au moins 1$^m$,oo d'épaisseur totale à la fausse chemise et au muraillement, et de composer ce dernier en pierres de taille très-épaisses, qui permettent de former la hauteur totale de la tour avec un très-petit nombre d'assises correspondant à un nombre égal de cercles en fer placés sur les joints; les barres verticales deviennent ici tout à fait inutiles.

579. Entre la fausse chemise et le muraillement on ménage suivant le diamètre du fourneau de 12 à 16 *cheminées* verticales, d'environ o$^m$,12 de côté, réunies entre elles de deux en deux assises (o$^m$,8o à 1$^m$,2o environ) par des *carneaux circulaires horizontaux;* d'autres carneaux horizontaux, débouchant à l'extérieur et à l'intérieur, s'embranchent en même temps sur les premiers ou directement sur les cheminées, et complètent le système nécessaire à la dessiccation. En procédant ainsi, tous les conduits d'aérage sont mis en communication avec les quatre grandes cheminées angulaires qui reçoivent les premières, les produits de la combustion des fourneaux de séchage, et cette opération si essentielle peut alors s'effectuer avec facilité, et dans un délai assez court.

580. *Gueulard et cheminée.* — Dans les anciens fourneaux, l'embouchure du gueulard était élevée d'environ o$^m$,6o à o$^m$,8o au-dessus de la plate-forme supérieure, et les chargeurs étaient obligés d'enlever la charge à bras pour la vider dans l'appareil; cette disposition vicieuse doit être abandonnée, il faut pousser la tour jusqu'à la hauteur du gueulard, afin que le déchargement puisse s'effectuer directement au moyen de brouettes ou de chariots, sans aucune autre manœuvre.

Quand la tour est légère, on la termine ordinairement par une corniche assez saillante, soutenue par des consoles en fonte, pour donner un peu plus d'étendue à la plate-forme; on la garnit d'une balustrade en fer remplaçant les *murs de bataille* qui étaient l'accessoire indispensable des anciens fourneaux, et qui servaient d'appui à la couverture.

Les *couvertures* rendent sans aucun doute le service du gueulard plus commode, mais lorsqu'il est bien organisé et qu'il se fait rapidement, la présence continuelle des chargeurs sur la plate-forme est loin d'être obligatoire, et il n'est pas indispensable d'y créer un abri qui surcharge inutilement la tour. Nous devons faire observer que c'est dans les fourneaux qui consomment le plus, que l'on a commencé à supprimer les couvertures, ce qui prouve bien que leur utilité n'est pas aussi grande qu'on pourrait le croire au premier abord; la seule précaution réellement utile est celle qui consiste à empêcher les *eaux de pluie* de pénétrer dans les maçonneries, en couvrant la plate-forme en dalles ou en plaques de fonte auxquelles on donne une légère pente vers la corniche.

**581.** Quand les constructions en sont arrivées à ce point, on s'occupe de l'établissement de la *cheminée* : au lieu de la faire porter en partie sur la chemise intérieure, ainsi que cela se fait généralement, il est préférable de l'appuyer sur un *châssis en fonte* qui repose sur la fausse chemise. On y ménage, suivant le diamètre du gueulard, trois ou quatre ouvertures de 0ᵐ,60 à 0ᵐ,80 de largeur sur autant de hauteur, qui servent au chargement, et doivent se fermer avec des portes en tôle quand la plate-forme est découverte; les intervalles libres, compris entre les portes, sont garnis en briques ordinaires (voir la Pl. 9, fig. 2, 3 et 7).

La cheminée, de même diamètre que le gueulard, doit avoir des parois très-légères (une longueur de briques suffit), et sa hauteur totale est ordinairement limitée à 4ᵐ,00 ou 5ᵐ,00 au plus, quand toutefois elle n'a pas à traverser une couverture dont l'élévation soit plus considérable.

**582.** *Dessiccation.* — C'est ici que se termine tout ce qui, dans notre sujet, se rapporte aux constructions extérieures proprement dites; dès qu'elles sont achevées, on s'occupe de leur dessiccation : quand le temps est sec, il est bon de les laisser se ressuyer pendant quinze ou vingt jours, puis on serre tous les tirants, et on dispose dans des embrasures opposées, deux fourneaux de dessiccation, dont chacun dessert deux cheminées principales. Dans les premiers temps, on laisse tous les carneaux ouverts, mais au bout de quelques semaines, on peut fermer provisoirement ceux du massif inférieur, afin d'obliger la fumée à se porter dans les parties supérieures, et l'on emploie des moyens analogues pour forcer le courant d'air chaud à se porter de préférence d'un côté plutôt que d'un autre, suivant que le besoin s'en fait sentir. La dessiccation complète d'un grand fourneau est toujours une opération de plusieurs mois.

## CONSTRUCTIONS INTÉRIEURES.

**583.** *Chemise intérieure.* — Les constructions intérieures ne doivent être entreprises que lorsque la dessiccation des précédentes est à peu près arrivée à son terme; elles commencent par la chemise intérieure, dont les premières assises s'établissent sur la plaque de fonte circulaire préparée à cet effet, et on règle le profil intérieur au moyen du *gabarit* précédemment établi pour la fausse chemise, en réduisant convenablement son diamètre.

La chemise est composée de briques demi-réfractaires, dont la longueur

va en décroissant depuis le ventre jusqu'au gueulard : on leur donne 0<sup>m</sup>,33
à 0<sup>m</sup>,50 de long dans le bas, et 0<sup>m</sup>,22 à 0<sup>m</sup>,30 dans le haut, suivant que le
fourneau doit marcher au bois ou au coke; les joints, faits en terre réfrac-
taire tamisée et délayée, doivent être aussi minces que possible. Au fur et à
mesure que la construction s'élève, on bouche les carneaux qui aboutissent
à l'intérieur, et on remplit le vide qui sépare les deux chemises comme
nous l'avons déjà indiqué.

On a essayé dernièrement de construire la chemise intérieure d'un fourneau, en terre réfractaire battue sur place, entre le muraillement et un
mandrin en planches, présentant la forme intérieure du vide de la cuve ;
cette disposition très-économique paraît avoir réussi (1).

**584.** *Le creuset, l'ouvrage et les étalages.* — La cuve étant terminée et
bien rejointoyée, on enlève le gabarit, on nettoie tout l'intérieur, et on
procède à l'établissement du creuset dont les matériaux ont été préparés à
l'avance.

Dans quelques localités et pour les petits fourneaux au bois, le creuset,
l'ouvrage et les étalages se font entièrement en sable réfractaire bien battu :
ce travail est alors fort simple et très-économique. Dans les fourneaux au
bois, de plus grande dimension, on fait le creuset et l'ouvrage en pierres
ou en briques réfractaires, mais on conserve encore souvent les *étalages*
en terre, parce que la chaleur n'y est jamais très-intense; enfin, dans les
fourneaux au coke, les trois parties sont construites en pierres ou en
briques.

Le *creuset* ayant dû être placé à l'abri des eaux d'inondation, il suffit,
pour le préserver de toute humidité, de réserver sous la sole un espace
vide communiquant avec l'extérieur par de petits carneaux, qui servent au
dégagement des vapeurs qui pourraient se former; cet espace est recouvert
par une ou plusieurs plaques en fonte sur lesquelles on dame une couche
de sable sec de 0<sup>m</sup>,20 à 0<sup>m</sup>,30 d'épaisseur; puis on établit la sole soit en
pierre, soit en briques de champ, et en apportant le plus grand soin au
parfait remplissage des joints. On y reporte l'axe du fourneau au moyen
d'un fil à plomb que l'on fait descendre du centre du gueulard, et l'on trace
les lignes suivant lesquelles on doit poser les costières et la rustine. Trois
pierres suffisent généralement pour les parois d'un creuset de dimension
moyenne; dans l'ouvrage, il en faut souvent huit en deux assises.

(1) Notice sur le fourneau de Brazey (Côtes-du-Nord), par M. Payen, *Annales des Mines*,
5<sup>e</sup> livraison, 1840.

La meilleure forme à adopter pour l'*ouvrage* est le cercle; mais, pour avoir un appareillage plus facile, on le fait ordinairement carré ou rectangulaire dans le bas, et octogonal dans la partie supérieure qui se raccorde avec les étalages.

L'ouvrage et le creuset sont les parties du fourneau où règne la plus haute température, et par conséquent celles qui se détériorent le plus vite. Aussi est-il essentiel d'apporter les plus grands soins au choix des matériaux qu'on y emploie, et à la manière dont on les assemble. Les pierres ou les briques doivent être de nature à résister longtemps au feu, et les joints, auxquels on donne o<sup>m</sup>,40 à o<sup>m</sup>,5o de long, doivent être bien dressés, et aussi minces que possible. Il faut, en outre, que les surfaces intérieures soient parfaitement unies, qu'elles se raccordent méthodiquement les unes avec les autres, et avoir soin de ménager un vide de quelques centimètres entre la chemise et la face extérieure des parois de l'ouvrage et des étalages, afin qu'elles puissent se dilater sans appuyer sur l'enveloppe.

Quand l'ouvrage et les étalages sont construits en sable réfractaire, il est indispensable de pourvoir à l'évacuation de la vapeur d'eau qui résulte de sa dessiccation : on y parvient facilement en ménageant dans la masse des trous circulaires formés à l'aide de tringles de fer que l'on retire au fur et à mesure que le sable damé s'élève ; les orifices de ces trous débouchent à l'extérieur, et ne sont fermés que lorsque toute la construction est parfaitement sèche.

La jonction des étalages et du ventre se fait comme nous l'avons indiquée planche 9, figure 3. On remplit le joint avec de la terre réfractaire.

385. La *tympe* étant sujette à s'user beaucoup plus vite que les autres portions de l'ouvrage, doit être posée de manière à pouvoir s'enlever et se remplacer sans de trop grandes difficultés, et sans entraîner la détérioration des parties voisines. Dans les fourneaux au bois, le *fer de tympe* n'est ordinairement qu'une barre de fer carrée, de o<sup>m</sup>,08 de côté, qui forme l'angle extérieur de la tympe; mais on la remplace quelquefois par une pièce de fonte (Pl. 9, fig. 19) portant un vide intérieur, où l'on amène un courant d'eau. Dans les fourneaux au coke, on se sert d'une plaque de fer (fig. 20), dont l'action protectrice est plus efficace que celle d'une simple barre ; on pourrait aussi la faire en fonte creuse.

386. *Chauffage.* — Lorsque ces constructions sont terminées et revues avec soin, on procède au chauffage des parties intérieures avec toutes les précautions et la prudence qu'il est nécessaire d'apporter à une opération délicate; quand elle est parvenue à son terme, on prend les dernières

dispositions qui doivent mettre le fourneau en mesure de fonctionner : elles ont pour objet le placement de la dame, de ses accessoires et des tuyères.

**587.** *Parties accessoires du creuset.* — La *dame* se fait aujourd'hui presque toujours en une pièce de fonte, dont la face intérieure est garnie en briques ou en terre battue, suivant un plan incliné à 60°. Ses formes varient suivant l'emploi qu'on veut faire de la fonte; pour les fourneaux qui ne travaillent qu'en *fonte de forge*, on peut adopter la disposition indiquée par M. Walter, et représentée figure 13, qui permet de retourner la plaque quand un des côtés est hors d'usage : elle s'applique contre les montants en fonte K (fig. 14), dont l'extrémité inférieure est encastrée dans le sol, et dont la partie supérieure est retenue par la marâtre R : celui de ces montants qui est placé du côté du trou de coulée est échancré; l'autre est droit. Quand la dame est destinée à un *fourneau à marchandises*, où l'on a besoin de fonte à chaque instant, on peut éviter de la puiser dans l'avant-creuset, en adoptant la disposition représentée figures 15 et 16. L'ouverture U peut servir à la coulée comme à l'ordinaire; mais on peut aussi, quand on le veut, la fermer par une plaque X, percée à différentes hauteurs de trous circulaires que l'on débouche avec un ringard, suivant le niveau auquel se trouve la fonte dans le creuset : cette petite plaque est maintenue en place par des boulons à clavettes fixés à la maitresse-pièce, et peut se remplacer sans difficultés quand elle est usée. L'échancrure Y, munie d'un *baveret*, sert à l'écoulement des laitiers, et la saillie Z sert à appuyer la plaque de *gentilhomme* (fig. 18).

**588.** *Caisse à laitiers.* — Dans quelques usines, on supprime la plaque de gentilhomme et le plan incliné sur lequel descendent les laitiers, en les recueillant immédiatement dans une *caisse en fonte* de forme trapézoïdale (Pl. 10, fig. 7 à 12), composée de deux parties : le *fond*, qui tient à un chariot à quatre roues se mouvant sur des rails, et les *faces latérales*, coulées d'une seule pièce, et pouvant s'enlever à volonté. Pour recueillir les laitiers, on place la caisse aussi près que possible de la dame, et quand elle est remplie, on la retire pour la mettre à portée d'une grue, au moyen de laquelle le bloc de laitiers et le cadre de la caisse sont enlevés, et placés sur la voiture ou le wagon qui doit l'emmener. On retire alors deux goupilles latérales qui rattachaient le bloc au cadre; et, tandis que le premier reste en place, on enlève le second avec la grue, pour le replacer sur le fond : l'appareil se trouve alors prêt à fonctionner de nouveau. Cette méthode d'évacuation des laitiers est fort simple, et rend leur chargement et leur transport fort économiques (voir la description des planches).

**389.** *Creusets-puisards.* — Les creusets-puisards paraissent avoir été employés pour la première fois en 1828, à l'usine de Malapane, en Silésie. L'appareil consistait en un creuset en terre réfractaire, ayant $0^m,30$ de diamètre supérieur, $0^m,23$ de diamètre inférieur, $0^m,31$ de profondeur, et placé à gauche de l'avant-creuset, dont il était séparé par une paroi en briques réfractaires d'environ $0^m,39$ d'épaisseur à la base, dans laquelle était établi un canal de communication de $0^m,10$ de largeur, sur $0^m,13$ de hauteur (Pl. 12, fig. 3 et 4).

Un creuset-puisard doit remplir deux conditions principales :

1°. Il faut que, par sa position, il se trouve à une température toujours assez élevée pour que la fonte ne s'y fige pas, et surtout qu'elle n'y change pas de nature.

2°. Le canal de communication entre les deux creusets doit être disposé de manière à ne jamais s'obstruer, ou du moins à pouvoir être rétabli sans difficulté.

Construit d'après ces données, cet appareil est de la plus grande utilité pour un fourneau à marchandises, et l'on ne doit pas hésiter à l'employer, peut-être même de préférence à la dame à coulées successives que nous avons précédemment décrite. Le creuset-puisard de Malapane satisfait, par sa position très-voisine du creuset, aux conditions précédentes; mais il a l'inconvénient de ne pas être assez indépendant du creuset, et par conséquent de ne pouvoir pas être réparé facilement. Cette considération a engagé les directeurs de plusieurs usines à placer le creuset-puisard dans l'embrasure de travail, et en avant du creuset : dans cet arrangement, la principale difficulté que l'on rencontre est l'obstruction du canal de communication par suite du refroidissement; mais ce n'est plus un grand inconvénient, du moment où l'on dispose l'appareil de manière à ce qu'il puisse être rétabli sans perte de temps; c'est à quoi l'on parvient en formant le creuset-puisard d'une poche en tôle, garnie de terre à l'intérieur, entourée de briques à l'extérieur, et munie d'un bec allongé qui permet d'employer facilement un ringard pour nettoyer le trou de coulée. Cette disposition, fort simple, nous paraît satisfaire sous tous les rapports aux données de la question (Pl. 12, fig. 7 et 8).

Nous devons encore signaler, comme se trouvant dans le même cas, la méthode usitée en Bohême, en Silésie, etc., qui consiste à pratiquer à la rustine un avant-creuset semblable à celui de la dame, et qui n'en diffère qu'en ce que la tympe qui le forme descend jusqu'à $0^m,10$ à $0^m,12$ du fond du creuset. Elle n'est pas applicable dans un fourneau à trois tuyères, et elle exige que les bâtiments de la fonderie, qui sont ordinairement placés à l'avant, soient, au contraire, établis à l'arrière des fourneaux (voir la Pl. 12, fig. 5 et 6).

390. *Tuyères.* — Les petites embrasures des tuyères, formées par une boite en fonte coulée en une ou deux pièces (Pl. 9, fig. 21), sont mises en place lors du montage de l'ouvrage : chacune d'elles est destinée à recevoir une tuyère à eau, dont la forme est indiquée par les figures 22 à 24. La face sur laquelle repose la tuyère s'appelle le *plat* de la tuyère; la grande ouverture porte le nom de *pavillon*, et l'extrémité opposée celui de *museau ;* c'est dans cette partie que se trouve l'*œil*, ou orifice destiné à l'introduction du vent, dont le diamètre se règle d'après celui de la buse. Les tuyères se font ordinairement en tôle, et sont posées horizontalement; on garnit en terre réfractaire l'espace compris entre les parois de l'embrasure et celles de la tuyère, afin de rendre sa position stable, et d'empêcher le vent de refluer.

L'eau qui doit rafraîchir la tuyère arrive par un tuyau de cuivre, et sort par un autre : le premier porte un robinet dont on règle l'ouverture de manière à ce que la température de l'eau qui sort n'excède pas 15 à 20°; on en consomme ordinairement 10 à 15 litres par minute. La *buse,* ou orifice de la conduite de vent, se place sur le plat de la tuyère, de manière que son extrémité soit environ de 0ᵐ,08 à 0ᵐ,10 de l'œil; nous verrons plus tard comment on règle ses dimensions.

On emploie, en Angleterre, des tuyères, dites *à serpentin,* dont l'usage est bien préférable à celles que nous venons de décrire; elles sont représentées (Pl. 9, fig. 25 à 27).

### DISPOSITION GÉNÉRALE DES FOURNEAUX.

391. *Fourneaux accolés.* — Dans les usines où l'on a plusieurs hauts fourneaux à construire, on a généralement l'habitude de les accoler sur toute leur hauteur ou simplement par leurs bases (Pl. 10, fig. 6); cette disposition a l'avantage de ménager l'espace, mais elle a le grave inconvénient de rendre les fourneaux solidaires les uns des autres, et d'amener la dégradation des maçonneries par les effets de la dilatation; car lorsque de deux appareils voisins, l'un est mis en feu et l'autre mis hors, le premier s'élève et s'étend dans tous les sens, pendant que l'autre tend à revenir à son état primitif : les maçonneries sont alors soumises à des tiraillements qui produisent des solutions de continuité, dont l'étendue s'accroît chaque fois que leurs causes se répètent, et qui sont bientôt accusées par des joints

lézardés, ou même par des ruptures dans les pierres de taille les moins résistantes.

Cette observation suffit pour démontrer qu'il est avantageux de rendre les *fourneaux indépendants* les uns des autres dans toutes leurs parties, les fondations exceptées : cette mesure n'exclut d'ailleurs nullement la possibilité de bien utiliser le terrain dont on dispose ; car on peut placer les fourneaux aussi près les uns des autres qu'en les accolant, et il suffit de ne pas rendre leurs maçonneries solidaires.

**392.** *Ponts de service.* — Les motifs précédents doivent engager à ne pas établir de communication entre les plates-formes des fourneaux, par des *arceaux en maçonnerie* appuyés sur les tours, car, indépendamment des inconvénients déjà cités, on éprouve encore tous ceux qui peuvent résulter de ce que le fourneau est beaucoup plus chargé d'un côté que de l'autre. Ces communications doivent, au contraire, être formées de matériaux légers et résistants, et être disposés de manière à ce que leurs extrémités puissent suivre les mouvements du point où ils s'appuient sans entraîner sa ruine : des poutres en bois, ou mieux encore des *arceaux en fer ou fonte*, simplement appuyés sur des plaques de même métal, encastrées dans la maçonnerie de la tour, mais ne se reliant pas eux-mêmes à cette maçonnerie par des tirants ou des scellements, remplissent parfaitement le but qu'on se propose, et ne coûtent pas, en définitive, aussi cher qu'une voûte en pierres appareillées.

On doit adopter une disposition analogue, lorsque des fourneaux sont adossés à une colline. Dans ce cas, les terres sont retenues par un mur de soutenement dont les fourneaux sont écartés d'environ $3^m,00$ ou $4^m,00$, et l'intervalle qui sépare la plate-forme du gueulard de la crête du mur se franchit au moyen d'un pont qui s'appuie sur la tour, et auquel il faut donner toute la légèreté possible (Pl. 11, fig. 4 et 5).

**393.** *Emplacements des fourneaux, halles, etc.* — Les premières conditions auxquelles doit satisfaire le terrain sur lequel on construit un fourneau, sont de présenter un fond solide, exempt d'humidité et placé à l'abri des inondations. Autant que faire se peut, on doit tâcher d'*adosser les fourneaux* contre une colline, afin d'avoir, au niveau même du gueulard, le dépôt de matières qui doivent l'alimenter ; on place sur ce terrain les halles à charbon ou les fours à coke, les parcs à mine et à castine, quelquefois même la soufflerie : cette disposition est ordinairement assez chère de construction, à cause de la grande quantité de terre que l'on a à enlever pour créer l'emplacement nécessaire aux fourneaux, et des murs de soutènement fort élevés qu'il faut construire; la facilité qu'elle présente sous le rapport du travail la fait cependant généralement rechercher.

Quand les fourneaux sont *en plaine*, la construction est plus simple ; mais il faut alors se préoccuper des moyens de faire parvenir les charges au gueulard, soit par un plan incliné, soit par une élévation directe au moyen de treuils mus à bras ou par des machines; bien que ce service puisse être rendu très-facile, il occasionne naturellement plus de dépenses journalières que celui des fourneaux adossés.

394. On place ordinairement en avant des fourneaux, du côté des embrasures de travail, une *halle* destinée à la manutention de la fonte, soit qu'on la coule en gueuses ou en saumons, soit qu'on l'applique immédiatement au moulage. Dans l'un ou l'autre cas, on fait bien d'établir, près de l'embrasure, une *grue* pour enlever et charger les fontes et les laitiers.

Si la fonte est employée au moulage en première et en seconde fusion, la halle doit être assez vaste pour contenir les établis des mouleurs, ainsi que les fours à réverbère, les cubilots, les étuves et tous les appareils généralement usités dans les fonderies; ils sont desservis par des grues, qui communiquent les unes avec les autres, et peuvent transporter la fonte ou les moules dans toutes les parties du bâtiment. On donne ordinairement à la charpente 6 à 8 mètres de hauteur sous entrait, et il est bon de la construire en fer plutôt qu'en bois, afin d'éviter les chances d'incendie.

395. Nous rapportons comme exemples, la coupe de la fonderie que nous avons établie à Tusey (Meuse) (Pl. 10, fig. 1), la disposition des fourneaux de Decazeville (Fig. 2 et 3), celle d'une usine anglaise d'après Mushet (Fig. 4 et 5), et celle des fourneaux de Maubeuge (Pl. 12).

Nous reviendrons plus tard sur la disposition des usines, envisagées au point de vue plus général de la fabrication de la fonte et du fer.

# CHAPITRE VI.

## DES MACHINES SOUFFLANTES.

**596.** *Objet de ces machines.* — Les machines soufflantes sont des appareils destinés à recueillir et à lancer dans les hauts fourneaux et tous les foyers qui le réclament, l'air qui doit alimenter la combustion. Les premiers appareils employés ont été les soufflets en cuir et en bois, et les trompes; après eux sont venus les soufflets hydrauliques à caisse plongeante, les soufflets à tonneaux, les machines à piston, les ventilateurs et la vis d'Archimède; nous ne nous occuperons que de ceux qui sont les plus usités; ce sont les *trompes*, les *ventilateurs* et les *machines à piston*.

### DES TROMPES.

**597.** *Description.* — La *trompe* est une machine soufflante dans laquelle on dispose d'un cours d'eau de manière à lui faire abandonner, dans un réservoir donné, l'air atmosphérique qu'il entraîne avec lui dans sa chute. Elle se compose d'un ou plusieurs tuyaux verticaux, dont la section, généralement circulaire, doit être suffisante pour donner écoulement à l'eau que l'on peut employer, et dont la longueur a à peu près $0^m,80$ à $1^m,00$ de moins que la hauteur de chute dont on dispose.

La partie supérieure du tuyau ou de l'*arbre*, mis en communication avec le bassin supérieur ou *pechère*, a la forme d'un tronc de cône, dont la partie rétrécie à $0^m,10$ à $0^m,15$ de diamètre, porte le nom d'*étranguillon*, et se trouve située à $0^m,50$ ou $0^m,60$ au-dessous du niveau de l'eau. A partir de ce point, la section augmente subitement dans le rapport de 1 à 2 et même à 4 (1) pour reprendre à l'extrémité inférieure les dimensions de l'étranguillon, de manière à s'opposer à l'échappement de l'air sous de fortes pressions.

L'arbre porte au-dessous de l'étranguillon quatre *aspirateurs*, par lesquels s'introduit l'air atmosphérique, qui doit être entraîné par l'eau : l'expérience a prouvé qu'il était inutile d'en placer plus bas; leur section totale est en moyenne à peu près égale à 49 fois celle de la buse.

---

(1) Expériences de MM. Thibaud et Tardy.

Le bout de l'arbre s'appuie sur une *caisse* formant *réservoir d'air*, et l'eau qui tombe sur un *tablier* placé à peu près à 0<sup>m</sup>,30 au-dessus du niveau d'eau de fuite se divise et laisse échapper l'air qu'elle a entraîné : celui-ci se rend à sa destination par une suite de tuyaux qui portent le nom de *sentinelle*, *burle*, *bourec* et *canon de bourec* ou *buse*.

598. Quand la caisse est *sans fond*, elle repose dans un bassin rempli d'eau, dont le niveau, au-dessus de celui de l'intérieur de la caisse, mesure la pression sous laquelle l'air se rend à la buse. Les caisses *à fond*, moins commodes que les premières, sont munies d'un orifice de sortie, réglé de manière à donner issue à toute l'eau que fournit la trompe, en maintenant son niveau à un point intermédiaire entre la paroi supérieure de ce même orifice et celui de la prise de vent : celle-ci devant être placée en un point assez éloigné du tablier pour que les gouttes d'eau ne soient pas entraînées dans les tuyaux conducteurs, on préfère, par ce motif, les caisses rectangulaires à celles qui sont circulaires ou carrées.

L'ouverture de la buse varie de 0<sup>m</sup>,03 à 0<sup>m</sup>,04 pour des étranguillons de 0<sup>m</sup>,10 à 0<sup>m</sup>,15 de diamètre, et une pression de 0<sup>m</sup>,03 à 0<sup>m</sup>,07 de mercure. Avec des buses plus faibles, la pression augmente peu, parce que la trompe fournit moins d'air.

599. *Conditions d'établissement.* — La simplicité de la disposition des trompes forme à peu près leur seul mérite ; les conditions d'établissement sont assez difficiles à rencontrer.

Le minimum de *chute* que l'on puisse employer est de 5<sup>m</sup>,00, et la quantité d'eau dépensée est très-considérable par rapport au volume d'air produit ; un mètre cube d'eau ne produit en moyenne qu'un mètre cube d'air avec une chute de 5 à 6<sup>m</sup>, et les meilleures trompes ne donnent guère que 10 pour 100 de la quantité d'action dépensée : ce sont donc de fort mauvaises machines qu'il n'est permis d'employer que là où la valeur de la force motrice peut être considérée comme à peu près nulle. Le peu *d'effet utile* qu'elles donnent tient directement au principe d'après lequel elles sont établies, et les améliorations que l'on peut apporter à leur mode de construction ne changent que faiblement les résultats obtenus dans la pratique ordinaire.

Bien qu'elles soient presque exclusivement employées pour le soufflage des forges catalanes, elles peuvent cependant servir aux hauts fourneaux ; mais les considérations précédentes, dont l'importance s'accroît chaque jour, tendent plutôt à en restreindre qu'à en propager l'usage.

600. Notre intention ayant été de ne faire connaître que la disposition

générale de ces appareils, nous n'entrerons à ce sujet dans aucune explication théorique. Le lecteur pourra consulter avec fruit, à cet égard, l'article de MM. Thibaud et Tardy, *Annales des Mines*, 3ᵉ livraison de 1833; celui de M. Daubuisson qui se trouve dans la 5ᵉ livraison de 1828 du même recueil, et enfin l'ouvrage spécial de M. Richard sur les forges catalanes.

Nous rapportons le croquis d'une trompe établie d'après les dispositions généralement usitées (Pl. 13, fig. 1 et 2).

## DES VENTILATEURS.

**601.** Les *ventilateurs* sont employés comme machines soufflantes dans un grand nombre de circonstances, principalement pour souffler les cubilots des fonderies et les feux de forge maréchale. Nous n'avons point appris qu'ils aient été appliqués aux hauts fourneaux, et vraisemblablement ils ne pourront pas recevoir cette destination tant qu'ils conserveront leurs formes actuelles.

**602.** *Description.* — Le ventilateur est un appareil d'une extrême simplicité : il se compose d'un tambour en fonte, dans lequel se meuvent à grande vitesse des ailettes en tôle fixées sur un axe; l'entrée d'air a lieu sur les faces latérales par des orifices circulaires qui en occupent le centre; la sortie s'effectue par un orifice placé à la circonférence, et communiquant directement avec les tuyaux de conduite.

Dans un ventilateur donné, la pression et le volume de l'air fourni varient avec la vitesse des ailes et la section des buses, dans des limites tellement étendues, que les praticiens se sont en général fort peu préoccupés des lois suivant lesquelles ces variations s'effectuent; il leur suffit de quelques tâtonnements fort simples, pour arriver à déterminer les conditions dans lesquelles ils doivent marcher avec l'appareil dont ils disposent.

**603.** *Mode d'action.* — L'action des ventilateurs consiste à imprimer à une masse d'air un mouvement de rotation, en vertu duquel toutes les molécules soumises à l'action de la force centrifuge, tendent à s'écarter de l'axe pour se porter à la circonférence et y exercer une pression égale à la somme des forces développées. Cette pression, et surtout celle que conserve le fluide après son entrée dans les tuyaux de conduite, sont des valeurs qui varient non-seulement avec la vitesse des ailes, mais encore avec leur forme et leur disposition par rapport à l'orifice de sortie; d'où il suit que, dans chaque genre de ventilateur, elles ne peuvent être déterminées théoriquement que par des calculs longs et compliqués.

TABLEAU I. — EXPÉRIENCES SUR LES VENTILATEURS.

| DISPOSITIONS des tuyères. | DIMENSIONS DES TUYÈRES. | | TOURS par seconde. | PRESSION DE L'AIR DANS LE TUYAU DE CONDUITE. | | PRESSION A LA TUYÈRE. | | TEMPS D'AIR tenu par seconde. | VOLUME de l'air à 0° et 0m,76 par seconde. | VOLUME calculé à 0° et 0m,76 pour une vitesse de 100 tours par minute. | VOLUME calculé à la glissenelle. | PRESSIONS ET VOLUMES CALCULÉS. | | | | | | |
| | Diamètre. | Surface. | | Eau. | Mercure. | Eau. | Mercure. | | | | | RAPPORT entre la section de la base et la largeur du ventilateur = $\frac{b}{j}$. | VITESSE à la circonférence B × V. | VITESSE à la circonférence R'×V'. | PRESSION génératrice de V. | PRESSION génératrice de V'. | MOYENNES entre les chiffres des col. 17 et 18. | VOLUME calculé par seconde. |
| 2. | 3. | 4. | 5. | 6. | 7. | 8. | 9. | 10. | 11. | 12. | 13. | 14. | 15. | 16. | 17. | 18. | 19. | 20. |
| | mètres. | cent. carrés. | | centimètres. | millimètres. | centim. | millimètres. | kilogs. | mèt. cubes. | mèt. cubes. | mèt. cubes. | | mètres. | mètres. | mill. de merc. | mill. de merc. | mill. de merc. | mèt. cubes. |
| 1. Bouchée.. | " | " | " | 19,00 | 14,80 | " | " | " | " | " | " | " | " | " | " | " | " | " |
| 2. Idem . | " | " | " | 17,50 | 12,80 | " | " | " | " | " | " | " | " | " | " | " | " | " |
| 3. Ouverte.. | 0,065 | 33,2 | 11,85 | 17,50 | 12,80 | 0,90 | 13,20 | 0,210 | 0,162 | 0,112 | 0,127 | 0,98 | 50,50 | 49,70 | 12,60 | 12,30 | 12,40 | 0,155 |
| 1. Bouchée.. | " | " | " | " | " | " | " | " | " | " | " | " | " | " | " | " | " | " |
| 2. Idem . | " | " | " | 17,50 | 13,00 | " | " | " | " | " | " | " | " | " | " | " | " | " |
| 3. Ouverte.. | 0,095 | 64,3 | 11,66 | 17,50 | 11,40 | 1,50 | 11,40 | 0,378 | 0,291 | 0,204 | 0,240 | 1,90 | 49,60 | 48,30 | 12,30 | 11,70 | 12,00 | 0,292 |
| 1. Bouchée.. | " | " | " | " | " | " | " | " | " | " | " | " | " | " | " | " | " | " |
| 2. Idem . | " | " | " | 10,00 | 7,30 | " | " | " | " | " | " | " | " | " | " | " | " | " |
| 3. Ouverte.. | 0,102 | 81,7 | 9,16 | 10,00 | 7,30 | 1,00 | 7,30 | 0,383 | 0,295 | 0,265 | 0,240 | 2,40 | 39,00 | 37,50 | 7,60 | 7,10 | 7,30 | 0,280 |
| 1. Bouchée.. | " | " | " | 16,50 | 12,10 | " | " | " | " | " | " | " | " | " | " | " | " | " |
| 2. Idem . | " | " | " | 14,50 | 10,60 | " | " | " | " | " | " | " | " | " | " | " | " | " |
| 3. Ouverte.. | 0,102 | 81,7 | 11,25 | 14,50 | 10,60 | 1,00 | 10,30 | 0,456 | 0,351 | 0,258 | 0,296 | 2,40 | 48,00 | 46,20 | 11,40 | 10,70 | 11,00 | 0,356 |
| 1. Bouchée.. | " | " | " | 17,00 | 12,50 | " | " | " | " | " | " | " | " | " | " | " | " | " |
| 2. Idem . | " | " | " | 15,50 | 11,40 | " | " | " | " | " | " | " | " | " | " | " | " | " |
| 3. Ouverte.. | 0,102 | 81,7 | 11,66 | 15,50 | 11,40 | 1,50 | 10,60 | 0,463 | 0,356 | 0,251 | 0,305 | 2,40 | 47,60 | 47,80 | 12,30 | 11,30 | 11,80 | 0,368 |
| 1. Ouverte. | 0,130 | 132,7 | " | " | " | " | 8,10 | 0,657 | 0,506 | 0,380 | 0,462 | " | " | " | " | " | " | " |
| 2. Bouchée.. | " | " | " | " | " | " | " | " | " | " | " | " | " | " | " | " | " | " |
| 3. Idem . | " | " | 10,83 | " | " | " | 8,10 | " | " | " | " | 3,90 | 46,50 | 43,30 | 10,70 | 9,70 | 10,20 | 0,540 |
| 1. Ouverte. | 0,130 | 132,7 | " | " | " | 2,50 | 9,20 | 0,700 | 0,539 | 0,373 | 0,505 | " | " | " | " | " | " | " |
| 2. Bouchée.. | " | " | " | " | " | " | " | " | " | " | " | " | " | " | " | " | " | " |
| 3. Idem . | " | " | 11,86 | " | " | " | " | " | " | " | " | 3,90 | 50,50 | 47,40 | 12,60 | 11,20 | 11,90 | 0,590 |
| 1. Ouverte. | 0,130 | 132,7 | " | " | " | 5,50 | 6,20 | 1,150 | 0,885 | 0,758 | 0,802 | " | " | " | " | " | " | " |
| 2. Idem . | 0,130 | 132,7 | " | " | " | 8,50 | 6,20 | " | " | " | " | 7,80 | 40,70 | 36,00 | 8,20 | 6,70 | 7,40 | 0,900 |
| 3. Bouchée.. | " | " | 9,58 | " | " | " | " | " | " | " | " | " | " | " | " | " | " | " |
| 1. Ouverte. | 0,130 | 132,7 | " | " | " | 9,50 | 6,90 | 1,212 | 0,933 | 0,720 | 0,910 | " | " | " | " | " | " | " |
| 2. Idem . | 0,130 | 132,7 | " | " | " | 9,50 | 6,90 | " | " | " | " | 7,80 | 45,00 | 40,00 | 10,00 | 8,00 | 9,00 | 0,990 |
| 3. Bouchée.. | " | " | 10,61 | " | " | " | " | " | " | " | " | " | " | " | " | " | " | " |
| 1. Ouverte. | 0,192 | 289,0 | " | 2,10 | 1,50 | " | " | 0,614 | 0,472 | 0,840 | 0,427 | " | " | " | " | " | " | " |
| 2. Bouchée.. | " | " | " | 2,90 | " | " | " | " | " | " | " | " | " | " | " | " | " | " |
| 3. Idem . | " | " | 4,60 | 2,90 | " | " | " | " | " | " | " | 8,50 | 19,60 | 17,20 | 1,70 | 1,50 | 1,60 | 0,460 |
| 1. Ouverte. | 0,192 | 289,0 | 5,00 | 2,20 | 1,60 | " | " | 0,634 | 0,488 | 0,805 | 0,465 | 8,50 | 21,30 | 18,60 | 2,20 | 1,70 | 1,90 | 0,496 |
| 2. Bouchée.. | " | " | " | 3,40 | " | " | " | " | " | " | " | " | " | " | " | " | " | " |
| 3. Idem . | " | " | " | 3,30 | " | " | " | " | " | " | " | " | " | " | " | " | " | " |

| # | | | | | | | | | | | | | | | | | | | |
|---|---|---|---|---|---|---|---|---|---|---|---|---|---|---|---|---|---|---|---|
| | 3. Idem | " | " | 11,86 | " | " | | " | " | " | " | " | 3,90 | 50,50 | 47,40 | 12,60 | 11,20 | 11,00 | 0,500 |
| 8 | 1. Ouverte | 0,130 | 132,7 | " | " | " | 50 | 6,20 | 1,150 | 0,885 | 0,758 | 0,802 | " | " | " | " | " | " | " |
| | 2. Idem | 0,130 | 132,7 | " | " | " | 50 | 6,20 | | | | | | | | | | | |
| | 3. Bouchée | " | " | 9,58 | " | " | " | " | " | " | " | " | 7,80 | 40,70 | 36,00 | 8,20 | 6,70 | 7,40 | 0,900 |
| 9 | 1. Ouverte | 0,130 | 132,7 | " | " | " | 50 | 6,90 | 1,212 | 0,933 | 0,720 | 0,910 | " | " | " | " | " | " | " |
| | 2. Idem | 0,130 | 132,7 | " | " | " | 50 | 6,90 | | | | | | | | | | | |
| | 3. Bouchée | " | " | 10,61 | " | " | " | " | " | " | " | " | 7,80 | 45,00 | 40,00 | 10,00 | 8,00 | 9,00 | 0,990 |
| 10 | 1. Ouverte | 0,192 | 289,0 | " | 2,10 | 1,50 | " | " | 0,614 | 0,472 | 0,840 | 0,427 | " | " | " | " | " | " | " |
| | 2. Bouchée | " | " | " | 2,90 | " | | | | | | | | | | | | | |
| | 3. Idem | " | " | 4,60 | 2,90 | " | " | " | " | " | " | " | 8,50 | 19,60 | 17,20 | 1,70 | 1,50 | 1,60 | 0,400 |
| 11 | 1. Ouverte | 0,192 | 289,0 | 5,00 | 2,20 | 1,60 | " | " | 0,634 | 0,488 | 0,805 | 0,465 | 8,50 | 21,30 | 18,60 | 2,20 | 1,70 | 1,90 | 0,406 |
| | 2. Bouchée | " | " | " | 3,40 | " | | | | | | | | | | | | | |
| | 3. Idem | " | " | " | 3,30 | " | | | | | | | | | | | | | |
| 12 | 1. Ouverte | 0,192 | 289,0 | 8,40 | 5,70 | 4,20 | " | " | 1,029 | 0,792 | 0,776 | 0,780 | 8,50 | 35,80 | 31,40 | 6,40 | 4,80 | 5,60 | 0,840 |
| | 2. Bouchée | " | " | " | 10,10 | " | | | | | | | | | | | | | |
| | 3. Idem | " | " | " | 9,50 | " | | | | | | | | | | | | | |
| 13 | 1. Ouverte | 0,192 | 289,0 | 9,30 | 6,60 | 4,90 | " | " | 1,112 | 0,856 | 0,755 | 0,865 | 8,50 | 39,50 | 34,50 | 7,80 | 6,00 | 6,90 | 0,897 |
| | 2. Bouchée | " | " | " | 12,40 | " | | | | | | | | | | | | | |
| | 3. Idem | " | " | " | 11,90 | " | | | | | | | | | | | | | |
| 14 | 1. Ouverte | 0,192 | 289,0 | 9,40 | 6,20 | 4,60 | " | " | 1,078 | 0,830 | 0,726 | 0,900 | 8,50 | 40,30 | 35,00 | 8,00 | 6,10 | 7,00 | 0,940 |
| | 2. Bouchée | " | " | " | 12,70 | " | | | | | | | | | | | | | |
| | 3. Idem | " | " | " | 13,30 | " | | | | | | | | | | | | | |
| 15 | 1. Ouverte | 0,192 | 289,0 | 9,45 | 6,80 | 5,00 | " | " | 1,124 | 0,866 | 0,755 | 0,910 | 8,50 | 40,20 | 35,10 | 8,10 | 6,20 | 7,10 | 0,945 |
| | 2. Bouchée | " | " | " | 12,70 | " | | | | | | | | | | | | | |
| | 3. Idem | " | " | " | 12,00 | " | | | | | | | | | | | | | |
| 16 | 1. Ouverte | 0,192 | 289,0 | 9,50 | 7,00 | 5,10 | " | " | 1,135 | 0,874 | 0,755 | 0,884 | 8,50 | 40,50 | 35,40 | 8,20 | 6,30 | 7,20 | 0,950 |
| | 2. Bouchée | " | " | " | 13,00 | " | | | | | | | | | | | | | |
| | 3. Idem | " | " | " | 12,00 | " | | | | | | | | | | | | | |
| 17 | 1. Ouverte | 0,192 | 578,0 | 7,10 | 2,80 | 2,10 | " | " | 1,536 | 1,183 | 1,375 | 1,320 | 17,00 | 30,20 | 22,70 | 4,50 | 2,60 | 3,50 | 1,220 |
| | 2. Idem | 0,192 | | | 3,50 | 2,60 | | | | | | | | | | | | | |
| | 3. Bouchée | " | " | " | 2,30 | | | | | | | | | | | | | | |
| 18 | 1. Ouverte | 0,192 | 578,0 | 7,90 | 4,40 | 3,20 | " | " | 1,903 | 1,466 | 1,520 | 1,490 | 17,00 | 33,60 | 25,40 | 5,60 | 3,20 | 4,40 | 1,370 |
| | 2. Idem | 0,192 | | | 5,50 | 4,00 | | | | | | | | | | | | | |
| | 3. Bouchée | " | " | " | 7,50 | | | | | | | | | | | | | | |
| 19 | 1. Ouverte | 0,192 | 578,0 | 7,90 | 4,40 | 3,20 | " | " | 1,890 | 1,456 | 1,510 | 1,490 | 17,00 | 33,60 | 25,40 | 5,60 | 3,30 | 4,40 | 1,370 |
| | 2. Idem | 0,192 | | | 5,30 | 3,90 | | | | | | | | | | | | | |
| | 3. Bouchée | " | " | " | 7,40 | | | | | | | | | | | | | | |
| 20 | 1. Ouverte | 0,192 | 867,0 | 7,05 | 3,80 | 2,80 | " | " | 2,360 | 1,818 | 2,105 | 1,950 | 25,50 | 30,00 | 18,30 | 4,50 | 1,60 | 3,00 | 1,680 |
| | 2. Idem | 0,192 | | | 3,40 | 2,50 | | | | | | | | | | | | | |
| | 3. Idem | 0,192 | | | 2,80 | 2,10 | | | | | | | | | | | | | |

La pratique n'a point encore pleinement confirmé ces calculs; aussi nous ne croyons pas nécessaire de les rapporter, et nous pensons qu'il est plus utile de citer d'abord des expériences qui ont été faites sur les ventilateurs de la forme la plus commune, d'en déduire les lois qui paraissent les régir, et d'indiquer ensuite les modifications qu'il conviendrait d'introduire dans leur forme pour obtenir de meilleurs résultats.

604. *Expériences.* — Le ventilateur que nous considérons est celui d'une fonderie de Rouen, sur lequel M. de Saint-Léger, ingénieur des mines, a fait des expériences qui ont été publiées dans les *Annales des Mines* (1) : sa forme est représentée planche 13, fig. 3 à 5. Sa marche est indiquée dans les tableaux qui suivent :

605. Les neuf premières colonnes de ces tableaux sont facilement intelligibles. La 10ᵉ indique les poids en kilog. de l'air dépensé par le ventilateur en une seconde : ils ont été calculés par la formule

$$P = 493 \, d^2 \sqrt{H(0,76 + H)},$$

dans laquelle $d$ exprime le diamètre de la buse et $H$ la pression en mercure.

La 11ᵉ colonne contient les volumes d'air écoulés, ramenés à la température de zéro et à la pression atmosphérique.

En examinant les résultats obtenus, on conclut avec l'auteur de ces expériences :

1°. *Que la dépense par un ou plusieurs orifices constants est proportionnelle à la vitesse des ailes;*

2°. *Qu'à vitesse égale, la dépense est proportionnelle à la section des orifices.*

M. de Saint-Léger en a déduit une formule qui sert à trouver le volume d'air Q produit par seconde à 0° et 0ᵐ,76 de pression, en fonction de la section des buses $s$, exprimée en centimètres carrés, et du nombre de tours des ailes par minute $n$, et elle lui a servi à trouver les chiffres des colonnes 12 et 13; ces derniers s'accordent assez bien avec ceux de la colonne 11.

La formule est $Q = \dfrac{5,417 \, s \, n}{1\,000\,000}$ ou en appelant N le nombre de tours par seconde, et S la section en mètres carrés, on a plus simplement $Q = 3,25 \times S \times N$. Cette formule s'applique très-bien au cas actuel, mais elle n'est pas générale.

En comparant les pressions observées avec les vitesses, on voit par les expériences 3, 4 et 5, et par les suivantes 6 et 7; 8 et 9; 10, 11, 12, 13,

----

(1) *Annales des Mines*, 1ʳᵉ livraison, 1837.

14, 15 et 16; 18 et 19, qu'à *sections égales, les pressions sont à peu près proportionnelles* aux carrés du nombre des tours, ou en d'autres termes *aux carrés des vitesses*, fait qu'il était facile de prévoir, puisque l'on sait que les effets de la force centrifuge sont proportionnels à ces nombres; mais à *vitesse égale, la pression diminue quand la section des buses augmente.*

**606.** *Calcul des ventilateurs.* — Si l'on suppose que dans chacune des expériences mentionnées, on transforme l'orifice de la buse en un rectangle de même section qu'elle, ayant pour largeur la largeur même des ailes du ventilateur, et pour hauteur une certaine ligne *a b*, prise sur l'extrémité de l'aile, on voit que la pression observée est toujours égale à la pression génératrice de la vitesse de l'aile en un point compris entre *a* et *b*, ou, en d'autres termes, que la *pression* en un point quelconque du ventilateur est à peu près *égale à la pression génératrice de la vitesse de l'aile* en ce point.

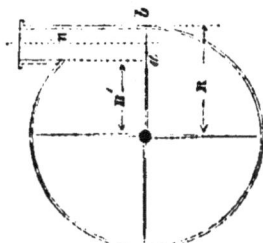

La formule qui donne la vitesse de l'air en fonction de la pression est

$$V^2 = \overline{395{,}04}^2 \left( \frac{0{,}76 + H}{H} \right),$$

d'où l'on déduit :

$$H = \frac{0{,}76 \cdot V^2}{154\,278{,}64 - V^2}.$$

Pour vérifier cette loi, nous avons indiqué dans la colonne 14 le rapport de la section de la buse à la largeur du ventilateur soit $\frac{S}{7} = R - R' = h$.

Les colonnes 15 et 16 indiquent pour chaque cas les vitesses V et V' aux circonférences R et R'.

Les colonnes 17 et 18, comprenant les pressions correspondantes à ces vitesses, exprimées en millimètres de mercure, on voit à l'inspection de ces nombres, que les *pressions* calculées de la colonne 18 se rapprochent beaucoup de celles qu'a données l'observation, et que, par conséquent, *cette méthode peut servir à les évaluer* quand on n'a pas de manomètre.

On peut se servir de cette même vitesse V' pour calculer le *volume d'air* fourni par une buse d'une section S : on aurait $Q = C (S \times V')$; C étant un coefficient variable avec la nature de l'orifice, et pouvant être pris égal à 0,93 pour des buses cylindriques ou légèrement coniques, il vient en exprimant la vitesse en fonction du nombre de tours des ailes et du rayon R'; $Q = 5,84\, SR'N$, ou en ramenant à $0^m,76$ et à $0^o$, et en appelant $t$ la température de l'air on a :

$$Q' = \frac{Q(0,76 + H)}{(1 + 0,00375\, t)0,76}.$$

C'est au moyen de cette formule, mais sans tenir compte de la température, que nous avons calculé les nombres de la 20° colonne; ils diffèrent assez peu de ceux de la colonne 11, pour que cette méthode puisse être appliquée à défaut de moyens plus exacts, pour calculer le volume d'air lancé.

607. En résumé, et avec une forme de ventilateur analogue à celle que nous avons considérée, les *pressions* maximum et minimum de l'air à la buse sont données par :

$$(a)\quad H = \frac{0,76\, V^2}{154\,279 - V^2}, \quad (V = 2\,HRN),$$

et

$$(b)\quad H' = \frac{0,76\, V'^2}{154\,279 - V'^2}, \quad \left(V' = 2\,HN\left(R - \frac{S}{l}\right) = 2\,HNR'\right).$$

Le *volume d'air* engendré peut être calculé *approximativement* par :

$$(c)\quad Q' = \frac{5,843\, N R'}{1 + 0,00375\, t} \times \frac{0,76 + H'}{H'},$$

et le *volume exact*, celui que l'on peut trouver en mesurant la pression au manomètre, est donné par

$$(d)\quad Q = \frac{384\, d^2\, \sqrt{H(0,76 + H)(1 \pm 0,00375\, t)}}{1 \pm 0,00375\, t}. \quad (1)$$

Ces formules suffisent pour *calculer les dimensions* d'un ventilateur, en se donnant les valeurs de Q, $t$ et H; car on trouve facilement celle de $d$, et par conséquent celle de S; on se donne $\frac{S}{l}$, et l'on en déduit $l$; on cherche V' par la formule $(b)$, et en se donnant R', on en conclut N, ou le nombre des tours du ventilateur.

608. *Effet utile.* — Le ventilateur dont nous venons de parler donne un effet utile assez considérable lorsqu'il est employé à lancer de l'air à de faibles pressions; mais, lorsque l'on fait croître la *vitesse* des ailes pour

___

(1) $d$ exprime le diamètre de la buse.

augmenter celle de l'air, il absorbe une quantité de force motrice supérieure à celle des bonnes machines à piston. Cet effet tient à plusieurs causes, qui sont : le *choc de l'air* contre les ailes, le *changement de direction* que subit l'air lorsqu'il passe du ventilateur dans les tuyaux de conduite, et surtout les *frottements de l'air* en mouvement contre les parois solides de l'appareil. M. Combes a proposé de remédier aux premières causes de perte de force, en adoptant un ventilateur à ailes courbes, dont l'orifice de sortie soit dirigé suivant la résultante de la vitesse absolue avec laquelle l'air quitte les ailes, et de la vitesse de rotation à la circonférence extérieure (1). C'est de cette manière que la vitesse absolue avec laquelle l'air est projeté peut se conserver le mieux possible.

Pour éviter le frottement de l'air contre la paroi circulaire, il conviendrait sans doute de la supprimer, et de s'arranger de manière à faire mouvoir un axe armé de deux ailettes au milieu d'une chambre assez grande, sur les faces de laquelle auraient lieu toutes les prises de vent, tandis que l'entrée du fluide aurait lieu par un tuyau concentrique à l'axe de rotation. Cette disposition n'a pas, que nous sachions, été essayée ; mais il est permis de croire qu'elle donnerait des résultats supérieurs à ceux que donnent les ventilateurs ordinaires, et qu'elle permettrait de les employer pour lancer de l'air à de fortes pressions.

## DES SOUFFLERIES A PISTON.

**609.** Les *souffleries à piston* s'exécutent en *bois* ou en *fonte*. Les premières sont des machines très-imparfaites, auxquelles on renonce complétement dans toutes les usines bien dirigées ; les secondes seules peuvent satisfaire aux exigences de l'industrie métallurgique, et ce sont les seules dont nous nous occuperons.

### DESCRIPTION.

**610.** Ces machines se composent d'un ou plusieurs cylindres en fonte à double effet, dans lesquels se meuvent des pistons de même matière, généralement munis d'une garniture en cuir (Pl. 16, fig. 1 à 7).

Chaque *cylindre* est formé de trois parties : le fond, le corps du cylindre et le couvercle. Les deux parties extrêmes sont munies de soupapes à clapets, destinées à l'aspiration et à l'expiration de l'air, et l'une d'elles, le

---

(1) Mémoire de M. Combes sur l'aérage des mines, *Annales des Mines,* 6e liv., 1840.

couvercle, porte au centre un stuffing-box, traversé par la tige du piston ; celle-ci s'attache à l'extrémité d'un balancier, qui lui communique son mouvement de va-et-vient, ou le reçoit directement d'une manivelle fixée sur l'arbre-moteur.

Le premier système est préférable au second, et convient particulièrement aux fortes machines, ou à celles dont le moteur est un cylindre à vapeur, que l'on place alors à l'autre extrémité du balancier.

Les cylindres soufflants ont, en général, un *diamètre* égal ou un peu inférieur à leur *course;* ils doivent être coulés en fonte un peu dure, parfaitement *alésés* et polis à l'intérieur.

**611.** *Soupapes et piston.* — Les *soupapes* d'aspiration sont formées de clapets en tôle ou en bois, garnis en cuir ; leur section varie entre 1/9 et 1/15 de celle du cylindre. L'air prenant, à son entrée dans le cylindre, une vitesse d'autant moindre qu'elles sont plus grandes, la machine gagne à ce que leurs dimensions soient très-fortes. Les soupapes d'expiration sont ordinairement disposées comme les premières ; elles débouchent dans la *boîte à vent,* qui conduit l'air au régulateur ; la section de cette pièce doit être au moins égale à celle des soupapes.

Les *clapets* en bois sont légers, et conviennent très-bien pour les faibles pressions ; ceux en tôle s'emploient pour les fortes pressions, mais il est essentiel de leur donner le moins de poids possible.

Le *piston* en fonte, tourné à un diamètre un peu plus faible que celui du cylindre, est ordinairement pourvu à sa circonférence (1) d'une double garniture en cuir, fixée par des segments en bois et des boulons. Son poids, toujours assez considérable, doit être équilibré par un contrepoids placé sur l'arbre moteur, ou, lorsque la disposition s'y prête, par la bielle qui transmet le mouvement au balancier.

La *tige du piston* se fait en fer forgé et présente un diamètre à peu près égal à 1/18 de celui du cylindre : cette dimension, variable d'ailleurs avec la longueur de la pièce et la pression de l'air, se calcule à raison de 0,6 à 0,7 kil. par millimètre carré de section. On emploie toujours un parallélogramme ou des guides pour donner à la tige un mouvement rectiligne.

**611 bis.** *Vitesse du piston.* — La vitesse du piston est généralement comprise entre 0$^m$,60 et 1$^m$,10 par seconde, suivant que le moteur est une roue

----

(1) Quand le cylindre est parfaitement alésé, et le piston tourné bien juste, l'emploi des garnitures est inutile. M. Cavé, l'un de nos meilleurs constructeurs, ne suit pas d'autre méthode.

hydraulique ou une machine à vapeur, dont la vitesse règle celle de la
soufflerie. Ce dernier chiffre nous paraît beaucoup trop fort, surtout dans
le cas où le cylindre soufflant a de grandes dimensions et marche à une
forte pression; on réduirait notablement les frais d'entretien des pièces du
parallélogramme et des clapets, en adoptant même dans le cas de la ma-
·chine à vapeur, une disposition où la vitesse du piston soufflant ne serait
que de 0ᵐ,50 à 0ᵐ,60. Nous croyons qu'il y a avantage à procéder ainsi.

**612.** *Régularité du mouvement.* — Lorsque, dans une soufflerie, le
mouvement de la manivelle est parfaitement régulier, ou, en d'autres
termes, lorsque la vitesse angulaire est invariable, il ne peut pas en être
de même de la vitesse du piston; elle va en croissant depuis le commencement jusqu'au milieu de la course, décroît depuis ce point jusqu'à l'extrémité, et produit en conséquence des quantités d'air dont la pression et le
volume varient suivant la même loi; il est facile de s'en rendre compte :
soit R le rayon de la manivelle et $AB = 2R$ la course du piston; le volume
de vent engendré et émis pendant que la manivelle décrit l'arc A D B, ou
que le piston vient de A en B est représenté par 2. Si nous divisons l'arc
A D B en quatre parties égales A C, C D, D F et F B que la manivelle par-
courra en des temps égaux, les espaces parcourus par le piston, ou les
volumes d'air engendrés pendant les mêmes temps, seront A M, M O,
O M', M' B.

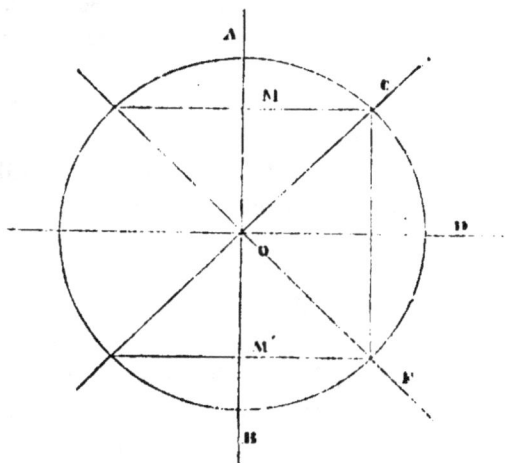

Le volume dépensé pendant les temps égaux A C, C D, etc., est constant
et égal à $\frac{2}{4} = 0,50$; le volume engendré pendant le temps $MO = \frac{R\sqrt{2}}{2} =$
0,707, la différence $= 0,707 - 0,50 = 0,207$; on trouverait le même

nombre pour la différence entre le volume émis pendant l'arc A C et celui qui est produit pendant la partie A M de la course; ainsi l'excès comme le déficit diffèrent de la production moyenne d'une quantité à peu près égale à 1/5 du volume du cylindre, et comme les pressions sont proportionnelles au carré des vitesses, la pression moyenne est à la pression maximum comme $0,\overline{500}^2 : 0,\overline{707}^2$ ou comme $0,25 : 0,499849$, soit comme 1 est à 2. Des irrégularités aussi grandes, auxquelles viennent encore s'ajouter celles qui ont leur point de départ dans la marche du moteur, exigent évidemment un correctif qui permette d'envoyer aux buses un air dont la pression soit sensiblement constante; tel est le but des *régulateurs* : on en distingue deux classes : les régulateurs d'air et ceux de la force motrice.

### DES RÉGULATEURS D'AIR.

**613.** Les régulateurs d'air sont des appareils destinés à rendre constante la pression naturellement variable de l'air engendré par un cylindre soufflant; leur emploi ne devient à peu près inutile que dans le cas où l'on emploie trois cylindres disposés de manière à produire un effet moyen constant.

On en distingue deux espèces : les régulateurs à *volume constant* et ceux à *volume variable*.

**614.** *Régulateurs à volume constant.* — Ces appareils sont plus simples et plus généralement employés que tous les autres; on les fait en tôle ou en maçonnerie.

Les régulateurs *en tôle* (Pl. 13, fig. 6) ont la forme d'une sphère ou d'un cylindre; la première est la plus économique, parce qu'à volume égal la surface d'une sphère est moindre que celle d'un cylindre. La tôle devant être assez forte pour résister à la pression et surtout à la déformation, on lui donne environ $0^m,002$ à $0^m,004$ d'épaisseur, suivant la dimension des appareils.

Les régulateurs *en maçonnerie* sont des espèces de caves que l'on place dans les fondations de la machine elle-même, ou quelquefois encore dans les murs de soutènement des terres, lorsque le fourneau est adossé à une colline. On doit, autant que possible les construire en briques rejointoyées avec de bon ciment, en proportionnant l'épaisseur des parois à la pression intérieure et à la charge extérieure qu'elles ont à supporter.

**615.** La *capacité* des régulateurs se détermine en raison du degré de régularité auquel on veut arriver. Elle doit être telle que *la différence entre les*

*volumes d'air à la pression maximum et à la pression moyenne soit précisé-
ment égale au volume en excès que fournit le cylindre au milieu de sa course :*
si donc on appelle     V   le volume du cylindre,

            $n$ V   celui du régulateur,

            $b$   la pression atmosphérique,

            P   la pression moyenne,

$P \pm x P$ les pressions maximum et minimum et $2 x P$ la plus grande différence de pression que l'on veuille obtenir : $n$ V sera le volume à la pression
moyenne; $\dfrac{n V (b+P)}{b+P+xP}$ le volume de cette même quantité d'air à la pression
maximum, et l'on devra avoir :

$$n V - \frac{n V (b+P)}{b+P+xP} = \frac{0,207 \, V (b+P)}{b+P+xP},$$

d'où l'on déduit :        $n = \dfrac{0,207}{x} \times \dfrac{b+P}{P}.$

Si pour exemple, on fait $x = 0,04$; $P = 0^m,10$ de mercure; $b = 0,76$;

il vient :         $n = \dfrac{0,207}{0,04} \times \dfrac{0,86}{0,10} = 5,175 \times 8,6 = 44,50$;

d'où l'on voit qu'à cette pression et pour des oscillations égales à $2 x$ P ou
$0^m,008$ de mercure, il faut donner au régulateur une capacité égale à près
de 45 fois celle du cylindre soufflant. $x$ restant constant, $n$ augmente ou
diminue en raison inverse de la pression.

Les valeurs de $x$ doivent être prises de telle sorte que la plus grande
oscillation ne dépasse pas les 0,08 de la pression, et l'on fera même très-
bien de se tenir encore au-dessous de cette limite pour les pressions au-
dessus de $0^m,10$ à $0^m,12$ de mercure.

**616.** *Régulateurs à volume variable.* — Ainsi que l'indique leur nom,
ces appareils se composent d'un réservoir, dont la capacité peut varier proportionnellement au volume d'air qu'il reçoit, et qui par conséquent maintient l'air à une pression à peu près constante. On en distingue trois
variétés : les régulateurs à eau, ceux à piston flottant et ceux à cloche qui
tiennent à la fois des premiers et des seconds.

**617.** *Régulateurs à eau.* — Ils se composent d'une vaste *caisse* en bois ou
en métal (Pl. 13, fig. 7 à 9) renversée et fixée dans un *bassin* rempli d'eau
jusqu'à un niveau déterminé. L'air arrivant par un tuyau et s'échappant
par un autre pour se rendre à sa destination, la pression qu'il exerce sur
le fluide fait descendre le niveau intérieur jusqu'à un point dont la distance au niveau extérieur indique en eau la pression à laquelle il est sou-

mis. Le bassin doit être assez vaste pour que les variations intérieures n'affectent pas sensiblement le niveau extérieur.

L'amplitude de l'*oscillation* au moment où l'appareil reçoit un excès d'air, est mesurée par le rapport du volume de cet air (à la pression où il se trouve) à la surface de l'appareil, dont la capacité augmente ou diminue suivant la quantité d'air injecté; mais comme cette variation ne s'effectue que par une oscillation de la colonne d'eau, elle entraîne nécessairement une variation de pression qui se trouve être d'autant plus petite que la capacité primitive de la cuve est plus grande, et que l'augmentation de capacité correspond à un moindre déplacement du niveau de l'eau, ou que la surface est plus considérable.

**618.** *Capacité.* — Si l'on admet que le *niveau extérieur* supposé constant affleure le fond de la caisse, et que $H$ exprime la hauteur du fond au-dessus du niveau intérieur moyen, $H$ indiquera en même temps la pression moyenne de l'air en eau, et si l'on désigne par $s$ la surface de la caisse, son volume sera $s\,H$; si nous appelons $x$ une fraction de $H$, telle que $H + x\,H$ soit la pression maximum qu'on veut obtenir, $s\,x\,H$ sera l'augmentation de capacité qu'éprouvera la caisse au moment où elle reçoit le volume d'air en excès $= 0{,}207\,V$.

On peut donc calculer le volume de cet appareil, comme celui d'un régulateur à capacité constante, dans lequel l'air en excès serait diminué de toute l'augmentation de volume survenue dans la caisse, et serait par conséquent égale à $0{,}207\,V - s\,x\,H$; ainsi l'on a :

$$ s\,H - \frac{s\,H\,(b+H)}{b+H+Hx} = \frac{(0{,}207\,V - s\,x\,H)\,b+H}{b+H+Hx}, $$

d'où l'on déduit :

$$ s\,H = \frac{0{,}207\,V\,(b+H)}{x\,(b+2\,H)}. $$

Faisons comme précédemment $x = 0^m,04$ et $H = 0^m,10$ de mercure ou $1^m,356$ d'eau; $b = 10^m,31$, et l'on trouve

$$ s\,H = \frac{0{,}207}{0{,}04} \times \frac{11{,}666\,V}{13{,}022} = 5{,}175 \times 0{,}88\,V = 4{,}554\,V. $$

Ce qui indique que la capacité du Régulateur doit, dans ce cas, être égale à quatre ou cinq fois le volume de cylindre. En faisant $V = 1$ on trouve pour la surface de la caisse $s = \frac{4{,}554}{1{,}356} = 3^m,36$, et l'oscillation étant de $0^m,04 \times 1^m,356 = 0^m,054$, l'augmentation de volume $0^m,054 \times 3^m,36 = 0^{m3},1814$, quantité peu différente de $0{,}207$, et qui rend compte du petit volume des régulateurs à eau comparé à celui des appareils à capacité constante.

Dans la pratique, la *hauteur de la caisse* est toujours plus considérable
que celle qui correspond à la pression maximum. de l'air évaluée en eau,
d'abord, parce que le fond supérieur de la caisse dépasse toujours le niveau
de l'eau de $0^m,20$ ou $0^m,30$, puis, surtout parce que certains accidents
peuvent faire monter la pression au-dessus du terme maximum calculé, et
que dans ce cas l'air s'échapperait de la caisse, si ses parois n'étaient pas
prolongées au-dessous du niveau intérieur moyen, d'une quantité à peu
près égale au tiers de la charge d'eau habituelle.

**619.** *Observations.* — Les résultats du calcul que nous avons donné plus
haut ne sont pas rigoureusement applicables à tous les cas de la pratique,
parce que nous avons négligé un élément dans l'évaluation de la variation
de pression; nous avons en effet supposé que le volume de la caisse, ou que
le niveau d'eau intérieur, variait dans un rapport exactement proportionnel aux quantités d'air injecté, tandis qu'il est réellement impossible qu'il
en soit ainsi; la variation des pressions ou des volumes ayant lieu dans des
temps très-courts, le *mouvement de l'eau s'effectue avec une certaine vitesse*
et ne peut pas s'arrêter instantanément au moment où la pression commence à changer; le niveau dépasse donc à chaque oscillation le point correspondant à l'état d'équilibre, et donne lieu par lui-même à une variation
de pression qui est indépendante de celle qu'engendre la machine elle-
même. Cet effet, qu'il serait assez difficile d'apprécier rigoureusement, est
d'autant plus considérable que l'oscillation calculée est elle-même supposée
plus forte, et il ne peut être atténué qu'en donnant à l'appareil un volume
plus grand que celui que nous avons déterminé plus haut.

L'oscillation réelle ne dépassant pas dans les cas ordinaires le double de
celle que nous avons admise dans l'équation, on peut calculer la capacité
en donnant à $x$ une valeur à peu près égale à la moitié de celle que l'on
veut obtenir : en faisant $x = \dfrac{x'}{2}$ on trouverait ainsi :

$$s\mathrm{H} = \frac{0,207\,(b+\mathrm{H})\,\mathrm{V}}{x'(b+2\mathrm{H})} = \frac{0,207}{0,02} \times \frac{11,666}{12,022}\,\mathrm{V} = 10,35 \times 0,88\,\mathrm{V} = 9,108\,\mathrm{V}.$$

**620.** *Niveau d'eau variable.* — Le calcul précédent correspond au cas
où le niveau du bassin est constant, et par conséquent il n'est pas applicable à celui où ce niveau change avec l'état de la pression; dans ces circonstances, en effet, les pressions croissent ou décroissent beaucoup plus rapidement que les volumes, et si par exemple la disposition du bassin est telle
qu'un abaissement de $0^m,01$ dans le niveau intérieur fasse monter le niveau
extérieur d'une même quantité, la pression croît de $2\,x\,\mathrm{H}$ pendant que le

volume n'augmente que de $x\,\mathrm{II}$. Il faut alors calculer la capacité d'une manière différente : si $\mathrm{II} + 2\,x'$ représente la pression maximum que l'on veut obtenir, il faut, en vertu de ce que nous avons dit précédemment, calculer le volume comme si elle ne devait être que de $\mathrm{II} + x'$ et l'on a pour le cas particulier que nous considérons :

$$s\,\mathrm{II} - \frac{s\,\mathrm{II}(b+\mathrm{II})}{b+\mathrm{II}+\mathrm{II}x'} = \frac{\left(0,207\,\mathrm{V} - \dfrac{s\,\mathrm{II}x'}{2}\right)(b+\mathrm{II})}{b+\mathrm{II}+\mathrm{II}x'},$$

d'où l'on déduit :
$$s\,\mathrm{II} = \frac{0,414\,(b+\mathrm{II})\,\mathrm{V}}{x'(b+3\,\mathrm{II})}.$$

En faisant :
$$2\,x' = x = 0,04 \quad \text{et} \quad \mathrm{II} = 1^{\mathrm{m}},356,$$

il vient
$$s\,\mathrm{II} = \frac{0,414 + 11,666}{0,02 \times 14,378} = 20,70 \times 0,811\,\mathrm{V} = 16,79\,\mathrm{V},$$

au lieu de $9,108\,\mathrm{V}$ que nous avons trouvé précédemment pour la même pression et la même régularité de vent.

Ce résultat fait comprendre toute l'importance que nous attachons à *l'invariabilité du niveau d'eau* dans le bassin où est placé le régulateur; il explique aussi, comment en négligeant cette disposition on n'obtient qu'un vent peu régulier, même avec des appareils dont la capacité est assez considérable.

**621.** Les régulateurs à eau échappent entièrement au reproche qu'on leur a fait quelquefois de ne donner que de *l'air humide;* car l'eau ayant d'autant moins de tendance à se réduire en vapeur qu'elle est soumise à une plus forte pression, l'air ne peut pas en absorber dans le régulateur une quantité supérieure à celle qu'il tient naturellement en dissolution; l'expérience confirme pleinement cette opinion.

En résumé on peut attendre un bon service de ces appareils lorsqu'ils sont construits solidement, en tôle ou en fonte plutôt qu'en bois ; lorsque leur volume est bien proportionné, et que l'on prend toutes les précautions indiquées pour tirer un bon parti de leur capacité.

**622.** *Régulateurs à piston flottant.* — Ces appareils, basés sur le fait de la variation de capacité d'un réservoir à couvercle mobile, se composent ordinairement d'un *cylindre en fonte* alésé, dans lequel se meut un *piston* de même métal garni en cuir, et muni d'une *tige* qui sert à le *guider* suivant un mouvement vertical (Pl. 13, fig. 10 et 11).

La *course* du piston est limitée aux deux extrémités par des ressorts placés sur le guide, et pour éviter des chocs trop violents lors d'une ascen-

47

sion très-rapide, on dispose dans le tuyau d'entrée d'air un papillon (ou
une soupape de toute autre espèce) qui se ferme par le mouvement du piston à un point déterminé de sa course. Les tuyaux d'entrée et de sortie d'air quelquefois réunis en un seul sont entés sur la conduite générale
de vent et aboutissent au fond du cylindre.

Le *poids du piston* flottant détermine la *pression* de l'air et se règle en
raison de celle que l'on veut obtenir ; si par exemple sa surface étant de
2$^{m2}$,00, on veut avoir de l'air à une pression de 0$^m$,10 de mercure équivalent à 1$^m$,356 d'eau, le poids doit être de 1$^m$,356 $\times$ 2,00 $\times$ 1000 = 2712 kil.
Quand son propre poids est insuffisant, on le charge avec des plaques de
fonte emboîtées dans des compartiments ménagés à cet effet.

**623.** *Capacité.* — Ces appareils ayant un volume qui ne dépasse jamais
deux fois celui du cylindre soufflant, agissent infiniment peu en vertu de
leur capacité constante ; l'uniformité du vent (quand on l'obtient) n'est
due qu'aux variations de capacité produites par les oscillations du piston.

Si C S = V représente le volume du cylindre soufflant dont la course
= C et la section = S, et que S' soit la *section* du régulateur, on prend en
moyenne S' = 1,80 S.

L'amplitude d'une demi-*oscillation* est alors donnée par l'équation
0,207 V = S' $\times$ $x$ d'où $x = \dfrac{0,207\ V}{S'}$. En faisant par exemple C = 1$^m$,58 et
D = 1$^m$,66 d'où l'on déduit S = 2$^{m2}$,16 et V = 3$^{m3}$,41, il vient S' = 1,80
$\times$ 2,16 = 3$^{m2}$,88 d'où D' = 2$^m$,22 et l'on trouve $x$ = 0$^m$,180. L'oscillation complète, c'est-à-dire la distance comprise entre les points extrêmes
de la course, est de 0$^m$,36, mais il faut au moins admettre 2,50 $\times$ 2$x$
ou 0,90 de course libre, parce que l'on sait à l'avance qu'en vertu de
la vitesse acquise, le piston dépasse toujours le point qui correspond à une
variation de volume égale à celle que produit le cylindre soufflant. En
admettant une distance de 1$^m$,00 entre le fond du régulateur et le point le
plus bas de la course du piston, et 0$^m$,50 entre le bord supérieur et le point
le plus élevé de la même course, on trouve pour la hauteur totale du cylindre : 1,00 + 0,90 + 50 = 2$^m$,30.

**624.** Un appareil de ce genre eût-il, même une surface double de celle
du cylindre soufflant, ne peut pas, par deux causes, rendre le soufflage très-
régulier : la première, celle que nous avons déjà constatée dans les régulateurs à eau, se rapporte à un défaut d'harmonie inévitable entre les volumes engendrés par le cylindre soufflant et ceux qui sont créés par les
oscillations du piston ; la seconde tient à la résistance occasionnée par les

*frottements du piston* dans le cylindre; à la montée elle s'ajoute au poids naturel; à la descente elle agit en déduction de ce même poids : la différence des charges auxquelles l'air est soumis pendant deux oscillations successives, est donc égale au double de la résistance qui peut être attribuée au frottement. Cherchons à évaluer son influence dans le cas du régulateur dont nous avons donné les dimensions, et en supposant la pression moyenne égale à $0^m,10$ de mercure ou $1^m,356$ d'eau : le piston, sa tige et ses accessoires, augmentés d'un certain poids supplémentaire, s'il y a lieu, doivent former une charge de $3,88 \times 1,356 \times 1000 = 5261^k,28$; la garniture du piston supporte un poids proportionnel à la surface frottante, et si sa hauteur est de $0^m,04$, sa circonférence de $3,14 \times 2,22 = 6^m,97$; sa surface sera $6^m,97 \times 0^m,04 = 0^{m^2},279$, et le poids, $279 \times 1,356 = 378^k,32$.

En multipliant le poids $378^k,32$ par le coefficient de frottement $0,25$, la résistance due aux frottements devient $378,32 \times 0,25 = 94^k,58$. Le double de cette résistance est de $189^k,16 = 0,036$ de la charge ou de la pression moyenne.

**625. *Conclusion.*** — Les considérations qui précèdent nous portent à conclure, que les régulateurs à piston flottant ne remplissent que *très-imparfaitement* leur but, et qu'ils doivent être rejetés avec d'autant moins de regrets que leur prix d'établissement est toujours assez élevé; en en employant deux au lieu d'un, ce prix serait doublé et leur service serait encore bien inférieur à celui des autres appareils dont nous nous sommes occupés, et qui doivent dans tous les cas leur être préférés.

**626. *Régulateurs à cloche.*** — Ces appareils que nous avons, les premiers, employés dans plusieurs usines à fonte, ont été imaginés pour remédier à une partie des défauts que nous venons de signaler dans les régulateurs à piston flottant. Ils se composent de *deux cylindres concentriques* en fonte ou en tôle, ouverts par le haut et fixés sur une *plaque de fond* en fonte : l'espace annulaire compris entre les deux parois est en partie rempli d'eau, et occupé par une *cloche* mobile en tôle, dont le fond supérieur porte une *tige à guides* et une *soupape à levier* (Pl. 14).

La *section* de la cloche mobile, l'amplitude de ses *oscillations*, le *poids* qu'elle doit représenter, se règlent comme dans le cas précédent; mais comme la *pression* de l'air est à chaque instant indiquée par la différence de niveau de l'eau à l'intérieur et à l'extérieur de la cloche mobile, la *hauteur* totale de l'appareil dépend entièrement de la pression à laquelle on veut marcher, et doit être telle, qu'en supposant la cloche au point le plus élevé de sa course, la distance comprise entre le niveau intérieur de l'eau et le rebord supérieur du cylindre enveloppant, soit au moins égale à la hauteur d'une colonne d'eau représentant la pression maximum de l'air.

La *soupape* est disposée de manière à donner une issue à l'air, et par conséquent à réduire instantanément la pression dès que la cloche a atteint son maximum d'élévation; la *course* est limitée en haut et en bas par des ressorts placés au-dessus et au-dessous du guide de la tige, contre lesquels viennent buter deux taquets fixés à cette même tige à une distance qui mesure la course libre de la cloche ; on atténue par cette disposition l'effet des chocs violents qui, dans le cas de variations brusques et considérables de la pression, pourraient entraîner la détérioration des pièces constituantes de l'appareil.

Les *guides latéraux* servent à empêcher la cloche de se mouvoir autour de son axe, précaution essentielle pour que le levier de la soupape se trouve toujours à l'aplomb de l'obstacle fixe qui la détermine à s'ouvrir en temps opportun.

**627.** L'appareil que nous venons de décrire a sensiblement la même dimension qu'un régulateur à piston ; mais il en diffère essentiellement en ce que les *frottements* de la pièce mobile sont *annulés*, et en ce que le cylindre et le piston en fonte, dont l'ajustage est dispendieux, sont remplacés par des pièces en tôle d'un *prix moindre* et d'une *construction* beaucoup *plus simple*; mais il s'en rapproche sous d'autres rapports, et partage quelques-uns de ses défauts.

En premier lieu, les *oscillations* de la cloche, aussi bien que celles d'un piston, dépassent toujours, en vertu de la vitesse acquise, les limites correspondantes aux volumes d'air envoyé, et ne peuvent pas s'accorder constamment et régulièrement avec le mouvement de la soufflerie; cet effet est peut-être même plus sensible dans le régulateur à cloche que dans celui à piston, parce que l'absence de frottements qui a le grand avantage de rendre la *charge constamment égale*, permet aussi à la force vive qui se développe pendant le commencement d'une oscillation, de s'anéantir moins rapidement et tend par conséquent à en augmenter l'amplitude.

Si l'appareil pouvait rendre la pression tout à fait uniforme, la hauteur de la colonne d'eau qui la mesure devrait être invariable, mais il ne peut pas en être ainsi; la cloche ne monte ou ne descend qu'en vertu d'une variation de pression, qui modifie instantanément la hauteur de la colonne liquide, en lui imprimant un mouvement dont la direction est la même que celle de la cloche, et qui tend à se continuer au delà du terme où la force motrice a cessé d'agir, — d'abord en vertu de la force vive qu'a acquise la masse en mouvement, puis en raison de l'entraînement qui résulte de l'adhérence des molécules liquides aux parois de la cloche.

Ces *oscillations de la colonne d'eau*, auxquelles on pourrait être disposé à accorder au premier aspect une grande influence sur la pression, sont loin de produire ici les mêmes effets que dans le régulateur à eau ; il suffit de songer que la pression ne peut avoir pour mesure réelle que le poids et la vitesse de la cloche ; et comme les altérations du niveau de l'eau ne donnent lieu qu'à des variations insensibles dans le volume de l'appareil, elles ne peuvent pas réagir par elles-mêmes sur la densité de l'air : la hauteur de la colonne d'eau ne lui sert donc de mesure que pendant l'*instant très-court où l'équilibre existe;* dès qu'il est détruit, ses variations n'ont plus de rapport constant et direct avec celles de la pression, et ne peuvent qu'indiquer sa tendance à la baisse ou à la hausse.

**628.** *Observations.* — *Le jeu des régulateurs à volume variable*, et particulièrement celui des deux derniers appareils que nous venons d'examiner, ne dépend pas seulement du rapport qui existe entre leur *capacité* et celle du cylindre soufflant, le seul que nous ayons encore apprécié ; mais beaucoup aussi de la *pression moyenne de l'air* et de la *vitesse du piston soufflant* : on conçoit en effet que leur rôle de régulateur ne peut être rempli qu'autant qu'à chaque variation dans la production du vent correspond instantanément une *oscillation concordante* de la part du piston ou de la cloche ; or la force vive d'un corps étant directement proportionnelle à sa masse, il s'ensuit que la force vive de la pièce mobile (cloche ou piston) est d'autant plus rapidement anéantie, ou, en d'autres termes, que son mouvement a d'autant moins de durée que son poids est moindre, et par conséquent que la pression est plus faible ; — d'autre part, il est évident que plus la vitesse du piston soufflant est faible, plus les changements dans la production de l'air se produisent à des intervalles éloignés, et plus, par conséquent, les oscillations de la cloche ou du piston, correspondant à l'une de ces variations, ont de temps pour s'effectuer librement et sans être dérangées par celles qui leur succèdent !

Ces observations, qui sont le résultat de nos propres expériences, nous portent à conclure que, pour le même cylindre soufflant et le même régulateur, le vent peut être très-régulier tant que la vitesse du piston et la pression sont comprises dans les limites qui permettent à l'appareil de se maintenir en équilibre, et que la régularisation décroît au fur et à mesure que l'on s'en éloigne. Le régulateur dont nous donnons un croquis, dont

la surface est égale à une fois et demie celle du cylindre soufflant auquel
il est adjoint, et dont la demi-oscillation calculée (valeur de $x$) est de
0,22, a toujours parfaitement rempli son but tant que la pression n'a pas
dépassé $0^m,0{,}10$ de mercure, et que la vitesse du piston a été maintenue
entre $0^m,50$ et $0^m,55$ par seconde; mais il a fallu l'aider d'un régulateur à
capacité constante, d'un volume égal à 10 ou 12 fois celui du cylindre soufflant, pour obtenir un vent régulier à des pressions de 0,05 à 0,06 de mercure et à une vitesse de piston de $0^m,80$ à $1^m,00$ par seconde.

**629.** Une des propriétés du régulateur à cloche, est de se montrer extrêmement *sensible* à toutes les variations qui se produisent dans le régime de
la soufflerie : on peut utiliser cette qualité en le faisant servir à rendre
l'action du moteur constamment proportionnelle à l'effet à produire, et
établir à cet effet une relation intime et permanente entre les mouvements
de la cloche et l'ouverture de la vanne de la roue motrice, ou celle de l'entrée de vapeur dans le cylindre d'une machine. En un mot, cet appareil
peut, avec de grands avantages, servir à *régulariser l'action du moteur*
par l'adjonction d'un mécanisme très-simple, dont nous expliquerons
bientôt la disposition.

**630.** *Conclusions générales.* — Les différents genres de régulateurs que
nous venons de passer en revue ont tous, comme on le voit, tant au point
de vue du service, que sous le rapport des frais d'établissement, leurs
avantages et leurs inconvénients; aussi doit-on chercher à atténuer ces
derniers par l'emploi de souffleries à *deux* ou *trois cylindres* et par une
marche à *faible vitesse*, système dont nous ne saurions trop fortement
recommander l'application. Les régulateurs *à eau* et *à cloche*, s'adaptant
parfaitement bien aux basses pressions et aux petites vitesses, ne peuvent,
suivant nous, être employés avec avantage que dans ce cas : les régulateurs
*à volume constant* s'appliquent au contraire d'une manière générale, et
conviennent surtout aux souffleries puissantes et aux pressions élevées;
nous croyons toutefois que, pour tirer un bon parti du moteur, il est essentiel de leur adjoindre, mais seulement comme régulateur de la force
motrice, un appareil à *cloche*, auquel on ne donne alors que les dimensions
strictement proportionnelles à la puissance qu'exige la mise en jeu des
distributeurs de l'élément moteur de la machine.

## RÉGULATEURS DE LA FORCE MOTRICE.

**651**. *Utilité de ces appareils.* — Les régulateurs d'air servent à neutraliser les irrégularités périodiques, qui proviennent du fait de la mise en mouvement du piston soufflant par une manivelle; mais ils n'ont aucune action sur les irrégularités de marche du moteur, et sont, par conséquent, à eux seuls incapables de rendre le soufflage constamment uniforme. Pour atteindre ce but d'une manière complète, il faut leur adjoindre des appareils qui puissent faire varier l'action du moteur en proportion directe des effets qu'il doit produire; ce sont les régulateurs de la force motrice.

**652**. *Classement.* — Considérés à un point de vue général, les régulateurs des machines peuvent être divisés en deux classes : la première comprend ceux qui s'appliquent au cas où il s'agit *de régulariser la vitesse angulaire* de la machine : tels sont les pendules coniques qui sont adaptés à toutes les machines à vapeur, et qui peuvent également l'être aux roues hydrauliques.

La seconde classe comprend les régulateurs qui ont pour but de *régulariser* le second élément du travail, c'est-à-dire *la pression ;* ce sont les seuls dont nous ayons à nous occuper ici, car il importe peu à la régularité du vent que le moteur ait une vitesse uniforme; il faut au contraire que cette vitesse soit proportionnée à la pression de l'air et au volume que l'on en débite.

**653**. *Cas où on les emploie.* — Au point de vue spécial des souffleries, ces appareils doivent être toujours employés :

1°. Lorsque la production de vapeur des chaudières est sujette à éprouver des fluctuations fréquentes et rapides, ou lorsque le régime d'eau d'une roue hydraulique n'est pas constamment égal;

2° Lorsque la même soufflerie alimente plusieurs foyers, hauts fourneaux, cubilots ou feux de forges qui ne marchent pas continuellement ensemble, et qui consomment individuellement des quantités d'air variables d'un moment à l'autre;

3°. Lorsque le moteur de la soufflerie conduit en même temps des machines dont le travail est intermittent, tels que des monte-charges, des tours, des moulins à broyer le noir pour les fonderies, etc.

Dans ces différentes circonstances, soit que la vapeur ou l'eau montent ou baissent, soit que les buses soient toutes ouvertes ou en partie fermées, soit que les machines accessoires fonctionnent ou cessent d'agir, il ne peut évidemment y avoir uniformité de pression qu'autant que *l'effort du moteur* est à chaque instant rendu *proportionnel au travail* que l'on en exige.

**654.** *Conditions d'établissement.* — Pour que le régulateur de la force motrice remplisse bien son but, il faut qu'il soit adapté à un appareil sensible aux moindres variations du travail de la machine, et suffisamment énergique pour les accuser par des mouvements nets, d'une transformation commode et d'une transmission facile aux distributeurs de l'élément moteur; les *régulateurs* d'air *à cloche* satisfont très-bien à ces conditions, et doivent être préférés à tout autre appareil. Leur énergie, toujours proportionnelle à leur section, peut être rendue aussi grande que l'exige le travail à produire, et le mouvement de va-et-vient de la cloche se transforme simplement en un mouvement de rotation alternatif, qui peut soulever ou abaisser la *vanne* d'une roue hydraulique, ouvrir ou fermer un *robinet d'entrée de vapeur*, ou régler une *détente variable*.

**655.** Dans les applications que nous en avons faites aux roues hydrauliques et aux machines à vapeur, le régulateur à cloche servait de régulateur d'air, et avait par conséquent une section déduite de la nature de ces fonctions; mais on conçoit facilement qu'en ne l'employant que comme régulateur de la force motrice, il est inutile de lui donner un aussi grand volume, et qu'une surface au plus égale à 1/7 ou à 1/10 de celle du piston doit, suivant la pression, être à même de créer des efforts tout à fait suffisants.

La Planche 14 représente le régulateur à cloche employé comme *régulateur de vanne* (usine de Vierzon). La Planche 15 représente le régulateur à cloche employé dans une machine à vapeur (usine de Niederbrunn). On consultera l'explication des Planches pour l'intelligence de ces croquis.

### CALCULS RELATIFS AUX SOUFFLERIES A PISTON. (1)

**656.** *Volume d'air engendré par le piston.* — Le moyen le plus naturel qui se présente, pour déterminer le volume d'air que peut donner un cylindre soufflant pendant une seconde, se réduit à faire le produit de sa section par la vitesse du piston; mais on obtient ainsi un nombre trop fort

(1) Les calculs relatifs aux souffleries reposent sur quelques formules assez simples que nous croyons pouvoir présenter succinctement, et sans nous engager dans un exposé détaillé de la théorie des mouvements de l'air.

de toutes les pertes d'air qui, malgré la bonne construction de la machine, ont toujours lieu par la garniture du piston et les clapets. D'après les observations de MM. Morin et Walter, elles s'élèvent toujours au moins à 20, et en moyenne à 25 pour 100, dans les appareils bien entretenus. Si donc R désigne le rayon du cylindre soufflant, V la vitesse du piston, $t$ la température de l'air, et Q le volume réellement émis pendant une seconde, et ramené à la température de 0°, on a : (1)

$$Q = \frac{0,75 \pi R^2 V}{1 \pm 0,004 t} = \frac{2,35 R^2 V}{1 \pm 0,004 t}. \text{ [1]}$$

**637.** *Volume d'air lancé par les buses.* — L'exactitude de cette valeur dépend, comme on le voit, d'une évaluation approchée des pertes d'air du cylindre soufflant; on est plus sûr de la vérité, en calculant le volume Q en fonction de la *section des buses* et de la *vitesse* avec laquelle l'air s'en échappe.

Soit $h$ = la pression de l'air en mercure à la buse;

$h'$ = la hauteur d'une colonne d'air de même poids que $h$;

$d'$ = la densité de l'air comprimé;

$d$ = la densité de mercure par rapport à l'air = 10466;

$g$ = 9,807;

$b$ = la pression atmosphérique = 0,76;

$v$ = la vitesse;

on a : $v^2 = 2 g h'$. — Mais les relations entre $h$, $h'$, $d$, $d'$ et $b$, donnent : $h' d' = h d$ et $d' b = (b + h)$ 1, d'où : $h' = \frac{h d b}{b + h}$.

A une température $t$ on aura $h' = \frac{h d b}{b + h}(1 \pm 0,004 t)$; substituant cette valeur dans l'expression de $v^2$, il vient après toute réduction :

$$v = 395,04 \sqrt{\frac{h(1 \pm 0,004 t)}{b + h}}. \text{ [2]}$$

Le volume d'air lancé par la buse sera égal au produit de la section S = 0,785 $d^2$ par la vitesse $v$ :

soit $\qquad\qquad 0,785 d^2 \times v.$

En adoptant le coefficient d'expérience de 0,94, qui se rapporte aux ajutages coniques, le volume deviendra :

$$0,94 \times 0,785 d^2 \times v.$$

(1) On emploie 1 + 0,004 $t$ ou 1 − 0,004 $t$, suivant que la température de l'air est supérieure ou inférieure à zéro; lorsque l'on ne veut pas tenir compte de la température de l'air, ce qui fort souvent est inutile, on fait $t = 0$ dans les formules, et elles deviennent alors beaucoup plus simples.

48

En le ramenant à zéro et à la pression atmosphérique, on aura :

$$Q = \frac{0,94 \times 0,785\,d^2 \times v}{(1 \pm 0,004\,t)} \cdot \frac{(b+h)}{b};$$

En effectuant toutes les opérations indiquées :

$$Q = \frac{0,737\,d^2}{(1 \pm 0,004\,t)} \cdot \frac{(b+h)}{b}.$$

Si, à la place de $v$, on substitue sa valeur, on trouve encore :

$$Q = \frac{384\,d^2\,\sqrt{h(b+h)(1 \pm 0,004\,t)}}{1 \pm 0,004\,t} \cdot \quad [3]$$

**638.** *Diamètre des buses.* — Si l'on connaissait le volume d'air Q, et que l'on demandât le diamètre de la *buse*, on tirerait de l'équation [3] :

$$d = \sqrt{\frac{Q(1 \pm 0,004\,t)}{384\sqrt{h(b+h)(1 \pm 0,004\,t)}}} \cdot \quad [4]$$

**639.** *Diamètre des tuyaux de conduite.* — La *section* des tuyaux dép de la longueur de la conduite et du volume d'air qui doit y passer. La *diffé-rence des pressions* qui existent au commencement et à la fin de la conduite est d'autant plus considérable que l'air est obligé de se mouvoir à une plus grande vitesse : si H et $h$ désignent ces pressions, L la longueur de la conduite, D son diamètre, on a la relation suivante (1) :

$$h = H \cdot \frac{42\,D^5}{L\,d^2 + 42\,D^5}.$$

En pratique, la *vitesse de l'air* dans les tuyaux est ordinairement réglée à 20$^m$,00 par seconde, ce qui, en supposant que le piston soufflant se meuve à une vitesse de 1$^m$,00, exige des tuyaux dont la section soit 1/20 de celle du cylindre : à cette vitesse, et avec des pressions initiales de 0$^m$,02 à 0$^m$,16 de mercure, la différence H-$h$ varie environ de 0$^m$,003 à 0$^m$,005 de mercure pour des conduites de 20$^m$,00 de long, et de 0$^m$,005 à 0$^m$,01 pour une conduite de 40$^m$,00 ; elle est encore plus considérable lorsque les tuyaux portent des rétrécissements ou des coudes qui changent subitement la direction de l'air. Cette observation suffit pour mettre en évidence la fâcheuse influence qu'une mauvaise disposition des conduites peut avoir sur la con-servation de la pression, et l'on doit sentir qu'il est de la plus haute impor-tance de calculer avec soin la section des tuyaux, si l'on ne veut pas arri-ver, après l'établissement d'une distribution de vent, à des mécomptes irréparables. Nous croyons que, sans se jeter dans des frais d'établissement

---

(1) Formule de d'Aubuisson.

trop dispendieux, on doit, dans tous les cas, *calculer le diamètre* de manière à ne pas obtenir une diminution de pression qui dépasse 0,05 de celle qui existe dans le régulateur.

Il suffit, pour établir le calcul d'après cette donnée, de faire dans la formule précédente : $H - h = 0,05 H$, d'où $h = 0,95 H$; elle devient alors :

$$D^5 = \frac{0,95 L d^4}{0,05 \times 42} = 0,45 L d^4;$$

d'où l'on tire :

$$\text{Log. } D = \frac{\log. 0,45 + \log. L + 4 \log. d}{5}. \quad [5]$$

**640.** *Cylindre soufflant.* — Les dimensions du cylindre soufflant se calculent, en supposant le volume d'air à fournir Q dilaté à la température moyenne de l'été, soit à 20° environ (1); le volume à fournir par le cylindre est donc :

$$Q (1 + 0,004 \times 20°).$$

Mais à cause des pertes, ce volume doit être augmenté dans le rapport de 0,75 à 1, et il devient alors :

$$Q . \frac{(1 + 0,004.20°)}{0,75} = 1,44 Q.$$

Si R désigne toujours le rayon du cylindre, C sa course, N le nombre de coups de piston par minute, et V la vitesse du piston par seconde, on aura :

$$\pi R^2 V = 1,44 Q; \quad [6]$$

d'où l'on déduira R, après s'être donné V, qui, nous l'avons déjà dit, ne doit pas dépasser 0m,60; on trouvera le nombre de coups de piston par minute en multipliant par 60 le quotient de la division de la vitesse par la course; soit $N = \frac{60 V}{C}$, et comme on peut généralement prendre $C = 2 R$, il vient : $N = \frac{30 V}{R}$. Le nombre des tours de la manivelle sera $\frac{N}{2}$.

**641.** *Travail utile.* — L'effet utile d'une soufflerie quelconque se calcule en fonction du *poids d'air* lancé par la buse et de la *hauteur génératrice de la vitesse* d'écoulement. Ainsi, en désignant par P le poids du mètre cube d'air, $\frac{Q \times P \times h'}{75}$ sera l'expression de cette valeur en chevaux-vapeur. Le poids d'un mètre cube d'air, à 0° et à la pression de 0,76,

(1) Il est nécessaire d'établir le calcul de cette manière, car si le cylindre soufflant était calculé pour fournir le volume Q, il ne pourrait donner pendant l'été, à la température de 20°, que, par exemple, $\frac{Q}{1 + 0,001 \times 20} = \frac{Q}{1,08}$.

étant égal à $1^k,3$, et $h'$ étant égal (Nº 637) à $\dfrac{hbd}{b+h}$, on aura, en faisant $d = 10466$, et $b = 0,76$ :

$$\frac{Q \times P \times h'}{75} = \frac{Q \times 1,3 \times h \times 10\,466 \times 0,76}{75\,(0,76 + h)} = \frac{137,87\,Q\,h}{0,76 + h}. \quad [7]$$

Cette valeur peut encore prendre une autre forme et s'exprimer en fonction de la *section de la buse*, de la *pression* et de la *vitesse* de l'air (1).

La section de la buse $= 0,785\,d^2$ et $13,568$ indiquant la densité du mercure par rapport à l'eau, la pression de l'air en kil. $= h \times 13\,568$; si l'on continue à appeler $v$ la vitesse de l'air, on a pour valeur du travail utile en chevaux-vapeur : $\dfrac{0,785\,d^2 + h \times 13\,568}{75}$, ou en réduisant :

$$\frac{Q\,P\,h'}{75} = 142,01\,d^2\,v\,h \ \text{(chevaux-vapeur)}. \quad [8]$$

**642. Force motrice.** — La force motrice ou la quantité de travail dépensé par une soufflerie à piston, se compose du travail utile et de celui qui est absorbé par les pertes et les frottements de la machine.

Le *travail utile* peut être calculé par l'une des deux formules précédemment indiquées; le travail absorbé par la contraction du vent et par les *pertes d'air* doit en être une certaine fraction simplement proportionnelle à ces pertes, car il est à peu près certain que celles qui ont lieu par la garniture du piston et les clapets, que nous avons supposés égales a 25 pour 100 et qui nous ont engagés à augmenter dans ce rapport le volume du cylindre, ne donnent pas lieu à un travail beaucoup moindre que si cet air était réellement expulsé par les buses : on peut en conséquence les comprendre dans le travail total pour une valeur égale au tiers de l'effet utile.

Les *frottements* (2) absorbent une quantité de travail fort difficile à estimer d'une manière générale; elle varie suivant la disposition plus ou moins favorable de la machine et la rectitude de son montage, suivant la dimension et l'arrangement des conduites de vent, enfin suivant l'état d'entretien dans lequel se trouvent ces parties, et l'on comprend qu'il ne peut pas exister à cet égard de coefficient général et applicable à tous les cas.

Les *frottements du piston* et *ceux de la tige* sont les seuls qui se présentent à peu près de la même manière dans toutes les machines, et ce sont les seuls que nous évaluerons : si R représente le rayon du piston, E la hauteur d'une des garnitures, $2\Pi R E$ représentera la surface frottante,

---

(1) Elle comprend dans ce cas le coefficient de contraction adopté pour la buse.

(2) Nous ne parlons pas de ceux qui sont particuliers au moteur.

$2 \Pi R E h \times 13568$ sera le poids dont elle est chargée, et si F représente le coefficient de frottement et V la vitesse par seconde : $2 \Pi R E h \times 15568 \times F \times V$, sera le travail absorbé en kilogrammètres, en faisant $F = 0,50$, $E = 0,04$ et divisant par 75, il vient :

$$13,60.R\ h.V.$$

pour la valeur en chevaux-vapeurs des frottements du piston.

Soit $r$ le rayon de la tige, $e$ la hauteur du stuffing-box $= 2r$; $f$ le coefficient de frottement,

$$\frac{4\Pi r^2 \times h \times 13568 \times f \times V}{75},$$

sera le travail en chevaux; en faisant $f = 0,2$, cette expression devient :

$$454,43\ r^2\ h\ V.$$

On peut dans une conduite donnée calculer assez exactement le travail dû aux frottements de l'air; pour une évaluation générale, il est plus simple et plus exact de considérer la pression réelle à laquelle travaille la machine. $h$ représente bien l'effort qui fait sortir l'air de la buse, mais le moteur agissant dans le cylindre et au commencement de la conduite avec un effort représenté par $\Pi$, il faut augmenter tout le travail dans le rapport de $\Pi$ à $h$. En résumé, nous aurons et *sans tenir compte des autres frottements* très-variables, qui, suivant le genre de la communication de mouvement peuvent s'élever de $1/6$ à $1/12$ du travail total :

1°. Travail utile.............. $142,01 d^2 v h$ ⎫
2°. Perte d'air (1/3 du travail utile). $47,33 d^2 v h$ ⎬ $= 189,34.d^2 v h$ :
3°. Frottements du piston........ $13,60 R h V$ ⎫
4°. Frottements de la tige........ $454,43 r^2 h V$ ⎬ $= h V(13,63.R + 454,43.r^2)$.

En additionnant ces valeurs et en les augmentant dans le rapport de $\Pi$ à $h$, il vient pour le travail total :

$$T = \Pi(189,34 d^2 v + V(13,60 R + 454,43 r^2)). \quad [9]$$

En appliquant les mêmes raisonnements à la formule (7) qui donne l'effet utile en fonction du volume de l'air et de la pression, on trouverait :

$$T = \Pi\left(\frac{173,82 Q}{0,76 + h} + V(13,60 R + 454,43 r^2)\right). \quad [10]$$

**643. *Évaluation plus simple.*** — Ces expressions (9 et 10) de la valeur de la force motrice peuvent être utiles dans certains cas, mais il est plus commode de calculer le *travail dans le cylindre* soufflant seul, en fonction de la pression de l'air et de la vitesse moyenne du piston.

La pression dans un cylindre sans régulateur est, comme on le sait,

excessivement variable; elle est nulle au commencement de la course et
atteint son maximum lorsque la manivelle est au milieu; mais avec l'aide d'un
régulateur, la pression dans le cylindre peut être considérée comme égale
de part et d'autre, dès que la soupape d'émission est ouverte. La pression
ne reste en dessous de cette quantité que pendant le temps qui s'écoule
entre le commencement de la course et le moment où la soupape s'ouvre,
ou pendant une fraction de la course C exprimée par $\frac{CH}{0,76}$; à la rigueur il
faudrait tenir compte de cette variation pour évaluer le travail dans le
cylindre, mais si l'on observe que sa valeur est assez minime pour des souffleries qui marchent à de faibles pressions, et que d'un autre côté les frottements acquièrent une grande importance dans celles où la pression est
élevée, on pourra, ce nous semble, considérer cette manière de calculer
la force motrice comme devant en donner une expression très voisine de
la vérité, plus juste peut-être que les précédentes, et recommandable
surtout par son extrême simplicité : R étant toujours le rayon du piston
et V sa vitesse, le poids dont il est chargé sera : $\pi R'H \times 13568$ et l'on
obtiendra la force motrice en chevaux-vapeur en multipliant ce produit
pour la vitesse, et en le divisant par 75; ainsi l'on aura :

$$T = \frac{\pi R'H \times 13568 \times V}{75} = 180,91 . \pi R'.V.H. \quad [11]$$

Dans les cas d'une communication de mouvement très-compliquée, il
serait prudent d'augmenter le résultat de 1/8 ou de 1/10 environ, mais il
peut être employé seul dans tous les cas ordinaires.

**644.** Le tableau suivant indique le travail utile et la force motrice
d'une soufflerie, fournissant 10 à 100m³ d'air par minute à des pressions
variables depuis 0m,01 jusqu'à 0m,16 de mercure. Les nombres exprimant
le travail utile en chevaux-vapeur ont été calculés par la formule [7]; la
force motrice a été calculée par la formule [11] en supposant $\pi R'V =$
1,44 Q et en faisant V = 0m,60.—. On suppose l'air à la température de
0°, et à la pression de 0m,76.

TABLEAU LI. — EFFET UTILE ET FORCE MOTRICE DES SOUFFLERIES A PISTON.

| PRESSIONS EN MÈTRES | VOL.=10m. (à 0° et à 0,76). | | VOL.=20m. (à 0° et à 0,76). | | VOL.=30m. (à 0° et à 0,76). | | VOL.=40m. (à 0° et à 0,76). | | VOL.=50m. (à 0° et à 0,76). | | VOL.=60m. (à 0° et à 0,76). | | VOL.=70m. (à 0° et à 0,76). | | VOL.=80m. (à 0° et à 0,76). | | VOL.=90m. (à 0° et à 0,76). | | VOL.=100m. (à 0° et à 0,76). | |
|---|---|---|---|---|---|---|---|---|---|---|---|---|---|---|---|---|---|---|---|---|
| | Travail utile. | Travail du moteur. | Travail utile. | Travail du moteur. | Travail utile. | Travail du moteur. | Travail utile. | Travail du moteur. | Travail utile. | Travail du moteur. | Travail utile. | Travail du moteur. | Travail utile. | Travail du moteur. | Travail utile. | Travail du moteur. | Travail utile. | Travail du moteur. | Travail utile. | Travail du moteur. |
| mèt. | chev. | chev. | chev. | chev. | chev. | chev. | chev. | chev. | chev. | chev. | chev. | chev. | chev. | chev. | chev. | chev. | chev. | chev. | chev. | chev. |
| 0,01 | 0,296 | 0,432 | 0,592 | 0,864 | 0,890 | 1,296 | 1,18 | 1,728 | 1,48 | 2,16 | 1,786 | 2,59 | 2,07 | 3,024 | 2,37 | 3,45 | 2,67 | 3,88 | 2,96 | 4,32 |
| 0,02 | 0,587 | 0,864 | 1,170 | 1,728 | 1,755 | 2,590 | 2,34 | 3,440 | 2,93 | 4,32 | 3,510 | 5,18 | 4,10 | 6,050 | 4,68 | 6,90 | 5,26 | 7,76 | 5,87 | 8,64 |
| 0,03 | 0,870 | 1,296 | 1,740 | 2,592 | 2,600 | 3,890 | 3,48 | 5,170 | 4,34 | 6,47 | 5,210 | 7,77 | 6,08 | 9,060 | 6,95 | 10,35 | 7,81 | 11,64 | 8,70 | 12,96 |
| 0,04 | 1,150 | 1,728 | 2,300 | 3,456 | 3,440 | 5,180 | 4,60 | 6,900 | 5,74 | 8,62 | 6,900 | 10,36 | 8,05 | 12,080 | 9,20 | 13,80 | 10,35 | 15,50 | 11,50 | 17,28 |
| 0,05 | 1,460 | 2,160 | 2,920 | 4,320 | 4,370 | 6,490 | 5,84 | 8,620 | 7,30 | 10,80 | 8,750 | 12,95 | 10,20 | 15,100 | 11,70 | 17,25 | 13,15 | 19,40 | 14,60 | 21,60 |
| 0,06 | 1,680 | 2,592 | 3,360 | 5,184 | 5,030 | 7,800 | 6,70 | 10,350 | 8,40 | 12,95 | 10,100 | 15,54 | 11,75 | 18,220 | 13,42 | 20,65 | 15,15 | 23,28 | 16,80 | 25,92 |
| 0,07 | 1,940 | 3,024 | 3,880 | 6,048 | 5,820 | 8,070 | 7,77 | 12,100 | 9,70 | 15,10 | 11,650 | 18,10 | 13,55 | 21,140 | 15,52 | 24,10 | 17,45 | 27,10 | 19,40 | 30,24 |
| 0,08 | 2,185 | 3,456 | 4,370 | 6,912 | 6,550 | 10,370 | 8,72 | 13,800 | 10,90 | 17,25 | 13,100 | 20,72 | 15,30 | 24,200 | 17,45 | 27,60 | 19,65 | 31,00 | 21,85 | 34,56 |
| 0,09 | 2,430 | 3,888 | 4,860 | 7,776 | 7,290 | 11,650 | 9,71 | 15,520 | 12,15 | 19,40 | 14,550 | 23,30 | 17,00 | 27,200 | 19,65 | 31,00 | 21,87 | 34,90 | 24,30 | 38,88 |
| 0,10 | 2,670 | 4,320 | 5,340 | 8,640 | 8,000 | 12,960 | 10,68 | 17,200 | 13,35 | 20,60 | 16,000 | 25,90 | 18,65 | 30,240 | 21,36 | 34,50 | 24,00 | 38,80 | 26,70 | 43,32 |
| 0,11 | 2,900 | 4,752 | 5,800 | 9,500 | 8,700 | 14,250 | 11,60 | 18,950 | 14,50 | 23,76 | 17,400 | 28,49 | 20,30 | 33,250 | 23,20 | 37,90 | 26,10 | 42,60 | 29,00 | 47,64 |
| 0,12 | 3,140 | 5,184 | 6,280 | 10,350 | 9,420 | 15,550 | 12,56 | 20,700 | 15,70 | 25,88 | 18,840 | 31,00 | 21,98 | 36,200 | 25,12 | 41,20 | 28,26 | 46,50 | 31,40 | 51,96 |
| 0,13 | 3,360 | 5,616 | 6,720 | 11,220 | 10,080 | 16,850 | 13,44 | 22,400 | 16,80 | 28,00 | 20,160 | 33,60 | 23,52 | 39,200 | 26,90 | 44,60 | 30,24 | 50,40 | 33,60 | 56,28 |
| 0,14 | 3,560 | 6,048 | 7,120 | 12,100 | 10,680 | 18,150 | 14,24 | 24,100 | 17,80 | 30,02 | 21,360 | 36,20 | 24,92 | 42,300 | 28,48 | 48,25 | 32,04 | 54,25 | 35,60 | 60,60 |
| 0,15 | 3,800 | 6,480 | 7,600 | 12,950 | 11,460 | 19,450 | 15,20 | 25,900 | 19,00 | 32,40 | 22,800 | 38,80 | 26,60 | 45,200 | 30,40 | 51,60 | 34,20 | 58,10 | 38,00 | 64,92 |
| 0,16 | 4,000 | 6,912 | 8,000 | 13,800 | 12,000 | 20,750 | 16,00 | 27,600 | 20,00 | 34,50 | 24,000 | 41,40 | 28,60 | 48,300 | 32,00 | 55,10 | 36,00 | 62,00 | 40,00 | 69,22 |

**645.** Afin de faciliter les calculs relatifs aux souffleries à piston, nous avons indiqué dans le tableau suivant les vitesses de l'air correspondantes aux pressions habituelles exprimées en mercure et en eau, ainsi que les poids correspondant par mètre carré de surface. Nous y avons ajouté les volumes d'air (ramenés à la température de 0° et à la pression de 0<sup>m</sup>,76) écoulés par des buses de diamètres variables, à des pressions et à des températures également variables (1).

### DISTRIBUTION DU VENT.

**646.** Les distributions de vent comprennent les conduites d'air, depuis le cylindre soufflant jusqu'aux appareils au moyen desquels on règle son accès dans les foyers.

**647.** *Conduites d'air.* — Les conduites d'air doivent être parfaitement étanches, d'une réparation commode, placées de manière à ne pas gêner la circulation, et assez abritées pour se conserver aussi longtemps que le permet la matière dont elles sont faites. On satisfait à ces conditions générales en les construisant en tuyaux de *fonte* ou de forte *tôle,* posés dans des canaux souterrains assez vastes pour qu'un homme y puisse circuler et même y travailler sans trop de gêne. Dans les petites usines, on fait quelquefois les conduites en tuyaux de *fer-blanc,* soudés aux joints et suspendus à la charpente des ateliers; mais cette disposition entraîne de fréquents chômages pour cause de réparations, et donne lieu, au bout de quelques années, à des frais d'entretien supérieurs aux intérêts du capital que peut absorber l'établissement d'une conduite en fonte ou en forte tôle.

Le diamètre des tuyaux peut se calculer par la formule du n° 639 :

$$\text{Log. D} = \frac{\text{log. 0,45} + \text{log. L} + 4\,\text{log. } d}{5.},$$

On obtient ainsi sa valeur en fonction du diamètre des buses que nous supposons déterminé à l'avance par la formule que nous avons indiquée : il est essentiel, lorsque l'on emploie l'air chaud, de ne pas négliger dans l'expression de $d$, le terme relatif à la température.

**648.** *Répartition du vent.* — Il est essentiel d'éviter dans une conduite de vent les *changements de sections* qui peuvent altérer la vitesse de l'air;

(1) Les nombres de ce tableau et ceux du précédent ayant été calculés au moyen de la règle logarithmique, ne sont pas tous rigoureusement exacts, mais ils le sont suffisamment pour guider un praticien à l'œuvre ; nous n'avons pas d'autre but.

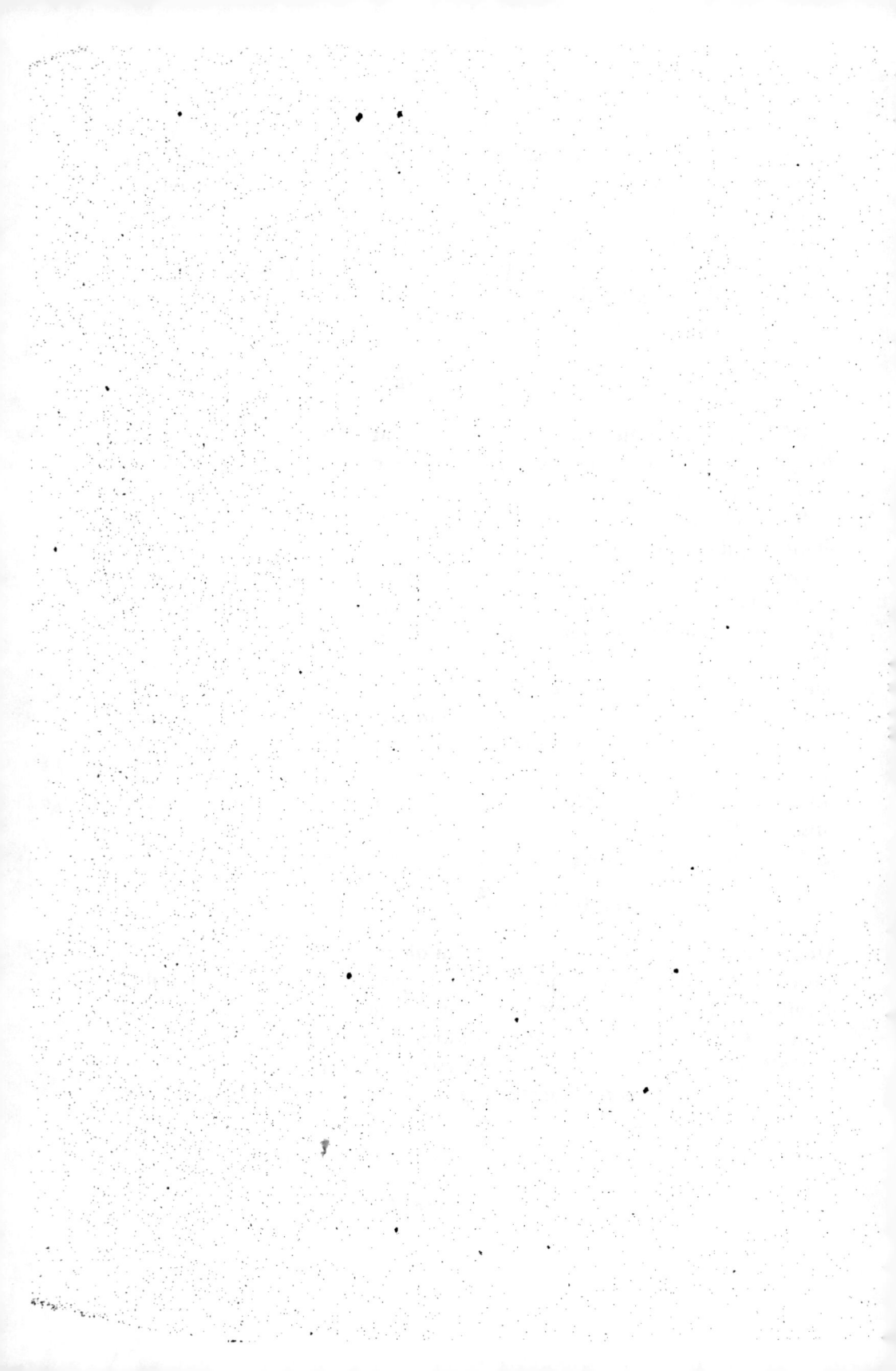

## TABLEAU LII. — VOLUMES D'AIR ÉCOULÉS EN U...

(LES VOLUMES SONT RAMENÉS À LA...)

| PRESSION buse en ...CCRE. | PRESSION à la buse en EAC. | VITESSE DE L'AIR à la température de 0°. | PRESSION par mètre carré en KILOGRAMM. | d = 0m,040 | | | | d = 0m,045 | | | | d = 0m,050 | | | | d = 0m,055 | | | | d = 0m,060 | | | | d = ... | |
|---|---|---|---|---|---|---|---|---|---|---|---|---|---|---|---|---|---|---|---|---|---|---|---|---|---|
| mèt. | mèt. | mèt. | kil. | T=10° | T=100° | T=200° | T=300° | T=10° | T=100° | T=200° | T=300° | T=10° | T=100° | T=200° | T=300° | T=10° | T=100° | T=200° | T=300° | T=10° | T=100° | T=200° | T=300° | T=10° | T=100° |
| 005 | 0,0077 | 31,600 | 67,70 | 2,160 | 1,920 | 1,618 | 1,100 | 2,730 | 2,130 | 2,085 | 1,830 | 3,370 | 3,010 | 2,510 | 2,250 | 4,090 | 3,610 | 3,100 | 2,800 | 4,850 | 4,330 | 4,600 | 3,415 | 5,700 | 5,05 |
| 010 | 0,1350 | 45,030 | 135,00 | 3,080 | 2,750 | 2,350 | 2,120 | 3,890 | 3,170 | 2,980 | 2,610 | 4,800 | 4,300 | 3,670 | 3,275 | 5,820 | 5,175 | 4,430 | 3,980 | 6,930 | 6,175 | 5,280 | 4,720 | 8,120 | 7,25 |
| 015 | 0,2030 | 51,900 | 203,00 | 3,820 | 3,110 | 2,915 | 2,620 | 4,810 | 4,320 | 3,630 | 3,750 | 5,070 | 4,310 | 4,550 | 4,070 | 7,210 | 6,130 | 5,190 | 4,970 | 8,000 | 7,670 | 6,410 | 5,800 | 10,100 | 8,0 |
| 020 | 0,2700 | 63,200 | 270,00 | 4,380 | 3,910 | 3,350 | 2,910 | 5,520 | 4,970 | 4,230 | 3,730 | 6,850 | 6,110 | 5,220 | 4,650 | 8,300 | 7,380 | 6,330 | 5,650 | 9,000 | 8,820 | 7,520 | 6,950 | 11,000 | 10,3 |
| 025 | 0,3390 | 70,350 | 339,00 | 4,950 | 4,410 | 3,775 | 3,120 | 6,270 | 5,580 | 4,775 | 4,210 | 7,720 | 6,900 | 5,900 | 5,285 | 9,100 | 8,350 | 7,130 | 6,120 | 11,300 | 9,950 | 8,510 | 7,540 | 13,120 | 11,6 |
| 030 | 0,1060 | 77,020 | 400,00 | 5,150 | 4,800 | 4,100 | 3,150 | 6,900 | 6,130 | 5,270 | 4,630 | 8,510 | 7,580 | 6,170 | 5,800 | 10,310 | 9,175 | 7,850 | 7,010 | 12,350 | 10,950 | 9,300 | 8,310 | 14,180 | 12,5 |
| 035 | 0,1750 | 82,550 | 475,00 | 5,900 | 5,260 | 4,500 | 4,100 | 7,450 | 6,660 | 5,700 | 5,010 | 9,200 | 8,230 | 7,010 | 6,300 | 11,200 | 9,950 | 8,530 | 7,450 | 13,400 | 11,880 | 10,150 | 9,000 | 15,600 | 13,0 |
| 040 | 0,5120 | 88,320 | 512,00 | 6,300 | 5,610 | 4,830 | 4,350 | 7,960 | 7,110 | 6,100 | 5,370 | 9,950 | 8,810 | 7,560 | 6,770 | 12,000 | 10,100 | 8,620 | 7,720 | 11,850 | 12,730 | 10,620 | 9,600 | 16,750 | 15,8 |
| 045 | 0,6100 | 93,220 | 610,00 | 6,740 | 6,000 | 5,135 | 4,600 | 8,510 | 7,580 | 6,470 | 5,700 | 10,500 | 9,300 | 8,000 | 7,100 | 12,700 | 11,310 | 9,703 | 8,700 | 15,150 | 13,500 | 11,500 | 10,300 | 17,750 | 16,8 |
| 050 | 0,6780 | 98,750 | 678,00 | 7,150 | 6,320 | 5,450 | 4,870 | 9,050 | 8,000 | 6,870 | 6,040 | 11,100 | 9,930 | 8,470 | 7,620 | 13,500 | 12,000 | 10,290 | 9,220 | 16,000 | 11,280 | 12,200 | 10,880 | 18,800 | 16,8 |
| 055 | 0,7450 | 102,300 | 745,00 | 7,460 | 6,660 | 5,600 | 5,170 | 9,150 | 8,420 | 7,180 | 6,320 | 11,650 | 10,380 | 8,910 | 8,000 | 11,150 | 12,000 | 10,780 | 9,710 | 16,750 | 15,000 | 12,800 | 11,100 | 19,750 | 17,5 |
| 060 | 0,8120 | 106,050 | 812,00 | 7,850 | 7,000 | 5,985 | 5,370 | 9,960 | 8,880 | 7,580 | 6,670 | 12,250 | 10,950 | 9,370 | 8,100 | 11,990 | 13,250 | 11,330 | 10,180 | 17,700 | 16,205 | 13,450 | 12,220 | 20,800 | 19,1 |
| 065 | 0,8820 | 110,000 | 882,00 | 8,100 | 7,160 | 6,240 | 5,600 | 10,350 | 9,250 | 7,900 | 6,930 | 12,750 | 11,100 | 9,760 | 8,760 | 15,000 | 13,850 | 11,800 | 10,590 | 18,100 | 16,205 | 13,050 | 12,520 | 21,100 | 19,2 |
| 070 | 0,9500 | 114,710 | 950,00 | 8,530 | 7,580 | 6,530 | 5,850 | 10,800 | 9,010 | 8,250 | 7,250 | 13,300 | 11,880 | 10,150 | 9,140 | 16,150 | 14,450 | 12,250 | 11,000 | 19,150 | 17,100 | 11,700 | 13,050 | 22,500 | 20,0 |
| 075 | 1,0170 | 118,500 | 1017,00 | 8,850 | 7,880 | 6,750 | 6,060 | 11,200 | 9,980 | 8,530 | 7,510 | 13,800 | 12,350 | 10,560 | 9,500 | 16,750 | 14,910 | 12,780 | 11,150 | 19,950 | 17,770 | 15,150 | 13,500 | 24,100 | 20,9 |
| 080 | 1,0810 | 121,900 | 1081,00 | 9,150 | 8,160 | 7,000 | 6,300 | 11,550 | 10,350 | 8,830 | 7,820 | 14,300 | 12,780 | 10,950 | 9,800 | 17,300 | 15,450 | 13,200 | 11,880 | 20,600 | 18,100 | 15,150 | 11,000 | 24,200 | 21,6 |
| 085 | 1,1510 | 124,950 | 1151,00 | 9,500 | 8,460 | 7,200 | 6,480 | 12,000 | 10,710 | 9,150 | 8,050 | 14,800 | 13,320 | 11,330 | 10,150 | 17,900 | 16,000 | 13,700 | 12,320 | 21,150 | 19,050 | 16,230 | 11,500 | 25,000 | 22,2 |
| 090 | 1,2200 | 128,510 | 1220,00 | 9,760 | 8,700 | 7,150 | 6,080 | 12,350 | 11,050 | 9,410 | 8,300 | 15,020 | 13,620 | 11,610 | 10,150 | 18,100 | 16,180 | 13,820 | 12,320 | 21,970 | 19,530 | 17,500 | 11,500 | 26,100 | 23,4 |
| 095 | 1,2870 | 131,050 | 1287,00 | 10,100 | 9,000 | 7,675 | 6,900 | 12,750 | 11,100 | 9,720 | 8,000 | 15,750 | 14,100 | 12,030 | 10,800 | 19,150 | 17,200 | 14,500 | 13,120 | 22,600 | 20,020 | 17,260 | 15,150 | 26,900 | 23,3 |
| 00 | 1,3560 | 134,090 | 1355,00 | 10,100 | 9,210 | 7,920 | 7,110 | 13,100 | 11,700 | 10,030 | 9,000 | 16,150 | 11,180 | 12,100 | 11,100 | 19,650 | 17,450 | 14,900 | 13,480 | 23,300 | 20,400 | 17,650 | 15,800 | 27,100 | 21,1 |
| 05 | 1,4230 | 137,460 | 1423,00 | 10,620 | 9,530 | 8,115 | 7,300 | 13,150 | 12,050 | 10,380 | 9,100 | 16,650 | 11,880 | 12,670 | 11,130 | 20,200 | 18,000 | 15,350 | 13,850 | 24,000 | 21,550 | 18,300 | 16,300 | 28,100 | 25,5 |
| 10 | 1,4900 | 140,420 | 1490,00 | 11,490 | 10,050 | 8,760 | 8,180 | 13,800 | 12,350 | 10,570 | 9,280 | 17,100 | 15,300 | 13,050 | 11,710 | 20,650 | 18,000 | 15,050 | 14,200 | 24,600 | 21,970 | 18,710 | 16,750 | 28,950 | 25,7 |
| 20 | 1,6810 | 145,910 | 1621,00 | 11,450 | 10,200 | 8,710 | 7,850 | 14,150 | 12,000 | 11,080 | 9,750 | 17,950 | 16,150 | 12,300 | 12,100 | 21,700 | 19,380 | 16,180 | 11,020 | 25,800 | 23,000 | 19,530 | 17,510 | 30,100 | 27,0 |
| 30 | 1,7640 | 150,000 | 1761,00 | 12,100 | 10,740 | 9,110 | 8,210 | 15,200 | 13,550 | 11,600 | 10,230 | 18,800 | 16,800 | 11,300 | 12,000 | 22,800 | 20,150 | 17,350 | 15,560 | 27,000 | 21,000 | 20,600 | 18,130 | 31,500 | 28,3 |
| 40 | 1,9000 | 156,000 | 1900,00 | 12,500 | 11,230 | 9,560 | 8,000 | 15,800 | 14,080 | 12,000 | 10,620 | 19,500 | 17,110 | 14,900 | 13,120 | 23,050 | 21,100 | 18,000 | 16,210 | 28,050 | 25,100 | 21,350 | 19,220 | 41,000 | 30,3 |
| 50 | 2,0340 | 160,370 | 2031,00 | 13,100 | 11,700 | 10,000 | 9,000 | 16,560 | 14,750 | 12,650 | 11,120 | 20,100 | 18,300 | 15,550 | 14,000 | 24,500 | 22,050 | 18,350 | 16,000 | 29,100 | 26,350 | 22,150 | 20,660 | 41,000 | 30,5 |
| 60 | 2,1050 | 164,910 | 2168,00 | 13,600 | 12,120 | 10,350 | 9,320 | 17,150 | 15,300 | 13,130 | 11,550 | 21,200 | 18,800 | 16,150 | 11,500 | 25,600 | 22,900 | 19,550 | 17,000 | 30,500 | 27,250 | 23,200 | 20,700 | 45,000 | 31,8 |

TRAITÉ DE LA FABRICATION DU FER ET DE LA FONTE, page 585.

# PAR DES BUSES DE DIFFÉRENTS DIAMÈTRES

DE ZÉRO, ET A 0ᵐ,76 DE PRESSION).

| | $d = 0^m,070.$ | | | $d = 0^m,075.$ | | | $d = 0^m,080.$ | | | $d = 0^m,085.$ | | | $d = 0^m,090.$ | | | $d = 0^m,095.$ | | | $d = 0^m,100.$ | | |
|---|---|---|---|---|---|---|---|---|---|---|---|---|---|---|---|---|---|---|---|---|---|
| TEMPÉR. =0°. | TEMPÉR. =100°. | TEMPÉR. =200°. | TEMPÉR. =300°. | TEMPÉR. =10°. | TEMPÉR. =100°. | TEMPÉR. =200°. | TEMPÉR. =300°. | TEMPÉR. =10°. | TEMPÉR. =100°. | TEMPÉR. =200°. | TEMPÉR. =300°. | TEMPÉR. =10°. | TEMPÉR. =100°. | TEMPÉR. =200°. | TEMPÉR. =300°. | TEMPÉR. =10°. | TEMPÉR. =100°. | TEMPÉR. =200°. | TEMPÉR. =300°. | TEMPÉR. =10°. | TEMPÉR. =100°. | TEMPÉR. =200°. |
| m. cubes. | m. cubes. | m. cubes. | m. cubes. | m. cubes. | m. cubes. | m. cubes. | m. cubes. | m. cubes. | m. cubes. | m. cubes. | m. cubes. | m. cubes. | m. cubes. | m. cubes. | m. cubes. | m. cubes. | m. cubes. | m. cubes. | m. cubes. | m. cubes. | m. cubes. | m. cubes. |
| 5,900 | 5,093 | 4,510 | 7,600 | 6,720 | 5,800 | 5,100 | 8,630 | 7,130 | 6,060 | 5,930 | 9,700 | 8,170 | 7,110 | 6,685 | 10,820 | 8,700 | 8,140 | 7,170 | 12,180 | 10,850 | 9,300 | 8,350 | 13,500 | 12,000 | 17,330 |
| 8,100 | 7,170 | 6,450 | 10,820 | 9,600 | 8,250 | 7,350 | 12,300 | 11,050 | 9,100 | 8,110 | 13,900 | 12,170 | 10,620 | 9,510 | 15,600 | 12,400 | 11,870 | 10,050 | 17,350 | 15,150 | 13,320 | 11,890 | 19,250 | 17,180 | 17,110 |
| 10,450 | 8,900 | 8,020 | 13,100 | 12,000 | 10,250 | 9,230 | 15,300 | 13,670 | 11,680 | 10,180 | 17,300 | 15,050 | 13,200 | 11,850 | 19,300 | 15,350 | 14,730 | 13,250 | 21,600 | 19,200 | 16,100 | 11,780 | 23,090 | 21,260 | 21,690 |
| 12,500 | 10,050 | 9,230 | 15,100 | 13,750 | 11,780 | 10,550 | 17,500 | 15,700 | 13,400 | 12,030 | 19,900 | 17,270 | 15,100 | 13,650 | 22,300 | 17,650 | 16,880 | 15,220 | 24,700 | 22,100 | 18,900 | 16,950 | 27,100 | 21,160 | 21,800 |
| 13,550 | 11,550 | 10,120 | 17,100 | 15,550 | 13,210 | 11,950 | 19,800 | 17,700 | 15,100 | 13,650 | 22,400 | 19,500 | 17,020 | 15,370 | 25,100 | 19,980 | 19,150 | 17,200 | 27,000 | 24,900 | 21,300 | 19,130 | 31,000 | 27,000 | 28,200 |
| 14,870 | 12,750 | 11,150 | 19,300 | 17,100 | 14,050 | 13,130 | 21,800 | 19,500 | 16,640 | 14,910 | 24,600 | 21,100 | 18,800 | 16,900 | 27,600 | 21,950 | 21,050 | 18,850 | 30,700 | 27,400 | 23,400 | 21,010 | 34,000 | 30,350 | 30,800 |
| 16,200 | 13,780 | 11,740 | 20,800 | 18,168 | 15,810 | 11,220 | 23,600 | 21,100 | 18,080 | 16,220 | 26,800 | 23,300 | 20,330 | 18,330 | 29,000 | 23,800 | 22,900 | 20,500 | 33,300 | 29,750 | 25,100 | 22,900 | 37,000 | 33,000 | 33,500 |
| 17,280 | 14,730 | 13,350 | 22,250 | 19,850 | 17,100 | 15,220 | 25,350 | 22,700 | 19,100 | 17,100 | 28,650 | 24,750 | 21,700 | 19,630 | 32,000 | 25,500 | 21,100 | 22,030 | 35,600 | 31,850 | 27,300 | 21,600 | 39,700 | 35,350 | 35,800 |
| 18,350 | 15,700 | 14,120 | 23,600 | 21,100 | 18,000 | 16,170 | 26,000 | 21,000 | 20,530 | 18,100 | 30,400 | 26,100 | 23,100 | 20,130 | 31,000 | 27,100 | 25,900 | 23,350 | 37,960 | 33,700 | 28,900 | 26,000 | 42,000 | 37,500 | 38,200 |
| 19,450 | 16,550 | 15,050 | 25,000 | 22,500 | 19,050 | 17,100 | 28,100 | 25,400 | 21,670 | 19,500 | 32,250 | 28,000 | 21,100 | 22,030 | 36,000 | 28,700 | 27,430 | 21,600 | 40,000 | 35,750 | 30,600 | 27,550 | 44,500 | 39,000 | 40,300 |
| 20,400 | 17,350 | 15,750 | 26,250 | 23,100 | 20,000 | 18,000 | 29,050 | 26,700 | 22,800 | 20,500 | 33,900 | 29,200 | 25,700 | 23,010 | 37,800 | 30,000 | 28,750 | 25,900 | 42,000 | 37,500 | 32,000 | 28,010 | 46,000 | 41,500 | 42,250 |
| 21,300 | 18,350 | 16,530 | 27,000 | 21,000 | 21,080 | 18,050 | 31,100 | 28,080 | 21,000 | 21,520 | 35,000 | 30,600 | 27,000 | 21,300 | 30,800 | 31,000 | 30,010 | 27,300 | 41,200 | 30,500 | 33,750 | 30,350 | 50,150 | 17,750 | 11,500 |
| 22,300 | 19,130 | 17,180 | 28,800 | 25,500 | 21,900 | 19,050 | 32,600 | 29,100 | 24,000 | 22,300 | 37,000 | 32,200 | 28,030 | 25,330 | 41,300 | 31,000 | 31,500 | 28,370 | 46,000 | 11,200 | 35,150 | 31,750 | 52,150 | 15,000 | 16,100 |
| 23,300 | 19,800 | 18,050 | 30,000 | 26,750 | 22,900 | 20,500 | 31,100 | 30,500 | 26,000 | 21,410 | 38,600 | 33,600 | 29,100 | 26,100 | 13,300 | 31,350 | 32,850 | 29,600 | 18,000 | 12,800 | 36,750 | 33,100 | 53,250 | 17,100 | 18,200 |
| 21,100 | 20,600 | 18,480 | 31,100 | 27,700 | 23,700 | 21,300 | 35,350 | 31,700 | 27,050 | 21,280 | 10,000 | 31,750 | 30,050 | 27,400 | 14,000 | 35,050 | 31,300 | 30,700 | 19,990 | 11,100 | 38,200 | 31,250 | 55,250 | 19,200 | 50,150 |
| 25,100 | 21,350 | 19,200 | 32,250 | 28,750 | 21,520 | 22,100 | 36,000 | 32,750 | 28,000 | 25,100 | 11,500 | 36,000 | 31,500 | 28,120 | 16,800 | 37,000 | 35,100 | 31,750 | 51,000 | 16,000 | 39,500 | 35,500 | 57,250 | 51,100 | 52,150 |
| 25,900 | 22,100 | 19,900 | 33,400 | 29,580 | 25,440 | 22,800 | 37,900 | 33,500 | 29,000 | 26,000 | 13,000 | 37,100 | 32,750 | 29,330 | 18,000 | 38,150 | 36,000 | 32,000 | 53,500 | 17,000 | 10,850 | 36,700 | 59,250 | 52,750 | 53,800 |
| 26,250 | 22,700 | 20,550 | 31,400 | 30,000 | 26,270 | 23,500 | 39,000 | 31,900 | 29,830 | 26,400 | 14,200 | 38,010 | 33,600 | 30,200 | 19,500 | 39,100 | 31,750 | 33,000 | 55,000 | 19,500 | 12,100 | 37,750 | 61,150 | 53,300 | 55,500 |
| 27,600 | 23,650 | 21,170 | 35,500 | 31,500 | 27,000 | 21,000 | 10,000 | 36,000 | 30,750 | 27,700 | 15,000 | 38,000 | 31,500 | 30,200 | 51,100 | 10,600 | 38,900 | 31,950 | 56,000 | 18,150 | 30,000 | 63,000 | 58,350 | 57,250 |
| 28,300 | 21,130 | 21,740 | 36,400 | 32,500 | 27,850 | 21,900 | 11,400 | 37,000 | 31,700 | 29,100 | 17,000 | 40,750 | 35,000 | 32,350 | 52,500 | 11,850 | 10,000 | 35,950 | 58,500 | 52,000 | 11,600 | 10,000 | 65,000 | 57,100 | 58,700 |
| 29,150 | 21,920 | 22,300 | 37,500 | 33,450 | 28,580 | 25,000 | 12,500 | 38,100 | 32,700 | 29,300 | 18,200 | 12,000 | 36,300 | 33,150 | 51,000 | 12,000 | 11,150 | 37,000 | 60,000 | 53,950 | 16,000 | 11,300 | 66,600 | 59,100 | 60,150 |
| 30,300 | 25,000 | 22,880 | 38,500 | 31,350 | 29,600 | 26,300 | 13,800 | 39,100 | 33,350 | 30,150 | 19,500 | 13,000 | 37,100 | 33,730 | 55,500 | 11,200 | 12,200 | 38,000 | 61,800 | 55,200 | 17,150 | 12,350 | 68,500 | 61,000 | 62,000 |
| 31,250 | 26,800 | 21,680 | 10,100 | 36,000 | 30,750 | 27,530 | 15,000 | 11,000 | 35,000 | 31,300 | 52,000 | 15,000 | 10,500 | 35,100 | 58,000 | 10,200 | 11,200 | 39,750 | 61,500 | 57,000 | 19,300 | 11,300 | 71,600 | 61,500 | 63,000 |
| 32,700 | 28,050 | 25,210 | 12,300 | 37,700 | 32,930 | 29,000 | 16,000 | 13,000 | 36,750 | 32,000 | 51,500 | 17,100 | 11,500 | 37,150 | 61,000 | 10,300 | 18,300 | 10,500 | 65,500 | 51,750 | 50,500 | 78,000 | 65,600 | 68,000 |
| 34,100 | 29,270 | 26,230 | 11,000 | 39,200 | 33,500 | 30,100 | 50,000 | 11,800 | 38,000 | 31,100 | 56,800 | 10,200 | 13,150 | 38,800 | 63,500 | 50,350 | 19,850 | 13,500 | 70,500 | 63,000 | 51,000 | 18,100 | 78,100 | 19,850 | 71,000 |
| 35,850 | 30,700 | 27,550 | 16,000 | 11,000 | 35,150 | 31,050 | 52,360 | 16,750 | 10,000 | 35,800 | 59,250 | 51,500 | 15,100 | 10,650 | 66,100 | 52,750 | 50,500 | 15,600 | 73,900 | 61,000 | 56,200 | 50,750 | 82,000 | 73,000 | 71,250 |
| 37,100 | 31,700 | 28,120 | 17,700 | 12,150 | 36,300 | 32,650 | 51,300 | 18,500 | 11,100 | 37,250 | 61,500 | 53,350 | 16,700 | 12,100 | 68,000 | 51,000 | 52,200 | 17,000 | 76,500 | 68,100 | 58,500 | 52,600 | 85,000 | 75,650 | 77,000 |

les élargissements la diminuent et donnent lieu à une perte de force vive ;
les rétrécissements l'augmentent et amènent une déperdition de pression.
Les *changements de direction* ne doivent pas s'opérer à angles vifs ; il faut
au contraire adopter des *raccordements* en arcs de cercle, dont le rayon
moyen soit au moins égal au triple de celui du tuyau.

Lorsqu'une conduite principale distribue le vent à plusieurs foyers, les
tuyaux d'embranchement sont entés sur elle et raccordés comme nous
l'avons dit ; leur section et celle de la conduite après l'embranchement, doivent être proportionnées aux volumes de vent déviés ou maintenus, de telle
sorte que la *vitesse de l'air* reste *constante* en tous les points. On satisfait
ainsi tout à la fois aux prescriptions de l'art et aux exigences économiques.

Pour être maître de la répartition du vent dans les différents appareils
alimentés par une soufflerie, chacun d'eux doit, autant que faire se peut,
avoir sur la conduite générale un embranchement spécial, qui se subdivise en
sous-embranchements pour porter le vent aux différentes buses du même
foyer. Chaque embranchement porte un robinet d'air qui permet de donner ou de retirer le vent à un foyer sans interrompre la marche des autres,
et chaque buse est elle-même munie d'un appareil semblable qui la rend
indépendante de ses voisines.

**649.** *Boîtes à vent.* — Les robinets d'air prennent différentes formes :
les meilleures sont celles qui sont le moins sujettes à s'user, et dans lesquelles la pression de l'air tend elle-même à rendre la fermeture parfaitement hermétique. Nous avons souvent employé le *robinet à soupape*
représenté Pl. 16, fig. 8 et 9, et le *robinet à vanne* compris dans le système des fig. 10 et 12.

**650.** *Raccordement des buses.* — Dans les fourneaux à air froid, le
*raccordement de la buse* avec le tuyau auquel est adapté le robinet d'air, se
fait par une *botte en cuir*, dont la flexibilité permet de retirer ou d'avancer
la buse, et de l'incliner dans un sens ou dans l'autre, suivant que cela est
nécessaire : cette disposition ne s'applique cependant avec avantage que
dans le cas d'une faible pression ; au delà de 0$^m$,08 de mercure, il est préférable d'adopter un mode de raccordement moins sujet à s'altérer, et cette
mesure devient tout à fait indispensable lorsqu'on souffle à l'air chaud.

La disposition représentée fig. 8 et 9 est souvent employée en France et
en Angleterre ; elle est très-simple, et permet de faire reculer la buse quand
il faut nettoyer ou changer une tuyère : le joint principal se maintient par
la pression même de l'air, et n'entraîne aucune perte quand les surfaces ont
été tournées de manière à s'appliquer parfaitement l'une sur l'autre.

49

La disposition des fig. 10 à 12 est plus compliquée, mais beaucoup plus complète que la précédente (1). La buse peut, comme dans le cas précédent, rentrer avec facilité dans le tuyau central, et de plus, le joint sphérique antérieur et la vis de rappel placée à l'arrière permettent de régler sa position dans la tuyère avec la plus grande exactitude.

Afin de pouvoir modifier à peu de frais le diamètre des buses pendant le cours d'un fondage, on adapte à la buse proprement dite un *busillon* en tôle de faible longueur, qui en emboîte exactement l'extrémité : son remplacement s'opère dans un temps excessivement court. Le diamètre du busillon se calcule par la formule déjà citée :

$$d^2 = \frac{Q\,(1 \pm 0,004\,t)}{384\ V\ \overline{h\,(0,76 + h)\,(1 \pm 0,004\,t)}}.$$

**651.** *Mesure de la pression.* -- La pression de l'air se mesure au moyen d'un instrument appelé *manomètre*, que l'on place sur le régulateur; lorsqu'on veut se rendre compte de la perte de pression que subit l'air dans son passage à travers la conduite, on en établit également un à chaque buse. Cet instrument est placé dans une boîte fixée contre le mur de l'embrasure, et communique avec la conduite d'air par un petit tuyau en cuivre.

On fait des manomètres *à eau* et *à mercure*; ces derniers sont les seuls que l'on puisse employer pour mesurer des pressions un peu fortes; les autres seraient embarrassants par leur longueur, et difficiles à observer à cause de la grande amplitude de leurs oscillations.

Un manomètre se compose d'un tube en verre bien calibré et doublement recourbé, fixé sur une petite planchette graduée; il est ouvert à l'une de ses extrémités, et communique par l'autre avec l'air comprimé. A l'état d'équilibre, le mercure ou l'eau sont au même niveau dans les deux branches, et ce point placé au milieu de la hauteur de l'instrument est marqué d'un zéro : quand la pression s'élève, elle est mesurée par la différence de niveau des deux colonnes liquides, ou par le double de la distance du zéro au niveau d'une des colonnes; on peut donc simplement graduer l'instrument en dessus et en dessous du zéro, en traçant, à partir de ce point, des divisions égales portant des chiffres qui représentent le double de la valeur réelle des divisions.

**652.** *Mesure de la température.* — L'emploi de l'air chaud nécessite la

---

(1) Cette disposition diffère peu de celle qui a été rapportée par M. Lechâtellier dans son article sur les fourneaux de la Haute-Silésie; *Annales des Mines*, 4e livraison, 1839.

vérification fréquente de la température de l'air ; on ménage à cet effet, sur le tuyau le plus voisin de la buse, un orifice fermé par un petit bouton, que l'on enlève à volonté, pour introduire dans la conduite un thermomètre à mercure, ou une petite pince en fer portant à son extrémité une portion quelconque d'un métal ou d'un alliage (1), dont on connaît à l'avance le degré de fusibilité. Le thermomètre à mercure peut être facilement employé jusqu'à 300°.

## DISPOSITION GÉNÉRALE DES SOUFFLERIES A PISTON.

**633.** Jusqu'ici nous avons considéré dans les souffleries l'appareil soufflant proprement dit, les régulateurs et les conduites de vent ; il nous reste à dire quelques mots des *moteurs* et de la *communication de mouvement*, pour compléter les données nécessaires à l'établissement de ces machines.

**634.** *Des moteurs.* — La plupart des fourneaux que nous avons en France, ayant été établis à une époque où les machines à vapeur étaient encore trop peu connues, pour qu'on crût pouvoir fonder un établissement métallurgique ailleurs que sur un cours d'eau, presque toutes les souffleries ont encore des moteurs hydrauliques. Le principal avantage que l'on

---

(1) Parmi les métaux fusibles on a :

L'étain qui fond à. . . . . . . . . . . . . . . . . . . . . . . . . . .  210°·c.
Le bismuth. . . . . . . . . . . . . . . . . . . . . . . . . . . .  256
Le plomb. . . . . . . . . . . . . . . . . . . . . . . . . . . . . .  260
Le zinc. . . . . . . . . . . . . . . . . . . . . . . . . . . . . .  360
L'antimoine. . . . . . . . . . . . . . . . . . . . . . . . . . . .  432

Les alliages que l'on peut employer sont composés de bismuth, de plomb et d'étain : voici la composition et le degré de fusibilité de quelques-uns d'entre eux.

| BISMUTH. | PLOMB. | ÉTAIN. | TEMPÉRATURE de la FUSION. | BISMUTH. | PLOMB. | ÉTAIN. | TEMPÉRATURE de la FUSION. |
|---|---|---|---|---|---|---|---|
| | | | deg. cent. | | | | deg. cent. |
| 5 | 1 | 1 | 118,90 | » | 6 | 1 | 211,00 |
| 8 | 10 | 8 | 130,00 | » | 7 | 1 | 215,00 |
| 1 | » | 1 | 111,20 | » | 8 | 1 | 227,00 |
| 8 | 16 | 10 | 151,00 | » | 9 | 1 | 237,00 |
| 8 | 26 | 21 | 160,00 | » | 11 | 1 | 246,00 |
| » | 1 | 7 | 170,00 | » | 12 | 1 | 250,00 |
| » | 1 | 10 | 175,00 | » | 17 | 1 | 261,00 |
| » | 1 | 12 | 180,00 | » | 23 | 1 | 270,00 |
| » | 1 | 19 | 190,00 | » | 36 | 1 | 281,00 |
| » | 5 | 4 | 199,00 | » | 51 | 1 | 290,00 |

croit pouvoir leur attribuer est de n'exiger que peu de frais d'établissement, mais on fait souvent à cet égard de faux calculs parce que l'on ne tient compte que du simple prix de revient d'une roue, tandis qu'il faut évidemment y ajouter le loyer du cours d'eau, et les dépenses relatives aux prises d'eau et aux coursiers d'arrivée et de décharge. En procédant ainsi, on trouve généralement que le prix du moteur hydraulique dépasse celui d'une machine à vapeur de même force.

Les plus grands inconvénients des roues résultent des variations que subit le régime de presque tous les cours d'eau; il en existe peu qui puissent braver sans chômage les glaces de l'hiver, les inondations de l'arrière-saison ou les sécheresses de l'été; et, sous ce rapport, elles causent aux usines des pertes dont l'emploi de la vapeur peut seul les exempter. Les machines à vapeur doivent donc être considérées comme un élément indispensable à la prospérité des fourneaux et préférées aux roues dans la plupart des cas.

**683.** *Souffleries à moteur hydraulique.* — Ce genre de machines exige presque toujours une communication de mouvement assez compliquée, pour transmettre l'action de la roue au piston soufflant.

Soit que l'on emploie un balancier ou de simples bielles attachées à des manivelles pour faire mouvoir le piston, l'emploi d'un *volant est indispensable* pour régulariser le mouvement, tant que l'on n'emploie qu'un seul ou même deux cylindres. Les observations que nous avons faites à ce sujet, nous ont montré que l'on obtient pour la roue une régularité suffisante en donnant au volant une quantité d'action égale à cinq ou six fois celle du moteur pendant une seconde : si donc A représente la force de la roue exprimée en kilogramètres, la quantité d'action du volant devra être d'environ 6 A; son poids agissant étant représenté par P et sa vitesse par seconde à la circonférence moyenne par V, sa force vive sera $\frac{P}{g} V^2$, et l'on aura l'équation $PV^2 = 2 \times 6 A \times g = 118 A$, d'où l'on déduira P après s'être donné la valeur de V.

La puissance d'un volant étant proportionnelle à sa masse et au carré de sa vitesse, il y a évidemment avantage à adopter la plus grande vitesse possible, pour diminuer le poids de la fonte et la force absorbée par les frottements des tourillons : on place à cet effet assez souvent le volant sur un arbre spécial, auquel on fait faire 80 à 100 tours par minute. Le travail des souffleries devenant à peu près uniforme quand on emploie trois cylindres, on peut, dans ce cas, renoncer entièrement au volant.

La planche 17 représente la disposition d'une soufflerie à *un seul cylindre,* que nous avons établie dans le Berry, et qui a été calculée pour donner 97$^{m^3}$,00 d'air, à la température ordinaire et à la pression de 0$^m$,76, avec une vitesse maximum du piston de 1$^m$,00 par seconde. La force de la roue correspondante à cette vitesse est de 30 chevaux effectifs.

La soufflerie est munie d'un régulateur à volume constant, placé dans les fondations de la chambre de la machine, et d'un régulateur à cloche servant à la fois de régulateur d'air et de régulateur de vanne (Voir la Pl. 14).

636. Les souffleries à *deux ou trois cylindres*, marchant à petite vitesse, reviennent à un prix plus élevé que les précédentes, mais les avantages qui en résultent pour la régularité du vent sont telles qu'elles doivent être généralement préférées. On peut employer le système à balancier, indiqué dans la Pl. 18, fig. 1 et 2; elles représentent la soufflerie que nous avons établie à Coat-an-Nos ( Côtes-du-Nord ).

On doit se garder du système de soufflerie à trois cylindres et à guides de la Pl. 19. Les frais d'entretien et de réparation des guides en sont énormes.

Lorsque l'on n'emploie pas de balancier, on peut faire passer l'arbre moteur sous le cylindre, et faire mouvoir la tige au moyen de deux bielles latérales qui se fixent à l'extrémité d'une pièce horizontale, à laquelle est adaptée la tige du piston. La verticalité du mouvement de la tige est obtenue par l'emploi d'un parallélogramme (voir la Pl. 19, fig. 4 et 5, et sa description).

637. *Souffleries mues par la vapeur.* — Ces souffleries peuvent être établies dans différents systèmes : le plus simple, celui que l'on emploie fort souvent en Angleterre, consiste à placer le cylindre soufflant au bout d'un balancier, dont le cylindre à vapeur occupe l'autre extrémité; la transmission du mouvement s'effectue directement; les engrenages et le *volant* sont *supprimés* (Pl. 21 ).

Sous un certain rapport, cette disposition tend à neutraliser l'action irrégulière des cylindres soufflants, parce que l'effort de la vapeur agissant d'une manière uniforme et constante, la vitesse du piston soufflant tend elle-même à s'égaliser dans tous les points de la course, et si le changement de mouvement du balancier pouvait s'opérer sans aucune diminution de vitesse, on devrait obtenir un vent très-régulier; malheureusement, il y a toujours à la fin de chaque course une *moment d'arrêt* assez notable, pendant lequel le cylindre soufflant ne fournit pas d'air : de là la nécessité d'employer un régulateur d'une capacité proportionnée à la durée des intermittences de la machine.

La course du piston n'étant pas réglée par une manivelle, il est indis-

pensable que les oscillations soient limitées, comme dans les machines à
épuisement, par des jumelles en bois contre lesquelles viennent buter des
traverses également en bois fixées sur le balancier. Il en résulte à la fin de
la course un choc que l'on peut rendre très-faible, en donnant une légère
avance à la distribution de vapeur.

638. On construit beaucoup de souffleries dans lesquelles on conserve
aux cylindres la même position relative, tout en ajoutant une *manivelle*
pour limiter la course, et par conséquent un *volant*. La détermination de
son poids est une question assez délicate.

On a vu que dans les souffleries à moteur hydraulique, nous donnions au
volant une puissance assez considérable pour assurer à la manivelle une
vitesse angulaire, sensiblement régulière; il nous paraît essentiel que cette
condition soit remplie, parce qu'une roue hydraulique ne peut faire un bon
travail et se conserver longtemps qu'à la condition d'avoir une vitesse uniforme : les arrêts périodiques donnent inévitablement lieu à des accumula-
tions momentanées d'eau dans les aubes, qui changent les conditions de la
marche et produisent des tiraillements, qui peuvent en peu de temps rui-
ner tous les assemblages de la roue.

Lorsque l'on emploie une machine à vapeur, on peut procéder autrement,
et régler sa marche au seul point de vue de la régularité du vent : elle doit
alors être telle, qu'il y ait le moins de différence possible entre la vitesse
du piston au milieu et à la fin de sa course, et que par conséquent la vitesse
angulaire de la manivelle croisse dans le voisinage des points morts qu'elle
doit passer rapidement, pour diminuer au contraire dans les points intermédiaires.

Les variations de travail du cylindre soufflant se prêtent assez bien à
cet effet, car le piston agissant au commencement de chaque course sur de
l'air non comprimé absorbe peu de force en cet instant, et permet à la puissance motrice d'agir presque exclusivement sur le volant pour accélérer sa
vitesse; parvenu au milieu du cylindre, le travail du piston atteint sa
limite supérieure et décroît avec la vitesse jusqu'à la fin de la course. On
peut conclure de ces observations que la puissance du volant ne doit pas
être assez considérable pour donner à la manivelle une vitesse angulaire
régulière, mais qu'elle doit être suffisante pour lui faire passer facilement
les points morts : dans ce but, on lui donne une quantité d'action à peu
près égale à deux fois celle du moteur par seconde; ce qui revient à
faire $P V^2 = 39 A$.

Dans le cas particulier où l'on emploie une machine à vapeur *à détente*, il parait nécessaire de donner au volant une énergie un peu plus considérable et proportionnelle à la durée du travail de la détente, parce que le travail moteur décroît rapidement depuis le moment où l'on ferme l'entrée de vapeur jusqu'à la fin de sa course.

La fig. 20 représente une soufflerie avec machine à vapeur à détente variable (1) de la force de 80 à 90 chevaux environ. Le diamètre du cylindre soufflant étant de 2,00, elle peut, à la vitesse de 1$^m$,00 par seconde, fournir par minute 0,75 × 3,14 × 60 = 141$^{m3}$,30 à la pression et à la température de l'atmosphère.

**659.** *Souffleries à deux moteurs.* — Souvent on construit une soufflerie de manière à pouvoir marcher à volonté avec une machine à vapeur ou une roue hydraulique. La Pl. 18, fig. 3 et 4, donne une idée du système que nous avons employé pour ce cas particulier dans une forge de la Meuse.

**660.** *Disposition d'une grande soufflerie.* — Le plus grand diamètre que l'on donne en Angleterre aux cylindres soufflants, ne dépasse pas 10 pieds anglais ou 3$^m$,04. Le volume de vent qu'ils peuvent engendrer à la vitesse de 1,00 par seconde est de $\frac{0,75 \times 3,14 \times (3,04)^2 \times 60}{4}$ = 526$^{m3}$ par minute; en France, on se tient avec raison en dessous de ces dimensions, et l'on préfère employer plusieurs cylindres qu'un seul, d'abord parce que la construction en est plus facile, puis surtout parce que la régularité du vent peut s'obtenir à bien moins de frais. Ce système présente encore un autre avantage, c'est celui de pouvoir faire varier la production de l'air sans changer la vitesse du moteur : on peut en effet, dans une soufflerie à trois ou quatre cylindres convenablement disposés, arrêter le mouvement d'un ou de deux pistons en laissant fonctionner les autres ; la Pl. 21, fig. 3 à 5 renferme le croquis d'une disposition de ce genre. Les cylindres soufflants sont au nombre de quatre; chacun d'eux à 2$^m$,00 de diamètre et peut, à la vitesse de 1$^m$,00 par seconde, donner 140$^{m3}$ par minute; les quatre appareils donneront 560$^{m3}$, et pourraient alimenter six grands fourneaux au coke. Pour marcher à une pression de 0$^m$,12 à 0$^m$,14 de mercure à la buse, il faudrait une machine de la force de 300 chevaux; l'égalité de travail résultant de cette disposition permettrait d'employer un volant assez léger; une couronne de 3 000 kil., marchant à une vitesse de 18 à 20$^m$ par seconde donnerait au mouvement de la manivelle toute la régularité désirable. Dans le cas où tous les fourneaux ne marcheraient pas ensemble, on pour-

---

(1) Soufflerie des fourneaux de Marquise, établis par MM. Thomas et Laurens.

rait sans difficulté détacher les bielles motrices d'un ou de deux cylindres soufflants, et un régulateur à capacité constante calculé pour un seul cylindre donnerait dans tous les cas au vent une grande régularité.

Une machine de la force de 3oo chevaux, marchant à moyenne pression et à détente, exigeant un cylindre d'un très grand diamètre, il est préférable d'employer deux cylindres placés aux extrémités du même balancier, et de fixer la bielle qui conduit le volant et le mécanisme de la soufflerie entre un des cylindres à vapeur et l'axe du balancier; cette disposition est fréquemment appliquée en Angleterre.

661. Nous n'avons pas parlé de tous les systèmes suivant lesquels on peut disposer une soufflerie; ils sont très-nombreux et peuvent varier au gré des constructeurs; les meilleurs seront toujours ceux où la force motrice sera bien utilisée, la régularité du vent obtenue par des moyens simples, et qui joindront à ces qualités essentielles l'avantage de n'exiger que peu de réparations (1).

--------

(1) C'est en raison de ces considérations que nous avons entièrement exclu de notre recueil les souffleries à caisses en bois; elles rendent au plus 50 pour 100, et souvent à peine 25 pour 100 du volume d'air aspiré; elles exigent en outre une force motrice très-considérable, et donnent lieu à des réparations très-fréquentes.

# CHAPITRE VII.

## APPAREILS ACCESSOIRES DES FOURNEAUX.

### DES APPAREILS A AIR CHAUD.

**662.** *Disposition générale.* — Ces appareils ont pour but d'élever l'air qui sort du régulateur de la soufflerie, à la température à laquelle il doit être lancé dans les fourneaux; il y est toujours échauffé (1) par son passage à travers un système de tuyaux en fonte, convenablement disposés dans un four à foyer spécial ou à chaleur perdue, qu'il est avantageux de placer le plus près possible de la tuyère, pour éviter le refroidissement de l'air.

#### CONDITIONS D'ÉTABLISSEMENT.

**663.** *Conservation de la pression de l'air.* — Le chauffage de l'air, ne pouvant s'opérer que par une circulation à travers des tuyaux, entraîne toujours une diminution de pression équivalente à une *perte de force motrice* (2), variable avec la vitesse de l'air et la longueur du trajet, ou, en d'autres termes, avec la *section* et la *longueur des tuyaux*. Comme elle est d'autant plus faible que la section est plus considérable et que la longueur est moindre, il s'ensuit qu'en déterminant *la surface de chauffe*, qui se compose du produit du *périmètre* pour la *longueur*, on doit donner la plus grande valeur au premier facteur, — ce qui revient à augmenter les sections et par conséquent à diminuer la vitesse, — et réduire autant que possible celle du second, en ne donnant à cette partie que les dimensions strictement nécessaires aux autres conditions d'existence de l'appareil.

**664.** *Emploi du combustible.* — La quantité de combustible employé pour porter un certain volume d'air à une température donnée varie, dans les différents systèmes, suivant l'arrangement des tuyaux et la disposition de la grille : en principe, elle est d'autant plus faible que la combustion est plus parfaite et que la fumée s'échappe à une température plus basse; et l'on en conclut que, pour bien utiliser le combustible, il faut tout d'abord

---

(1) L'appareil de M. Cabrol est une exception.
(2) Elle peut se calculer par la formule du n° 639, sauf l'influence exercée par les coudes.

arranger le foyer de manière à *brûler tous les gaz*, puis disposer le système pour un *échauffement gradué* de telle sorte, que l'air froid qui arrive soit d'abord mis en contact avec la fumée prête à sortir, puis se rapproche peu à peu de la partie du foyer où la chaleur est la plus intense, pour atteindre, seulement au moment de sortir, le plus haut degré de température auquel il doit être amené.

La question ainsi posée est parfaitement soluble en ce qui concerne la parfaite combustion des gaz; mais il n'en est pas tout à fait de même pour ce qui regarde l'utilisation de toute la chaleur produite; car ce résultat ne peut être atteint qu'à la condition d'employer des surfaces de chauffe très-considérables, exposées en leurs diverses parties à des températures différentes. Il en résulte presque nécessairement une disposition coûteuse et compliquée, contraire aux principes que nous avons posés plus haut, relativement à la conservation de la pression initiale de l'air, et très-peu favorable d'ailleurs à la conservation de l'appareil, parce que les efforts de dilatation, qui naissent de l'inégale répartition de la chaleur dans les différents points du même système, tendent à en amener la ruine.

La gravité de ces inconvénients explique et justifie l'extrême simplicité des appareils à air chaud les plus employés, et répond au reproche qui leur a souvent été adressé, de ne pas utiliser le mieux possible les produits de la combustion; car c'est évidemment avec raison que *la conservation de la force créée*, que *la simplicité, la solidité et la durée, sont considérées comme les premières conditions* auxquelles doit satisfaire un bon appareil; on a d'autant moins de motifs de leur sacrifier quelque chose en faveur de l'emploi du combustible, que ce dernier ne doit se compter qu'à bas prix, dès que l'on peut utiliser une partie de celui qui se dégage en perte par le gueulard des hauts fourneaux. Les seules précautions qu'il soit indispensable de prendre consistent à bien régler le tirage, et à entourer le foyer d'une maçonnerie assez épaisse pour empêcher la perte du calorique par les parois.

**668.** *Surface de chauffe.* — Le rapport de la surface de chauffe au volume de l'air dépend principalement de la différence qui existe entre la température de l'air en circulation et celle du milieu où se trouve le tuyau conducteur. Pour la réduire à sa moindre valeur, il faudrait exposer les tuyaux à la plus haute chaleur possible; mais comme, en agissant ainsi, on n'utilise qu'une faible partie du calorique en détériorant très-rapidement les fontes, il faut adopter un moyen terme, aboutissant à l'usage d'une surface de chauffe assez grande, à un assez bon emploi de la chaleur, et surtout à une assez longue conservation du système.

L'air, étant mauvais conducteur du calorique, doit autant que possible être présenté à l'action de la chaleur en lames minces ; aussi donne-t-on rarement aux tuyaux plus de 0ᵐ,10 à 0ᵐ,15 de diamètre intérieur ; dans le but d'augmenter le périmètre correspondant à une même section, on adopte souvent la forme ovale, et quelquefois aussi la forme triangulaire (Pl. 22, fig. 7 à 9).

La meilleure disposition consisterait à faire passer l'air dans l'espace annulaire compris entre deux tuyaux concentriques, tandis que la flamme circulerait dans l'intérieur du petit et autour du grand ; mais certaines difficultés de construction, s'opposent à ce que l'on puisse adopter un pareil système sur une grande échelle.

666. *Appareils employés.* — L'appareil *de Calder* (Pl. 23, fig. 1 et 2) nous paraît être celui qui satifait le mieux aux différentes conditions que nous avons posées, lorsque ses dimensions se rapprochent de celles qui sont indiquées dans la figure : une plus grande hauteur allonge le parcours du vent et place le sommet des tuyaux trop loin du foyer ; une élévation moindre les expose à se brûler très-facilement ; c'est ce défaut que l'on reproche à l'*appareil Taylor* (Pl. 22, fig. 1 à 3), dont les tuyaux disposés en demi-cercle sont presque en contact immédiat avec la flamme.

Dans ces deux dispositions, on doit faire la somme des sections de tuyaux cintrés au moins égale à la section d'un des tuyaux latéraux, et l'on détermine leur nombre d'après la surface de chauffe que l'on veut avoir ; mais on en place rarement plus de quatorze dans le même four. Les dimensions de la grille généralement placée dans le sens de la longueur de l'appareil, sont déterminées par la nature et la quantité de combustible que l'on doit brûler par heure ; quelquefois on emploie *deux grilles* transversales (Pl. 22, fig. 4 à 6) pour chauffer tous les tuyaux plus également. Le foyer direct peut, sans difficulté, être remplacé par un appareil à brûler des gaz.

On emploie beaucoup en Allemagne l'appareil dit de *Wasseralfingen*, dont nous donnons un croquis (Pl. 23, fig. 7 à 10), et on le place généralement au gueulard : il peut produire les mêmes effets que les précédents, pourvu qu'on lui donne une surface de chauffe convenable ; ses inconvénients les plus graves résultent des efforts que la dilatation exerce sur les parois du four, et de l'excès de force motrice qu'il absorbe, en raison des coudes nombreux des tuyaux et du long parcours de l'air.

Dans la Haute-Marne, on a quelquefois employé l'appareil représenté (Pl. 23, fig. 3 à 6) ; la disposition des quatre tuyaux verticaux présente une particularité assez remarquable : ils sont coulés en deux pièces et réunis par

des joints longitudinaux, de sorte que, lorsque l'un des petits tuyaux horizontaux est hors de service, il suffit d'enlever la moitié du grand tuyau pour
défaire le joint, et retirer le tuyau rompu par l'une des deux tubulures; la
pose du tuyau neuf s'opère d'une manière analogue. On a également eu
l'idée d'augmenter la surface de chauffe en introduisant dans les tuyaux
eux-mêmes des morceaux de ferraille ou de vieille fonte : ce procédé serait
excellent s'il n'avait pas le grave inconvénient d'augmenter la vitesse de
l'air.

**667.** *Assemblage des tuyaux.* — Les assemblages des tuyaux doivent,
dans tous les appareils à air chaud, être faits avec le plus grand soin ; généralement on emploie le système à emboîtements, parce qu'il se prête un
peu à la dilatation, et on remplit le joint avec un mastic composé, de sept
parties de limaille de fer ou de fonte sur deux d'argile grasse réfractaire
en volume, et de vinaigre ou d'acide étendu d'eau ( M. Walter).

Les petits fourneaux au bois marchent ordinairement avec un seul appareil; il en faut deux ou trois dans les fourneaux de grandes dimensions, et
on les place à côté de la tuyère qu'ils alimentent.

**668.** *Appareil à gaz carbonés.* — Dans cet appareil, l'échauffement de
l'air est déterminé par son contact immédiat avec le combustible en igni-
tion ; la portion, décomposée pour alimenter la combustion, étant d'environ 17,5 pour 100 de la quantité d'air injectée, la force de la machine soufflante doit être augmentée dans ce même rapport, et, par conséquent, dans
une proportion sensiblement plus forte qu'avec les appareils ordinaires
bien disposés. Le principal avantage qu'on doive reconnaître à ce système
est de parfaitement utiliser la puissance calorifique du combustible : ainsi
l'appareil d'Alais élève l'air à une température de 416°, avec une consommation de 250 kil. de houille par tonne de fonte, tandis que les appareils
anglais qui ne consomment pas plus ne chauffent l'air qu'à 300° environ.

La quantité de houille, brûlée par heure, pour porter un volume d'air
60 Q à la température $t$, serait donnée par

$$K = \frac{60Q \times 1^k,3 \times t \times 0,265}{6\,000}. (1)$$

si l'on supposait que toute la chaleur fût employée à l'échauffement de
l'air; mais, en dépit de toutes les précautions que l'on prend pour obtenir cet effet, nous croyons qu'il ne peut pas en être tout à fait ainsi; et

(1) 0,265 représente la chaleur spécifique de l'air, et 6 000 est la quantité d'unités de
chaleur que peut donner un kilogramme de houille.

il faut, dans cette formule, faire précéder le nombre qui exprime la puissance calorifique, d'un certain coefficient réducteur. La grille de l'appareil doit être alimentée avec de la grosse houille, car on a reconnu que la houille menue était entraînée par le courant d'air et encrassait le creuset. Nous donnons un croquis d'un appareil à gaz carbonés, appliqué à un fourneau au coke, et arrangé de manière à souffler à volonté de l'air chaud et de l'air froid, en tout ou en partie; cette précaution fort utile complique un peu la disposition (voir la Planche 24 et sa description).

## CALCULS RELATIFS AU CHAUFFAGE DE L'AIR.

**669.** *Surface de chauffe* — On détermine la surface de chauffe d'un appareil, d'après la quantité d'unités de chaleur qui peuvent traverser dans l'unité de temps, 1 mètre carré de surface de fonte; elle varie, comme nous l'avons déjà dit, avec la différence des températures intérieures et extérieures des tuyaux, et dépend, par conséquent, de la disposition adoptée.

M. Walter a trouvé que, dans un appareil de Taylor, chauffant l'air à 300°, le nombre d'unités de chaleur transmises par minute était de 148, et que, dans un appareil de Calder à tuyaux de 3$^m$,20 de hauteur, chauffant l'air à 200°, il n'était que de 63 : les tuyaux se trouvant, dans cette disposition, trop éloignés du foyer, tandis qu'ils en sont trop rapprochés dans la première; nous admettrons que, pour porter l'air à une température de 250 à 350, *chaque mètre carré de surface peut transmettre* 100 *unités de chaleur par minute.*

Si Q désigne le volume d'air (à 0°, et à 0$^m$,76) qui doit être échauffé par minute; $t$, la température moyenne qu'il doit atteindre; S, la surface de chauffe en mètres carrés, on aura :

$$S \times 100 = Q \times 1^k,3 \times t \times 0,265,$$

d'où :

$$S = 0,00344 \, Q \, t.$$

Cette valeur, résultant du produit du périmètre par la longueur et le nombre des tuyaux, sert à déterminer la longueur, quand on connaît les deux autres quantités.

**670.** *Section des tuyaux, etc.* — Si l'on se donne la *vitesse* V de l'air par seconde et la pression H, on trouve la *section totale* S' par l'équation :

$$S' = \frac{Q(1 + 0,00375\,t)\,0,76}{60\,V(0,76 + H)}.$$

Si R désigne le rayon intérieur d'un tuyau, le *nombre* N de tuyaux est donné par :

$$N = \frac{S'}{\Pi R^2}.$$

En appelant E l'épaisseur du tuyau, le rayon extérieur est R + E, et le périmètre est $2 \Pi (R + E)$, on en conclut la longueur L de chaque tuyau par l'équation :

$$L = \frac{S}{2 \Pi (R + E) N}.$$

**671.** *Vitesse de l'air.* — Dans ces calculs, on donne toujours à la vitesse une valeur d'autant plus faible, que l'air doit être porté à une plus haute température, afin d'obtenir une surface de chauffe suffisante sans être conduit à avoir pour la longueur L, une dimension qui altérerait la forme de l'appareil d'une manière désavantageuse; il ne faut pas, en général, dépasser le chiffre de 10 à 12$^m$ par seconde.

**672.** *Combustible consommé.* — On peut, sans difficulté, déterminer à priori la quantité de combustible à consommer : en admettant, comme fait d'expérience, que l'on utilise environ 55 pour 100 de son pouvoir calorifique, ce qui est toujours possible dans un appareil passablement bien disposé. Le nombre de kilogrammes (K) de houille à brûler par heure, est donné par l'équation :

$$K = \frac{Q \times 1^k,3 \times t \times 0,265 \times 60}{0,55 \times 6000} = 0,00625\,Q\,t,$$

On calcule la *surface de la grille* à raison de $0^{m2},012$ à $0^{m2},015$ par kilogr. de houille à brûler par heure.

En Angleterre, les appareils à air chaud, adaptés à des fourneaux qui marchent bien, consomment généralement 250 kil. de *houille par tonne de fonte* produite; ce chiffre dépend entièrement de la température de l'air, de ce qu'il en faut pour brûler 1 kil. de combustible porté au fourneau, et du rapport de la consommation au produit en fonte.

**673.** *Applications.* — Supposons que nous ayons à calculer les dimensions d'un appareil de Calder, destiné à porter à 300° un volume de 30 à 32$^{m3}$,00 d'air par minute, la pression moyenne étant de $0^m,10$ de mercure :

La surface de chauffe est donnée par $S = 0,00344 \times 30 \times 300 = 30^{m2},96$, et en faisant la vitesse égale à 10$^m$, on a pour la section :

$$S' = \frac{30^{m3},00 (1 + 0,00375 \times 300) 0,76}{60 \times 10 \times 0,80} = 0^{m2},1043.$$

En adoptant des tuyaux de 0ᵐ,10 de diamètre intérieur, nous avons, pour le nombre des tuyaux :

$$N = \frac{0,1043}{0,0078} = 13.$$

Si l'épaisseur est de 0ᵐ,03, le diamètre extérieur est de 0ᵐ,16, le péri-mètre de 0ᵐ,5026; et l'on trouve pour la longueur de chaque tuyau :

$$L = \frac{30^{m^2},96}{13 \times 0,5026} = \frac{30,96}{6,53} = 4^m,74.$$

Les tuyaux latéraux ont chacun 0ᵐ²,1043 de section, ou environ 0,36 de diamètre intérieur.

La quantité de houille brûlée par heure est égale à 0,00625 × 30 × 300 = 56ᵏ,25 : la surface de la grille serait de 0ᵐ²,012 × 36 = 0ᵐ²,672.

## EMPLOI DES GAZ DES HAUTS FOURNEAUX.

### ANCIENNE MÉTHODE.

**674.** *Premiers essais.* — La première idée de l'emploi des flammes perdues des hauts fourneaux et des feux d'affinerie, est due à M. Aubertot, maître de forges à Vierzon : son brevet, daté de 1807, lui assure l'honneur d'une découverte qu'il a toujours cherché à propager avec le zèle le plus désintéressé. Les premiers appareils construits par cet honorable indus-triel ont eu pour but, la cuisson de la brique et de la chaux, et la cémen-tation de l'acier; ils étaient établis sur la plate-forme des fourneaux et mis en communication avec le gueulard au moyen d'un carneau, par lequel entraient en même temps les gaz et l'air atmosphérique qui servait à leur combustion : cette disposition, excessivement simple et peu coûteuse, ne nécessitait aucuns frais d'entretien, et remplissait parfaitement le but de son auteur; mais elle était loin d'utiliser, comme cela se fait aujourd'hui, toute la chaleur que peuvent développer les gaz, car il n'y en avait qu'une faible partie d'employée, et leur mélange avec l'air atmosphérique ne s'ef-fectuait pas dans les conditions les plus favorables.

**675.** *Chauffage des chaudières.* — Le réchauffage du fer et de la tôle, au moyen de fours placés à la suite des feux d'affinerie, est, de tous les procédés de M. Aubertot, celui qui s'est répandu le plus rapidement, et c'est dans les forges de la Franche-Comté que cette méthode a reçu les perfec-tionnements les plus notables; l'emploi des flammes des hauts fourneaux, dont M. Berthier avait signalé dès 1814 tous les avantages, est resté stationnaire jusqu'en 1832.

A partir de cette époque, la question fut étudiée plus sérieusement; son importance fut comprise, et bientôt il s'éleva de toutes parts de nombreux appareils, destinés à la *torréfaction du bois* ou à *l'échauffement de l'air.* Le *chauffage des chaudières,* essayé pour la première fois en 1832 ou 33, sur un fourneau du département de la Meuse, resta sans succès, et ce n'est qu'en 1835 que MM. Dufournel, Thomas et Laurens parvinrent à résoudre cet intéressant problème d'une manière satisfaisante. Leurs chaudières étaient placées sur la plate-forme des fourneaux, et les carneaux d'introduction des gaz prenaient naissance dans le voisinage immédiat du gueulard, dont la cheminée était disposée en conséquence; elle était munie de portes, que l'on n'ouvrait qu'au moment où l'on mettait la charge, et d'un registre dont la fermeture obligeait tous les gaz à passer dans les carneaux des chaudières, qui aboutissaient eux-mêmes à une cheminée assez élevée pour déterminer un appel. Ces dispositions étaient, comme on le voit, de nature à recueillir facilement tous les gaz, mais elles n'auraient pas été complètes si l'on n'avait pas eu la précaution de ménager des ouvertures à l'entrée des carneaux des chaudières pour déterminer la combustion, et c'est principalement à ce soin que l'on peut attribuer le succès de cette entreprise.

Depuis cette application, l'établissement des chaudières au gueulard a été souvent répété, et toujours elles ont donné bien plus de vapeur qu'il n'en fallait pour faire marcher la soufflerie du fourneau : les seules conditions auxquelles il ait fallu s'astreindre, ont été de donner aux chaudières des surfaces de chauffe assez considérables pour ne leur faire produire que 10 à 12 kil. de vapeur par heure et par mètre carré, et d'employer des carneaux de grande dimension où les gaz puissent circuler à de petites vitesses. Nous rapportons comme exemple un croquis de la disposition des chaudières que nous avons établies en 1836 sur l'un des fourneaux de Niederbrunn (Pl. 25, fig. 1 à 3). Ces appareils existent toujours et n'ont pas cessé de donner de bons résultats.

676. Malgré le succès des premières dispositions employées, on ne saurait se dissimuler qu'elles avaient de grands inconvénients. Le premier et le plus sérieux que l'on ait eu à reprocher à quelques-unes d'entre elles, était d'augmenter la consommation du combustible, et de nuire à la fabrication, soit parce que l'appel des gaz réagissait sur le fourneau lui-même, soit plutôt parce que la température du gueulard, privé des moyens de refroi-

dissements ordinaires, s'élevait à un degré tel, qu'il favorisait la combustion du charbon dans les parties supérieures de la cuve (1). Ce même excès de température rendait l'opération du chargement difficile et surtout fort pénible.

Un autre défaut de ce système était de faire porter le massif des chaudières, sinon en totalité, du moins en partie, sur la tour du fourneau; ces constructions étaient dispendieuses, assez difficiles à établir et presque toujours de nature à compromettre la solidité des masses, qui avaient à supporter des poids considérables. Enfin la manière de prendre les gaz était vicieuse en elle-même, puisqu'on recueillait en même temps toute la vapeur d'eau dégagée par le combustible et les minerais, et que par conséquent il devenait impossible de produire la combustion à une température très-élevée.

### NOUVELLE MÉTHODE.

**677.** Le problème de l'emploi des gaz pour le chauffage des chaudières à vapeur comprend quatre parties principales, qui sont :

1°. La prise des gaz sur les fourneaux; 2°. leur épuration et leur conduite; 3°. leur combustion; 4°. l'emplacement des chaudières. Nous allons les examiner successivement :

**678.** *Prise des gaz.* — Les méthodes que l'on peut employer, pour recueillir les gaz doivent satisfaire à plusieurs conditions : 1°. obtenir des gaz dont le pouvoir calorifique soit un maximum; 2°. les obtenir aussi secs que possible, et sans mélange d'air atmosphérique; 3°. rendre leur extraction indépendante du chargement des fourneaux; 4°. enfin, effectuer ces opérations sans altérer la marche habituelle des appareils : cette dernière condition domine toutes les autres.

**679.** *Pour obtenir des gaz dont le pouvoir calorifique soit un maximum*, il est évident qu'il faudrait aller les chercher à une grande distance du gueulard, dans le voisinage du ventre (2), par exemple; mais comme les gaz jouent un rôle essentiel, dans la cuve des fourneaux, il est certain que l'on a d'autant plus de chances d'altérer la marche de l'appareil, que l'extraction a lieu à une plus grande profondeur. Pour prévenir les inconvénients très-graves qui peuvent en résulter, il faut donc se donner une certaine limite, et celle-ci varie nécessairement avec l'élévation de la

---

(1) Quelques précautions que l'on prenne, il est impossible, avec ce procédé, d'empêcher qu'une partie des gaz ne s'enflamme pas au gueulard, parce qu'il y a toujours des rentrées d'air par les portes.

(2) Voir les Tableaux n° XLVIII, XLIX.

cuve; car sa hauteur se trouvant à peu près réduite de toute la distance
comprise entre la prise de gaz et le gueulard, il est évident que l'on
pourra, sans nuire au travail, prendre les gaz à une profondeur d'autant plus grande, que le fourneau sera plus élevé : en moyenne, ils doivent
être recueillis à une profondeur *au moins* égale à la hauteur qu'occupe dans
la partie supérieure de la cuve la charge de combustible et de minerais,
parce qu'en les prenant plus haut, ils seraient trop surchargés de vapeur
d'eau, ce qui nuirait considérablement au parti que l'on peut en tirer.

Le meilleur moyen de résoudre la question consiste, en définitive, à
*exhausser les fourneaux* dont on veut employer les gaz, *de toute la profondeur* à laquelle on veut opérer leur extraction, et dans ce cas nous
pensons que l'on doit se réserver à peu près le volume de 1 1/2 à 3 charges, entre le niveau du gueulard et le point de prise, suivant que l'on marche avec un combustible sec ou humide, tel que du bois vert, par exemple.
En opérant ainsi, les gaz seront suffisamment *dépouillés de vapeur d'eau*,
pour produire une température convenable à des chaudières à vapeur; mais
si on désirait en obtenir une chaleur plus intense, il faudrait encore avoir
le soin de ne porter au fourneau que des *matières parfaitement desséchées* :
cette précaution est importante.

**680.** On comprend qu'il est très-essentiel de recueillir les gaz, avant
qu'ils aient pu se *mélanger avec l'air atmosphérique;* c'est à cette seule
condition, qu'ils peuvent être *refroidis et conduits,* sans aucune chance
d'inflammation aux appareils où ils doivent être brûlés : ce résultat est la
conséquence naturelle de la position de la prise de gaz à une certaine distance du gueulard, et ce même fait rend également leur *extraction indépendante du chargement,* car ni leur nature ni leur écoulement ne sont
influencés par le renouvellement des charges qui se pratique absolument
comme à l'ordinaire.

Cette manière de procéder ne peut *altérer* en rien *la marche des fourneaux* : le gueulard reste constamment libre et découvert, sa température
est aussi basse que possible, et la réduction des minerais dans la cuve
s'opère tout à fait dans les circonstances habituelles.

**681.** *Appareil employé.* —L'idée de la méthode que nous venons d'indiquer nous paraît due à M. Bunsen de Cassel qui, dans un rapport que
nous avons déjà cité (1) s'exprime comme il suit à cet égard :

« ..... Quant à la manière de dévier les gaz à cette profondeur, le pro-

_____

(1) *Annales des Mines,* 4e livraison, 1839.

« cédé le plus convenable me paraît être d'établir dans cette partie de la
« cuve une fente annulaire, dont la paroi supérieure, un peu plus avancée
« que la paroi inférieure, plonge vers le bas et se trouve en communica-
« tion avec un canal qui conduise les gaz à l'endroit où on veut les brûler.
« Ce procédé me paraît le plus convenable, parce que l'on remarque que,
« dans l'axe du fourneau, les gaz n'ont qu'un mouvement ascensionnel
« très-faible; tandis qu'au contraire, le long des parois unies de la cuve,
« ils s'élancent avec force.... La résistance que les gaz éprouvent à traver-
« ser les charges serait certainement une force suffisante pour les faire pas-
« ser par l'anneau et le canal latéral. D'ailleurs, si cela n'avait pas lieu, il
« suffirait de surmonter d'une cheminée de tirage les fourneaux dans les-
« quels les gaz doivent être appelés; on n'aurait plus besoin, avec cette dis-
« position, de couvrir le gueulard, ce qui pourrait faire rebrousser le vent
« par les tuyères. »

Les prévisions de M. Bunsen étaient parfaitement justes; car les dispositions dont il a donné l'idée ont été exécutées et ont produit de très-bons
résultats; nous rapportons, Planche 26, figure 1 à 5, deux exemples de
cette application : elle se réduit à placer sur le gueulard un cylindre en
fonte (appelé *trémie*), ouvert par les deux bouts, et d'une capacité un
peu supérieure au volume d'une charge; on le dispose de telle sorte qu'entre
ses parois et celles de la cuve il existe un vide annulaire dans lequel se
rendent les gaz, pour passer ensuite dans un canal circulaire en fonte, sur
lequel est embranchée la conduite qui les mène au foyer de combustion.

Quand on emploie un *minerai en gros morceaux*, on peut placer la trémie comme dans les figures 1 et 2; lorsqu'au contraire la mine est *en grains*,
et disposée à filtrer à travers le combustible, on doit adopter un arrangement analogue à celui des figures 3 et 4 (1).

682. *Conduite et épuration des gaz.* — Les gaz pris au gueulard des
fourneaux sont dirigés vers les appareils où ils doivent être utilisés dans
des *tuyaux* en fonte ou en tôle, d'un diamètre proportionné à leur longueur et au volume de fluide qui doit les parcourir.

Comme les gaz ne prennent le chemin des tuyaux qu'en vertu de la
charge contenue dans la trémie, qui présente un obstacle à leur sortie naturelle, on doit donner à la conduite une *section* d'autant plus considérable que la hauteur de la trémie est moindre, et on peut la déterminer
approximativement, en supposant aux gaz une *vitesse* de 2 à 3 mètres par

(1) Ces deux dispositions nous ont été communiquées par MM. Thomas et Laurens.

seconde. Pour ne rien changer à la marche d'un fourneau dont on veut utiliser les gaz, il faut conserver un certain rapport entre la *section des tuyaux et celle du gueulard* : si, par exemple, S désigne l'ancienne section du gueulard, S' la nouvelle, et s celle des tuyaux, on doit s'arranger de manière à avoir S' + s *au moins* égal à S, parce qu'en prenant cette disposition, l'évacuation des gaz se fera dans des conditions peu différentes de celles qui existaient avant leur emploi, et que, par conséquent, on évitera les inconvénients qui pourraient résulter d'une issue trop facile ou trop restreinte.

**683.** Les gaz des fourneaux sont toujours chargés d'une *grande quantité de poussières* très-fines, qui tendent à engorger les tuyaux, et qui s'attachent aux parois des chaudières, en interceptant la transmission de la chaleur. Il est donc essentiel de disposer les conduites de manière à pouvoir les nettoyer facilement, et sans interrompre la marche des gaz : les *appareils épurateurs*, représentés dans la Pl. 26, fig. 1 à 5, nous paraissent très-commodes sous ce rapport (voir la description des Planches), et ils ont en outre l'avantage de pouvoir fonctionner comme *soupapes* de décharge, dans le cas où, par une cause quelconque, les gaz prendraient feu dans les tuyaux de conduite; l'eau contenue dans la bâche inférieure, et qui sert de fermeture à la caisse qui y plonge, s'échapperait immédiatement, et laisserait une large issue aux gaz. Il convient de disposer des appareils de ce genre dans tous les points de la conduite où les gaz sont appelés à subir un changement de direction, parce que c'est là où les poussières tendent naturellement à se déposer.

**684.** Si l'on avait à conduire les *gaz à une grande distance*, il pourrait arriver que le courant naturel, déterminé par la pression des charges dans la trémie, ne fût ni assez actif ni assez régulier : dans ce cas, il conviendrait d'établir, en un point quelconque de la conduite, un petit *ventilateur*, qui exercerait sur les gaz un appel régulier, et qui les pousserait constamment vers le lieu de leur combustion. Cet appareil marcherait à une très-petite vitesse, et consommerait peu de force mécanique.

**685.** *Combustion des gaz.* — La combustion des gaz ne peut avoir lieu d'une manière avantageuse qu'après leur *mélange intime* avec une quantité d'air atmosphérique, à peu près égale aux 0,70 de leur volume. Les *appareils de combustion* que l'on substitue aux grilles ordinaires dans les foyers à gaz, ayant pour but de rendre ce mélange aussi parfait que possible, sont tous disposés de manière à ce que *l'air et le gaz soient mis en contact l'un avec l'autre, après avoir été séparément divisés en lames ou en filets d'une grande ténuité*.

.

L'appareil représenté Planche 26, figures 6 à 9, et appliqué au chauffage d'une chaudière à vapeur par M. Robin, paraît satisfaire au but dans lequel il a été établi. Nous pensons cependant qu'il donnerait de meilleurs résultats si les lames d'air et de gaz étaient plus minces et plus nombreuses, et si en même temps le gaz était amené à se répartir plus également, sur toute la surface de l'espèce de grille qu'il est appelé à traverser. Sous ces deux rapports, l'appareil de combustion du four à puddler de Treveray (Pl. 36) nous paraît préférable.

**686.** Lorsque l'on ne tient pas à *brûler les gaz à une très-haute température*, on peut employer de l'air froid à la pression atmosphérique, et disposer des appareils du genre précédent, soit pour le chauffage des chaudières à vapeur ou celui des appareils à air chaud ; mais lorsque l'on veut tirer un meilleur parti des gaz, il faut de toute nécessité employer un *courant d'air forcé et chauffé*. Le *chauffage* de l'air a, sur la température, produite par la combustion, une influence dont nous avons déjà apprécié la valeur; son *emploi à haute pression* ($0^m,010$ à $0^m,050$ de mercure) est également très-avantageux, car il est bien évident que des fluides de densité à peu près égale, appelés tous deux dans la même direction, ne *tendent à se mélanger et à se combiner intimement, qu'autant qu'il existe une différence entre les vitesses dont chacun d'eux est animé* : dans tous les cas où l'on veut obtenir une grande chaleur, il faut donc employer un courant d'air forcé, et nous pensons que l'on ferait bien d'opérer ainsi pour le chauffage des chaudières. Un ventilateur fournissant de l'air à $0^m,005$ où $0^m,010$ de pression, remplirait très-économiquement le but de l'opération.

**687.** *Emplacement des chaudières.* — Lorsque la question de l'emploi des gaz n'en était encore qu'à ses premiers essais, on conçoit que l'on ait eu d'abord l'idée de rapprocher les appareils à air chaud ou les chaudières du combustible, mais comme il est en définitive bien plus simple et plus commode de laisser ces appareils à leur place naturelle, et que ce soient les gaz qui se déplacent pour venir les alimenter, il n'y a plus aujourd'hui à hésiter sur la disposition que l'on doit préférer, et c'est la plus récente dont nous conseillerons l'adoption.

La première a cependant subi dans ces derniers temps une modification que nous devons faire connaître, parce qu'elle est applicable avec quelques avantages, lorsqu'il ne s'agit pas de trop grands appareils; elle consiste à *placer la chaudière verticalement* dans un des angles du fourneau, et à lui adjoindre dans la partie supérieure un bouilleur horizontal qui s'approche très-près du gueulard : cette diposition est simple et très-économique. La chaudière représentée Planche 25, figure 5 et 6 alimente une machine soufflante de douze chevaux, desservant deux hauts fourneaux au bois; les gaz sont recueillis, comme dans les cas précédents, au moyen d'une trémie, et leur mélange avec l'air atmosphérique a lieu par l'intermédiaire d'une espèce de grille creuse en fonte, placée dans le canal de conduite aux chaudières; le gaz et l'air se rencontrent ainsi en lames excessivement minces et peuvent, en conséquence, se combiner de manière à produire une combustion parfaite. Tout cet appareil (1) fonctionne dans de bonnes conditions, et nous ferons seulement observer qu'en général, les surfaces de chauffe verticales donnent moins de vapeur, que lorsqu'elles sont disposées horizontalement.

688. Les indications que nous venons de présenter sur l'emploi des gaz, sont générales en ce qui concerne leur extraction des fourneaux et leur conduite aux appareils où ils sont brûlés; nous avons insisté sur leur application au chauffage des chaudières a vapeur, parce que cette question rentre tout à fait dans notre sujet; mais nous reviendrons plus tard sur l'utilisation des gaz dans les foyers à haute température.

## APPAREILS A MONTER LES CHARGES.

689. Lorsque les fourneaux n'avaient pas encore atteint les grandes dimensions qu'on leur donne généralement aujourd'hui, le montage des charges au gueulard se faisait presque toujours à bras d'hommes, soit par un escalier, soit par un plan incliné. Cette méthode est maintenant abandonnée et remplacée par celle des appareils élévatoires mécaniques.

Ces appareils peuvent être rangés en deux classes : les monte-charges à *plans inclinés* et ceux à *élévation directe*.

### PLANS INCLINÉS.

690. Ces plans dont l'inclinaison varie de 30 à 45° sont construits en charpente ou en fonte, et se placent à l'arrière ou sur le côté des fourneaux : nous allons passer en revue les principales dispositions employées.

691. *Monte-charges à chariots.* — Dans ce sytème les plans sont inclinés à 25 ou 30° et sont munis au moins de *deux voies* en fer, servant alternativement à la montée et à la descente des chariots dont la contenance est

---

(1) Établi au fourneau de Villerupt (Moselle) par MM. Thomas et Laurens.

d'environ 0$^{m}$,25; ils sont remorqués à une *vitesse* de 1$^{m}$,00 à 1$^{m}$,50 par seconde, au moyen de *cordes ou de chaînes* qui s'enroulent sur des tambours en bois ou en fonte, qui reçoivent leur mouvement de rotation du moteur de la soufflerie.

Le mécanisme est disposé de manière à ce que les tambours se meuvent *alternativement* dans un sens et dans l'autre, pour servir à la fois à la montée et à la descente, et de façon à ce que la descente d'un chariot vide corresponde exactement à la montée d'un chariot plein.

Les *chariots* restent constamment attachés à la corde et s'arrêtent, lorsqu'ils sont parvenus au niveau de la plate-forme, en agissant eux-mêmes sur un levier qui débraye la communication de mouvement. Ils sont chargés de raisses de charbon ou de bâches de mine que les ouvriers remettent sur le chariot après les avoir vidées dans le fourneau, puis on embraye pour remettre le mécanisme en mouvement. Nous donnons, d'après M. Walter, le croquis d'une disposition de ce genre (Pl. 27, fig. 1 à 6), qui fonctionne avec toute la régularité désirable; les figures 3 et 4 indiquent le mode d'embrayage et de débrayage de l'appareil (voir la description des planches).

**692.** *Monte-charges à plateau.* — Quand on charge le fourneau avec des brouettes ou de petits wagons, au lieu d'employer des raisses et des bâches, on donne aux chariots du plan incliné, la forme d'un plateau dont le plan supérieur est toujours horizontal, et le mécanisme est disposé de manière à ce qu'en s'arrêtant au haut du plan incliné il se trouve de niveau avec la plate-forme établie en ce point; l'ouvrier conduit alors les brouettes ou les wagons au gueulard et les ramène sur un des plateaux, qui redescend pendant que l'autre monte. *La manœuvre* est plus simple que dans le cas précédent relativement au mécanisme-moteur, et *le service* est plus rapide et moins fatigant.

Dans le croquis que nous rapportons (Pl. 27, fig. 7 et 8), nous avons supposé que le débrayage alternatif des tambours se faisait à la main; on peut facilement imaginer une disposition dans laquelle le plateau, à son arrivée au bas du plan, débraye directement le tambour, mais il faut toujours que l'embrayage se fasse à la main.

Les deux tambours du bas sont fous sur l'arbre moteur, et ne se meuvent avec lui que lorsqu'ils sont embrayés avec le manchon placé entre les deux; lorsqu'il occupe la position intermédiaire, il ne les touche ni l'un ni l'autre, et l'arbre moteur tourne sans cesse et toujours dans le même sens, ce qui simplifie beaucoup la disposition et la rend plus exempte d'inconvénients que la précédente.

**693.** *Monte-charges à mouvement continu.* — Dans les deux cas précédents, le service se fait au moyen d'un arrêt, lorsque la charge est parvenue à sa destination, et dans le premier cas, il faut en outre que l'arbre des tambours ait un mouvement de rotation alternatif, dont le changement coïncide avec la mise en train des chariots; bien que ces manœuvres ne soient pas très-compliquées, elles donnent cependant souvent lieu à des accidents et elles peuvent être simplifiées, en adoptant un système à chaîne sans fin et à mouvement continu. Cette disposition est plus économique que les précédentes, et elle a l'avantage d'éviter dans le mouvement des machines des changements subits de direction qui produisent souvent la rupture des dents d'engrenage; le mode d'accrochage et de décrochage des chariots ne doit pas être considéré comme une difficulté sérieuse et ne peut pas être une cause d'accident.

Pour pouvoir être employé avec avantage, ce système doit satisfaire aux conditions suivantes :

1°. *La chaîne* doit être suffisamment tendue ou soutenue par des rouleaux, afin que son poids ne tende pas à la séparer des wagons;

2°. *La vitesse* doit être faible et ne pas dépasser $0^m,40$ par seconde, afin qu'il n'y ait pas de choc trop fort au moment de l'attache des wagons ;

3°. Par la même raison, *le poids des wagons* ne doit pas excéder 200 à 250 kil. ; il est d'ailleurs inutile de vouloir monter des charges très-fortes sur un seul wagon, puisque la continuité d'action de l'appareil permet d'en faire remorquer une série à des intervalles très-courts ;

4°. *L'accrochage* et le *décrochage* des wagons doivent être spontanés à leur arrivée sur les plates-formes du haut et du bas.

*Le service* de ce monte-charge est très-simple : les wagons chargés de mine ou de charbon sont amenés au bas du plan incliné, accrochés et livrés à l'action de la chaine qui les élève jusqu'à la plate-forme supérieure. A ce point, les crochets quittent la chaine, et le wagon reste en place jusqu'à ce qu'un ouvrier vienne le pousser jusqu'au gueulard où il se déverse facilement; il est alors dirigé dans l'autre voie, rattaché à la chaîne descendante (1) et conduit au bas du plan incliné où il se détache pour être de nouveau rempli, etc. Les wagons peuvent se suivre sur la voie à des intervalles marqués par le temps nécessaire au chargeur, pour prendre le wagon sur

---

(1) A l'usine de Maubeuge, où l'on a employé un système de ce genre, la descente des wagons s'opère au moyen d'une simple corde dont la vitesse est réglée par un frein.

une des voies, le verser au gueulard et le repousser sur l'autre. L'appareil peut sans difficultés, et en fonctionnant à la petite vitesse de 0ᵐ,20 par seconde, suffire à l'alimentation exigée par une production de 25 tonnes de fonte en 24 heures.

**694.** Dans la disposition que nous rapportons (Pl. 27, fig. 9 à 16), la chaîne sans fin se meut sur une série de poulies, dont la première M est placée sur l'arbre moteur et imprime le mouvement à la chaîne; les petites poulies P P' P'' servent aux changements de direction; la poulie T placée sur un chariot mobile H, retenu par un contre-poids P, fait l'office d'un tendeur.

Le wagon V est suspendu au milieu d'un châssis, de manière à ce qu'il conserve toujours une position horizontale en gravissant le plan incliné; le cadre qui porte les roues est muni d'une espèce de tenaille *a b* dont l'axe est fixé sur l'essieu de devant (fig. 12 et 13) et dont les branches reposent sur celui de derrière; elle est manœuvrée à la main quand on veut lui faire saisir la chaîne, et au haut du plan incliné, elle est forcée de s'ouvrir et par conséquent de quitter la chaîne lorsqu'elle rencontre le coin *c*. Les branches sont alors rejetées à droite et à gauche de la pièce en fer R fixée sur l'essieu de derrière, et la tenaille ne peut ressaisir la chaîne que lorsque la main de l'ouvrier vient la relever.

**695.** *Monte-charges à chariots versants.* — Nous rapporterons, comme un dernier exemple des plans inclinés, la disposition d'un appareil que nous avons vu fonctionner en Angleterre. Son avantage est d'exiger encore moins de travail manuel que tous les autres, car un homme et un enfant suffisent au montage et au versement des charges de deux fourneaux au coke, produisant ensemble 16 à 18 tonnes de fonte par jour : le chariot est mis en mouvement par un moteur spécial et la charge se déverse dans le gueulard sans le secours d'aucun bras (*voyez* Pl. 28).

Le plan incliné de chaque fourneau se compose de deux pièces en fonte, inclinées à 45°, sur lesquelles se meut un *châssis* en fonte à quatre roues, porteur d'une *caisse* susceptible de se mouvoir autour d'un axe placé au-dessus de son centre de gravité. Cet appareil ne quitte jamais le plan incliné et sert à recevoir des *wagons* en tôle dans lesquels on place les minerais ou le coke; ceux-ci s'emboîtent dans la caisse de manière à en être solidaires, et sont ainsi transportés au gueulard, lorsqu'on met le mécanisme moteur en mouvement : arrivés à ce point, la caisse bute contre deux barres de fer courbes qui forcent le châssis à se renverser et le wagon à se vider; en débrayant alors les tambours, le châssis redescend avec une

vitesse que l'on modère par un *frein ;* la caisse et le wagon reprennent leur
position première et bientôt l'appareil arrive au bas du plan incliné où l'on
fait sortir le wagon vide pour en mettre un plein à sa place.

Les wagons passent de la petite *gare d'attente,* où ils sont rangés, dans
la caisse, au moyen d'un chariot intermédiaire qui se meut dans une petite
fosse (voir la Description des Planches).

Bien que toute cette disposition paraisse assez compliquée, le *service*
se fait très-régulièrement, très-simplement et avec beaucoup d'ordre et
d'économie.

### ÉLÉVATION DIRECTE.

**696.** *Disposition générale.* — Le genre de monte-charges, par lequel
les matières sont directement élevées du sol au niveau du gueulard, en
suivant une ligne verticale, a sur les précédents l'avantage d'occuper
moins de place, de coûter généralement moins cher, et d'être d'un service plus commode. Ces appareils se composent presque toujours de
*deux tours* en charpente, dans lesquelles se meuvent des *plateaux* en bois,
sur lesquels on place les charges; l'un d'eux monte pendant que l'autre
descend.

Les tours sont adossées à l'arrière, ou au côté des fourneaux, ou placées
entre deux fourneaux voisins, qu'elles desservent alternativement; quelquefois on les construit en maçonnerie, et on les réunit à la plate-forme
par un pont de service.

Les différents systèmes, d'après lesquels les plateaux peuvent être mis en
mouvement, servent à distinguer plusieurs variétés de monte-charges à élévation directe.

**697.** *Monte-charges à treuils.* — Les appareils peuvent être établis de
différentes manières, et presque toujours à des prix fort modérés. Les principales conditions auxquelles ils doivent satisfaire sont les suivantes :

1°. Il faut employer *deux plateaux* plutôt qu'un, afin que celui qui descend fasse équilibre à celui qui monte ;

2°. Leur *vitesse* ne doit pas excéder $0^m,12$ à $0^m,15$ par seconde, lorsque
le mouvement est pris sur le moteur de la soufflerie, afin que la force qu'il
absorbe soit peu considérable, et que, par suite, l'allure de la soufflerie ne
soit pas rendue trop variable ;

3°. *Les plateaux doivent être guidés,* pendant tout leur parcours, de
manière à suivre une ligne parfaitement verticale, et à ne pas osciller;

4°. *Le mouvement* doit être brusquement arrêté par le plateau lui-même, quand il est arrivé à sa destination; la mise en train, dans un sens ou dans un autre, doit être facile.

698. Le monte-charges que nous avons établi à l'usine de Vierzon (Cher), pour deux fourneaux au bois de 11 mètres de hauteur, suffit à l'élévation à 10 mètres de hauteur de 6 tonnes de matière par heure (voir Pl. 29).

Il se compose de deux plateaux en bois, de 1$^m$,80 de côté sur 1$^m$,64, se mouvant chacun entre deux pièces de bois verticales, munies de rainures en fonte, dans lesquelles s'engagent deux oreilles en fer fixées aux plateaux; ils sont attachés à la chaîne au moyen d'un cadre en fer de 2$^m$,20 de hauteur, relié à sa partie supérieure par deux barres en croix, portant un anneau à leur point d'intersection. La chaîne du plateau de droite passe sur les poulies PP, redescend vers le treuil, fait trois tours sur le tambour T, et remonte ensuite sur les poulies P'P', pour venir s'attacher au plateau de gauche.

Le treuil est mû par la roue de la soufflerie, et, la communication de mouvement ayant lieu par des poulies et des courroies, les accidents qui peuvent survenir aux plateaux ne réagissent pas sur le moteur, parce que les courroies glissent dès que la charge devient trop forte.

L'arbre du pignon qui fait mouvoir l'engrenage du tambour porte trois poulies, dont une fixe placée entre les deux autres qui sont folles. Des deux courroies qui passent sur le tambour moteur T', et dont l'une est croisée de manière à ce que le treuil puisse tourner à volonté dans un sens ou dans l'autre, il n'y en a jamais qu'une sur la poulie fixe, tandis que l'autre porte sur une poulie folle; au moyen des manettes MM', on place les courroies où l'on veut, et l'on est par conséquent maître d'arrêter ou de faire marcher les plateaux, ainsi que d'intervertir leurs mouvements.

Le treuil est muni d'un arbre à manivelles, afin de pouvoir le faire travailler à bras, s'il arrivait un accident aux poulies, courroies, etc. Ce mécanisme est fort simple, et fonctionne très-bien.

On pourrait faire opérer le débrayage par les plateaux eux-mêmes; mais ce serait une complication de plus, sans diminution des frais de main-d'œuvre.

699. *Monte-charges à contrepoids hydraulique.* — Ce genre d'appareil, très-usité en Angleterre, se compose de *deux plateaux* placés chacun à l'extrémité d'une chaîne, qui se meut sur des poulies placées au sommet de la tour. Les plateaux sont formés d'une caisse en tôle, capable de contenir un poids d'eau un peu supérieur à celui de la charge que l'on veut élever, et dont le fond est muni d'une soupape s'ouvrant de dehors en dedans.

Le *service* est fort simple et très-régulier : dès que le plateau du bas a reçu sa charge en coke ou en minerai, contenu dans des brouettes ou de petits wagons, on fait arriver dans le plateau supérieur un courant d'eau provenant d'un réservoir voisin, et bientôt il descend, en emportant les wagons vides et en faisant remonter le plateau chargé, avec une vitesse que l'on règle au moyen d'un frein placé sur la grande poulie. Quand le plateau est descendu, la soupape s'ouvre et donne écoulement au liquide; la même opération se répète alternativement pour les deux plateaux.

Comme emploi de force motrice, ce système est très-défectueux; car la puissance, qu'il faut dépenser pour amener au gueulard l'eau nécessaire au service, est bien supérieure à celle qui suffirait à l'élévation des charges par des plans inclinés ou par un treuil. Nous en rapportons un croquis, dont on trouvera l'explication dans la description des Planches (Pl. 30, fig. 8 à 10).

**700.** *Monte-charges à vapeur.* — Dans ce système, également employé en Angleterre, la puissance de la vapeur est directement appliquée à l'élévation d'un plateau, qui redescend ensuite par son propre poids.

L'appareil se compose d'*un seul plateau*, fixé à une chaîne qui s'infléchit sur une poulie placée au sommet de la tour, et qui vient, comme dans le système précédent, s'enrouler et même s'attacher sur une poulie, dont la circonférence est précisément égale à la hauteur de la plate-forme du gueulard au-dessus du sol. Sur l'axe de cette même poulie se trouve fixée une poulie plus petite, dont la circonférence est égale à la course d'un *cylindre à vapeur* placé sur le sol; la tige du piston est attachée à une chaîne qui s'enroule et s'attache sur cette poulie, de sorte que si nous supposons le plateau en bas, et le piston au haut de sa course, on voit que le premier s'élèvera, et arrivera au niveau du gueulard dès qu'en introduisant la vapeur sur le piston, celui-ci se mettra en marche, et atteindra le fond du cylindre. En faisant dégager la vapeur, le plateau redescend par son propre poids, fait remonter le piston, et ainsi de suite.

**701.** *Le service* de cet appareil se fait très-économiquement : l'ouvrier sa place avec les brouettes sur le plateau, et ouvre la soupape d'entrée de vapeur au moyen d'une tige verticale qui correspond avec elle, et qu'il a sans cesse sous la main; il règle sa vitesse d'ascension en ouvrant plus ou moins le robinet, et il le ferme lorsqu'il est au niveau du gueulard; il décharge alors ses matériaux, et se replace avec les brouettes vides dans sa première position. En ouvrant le robinet de sortie de vapeur, au moyen d'une autre tige disposée comme la première, il fait redescendre le plateau avec une vitesse qu'il règle à son gré, puisqu'il a à sa disposition l'entrée et la sortie de vapeur. Le même cylindre pourrait desservir deux plateaux rattachés à la même chaîne, en faisant agir alternativement la vapeur en dessus et en dessous du piston.

Cette disposition est commode, mais le prix d'établissement est assez cher à cause du cylindre à longue course qu'il faut employer.

**702.** *Monte-charges à chaîne sans fin.* — Réduit à sa plus simple expression, cet appareil se compose d'une chaîne sans fin qui se meut, dans un plan vertical, sur deux poulies dont l'une est placée près du sol et l'autre au niveau du gueulard. Le récipient qui contient la charge s'accroche à un des maillons de la chaîne et monte avec elle.

La disposition dont nous donnons un croquis (Pl. 30, fig. 1 à 7) est employée dans une usine des environs de Glasgow, composée de quatre fourneaux à la houille donnant ensemble plus de 60 tonnes de fonte par jour. On a établi dans une tour en maçonnerie (1), communiquant avec la plate-forme des fourneaux par un pont en fonte, *deux appareils* dont l'*un sert à la montée* des charges *et l'autre à la descente* des wagons vides. Chacun d'eux se compose de deux chaînes sans fin qui se meuvent dans deux plans parallèles, et qui saisissent chacune de leur côté et simultanément le wagon qu'on leur présente; elles le déposent à la partie supérieure, sur un petit chemin de fer qui aboutit au gueulard.

Le wagon vide est ramené à l'autre appareil, dont les chaînes se meuvent en sens inverse de celles du premier et qui, après l'avoir saisi comme dans le cas précédent, le déposent au niveau du sol.

La vitesse des chaînes est de 0^m,15 à 0^m,20 par seconde; elles sont composées de *maillons en fer* de 0^m,25 de longueur portant des pitons d'accrochage à chaque intervalle de 3^m,50, et sont guidées au moyen d'une pièce fixe qui enveloppe chaque poulie.

Le wagon employé dans ce système (fig. 6 et 7) se décharge très-commodément : il est muni sur le devant d'une porte à charnière H maintenue par une barre transversale A B, qui pivote autour du point o lorsqu'on dégage les extrémités A et B. Arrivé près du gueulard, les roues de l'avant-train s'engagent dans une inflexion du rail, le wagon prend la position inclinée représentée dans la figure 1, et il suffit alors de dégager, au moyen d'un coup de ringard, les extrémités de la barre A B pour que la porte s'ouvre et que la charge se vide.

_____

(1) Une tour en bois placée entre deux fourneaux ou adossée à l'un d'eux, remplirait également bien le but , et avec plus d'économie.

**705.** Nous avons employé à l'usine de Coat-an-Nos (Côtes du Nord) une disposition analogue à la précédente, mais beaucoup plus simple et moins chère, pour l'alimentation d'un fourneau au bois de 10ᵐ,00 de hauteur : l'appareil se compose de deux *chaînes à maillons en bois* (système Vaucanson), se mouvant comme dans le cas précédent sur des poulies placées en bas et en haut. De distance en distance les chaînes supportent de petits plateaux en bois sur lesquels on place les raisses de charbon ou les bâches de mine : au fur et à mesure qu'elles se présentent, le chargeur les reçoit au gueulard et les replace, après les avoir vidées, sur les plateaux qui se trouvent sur le côté descendant des chaînes.

L'avantage de cette disposition est d'être tout d'abord très-économique, puis de ne pouvoir donner lieu à aucun accident ; car dans le cas où l'un des deux ouvriers ne se trouve pas à son poste pour recevoir les charges, elles continuent à marcher avec la chaîne sans qu'il en résulte le moindre inconvénient. Son application n'est possible que lorsque le poids des récipients à charbon ou à mine est assez faible pour permettre à un homme de les enlever facilement à bras, et il faut encore que la vitesse de la chaîne ne dépasse pas 0ᵐ,10 à 0ᵐ,12 par seconde.

Les chaînes en bois bien faites sont plus durables qu'on ne pourrait le croire, et l'on doit regarder ce système comme le plus simple et le plus économique de tous ceux qui peuvent être appliqués, dans le cas d'un seul fourneau au bois de production moyenne.

**704.** Un des grands avantages des monte-charges à chaîne sans fin est de *ne nécessiter aucun embrayage et de ne donner lieu à aucun changement dans la direction du mouvement;* ils sont, en raison de ce fait, supérieurs à tous les autres, et nous croyons pouvoir en conseiller l'usage à tous ceux qui tiennent aux machines simples et solides; ils s'appliquent également bien à une forte et à une faible production de fonte, et leur prix d'établissement est en rapport avec leur importance. Les petits wagons en tôle, basculant à demi, près de la porte du gueulard, nous paraissent être aussi d'un excellent usage, soit pour des fourneaux au bois, soit pour ceux au coke.

**705.** *Force motrice, mode d'emploi.* — La quantité de force motrice absorbée par les monte-charges n'est jamais bien considérable. Deux chevaux suffisent pour des charges de 300 à 400 kil., montant à petite vitesse, et à moins d'avoir un moteur particulier, il n'est pas convenable d'employer une plus grande puissance : prélevée sur une forte machine soufflante, elle n'affecte pas beaucoup le régime du vent; mais si la machine est faible, il faut diminuer le poids et la vitesse des charges. Dans tous les cas, on fait bien de prémunir la soufflerie contre ces causes d'irrégularité, en adaptant au moteur un appareil qui fasse varier sa puissance, suivant les exigences du travail. Nous avons indiqué au sujet des souffleries le genre de régulateur que l'on peut employer pour atteindre convenablement ce but.

Dans beaucoup d'usines, et surtout dans celles d'une faible production, on monte pendant la journée toutes les charges de la nuit, et on les place en attente sur la plate-forme des fourneaux. Cette méthode n'est pas applicable à ceux qui produisent beaucoup, parce qu'il faudrait donner à la plate-forme une trop grande étendue pour pouvoir y placer toute la consommation de 12 heures, et qu'on s'engagerait ainsi, sans utilité, dans des constructions dispendieuses qu'il est presque toujours fort difficile d'établir, sans compromettre la solidité des fourneaux eux-mêmes. Il est bien préférable de faire fonctionner le monte-charges nuit et jour, et au fur et à mesure que le fourneau le réclame; toutefois, comme il est indispensable de simplifier le travail de nuit, tous les wagons, brouettes, caisses ou bâches, doivent être remplis pendant la journée, et disposés dans une petite gare d'attente placée au pied de l'appareil; la disposition de la figure 1, planche 28, en donne un exemple. Cette manière d'opérer permet de ne donner au monte-charges que l'importance strictement nécessaire au service, tandis que, dans l'autre cas, il doit être proportionné à l'excès de travail que l'on exige de lui durant le jour, pour pouvoir le laisser inactif toute la nuit.

## DE LA FORCE MOTRICE CONSOMMÉE DANS LA FABRICATION DE LA FONTE.

**706.** Parmi les éléments qui concourent à la fabrication de la fonte, il en est un dont nous avons négligé l'évaluation, parce qu'elle ne nous est possible que depuis que nous avons examiné tous les appareils qui dépendent des hauts fourneaux : cet élément, c'est la puissance mécanique absorbée par tonne de fonte, pour le *soufflage des fourneaux et l'élévation des charges.*

Nous considérerons la production de la fonte dans les différents cas qui se présentent le plus ordinairement.

## EMPLOI DES COMBUSTIBLES VÉGÉTAUX.

**707.** *Fourneau au charbon et à l'air froid.* — Nous admettons que ce fourneau marche dans les conditions moyennes suivantes :

Produit par jour................................ 3 000 kil.
Consommation de charbon par tonne.......... 1 500 kil.
Pression de l'air froid....................... 0$^m$,03 de mercure.
     Moteur hydraulique non perfectionné, utilisant 0,33 de la force dépensée; soufflerie à pistons en bois; montage des charges à bras d'hommes.

La production de 3 000 kil. de fonte par jour exige la combustion de 4 500 kil. de charbon par vingt-quatre heures, ou de 3$^k$,10 par minute; ainsi le fourneau devra recevoir dans le même temps au moins : 7$^{m3}$,00 × 3,10 = 21$^{m3}$,70 d'air. Une soufflerie à pistons en bois, consommant, par mètre cube d'air lancé, une force au moins double de celle qu'il faut à une bonne soufflerie en fonte, la force effective du moteur sera d'environ 5$^{cher}$,30, et la puissance dépensée sera $\frac{5,30}{0,33} = 15^{cher}$,90 par seconde, ou 1$^{dyn}$,192; la production du fourneau dans le même temps, étant de 0$^k$,0347, la force consommée par tonne de fonte est donnée par la proportion : 0,0347 : 1$^{dyn}$,192 :: 1000$^k$ : $x$ = 34 351 dynamies.

**708.** *Fourneau moderne au charbon et à l'air chaud.* —

Produit par jour................................ 5 000 kil.
Consommation de charbon par tonne de fonte.... 1 200 kil.
Pression de l'air chaud..................... 0$^m$,05 de mercure.
     Moteur hydraulique utilisant 50 pour 100 de la force dépensée; soufflerie à pistons en fonte ; montage mécanique des charges.

Le fourneau, produisant 5 000 kil. de fonte par jour, et brûlant dans le même temps 6 000 kil. de charbon, ou 4$^k$,16 par minute, recevra 4$^k$,16 × 7 = 29$^{m3}$,12 d'air. La force effective du moteur sera 6$^{cher}$,50, et la puissance dépensée sera : 13 chevaux = 0$^{dyn}$,975.

Le fourneau produit, par seconde, 0$^k$,0578; d'où : 0,0578 : 0,975 :: 1 000 : $x$ = 16 868 dynamies.

**709.** *Fourneau au bois vert.* —

Produit par jour......................... 5 000 kil.
Consommation de bois par tonne........... 10 à 11 mèt. cubes.
Pression de l'air chaud... ............... 0$^m$,05 de mercure.
     Moteur hydraulique rendant 50 pour 100; soufflerie en fonte ; montage mécanique des charges.

La soufflerie lancera la même quantité de vent que dans le cas précédent;

mais, en raison de la haute température à laquelle il faut porter l'air et du poids plus considérable des matières à élever au fourneau, nous supposons que la puissance du cours d'eau devra être d'environ 15 chev. $= 1^{\text{dyn}}, 1251$, et l'on aura : $0,0578 : 1,125 :: 1000 : x = 19468$ dynamies.

**710.** *En résumé*, nous avons :

Anciens fourneaux au charbon. . . . . . . . . . . . . . . . . . . . . . . . .   34 300
Fourneaux modernes au charbon. . . . . . . . . . . . . . . . . . . . . .   16 808
Fourneaux au bois vert. . . . . . . . . . . . . . . . . . . . . . . . . . . . . .   19 400

D'où l'on voit qu'avec le même combustible, la quantité de force consommée pour la production d'une tonne de fonte est infiniment moindre avec les appareils perfectionnés qu'avec les anciens.

### EMPLOI DES COMBUSTIBLES MINÉRAUX.

**711.** *Fourneau au coke à l'air froid.* —

Produit par jour. . . . . . . . . . . . . . . . . . . . . . . . . .   8 640 kil.
Coke consommé par tonne. . . . . . . . . . . . . . .   2 000 kil.
Pression de l'air. . . . . . . . . . . . . . . . . . . . . . . . .   0$^{\text{m}}$,08 de mercure.
Moteur utilisant 50 pour 100 de la puissance génératrice ; soufflerie en
   fonte ; montage mécanique des charges ;

Le fourneau, produisant environ 6 kil. de fonte par minute, et consommant 12 kil. de coke, exige $84^{\text{m}3}$,00 d'air ; la force du moteur, y compris le montage des charges, sera de 55 chevaux ; la puissance dépensée par seconde sera de 70 chevaux $= 5^{\text{dyn}}$,250 pendant que le fourneau produira $0^{\text{k}}$,10 de fonte. Ainsi l'on a : $0,1 : 5,25 :: 1000 : x = 52500$.

**712.** *Fourneau au coke à l'air chaud.* —

Produit par jour. . . . . . . . . . . . . . . . . . . . . . . . . .   12 000 kil.
Coke consommé par tonne. . . . . . . . . . . . . . . .   1 500 kil.
Pression de l'air. . . . . . . . . . . . . . . . . . . . . . . . .   0$^{\text{m}}$,12 de mercure.

Le fourneau produira $9^{\text{k}}$,00 de fonte, et consommera $13^{\text{k}}$,50 de coke par minute ; il sera soufflé à $90^{\text{m}3}$,00, ce qui exigera une machine de 50 chevaux, soit 100 chevaux théoriques, ou $7^{\text{dyn}}$,500. Le fourneau produisant $0^{\text{k}}$,15 par seconde, on a : $0,15 : 7,5 :: 1000 : x = 50000$ dynamies.

**713.** La production de la fonte au coke exige donc, dans tous les cas, une dépense de force mécanique, bien supérieure à celle que réclame l'emploi du bois ou du charbon. C'est un des désavantages de ce système ; mais comme, en définitive, l'utilisation de la chaleur perdue des fourneaux permet de créer des forces motrices à un prix peu élevé, il n'y a réellement pas lieu de s'inquiéter beaucoup de cette circonstance.

# CHAPITRE VIII.

## PRIX DE FABRICATION DE LA FONTE.

---

### MODE D'ÉVALUATION.

**714.** Le prix de revient de la fonte se compose de plusieurs éléments, qui sont :

1°. Le prix des matières premières comprenant : { les combustibles, les substances métalliques, les fondants,

2°. Les frais accessoires comprenant : { le service des fourneaux, les machines, les frais d'outils, l'entretien des fourneaux.

3°. Les frais généraux comprenant : { l'entretien général de l'usine, les contributions de toute nature, les frais de régie, de bureau, etc., l'intérêt du fonds de roulement, l'intérêt et l'amortissement du capital, les frais de locations.

Nous allons successivement examiner ces articles, et nous indiquerons pour chacun d'eux les différents éléments dont il se compose.

### DES MATIÈRES PREMIÈRES.

**715.** Les matières premières comprennent toutes celles qui sont versées dans les fourneaux pour servir à l'élaboration de la fonte, c'est-à-dire, le combustible, les minerais, les scories, les vieilles fontes et la castine.

Le prix de revient de chacun d'eux se compose de l'achat sur place, de la préparation et du transport à l'usine, sans y faire intervenir l'intérêt des capitaux engagés dans ces spéculations, attendu qu'il y a une manière plus simple d'en tenir compte, d'après la valeur des produits.

**716.** *Préparations.* — Autant que faire se peut, les préparations que subissent les matières premières doivent être effectuées sur place, afin que les frais de transport soient diminués dans le rapport du poids des matières brutes à celui des matières préparées. Cette règle est générale, et s'applique au charbon et au coke, comme aux minerais ou à la castine; il n'y a lieu d'y déroger que lorsque le prix de la surveillance, au dehors, surpasse celui de la surveillance à l'usine, de toute la différence des frais de transport, ou lorsqu'il est réellement impossible que les opérations se fassent ailleurs que dans le voisinage des ateliers.

La préparation du *charbon* s'est toujours faite dans les forêts, parce que la grande différence de poids qui existe entre le bois et le charbon rend cette mesure indispensable; la fabrication du *coke* se fait, au contraire, assez souvent à l'usine, parce que la carbonisation de la houille présente moins de déchet que celle du bois; toutefois, une usine un peu éloignée des houillères doit trouver un avantage notable à faire le coke sur le lieu même de l'extraction.

Le lavage et le bocardage des *minerais* très-sales, qui ne rendent que 25 à 35 pour 100 de mine lavée, se font le plus près possible des minières; tandis qu'il y a avantage à bocarder à l'usine des minerais en roches, qui ne donnent que très-peu de déchet.

La position des fours de grillage dépend tout à fait des positions relatives de la minière, des houillères et de l'usine, ainsi que du déchet qui résulte de l'opération, et ne peut être indiquée d'une manière générale. Le cas le plus favorable est celui où l'opération peut, sans excès de dépense, s'opérer à l'usine et très-près des fourneaux, parce qu'il y a toujours avantage à concentrer sur le même point le plus grand nombre de travaux possible.

Le cassage de la *castine* se fait, à volonté, sur le lieu d'extraction ou à l'usine, parce qu'il n'en résulte que peu de déchets.

**717.** *Transports.* — Les prix de transport varient avec la nature des voies de communication et celle des matières. Ils peuvent être réglés au volume; mais leur évaluation primitive ne peut se faire qu'en tenant compte des poids.

*Les prix par tonne et par kilomètre* peuvent être, en moyenne, estimés ainsi qu'il suit :

|  | PAR TONNE ET PAR KILOMÈTRE. |
|---|---|
| Transport sur mer...................... | 0ᶠ,025 à 0ᶠ,030 |
| *Idem,* sur rivière à la descente.... .... | 0 ,035 à 0 ,050 |
| *Idem,* *idem,* à la remonte........ | 0 ,050 à 0 ,090 |
| *Idem,* sur canaux.... .. .......... | 0 ,050 à 0 ,120 |
| *Idem,* sur chemins de fer avec chevaux... | 0 ,120 à 0 ,150 |
| *Idem,* sur routes royales pavées........ | 0 ,200 " |
| *Idem,* *idem,* ordinaires........ .. | 0 ,250 " |
| *Idem,* sur chemins vicinaux.......... | 0 ,400 à 0 ,600 (avec retour à vide.) |
| *Idem,* à dos de mulets dans les montagnes. | 0 ,50 à 0 ,85 |

Les prix pour les différentes matières sont entre eux à peu près dans le rapport suivant :

| | |
|---|---|
| Fonte. . . . . . . . . . . . . . . . . . . . . . . . . . . . . . . . . . . . . . . . . . . . . | 0,90 |
| Minerai et castine. . . . . . . . . . . . . . . . . . . . . . . . . . . . . . . . . . | 1,00 |
| Houille. . . . . . . . . . . . . . . . . . . . . . . . . . . . . . . . . . . . . . . . . . . . . | 1,10 |
| Coke. . . . . . . . . . . . . . . . . . . . . . . . . . . . . . . . . . . . . . . . . . . . . | 1,20 |
| Bois en bûches. . . . . . . . . . . . . . . . . . . . . . . . . . . . . . . . . . . . . | 1,20 |
| Charbon. . . . . . . . . . . . . . . . . . . . . . . . . . . . . . . . . . . . . . . . . . . | 1,40 |

Ces évaluations sont des moyennes qui peuvent varier en raison d'une infinité de circonstances que nous ne pouvons pas mentionner ici ; nous nous contenterons de faire observer, qu'un des moyens les plus fréquemment employés pour effectuer les transports à bas prix, consiste à les opérer dans la saison de l'année où l'on a le moins à redouter la concurrence du commerce, ou à organiser soi-même un service aussi constant et aussi régulier que possible. Les grands établissements réussissent toujours, quand ils le veulent, à faire leurs transports à bon marché ; parce que l'importance en est assez considérable, pour autoriser la création, à leur propre compte, de voies économiques telles que des canaux ou des voies en fer, lorsque ces moyens de communication ne sont pas d'un intérêt assez général pour être établis aux frais de l'État. Les petites usines, au contraire, sont obligées de subir tous les inconvénients qui dérivent d'une mauvaise position : aussi ne réussissent-elles que très-rarement à produire à aussi bas prix que les premières : avec un peu plus d'esprit de corps et une intelligence plus complète de leurs véritables intérêts, elles arriveraient néanmoins aux mêmes résultats, en s'associant entre elles pour l'organisation de voies de communications communes, dont les frais d'établissement et d'entretien seraient répartis sur chacune d'elles proportionnellement aux avantages qu'elles en retirent. Il y a en France un grand nombre de localités, où la réalisation de cette idée diminuerait considérablement les prix du combustible et de la mine, et il est fâcheux de voir que les maîtres de forges s'occupent aussi peu des seuls moyens qui peuvent assurer leur existence dans l'avenir !

**718.** *Prix du charbon.* — Le prix de revient du charbon de bois se compose ainsi qu'il suit :

Achat du bois sur pied,
Abattage, façon et cordage,
Transport à la faulde, mise en meules et cuisson,
Transport à l'usine et mise en halles.

Frais d'emmagasinage...... { Entretien et réparations des halles,

Déchet des halles

L'acquisition des bois est aujourd'hui l'opération la plus difficile qui soit
à la charge d'un directeur d'usine; son succès dépend de la justesse de l'estimation et du degré de tact et d'adresse de l'acheteur aux adjudications.
La valeur d'une coupe étant toujours relative à sa position par rapport à
l'usine, l'estimateur n'a pas seulement à évaluer exactement la quantité et
la qualité du bois qu'elle peut fournir, il faut encore qu'il tienne compte
du prix d'exploitation et qu'il sache prévoir exactement à quel taux s'élè-
veront les frais de carbonisation, de surveillance et de transport : c'est avec
ces éléments que l'on compose une série de prix de revient fictifs, correspondant à différentes hypothèses faites sur le prix de vente, et l'on sait
alors au juste jusqu'à quel point il est possible de pousser les enchères.

*L'estimation des bois* est confiée à un employé spécial (le commis de
bois), qui est chargé de surveiller toute la manutention des bois et des charbons jusqu'à leur rendement à l'usine; ces fonctions ont une grande importance, et ne doivent être confiées qu'à des hommes, bien au fait des ressources de la localité, d'un jugement exercé et d'une probité à toute épreuve.

*Les coupes de l'État* se paient dans l'année qui suit l'adjudication; le
premier versement composé de 1/4 de la somme totale a lieu trois mois
après elle, les trois autres se font au bout de 6, 9 et 12 mois. Tous les bois
devant être abattus, carbonisés et rendus à l'usine dans cette même année
et consommés dans les six mois suivants, le déboursé précède à peu près de
neuf mois l'instant où ils sont appliqués à la production.

La plus grande partie du charbon qui alimente les fourneaux est transportée par terre; *le prix est réglé* suivant la distance de la coupe, à tant
*par stère de bois* abattu, ou, ce qui est moins mauvais, à tant *par banne
ou par sac* de charbon livré, avec faculté de la part de l'employé préposé
à la réception, de réduire les cubes des livraisons précédentes, lorsqu'il se
présente des bannes ou des sacs mal remplis. Ce mode d'arrangement est
vicieux, en ce qu'il amène des contestations continuelles entre l'employé
et les entrepreneurs de transports qui sont placés à sa discrétion : on ferait
beaucoup mieux de traiter avec les voituriers à tant par tonne, et de
*peser* (1) *tous les chargements* à leur entrée dans l'établissement; de cette

---

(1) Toutes les usines doivent être pourvues de balances à bascule; leur usage est indispensable à ceux qui veulent avoir leurs comptes en ordre.

manière, il n'y a pas de fraude possible, car la balance est égale pour tous.

719. Lorsque le *transport* est payé *au volume*, l'employé constate de temps à autre la contenance des bannes, en ayant presque toujours soin d'opérer sur les voitures les moins chargées, et c'est sur cette expérience qu'il se base pour estimer la contenance des autres voitures, payer les voituriers et établir le compte d'entrée en halle. En procédant ainsi, le prix moyen de transport est réduit aux dépens de celui qui s'en est chargé, et *le chiffre d'entrée en halles se trouve abaissé;* de sorte qu'en faisant ensuite la livraison d'une manière exacte, on trouve en fin de compte un boni de halle artificiel, au lieu du déchet que doivent naturellement présenter tous les charbons qui subissent plusieurs manutentions. Nous ne saurions approuver cette manière de se tromper soi-même sur ses opérations, en abusant de l'ignorance de quelques voituriers, et ce n'est pas seulement au nom de la morale que nous blâmons ce système, mais au nom même de l'intérêt privé; car il rend difficile le moyen de constater un détournement de charbons, habitue les employés à présenter à leur maître des chiffres faux et ne permet pas d'arriver à une connaissance exacte des déchets; de sorte que l'on ignore toujours jusqu'à quel point telle méthode de transport, de déchargement ou d'emmagasinage, est favorable aux intérêts de l'exploitation.

Il y a des usines où l'on opère d'une manière opposée : on établit le *chiffre d'entrée en halles aussi exactement que possible,* et pour dissimuler le déchet total, on augmente le chiffre de chaque livraison d'une certaine fraction, proportionnelle au déchet constaté par l'expérience des années antérieures; cette méthode est encore vicieuse, parce qu'elle introduit dans les livres de roulement des fourneaux des chiffres inexacts, ce qui est toujours une faute en matière de comptabilité.

Entre ces deux méthodes, qui consistent à procéder, l'une par défaut à l'entrée, l'autre par excès à la sortie, nous pensons que la voie la plus simple et la plus naturelle est la seule que l'on doive suivre; celle qui se réduit à *constater par la pesée l'entrée et la sortie,* et à passer le déficit au compte de profits et pertes. C'est évidemment à tort que beaucoup de personnes éprouvent le désir de dissimuler dans une comptabilité les chiffres qui représentent les déchets, car on arrive ainsi à se les dissimuler à soi-même, tandis que le devoir d'un directeur consciencieux est de faire tous ses efforts pour les constater scrupuleusement et les mettre intégralement en relief; c'est le meilleur moyen qu'il puisse employer pour s'encourager à introduire des améliorations dans son usine, et pour juger de l'efficacité matérielle des modifications qu'il tente.

**720.** Il est de l'intérêt d'un maître de forges, de ne pas avoir des *approvisionnements de charbon* trop considérables, afin de réduire au strict nécessaire ses avances de fonds et la dimension de ses halles; les seuls mois de l'année pendant lesquels la carbonisation en forêts est à peu près impossible étant, novembre, décembre, janvier et février, quatre mois en tout; il suffit, à la rigueur, d'avoir un approvisionnement de six mois; mais, pour ne jamais être pris au dépourvu, et pour ne pas consommer du charbon trop frais, il faut compter, en moyenne, sur un approvisionnement de neuf mois, disposer ses halles en conséquence, et porter au compte du charbon les frais de halle relatifs à l'entretien et aux réparations pendant le même temps : l'intérêt et l'amortissement du capital d'établissement de la halle sont compris dans les frais généraux.

**721.** *Prix du bois desséché.* — Le prix de revient de bois desséché en forêts, s'établit comme celui du charbon; pour le bois consommé sans carbonisation, on a les frais suivants :

> Achat de bois sur pied;
> Abattage, façon et cordage;
> Transport à l'usine;
> Mise en tas à l'usine;
> Sciage et découpage, { main-d'œuvre;
> { entretien des outils;
> { déchet des bois.

Si le bois était desséché ou torréfié, à l'usine, il faudrait ajouter les articles suivants :

> Main-d'œuvre de dessiccation;
> Entretien des appareils;
> Déchets résultant des combustions accidentelles.

Pour obtenir le prix de revient net du bois, il faudrait porter immédiatement à son compte l'intérêt et l'amortissement du capital d'établissement des appareils de sciage et de cuisson; mais il est plus simple de n'en tenir compte que dans les frais généraux, ainsi que nous l'avons fait pour les halles à charbon, et de faire figurer leur renouvellement partiel au chapitre des frais d'entretien.

**722.** *Prix de la houille.* — Le prix de revient de la houille se compose des éléments suivants :

> Achat;
> Transport;

> Mise en tas à l'usine;
> Déchets.

Lorsqu'on la convertit *en coke* à l'usine, il faut ajouter :

> La main-d'œuvre,
> Les outils,
> La réparation des fours.

L'amortissement de leur capital se compte avec les frais généraux, parce que les réparations les maintiennent toujours en état de service.

Les usines les plus éloignées des houillères ont rarement besoin d'un approvisionnement de plus de trois mois, et, comme elles paient à trois mois d'échéance, le déboursé et la consommation ont presque lieu en même temps; celles qui sont voisines des lieux d'extraction n'ont pas besoin d'approvisionnements.

Lorsqu'on fait le coke à l'usine, il est consommé au fur et à mesure qu'on le fabrique; quand on l'achète tout fait, il faut s'arranger de manière à le brûler de suite, parce qu'il faudrait le mettre en halle si on tenait à le conserver longtemps. Le coke donne beaucoup de déchet, quand on lui fait subir plusieurs manutentions; c'est en raison de ce fait qu'on préfère généralement le fabriquer sur les lieux de consommation.

**723.** *Prix du minerai.* — Le prix de revient du minerai se compose d'un grand nombre d'éléments qui sont :

> L'extraction du minerai;
> La redevance aux propriétaires de terrain;
> Le transport au lavoir, ou aux fours de grillage;

Le bocardage et le lavage comprenant : .......
> la main-d'œuvre,
> les outils,
> l'entretien des machines,
> l'épuration des eaux,
> la surveillance;

> Le transport à l'usine,
> La mise en tas;

Le grillage comprenant :
> le combustible,
> l'entretien des fours,
> la main-d'œuvre,
> les déchets.

Dans les petites usines, on n'a pas d'employé spécial pour le *service des mines*; les marchés sont passés avec les fournisseurs par le directeur lui-même, et les travaux sont faiblement surveillés. Quand l'importance de l'exploitation le permet, il est avantageux de préposer un homme entendu à tout ce qui concerne l'exploitation du minerai ; il s'occupe de la recherche des gisements, veille à ce qu'ils soient exploités sans perte, et surtout à ce que les matériaux expédiés soient toujours de bonne qualité. *L'extraction* se fait à l'entreprise à un *prix réglé par mètre cube* de mine brute. *Le lavage et le bocardage* se font le plus près possible de la minière, sous la surveillance d'un *commis*, d'un contre-maître ou d'un *entrepreneur ;* toutes les dépenses qui en dépendent, à l'exception de l'intérêt des capitaux engagés, sont portées directement au compte de la mine. Du bocard, la mine est envoyée à l'usine et mise en tas jusqu'à son emploi.

Le *grillage* se pratique généralement à l'usine, dan⟨s le v⟩oisinage immédiat des fourneaux, et, au fur et à mesure de leurs be⟨soin⟩s ; les ouvriers sont *payés à la tonne.*

Il est généralement inutile que les *approvisionnements de mine* excèdent la consommation de quatre à cinq mois, et, lorsque l'on peut effectuer les transports en toutes saisons, ils peuvent être beaucoup moindres ; le cas où l'on est obligé de préparer la matière par une longue exposition à l'air fait exception à cette règle.

**724. *Laitiers et scories.*** — Tous les *laitiers* des hauts fourneaux contiennent des parcelles de métal, que l'on peut en extraire par un bocardage et un lavage. Les parties métalliques sont portées au fourneau, auquel on les compte à leur prix de revient, et le reste est employé en guise de sable dans les maçonneries que l'on peut avoir à faire (1) : beaucoup de fourneaux au bois tirent ainsi un assez bon parti de leurs laitiers. Quand on emploie les *scories d'affinage,* on les compte au prix que coûte leur préparation.

Les bocages, ou *vieilles fontes,* sont estimés aux 2/3 environ de la valeur de la fonte brute.

**725. *Prix de la castine.*** — Le prix de revient de la castine comprend :

> L'extraction,
> Le transport à l'usine,
> La mise en tas,
> Le cassage.

Cette opération se fait ordinairement à l'usine, dans un petit hangar placé près des fourneaux.

---

(1) Le sable de laitiers sert à faire un excellent mortier.

**726.** *Service des fourneaux.* — On distingue, parmi les ouvriers des fourneaux, ceux dont le travail s'applique directement à la production, et ceux qui s'occupent des services accessoires.

Le *service direct* se compose :

> Des fondeurs et des chargeurs.

Le *service indirect* comprend :

> Le transport des matières premières à pied-d'œuvre,
> Le montage des charges,
> L'évacuation des laitiers,
> L'évacuation des fontes,
> Leur pesage et leur mise en magasin.

Ces différentes branches de service sont placées sous la surveillance d'un employé spécial, qui tient note de toutes les opérations relatives à chaque fourneau; elles sont consignées, jour par jour, dans l'*état de roulement*, récapitulées à la fin de chaque mois, et réparties au *journal de roulement*.

En France, les ouvriers des fourneaux sont *payés au mois* ou à la journée; mais il est plus avantageux de les payer tous à raison d'une certaine somme *par tonne de fonte* produite, parce qu'ils sont alors directement intéressés à faire tous leurs efforts pour éviter les chômages.

Chaque fourneau est servi par un *maître-fondeur* et un *aide-fondeur*, qui se relèvent à chaque coulée. Quand on a plusieurs hauts fourneaux, il suffit d'avoir un maître-fondeur pour toute l'usine, et deux aides par fourneau.

Les *chargeurs* sont placés sous la surveillance immédiate des fondeurs, et travaillent par poste de 12 heures. Un seul chargeur peut alimenter deux fourneaux de production moyenne, quand il ne concourt pas au montage des charges.

**727.** Le nombre d'ouvriers nécessaires au *transport des matières* à pied-d'œuvre, et à leur élévation au gueulard, dépend de la distance des halles, de celle des parcs à mine ou à coke, de l'importance de la fabrication et de la disposition des appareils mécaniques. On fait bien de donner tout ce service, *à l'entreprise*, à un seul homme, qui prend des manœuvres à son compte.

Dans les fourneaux au bois, qui rendent 3 500 à 4 500 kil. de fonte par jour, un homme et une voiture, travaillant huit heures par jour, suffisent au chargement et au transport des *laitiers* à une distance de 2 à 300 mètres.

Quels que soient les moyens de transport employés et l'importance de ce service, il doit toujours être donné à l'entreprise.

L'évacuation des *fontes*, leur pesage et leur mise en magasin, peuvent être effectués de la même manière; mais il faut que l'employé surveille le pesage, et tienne compte des poids.

728. *Frais de machines.* — Les machines comprennent :

> Le moteur (roue hydraulique ou machine à vapeur),
> La soufflerie,
> Les monte-charges,
> Les appareils à air chaud,
> Les conduites de vent,
> Les conduites d'eau, réservoirs, etc.,
> Les grues et les balances à bascule.

Lorsque leur importance le permet, les machines sont toutes placées sous la surveillance d'un ingénieur employé à l'usine, qui veille sur leur marche, leur entretien et leurs réparations. Dans le cas contraire, on se contente de mettre à la disposition de l'employé des fourneaux un ouvrier mécanicien suffisamment entendu. Les frais de machine comprennent :

> La consommation en combustible;
>
> L'entretien . . . . . . . { graisse, huile, étoupe, cuirs, chandelles, etc. ;
>
> Les réparations . . . . { matières premières, main-d'œuvre ;
>
> La main-d'œuvre . . { mécaniciens, chauffeurs, manœuvres.

729. *Frais d'outils.* — Les ustensiles les plus nécessaires au service sont :

> Les wagons, chariots, bâches ou raisses qui servent au transport des matières;
> Les balances pour les charges et pour la fonte,
> Les bâches à eau,
> Les pelles,
> Les ringards,
> Les perçoirs,
> Les crochets à laitiers,
> Les curettes de tuyère,
> Les sceaux à eau,
> Les moules à saumon, etc., etc.,
> Les masses et marteaux à main.

Tous ces objets portent la *marque de l'usine* et le *numéro du fourneau* auquel ils sont spécialement consacrés; ils sont placés sous la responsabilité des ouvriers qui les emploient, et ceux-ci sont tenus de représenter le débris ou les restes d'un outil usé, pour avoir droit à la livraison d'un neuf. C'est le seul moyen de les obliger à la conservation du matériel dont ils disposent.

Tous les comptes d'outils sont réglés à chaque inventaire.

**750.** *Entretien du fourneau.* — Ce compte est tenu par l'employé principal, et comprend les frais de mise hors et de mise en feu, les réparations journalières et le remplacement des pièces usées. Les principaux articles qui les composent sont :

Pour la mise hors........ $\begin{cases} \text{démolition,} \\ \text{transport des débris.} \end{cases}$

Pour la mise en feu...... $\begin{cases} \text{briques ordinaires,} \\ \text{briques réfractaires,} \\ \text{pierres réfractaires,} \\ \text{sable, pierres ordinaires,} \\ \text{fonte et fer,} \\ \text{main-d'œuvre et pose.} \end{cases}$

Pour l'entretien journalier. $\begin{cases} \text{terres réfractaires et briques,} \\ \text{tympes, dames,} \\ \text{fers de tympe,} \\ \text{plaques de gentilhomme,} \\ \text{tuyères,} \\ \text{busillons et bottes en cuir,} \\ \text{fontes et fers de diverses natures.} \end{cases}$

### FRAIS GÉNÉRAUX.

**751.** *Entretien général.* — Les principaux éléments de ce compte sont :

L'entretien des cours d'eau, digues, barrages, etc. ;

*Idem* des routes, ponts et chemins qui servent à l'usine ;

*Idem* des murs de clôture, chantiers, ateliers et magasins compris dans les articles précédents ;

*Idem* des maisons de maître, d'employés et d'ouvriers, dépendant des fourneaux ;

L'assainissement et le nettoyage de toutes les parties de l'établissement.

Dans les grandes usines, ces différents services sont placés sous la surveillance d'un *chef de main-d'œuvre* assez entendu, pour faire exécuter toutes les opérations indiquées par le directeur, régler les comptes des charpentiers, maçons, paveurs, et celui de tous les manœuvres employés aux travaux généraux.

**752.** *Contributions.* — Ce compte comprend :

Les contributions proprement dites ;

Les patentes et les assurances ; il est tenu par le chef de la comptabilité ou par le directeur lui-même.

**753.** *Frais de régie.* — Ce compte comprend :

Les appointements de tous les employés,

Les frais de bureau,

Les frais de déplacement pour le service général,

Les frais de poursuite, procès, et autres dépenses du même genre.

Dans une petite usine, composée d'un seul fourneau au bois, le directeur fait à peu de chose près toute la besogne, et n'a pas besoin d'employé ; dans une exploitation de plusieurs fourneaux, il faut au moins compter sur le personnel suivant :

Un directeur intéressé dans l'affaire, ayant sous ses ordres :

Pour l'extérieur............. { 1 commis de bois, 1 commis aux mines, bocards, etc. ;

Pour l'intérieur............. { 1 commis aux réceptions, 1 commis aux expéditions, chargé du magasin et d'une partie de la correspondance, 1 commis de main-d'œuvre, 1 directeur des fourneaux ;

Pour la comptabilité générale. { 1 comptable, 1 caissier.

Ces deux employés reçoivent des précédents les rapports déjà mis en ordre, et réglés de manière à n'avoir pas à s'occuper des détails qui pourraient les embarrasser. Quand l'importance de la fabrication le comporte, on peut, sans augmenter le nombre des commis principaux, les faire aider par des commis de second ordre, ou des contre-maîtres.

**754.** *Intérêt du fonds de roulement.* — Le fonds de roulement par tonne se compose de la somme des articles précédents ; le fonds total est le produit de cette somme par le nombre de tonnes fabriquées dans l'année. En raison des avances que l'on est obligé de faire pour l'achat des matières premières, et de celles que l'on fait, en outre, aux acheteurs qui ne paient que six mois après la livraison, il faut compter, dans le prix de revient, l'intérêt du fonds de roulement pendant une année entière. Le taux de l'intérêt dépend tout à fait du mode d'arrangement que l'on fait avec les bailleurs de fonds : en l'évaluant à 8 pour 100, nous nous écartons peu des conditions générales que subit le commerce pour se procurer du numéraire.

**733.** *Intérêt et amortissement du capital.* — Il ne suffit pas à un industriel qui emprunte de l'argent, ou qui dispose de ses propres fonds pour
construire une usine, de compter dans le prix de revient de ses produits
les intérêts à 5 ou à 6 pour 100 du capital engagé; il doit y comprendre
l'amortissement de toute la partie de cette somme affectée à des constructions dont la durée est limitée, et qui n'ont une valeur que par le fait
même de son exploitation. S'il agissait autrement, il arriverait que, par
suite des grandes améliorations, changements et renouvellements, que les
progrès de l'art peuvent l'obliger à faire dans son établissement, son
capital s'augmenterait sans cesse, et finirait par atteindre un chiffre exor-
bitant, sans rapport avec la valeur réelle des choses existantes, et qui grè-
verait toute la fabrication à venir d'une somme d'intérêts qui la rendrait
impossible.

Le *sol* est la seule propriété qui ne perde pas de sa valeur avec le temps :
Le capital qui a servi à l'acquisition du terrain, du cours d'eau, prairies
et terres attenantes, ne doit donc pas être amorti; il suffit d'en compter
l'intérêt à 4 ou 5 pour 100, en ayant soin d'en déduire, avant de le faire
figurer dans les prix de revient de la fonte, les rentrées qui peuvent en
provenir sous forme de fermages, redevances ou produits quelconques.

Les *constructions* auxquelles le temps fait perdre de leur valeur peuvent être divisées en trois classes.

La *première classe* comprend les canaux, les écluses, les ponts, les
murs de clôture et de soutenement, les routes, les maisons d'habitation,
et en général tous les immeubles qui ne se détériorent que très-lentement :
ils représentent un capital considérable qui ne doit être amorti qu'à long
terme et après un délai de 80 ans environ.

La *seconde classe* comprend les halles, les magasins et autres bâtiments
qui dépendent directement de l'usine; leur usure est assez rapide, et comme,
en outre, un changement de fabrication peut en entraîner la démolition,
nous supposerons que ce capital doit être amorti en 50 années.

Nous rangeons dans la *troisième classe* tous les appareils de fabrication
proprement dits, c'est-à-dire les machines, les roues hydrauliques, les
fourneaux, les fours, etc.; ce capital doit être amorti dans un délai de
30 ans environ, parce que l'on peut supposer qu'au bout de ce temps,
l'usure ou la nécessité des améliorations auront rendu son renouvellement
indispensable.

Les capitaux que l'on consacre pendant le courant de l'exploitation à
l'agrandissement de l'usine ou à de grandes améliorations, se divisent

comme le capital de fondation en quatre classes qui forment des annexes à celles que nous venons de spécifier; de sorte qu'en définitive on a à considérer les articles suivants :

A. Achats de terrains et cours d'eau, lors de la fondation de l'usine........
A'. Nouvelles acquisitions du même genre.
} Intérêt à 4 pour 100 de A + A' = a.

B. Organisation des cours d'eau, routes, canaux, travaux d'art et maisons d'habitation........ ..........
B'. Agrandissement et améliorations importantes du même genre........
} Intérêt à 4 pour 100, et amortissement en 80 ans de B + B' = b.

C. Bâtiments et dépendances directes de l'exploitation................
C'. Nouveau capital appliqué aux mêmes.
} Intérêt à 5 pour 100, et amortissement de C + C', en 50 ans = c.

D. Machines et appareils primitifs......
D'. Idem. Idem. nouveaux,....
} Intérêt à 5 pour 100, et amortissement de D + D', en 30 ans = d.

La somme $a + b + c + d$, ainsi formée, se divise par le nombre de tonnes de fontes fabriquées dans l'année, pour obtenir la portion d'intérêts et de capitaux amortis, qui doivent être comptés dans le prix de revient d'une tonne de métal.

**736.** Lorsqu'une *usine est affermée* et que le bail est assez long pour que le fermier consacre ses propres deniers à des modifications importantes, ce capital doit être remboursé pendant la durée du bail, et l'on compte alors dans le prix de revient :

1°. Les frais de location;

2°. L'intérêt, et l'amortissement du capital, calculé sur la durée du bail.

**737.** Nous avons indiqué aussi complétement que possible tous les éléments de dépense qui concourent à former le prix de revient d'une tonne de fonte, et nous avons essayé d'établir la *méthode générale* suivant laquelle il nous parait rationnel de grouper ces éléments, pour composer les articles dont la réunion forme la somme cherchée. Toutes les usines ne suivent pas à cet égard la même marche, et il en existe même un assez grand nombre qui, en raison d'une comptabilité mal établie, ne se rendent que très-imparfaitement compte de leurs opérations; les inconvénients d'une semblable organisation sont assez palpables pour que nous nous dispensions d'en signaler les tristes conséquences.

## PRIX DE REVIENT DANS QUELQUES USINES.

**758.** Nous allons citer quelques exemples du prix de revient de la fonte, dans quelques usines au charbon et au coke.

1°. Fourneau au bois dans les Ardennes (1), produisant 800 tonnes par an.

PRIX PAR TONNE.

| | | |
|---|---|---|
| Minerai......................................... | | 35f,00 |
| Castine (à 8 fr. le mètre cube)..................... | | 0 ,95 |
| Charbon 1t,40 à 74f,60............................ | | 105 ,00 |
| Main-d'œuvre. | | |
| 1 maître fondeur à................. | 60 fr. par mois. | » |
| 2 sous-fondeurs à................... | 100 id.... | » |
| 2 chargeurs à..................... | 70 id.... | » |
| 1 remplisseur de raisses à........... | 30 id.... | » |
| 1 brouetteur à................... | 30 id.... | » |
| 2 journaliers à................... | 40 id.... | » |
| Total................ | 330 id.... | » |
| | | |
| Soit par tonne...................................... | | 4 ,95 |
| Frais de régie et de bureau.......................... | | 3 ,12 |
| Entretien de l'usine, patente et contributions........... | | 3 ,12 |
| Total du fonds de roulement par tonne = 152 ,14. | | |
| Intérêt à 5 pour 100 pendant un an................... | | 7 ,61 |
| Intérêt du capital d'établissement (80 000 fr. à 5 pour 100); | | |
| soit par tonne....:............................... | | 5 ,00 |
| Prix de revient total.................... | | 164f,75 |

2°. Fourneau au bois en Franche-Comté (2), produisant 900 tonnes par an.

PRIX PAR TONNE.

| | | |
|---|---|---|
| Mine.... 2t,848 , ou 1m3,78 à 21f,80................ | | 38f,80 |
| Charbon — 5m3,65 à 20 ,05.............. | | 113 ,28 |
| Castine — 0m3,17 à 6 ,00........... .... | | 1 ,02 |
| Main-d'œuvre (4 000 fr. par an)..................... | | 4 ,44 |
| Cours d'eau (8 000 fr. par an)....................... | | 8 ,88 |
| Fonds de roulement : 120 000f à 6 pour 100 = 7 200f, soit... | | 8 ,00 |
| Régie, réparations, contributions, etc.................. | | 18 ,12 |
| Prix de revient total..................... | | 192 ,54 |

3°. Fourneau au bois en Champagne, produisant 800 tonnes (3).

PRIX PAR TONNE.

Mine.... 2ᵗ,74, ou 1ᵐ³,71 à 12ᶠ,20.................... 20ᶠ,86
Charbon — 5ᵐ³,65 à 20 ,43.................... 115 ,43
Castine — 0ᵐ³,14 à 6 ,00................ .... 0 ,84
Main-d'œuvre (3 200 fr. par an)...................... 4 ,00
Cours d'eau (5 000 fr.). ............................. 6 ,25
Intérêt des fonds de roulement (100 000 fr. à 6 pour 100 = 6 000 fr.) 7 ,50
Régie, réparations, contributions, etc...................... 12 ,25
　　　Prix de revient total................ .... .... 167ᶠ,13

4°. **Fourneau au bois en Bourgogne, produisant 800 tonnes par an (1).**

PRIX PAR TONNE.

Mine.... 2ᵗ,96 ou 1ᵐ³,85 à 19ᶠ,40.................... 35ᶠ,89
Charbon — 5ᵐ³,82 à 15 ,46.................... 89 ,98
Castine — 0ᵐ³,17 à 6 ,00 .................... 1 ,02
Main-d'œuvre (3 200 fr. par an)....... .... ............ 4 ,00
Cours d'eau (5 000 fr. par an)...................... 6 ,25
Intérêt du fonds de roulement (100 000 fr. à 6 pour 100 = 6 000 fr.) 7 ,50
Régie, contributions et frais divers... ............ ......... 12 ,25
　　　Prix total (2)...................... 156ᶠ,89

(1) *Annales des Mines*, 4ᵉ livraison, 1840.

(2) Dans les fourneaux nᵒˢ 2, 3 et 4, *le prix des minerais* et celui du *charbon* sont obtenus comme il suit :

| | FRANCHE-COMTÉ. | CHAMPAGNE. | BOURGOGNE. |
|---|---|---|---|
| Frais d'extraction............ | 4ᵐ³,00 mine brute à 1ᶠ,40. .... = 5ᶠ,60 | 3ᵐ³,00 mine brute à 0ᶠ,95...... = 2ᶠ,85 | 4ᵐ³,00 à 1ᶠ,20. . = 4ᶠ,80 |
| Indemnité pour le sol........ | 0ᶠ,70 par m. cube. = 2 ,80 | 0ᶠ,35 par m. cube. = 1 ,05 | 0ᶠ,65 par m. cube. = 2 ,60 |
| Transport à l'atelier de préparation ... ......... | Distance de 3 kilom. à 0ᶠ,25 par tonne, ou 0ᶠ,30 par m. cube de 1200 kil. = 3 ,60 | Pour 3 kilom. à 0ᶠ,31 par mètre cube de 1250 k. = 2 ,80 | Pour 3 kilom. à 0ᶠ,30 par mètre cube de 1200 k. = 3 ,60 |
| Frais de préparation ........ | 0ᶠ,15 par m. cube. = 1 ,80 | 0ᶠ,35 par m. cube = 1 ,05 | 0ᶠ,15 par m. cube = 1 ,80 |
| Curage des bassins d'épuration. | 0 ,10 id. id. = 1 ,60 | 0 ,15 id. id. = 0 ,15 | 0 ,35 id. id. = 1 ,40 |
| Loyer de l'atelier de préparation, régie et frais divers. . | 1 ,20 id. id. = 1 ,80 | 0 ,80 id. id. = 2 ,40 | 0 ,00 id. id. = 3 ,60 |
| Transport au fourneau....... | Distance de 4 kilomètres à 0ᶠ,10 par m³ de 1 600 kil. = 1 ,60 | Pour 4 kilom. à 0ᶠ,10 par mètre cube de 1 600 k. = 1 ,60 | Pour 4 kilom. à 0ᶠ,40 par mètre cube de 1 600 k. = 1 ,60 |
| Totaux........ | ............. = 21ᶠ,80 | ............. = 12ᶠ,20 | ............. = 19ᶠ,40 |
| *Prix du mètre cube de charbon.* | | | |
| Bois sur pied.. ........... | 3 stères à 5ᶠ,75... = 17ᶠ,25 | 3 stères à 6ᶠ,00.. = 18ᶠ,00 | 2ˢᵗ,80 à 4ᶠ,50. . = 12ᶠ,60 |
| Abattage, façon, cordage.... | 0ᶠ,55 — 0ᶠ,25 pour la valeur des fagots ; reste 0ᶠ,30 par stère. .. = 0 ,90 | 0ᶠ,55 — 0ᶠ,35 ou 0ᶠ,20 par stère. = 0 ,60 | 0ᶠ,55 — 0ᶠ,15 ou 0 ,40 par stère. = 1 ,00 |
| Dressage et feuillage ........ | 0ᶠ,20 par stère. = 0 ,60 | 0 ,20 par stère .. = 0 ,60 | 0 ,22 par stère... = 0 ,60 |
| Cuisson.. ......... | 0 ,09 id. id. = 0 ,27 | 0 ,09 id. = 0 ,27 | 0 ,11 id. id. = 0 ,28 |
| Transport à l'usine pour 12 kilomètres. ............ | 0 ,37 par tonne, ou 0ᶠ,08 par mètre cube de 216 kil. = 0 ,96 | 0 ,37 par tonne, ou 0ᶠ,074 par mètre cube de 200 kil. = 0 ,80 | 0 ,37 par tonne, ou 0ᶠ,08 par mètre cube de 216 kil. = 0 ,96 |
| Mise en halle ............ | ............. 0 ,07 | ............. 0 ,07 | ............. 0 ,07 |
| Totaux......... | ... .... = 20ᶠ,05 | ............. = 20ᶠ,34 | ............. = 15ᶠ,51 |

5°. Usine au bois, dans la Meuse, produisant 90 tonnes par mois.

PRIX PAR TONNE.

Minerai, 2t,66.................................... 20f,40
Charbon , 5m3,50. ............................... 114 ,00

Main-d'œuvre :
1 fondeur en chef.................. 70 fr. par mois.
1 sous-fondeur..................... 45      id.
3 chargeurs........................ 135     id.
1 tombereau........................ 80      id.
1 remplisseur de raisses........... 40      id.
Chauffage de 4 ouvriers............ 20      id.
Releveurs de charbon, aides........ 50      id.

Total.................. 440 fr. par mois.
Soit par tonne,............................... 4 ,90
Frais généraux, etc........................... 10 ,00

Prix total........................... 149t,30

6°. Usine au coke dans le pays de Galles (Angleterre) (1).

PRIX PAR TONNE.

|  | | Fonte douce. | Fonte de forge. |
|---|---|---|---|
| Houille pour fonte douce.... | 5t,600 à 6f,20... | 34f,70 | » |
| Houille pour fonte de forge.. | 5 ,100 à 6 ,20... | » | 31f,60 |
| Minerai................. | 3 ,650 à 8 ,00... | 31 ,80 | 31 ,80 |
| Castine, à 3f,10 la tonne (1 000 kil. et 800 kil.). | | 3 ,10 | 2 ,50 |
| Main-d'œuvre et réparations................... | | 14 ,40 | 13 ,40 |
| Frais d'administration...................... | | 3 ,30 | 3 ,30 |
| Totaux............. | | 87f,30 | 82f,60 |

Les principaux ouvriers reçoivent par tonne de fonte :

| | Fonte douce | Fonte de forge |
|---|---|---|
| Les fondeurs............................ | 1f,45 | 1f,00 |
| Chargeurs.............................. | 1 ,25 | 0 ,80 |
| Ouvrier qui charge les brouettes de laitier....... | 1 ,00 | 0 ,80 |
| Casseurs de castine..................... | 0 ,50 | 0 ,50 |
| Faiseurs de coke. ...................... | 1 ,55 | 1 ,55 |
| Ouvrier qui transporte le coke................. | 0 ,35 | 0 ,35 |
| Ouvrier qui charge les brouettes de coke........ | 0 ,45 | 0 ,45 |
| Grilleurs de minerai........................ | 0 ,55 | 0 ,55 |
| Peseur de fonte......................... | 0 ,20 | 0 ,20 |
| Réparation aux outils..................... | 0 ,25 | 0 ,25 |
| Ouvrier mécanicien....................... | 7 ,50 | 7 ,50 |

(1) *Voyage métallurgique* de MM. Coste et Perdonnet.

7°. Usine au coke en France (Aveyron).

PRIX PAR TONNE.

| | | |
|---|---|---|
| Mine grillée...... | 1<sup>t</sup>,782 = 20<sup>r</sup>,31................ ⎫ | |
| Mine crue....... | 1 ,179 = 11 ,07................ ⎬ 35<sup>r</sup>,16 | |
| Castine........ | 0 ,041 = 3 ,78................ ⎭ | |
| Coke.......... | 2 ,713 = 28 ,97................ ⎫ 30 ,03 | |
| Houille........ | 0 ,262 = 1 ,06................ ⎭ | |
| Réparations.................................. | | 1 ,34 |
| Main-d'œuvre................................ | | 8 ,55 |
| Soufflerie.................................. | | 5 ,31 |
| Frais divers................................ | | 1 ,63 |
| Total............. ............. | | 82<sup>r</sup>,02 |

**739.** Les exemples que nous venons de citer peuvent donner une idée assez exacte du prix des matières et de la main-d'œuvre, dans les localités que nous avons considérées; mais ils prouvent en même temps que l'évaluation des prix de revient se fait en général d'une manière très-incomplète et sans méthode fixe; les indications que nous avons présentées à ce sujet pourront donc être de quelque utilité à ceux qui comprennent tous les dangers auxquels s'exposent les industriels qui ne cherchent pas à se rendre un compte exact de leurs opérations!

**740.** Le prix de revient de la fonte dépendant presque entièrement de la *position* plus ou moins favorable *des usines par rapport aux matières premières* qu'elles emploient, nous allons présenter quelques observations à cet égard, et nous terminerons ainsi tout ce qui est relatif à la fabrication de la fonte.

### DONNÉES RELATIVES A LA POSITION DES USINES A FONTE.

**741.** Toute industrie qui tire ses matières premières du sol, et qui les convertit en produits d'un transport plus facile que celui des matières elles-mêmes, s'établit toujours dans les lieux où elle peut se les procurer à bas prix en quantité et en qualité convenable; l'expédition des produits est pour elle une question secondaire qui se résout généralement avec plus de facilité que la première : c'est dans cette catégorie que se trouvent placées les usines à fonte.

Les éléments de la fabrication de la fonte sont : la force motrice, le combustible et la mine; ces deux derniers se trouvent à la surface ou dans les entrailles de la terre, et le premier se puisait exclusivement aux cours d'eau qui l'arrosent, avant que l'invention de la machine à vapeur ait apporté à l'industrie le précieux moyen de créer des forces motrices, partout où elle peut se procurer des combustibles : les deux espèces de combustibles et les deux genres de moteurs tendent à se substituer les uns aux autres.

**742.** *Anciennes usines.* — Avant l'usage de la vapeur, la position des usines se trouvait naturellement déterminée par celle des *cours d'eau*, et la question de l'établissement d'un haut fourneau consistait à trouver une chute présentant une force suffisante, dans le voisinage des mines et des forêts.

L'ancienne fabrication employait le *minerai* à peu près aussi bien que la nouvelle, mais elle brûlait énormément de *charbon*, et nous pouvons évaluer à $12^{m3},00$ ou à $2500$ kil. sa consommation moyenne par tonne de fonte; il lui fallait donc en poids presque autant de charbon que de mine, et, au point de vue des transports, elle ne devait pas tenir beaucoup plus à se rapprocher des minières que du centre des exploitations forestières.

Si nous voyons aujourd'hui presque toutes les anciennes usines groupées près des minières et à une assez grande distance des forêts, ce n'est probablement pas que, dans l'origine, elles se soient écartées des secondes pour se rapprocher des premières; mais bien plutôt, parce qu'après s'être établies dans les vallées à cours d'eau, dont les abords leur donnaient à la fois et la mine et le combustible, les forêts se sont épuisées peu à peu, et ont été défrichées pour être converties en terres arables nécessaires à l'alimentation des populations ouvrières. Depuis cette époque, la mine et le cours d'eau ont continué à fournir leur contingent; mais les bois ont été dissipés et les usines ont fini par s'en trouver plus ou moins éloignées

**743.** Parmi les établissements d'ancienne date, tous, cependant, n'ont pas pu se placer d'une manière aussi avantageuse: au fur et à mesure que l'industrie s'est développée, les cours d'eau les plus voisins des mines et des routes se sont encombrés, bientôt le cercle des usines a dû s'agrandir pour atteindre et utiliser les chutes partout où elles se trouvaient, et la distance des usines aux matières premières est devenue plus considérable. Tant que celles-ci se sont vendues à bas prix, et jusqu'à ce que la concurrence résultant de l'accroissement de la production ait fait baisser la valeur des produits, toutes ces usines se sont maintenues; mais à mesure que les conditions de la fabrication sont devenues plus pénibles, leur position s'est aggravée, et bientôt elles ont dû comprendre qu'il y avait lieu de réformer leur mode de travail pour assurer leur existence : la nécessité de se sauver d'une ruine imminente a été la cause la plus active des grands progrès que l'art métallurgique a faits en France.

**744.** *Nouvelles usines.* — Depuis l'invention de la *machine à vapeur,* et surtout depuis que l'on a trouvé le moyen de l'appliquer aux hauts fourneaux sans occasionner de dépenses de combustible, la fabrication de la fonte s'est enrichie d'un nouvel élément qui a considérablement agrandi ses ressources. Les usines ne sont plus comme autrefois irrévocablement enchaînées aux cours d'eau ; au lieu de faire venir à elles et à grands frais leurs matériaux alimentaires, ce sont elles qui, désormais, libres de toute étreinte, peuvent aller au-devant d'eux et s'établir dans leur voisinage. D'humbles sujettes d'une puissance motrice limitée et variable avec la saison et l'état de l'atmosphère, elles sont devenues maîtresses d'une force mécanique qui s'augmente avec leurs besoins, ne fait défaut à aucune de leurs exigences et leur permet enfin de constituer leur travail sur des bases indépendantes ; en un mot, la liberté de position et la liberté d'action sont acquises dans toute leur plénitude au nouveau régime industriel que nous considérons.

**745.** Dans cet état de choses bien plus favorable à la fabrication que ne l'était l'ancien, la position des mines, celle des forêts et, en seconde ligne seulement, le voisinage des routes ou autres voies de communication destinées à l'écoulement des produits, sont les points les plus essentiels à considérer dans l'établissement d'une usine au bois.

La consommation de *minerai* par tonne de fonte est, à peu de chose près, aussi forte aujourd'hui qu'autrefois ; mais l'usage des fourneaux à grandes dimensions, celui des machines perfectionnées et la découverte du procédé de l'air chaud, ont considérablement réduit celle du *charbon* qui peut, en moyenne, s'estimer à 6$^{m\,1}$,50 ou à 1 300 kil. par tonne ; de sorte qu'en poids l'alimentation d'un fourneau au charbon se fait à peu près avec 1 de combustible et 2 de minerai. A prix de transports égaux, par tonne et par kilomètre, on a donc tout avantage à établir un fourneau le plus près possible des minières.

**746.** *Fourneaux au bois desséché.* — D'après tout ce que l'on sait aujourd'hui de l'emploi du bois desséché, il est certain que sa substitution au charbon est un fait facilement réalisable, et cette méthode doit dès lors être admise à la pratique la plus générale, parce qu'il est de l'intérêt de tous que le combustible soit parfaitement utilisé, et donne le maximum de produits. Sans doute une pareille mesure ne diminuerait pas le prix du bois ; mais elle permettrait au moins à la fabrication de s'accroître sans le faire augmenter, et contribuerait, en conséquence, à assurer son avenir.

En travaillant au bois desséché, un mètre cube de bois vert remplace

facilement $0^{m3},50$ de charbon, et l'on peut produire 1000 kil. de fonte
avec 13 stères de bois pesant environ $13 \times 360 = 4680$ kil. à l'état vert,
ou 30 pour 100 de moins à l'état sec, soit 3276 kil. Il en résulte que, dans
le cas le plus favorable, celui où la dessiccation se fait en forêts, les poids
de combustible et de minerai sont équivalents, lorsque ce dernier rend
30 pour 100; mais son rendement étant, en moyenne, plus considérable,
et son transport étant moins cher que celui du bois, l'intérêt d'une usine
qui organise sa fabrication sur ce pied est, en définitive, de s'établir dans
le voisinage immédiat des forêts qui doivent l'alimenter.

**747.** *Fourneaux au coke.* — La fabrication de la fonte peut avoir lieu
dans différentes conditions, que nous allons examiner successivement, pour
en déduire les rapports qui existent entre les quantités de combustible et
de minerai que l'on a à transporter.

1°. Lorsque le coke se fabrique à l'usine, et que l'on n'emploie pas les
flammes perdues, on a, en moyenne, par tonne de fonte :

| | | |
|---|---|---|
| Minerai..................................... | 2ᵗ,50 | 3ᵗ,60 |
| Castine..................................... | 1 ,10 | |
| Houille pour le coke......................... | 3,60 | |
| Houille pour la soufflerie................... | 0,40 | 4,25 |
| Houille pour l'air chaud..................... | 0,25 | |

2°. En employant les gaz au chauffage de l'air et des chaudières, on a :

| | |
|---|---|
| Minerai et castine................................... | 3ᵗ,60 |
| Houille pour le coke................................. | 3 ,60 |

3°. En employant les gaz, et en transportant le coke tout fait, on aurait :

| | |
|---|---|
| Minerai et castine................................... | 3ᵗ,60 |
| Coke................................................. | 1 ,80 |

**748.** *Fourneaux à la houille.* — Dans les cas où la consommation du
combustible serait un maximum, on aurait, en moyenne :

| | | |
|---|---|---|
| Minerai et castine................................... | | 3ᵗ,60 |
| Houille pour le fourneau........................ | 2ᵗ,00 | 2,65 |
| Houille pour la soufflerie et l'air chaud........... | 0,65 | |

**749.** Le cas où le coke se fabrique à l'usine, et où l'on ne fait aucun
emploi des gaz, est donc le seul dans lequel le poids de combustible
dépasse celui du minerai et de la castine; et l'on peut en conclure que les
fourneaux qui emploient les combustibles minéraux doivent trouver de
l'avantage à se placer plus près des minières que des houillères.

Cette conclusion est vraie lorsque tous les transports s'effectuent par des
voies de communication de même nature; mais elle n'est pas applicable au

cas où une partie des matières arriverait par des canaux ou des chemins de
fer, tandis qu'une autre portion devrait être transportée sur des routes ou
des chemins vicinaux. La question n'a donc pas, en définitive, de solution
générale, ni pour les usines au bois ni pour celles que nous avons considérées en dernier lieu, et nous devons nous contenter de faire observer que, dans
chaque cas particulier, la position d'une usine doit être calculée en considérant à la fois *la masse des transports de chaque espèce, ainsi que les
frais proportionnels auxquels ils donnent lieu, suivant la nature des voies
de communication,* et en tenant compte de ces deux éléments du prix
total, de manière à ce qu'il devienne un minimum.

### DÉPLACEMENT DES USINES.

**730.** *Principaux motifs.* — Il existe plusieurs causes importantes en
vertu desquelles le déplacement de nos usines à fonte doit avoir lieu, et elles
se lient toutes intimement aux progrès de cette industrie. Ces causes sont :

1°. L'abandon des cours d'eau pour l'emploi de la machine à vapeur ;

2°. La substitution du bois au charbon ;

3°. Le développement de la production de la fonte au coke ou à la
houille.

Nous allons les examiner succinctement, et nous en déduirons quelques
conséquences relatives aux intérêts généraux de la fabrication en France.

**731.** *Machines à vapeur.* — La plupart des cours d'eau sur lesquels
sont établis aujourd'hui les usines à fonte ne suffisent plus à leurs besoins,
parce qu'ils ont trop peu de puissance pour le service de grands appareils,
les seuls qui soient favorables à un travail économique; et, dans tous les
cas, il y en a fort peu qui ne donnent pas lieu, pendant l'hiver et l'été,
à des chômages prolongés qui diminuent la production et en augmentent
les frais. Sans énumérer ici tous les autres inconvénients des cours d'eau,
sans parler des frais d'acquisition, qui sont énormes, et des procès qu'ils
occasionnent, on peut donc déjà conclure, au nom de l'intérêt privé, que,
dans presque tous les cas, les machines à vapeur doivent être préférées aux
roues hydrauliques. En amenant la question au point de vue de l'intérêt
général, on arrive à la même conclusion; car les eaux des rivières non
navigables, qui desservent aujourd'hui presque toutes les usines, sont évidemment prédestinées à l'alimentation des canaux, et cet emploi est, sans
contredit, le plus utile et le plus productif auquel elles puissent être affec-
tées. En un mot, et sans citer à l'appui de notre opinion l'exemple de ce
qui s'est passé en Angleterre, il nous paraît bien positif que les usines à

fonte sont presque toutes appelées à un changement de position, résultant
de la préférence qu'elles doivent accorder aux moteurs à vapeur.

**752.** *Substitution du bois au charbon.* — Bien souvent déjà, nous avons
appelé l'attention de nos lecteurs sur les avantages que présente l'emploi
du bois desséché par rapport à celui du charbon, et nous avons vu (n° 746)
que l'on pourrait alors produire une tonne de fonte avec 13 stères de bois
vert, tandis qu'il en faut au moins 22, quand on le convertit en charbon :
ce procédé a donc évidemment de l'avenir, et nous devons croire que l'industrie de la fonte s'organisera pour le mettre en pratique, sans subir
tous les inconvénients qu'il entraîne aujourd'hui, et que nous avons d'ailleurs signalés sans hésitation (n° 469), parce que nous sommes convaincus
que l'on parviendra tôt ou tard à les éviter. La nécessité de renoncer à la
carbonisation est une des causes qui concourent au déplacement des usines,
car ce n'est qu'à la condition d'être placées dans le voisinage des forêts
qu'elles peuvent employer le nouveau procédé avec avantage.

En présence de l'épuisement progressif de nos forêts, il est de l'intérêt
du pays que les méthodes économiques soient admises à se substituer le
plus tôt possible aux anciennes; il est donc du devoir du Gouvernement de
ne pas abandonner l'industrie privée à ses propres ressources, et de l'aider,
au contraire, par tous les moyens qui sont en son pouvoir; c'est à lui à se
placer à la tête du mouvement et à favoriser l'usage du bois non carbonisé et
le déplacement des usines : en prenant l'initiative dans la question du transport des minerais, en s'occupant des routes ou des chemins de fer qui peuvent les faire arriver à bon marché dans le voisinage des exploitations forestières, et en concourant lui-même à leur exécution si cela est nécessaire.
Les bons effets qui résulteraient d'une intervention puissante et éclairée au
milieu de la crise actuelle sont trop faciles à apprécier pour que nous nous
arrêtions à les décrire; il nous suffit d'en avoir fait sentir la nécessité (1).

**753.** *Production de la fonte au coke* — La fonte au coke, bien inférieure
à la fonte au bois, lorsqu'il s'agit de produire des fers de première qualité,
peut la remplacer avec succès dans la fabrication des gros fers, et de tous
ceux que l'on emploie dans les grandes constructions; de plus, elle lui est tout
à fait supérieure pour tout ce qui concerne les travaux de moulerie : ces
avantages, bien constatés aujourd'hui, nous portent à conclure qu'elle est
appelée à remplir un rôle important dans l'industrie métallurgique en

---

(1) Nous aurons l'occasion de revenir sur ce sujet, dans la dernière partie de notre travail,
qui se rapporte à la situation commerciale de l'industrie du fer en France.

France, et qu'un grand nombre de nos fourneaux au bois se transforme-
ront successivement en fourneaux au coke au à la houille.

Si cette transformation était encouragée, la fonte au coke ne tarderait
pas à se substituer à la fonte au bois dans une grande partie de ses emplois,
et un des premiers effets qui en résulteraient serait d'amener une baisse
dans le prix du combustible végétal, ou du moins, d'arrêter la progression
ascendante de sa valeur. Nous ne savons pas s'il viendra un jour où la fabrication au bois sera complétement supplantée par l'emploi exclusif de la
houille?..... mais, à juger de l'avenir par le passé et le présent, il est permis de croire le contraire; car, si le fait a eu lieu en Angleterre, il ne
peut être attribué qu'à ce que la possibilité de se servir de la houille pour
tout le travail du fer n'a été réellement bien démontrée que lorsqu'il ne
s'est plus trouvé de bois à exploiter, tandis qu'en France nous possédons tous les secrets de cette fabrication, à une époque où nous avons
encore beaucoup de forêts, et où elles sont régies par des lois qui tendent
à assurer leur conservation; on doit donc penser qu'à moins de fautes
graves de la part du Gouvernement en matière d'administration forestière, l'introduction de la méthode anglaise sur une large échelle serait
une puissante garantie en faveur du *maintien de l'ancien procédé*, qu'il
est de l'intérêt général du pays de faire durer aussi longtemps que possible, parce qu'il est le gage le plus certain de la constante supériorité de
nos produits sur ceux de nos voisins.

784. Pour *atteindre ce but* d'une manière complète, il serait essentiel :

1°. Que toutes les lois qui assurent la conservation des forêts fussent
strictement exécutées, et qu'au besoin il en fût créé de nouvelles, plus
sévères encore s'il y a lieu;

2°. Que l'on employât des moyens efficaces pour arriver à la transformation en forêts de tous les terrains communaux non livrés à la culture;

3°. Que la plantation en forêts des propriétés particulières fût encouragée par un dégrèvement d'impôts considérable, si cela est nécessaire;

4°. Que l'on facilitât aux usines au bois la consommation du combustible végétal, sous la forme qui entraîne le moins de perte;

5°. Enfin, que la métode de fabrication anglaise fût convenablement encouragée.

Les moyens que le Gouvernement peut employer pour satisfaire à cette
dernière obligation, sont du même ordre que ceux que nous avons déjà
bien souvent indiqués; il s'agit encore de la création des voies de communication, sans lesquelles la prospérité industrielle et commerciale d'un

pays n'est qu'un vain mot et jamais un fait : pour favoriser la création des usines au bois cru et au coke, il faut donc relier les exploitations forestières et les bassins houillers au centre des gisements de minerais, par de bonnes routes, par des canaux ou des chemins de fer, et abaisser en même temps et par degrés les tarifs des douanes sur l'importation des houilles étrangères ; ce seraient là des mesures utiles qui protégeraient l'industrie du fer non moins efficacement que des droits à la frontière, et qui permettraient peut-être un jour de les supprimer complétement.

733. La conséquence des différentes considérations dans lesquelles nous sommes entrés, c'est que, tôt ou tard, et le plus tôt possible dans l'intérêt de tous, nous devons arriver à une régénération complète de nos usines ; pour qu'elle s'opère sans trop de lenteurs, avec ordre et sans de violentes secousses, nous avons reconnu qu'il était indispensable que les efforts industriels trouvassent un secours puissant dans l'initiative que doit prendre l'autorité supérieure, et il nous sera facile de faire voir que l'accomplissement de cette tâche rentre tout à fait dans ses attributions :

Plus que toute autre administration au monde, celle de notre pays s'occupe de recueillir les documents statistiques qui peuvent l'éclairer sur la position de l'industrie et sur ses besoins ; elle peut, à chaque instant, s'en rendre un compte exact, et, sans aucun doute, la faculté d'en tirer des conclusions à l'égard des travaux qui peuvent encourager et faciliter la production ne lui est pas interdite ? la direction des ponts-et-chaussées et des mines s'est à peu près assuré le monopole exclusif de toutes les voies de communication, elle a donc assumé la responsabilité de leur exécution, et, avec toutes les ressources dont elle dispose, il dépend beaucoup de ses propres efforts d'arriver à accomplir la tâche qu'elle s'est imposée ; les documents qu'elle publie ont appris à tous que l'insuffisance des voies de communication double le prix du minerai, et triple ou quadruple la valeur de la houille, après un transport de quinze à vingt lieues ; c'est assez dire qu'il y a lieu pour elle de travailler activement à changer un pareil état de choses, et nous devons espérer qu'elle ne faillira pas à la noble mission qu'elle tient de la confiance du pays.

www.ingramcontent.com/pod-product-compliance
Lightning Source LLC
Chambersburg PA
CBHW031619210326
41599CB00021B/3227